JN313160

River Management Technology Handbook

# 河川技術ハンドブック
## 総合河川学から見た治水・環境

末次忠司
［著］

鹿島出版会

# まえがき

　人事異動により初めて研究所を離れて思ったことは，やはり自分は河川の研究が好きだったということであった。これまで何気なく行ってきたことができなくなると，無性に寂しくなる経験は誰にでもあるであろう。

　そんな時，職場での仕事のかたわら，河川のことを今一度考え直してみようと思った。国総研で河川整備基本方針に関して，40水系ほどの方針策定に関与したこともあって，まずは自分の頭の中に入っている各河川の特徴をデータベース風に整理してみようと考えた。各河川の諸元，特性，災害，環境などを整理するうちに，地方によって災害を引き起こす豪雨に特徴が見られた。九州地方の水系はS28梅雨前線に起因している災害が多いが，北陸地方は水系によりバラバラであった。

　それから，各々の河川でもっと多くの特徴があるのではないかと思い，これまでに自分がまとめた資料，書籍・論文，インターネットなどで調べるうちに，その項目・内容が膨らんで，結局今回の書籍出版につながった。もちろん，他の想いがなかった訳ではない。減災・水防，河川施設の維持管理などについては，既出版の書籍のなかに自分の知見等を盛り込んできたが，利水や環境については未だ十分ではなかった。どうせ，書籍にするなら，河川の治水・利水・環境全般に及ぶものを作りたいという気持ちが高まってきた。

　元々河川は地盤の隆起等に伴う地形に対して，豪雨などの外力の作用により形成されたもので，河川地形は非常にダイナミックな現象の産物である。そして，そこに生活する人々の利水，生息する生態系の営みと密接に関係しているのである。すなわち，治水・利水・環境という分類は人間の都合上の分類であって，実は河川を考えるにあたっては，これらを総合的に，包括的に考えなければならないのである。

　それならば，「総合河川学」とでもいうべき学問を目指した書籍を作ってはどうかと考えた。治水については，これまでの研究や経験などで十分執筆できるとしても，利水や環境は未だ十分な知見や経験がなかった。しかし，幸い，つくばに3年ぶりで戻ってきた土木研究所のポストが水環境研究グループであったため，グループ内職員の支援も得ながら，環境に関する調査・研究を行うことができ，本書に盛り込むことができた。

　このようにして執筆したのが本書であり，利水や環境の専門家から見ると，未だ物足りない内容であると思われるが，まずは河川全体を概観する第一歩と考えて頂きたい。今後各専門家から厳しい意見などを得て，必要に応じて書き改めていきたいと思っているので，関係諸氏の意見を請う次第である。

　　2010年8月

　　　　　　　　　　　　　　　　　　　　　　　　　　　　　　　　　　末次　忠司

---

注）関連する組織名は当時の名称で表した。
　　年号は基本的に大正以前は西暦または西暦（年号）併記とし，昭和以降は年号表記とした。
　　支川は合流河川ではなく，基本的に本川の水系で表した（2次支川も本川の水系で表示した）。
　　読みが難解な用語や固有名詞は初出でルビを付した。

# 目　次

まえがき
口　絵

## 第1章　基盤地形の形成要因 … 1
### 1.1　山地形成論 … 1
### 1.2　プレートによる地盤沈降 … 5
### 1.3　地形形成に影響する海水準の変化 … 7
### 1.4　構造線と河川 … 9
### 1.5　大規模山地崩壊 … 10
### 1.6　土砂生産 … 13
### 1.7　土砂生産と地質 … 16
### 1.8　土砂災害 … 18
### 1.9　侵食速度 … 21
### 1.10　土砂動態 … 22

## 第2章　基盤地形の形成とその影響 … 27
### 2.1　山間部の河川地形 … 27
### 2.2　扇状地 … 28
### 2.3　天井川 … 32
### 2.4　河岸段丘 … 33
### 2.5　氾濫平野 … 34
### 2.6　三角州 … 36
### 2.7　河口の地形 … 38
### 2.8　海岸地形 … 42

## 第3章　河川地形の形成と河道特性 … 47
### 3.1　川の基礎知識 … 47
### 3.2　流域形状 … 50
### 3.3　河川地形 … 52
### 3.4　インパクトによる河川地形の変質 … 54
### 3.5　河道特性 … 55
### 3.6　河床形態 … 58
### 3.7　河床変動の実態 … 62
### 3.8　崩壊の観測技術 … 65
### 3.9　流砂の観測技術 … 67

3.10　河床変動計算 ………………………………………………………… 70
　　3.11　水理模型実験 ………………………………………………………… 72
　　3.12　千代田実験水路 ……………………………………………………… 75

## 第4章　水循環・物質動態とその予測 …………………………………… 79
　　4.1　降雨の発生要因 ………………………………………………………… 79
　　4.2　降雨状況 ………………………………………………………………… 85
　　4.3　流出状況 ………………………………………………………………… 87
　　4.4　降水・洪水予測 ………………………………………………………… 89
　　4.5　注意報・警報 …………………………………………………………… 91
　　4.6　水循環 …………………………………………………………………… 93
　　4.7　渇　水 …………………………………………………………………… 98
　　4.8　水文観測技術 …………………………………………………………… 101
　　4.9　水・物質循環の解析 …………………………………………………… 105
　　4.10　物質循環（動態） ……………………………………………………… 108

## 第5章　洪水状況 ……………………………………………………………… 113
　　5.1　洪水状況（大河川） …………………………………………………… 113
　　5.2　洪水状況（中小河川） ………………………………………………… 115
　　5.3　融雪出水 ………………………………………………………………… 117
　　5.4　洪水流の挙動 …………………………………………………………… 119
　　5.5　水位変動 ………………………………………………………………… 121
　　5.6　洪水流の解析（基本編） ……………………………………………… 122
　　5.7　洪水流の解析（応用編） ……………………………………………… 124
　　5.8　温暖化の影響 …………………………………………………………… 126

## 第6章　水害被害と対策 ……………………………………………………… 131
　　6.1　水害被害の概要 ………………………………………………………… 131
　　6.2　水害による死亡原因 …………………………………………………… 135
　　6.3　水難事故 ………………………………………………………………… 138
　　6.4　水害発生の地域性 ……………………………………………………… 141
　　6.5　水害の発生形態 ………………………………………………………… 143
　　6.6　内水被害と対策 ………………………………………………………… 144
　　6.7　下水道（雨水処理） …………………………………………………… 146
　　6.8　下水道の防災・管理 …………………………………………………… 150
　　6.9　ライフライン被害 ……………………………………………………… 151
　　6.10　地下水害（地下鉄・地下街） ………………………………………… 154
　　6.11　地下水害（地下ビル・地下室） ……………………………………… 156
　　6.12　地下水害の対策と心得 ………………………………………………… 158
　　6.13　複合災害 ………………………………………………………………… 161
　　6.14　水害訴訟 ………………………………………………………………… 163

## 第7章　河道・堤防整備 ……………………………………………… 169
### 7.1　流路の変動 ……………………………………………… 169
### 7.2　歴史的な河道整備 ……………………………………… 170
### 7.3　堤防整備の歴史 ………………………………………… 174
### 7.4　堤防の整備状況 ………………………………………… 181

## 第8章　河川計画と施設設計 ……………………………………… 183
### 8.1　河川法 ……………………………………………………… 183
### 8.2　河川関連法 ………………………………………………… 186
### 8.3　計画諸量の決定 …………………………………………… 187
### 8.4　堤防設計(1) ………………………………………………… 190
### 8.5　堤防設計(2) ………………………………………………… 192
### 8.6　放水路・トンネル河川 …………………………………… 193
### 8.7　遊水地 ……………………………………………………… 197
### 8.8　堰・床止め ………………………………………………… 202
### 8.9　橋梁 ………………………………………………………… 205
### 8.10　地下河川 …………………………………………………… 207
### 8.11　地下調節池 ………………………………………………… 210
### 8.12　浸透・貯留施設 …………………………………………… 213

## 第9章　河道災害と対策 …………………………………………… 217
### 9.1　越水・浸透災害 …………………………………………… 217
### 9.2　越水・浸透対策 …………………………………………… 221
### 9.3　越水流解析 ………………………………………………… 223
### 9.4　浸透流解析 ………………………………………………… 224
### 9.5　侵食災害 …………………………………………………… 226
### 9.6　侵食対策 …………………………………………………… 227
### 9.7　護岸 ………………………………………………………… 231
### 9.8　土砂堆積 …………………………………………………… 233
### 9.9　地震災害と耐震対策 ……………………………………… 235

## 第10章　氾濫水理と氾濫対策 …………………………………… 239
### 10.1　破堤プロセス ……………………………………………… 239
### 10.2　破堤原因の見極め方 ……………………………………… 241
### 10.3　破堤原因の推定 …………………………………………… 243
### 10.4　破堤形状 …………………………………………………… 245
### 10.5　氾濫形態 …………………………………………………… 249
### 10.6　氾濫水の伝播・上昇 ……………………………………… 251
### 10.7　氾濫原管理 ………………………………………………… 255
### 10.8　氾濫流制御 ………………………………………………… 257
### 10.9　水害に対する土地利用 …………………………………… 263
### 10.10　水害意識の高揚 …………………………………………… 266

| | | |
|---|---|---|
| 10.11 | 氾濫流の解析 | 268 |
| 10.12 | 洪水ハザードマップ | 273 |
| 10.13 | 治水地形 | 276 |

## 第11章　施設の維持管理 — 281

| | | |
|---|---|---|
| 11.1 | 維持管理計画 | 281 |
| 11.2 | 堤防の管理（点検・変状発見） | 284 |
| 11.3 | 構造物の管理（点検・変状発見） | 286 |
| 11.4 | 水防による減災 | 288 |
| 11.5 | 検知センサー | 293 |
| 11.6 | 災害復旧 | 297 |

## 第12章　ダム整備とその効果・影響 — 301

| | | |
|---|---|---|
| 12.1 | ダムの整備と管理 | 301 |
| 12.2 | ダムによる治水 | 304 |
| 12.3 | ダムによる洪水調節方式 | 306 |
| 12.4 | ダム建設の影響 | 309 |
| 12.5 | ダム堆砂 | 314 |
| 12.6 | ダム堆砂測量 | 318 |
| 12.7 | ダム堆砂対策 | 321 |
| 12.8 | 貯水池における水理解析 | 326 |

## 第13章　河川利用と水環境 — 331

| | | |
|---|---|---|
| 13.1 | 河川空間利用 | 331 |
| 13.2 | 河川水・水面利用 | 334 |
| 13.3 | 震災時の河川水利用 | 338 |
| 13.4 | 水環境関連法 | 341 |
| 13.5 | 水　質 | 344 |
| 13.6 | 有害物質 | 349 |
| 13.7 | 化学物質 | 352 |
| 13.8 | 下水道（汚水処理） | 354 |
| 13.9 | 自浄機能 | 360 |

## 第14章　生態系の環境構造 — 363

| | | |
|---|---|---|
| 14.1 | 生態系の基礎知識 | 363 |
| 14.2 | 水域環境の研究展望 | 365 |
| 14.3 | 生態系にとっての物理環境の概要 | 367 |
| 14.4 | 生態系の地域性 | 368 |
| 14.5 | 生態系の寿命と行動形態 | 369 |
| 14.6 | 瀬・淵構造と生態系 | 371 |
| 14.7 | 生態系間の食物連鎖 | 375 |
| 14.8 | 洪水撹乱と生態系 | 378 |

- 14.9 SS，水温の影響 …… 380
- 14.10 正常流量 …… 384
- 14.11 河口の生態系 …… 385

## 第15章 個別生態系の特徴 …… 387
- 15.1 藻類 …… 387
- 15.2 底生動物 …… 390
- 15.3 河道特性と魚類 …… 394
- 15.4 魚類 …… 395
- 15.5 鳥類 …… 399
- 15.6 草本植物 …… 401
- 15.7 木本植物 …… 405
- 15.8 河道の樹林化 …… 407
- 15.9 水辺林・倒流木の影響 …… 413
- 15.10 その他の生態系 …… 414
- 15.11 貴重種 …… 415
- 15.12 外来種の侵入 …… 417

## 第16章 河川環境の再生・調査 …… 421
- 16.1 環境に配慮した治水工法 …… 421
- 16.2 魚道 …… 423
- 16.3 環境に配慮した改修工法 …… 426
- 16.4 多自然河川工法 …… 428
- 16.5 ビオトープ …… 433
- 16.6 生態系の調査手法 …… 434
- 16.7 自然共生研究センター …… 436
- 16.8 河川生態学術研究会 …… 440
- 16.9 環境影響評価 …… 442
- 16.10 生息場の評価 …… 444
- 16.11 ゴミ対策 …… 447
- 16.12 企業の環境活動 …… 449

## 第17章 河川に関連する事柄 …… 453
- 17.1 水辺の防災機能 …… 453
- 17.2 水辺の親水機能 …… 455
- 17.3 水辺の気象緩和機能 …… 459
- 17.4 水路網 …… 460
- 17.5 経済評価 …… 464
- 17.6 合意形成 …… 467
- 17.7 川と人のつながり …… 470
- 17.8 遺跡で見る河川考古学 …… 473
- 17.9 河川文化 …… 477

  17.10 河川名の語源 ･････････････････････････････････････････････････････････ *481*

**参考資料** ･････････････････････････････････････････････････････････････････････ *483*
 Ⅰ．河川に関する技術基準 ･･････････････････････････････････････････････････ *483*
 Ⅱ．治水年表 ･･････････････････････････････････････････････････････････････ *485*
 Ⅲ．環境年表 ･･････････････････････････････････････････････････････････････ *486*
 Ⅳ．略語の正式名称 ････････････････････････････････････････････････････････ *487*
**付録 現地における川（物理環境）の見方** ･････････････････････････････････････ *489*

索　引 ････････････････････････････････････････････････････････････････････ *491*
あとがき ･･････････････････････････････････････････････････････････････････ *501*

▶**東海豪雨に伴う新川破堤**（平成12年、名古屋市）
庄内川支川の新川ではH.W.L.を11時間も超過し、浸透のり崩れで堤防が下がって越水破堤した。地下施設を含め、多くの都市機能が停止するなどして、一般資産等被害額は過去最高を記録した（写真提供：毎日新聞社）

◀**刈谷田川の破堤**（平成16年、新潟県）
梅雨前線豪雨に伴い、刈谷田川（南蒲原郡中之島町）では越水により破堤した。破堤氾濫流により52棟の家屋が全半壊するなど、内水を含めて約12km²が浸水した（写真提供：新潟事業日報社）

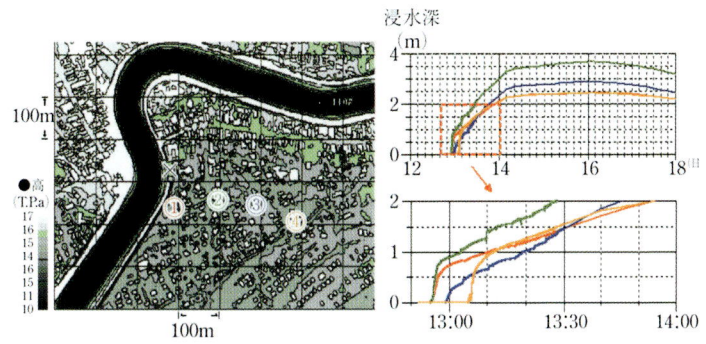

① 家の時計が13：05で止まっていた．
② 鉄砲水が家の中に飛び込んできて水はすぐ2階近くにまで達していた．
③ 泥水が来て3分もしないうちに畳が浮いた．
④ 午後1時頃に道路から水がはけないことに気づいた．2階なら安全だと思い，避難したが，まもなく保育所一体は2階の高さまで冠水した．

▲**刈谷田川の破堤氾濫**（平成16年、信濃川支川）
国土交通省の国総研ではFDS（流束差分離法）を駆使して、河道洪水流と破堤氾濫流を一体化した氾濫解析を行った。解析の結果、破堤箇所から200m地点までで、4.5～6km/hの速度で伝播し、浸水到達直後一気に50～70cm上昇したことが分かった

▲**福岡地下水害**（平成11年、福岡市）
地下街、地下鉄、地下室で浸水被害が起き、死者も1名発生した。路上浸水深が30～40cmあれば、1m/s以上の流速で水が進入してくるので、階段の昇りや地下室の浸水は要注意である（写真提供：九州地方整備局）

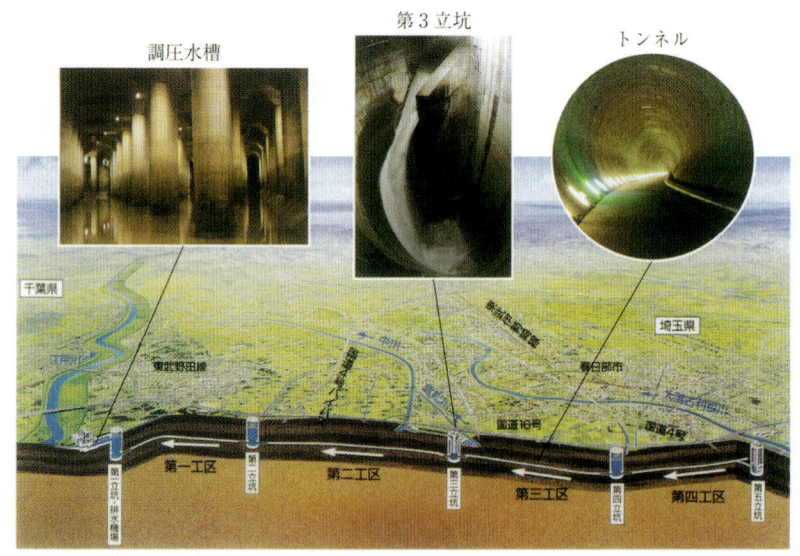

▲**首都圏外郭放水路**
中川流域の洪水（最大流量200m³/s）を地下50mに建設されたφ10mのトンネルで江戸川へ排水する。洪水をトンネルへ導く立坑の直径が諸外国と比べて大きいのが特徴である（写真提供：関東地方整備局）

▲**鶴見川の巨大遊水地**（横浜市）
ワールドカップが行われた横浜国際総合競技場（現 日産スタジアム）も多目的遊水地のなかにあり、大雨が降ると洪水が遊水地に入ってきて、最大で200m³/sの洪水をカットする。しかし、建物は高床式なので、浸水しても問題ない構造となっている（写真提供：関東地方整備局 京浜河川事務所）

▶**那珂川の越水**（昭和61年、茨城県）
中小河川や堤防が改修途上の場合、長い区間にわたって越水する場合があるが、越水深、天端舗装、裏のり植生の状況、堤体の湿潤状態により、越水破堤しない場合も多い

◀**ケレップ水制**（三重県）
木曽川下流には舟運のために築造されたケレップ水制が多数ある。水制間は流れが穏やかで土砂が堆積して環境にも良く、ヤマトシジミ、ハゼ、カニ、鳥類など多数の動植物が存在する。土木遺産にも選ばれている（写真提供：中部地方整備局 木曽川下流河川事務所）

▶**大河津分水路の可動堰**（新潟県）
流下能力が不足し、老朽化した現堰に対して、平成25年完成を目指して、下流側に建設中の可動堰（6門のラジアルゲート）である。堰下流には河床からの細粒土の吸い出しを防止する粗朶沈床が敷設されている

◀**大武川床固め魚道**（山梨県 釜無川支川）
山地崩壊に伴う土砂流出に対して多数の床固め群で対応している。河道中央部にアイスハーバー型魚道、両側に礫を敷設した扇型魚道を設置している。イワナやアマゴなどの生態系に配慮している

▲**宇奈月ダムのフラッシング排砂**（富山県）
フラッシング排砂施設を用いると大量のダム堆砂を排出できる。ダムからの排砂により下流河川で高濁度とならないよう、平成13年より上流の出し平ダム（関西電力）と連携排砂している

▶**東京都観光汽船"ヒミコ"**
2006年10月より浅草〜お台場〜豊洲〜浅草間を運航している宇宙船のような船。アニメ漫画界の巨匠・松本零士氏がプロデュースした独創的なデザイン

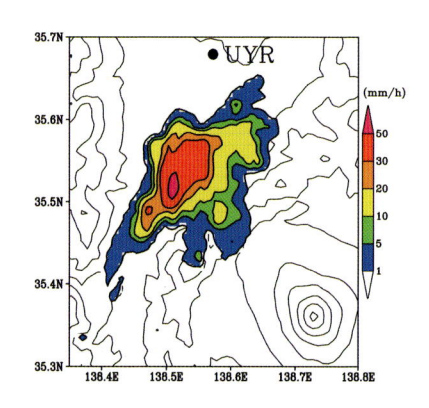

▲**防災に役立つドップラーレーダ**（山梨大）
局地的集中豪雨を精度良く予測することが可能な新型のMPレーダ。Cバンドを利用していた従来のレーダに対して、Xバンドや二重偏波を用いて高精度観測を行っている

# 第1章　基盤地形の形成要因

　河川の治水・環境を考える場合，河川地形や水流を規定する山地・土砂・地質について知っておく必要がある。特に山地は降雨に伴って土砂を生産・流下させ，様々な河川地形を形成する基盤地形となるため，その形成・変化を把握し，山地からの土砂動態を整理しておくことが重要である。日本の山地は火山性山地を除いて，ここ数百万年間のプレート運動に伴う褶曲により形成されており，プレートに連動した一連の挙動を把握するとともに，褶曲運動に取り残された平地は内水を引き起こしやすいため，その挙動の把握も重要である。また，生産された土砂は河川地形を形成・改変するほかに，土砂災害を発生させたり，河道災害の引き金ともなるため，あわせて見ておく必要がある（図1-1）。

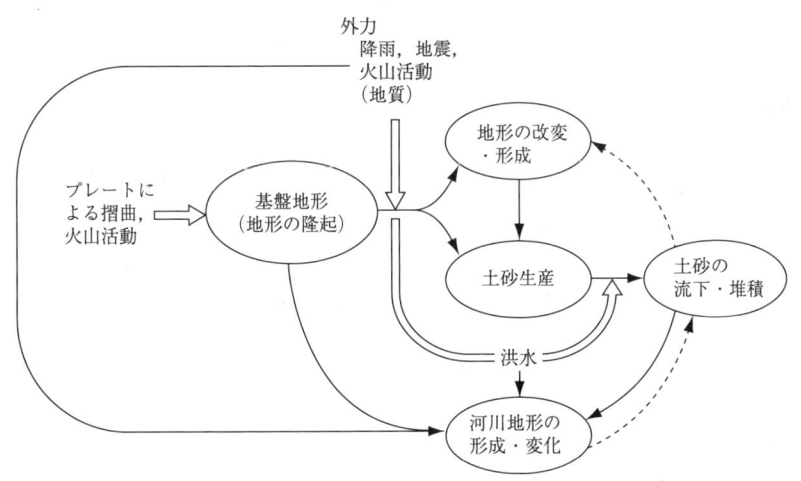

図1-1　基盤地形形成から河川等地域形成・変化に至るプロセス

## 1.1　山地形成論

　日本近海には4つの海洋プレート（太平洋，フィリピン海，ユーラシア，北アメリカ）があり，これらは年間4〜10 cmの速度[注1]で移動し，日本列島をはじめとする大陸プレートの下に潜り込んでいる（図1-2）。プレートの沈み込みに伴い，大陸地殻が押されて地殻の褶曲が起こり，隆起量の大きい所が山地となる。日本の山地だけではなく，ヒマラヤ山脈も5千万年前からのインド大陸の衝突（現在の移動速度は5 cm/年）に伴う褶曲により形成された。なお，プレートの挙動は，

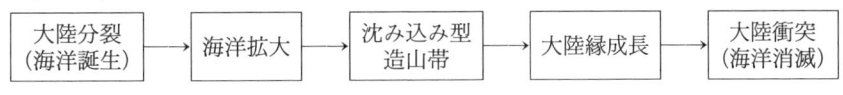

大陸分裂（海洋誕生）→ 海洋拡大 → 沈み込み型造山帯 → 大陸縁成長 → 大陸衝突（海洋消滅）

---

注1）7.5億年前より始まったマントルへの水注入（後述）により，マントルの粘性が低くなり，プレートの移動速度が速くなった。

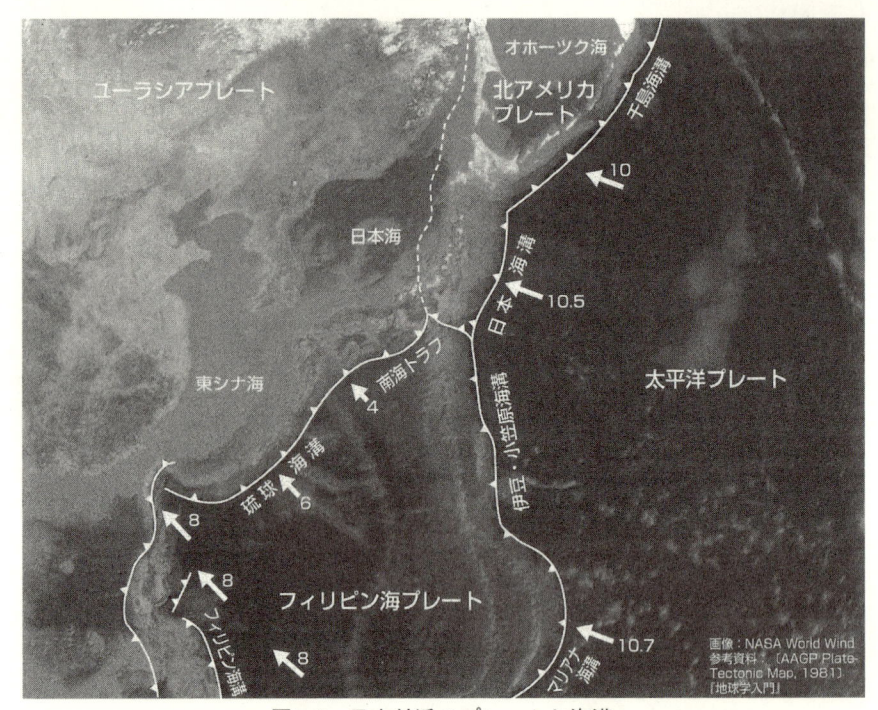

図I-2　日本付近のプレートと海溝
＊）ユーラシアプレートと北アメリカプレートの境界は確定していないため，破線としている。
出典［新星出版社編集部：徹底図解 地球のしくみ，新星出版社，2007年］

の5段階のサイクルが繰り返され，日本列島は沈み込みの中間段階，インド・ヒマラヤは大陸衝突段階である。

　地殻変動により日本の山地が成長したのは，最近約200万年間であり，200～500万年前には火山を除いて日本には高い山はほとんどなかった。地殻変動に伴う隆起速度は速くて年間に数mm程度で，数十～数百kmの幅[注2)]で土地を隆起させた。この隆起速度は第四紀初頭以降の隆起量で，第三紀末に海面近くで形成された侵食小起伏面が現在山頂部に広く分布することから，この面の高度分布より推定されたものである。明治中頃以降の国土地理院（旧地理調査所）による精密測量結果によれば，赤石山脈などの中部山岳地帯の隆起速度は速く，年間4mmにもなる。隆起速度が速いのは中央構造線に沿った地域である（図I-3）。ちなみに流域侵食速度は年平均で0.1mmオーダーであり，隆起速度ほど大きな値ではない。なお，文中の第四紀，第三紀などの地質年代は表I-1の通りであるが，第四紀と第三紀を区別する年代はH21に"165万年前"から"260万年前"に変更された区分である。

　なお，沖積世の期間は，地質年代のうち，近年で最も海水準が低かったヴュルム氷期の最後の最盛期である2万年前～現在とする説と，気温が上昇して海水準が上昇を始めた1万年前～現在とする2つの説があるが，一般的には1万年前～現在までと定義されることが多い。

　中部山岳地帯の隆起が著しいのは，3プレートの接点で力が集中して地殻の著しい隆起が起きるのと，岩体中に断層や割れ目が非常に多く，活断層[注3)]が多数交差して地震のた

---

注2) 隆起幅は地域によって異なり，近畿の山地は断層で分断され，小規模であるのに対して，紀伊半島や四国・南九州の山地は大きな波長の地殻のうねりにより大きな幅を持って隆起している。

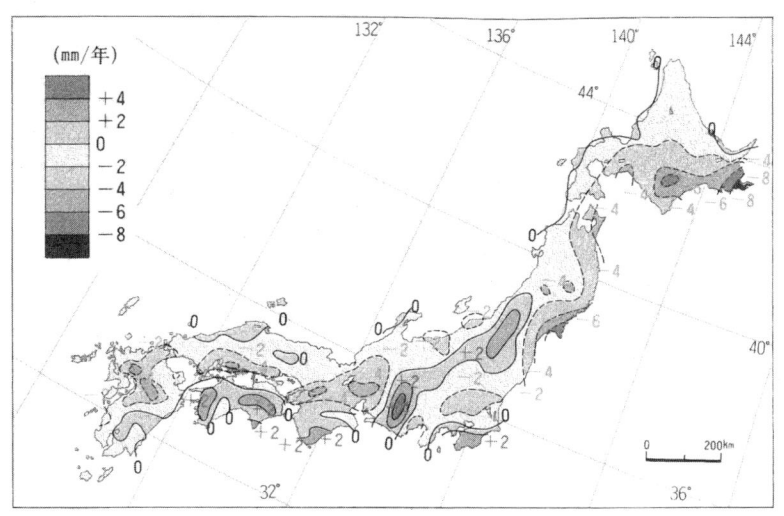

図1-3 隆起速度の分布
＊）中央構造線沿いの隆起速度が大きい。
出典［朝日新聞社：週間朝日百科 世界の地理60号 特集編 日本の自然，朝日新聞社，1984年］

表1-1 地質年代

| 代 | 紀 | | 世 | 年　代 |
|---|---|---|---|---|
| 新生代 | 第四紀 | | 完新世(沖積世) | ～1万年前 |
| | | | 更新世(洪積世) | 1～260万年前 |
| | 第三紀 | 新第三紀 | 鮮新世 | 260～530万年前 |
| | | | 中新世 | 530～2300万年前 |
| | | 古第三紀 | | 2300～6500万年前 |
| 中生代 | | | | 6500～2億4500万年前 |

びに断層が動くためである。また，中部地方には中央構造線や糸魚川‐静岡構造線が走り，地殻に力が加わると断層が再活動しやすい脆弱性を有している。

　プレートの作用は一様ではなく，日本列島は基本的には太平洋側からの太平洋プレートの沈み込みにより褶曲を起こしているが，北海道では北アメリカプレートとユーラシアプレートの衝突により地形が形成されている。その代表例が日高山脈で，北海道の中央を南北に走り，東西方向から圧縮され，急崖が形成された尖鋭な山地地形となっている。

　大陸下の地殻では，上昇するマグマの周囲で高温低圧型の変成作用が起きるのに対して，プレートが沈み込む所では，強い圧力を受けて低温高圧型の変成作用（結晶片岩）が起きる。代表的な変成帯は中央構造線の外帯に沿う三波川変成帯で，関東から九州地方の約千kmに渡って緑色の結晶片岩が分布している。低温高圧型変成帯の地質は剝がれやすい構造（片理）が発達し脆いため，土砂生産を引き起こしやすい。一方，内帯側には花崗岩からなる領家変成帯が分布している。

　断層運動や火山活動によっても山地は形成される。第三紀は山地が形成される動きはあまりなかった。山地は侵食されて，海抜高度の低い起伏の小さな丘陵状の「準平原」が広がっていた。飛騨高地，美濃三河高原，吉備高原などは第四紀になって全体的に隆起して準平原となり，海抜1,000～2,000 mに達する山地となった。また，東北地方の奥羽山脈

---

注3）国土地理院は，人口集中地域を対象に活断層の位置をインターネットで公開している。

表I-2 地質年代における地形形成

| | | |
|---|---|---|
| 古生代 | 20億年前 | ※日本最古の岩石：岐阜県の礫岩 |
| | 19億年前〜 | 大陸（超大陸ヌーナ）の形成，ウィルソン・サイクルの開始 |
| | 10億年前〜 | 造山運動による大陸（超大陸ロディニア）の形成 |
| | 7.5億年前〜 | マントルに水が注入され，プレートの移動速度が速くなる |
| | 5億年前〜 | ※プレートの沈み込みが始まり，付加体により陸地が成長 |
| 中生代 | 1億年前 | ※中央構造線が形成され始める |
| 第三紀 | 2000万年前〜 | ※日本列島の地殻下のプルームにより，中国大陸より分離 |
| 洪積世 | 200万年前〜 | ※プレート運動に伴う地殻変動により隆起 |
| | 70〜90万年前 | 第四紀最初の氷期（ギュンツ氷期） |
| | 2〜6万年前 | ヴュルム氷期 |
| | 2万年前 | ※最終氷期に海水準が100m以上低下する |
| | 1.5万年前 | ※有楽町海進 |
| 沖積世 | 6000年前 | ※縄文海進 |

\*）特に日本列島に関係する事柄には※印をつけた

や出羽山地は褶曲と断層運動により，隆起して山地となった。これらの断層は逆断層で，山地側の土地が盆地側へのし上がって隆起したものである。

一方，火山活動では海洋プレートは水を伴って海溝から沈み込み，海溝から一定距離にある日本列島の真下あたり（深度で100〜200 km）[注4]に来ると，それに接する高温のマントルが部分的に溶け始めて，マグマが発生する。マグマは上昇して地殻の下まで来ると，地殻を溶かして新たなマグマをつくり，地表近くのマグマだまりを経て地表へ噴火して，火山を形成する。なお，マントルへの水注入により，マントル上部（アセノスフェア）が溶け始める温度が下がるため，火山活動が活発になる。東日本火山帯は太平洋プレートの潜没により，西日本火山帯はフィリピン海プレートの潜没により形成された。

火山には1回の噴火による単成火山と複数回の噴火による複成火山がある。単成火山の火口の直径は2 km以下であるが，複成火山の規模は桁違いに大きい。複成火山の噴火期間は数千年〜数十万年[注5]で，百万年以上経った火山は風雨による侵食で，元の火山体が失われたものもある。富士山のような成層火山（コニーデ）も複成火山で基盤地層の上に火山体がのっており，噴火により形成された高さは高くて千数百mである。一方，流動的な盾状火山（アスピーテ）はマグマが長期間にわたって流出して形成された火山で，日本には存在しないが，ハワイのマウナケアが有名である。

富士山は約70万年前に噴火してできた小御岳火山（高さ2,300 m）を土台として，10〜1万年前の古富士火山（3,000 m）の噴火，5千年前の新富士火山の噴火により形成された。現在の富士山の形は古富士火山でその原型が形成された。最新の活動は宝永4（1707）年の南斜面からの噴火で，それ以降は噴火活動を休止している。また，マウナケアの標高は4,205 mであるが，水深5,000 mの海底から火山体が積み重なっているので，海底からの火山の高さは9,000 mを超え，世界最大の火山である。

こうした火山活動に伴う最大の災害は1792年5月に発生した長崎雲仙岳の噴火災害で

注4）深度が200 km以深になると，海洋プレートに伴って海溝から流入した水がなくなり，マグマは発生しない。

注5）過去1万年の間に噴火の記録がある火山や現在噴煙を上げて活動している火山を活火山といい，日本には108火山ある。御岳山の噴火（S54.10）を契機に，活動を休止中に噴火することがあるため，死火山・休火山という表現は使われなくなった。

ある．強い地震と同時に，前山（現在の盾山）が大崩壊を起こして，山崩れによる被害が発生した．また，この崩壊土砂が有明海に流れ込んで，津波が発生して島原および対岸の肥後・天草に被害が出て，結局約15,000人にのぼる死者が発生し，「島原大変肥後迷惑」といわれた．

マクロな地形形成に関係する事象を地質年代の観点で整理すると表1-2の通りである．

**参考文献**
1) 朝日新聞社：週間朝日百科 世界の地理060号 特集編 日本の自然，朝日新聞社，1984年
2) 新星出版社編集部：徹底図解 地球のしくみ，新星出版社，2007年
3) 酒井治孝：地球学入門―惑星地球と大気・海洋のシステム，東海大出学版会，2003年

## 1.2 プレートによる地盤沈降

プレート沈み込みに伴う地盤の沈降により沖積平野が形成される例は，比較的大きな湾に面する広い沖積低地の平野によく見られる．濃尾平野（伊勢湾），関東平野（東京湾），大阪平野（大阪湾），筑紫平野（有明海）などがその例である．

一方，海洋プレートが大陸プレートの下に沈み込む所では，プレートに引きずられて地盤が沈降するため，海溝（深さ6,000m以上）のような深い海底地形やトラフ（深さ6,000m以下）が形成される．太平洋プレートが沈み込む所には日本海溝や千島・カムチャッカ海溝があり，フィリピン海プレートが沈み込む所には南海トラフや琉球海溝がある．また，海洋プレートと大陸プレートがぶつかる所には海洋プレートにより運ばれた堆積物と大陸の河道から供給された土砂からなる付加体（後述）が堆積している（図1-4）．

また，プレート運動に伴って，大陸に近い所では深い湾が形成される．深い湾では河道を通じて運ばれた土砂が河口に堆積せずに，海底谷へ流下するため，三角州が発達せず，扇状地のまま海へ突入することになる（臨海性扇状地）．黒部川（富山湾），富士川・大井川（駿河湾），相模川（相模湾）などがその例である（写真1-1）．特に駿河湾は日本最深の湾で，深さは2,500mにも及ぶ．次いで相模湾（1,500m），富山湾（900m）が深い湾である．

また，海溝は陸地と海洋という起源の異なる2つの堆積物が合流する場所である．陸地からは河道等により砂や泥からなる堆積物（タービダイト）が供給され，海洋からはプレートにより泥や海洋性プランクトン（チャートなど）からなる堆積物が供給される．これ

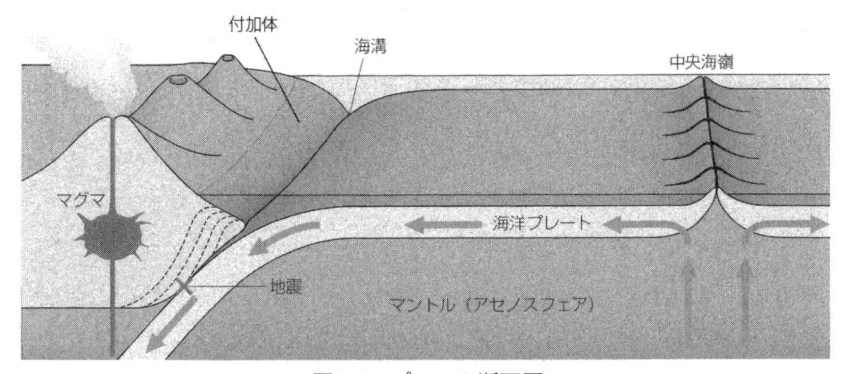

図1-4 プレート断面図
出典［新星出版社編集部：徹底図解 地球のしくみ，新星出版社，2007年］

写真1-1　大井川の臨海性扇状地
出典［朝日新聞社：週間朝日百科 世界の地理60号　特集編 日本の自然，朝日新聞社，1984年］

らは合わさって，一部はプレートとともに地球内部に引きずり込まれ，一部は大陸の地殻に付け加わり，付加体と呼ばれる（付加体の概念は1990年代に日本の研究者により提案された）。日本付近では5億年前以降，海溝からのプレート沈み込みが始まり，付加体による陸地の成長が始まった。大量の水を含んだ付加体は脱水・圧密などにより固結化して，大陸の一部となり，約4億年の間に約400 kmの陸地が海溝側に付加された。

　代表的な付加体に四万十帯や三波川帯があり，中央構造線に沿って分布している。すなわち，外帯[注1]は付加体によって形成されているといえる。付加体により大陸は水平方向に広がるが，付加体に花崗岩マグマが貫入すると，鉛直方向にも高くなる。この付加体により，大陸の地層は中心ほど古く，周辺ほど新しい。日本列島の地質も大局的に見れば，日本海側ほど古く，太平洋側ほど新しい。

　プレートは地形変化を引き起こすだけでなく，十分硬いプレートは地震を発生させる。プレートに作用する力が地殻の強度を超えると破壊，すなわち地震が起こる。地震が発生すると，地震断層が生じなくても，広域にわたって土地が隆起したり，沈降することがある。例えば，関東大震災（1923.9）では最大で3 mの水平変位，140 cm（隆起）〜△80 cm（沈降）に及ぶ鉛直変位が生じた。地震が発生しなくても，プレート境界の近くでは地盤の変形が少しずつ起こっている。

**参考文献**
1) 朝日新聞社：週間朝日百科 世界の地理 060号　特集編 日本の自然，朝日新聞社，1984年
2) 新星出版社編集部：徹底図解 地球のしくみ，新星出版社，2007年
3) 小島圭二：自然景観の読み方7 自然災害を読む，岩波書店，1993年

---

注1）中央構造線を境にして，太平洋側を（西南日本）外帯，日本海側を（西南日本）内帯という。

## 1.3 地形形成に影響する海水準の変化

過去100万年間で見れば，北米と北欧の大陸氷床の消長により，10回ほど大規模な海水準変化が生じた。過去約16万年間における気温と海水準の変化を見ると，14万年前頃は気温上昇後に海水準が上昇したが，気温と同時に海水準が変化することも多い（図I-5）。最近海水準が特に低下したのは，氷河期のうちの最終氷期（2～6万年前）で，北米大陸などに厚い氷河が形成され，特に2万年前には現在より100m前後低下していた。

その後，2万年前より温暖化し，1.5万年前より海面は上昇に転じた（有楽町海進）。6千年前には最も海面が高くなり（縄文海進），現在より海水面は2m高く，関東平野では海が荒川や江戸川の谷に沿って内陸部まで進入してきた（図I-6）。また，利根川・鬼怒川筋にも海水が進入し，霞ヶ浦を形成した。温暖化に伴って山地部では森林限界が上昇して表層は植生で保護されたが，温暖化で降雨や洪水流量が増加したため，侵食活動が活発になり，生産・運搬された土砂は三角州などの低地を形成した[注1]。このように温暖化が進行すると，土砂生産量は増加する傾向がある。

海水準が変動すると，河床勾配（掃流力）が変わって，地形改変を引き起こす。例えば，海水準の低下により，掃流力が増大して，台地や河岸段丘（河成段丘ともいう）が形成される。こうした海水準の変化等に伴う地形形成により，洪積世にほとんどの台地（洪積台地）およびかなりの丘陵が形成され，沖積世に低地（沖積低地）が形成された。

河川地形は長期的な視点で見れば，下流部は主として海水準変化，上流部は主として気候変化によって変化する（図I-7）。例えば，気候が①間氷期→②氷期→③後氷期に変化した場合，①→②では海面低下により下流部で侵食，上流部で堆積傾向となる。また，②→③では海面上昇により下流部で堆積，上流部で侵食傾向となる。このような海水準変化等により，川幅や段丘地形が規定されている。

次に地形形成とは別に，過去1世紀間の海水準変化を見てみる（図I-8）。台風に伴う高潮被害などが発生すると，近年海面水位が上昇していることが原因であるといわれる。

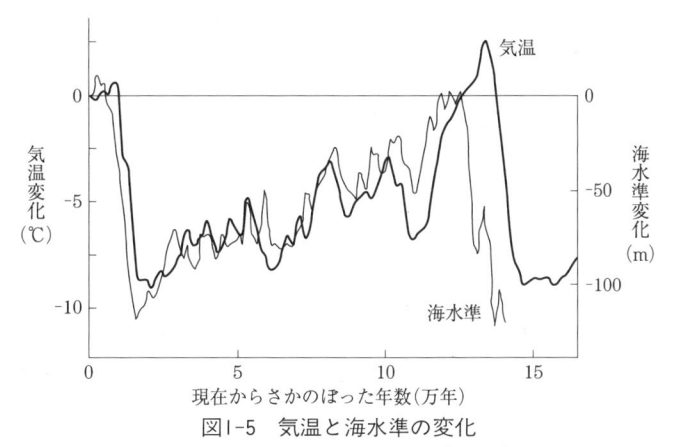

図I-5 気温と海水準の変化

＊）約10万年周期で気温・海水準変動が生じ，変化は気温が先行する場合と海水準が先行する場合がある。
出典［酒井治孝：地球学入門―惑星地球と大気・海洋のシステム，東海大学出版会，2003年 ほか］に加筆・修正

---

注1）河川沿いに海水が進入し，古鬼怒湾の一部は現在の霞ヶ浦の形に近い。

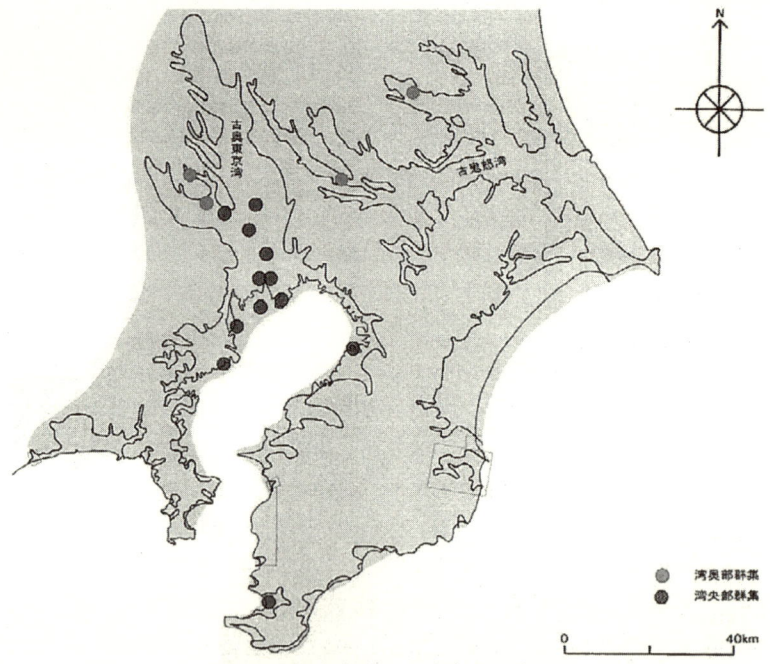

図I-6 縄文海進による海水の進入
出典［遠藤邦彦・関本勝久・高野司ほか：関東平野の《沖積層》，URBAN KUBOTA，No. 21，1983年］

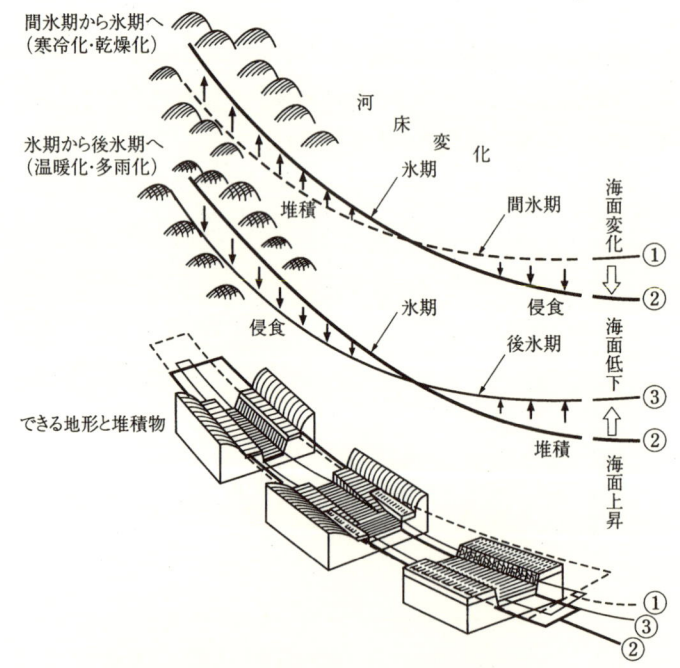

図I-7 海面・気候変化に伴う河川変化のモデル
出典［貝塚爽平・成瀬洋・太田陽子ほか：新版日本の自然 日本の平野と海岸，岩波書店，1985年］

　近年100年間の日本沿岸の海水準を見ると，約20年周期の変動が顕著であるが，S60以降は上昇傾向にあり，約6 cm上昇した。しかし，S25〜40には約8 cm下降する（S25が極大）など，世界平均の海面水位が100年間で17 cm上昇したような上昇傾向はない。

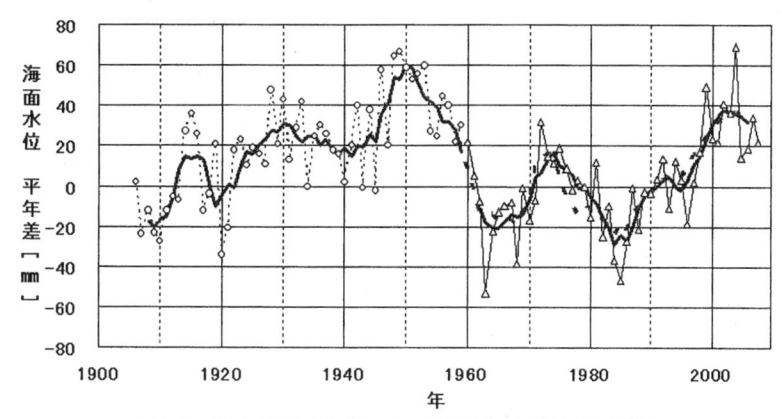

図1-8 過去100年間（1906〜2008年）の海水準の変化
＊） 1971〜2000年の平均値（平年値）をゼロとして図示している。
出典［気象庁地球環境・海洋部：海洋の健康診断表 日本沿岸の海面水位の長期変化傾向，2009年］

したがって，海水準変化[注1]の影響が今後出てくる可能性はあるが，現時点ではその影響は少ない。なお，対象とした検潮所は地殻変動の影響が小さい所で，S34以前は4カ所，S35以降は16カ所の検潮所の平均海面水位の平年値との差で表示している。図中で実線は5年移動平均値，破線は4検潮所のみの5年移動平均値を示している。

**参考文献**
1) 酒井治孝：地球学入門―惑星地球と大気・海洋のシステム，東海大学出版会，2003年
2) 遠藤邦彦・関本勝久・高野司ほか：関東平野の《沖積層》，URBAN KUBOTA，No.21，1983年
3) 朝日新聞社：週間朝日百科 世界の地理060，特集編 日本の自然，朝日新聞社，1984年
4) 貝塚爽平・成瀬洋・太田陽子ほか：新版日本の自然 日本の平野と海岸，岩波書店，1985年
5) 気象庁地球環境・海洋部：海洋の健康診断表 日本沿岸の海面水位の長期変化傾向，2009年

## 1.4 構造線と河川

　構造線とは，ある程度まとまった時代に堆積岩・変成岩などが帯状に形成され，その境界となる大規模な水平移動断層線を意味する。日本には大きな構造線として，中央構造線と糸魚川−静岡構造線がある。中央構造線は大陸東縁の陸地同士が移動・衝突した時の境界面で，約1億年前の中生代に動き始めた断層で，その後日本列島が誕生した。また，糸魚川−静岡構造線は，時計回りに回転する西南日本と反時計回りに回転する東日本の運動により生じた陥没地形（フォッサ・マグナ）の西縁にできた構造線である。この構造線の縁には赤石山脈と甲府盆地の境界に代表されるような日本一の高度差を持つ急崖がある（写真1-2）。糸魚川−静岡構造線の西側は標高が高く明確だが，フォッサ・マグナ（新第三紀層の褶曲地帯）の東縁は第四紀に噴出した火山に覆われ不明な所が多い。また，構造線は土砂に覆われたり，開発などによって地表では分からないものもあり，現在判明しているものは厳密には途切れ途切れの線となっている。

　中央構造線沿いの河川には堆砂量および年堆砂量が最も多い佐久間ダム（234万m³/年）を有する天竜川のほか，豊川，櫛田川，宮川，紀の川，吉野川，番匠川などがある。

注1）海水準は温暖化に伴って一過性に増加しているのではなく，変動が見られる。

写真 I-2　フォッサ・マグナの西縁地形
出典［朝日新聞社：週間朝日百科 世界の地理60号　特集編 日本の自然，朝日新聞社，1984年］

　また，糸魚川-静岡構造線沿いの河川には比堆砂量が最も多い高瀬ダム（4,800 m³/年/km²）を有する信濃川支川高瀬川のほか，信濃川支川の犀川・梓川，安倍川，姫川などがある。また，大井川は両構造線にはさまれた地域を流下している。
　構造線沿いは地質が脆弱で，破砕帯を伴うため，基岩内部で崩壊が発生し，土砂生産を起こしやすい。破砕帯は破砕または圧砕された軟弱な岩石や粘土を多く含んでいるため，地すべりを起こしやすく，特に群発急性型地すべりの発生を契機に渓谷部に数百mにも及ぶ広い河原ができることがある（大井川，安倍川，庄川など）。
　なお，構造線を境にして，生態系の種類が変わるといわれている。例えば，ゲンジボタルの遺伝子の塩基配列を調べたところ，中央構造線を境にして九州の北部と南部ではゲンジボタルの種類が異なっていた。また，オオダイガハラサンショウウオの生息域は，紀伊半島から九州の中央構造線にほぼ沿っている。これらの理由はよく分かっていないが，地域特有の河川，斜面，植生が関係している可能性がある。

**参考文献**
1) 活断層研究会編：新編日本の活断層―分布図と資料―，東大出版会，1991年
2) 朝日新聞社：週間朝日百科 世界の地理 060，特集編 日本の自然，朝日新聞社，1984年
3) 小出博：日本の国土（下），東京大学出版会，1973年

## 1.5　大規模山地崩壊

　上記したような褶曲地形や構造線がある地域，また標高の高い山地域などは崩壊を起こして，土砂を生産しやすい。標高の高い地域が崩壊を起こしやすいのは隆起量や起伏量が

大きく，大きな気温差により風化するため，土砂が脆弱化しやすいことによるものである。

山地崩壊は流域の地形を改変させたり，河床上昇に伴って水害被害を発生させる。磐梯山などの水蒸気爆発に伴う山地崩壊（1888）を除けば，降雨や地震に伴う歴史的に大規模な山地崩壊の土砂生産量は概ね1億m³オーダーである。これは全国における年間土砂生産量に相当する量である。日本三大崩れ（大谷崩れ，立山大鳶崩れ，稗田山の崩壊）等の概要を表1-3に示す（写真1-3，1-4）。

表中で最も崩壊量が多いのは立山大鳶崩れ（常願寺川）で地震により崩壊し，形成され

表1-3　大規模山地崩壊の概要

| 発生年<br>発生場所 | 山地崩壊の概要 |
| --- | --- |
| 1707年<br>安倍川<br>大谷崩れ<br>（静岡市） | M8.4の宝永地震（1707）およびその後の降雨により，瀬戸川層群の山地が崩壊（1.2億m³）し，崩壊土砂が土石流となって流下した。崩壊後は災害が繰り返され，特にT3の台風では静岡市内で45名の死者を出す災害となった。この山地は地質条件が悪く，現在でも荒廃が続いている。大谷川には15基の床固め群による斜面崩壊防止対策が行われている |
| 1858年<br>常願寺川<br>立山大鳶崩れ<br>（富山と岐阜の県境） | 常願寺川源流の立山カルデラ（東西6.5 km×南北4.5 km）における大鳶崩れは，断層の活動による飛越地震（推定M7.0～7.1）により発生し，その崩壊量は2.7～4.1億m³であった。崩壊土砂は30～40 km下流まで流下し，真川に最大150 mの厚さで堆積した。真川には長さ8 kmにわたる湖ができ，その後の地震で決壊したため，大規模な土石流・洪水流となり，全壊・流失家屋約1,600戸，死者140名の災害となった。崩壊土砂の一部は現在も上流域に台地状となって，渓床に堆積している |
| 1911年<br>姫川支川浦川<br>稗田山<br>（長野県小谷村） | 浦川流域にある稗田山では台風性豪雨等により，軟弱な火山性地質の北側斜面が崩壊して1.5億m³の土砂が生産され，土石流となって4 km流下した。流下土砂は浦川および姫川で堆積し，特に姫川には浦川合流点から上流2 km区間に天然ダム※が形成され，一部決壊が起きるなどして，23名の死者を出した |
| 1984年<br>王滝川<br>御岳伝上崩れ<br>（長野県王滝村） | 長野県西部地震（M6.8）により，御岳山の山腹崩壊が発生した。崩壊土砂量は約3,600万 m³で，崩壊土砂は土石流となって王滝川へ流出・堆積し，下流の牧尾ダムへ流入した。途中の渓床・渓岸に堆積した土砂は翌年の梅雨前線豪雨による降雨・洪水により下流へ再移動するなど，10年近くにわたって下流へ継続的に流出した |

※：堰止め湖とも称されたが，現在は天然ダムが一般的な呼称である

写真1-3　大谷崩れ（安倍川）
提供［国土交通省中部地方整備局］

写真1-4 立山大鳶崩れ（常願寺川）
*) 写真中央部に砂防堰堤が見られ、その上流には崩壊土砂の堆積部が残っている。
出典［朝日新聞社：週間朝日百科 世界の地理60号 特集編 日本の自然, 朝日新聞社, 1984年］

た天然ダムがその後の地震で決壊して, 大きな被害となった。これに対して, 稗田山（姫川支川浦川）は豪雨, 大谷崩れ（安倍川）は地震と豪雨により土砂崩壊・流出が発生した。稗田山では立山と同様に天然ダムが形成された。また, 立山や大谷崩れは現在も荒廃した地域が残り, 渓床等に土砂が堆積しており, 豪雨のたびに土砂流出を繰り返している。

このように, 大規模山地崩壊は複合した原因で発生することもあり, そのプロセスおよび影響については, 第6章 6.13「複合災害」に示した。また, 天然ダムの形成と決壊に伴う被害状況については, 第9章 9.8「土砂堆積」に示した。

### 参考文献
1) 朝日新聞社：週間朝日百科 世界の地理060, 特集編 日本の自然, 朝日新聞社, 1984年
2) 奥田節夫：大規模な崩壊・氾濫災害に関する研究, 昭和62年度特定研究研究成果, 1996年

## 1.6 土砂生産

　歴史的な大規模崩壊ではないが，山地域などから土砂が生産されると，マクロスケールで見れば，平野などの河川地形が形成されるほか，河道の流路が変わったり，河床上昇を引き起こす。土砂生産は基本的にはプレート運動に伴う隆起により土砂が脆弱化したり，標高が高くなって風化により土砂生産を起こす。直接的には降雨や地震などによって引き起こされ，斜面勾配などの地形や地質などの影響を受けるので，発生量の予測は難しいが，斜面崩壊は勾配30度以上で発生しやすく，また一定規模以上の土砂発生確率が高いのは日雨量が400 mmを超える時である（図1-9）。このように，豪雨でない場合は降雨量の土砂生産への影響度が不明確であるため，土砂生産には降雨量ではなく，標高，起伏度（起伏量比[注1]），荒廃度，地質などが有意なパラメータとなる。

　また，地震による土砂生産では，歴史的には常願寺川の立山大鳶崩れのように，1億m³規模の土砂が生産される場合もあるが，通常は大きくても1,000万m³規模の土砂生産である。例えばM 6.8の長野県西部地震（S 59.9）により王滝村で3,600万m³に及ぶ御岳山の山腹崩壊が発生し，土石流となって王滝川へ流出・堆積した（写真1-5）。この地震によりH 4までに，計1,080万m³の土砂が下流の牧尾ダムに流入・堆積した。

　土砂生産は，山腹崩壊，斜面崩壊，河岸侵食，表面侵食に至るまで様々な形態や規模で発生する（図1-10）。斜面・山腹崩壊による崩壊深は0.5～2 mが多い。崩壊した土砂は土石流，急勾配の河道では掃流型集合流動，その後洪水の掃流で河道を流下していくが，一部は渓床や渓岸に堆積する[注2]。渓床や渓岸に堆積した土砂は次の降雨・洪水により流

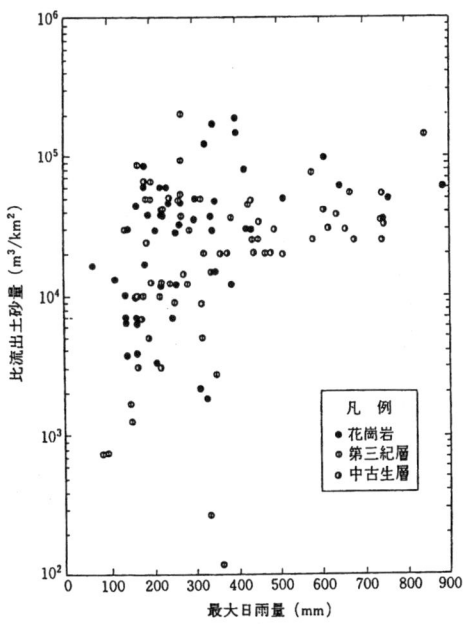

図1-9　最大日雨量と比流出土砂量との関係
出典［砂防学会監修：砂防学講座　第5巻1　土砂災害対策―水系砂防(1)―，山海堂，1993年］

---

注1）起伏量比とは，該当地点の標高と山地標高との比高を地点間の水平距離で割った「平均勾配」を意味する。

写真1-5　長野県西部地震に伴う御岳崩れ
提供［王滝村役場農林建設課］

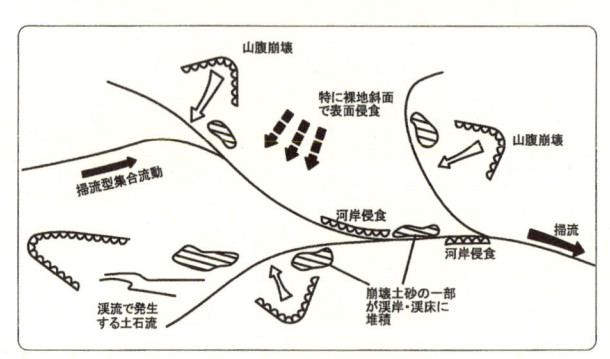

図1-10　土砂生産状況図
出典［末次忠司・野村隆晴・瀬戸楠美ほか：ダムの堆砂対策技術ノート―ダム機能向上と環境改善に向けて―，ダム水源地環境整備センター，2008年］

出してくる。なお，小流域ほど山腹崩壊土砂よりも渓床や渓岸の堆積物が流動（土石流）化して，土砂供給源となることが多いことが富士川流域などで確認されている。

　生産土砂量は土砂動態に影響を及ぼすが，生産土砂の質もあわせて把握しておく必要がある。建設省土木研究所がダム堆砂量および濃尾平野・新潟平野などのボーリング資料

---

注2）流動形態によって堆積構造が異なり，流動が掃流の場合は層状（分級）構造に堆積し，土石流の場合はランダムに堆積する。

図1-11 沖積平野における供給土砂量

〔凡例〕
沖積層体積から算定
- 砂利
- 砂
- シルト・粘土
- 海域堆積物

ダム堆砂量から算定

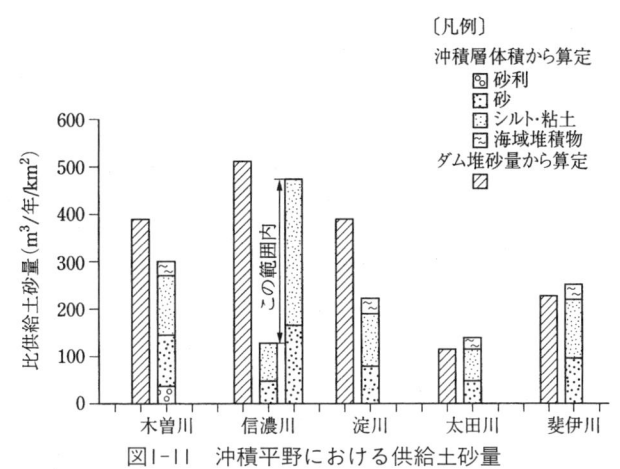

＊）信濃川流域は上流の盆地部における土砂氾濫の見積もり（評価）により，推定結果が異なる。

出典［山本晃一・藤田光一・赤堀安宏ほか：沖積河道縦断形の形成機構に関する研究，土木研究所資料，第3164号，1993年］

（沖積層厚）から供給された土砂量を推定した結果，比供給土砂量は100～500 m³/年/km² であった．しかも，数十年間の供給土砂量（ダム堆砂）と1万年間の堆積量（ボーリング資料）の年平均値はほぼ等しく，またその構成はともに砂利：砂：シルト＝(0～10 %)：(35～40 %)：(50～65 %) であった（図1-11）．

なお，生産土砂量を直接観測することは難しいので，下流のダム堆砂量から推定するか，流量との $Q\sim Q_s$ カーブ（$Q_s=\alpha\cdot Q^\beta$）を設定して解析する．細粒のウォッシュロード（概ね0.1 mm以下）の流砂量は概ね $Q^2$（$\beta=2$）に比例するが，礫などは河道特性等により異なるので，試行錯誤的に求めることとなる．流域の地質が風化花崗岩である矢作川や白川におけるウォッシュロードの流砂量では大きな比例定数 $\alpha$ となっている．

上流から流送されてきた土砂は，中下流で河道から氾濫して盆地や平野を形成する．このように，日本では氾濫土砂により形成された堆積型の地形（新しい地形）が多いが，外国では平野を河川が侵食する開析型の地形（古い地形）が多いという点が大きく異なっている．そのため，外国の河川は標高の低い所を流れて，氾濫しても被害は河川沿いに限定されるのに対して，日本では洪水位は平野よりも高いため，いったん氾濫すると広い範囲で浸水被害が発生する．

**参考文献**
1) 砂防学会監修：砂防学講座 第5巻1 土砂災害対策―水系砂防(1)―，山海堂，1993年
2) 建設省砂防部監修・砂防・地すべり技術センター編：地震と土砂災害，1995年
3) 秋谷孝一：災害実態，土砂災害対策―水系砂防(2)―，山海堂，1993年
4) 末次忠司・野村隆晴・瀬戸楠美ほか：ダムの堆砂対策技術ノート―ダム機能向上と環境改善に向けて―，ダム水源地環境整備センター，2008年
5) 山本晃一・藤田光一・赤堀安宏ほか：沖積河道縦断形の形成機構に関する研究，土木研究所資料，第3164号，1993年

## 1.7 土砂生産と地質

　地質の地域性を見ると，東北日本は軟岩と火山に代表されるが，その分布はフォッサ・マグナの西縁にある糸魚川‐静岡構造線で終わる。そこを越えると，火山のない花崗岩と古い堆積岩の多い西南日本となる。安倍川付近がその境界となっている。

　土砂生産と深く関係する地質の要素に地質年代，割れ目の多さ，硬軟度，岩種などがある。土砂生産を起こしやすい（割れ目が多く，軟らかい（侵食されやすい））岩石は，
・地質年代では風化・破砕した中・古生層の岩石
・岩種では風化花崗岩や火山噴出物
・深層破砕帯の岩石や火山噴出物
などである（表 1-4）。

　中・古生層の岩石とは古生代シルル紀～中生代ジュラ紀（4.4億～1.4億年前）の岩石である。破砕帯は基岩内部で崩壊が発生するもので，崩壊頻度は低いが崩壊規模・崩壊深とも大きい。また，花崗岩自体は硬い深成岩であるが，風化しやすく，礫を経ることなく一様粒径の砂（真砂）になる。風化花崗岩のなかでも，透水係数は粗粒の方が細粒より大きいため，地中水が集中して崩壊しやすい。真砂は斐伊川，木津川，矢作川流域など中国，近畿地方に多い。真砂が多い流域の河川は河床上昇が著しく，天井川を形成している。一方，火山噴出物は火砕流堆積物や基岩が認められないほど風化が進行した土砂で，温泉作用により脆弱になった岩石もある。また，上述していないが，第三紀層も破砕帯と類似して固結度が低いため，土砂生産を起こしやすい。

　生産された土砂は粒径に応じて，大粒径ほど上流で堆積し，小粒径ほど下流へ運搬される，いわゆる土砂の分級作用（運搬または堆積）を受ける。したがって，河床材料の粒径は通常下流へ行くほど細かくなるが，表 1-5 のように岩質により物理的風化の過程が異なるため，縦断的な粒径分布は河川により異なる。例えば，頁岩は薄く剝がれる性質があるため，礫を経ずして砂利や砂になる。砂岩は地質年代が新しいものほど，風化して細かい土砂になる傾向がある。このように礫などの途中の段階を経ずに風化が進行する岩種は堆積岩に多い。ただし，岩種は変化することがあり，泥岩は高温・高圧で頁岩となり，頁岩は弱い変成作用を受けると粘板岩になる。一方，安山岩や玄武岩などの火山岩はマグマが急に冷やされてできた非常に硬い岩石であり，緑色凝灰岩は火山噴出物からなるやや硬い堆積岩であるため，砕屑されにくい性質を有している（写真 1-6）。なお，最近は火成岩は火山岩と深成岩に分類され，半深成岩には分類されない場合も多い。

　例えば，木曽川流域のように岩質が火山岩類（安山岩，玄武岩，流紋岩など）の場合，摩耗しにくいので，2～10 mm の粒径土砂が少なく，粒径加積曲線がなだらかになり，縦断的な粒径分布の連続性が弱くなる。水系位置が近い木曽川，揖斐川，矢作川を対象に調

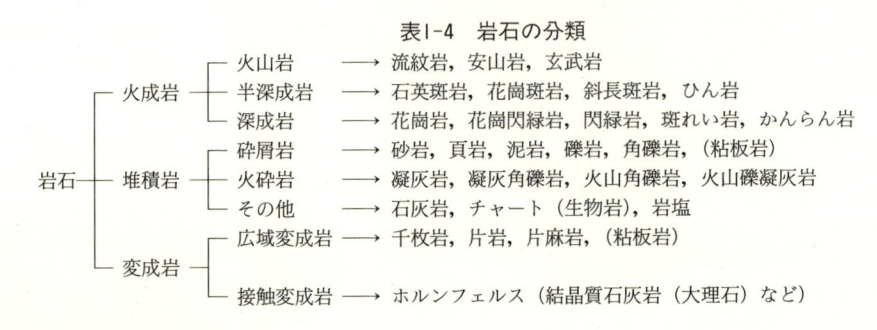

表 1-4　岩石の分類

```
              ┌ 火山岩    → 流紋岩，安山岩，玄武岩
      ┌ 火成岩 ┤ 半深成岩  → 石英斑岩，花崗斑岩，斜長斑岩，ひん岩
      │      └ 深成岩    → 花崗岩，花崗閃緑岩，閃緑岩，斑れい岩，かんらん岩
      │      ┌ 砕屑岩    → 砂岩，頁岩，泥岩，礫岩，角礫岩，（粘板岩）
岩石 ─┤ 堆積岩 ┤ 火砕岩    → 凝灰岩，凝灰角礫岩，火山角礫岩，火山礫凝灰岩
      │      └ その他    → 石灰岩，チャート（生物岩），岩塩
      │      ┌ 広域変成岩 → 千枚岩，片岩，片麻岩，（粘板岩）
      └ 変成岩┤
             └ 接触変成岩 → ホルンフェルス（結晶質石灰岩（大理石）など
```

表I-5 地質と物理的風化過程

| 物理的風化過程 | 地質分類 |
|---|---|
| 基岩　岩塊　礫　砂利　砂　粘土 | |
| ○─────────────────→○ | **頁岩**（第三紀層） |
| ○────────────────→○ | 花崗岩，**頁岩**（中生層），**砂岩**（第三紀層） |
| ○──────────→○──→○──→○ | **頁岩**（古生層），粘板岩 |
| ○────────────→○ | **砂岩**（中生層） |
| ○──────→○──→○ | 石英斑岩，**砂岩**（古生層），珪砂*1 |
| ○──→○──→○ | 珪岩*2 |
| ○──→○ | 安山岩，玄武岩，**石灰岩**，緑色凝灰岩 |

＊1：珪岩は縞状構造の細かい珪砂(1)と縞状構造の荒い珪岩(2)に分けている
＊2：太字の地質は堆積岩である
出典［小出博：日本の国土（上）、東京大学出版会、1973年］

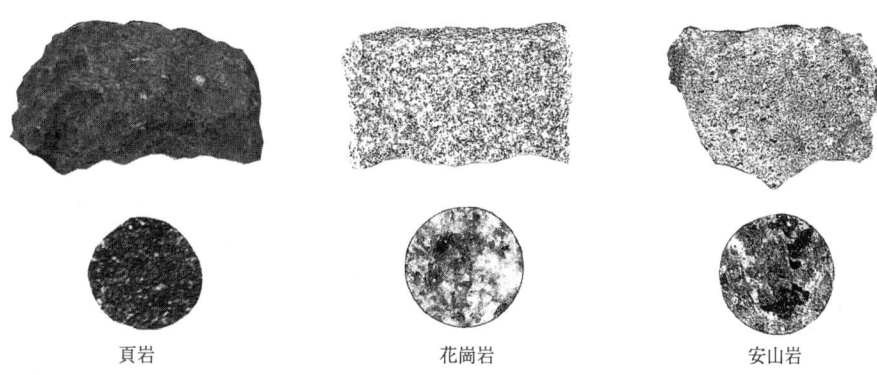

写真I-6 頁岩，花崗岩，安山岩の特徴

＊） 頁岩は粒度の異なるものが薄く交互に積み重なっている，花崗岩は結晶の粒の大きさがそろっている，安山岩は大きな結晶（斑晶）がまばらにあるという特徴がある．

査した結果では，木曽川は火山岩類が50％以上，揖斐川は堆積岩類が70％以上，矢作川は花崗岩類が70％を占めた．これらを用いた摩耗試験では流紋岩（火山岩類）の摩耗が最も少なく，花崗岩（深成岩類）の摩耗が最も多かった．

一方，中村氏によると，土砂生産に関係する岩のその他の特徴は以下の通りである．

［火成岩］
・流紋岩のような硬岩は開口した割れ目に沿う風化が著しい
・変質安山岩は著しいスレーキング（乾湿の繰り返しにより急速に劣化）を起こす
・花崗岩類は広域にわたって深層（30〜40 m）を風化する

［堆積岩］
・頁岩は劣化が速い
・泥岩はスレーキングを生じやすい，また強度が低い

［その他］
・軽石混じり火山灰層は未固結である
・塩基性岩類（玄武岩など）は化学的風化を受けやすい
・古期段丘堆積物，火山泥流堆積物は未固結である
・河岸段丘や崖錐堆積物は未固結で崩壊しやすい
・高温多湿地域では化学的風化の進行が著しい
・九州地方の四万十帯付加体堆積物は破砕が著しい

・三波川変成帯は片理が著しく発達している

河道の流砂量は通常地質が脆弱な流域や規模の大きな本川が多いが，支川の流砂量が支配的な場合がある。例えば，富士川では山腹崩壊の著しい赤石山脈から流下する支川早川から大量の土砂が本川へ流入している。特に富士川を流下する1cm以上の土砂はほとんどが早川由来である。流砂量を支配している河道を特定する方法としては，支川および本川の縦断的な河床材料の岩種の分布を調査する方法がある。

**参考文献**
1) 国交省砂防部砂防計画課・土木研究所火山・土石流チームほか：山地流域における土砂生産予測手法の研究，平成17年度 国交省国土技術研究会，2005年
2) 小出博：日本の国土（上），東京大学出版会，1973年
3) 今井正直：河道特性としての河床材料の質について，平成12年度 部外研究員報告書概要版，2001年
4) 中村康夫：地質現象とダム，ダム技術センター，2008年

## 1.8 土砂災害

大量の土砂生産は人間活動が少ない場所であれば，単なる土砂の侵食・堆積現象であるが，人家や施設がある地域で発生すると，土砂災害となる。土砂災害には急傾斜地崩壊（崖崩れ），地すべり，土石流があり，これらを合わせた土砂災害危険箇所は全国に21万箇所以上あり，推定約1,400万人が土砂災害の危険にさらされている。しかし，対策施設の整備率は依然20〜30％で，整備途上である。

表1-6に示した危険箇所数等は急傾斜地崩壊が傾斜度30度以上・高さ5m以上・人家5戸以上の箇所，土石流が発生危険性が高く，人家5戸以上の渓流である。都道府県別に見ると，急傾斜地崩壊と土石流は風化花崗岩（マサ）が広く分布する広島・兵庫，地すべりは長野・長崎が多い。

1980〜2006年における平均年間死者数は急傾斜地崩壊25名，地すべり18名，土石流5名である。S41以降で死者数が30名以上の土砂災害は表1-7の通りで，100名以上が犠牲となった土砂災害は天草（S47.7），小豆島（S51.9），長崎水害（S57.7），山陰水害（S58.7）である。いずれの土砂災害も土石流による死者数が多かったが，長崎水害では急傾斜地崩壊による死者も多かった。土砂災害では2次災害にも注意する必要があり，例えば高知県土佐山田町繁藤（しげとう）（S47）では，行方不明者の捜索中に消防団員や地元協力者60名が崩壊土砂の犠牲となった。

災害による死亡場所・原因については，第6章 6.2「水害による死亡原因」に記述している。なお，土砂災害は降雨量だけでなく，山地の地質や林相により発生規模などが異なる。樹木の種類で見れば，森林伐採後10年程度経過した幼齢林で崩壊が起きやすく，また天然林や針葉樹の中・高齢林では崩壊が少ない。

表1-6 土砂災害危険箇所数

| 災害区分 | 総箇所数 | 第1位 | 第2位 | 第3位 | 公表 |
| --- | --- | --- | --- | --- | --- |
| 急傾斜地崩壊危険箇所 | 113,557 | 広島 (6,410) | 兵庫 (5,557) | 長崎 (5,121) | H14年度 |
| 地すべり危険箇所 | 11,288 | 長野 (1,241) | 長崎 (1,169) | 新潟 (860) | H10年度 |
| 土石流危険渓流 | 89,518 | 広島 (5,607) | 兵庫 (4,310) | 長野 (4,027) | H14年度 |

表1-7 死者数30名以上の土砂災害

| 年.月 | 災害名 | 被災地域（死者数） |
|---|---|---|
| S41.9 | 昭和41年台風26号 | 山梨県西湖周辺（32名） |
| S42.7 | 昭和42年7、8月豪雨 | 兵庫県六甲（92名）、広島県呉市（88名） |
| S47.7 | 昭和47年7月豪雨 | 熊本県天草周辺（115名） |
| S50.8 | 昭和50年8月台風5号 | 高知県仁淀川周辺（68名） |
| S51.9 | 昭和51年台風17号 | 小豆島（119名） |
| S57.7 | 長崎水害 | 長崎市（299名） |
| S58.7 | 山陰水害 | 島根県三隅町・浜田市周辺（107名） |
| H5.8 | 平成5年8月豪雨 | 鹿児島市周辺（64名） |
| H7.1 | 阪神・淡路大震災 | 仁川地すべり（34名） |

　発生件数が最も多いのは急傾斜地崩壊（崖崩れ）で，長崎水害では95名が犠牲となった。急傾斜地崩壊は前兆現象がなく発生することも多く，一瞬のうちに崖下の建物が被災してしまう。ただし，崩壊の発生には免疫性が見られ，いったん崩れた崖は対策が施されたり，傾斜が緩くなるために危険性（発生確率）が低くなる。196件の事例を調査した結果では，1回目の崩壊が75％であったのに対して，2回目は10％，3回目は8％と減少傾向にあり，多数の箇所で免疫性が見られた。

　地すべりは年間移動量が数mm～数cm程度と土砂の動きは緩慢で，広域的に被害が発生する場合と，5～10 m/sといった高速地すべりで多数の人的被害を発生させる場合がある。近年発生した地すべりの土砂移動速度は表1-8に記した通りで，特に新潟県中越地震や阪神・淡路大震災は典型的な高速地すべりであった。

　地すべり地帯は日本海沿岸地域（新第三紀層地帯），四国中央山地および関東山地（結晶片岩分布域）に多い。長野市地附山も新第三紀層の地すべりで，凝灰岩層の風化に伴うものである。地附山と同様，地すべり土量が多いものに群馬県少林山の地すべり（S35）があり，350万m³の土砂が流動した。

　地すべりは災害を起こすだけでなく，河道を閉塞して洪水の流下阻害を引き起こす場合がある。亀の瀬地すべりは有名であるが，大和川が奈良盆地から出てくる所に位置するため，地すべり土塊が河道を閉塞すると，奈良盆地が多大な浸水被害を被ることになる。この地すべりは粘土層（すべり面）上の土塊が地下水などの影響で，ゆっくり流動しているもので，明治以降大規模な地すべりが三度発生した。地すべり対策としては，深さ100mの深礎工や多数の鋼管杭工により地すべりの圧力を抑止するとともに，水路工・集水井工・トンネル排水工により地下水の排水を行っている。

表1-8 地すべりの移動速度等

| 地震名 | 場所 | 年月 | 死者数 | 移動速度等 |
|---|---|---|---|---|
| 新潟県中越地震 | 山古志村（現長岡市） | H16.10 | 23名 | 移動速度は東竹沢地区で20 m/s以上，寺野地区で10 m/s以上と高速であった |
| 阪神・淡路大震災 | 兵庫県西宮市仁川 | H7.1 | 34名 | 移動速度は数m/sで，100 m以上の距離を移動した。土砂は仁川を堰止めた |
| 長野市地附山地すべり災害 | 地附山地区 | S60.7 | 26名 | 360万m³の土砂が流動した。移動速度は人が歩くぐらいの速度（1 m/s）であった |
| 長野県西部地震 | 王滝村松越地区 | S59.9 | 13名 | 震央に近く，粘板岩上に堆積した風化軽石層が移動 |

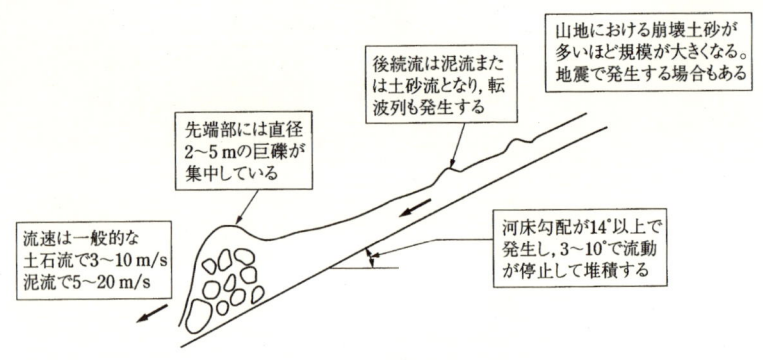

図1-12 土石流のしくみ

　また，土石流は大量の土石と水を含む先端が盛り上がった流れで，渓流の勾配が14度（勾配1/4）以上で発生し，渓流勾配が3～10度で流動を停止して，堆積する。土石流は降雨に伴って発生することが多いが，地震に伴う土砂崩壊により発生することもある（図1-12）。長崎水害（S 57.7）では125名が土石流の犠牲となった。土石流の特徴は先端部に2～5 mの巨礫を含んで盛り上がった形となっている。一般的な流速は土石流が3～10 m/sで，泥水分が多い泥流[注1]が5～20 m/sである。土石流のパワーはすさまじく，8 mの巨石も流下させるほどの大きな流体力を有している。

　土石流が頻発している鹿児島の桜島では，3面張りの流路工を通じて土石流を海まで流下させ，ホテル下を通過している流路工もある。また，桜島では上流にワイヤーセンサーを渡して，土石流が通過するとワイヤーが切れて警報装置が作動するようになっている。こうした土石流検知センサーには接触型センサーと非接触型センサーがあり，全国に約400基設置されている。ワイヤーセンサーは接触型センサーで，土石流を確実に検知できるが，ワイヤーが切断されれば，再度設置する必要がある。一方，非接触型センサーには振動センサーなどがあり，少ないメンテナンスで複数回の土石流を検知できるが，高価なうえ，センサーのトリガーレベルの設定が難しい。すなわち，トリガーレベルを大きくすると，土石流を見逃す危険性がある。

　土石流は沢や流路工から溢れると，一帯に氾濫して，家屋を流失させたり，土砂を堆積させるなどの被害を発生させる。こうした現象を予測する手法として，土石流氾濫シミュレーションがある。これは河道からの洪水の越水・氾濫シミュレーションと同様に，対象領域を2次元メッシュに分割して，水と土砂の流れを解析する手法である。

　土砂流出抑制のための砂防堰堤は全国に約5万基あり，直轄で最も多いのは六甲山系の約500基，次いで利根川水系，富士川水系などが多い。砂防堰堤には上流から流下してきた土砂を捕捉する機能があるが，たとえ砂防堰堤が満砂になったとしても，堆砂勾配が緩くなるため，掃流力が減少し，流出抑制効果はある。例えば，重信川砂防堰堤群の多くは満砂となり，下流へ土砂が流出してくるが，砂防堰堤建設前に比べて，流出量は多くない。なお，砂防堰堤内の堆砂勾配は元河床勾配の約1/2となっているものが多い。

**参考文献**
1) 国交省砂防部監修：砂防便覧，全国治水砂防協会
2) 小橋澄治編集：山地保全学，文永堂出版，1993年

---

注1) 山体に積もった雪が火山噴火に伴う高温の火砕流で一気に溶かされると，十勝岳（S1.5）で発生したような火山泥流となり，大災害を引き起こす場合がある。

3) 日本河川協会：平成18年版 河川便覧，2006年
4) 砂防・地すべり技術センター：土砂災害の実態
5) 坂本隆彦・増田富士雄・横川美和：扇状地で氾濫時に形成されたクライミングリップル砂層，月刊地球 号外 No.8，1993年
6) 末次忠司：河川の減災マニュアル―現場で役立つ実践的減災読本―，技報堂出版，2009年

## 1.9 侵食速度

降雨・洪水等による侵食には山地等の表面侵食，河岸・河床侵食，海岸侵食などがある。表面侵食は土砂生産，ダム堆砂，河床上昇などに影響するし，河岸・河床侵食や海岸侵食は河道・海岸管理にとって注意すべき現象である。したがって，これらの侵食速度を知っておくことは防災上，また管理上重要なことである。

前述したように，地殻変動に伴う隆起速度は速くて年間に数mm程度で，最も隆起が著しい赤石山脈などの中部山岳地帯で年間4mmである。これらの隆起量は侵食量を差し引いた見かけ上の隆起量である。それでは侵食量，侵食速度はどれくらいであろうか。

近年の流域侵食速度はダム堆砂速度から求めることができ，年間侵食量は0.01～0.7 mmの範囲にある[注1]。図1-13のようにダム比堆砂量は0～300 m³/年/km²が全体の68％と多いが，堆砂があまりない0～100 m³/年/km²のデータを除くと，100～500 m³/年/km²が頻度的に41％と多く，年間侵食量は0.1～0.5 mmと見るのが一般的である。なお，比堆砂量100 m³/年/km²は年間侵食量0.1 mmに相当する。

このように，ダム（流域）によって堆砂（侵食）速度は大きく異なる。すなわち，侵食作用は急激に地形を変えることがあるが，その多くは局所的で地域性が大きい。また，ある程度の隆起量がある地域では，隆起量に比較して侵食量はそれほど多くない。

ただし，侵食速度は土地利用・荒廃度・外力によって異なり，年間侵食速度では侵食が少ない草地・林地が0.01～0.1 mmであるのに対して，裸地は1 mmである。一般的な荒廃地はその10倍の10 mmで，大規模荒廃地になると20～100 mmにもなる。植生の

図1-13 ダム貯水池における比堆砂量の頻度分布

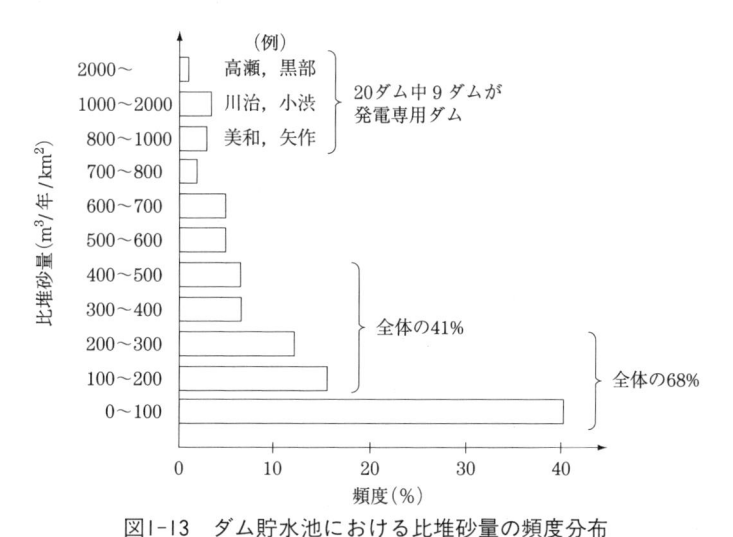

注1) 年間侵食量はダム貯水池の比堆砂量から換算して求めることができるが，堆砂データの精度より，対象ダムは総貯水容量≧100万m³，流域面積≧100km²，供用年数≧10年としている。

影響は植生の種類に関係なく，植生の被覆度が 20〜30 ％程度あれば，裸地に比べて侵食量は大幅に少なくなる。また，広域スケールで外力による侵食速度の違いを見ると，中小降雨で 1〜100 mm/年であるのに対して，豪雨では 1 豪雨あたりで 10〜100 mm にもなる。

河岸侵食速度は第 7 章 7.1「流路の変動」，河床侵食速度は第 3 章 3.7「河床変動の実態」に詳述した。河岸侵食速度は事例から 0.5〜3.2 m/年であるが，1 m 前後が多く，特に湾曲部における侵食速度が速い。また，セグメントで見ればセグメントMや1区間の侵食が顕著である（セグメントは第 3 章 3.5「河道特性」参照）。河床侵食は砂州形態によって異なり，交互砂州は砂州高が高いほど，複列砂州は流量が多いほど，侵食深が大きくなる。水理量では $\tau_*$（無次元掃流力）が大きいほど，侵食深が大きくなる傾向がある。しかし，河床侵食は移動する砂州に伴って発生することが多く，また洪水直後に埋め戻しがあるため，侵食速度の詳細は不明である。

一方，海岸侵食については第 2 章 2.8「海岸地形」で説明するが，侵食速度は天竜川西側にある中田島砂丘では平均 5 m/年（S 37〜H 16），信濃川河口の新潟西港近くの水戸教浜地区では平均 6 m/年（M 22〜S 22）に及ぶ海岸侵食が起きるなど，全国には侵食が著しい海岸が見られる。

**参考文献**
1) 池谷浩：砂防入門，山海堂，1974 年
2) 砂防学会監修：砂防学講座第 5 巻 2 土砂災害対策―水系砂防(2)―，山海堂，1993 年

## 1.10 土砂動態

土砂動態は山地から海岸に至るまでの流域スケールで見る必要がある（図 1-14）。縦断的な河道領域を上流から見ると，土砂生産域〜渓流域〜河道域〜沿岸域などで構成されている。高秀ら[1]は全体を俯瞰して土砂動態システムの構成を図 1-15 のように表した。土砂動態を挙動が異なる各領域に分けて，河床変動式等を提示した。システムの考え方には土砂の取り扱いなどで不十分な点もあるが，当時としては卓越した考察であった。

土砂動態は降雨・洪水が素因となることが多く，河床勾配・川幅・蛇行などの河道特性と密接に関係するが，ダム・砂防堰堤・堰などの施設も影響する。河床勾配の変曲区間や川幅が広くなった区間は掃流力の減少に伴って土砂が堆積しやすい。また，蛇行区間内岸側の砂州や高水敷にも土砂が堆積する。高水敷上には洪水に伴って，減水期に浮遊砂やウォッシュロードが堆積し，特に植生が繁茂したり，巨礫があると，植生や巨礫に捕捉され

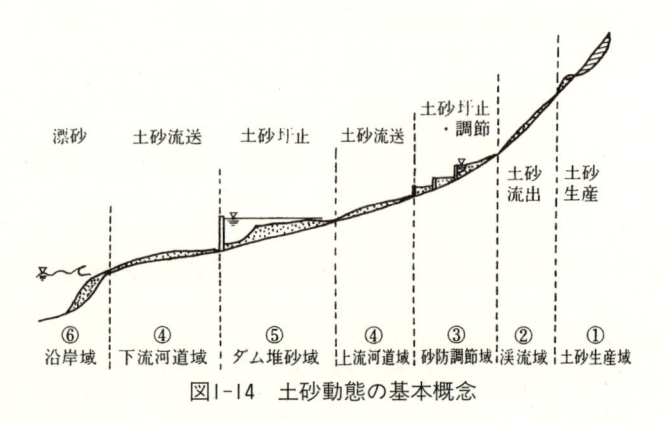

図 1-14 土砂動態の基本概念

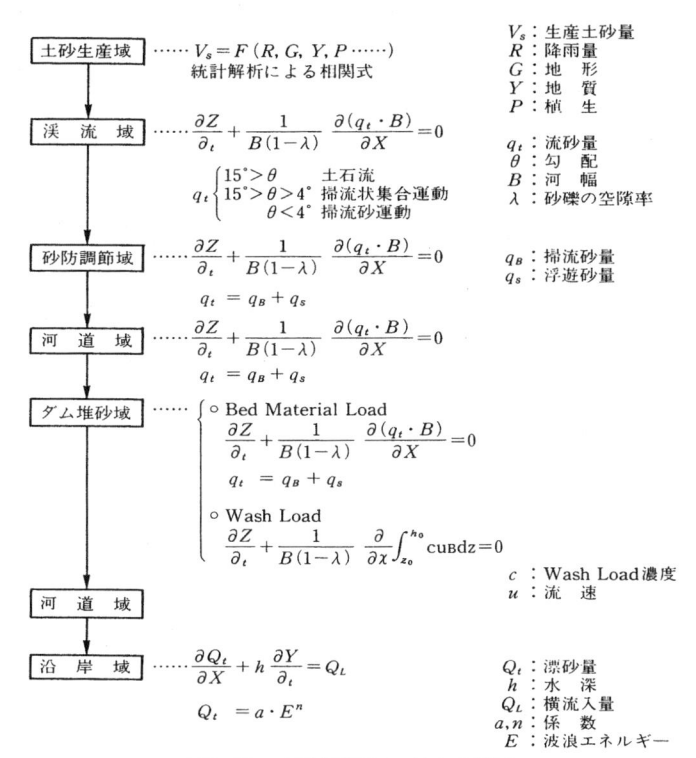

図1-15　土砂動態システムの構成

|  |  |  |
|---|---|---|
| 土砂生産域 | $V_s = F(R, G, Y, P \cdots)$ 統計解析による相関式 | $V_s$：生産土砂量<br>$R$：降雨量<br>$G$：地　形<br>$Y$：地　質<br>$P$：植　生 |
| 渓流域 | $\dfrac{\partial Z}{\partial_t} + \dfrac{1}{B(1-\lambda)} \dfrac{\partial (q_t \cdot B)}{\partial X} = 0$<br>$q_t \begin{cases} 15°>\theta & \text{土石流} \\ 15°>\theta>4° & \text{掃流状集合運動} \\ \theta<4° & \text{掃流砂運動} \end{cases}$ | $q_t$：流砂量<br>$\theta$：勾　配<br>$B$：河　幅<br>$\lambda$：砂礫の空隙率 |
| 砂防調節域 | $\dfrac{\partial Z}{\partial_t} + \dfrac{1}{B(1-\lambda)} \dfrac{\partial (q_t \cdot B)}{\partial X} = 0$<br>$q_t = q_B + q_s$ | $q_B$：掃流砂量<br>$q_s$：浮遊砂量 |
| 河道域 | $\dfrac{\partial Z}{\partial_t} + \dfrac{1}{B(1-\lambda)} \dfrac{\partial (q_t \cdot B)}{\partial X} = 0$<br>$q_t = q_B + q_s$ | |
| ダム堆砂域 | ○ Bed Material Load<br>$\dfrac{\partial Z}{\partial_t} + \dfrac{1}{B(1-\lambda)} \dfrac{\partial (q_t \cdot B)}{\partial X} = 0$<br>$q_t = q_B + q_s$<br>○ Wash Load<br>$\dfrac{\partial Z}{\partial_t} + \dfrac{1}{B(1-\lambda)} \dfrac{\partial}{\partial x} \int_{z_0}^{h_0} cu_B dz = 0$ | $c$：Wash Load濃度<br>$u$：流　速 |
| 河道域 | | |
| 沿岸域 | $\dfrac{\partial Q_t}{\partial X} + h \dfrac{\partial Y}{\partial_t} = Q_L$<br>$Q_t = a \cdot E^n$ | $Q_t$：漂砂量<br>$h$：水　深<br>$Q_L$：横流入量<br>$a, n$：係　数<br>$E$：波浪エネルギー |

て堆積しやすい。その堆積土砂量は流砂量に比べるとそれほど多い量ではないが，粒度が河床材料より細かい浮遊砂やウォッシュロードの発生源や濃度の時間分布を評価する場合には留意する必要がある。

　表1-9に示すように，流砂形態は粒径により分類され，各々の流水中における挙動が異なる。分類の目安は以下の通りであるが，厳密には土砂の浮上・沈降と密接に関係しているため，粒径だけでなく，$u_*/\omega_0$ とあわせて分類する必要がある。ここで，$\omega_0$ は土粒子の沈降速度，$u_*$ は（土砂を流下させる流速に比例する）摩擦速度を表し，$u_* = \sqrt{ghI}$ である。すなわち，同じ粒径であっても $u_*/\omega_0 \geqq (2\sim3)$ になると土砂が水面近くまで浮遊するようになり，$u_*/\omega_0 \geqq (15\sim20)$ になるとウォッシュロード的な挙動をとる。

　須賀ら[2]は全国47ダムの堆砂データと捕捉率を用いて，地方別の流出土砂式を設定した。流出土砂式のパラメータは平均斜度・標高・年間降水量，総貯水容量／流域面積であ

表1-9　流砂形態の概要

| | | |
|---|---|---|
| 0.1 mm以下 | ウォッシュロード | ・流水中を浮遊して，沈降することなく，海まで流下する<br>・鉛直方向の濃度はほぼ一定である<br>・ダム貯水池など掃流力が大きく変化する場所では沈降する場合もある |
| 0.1〜1 mm | 浮遊砂 | ・流水中を浮上したり，沈降したりして流下し，一般に砂と呼ばれる<br>・粒径が0.2〜0.3 mm以上になると，鉛直方向に濃度勾配を持って流れるようになり，特に河床付近の濃度が大きくなる |
| 1 mm以上 | 掃流砂 | ・河床付近を転動・跳躍しながら流下し，2 mm以上は礫と呼ばれる<br>・粒径が大きくなるほど，移動速度は遅くなる |

る。その検討によれば，山地からの年間土砂生産量は約2億m³であった。そして，その約半分の約1億m³はダム（4,500万m³）や砂防堰堤などに堆積し，残りの1億m³が河道に流下し，2,500万m³が海岸に堆砂する。このように，ダムや砂防堰堤などにおける堆砂量はかなり多い（図1-16）。

一方，土砂動態に影響を及ぼす河川砂利採取量[注1]は，1級水系河川で見てS45に約6,000万m³であったが，その後各種砂利規制[注2]により，S49に約4,000万m³，S59に約2,000万m³というように経年的に減少し，H16年度時点での採取量は年間840万m³にまで減少した（図1-17）。採取割合は，以前は関東・北陸地方が多かったが，最近では中部地方が多い。海砂・山砂まで含めた全体の砂利採取量（S46～H16）で見れば，S50年代～H8は1.6～1.8億m³（海砂は4,000万m³前後）であったが，その後は減少して1.4億m³前後（海砂は2,000万m³前後）で推移している。このように近年では海域の砂利採取量は河川砂利より多い。ただし，特に採取量が多かった瀬戸内海沿岸域の県はH18までにほぼ採取禁止となった。

各河道の土砂動態は水系土砂動態マップとして表され，流砂量が線の太さで示されている。例えば，相模川水系土砂動態マップでは時系列的な土砂動態が表現され，このマップからは，

・ダム建設に伴うレスポンスは砂は速いのに対して，砂利は遅い

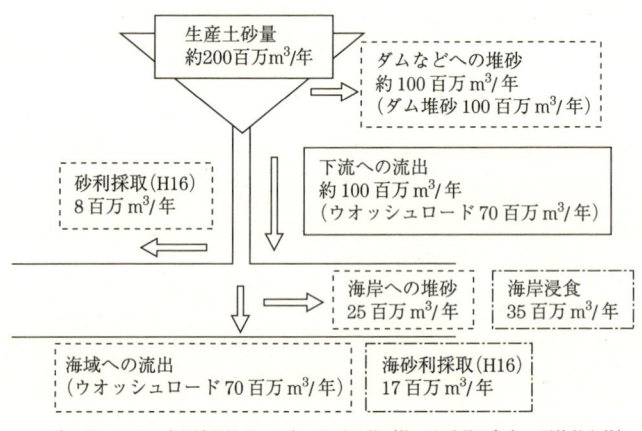

注）上図における砂利採取量はH16年における値（他の土砂量は毎年の平均的な値）

図1-16　年間土砂収支図

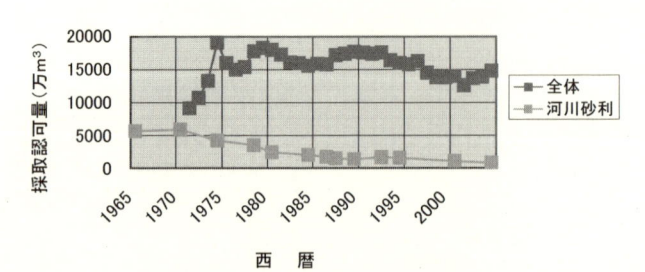

図1-17　砂利採取認可量の推移

出典［日本河川協会：河川便覧，および「せとうちネット内資料」を用いて作成］

注1）認可量であり，実際の採取量はもっと多く，2～3倍程度であると推定される。
注2）砂利採取法（S31），河川砂利基本対策要綱（S41），改正砂利採取法（S43）などにより規制された。砂利使用量の増加や採取に伴う災害に対して，砂利採取法（48条）はS43に改正された。

・流砂量が減少するなかでも，砂は安定的に下流へ移動しているのに対して，砂利は中～下流にかけて堆積量を減らし，これが河床低下を招いている

ことなどが分かり，これらよりマクロな土砂の時空間的な挙動を把握することができる（図1-18、表1-10）。

　土砂動態で重要なのは土砂の量と質の挙動である。流砂量の割合は河道・洪水特性により異なるが，沖積河川では概ね7～8割がウォッシュロードや浮遊砂で，礫成分は少ない。土砂の動きは細粒土砂ほど流動しやすく，礫は動きが遅く移動するのに数十年かかる。そのため，礫河川で河道掘削や砂利採取を行うと，上流から運ばれてきた土砂が堆積し，下流へ流れにくくなるため，元の土砂動態に戻るまでに長時間を要する。このような材料挙動の時間スケールをセグメントごとに見ると，表1-11の通りである。セグメント分類は

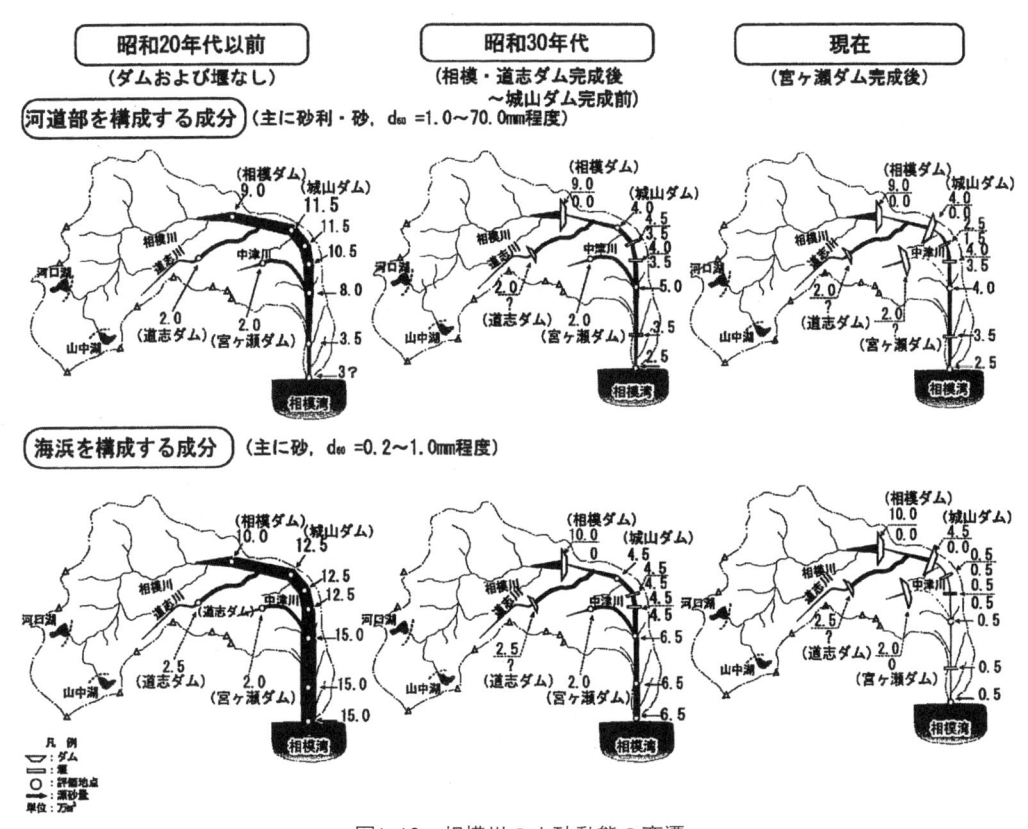

図1-18　相模川の土砂動態の変遷

＊）砂は砂利に比べて流送されやすいため，ダムによるレスポンスが速く見られる。
出典［海野修司・辰野剛志・山本晃一ほか：相模川水系の土砂管理と河川環境の関連性に関する研究，河川技術論文集，第10巻，2004年］

表1-10　相模川水系における土砂動態

| 項目 | 年代 | 昭和30年代 | 現　在 |
|---|---|---|---|
| ダム建設との関係 | | 相模ダムの完成（S22）後<br>道志ダムの完成（S30）後 | 城山ダムの完成（S40）後<br>宮ヶ瀬ダムの完成（H12）後 |
| 土砂の挙動 | 砂利 | 中流より上流で流砂量が減少。下流は河道内堆積土砂の移動があり漸減 | 同左 |
| | 砂 | 流砂量は全川的に1/3程度に減少 | 流砂量が更に減少 |

＊）道志・宮ヶ瀬ダムは相模川支川のダムである

表1-11 土砂動態の時間スケール（単位：年）

| セグメント | 1 | 2-1 | 2-2 | 3 | 海岸 |
|---|---|---|---|---|---|
| 礫 | 0〜20 | 10〜20 | — | — | — |
| 粗い砂 | 0〜3 | 0〜3 | 1〜10 | 100〜 | — |
| 細かい砂 | 0 | 0 | 0 | 0〜2 | 10〜100 |
| シルト | 0 | 0 | 0 | 0 | 0 |

第3章 3.5「河道特性」を参照されたい。

このような土砂動態の変化は河床変動を引き起こす。全国的には河床低下傾向の河川が多く，その原因は河道掘削，砂利採取，ダム建設による土砂捕捉などである。また，河床上昇は土砂生産が著しく，土砂供給を減少させる要因が少ない（ダムがない，砂防堰堤が満砂など）水系で多い（第3章 3.7「河床変動の実態」参照）。

以上の土砂動態を流域スケールで見ると，流域により異なるが，豪雨や地震により生産された土砂はその約1/2がダム・砂防堰堤等に堆積し，残りが河道へ流出し，その1/4が海岸に堆積する。土砂の流下・堆積過程で，一部は河道掘削や砂利採取で河川外へ搬出されるし，河道特性によっては河道内に堆積する成分もある。ダム堆砂量および河川外への搬出量が多い場合は河床低下が生じるが，河床低下に対しては搬出量を減らせば，影響を緩和することができる。一方，河道は延長が長いため，河床変動量は大きくなくても，海岸侵食には顕著に影響が出てくる場合がある。特に礫河川で何らかの原因で砂の供給が少なくなった場合に，海岸侵食への影響が顕著となり，その場合は土砂動態の観点からの対策を講じる必要が出てくる。

**参考文献**

1) 高秀秀信・中矢弘明・黄哲雄：水系における土砂動態システムについて（第一報），土木学会関西支部年次学術講演会講演概要集 II-23，1982年
2) 須賀堯三・島貫徹・德永敏朗：全国河川上流部の流出土砂量，土木技術資料 Vol.18 No.2，1976年
3) 日本河川協会：河川便覧
4) せとうちネット内資料
5) 海野修司・辰野剛志・山本晃一ほか：相模川水系の土砂管理と河川環境の関連性に関する研究，河川技術論文集 第10巻，2004年
6) 末次忠司・野村隆晴：ダム貯水池からの排砂計画論，水利科学 No.297，2007年
7) 流砂系総合土砂管理研究会：流砂系総合土砂管理計画策定の手引き（案）計画編，1999年
8) 藤田光一・末次忠司・平林桂ほか：涸沼川洪水観測レポート [2] 1990〜2000，土木研究所資料 第3798号，2001年
9) 国交省河川局治水課・国総研河川研究室ほか：水系一貫土砂管理に向けた河川における土砂観測，土砂動態マップの作成およびモニター体制構築に関する研究，国交省技術研究会報告，2001年

# 第2章　基盤地形の形成とその影響

　山地で生産され，運搬された土砂は山間地で堆積して盆地や小扇状地を形成する。山間地の河道は海水準低下や地形の隆起が起きると，河岸段丘や穿入蛇行の形態をとる。山間地を経て平野部へ出てくると，土砂が広範囲に堆積し，扇状地を形成する。河川の下流域では河道は蛇行し，氾濫平野（後背湿地）を形成し，河口近くになると堆積土砂は三角州を形成する。河道の流砂量が多いほど，氾濫平野で自然堤防が発達するし，河床高の高い天井川となる。このような基盤地形では地形ごとに洪水流の流速や氾濫形態・流速が異なる。また，扇状地平野は地下水を伏流させ，氾濫平野は内水を生じやすいなどの特徴を有しており，平常時や洪水時における流水の挙動に影響を及ぼす。

## 2.1　山間部の河川地形

　山間部はV字谷などの峡谷が多く，河床に岩が露出したり，盆地や河岸段丘が形成されているのが特徴であり，土砂生産が激しい河道では小扇状地を形成する場合もある。ダムを山間部に建設すると，ダム貯水池で土砂が捕捉されて，下流河道の河床材料が粗粒化し，一層岩河床が顕著になる場合がある。しかし，下流で流砂量の多い支川が合流すると，その影響は緩和される。なお，山間部の河道流路は山地地形に規定された蛇行形態をとるだけでなく，新たな曲流を持った穿入蛇行（後述）を伴う場合もある。
　山間部は河床勾配が急なため，洪水流速は10 m/sを超える場合もあり，侵食力は大きい。富士川上流の釜無川ではS 57.8の台風10号に伴う洪水により，国界橋から下流1.5 kmにわたって，侵食地形であるミニ・グランドキャニオンが現れた。この地域は糸魚川－静岡構造線に沿った地域で，かつ砂利採取に伴って侵食されやすい軟岩が河床に露出していたため，河道は幅20～30 m，深さ10 mまで洗掘された。
　河床勾配が1/10以上の渓流の場合，水流が跳ね，河床の軟岩を侵食して，縦断的に階段状の地形が形成される場合がある。渓流では1層の大礫が横断方向に連なったステップと，その直上流で水面形が平坦に近いプールからなる構造が見られ，渓流におけるハビタットの単位となる。ステップでは越流して落下する流れ（射流）により白波となり，プールでは常流となる。この構造は射流による反砂堆の発生と，混合粒径砂礫の分級作用によって形成される。
　このように，渓流では洪水位や流速が縦断的に大きく変動して，常流と射流が混在した流れとなる場合がある。常流とは流速を$v$，水深を$h$とすると，$v<\sqrt{gh}$[注1]の流れで上流水位が下流水位の影響を受ける。すなわち，下流河川でよく見られるように，下流の水位が堰上がると上流の水位も上昇する。一方，射流とは$v>\sqrt{gh}$の速い流れで上流水位が下流水位の影響を受けることはない。$v=\sqrt{gh}$の時の水深$h_c$は限界水深といい，常流か

---

注1）$\sqrt{gh}$は長波の伝播速度で，例えば津波や擾乱の伝播速度もこの式で計算できる。

ら射流（例：ダムからの越流）または射流から常流（例：ダム越流後の減勢）に移行する時の水深である。

また，山間部の盆地は狭窄部上流に位置し，水深が高くなって氾濫したり，掃流力が減少して洪水減水期に土砂堆積が生じやすい。そのため，盆地は洪水が土砂を落とす場所であるとともに，大洪水時には水はけが良くない。また山間部であるが，河床材料は細かい区間がある。W. M. Davis によると，狭窄部の谷幅は地形の輪廻等により異なり，幼年期はV字谷のように狭く，老年期には広くなる。幼年期の木曽山地の谷幅は狭いが，老年期の阿武隈山地や北上山地の谷幅は広い。谷幅が狭く，地盤条件が良い箇所はダム建設の適地となるし，山間部にダムが建設され，堆砂・背砂が進行すると，盆地と同じような洪水形態となる場合がある。

前述した穿入蛇行は外帯に属する河川（新宮川，日高川，那賀川，四万十川およびその支川），小櫃川，養老川，大井川，天竜川支川気田川，太田川，江の川，信濃川支川犀川などに見られる蛇行形態である。穿入蛇行はかつて平野上を自由蛇行していた河川が，地盤の隆起または海水準の低下に伴って脆弱な基盤岩が活発に侵食（下刻または側方侵食）され，新たな曲流を持った谷をつくる現象で，川幅／水深が小さな河川でできやすい。蛇行が不規則になるのは地盤の硬軟によるものである。通常の蛇行と異なるのは，穿入蛇行河川の両側の地形は外岸側は急斜面，内岸側は緩斜面という左右非対称の地形となっている点である。なお，流砂量が少ない穿入蛇行河川では平野，三角州の発達が悪い場合が多い。

ただし，穿入蛇行河川であっても，河道特性は同じではない。例えば，四万十川は平野を蛇行している形態で，隆起した地盤を侵食しながら穿入蛇行地形を形成しているが，四国山地にあっても土砂生産は少なく，河岸段丘の発達が悪い。また砂州の形成や側方侵食が少なく，川幅は概ね一定である。一方，大井川は山間部で穿入蛇行した後，山間部を通過すると扇状地を形成し，扇状地のまま海へ突入する臨海性扇状地であるが，土砂生産が多いため，河岸段丘の発達が良く，砂州形態も顕著である。

**参考文献**
1) 口野道男：ミニグランドキャニオン，山梨日日新聞社，1983 年
2) 長谷川和義・鈴木俊行・張裕平：1) 渓流のステップ・プール構造とそのハビタット特性，河川環境総合研究所報告 第13号，河川環境管理財団，2007 年
3) 高山茂美：河川地形，共立出版，1974 年
4) 池田宏：地形を見る目，古今書院，2001 年

## 2.2 扇状地

扇状地は河道が山間部から開けた平野に出た所に形成される地形で，扇面勾配が 1/300 または 3/1,000 以上の地形と定義されている。河道により運搬された土砂は洪水とともに平野に氾濫して堆積する。扇状地には礫や粗砂が多く堆積している。洪水のたびに氾濫・堆積する場所が異なり，結果的に全方向に一様に堆積し，扇状地の標高は同心円状に近い形となる。このように洪水ごとに土砂氾濫の方向が変わる現象を首振り現象という。

---

注1) B/H（川幅水深比）は河道の砂州特性を表すパラメータで，この値が大きいほど，網状砂州が形成されやすい。

全国には約400の扇状地があり，フォッサ・マグナ（大地溝帯）の位置する中部地方や東北地方に多い。規模の大きな扇状地は北海道や関東に多い。扇状地河道はB/H[注1]が大きく，網状地形が形成されている。この河川の運搬土砂により（堆積）扇状地は形成されるので，土砂生産・運搬量と深い関係がある。土砂供給量が減少して，洪水が扇状地を侵食する開析扇状地も荒川，木曽川，山国川などに見られる。

日本最大の沖積扇状地は那須野ケ原扇状地（複合扇状地）で，那珂川水系に属し，その面積は400 km²にも達する。単独の扇状地では宇都宮市が位置する鬼怒川扇状地が最大で，上流には比堆砂量が大きな川治ダムがある。表2-1の中には川治ダム以上に大きな比堆砂量のダムがあるが，いずれも発電ダムである。

このように，規模の大きな扇状地は複数の扇状地からなる複合扇状地が多く，例えば，黒部川の複合扇状地（120 km²）では，年代の古い方から十二貫野台地，舟見台地，現扇状地となっていて，形成年代が古い扇状地ほど，扇状地面の勾配が急である。これは黒部川扇状地では，山地の隆起と同時に海底で沈降が起こり，隆起と沈降の境界が現在の海岸付近であったために，このような地形となったものである。図2-1では扇状地を形成するのに土砂を運搬した旧河道が扇状地一面に分布していることが分かる。一方，複合扇状地では扇状地同士が互いに競合することがある。例えば神通川扇状地は東を流れる常願寺川扇状地に押されて，西へ追いやられ，面積が狭くなった。常願寺川の扇状地をつくる勢い

表2-1 扇状地とダム堆砂

| 水系名 | 河川名 | 扇状地名 | ダムの比堆砂量 |
|---|---|---|---|
| 信濃川 | 犀川 | 犀川 | 4,789 m³/年/km²（高瀬ダム） |
| 黒部川 | 黒部川 | 黒部川 | 3,395 m³/年/km²（黒部ダム） |
| 大井川 | 大井川 | 大井川 | 2,915 m³/年/km²（畑薙第一ダム） |
| 利根川 | 鬼怒川 | 鬼怒川 | 1,592 m³/年/km²（川治ダム） |

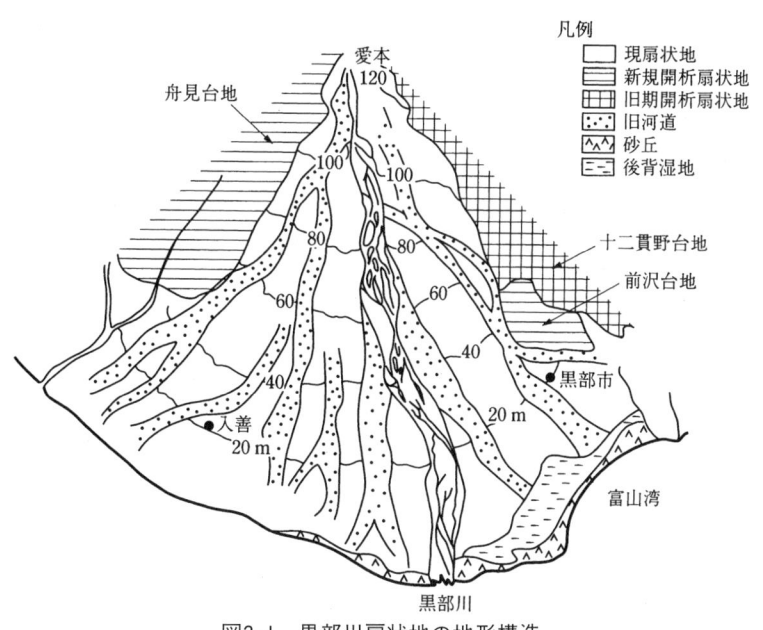

図2-1 黒部川扇状地の地形構造

\*) 旧河道の分布より，長期間かけて土砂が扇面全体に氾濫していた様子がうかがえる。

出典［建設省黒部工事事務所：黒部川のあゆみ，1977年］（原図：式正英，1969年）

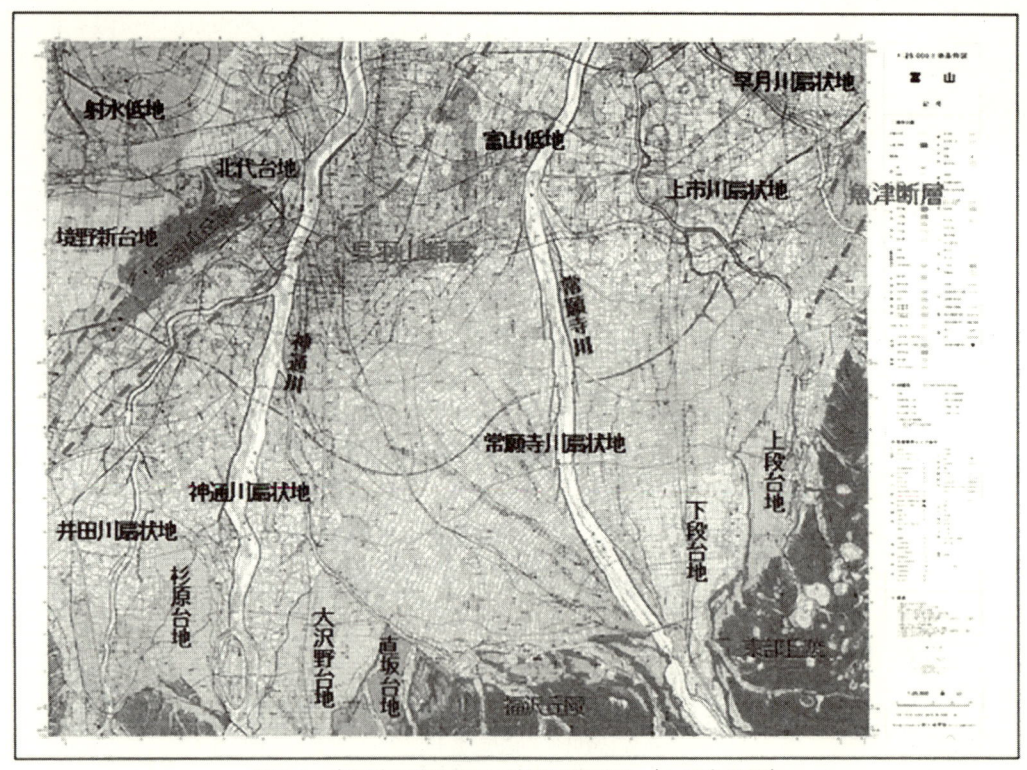

図2-2 常願寺川扇状地と神通川扇状地（土地条件図）
＊）常願寺川扇状地の勢いは非常に強く，神通川扇状地を西へ押しやっている。

が非常に強いためである。図2-2の国土地理院の土地条件図を見ても，常願寺川扇状地がいかに大きいかが分かる。

　扇状地河道は急勾配で，洪水流速が速いため，堤防が侵食されて破堤氾濫を引き起こす場合がある。黒部川（S 27.7, S 44.8），多摩川（S 49.9），福島荒川（H 10.8）などが侵食破堤事例である。黒部川扇状地では氾濫の名残りである旧河道跡が多数見られ，流路がたびたび変化したことが分かる。扇状地の河道から洪水が氾濫すると，旧河道に沿って流下することが多い（第10章　10.5「氾濫形態」参照）。

　このように河道からの氾濫に伴って，新旧扇状地が形成されたが，この縦断図と破堤・決壊箇所（S 9〜46）を比較すると興味深いことが伺える。黒部川では縦断的に見て被災の多い区間で5カ所前後の被災箇所が見られるが，現在の扇状地が形成される前の舟見扇状地が現扇状地に消えていく箇所付近では10カ所以上の被災があり，堤防被害が集中していた。すなわち，マクロな縦断形で見て，河床勾配が変化する箇所では土砂堆積により河床高が上昇する傾向があり，越水や堤防侵食が起きやすいといえる。

　水資源の面から見ると，扇状地は砂利で構成されているため，河道水・地下水が伏流し，扇頂から扇央にかけて水が少なく，扇端で湧出する地下水形態となる。臨海性扇状地の場合は海岸近くの扇端で伏流水が流出することになる。このため，黒部川扇状地や富山平野などには扇面の農地へ河道から用水を供給する水路が多数見られる。例えば，富山平野では常願寺川から神通川に向かう農業用水路が数多くあり，特に基幹農業用水路である常西合口用水からは放射状の笹川用水，横内用水，島用水などを経て農地へ分水されるとともに，下流のいたち川，赤江川の給水源となっている（図2-3）。この合口用水計画は富山県が依頼したデ・レーケの提案で，紆余曲折を経てS 28に完成した。扇状地は勾配が非

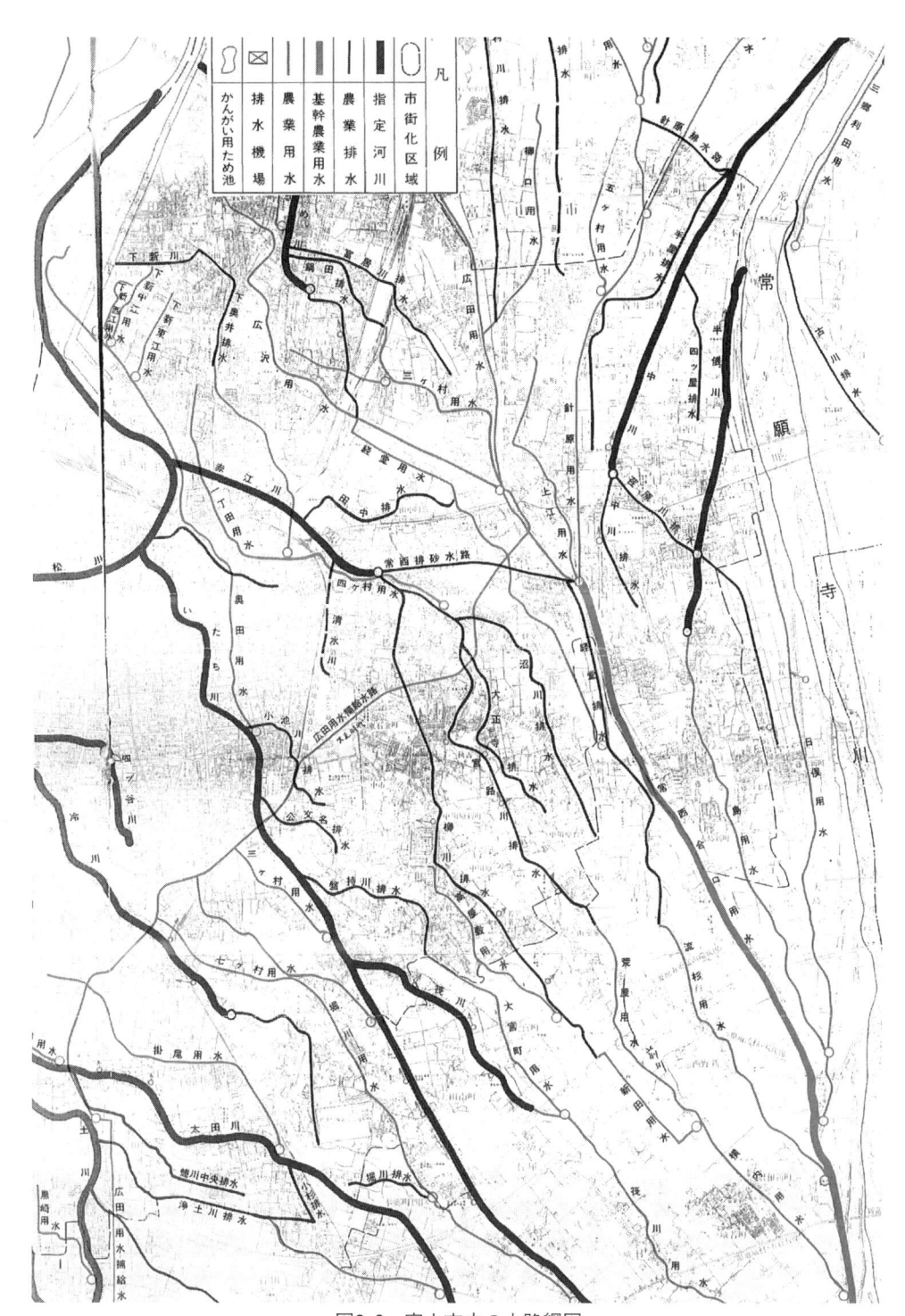

図2-3 富山市内の水路網図
＊) 常願寺川扇状地の地形に従って，常願寺川扇状地から神通川へ向かう水路が多い。

常に急なので，用水路は途中に数多くの落差工が設けられ，水面を大きく変動させながら流下している。

また，常願寺川では水量の少ない瀬切れ区間があるが，神通川は常願寺川からいたち川や常西合口用水などを経由して水が供給されるし，常願寺川から伏流した水が流れ込むた

め，水量が豊富である．同様に他河川流域へ地下水が流動している例としては，甲府盆地（釜無川→笛吹川），鬼怒川扇状地（鬼怒川→小貝川）などの例がある．

**参考文献**
1) 矢沢大二・戸谷洋・貝塚爽平編：扇状地―地域的特性―，古今書院，1971 年
2) 栗城稔・末次忠司・海野仁ほか：氾濫シミュレーション・マニュアル（案），土木研究所資料 第3400 号，1996 年
3) 土木学会関西支部：川のなんでも小事典，ブルーバックス，講談社，2000 年
4) 日本地形学連合編：水辺環境の保全と地形学，古今書院，1998 年
5) 建設省黒部工事事務所：黒部川のあゆみ，1977 年
6) 栗城稔・末次忠司・舘健一郎ほか：河川ネットワークによる都市機能の向上―水路網の実態調査結果―，土木研究所資料 第3477 号，1997 年

## 2.3 天井川

通常河道の河床高は堤内地の地盤高より低いことが多いが，河川によっては河床高が堤内地の地盤高より高い河川もあり，天井川と呼ばれる．一般的には，生産・流送土砂が河道に堆積して河床上昇することにより天井川を形成するが，利根川下流などのように，流送土砂による河口の延伸や合流点の下流への付け替えによる河道の延長が影響して河床高が上昇することにより，天井川化する場合もある．

例えば，利根川は浅間山の噴火（1783）に伴って，火砕流が発生し，火砕流は泥流となって河道へ流出した．流出量は火砕流が 2.5 億 m³，泥流が 1 億 m³ と推定されている．土砂は気泡が多く比重が軽い火山岩で，洪水により広範囲に堆積した．この流出土砂および火山灰の降下により，河床高が著しく上昇し，洪水が頻発した．大熊氏によれば，浅間山噴火以前は 10〜20 年に 1 度の破堤が発生していたが，噴火以降は 3〜5 年に 1 度の破堤が生じるようになった．それだけではなく，江戸時代の東遷事業によって下流の河道延長が延びたために，中流の河床高が 3〜5 m 上昇し，天井川化したのである．なお，浅間山噴火に伴う土砂流出の影響は約 90 年間も続いたといわれている．

代表的な天井川は，常願寺川，矢作川，木津川，野洲川，斐伊川，草津川で，特に砂鉄採取（鉄穴流し）に伴って約 1.5〜2.2 億 m³ の土砂（平均粒径 2 mm）が流出した斐伊川は河床が堤内地の地盤高よりも 3〜4 m も高い．斐伊川流域では日本刀や刃物を鋳造するための「たたら製鉄[注1)]」が行われていたが，江戸の宝暦年間以降は効率的な砂鉄採集方法である「鉄穴流し」が行われ，昭和中期まで続いた．最盛期には中国山地一帯の鉄生産量は国内の約 8 割を占めていた．

「鉄穴流し」は風化花崗岩など砂鉄を含む岩石を切り崩して水路に流し込み，砂鉄を多く含む岩石は水路内で破砕され，土砂と砂鉄に分離された．砂鉄は更に大池，中池などに流していき，比重の差で砂鉄が分別された．この過程でいらなくなった土砂は河川へ流されたので，灌漑用水に悪影響を及ぼしたり，河床上昇を引き起こした．河床上昇により水害が頻発したので，この水害があばれる様が八岐大蛇にたとえられた．「鉄穴流し」は斐伊川だけでなく，日野川や神戸川（斐伊川放水路完成後，斐伊川支川となった）などでも行われた．

天井川のなかには，鉄道トンネルの上を立体交差するほどの天井川もある．日本初の天

注1) 木炭を燃やした熱で砂鉄を溶かして鉄の塊を得る製鉄法である．

井川トンネルはJR東海道本線を立体交差する住吉川，芦屋川でJR奈良線などの関西地方（山城盆地，近江盆地，阪神間）に多い。他の天井川には黒部川，神通川，庄川，長良川，白川，琵琶湖に流入している淀川支川百瀬川・愛知川などがある。

天井川は利水のための取水などにとっては好都合であるが，万一破堤すると大量の洪水が氾濫する危険性があり，治水上は要注意の河川となる。また，土砂供給により天井川化した河道では，現状でも河床上昇傾向にある河川が多いため，河床高の維持に尽力する必要がある。現在天井川における河床上昇に対しては堤防の嵩上げ，引堤，河床浚渫等で対応が行われている。

**参考文献**
1) 大熊孝：近世初頭の河川改修と浅間山噴火の影響，アーバンクボタ19，1981年
2) 池田宏：地形を見る目，古今書院，2001年

## 2.4 河岸段丘

河岸段丘（河成段丘ともいう）は，川沿いが横断方向に見て階段状になった地形で，土地の隆起や海水準低下に伴って増大した掃流力により河床が侵食されることによって形成される（図2-4）。すなわち，以下に示したように，隆起などにより河床が侵食され，河谷が形成されるが，谷底がある程度低くなると掃流力がバランスして，今度は側方が侵食されるようになる。このように，河床侵食と側方侵食が繰り返されて階段状の地形が形成される。

河岸段丘の低い段丘面は河道と同じような土砂が堆積しているが，高い段丘面に旧河床の礫層がある点が通常の段丘とは異なる。段丘の縁である段丘崖は森林に覆われ，緑の筋となるので，航空写真でこの筋が多いほど，多段の河岸段丘である。最大の河岸段丘は信濃川（長野県中魚沼郡津南町）の9段に及ぶ段丘で，中津川との合流点付近にあり，マウンテンパーク津南から一望できる（写真2-1）。段数の多い河岸段丘としては，犀川支川の梓川には7段，天竜川の伊那谷には6～7段，小櫃川・夷隅川には5段，利根川支川片品川には4～5段の河岸段丘がある。

このほかに千曲川（十日町市），荒川（秩父盆地），多摩川（武蔵野台地），那珂川，相模川，吉野川，渚滑川，手取川，加古川，信濃川支川犀川などに顕著な河岸段丘があり，高い段丘は浸水を受けにくいため，集落が形成されたり，畑などに利用されている。高い段丘ほど，形成期が古い。

河岸段丘のある河川には霞堤などが見られる。例えば，渚滑川，手取川，犀川には不連続な霞堤がある（霞堤は第7章 7.3「堤防整備の歴史」参照）。霞堤には洪水を一時的に

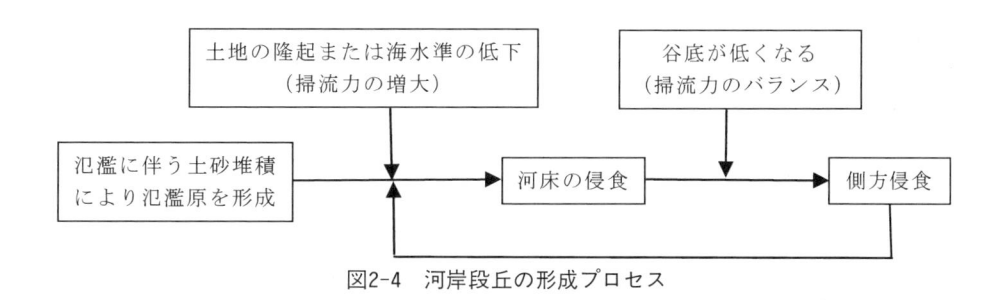

図2-4 河岸段丘の形成プロセス

写真2-1 信濃川・中津川の河岸段丘（長野県津南町）
＊）マウンテンパーク津南展望所より望む。写真左の山の左側にも河岸段丘がある。

貯留する効果と，氾濫水を河道に戻す効果がある。河岸段丘地形は扇状地などとは異なって，氾濫原が限定されるので，氾濫水を河道に戻す霞堤の機能を持ちやすいといえる。霞堤は武田信玄によって考案された治水工法である。また，河岸段丘の発達した那珂川には洪水調節のための遊水地計画がある。現在，御前山遊水地および大場遊水地が計画中である。

**参考文献**
1) 新星出版社編集部：徹底図解 地球のしくみ，新星出版社，2007年

## 2.5 氾濫平野

河道は扇状地を経て，河床勾配が緩くなると，土砂を氾濫・堆積させて氾濫平野を形成する。

氾濫した土砂は河道沿いに堆積しやすく，自然堤防を形成するので，氾濫平野は自然堤防帯とも呼ばれる。特に砂質物質の運搬量が多い河川では自然堤防がよく発達する。自然堤防は高さ0.5～3m（1～2mが多い）[注1]，幅200～600mの土砂の高まりである。自然堤防が発達すると，氾濫水や内水が排水されにくくなり，自然堤防の背後に後背湿地が形成される。また，氾濫平野（自然堤防帯）では，氾濫によって流路が変わり，水が流れなくなった旧河道なども見られる。

広い氾濫平野が広がる関東平野は元々弧状列島の折れ曲がり部分にできた窪地に形成された。この地域は東京湾の北部を中心とする「関東造盆地運動」に基づき，窪地（地盤沈降部）に上流から運搬された土砂や火山灰が堆積した。その結果，関東平野は1,000m以上堆積した第四紀層で形成されている。

氾濫平野は緩勾配のため，蛇行して河岸を侵食しながら流下するようになる。石狩川は典型的な氾濫平野の蛇行河川で，洪水疎通能力を増やすために，河道の直線化（ショートカット）が行われた。その結果，下流の約180km区間で，河川延長は約2/3に短縮され

---
注1) 規模の大きな自然堤防は四万十川や北上川流域にあり，高さ7mのものもある。

たが，直線区間で再び側岸侵食が起こり，川幅が変化した区間もある（第3章 3.4「インパクトによる河川地形の変質」参照）。

　旧来，河道の直線化は治水対策だけでなく，周辺の水田の地下水位を低下させ，米の収量を増加させる対策としても採用された。例えば，信濃川沿川は以前は田げたをはいて稲作を行わなければならないほどの湿田であったが，直線的な人工河道である大河津分水路の建設（T 13）に伴い，洪水位は約2m低下して周辺の水田は乾田化され，農業生産性の向上に寄与した。水田10a（1反）あたりの水稲収量を見ると，分水路建設前は200〜300kgであったが，S 40年代以降は約500kgとなり，現在は明治時代の3倍以上に相当する500〜600kgの水稲収穫が行えるようになった（図2-5）。このように，歴史的に見て河川改修の目的の変遷はよくいわれる治水→治水＋利水→治水＋利水＋環境ではなく，治水＋農業（含 利水）→治水＋農業＋利水（水資源開発）→治水＋農業＋利水＋環境保全の図式となる。

　氾濫平野における蛇行が更に進むと，洪水により湾曲部の下流側が侵食され，下流の河

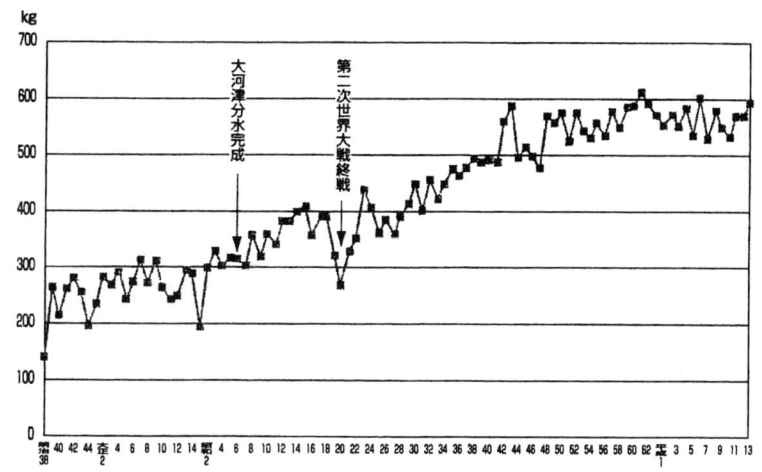

図2-5　大河津分水路建設に伴う農業生産性の向上（新潟県西蒲原郡）
*）信濃川下流域では西蒲原郡の増加が最も多く，次いで中蒲原郡，北蒲原郡が多い。
出典［新潟県農林部：新潟の米百年史，1974年ほか］

写真2-2　石狩川の三日月湖
提供［北海道開発局石狩川開発建設部］

道につながる「自然のショートカット」が行われ，残された蛇行区間には水が流れなくなり，湖のようになる。この湖は形が三日月に似ていることから，三日月湖と呼ばれ，長いものでは2km以上に及ぶものがある（写真2-2）。

**参考文献**
1) 籠瀬良明：自然堤防—河岸平野の事例研究—，古今書院，1975年
2) 朝日新聞社：週間朝日百科 世界の地理60号 特集編 日本の自然，朝日新聞社，1984年
3) 新潟県農林部：新潟の米百年史，1974年
4) 中島秀雄：図説 河川堤防，技報堂出版，2003年

## 2.6 三角州

**三角州**

　河口近くになると，氾濫平野以上に掃流力が小さくなって，流送土砂の堆積が顕著になり，堆積地形が形成される。地形の形状が三角形に似ているため，三角州と呼ばれている。三角州の河道は微地形などの影響により，蛇行が大きい場合と小さい場合がある。また，太田川などのように，河道が三角州で枝分かれして，いくつもの支川に分流する場合もある。

　河道を通じて運搬された土砂は，海へ流入すると掃流力の減少に伴って堆積し，河口デルタを形成する。このデルタが面的に広がった地形が三角州を形成している。河口デルタの前面は経年的にほぼ平行に前進していき，前進速度は斐伊川（宍道湖）で約20 m/年，後述するテベレ川で4 m/年である。しかし，海浜勾配が急な深い湾で，流送土砂が海底谷に流下する河川では，三角州の発達は良くない。地盤変動に伴い，沈降している三角州は沈水三角州，隆起している三角州は隆起三角州と呼ばれる。

　三角州の形状は供給土砂量，海からの波，河口付近を流れる沿岸流の強さで決まる。三角州は主に波などの外力が強い順から尖状三角州，円弧状三角州，鳥趾状三角州の3形態に分類される。尖状三角州はとがった形状，円弧状三角州は円弧の一部の形状，鳥趾状三角州は多くの流路の先に三角州を伴った形状である。日本では石狩川や信濃川などのように，平滑な海岸線の三角州が最も多いが，それ以外で多いのは尖状三角州で黒部川，安倍川，天竜川などがある。代表的な円弧状三角州は盤洲干潟（14 km²）を形成し，東京湾

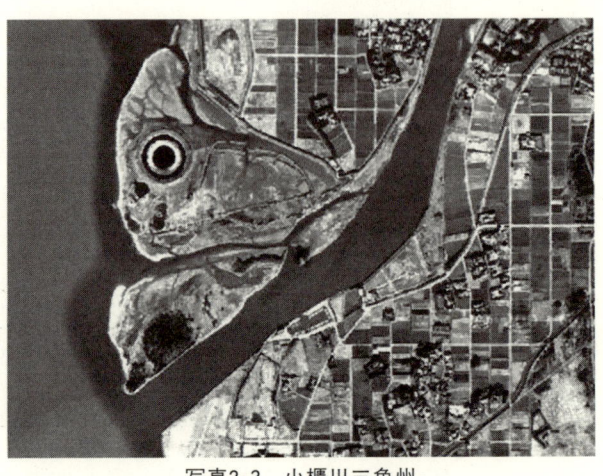

写真2-3　小櫃川三角州

に面する小櫃川三角州（千葉県）である（写真2-3）。海外では尖状三角州はテベレ川（イタリア），円弧状三角州はナイル川，鳥趾状三角州はミシシッピ川などで見ることができる。

単独の河川ではなく，複数の河川で三角州を形成している複合三角州もあり，吉井川と旭川，日野川と野洲川（琵琶湖）がその例である。また，三角州は主に土砂氾濫により形成されているが，下流域は干拓によってできている部分もある。例えば，太田川デルタは放水路の中間地点より南側の地域は江戸時代以降の干拓により人工的に作られたものであるし，濃尾平野も同様に南半分が人工の干拓地である。

**干潟**

三角州前面には干潟が形成される場合がある。干潟は河川により運ばれた砂泥が静水域で堆積し，形成された前置層が前進することにより形成される（図2-6）。干潟は波浪があまりなく，干満差が大きい場所に形成される。干潟は全国に約500 km²あり，その約4割が最大干満差6 mの有明海であるが，都市化等の影響により全国で14年間に7％が

図2-6 干潟の形成

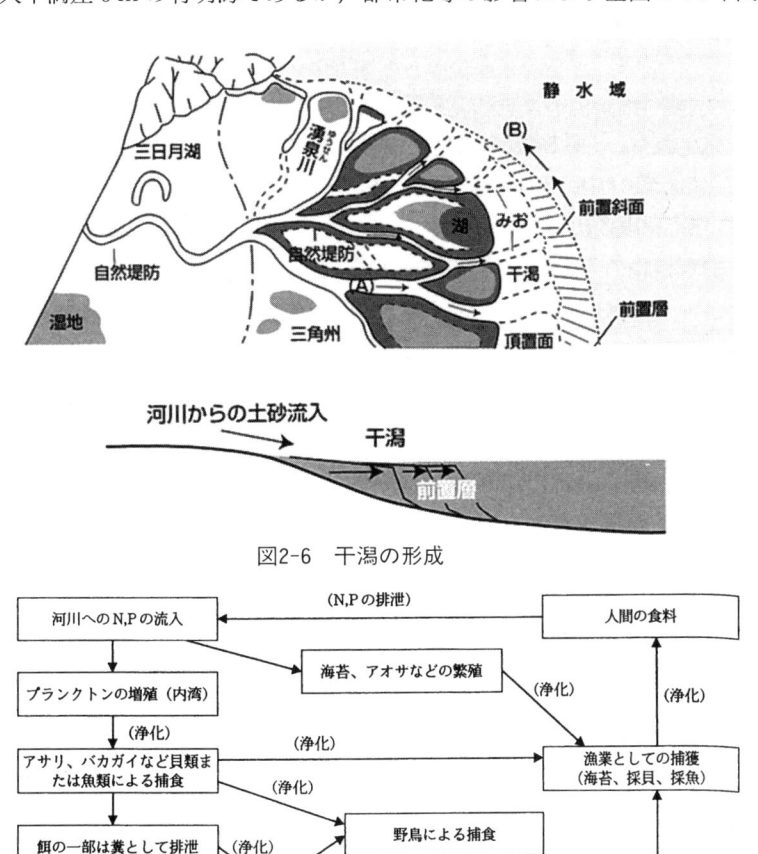

図2-7 干潟部の食物連鎖の模式図

＊）食物連鎖過程におけるバクテリア・貝類・魚類の捕食により，水質が浄化されている。

出典［木村賢史：人工干潟（海浜）の水質浄化機能(1)，水 Vol. 36-6, 1994年］

表2-2 代表的なラムサール条約登録湿地

| | 琵琶湖 | 尾瀬 | 中海 | 釧路湿原 | 宍道湖 |
|---|---|---|---|---|---|
| 登録年 | H5 | H17 | H17 | S55 | H17 |
| 面積（km²） | 656 | 87 | 80 | 79 | 77 |

減少した。2〜5 km² の広い干潟もあるが，1 km² 未満の干潟が多い。

干潟は干潮時でも水分を保持し，河川と陸上からの栄養物質が堆積し，潮の干満の際に大量の酸素が海水中に溶け込むため，多くの微生物や底生動物（ベントスともいう）が生息する。食物連鎖（物質循環）で見ると，貝類などはプランクトンを捕食し，貝類などが排泄した糞はゴカイ・カニに捕食され，これらは魚類に捕食される。ゴカイなどを餌とする野鳥も集まってくる。ゴカイ等の多毛類がつくる巣穴は干潟の表面積を増やし，巣穴に流入した海水を換水して，有機物を分解・浄化する（図2-7）。干潟にはこれらの生物や多数の微生物がいるため，有機物を除去する，いわゆる高いCOD浄化能力を有している。例えば千葉県の三番瀬干潟は 75 g/年/m²，盤洲干潟は 151 g/年/m² の浄化能力を有している（東京湾の浄化能力は 68 g/年/m² である）。

ラムサール条約に登録された湿地のうち，干潟は庄内川河口の藤前干潟（3.2 km²），千葉県南船橋の東京湾に臨む谷津干潟（0.4 km²）がある。ラムサール条約とは1971年に採択された「特に水鳥の生息地として国際的に重要な湿地に関する条約」で，水鳥の生息に重要な湿原・湖沼・干潟を登録し，保全に努めることを定めている。従来高層湿原が主に保護されてきたが，第5回会議で釧路湿原などの低層湿原も貴重な環境であると認識された。H 20.10時点で世界 1,820 カ所，日本 37 カ所が登録されている。

**参考文献**
1) 李正奎・西嶋渉・向井徹雄ほか：自然および人工干潟における構造と有機物分解能の比較―広島湾におけるケーススタディ―，水環境学会誌，第20巻，第3号，1997年
2) 木村賢史：人工干潟（海浜）の水質浄化機能(1)，水 Vol.36-6，1994年
3) 土木学会関西支部編：川のなんでも小事典，ブルーバックス，講談社，1998年

## 2.7 河口の地形

洪水流は河口において噴流のように拡散流下する（図2-8）。洪水流は河口から川幅5倍以内では11度で拡散流下し，それより海域側では14度で広く拡散するので，河口は噴流角11度にあわせた平面形状にしていることが多い。これより河口を広げると，

・河道から運ばれた土砂や侵入してきた漂砂により中洲が発生する
・高潮・波浪の侵入により水衝位置が変化する
・塩水の遡上により，取水が困難となる

などの影響が生じる。なお，河口から侵入した塩水が河口域に残存すると，河道流の阻害となるため，河口全断面を有効河積として評価できなくなる。塩水が残存するかどうかの目安は密度フルード数[注1]（$v/\sqrt{\varepsilon g h}$）で判別できる。

主要な河川の河口の低水路幅 $B$ は，概ね $B=9.5\sqrt{Q}$ である。ここで，$B$ は河口から

---

注1) 以前は内部フルード数と呼ばれ，式中の相対密度差 $\varepsilon=(\rho_2-\rho_1)/\rho_2$ で，$\rho_1$：上層の密度，$\rho_2$：下層の密度である。

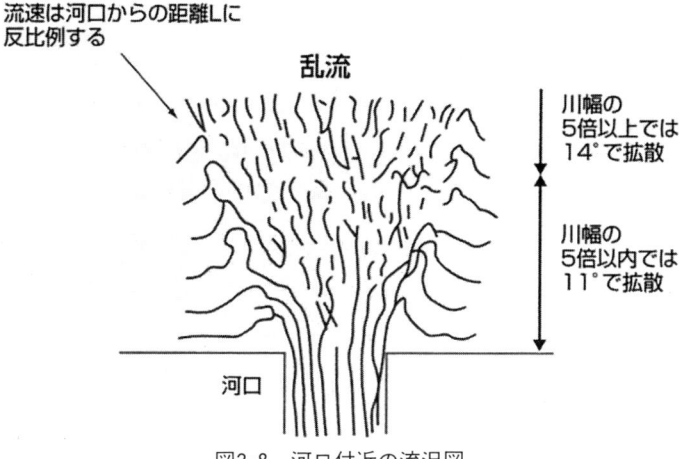

図2-8 河口付近の流況図

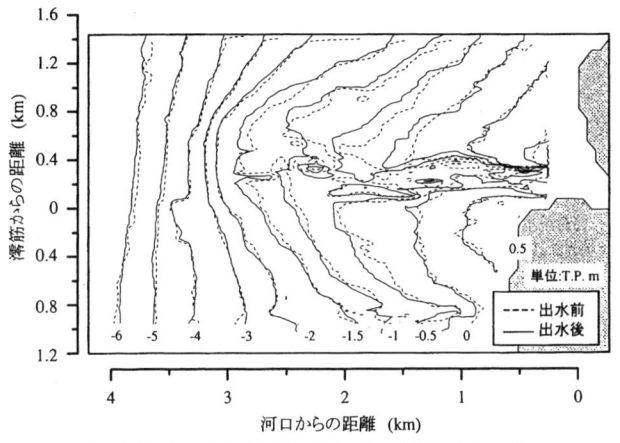

図2-9 出水前後の等深線変化（白川干潟部）
＊）河口デルタの形成，出水による土砂堆積の状況がうかがえる。

0.5～1 km 区間の低水路幅（m），$Q$ は平均年最大流量（m³/s）である。河口をこれより狭くすると，洪水時に水位が上昇する。河口幅が 1/2 になると水深は 1.6 倍，河口幅が 1/3 になると水深は 2.2 倍となり，洪水が越水する可能性がある。河口における土砂による閉塞でも同様な影響が懸念される。

河口は線的な河道と面的な海洋が接続する空間であり，かつ海域からの波浪・潮汐・沿岸流が関係し，しかも塩分が影響するため，複雑な流水・土砂の挙動を示す。河口の地形形成は洪水時の土砂供給が主要因となり，平常時の波浪・潮汐による土砂移動が副要因となる。白川における ADCP[注2]（水平式）観測結果では平水時における土砂移動量はそれほど多くはないが，1 年間の総量で見ると中小洪水 1 回程度の土砂移動量に相当することが分かった。

河口を通じた土砂供給により，0.2 mm 以上の土砂は限界水深（海床が波により短時間で応答する水深：7～10 m が多い）以浅に堆積する。河口付近に流下してくるシルト・粘

---

注2）超音波が水中の浮遊物（SS，プランクトン）に反射してかえってくる時，ドップラー効果により異なる発信音と反射音の振動数の変化などを利用して，浮遊物の移動速度を測定できる。音を受発信するトランデューサーが 4 個装着されている。

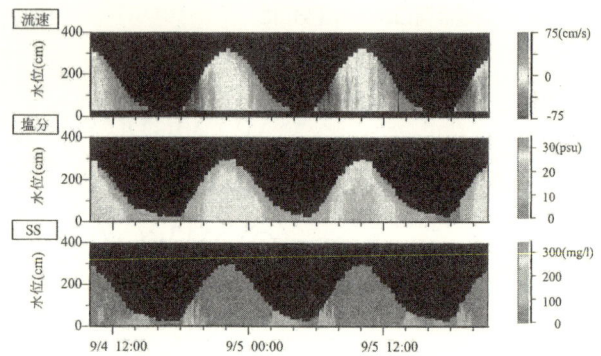

図2-10 大潮時の流速，塩分，SSの時系列的鉛直分布（白川河口）
出典［末次忠司・藤田光一・諏訪義雄ほか：沖積河川の河口域における土砂動態と地形・底質変化に関する研究，国総研資料 第32号，2002年］

土などの細粒物質は塩水の電気化学的作用による凝集沈殿に伴って粒径が大きくなって沈降する。このフロック化により粒径が10倍以上になる場合もある。白川では洪水（最大約500 m³/s）に伴う土砂供給により，河道から沖合の干潟部にかけての縦断的なみお筋に50～100 cm程度の泥やシルトが堆積したが，みお筋から離れるに従って，堆積量は少なかった。一方，平常時の大潮時には沖合から塩水フロントにのって高濁度水塊が遡上する。ADCPによる観測結果では流速とSS濃度が対応していることが分かる（図2-9，2-10）。

**河口砂州**

波浪・潮汐に伴って運搬された土砂が河口に堆積すると，河口砂州が形成される。河口砂州の形成は波浪，地形等の条件により異なるが，砂州高は有義波（不規則な波群を統計的に代表する波）の波高・周期と強い相関がある。発達した河口砂州が洪水によりフラッシュされない場合，砂州を形成するシルト・粘土が固結化したり，砂州上に植生が繁茂して，更にフラッシュされにくくなる場合もある。

このような過程を経て形成された代表的な砂州形状は以下のように分類できる。

- 両岸から砂州が発達したもの：日本海側に多く，勾配<1/2,000の比較的緩勾配で，河口テラスの発達が著しい。雄物川，阿賀野川，由良川などがある（タイプ1，写真2-4）
- 汀線に平行に発達したもの：勾配>1/2,000の急流河川で，日本海側では荒川，天神川，日野川などで，太平洋側では新宮川，仁淀川，四万十川などがある（タイプ2，写真2-5）

しかし，河口砂州の多くは洪水流によりフラッシュされ，その形態は洪水位上昇が緩やかな場合は側岸侵食により砂州が徐々にフラッシュされ，洪水位上昇が速い場合は砂州全体が一挙にフラッシュされる。沢本ら[5]はS60.7洪水（ピーク流量2,800 m³/s）を対象に阿武隈川河口で砂州上の杭の流失から砂州フラッシュの時間的変化を調査した。観測結果によると，砂州は1時間に十数m侵食され，特に洪水ピーク付近の14～18時にかけて大きく侵食した（図2-11）。

しかし，砂州はフラッシュされても，波の作用によって洪水後すぐに形成され始め，発達すると再び河口閉塞を引き起こす。河口を閉塞させずに維持するには洪水流または潮汐

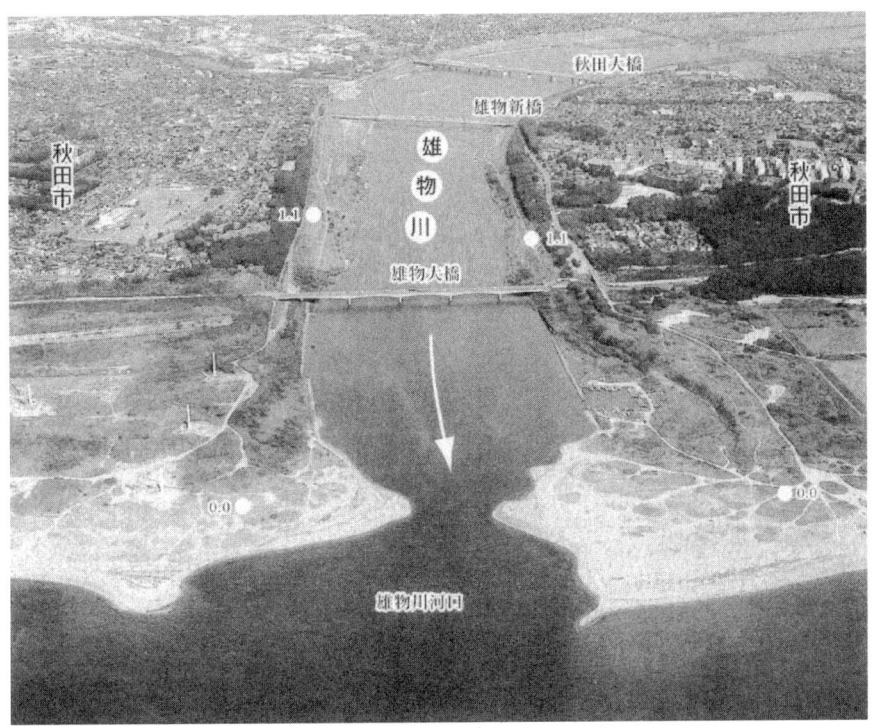

写真2-4　雄物川の河口砂州（タイプ1）
提供［国土交通省東北地方整備局秋田河川国道事務所］

写真2-5　日野川の河口砂州（タイプ2）
提供［国土交通省中国地方整備局日野川河川事務所］

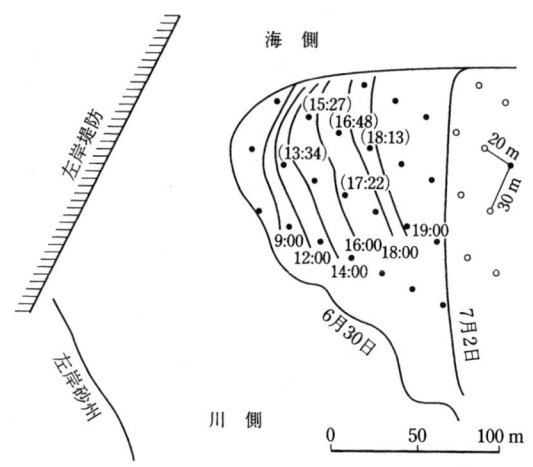

図2-11 河口砂州のフラッシュ（阿武隈川）
出典［沢本正樹・首藤伸夫・谷口哲也：阿武隈川河口砂州
の変形過程，土木学会論文集，第387号 II-8，1987年］

流により河口砂州が流出される必要がある。例えば，米代川，阿賀野川，安倍川，天神川などは洪水流の卓越により，また仁淀川は潮汐流の卓越により河口が維持されている。河口閉塞に対する（人為的な）河口処理としては導流堤による砂州のフラッシュのほかに，砂州の掘削があるが，砂州掘削は波力が増大して砂州が急激に後退したり，海岸から河口へ漂砂が逆流して，河口周辺の海岸侵食を助長する場合があることに留意する。また，河川の洪水疎通能力を増やすために河口を広げても，中洲の発生，水衝位置の変化，波浪・塩水の侵入などにより，維持・取水が困難となるほか，海岸侵食を助長する場合がある。

河口では土砂堆積により砂州が形成されるだけでなく，侵食されている箇所もある。侵食の原因は河道からの土砂供給量の減少か，海岸構造物による漂砂の遮断が多い。前者には相模川の事例があるし，後者には北陸荒川の事例がある。河口の侵食対策としては，例えば鵡川では河口近くの漁港における浚渫土を運搬して，河口に養浜している。

**参考文献**
1) 山本晃一・野積尚：河口近くの河道特性，土木学会第29回年次学術講演会講演概要集，1974年
2) 末次忠司・藤田光一・諏訪義雄ほか：沖積河川の河口域における土砂動態と地形・底質変化に関する研究，国総研資料，第32号，2002年
3) 宇多高明・高橋晃・松田英明：河口地形特性と河口処理の全国実態，土木研究所資料，第3281号，1994年
4) 河川環境管理財団：日本の河口写真集，河川環境総合研究所資料，第21号，2007年
5) 沢本正樹・首藤伸夫・谷口哲也：阿武隈川河口砂州の変形過程，土木学会論文集，第387号 II-8，1987年

## 2.8 海岸地形

日本の海岸線は埋立てや海岸保全事業などにより，自然海岸が減少し，人工海岸が増加する傾向にある。特に防災のための保全事業や開発の対象となりやすい砂質海岸が減少している。S53～H10の20年間における割合の変化を見ると，自然海岸が59％→53％，人工海岸が27％→33％と推移しており，自然海岸の延長が1,300kmも減少した。

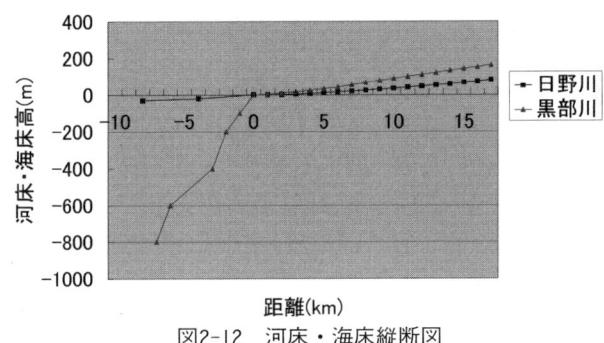

図2-12　河床・海床縦断図

　海浜勾配は大曲海岸（鳴瀬川），九十九里海岸，皆生海岸のように比較的緩勾配の場合と，黒部川・富士川・大井川・相模川（臨海性扇状地）の海岸のように急勾配の場合がある。プレートが沈み込む所や沈降地形の海域では急勾配の海岸になる場合が多い。急勾配の海岸では河道から供給された土砂が海底へ流出するため，河口デルタ（三角州）の発達が悪い。

　例えば，日野川河口からつながる皆生海岸では1/220～1/290（水深30 m以浅）と比較的緩勾配であるが，黒部川河口からつながる下新川海岸の勾配は1/4～1/6（水深200 m以浅）と急勾配で，土砂は海岸線に沿って漂砂として流下する以上に，海底へ流下している[注1]。岡本らはガラス玉（径3 cm）を使った調査により，海底谷への流砂は海岸線沿いの流砂の9倍であると推定している。また，富士川河口からつながる富士海岸の勾配も1/8～1/6と急勾配である（図2-12）。

　河口デルタの縦断距離は洪水継続時間，流出土砂量にもよるが，河床勾配が緩い（河道内水深が深い）場合は河口幅の3～4倍程度である。河口デルタの形成は河道からの供給土砂量と汀線付近の土砂移動の影響を受ける。汀線付近では海岸線沿いの漂砂バランス，沖向き・岸向きの漂砂量により，河口付近の土砂の堆積・流出が決まり，河口デルタの発達を左右する。沿岸漂砂量は岬や突堤などの構造物があると減少し，海岸によっては季節的不連続性[注2]がある。また，河道の流況が洪水時の場合は河道からの供給土砂量や沖向き漂砂量が卓越するが，平水時には岸向き漂砂量や波浪・潮汐に伴う運搬土砂量が卓越する。

　規模が大きなデルタ地形は海外ではメコン川，日本では太田川などで見ることができる。太田川は祇園までが谷底平野で，それより下流がデルタ地形になっている。沖積世以降，太田川上流の断層群のある地域から土砂が供給されるとともに，鉄穴流しにより大量の土砂が下流へ供給され，穏やかな瀬戸内海に堆積することにより，デルタが形成された。太田川デルタ全域が広島市街地となっているが，デルタ全体が自然に形成されたものではなく，放水路の中間地点より南側の地域は江戸時代以降の干拓により人工的に作られたものである（濃尾平野も同様に南半分が干拓地である）。また，太田川は100 kmの流路のうちの下流約20 kmだけがデルタであり，上流区間は山が迫った狭隘地区や盆地である。

　礫河川である天竜川では，砂利採取やダム等の建設による流砂量の減少に伴って，海岸に運ばれる土砂（特に砂）が減少し，河口近くにある砂浜の汀線が後退した。例えば，天

---

注1）臨海性扇状地の海床勾配は大きいが，黒部川は海域が沈降傾向にあるため，特に急勾配となっている。
注2）信濃川や安倍川河口沿岸のように，漂砂方向が季節により変わらない場合と，天竜川河口沿岸のように，季節により変わる場合がある。

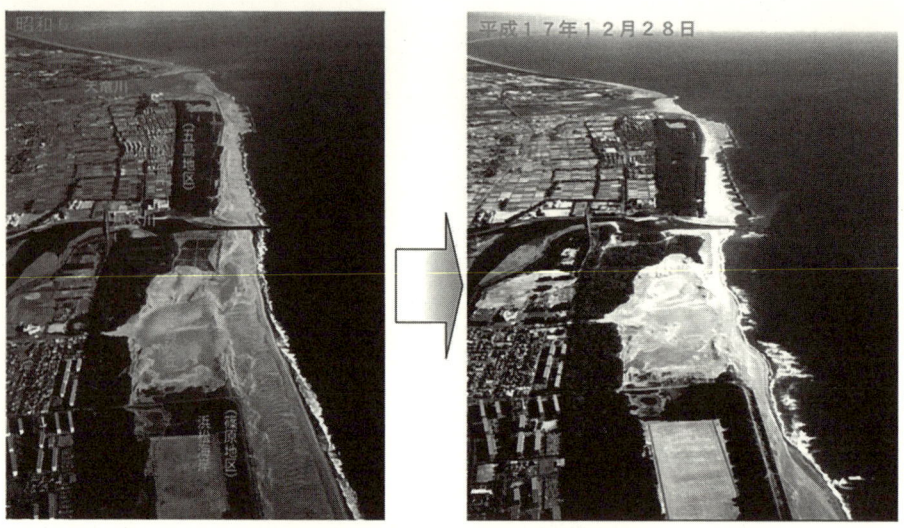

写真2-6　中田島砂丘における海岸侵食
提供［国土交通省中部地方整備局浜松河川国道事務所］

竜川の西側にある日本三大砂丘[注3]である中田島砂丘では平均5m/年に及ぶ海岸侵食が起きており，生息するアカウミガメへの影響が懸念されている（写真2-6）。

また，信濃川河口付近の海岸線も後退が著しい。信濃川には1922年に大河津分水路が完成し，洪水が通水された。その結果，本川への流砂量が減少し，平均河床高が戦後以降3～6m低下したほか，新潟西港近くの水戸教浜地区では，港湾における浚渫の影響もあって，M22～S22の58年間で約350mも海岸線が後退した。代わって，大河津分水路を通じて土砂供給された分水路河口には3km²以上の新しい土地が生まれた。

このように，河道からの土砂供給量の減少により海岸侵食が発生している箇所があるが，それ以外の要因で海岸侵食している箇所もある。主要な原因と対象海岸（付近の河川名）を示せば，以下の通りである。海岸侵食対策としては，離岸堤などの構造物の建設，海岸への土砂供給（安倍川の例あり），礫の敷設などがある。

- 防波堤などの構造物の影響：仙台湾南部海岸（名取川・阿武隈川），新潟海岸（信濃川），井田海岸（熊野川）
- 海域における砂利採取：高知海岸（仁淀川）
- 港湾における浚渫：新潟西港（信濃川）

河口や海岸地形は予測モデルにより予測でき，こうした海岸線の挙動も知ることができる。予測モデルには，①河川流・潮汐流による土砂流送過程と波浪による漂砂の持ち込み作用を考慮したモデルと，②one-lineモデルを基にしたモデルがある。モデル①においては，潮汐による流送土砂量は塩水遡上による懸濁土砂の再配分モデル（鉛直2次元 $k$-$\varepsilon$ モデル[注4]と沈降・巻き上げの式からなる）を考慮しており，以下の式等で構成される。

$$(1-\lambda)Lh\frac{dB}{dt}=q_B B - Q_u$$

ここで，$\lambda$：砂の空隙率，$L$：流下方向の砂州長，$h$：河口水深，$B$：河口幅（矩形近

---

注3）定説はないが，鳥取砂丘と吹上浜（鹿児島）または九十九里浜（千葉）をあわせて日本三大砂丘と呼ぶのが有力である。

注4）$k$-$\varepsilon$ モデルとは乱れエネルギー $k$ と粘性散逸率 $\varepsilon$ の輸送方程式で $k, \varepsilon$ のほかに流速，水温，SS，塩分などがパラメータとなっている。

似)，$q_B$：単位幅当りの河川流・潮汐流による流送土砂量，$Q_u$：河口内に流入する漂砂量である。

また、②のモデルは汀線変化モデルで，海岸線位置の時間的変化を沿岸漂砂量の海岸線沿いの分布から予測する手法である。

**参考文献**
1) 環境省：Japan's National survey on the Natural Environment
2) 岡本隆一・小島圭二・椎葉元則：玉石海岸における浸食機構に関する研究，防災科学技術総合研究報告，第28号，1972年
3) 山本幸次：漂砂系における海浜地形の変化過程に関する研究，筑波大学学位論文，2003年
4) 山本晃一：沖積河川学 堆積環境の視点から，山海堂，1994年
5) 末次忠司・日下部隆昭・坊野聡子：土砂管理施策のためのキーノート～土砂動態の時空間的不連続性を考慮した流域管理に向けて～，国総研資料，第231号，2005年
6) 宇多高明：日本の海岸侵食，山海堂，1997年

# 第3章　河川地形の形成と河道特性

　河道は縦断的に基盤地形が異なるだけでなく，河床勾配や河床材料が異なり，それぞれで特徴的な河道特性を有する。流域特性が比流量，流域面積と流路延長の比などで表されるのに対して，河道特性はセグメントや河床形態により特徴付けられる。特に河道特性はセグメント区分された区間ごとに蛇行・河床低下・河岸侵食が異なり，後述する河道災害などを考える場合の目安となりうる指標である。

## 3.1　川の基礎知識

　川には川独特の呼び名などがあるため，ここで説明しておく。まず，川は本川（または幹線）と支川（または支流）からなる。本川は有名な川ではなく，源流から河口までの延長が最も長い川で，本川に合流する川が支川[注1]である。この本川の長さを幹川流路延長という。源流は本川の水の流れ出る源で，その発見は難しく，崖や斜面から水がしみ出す，池，湧水などの形態がある。利根川の源流が大水上山（みなかみ）（新潟県と群馬県の県境）の三角形雪渓であると確認されたのはS29年の第3回水源調査団の時で，それほど昔ではない。また，信濃川（千曲川）の源流は甲武信ケ岳（こぶしがだけ）の湧水である。荒川の源流も甲武信ケ岳で，信濃川に近いところに位置する。

　合流に対して，水が支川に分かれていくことを分流という。河川名は分合流に伴って変わったり，県境で変わる場合がある（表3-1）。また，河川法の一級河川指定の新宮川は地元で熊野川の名称が定着しているという理由で，H10に熊野川が法定名称となった。同様の理由で，渡川も四万十川に名称変更された。

　縦断的な流れで見ると，山側が上流で海側が下流，その中間が中流である。このように，降雨が本支川に流入してくる範囲を流域（または水系）といい，その面積を流域面積という。これは表流水の流れる範囲であり，地下水は異なる流域を有する場合があるし，水路やトンネルを通じて他流域からダムへ導水される場合があり，その流域を間接流域[注2]という。

表3-1　河川名の変化例

| 阿賀野川 | 福島県内で阿賀川，新潟県内（下流）で阿賀野川 |
|---|---|
| 信濃川 | 長野県内で千曲川，新潟県内（下流）で信濃川 |
| 紀の川 | 奈良県内で吉野川，和歌山県内（下流）で紀ノ川 |
| 淀川 | 桂川・宇治川・木津川の合流→淀川（下流） |
| 富士川 | 釜無川・笛吹川の合流→富士川（下流） |
| 熊野川 | 十津川（とつ）→熊野川（下流） |

　注1）支川数が最も多いのは淀川水系である。

表3-2　河川延長等の現況（H20.4）

|  | 水系数 | 河川数 | 延長（km） |
|---|---|---|---|
| 一級河川 | 109 | — | 87,949.5※ |
| 二級河川 | 2,713 | 7,069 | 35,816.2 |
| 準用河川 | — | 14,403 | 20,283.1 |
| 合計 | — | — | 144,048.8 |

※：指定区間外区間の延長は10,583.9 kmである

　水系のうち，重要な水系は一級水系と称され，全国に109ある。109水系は国土保全または国民経済において，特に重要な水系が選ばれた。一級水系内の河川は一部の小河川や上流の細流を除いて，すべて一級河川となり，国交省が本川下流および重要な支川合流点区間など（指定区間外区間：直轄区間のこと）の管理を行っている（詳細は第7章　7.4「堤防の整備状況」参照）。その他の一級河川区間は都道府県が管理している。ほかの河川には二級水系内の二級河川，準用河川がある。二級河川は原則都道府県，準用河川は市町村が管理を行うこととなっている。一級・二級河川、準用河川の延長を合計すると，14万km以上になり，地球を3.5周（地球の円周は約4万km）するほどの長さである（表3-2）。

　河川は災害対応や管理上各所の位置が分かるように，河口からの縦断距離を示した距離標が定められ，堤防に杭が打ってある。この距離は河道中心における河口からの概ねの距離を表したもので，河道改修等で変わる場合がある。河口原点は固定しているので，埋立て等が行われると，マイナスの距離標となる。また，放水路の建設やショートカットによっても距離が変わるが，その都度距離標を変えると水位・流量データの地点などで混乱が生じるため，中上流で変わらないよう，調整している。例えば，建設された放水路が本川扱いになると，旧距離標に合うよう分流地点で調整を行っている。

　河道を横断的に見たときの川岸には呼び方があり，上流を背にして右側を右岸，左側を左岸と呼ぶ。湾曲した区間では，湾曲の内側を内岸，外側を外岸という。内岸には土砂が堆積した砂州があり，外岸は洗掘された深掘れがある。堤防の川側は川表，川の反対側は川裏というが，川表の土地は堤外地，川裏の土地は堤内地と呼び，川は堤防に対して表にあるが，外側に位置すると定義されている。堤外地は平常時に水が流れる低水路（または低水敷）と，低水路より一段高くなった平場で，公園やグラウンドに利用されている高水敷からなる。単に河床というと低水路のことを指す。中小河川や扇状地河川では高水敷がなかったり，不明瞭な場合がある。このように高水敷がない場合を単断面，高水敷がある場合を複断面という。低水路内を人為的に掘削して，低い位置に作った水路は低々水路といい，洪水などの自然の作用でできた筋状の深掘れ流路をみお筋という。洪水の流下が想定される堤防内の横断方向の断面積（高水敷上を含む）は河積といい，河積阻害とは河道内の横断工作物や樹林が洪水の流れを阻害することを意味している（図3-1）。

　河床の高さは横断的に見た低水路の平均河床高で表したり，みお筋の深さである最深河床高で表したりするが，これらの縦断的な変化を示したものが河床縦断分布である。一定区間の傾きは河床勾配といい，1/1000（0.1％ともいう）というように，分子を1にして表示する。この値が大きいほど，急な勾配となる。急勾配と緩勾配の明確な定義はないが，

---

注2）ダム流域のうち，自然状態で雨水がダム貯水池へ流入する流域を直接流域という。直接流域を除いた間接流域の面積が間接流域面積である。

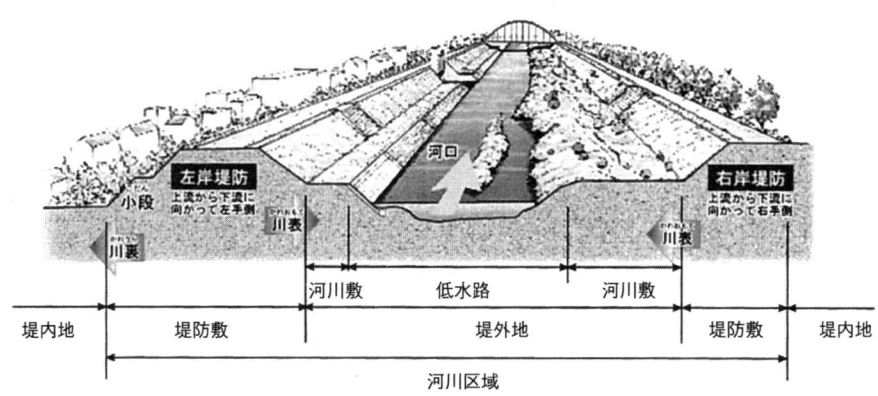

図3-1 河川に関連する様々な名称

表3-3 各河川の基準水位

|  | 利根川 | 江戸川 | 荒川 | 淀川 | 木曽川 | 吉野川 |
|---|---|---|---|---|---|---|
| 基準水位 |  | Y. P. | A. P. | O. P. | O. P. | A. P. |
| T. P. からの偏差 |  | −0.8402 m | −1.1344 m | −1.3 m | −0.6573 m | −0.8333 m |

出典［中川吉造：利根川改修沿革考（明治年間），港湾，第6巻3号，1928年］

一般的には1/500以上を急勾配，1/3000以下を緩勾配ということが多い。水深や砂州高は河床（一般に平均河床）からの水かさや土砂の高さを意味するが，縦断分布などでは基準水位に対する標高で表示する。

基準水位は河川によって異なり，以下の通りである。T. P. は東京湾平均海面[注3]（海抜0 m）を表し，Tokyo Peilの略で，Peilとはオランダ語で水準面（水位を測る）の意味である。Y. P. は江戸川（Yedo），A. P. は荒川，O. P. は大阪湾の平均海面である。表3-3からも分かるように，東京湾の基準水準面は湾の地形の影響により，ほかの河口や湾の海水位より高い。なお，淀川におけるO. P. は以前はT. P. −1.0455 mであったが，東南海および南海地震による地殻変動の影響を補正するために偏差が変更された。

河川の流量に関しては，基本高水流量と計画高水流量がある。基本高水流量は計画上の降雨が発生し，雨水流出した時の計画流量で，ダム等により調節した後の計画上の河道流量が計画高水流量である（第8章 8.3「計画諸量の決定」参照）。計画高水流量時の洪水位を計画高水位という。堤防高はこの計画高水位に余裕高等（後述）を加えた高さである。計画通りの断面を有する堤防は完成堤と呼ばれ，堤防高は計画高水位を満足するが計画断面とはなっていない堤防は暫定堤と呼ばれる。

堤防は上面の天端とのり面で囲まれた範囲で，のり面の途中にある平場は小段という。最近は越水・浸透に対する堤防の弱体化を防ぐために小段を設けない「1枚のり」で施工されることもある。のり面は勾配を持っていて，鉛直1に対して水平 $n$ の割合の勾配を $n$ 割勾配といい，2割よりも3割が緩い勾配である。天端から高水敷等へ降りる坂道は坂路と呼ばれ，通常下流側に向けて設けられている。

堤防の川岸は河岸と呼び，洪水時の流速が速い区間には護岸が建設されている。低水路際の護岸は低水護岸，高水敷より（高さの）高いのり面に建設された護岸は高水護岸という。通常いわれている護岸はのり面に敷設されたブロック等ののり覆工のことで，のり覆

---

注3）隅田川河口の霊岸島量水標における明治6年以降6年間の毎日の満潮位と干潮位の平均値を総平均して求めたもので，以前は東京湾中等潮位と呼ばれていた。

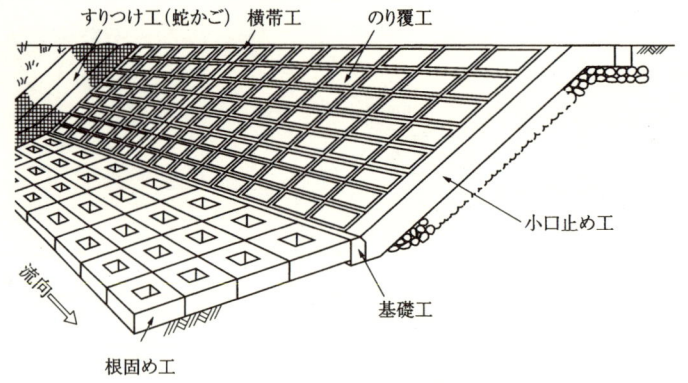

図3-2 護岸各部の名称

工単独で施工されるのではなく，のり覆工を支持する基礎工，基礎工の沈下等を防ぐ根固め工もあわせて施工されている。のり覆工端部には小口止め工を設置し，のり覆工の被災が全体に影響しないように，20 m に 1 カ所は横帯工（隔壁工）を設置している（図3-2）。

**参考文献**
1) 日本河川協会：平成18年版 河川便覧，2006年
2) 中川吉造：利根川改修沿革考（明治年間），港湾，第6巻3号，1928年

## 3.2 流域形状

河川の規模は流域面積，または幹川流路延長で表される。日本の河川の流域面積は大陸河川に比べて相対的に小さい。これは国土面積が狭いだけの理由ではない。例えば，韓国の漢江：ハンガン（約2.6万 km²），洛東江：ナクトンガン（約2.3万 km²）は利根川より流域面積が大きく，この2大河川で国土面積の約半分を占めている。日本における流域面積のベスト5は表3-4に示す通りで，各水系の諸元，洪水特性を示す最大流量に対する

表3-4 河道の諸元と比流量など

| 順位 | 河川名 | 流域面積 $A$：km² | 幹川流路延長 $L$：km | 基準地点の流域面積 $A_1$：km² | 基準地点の最大流量 $Q$：m³/s | 比流量 $Q/A_1$：m³/s/km² | 洪水継続時間：日 |
|---|---|---|---|---|---|---|---|
| 1位 | 利根川 | 16,840 | 322 (2位) | 八斗島（S22.9洪水） | | | |
| | | | | 5,114 | (17,000) | (3.32) | 4日以上 |
| 2位 | 石狩川 | 14,330 | 268 | 石狩大橋（S56.8洪水） | | | |
| | | | (3位) | 12,696.7 | 11,330 | 0.89 | 約4日 |
| 3位 | 信濃川 | 11,900 | 367 | 小千谷（S56.8洪水） | | | |
| | | | (1位) | 9,719 | 9,638 | 0.99 | 約2日 |
| 4位 | 北上川 | 10,152 | 249 | 狐禅寺（S22.9洪水） | | | |
| | | | (5位) | 7,060 | 7,900 | 1.12 | 約4日 |
| 5位 | 木曽川 | 9,100 | 227 | 犬山（S58.9洪水） | | | |
| | | | (8位) | 4,683.8 | 14,099 | 3.01 | 約2日 |

比流量，その時の洪水継続時間もあわせて示した．表中で利根川の最大流量，比流量を（　）書きにしたのは，S 22.9洪水では大規模に氾濫したためである．

なお，流域面積は古来からの河道付け替え等の河道整備により変化してきたし，幹川流路延長もショートカットにより短くなった河川もある．例えば，信濃川は江戸時代前期には河口で阿賀野川が合流し，阿賀野川には加治川が合流していた．したがって，当時の流域は現在の利根川をしのぐ最大の流域面積を有していた．また，石狩川は第2章　2.5「氾濫平野」で示したように，蛇行区間のショートカットにより，下流の約180 km区間で河川延長は約2/3に短縮され，以前よりかなり短くなっている．

流域形状は洪水流出に影響を及ぼし，特に流域面積 $A$ と流路延長 $L$ によって流出形態が関係づけられる．無次元化した $A/L^2$ を指標として見ると，この値が小さい羽状（細長い）流域では，洪水ピーク流量はそれほど大きくないが，一定流量以上の洪水継続時間が長い，一方，この値が大きな放射状流域では，洪水が集中的に流出し洪水ピーク流量は大きいが，一定流量以上の洪水継続時間は短いといわれている．

確かに洪水実績を見ると，$A/L^2$ が小さな大井川（0.05）や四万十川（0.06）は洪水継続時間が2日以上と長い．しかし，これらは流路延長が長い河川であり，洪水継続時間を流路延長 $L$ で割った $T/L$ で見ると，肝属川（0.42）や天神川（0.49）の方が大きい．このように空間スケールを考慮すると，流域特性の見方が変わってくる．

ピーク流量も空間スケールを考慮して，比流量 $Q/A$ で考える必要がある．ピーク流量 $Q$ と流路延長 $L$ との間には $L \infty \sqrt{Q}$ の関係があるので，流域形状のパラメータのとり方にもよるが，$A/L^2$ が指標の場合，$A/L^2 \infty A/Q$ となり，$A/L^2$ と $Q/A$ の関係は逆比例の関係となる．那賀川（0.06）や櫛田川（0.06）などのように，$A/L^2$ が小さな河川ほど，大きな $Q/A$ となる．なお，これらの河川は外帯河川でもある．

以上のように，流域形状の特性を $A/L^2$ で表すと，表3-5のように整理される（図3-3）．

ちなみに，海外で規模の大きな河川は表3-6の通りで，流域面積はアマゾン川，幹川流路延長はナイル川が最大である．$A/L^2$ は幹川流路延長の長いナイル川は0.06と日本の

表3-5　流域形状から見た流出特性

| 流域形状 | 流量・洪水継続時間の特性 | 水系名 | $A/L^2$ |
|---|---|---|---|
| 羽状流域 $A/L^2$ が小さい | ・$Q/A$はやや大きな値（特に外帯河川では大きい）となる<br>・$T/L$は短くなることが多い | 大井川<br>那賀川<br>櫛田川<br>四万十川 | 0.05<br>0.06<br>0.06<br>0.06 |
| 放射状流域 $A/L^2$ が大きい | ・$Q/A$はやや小さな値となる<br>・$T/L$は長くなることが多い | 淀川<br>天神川<br>千代川<br>肝属川 | 1.46<br>0.49<br>0.44<br>0.42 |

＊）淀川は琵琶湖を流域面積に含んでいるため，他水系と特性が異なる

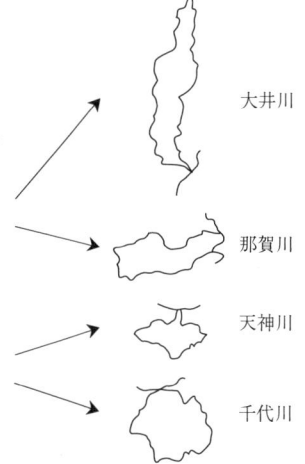

図3-3　典型的な流域形状

表3-6 流域面積の大きな河川の$A/L^2$

| 河川名 | 流域面積$A$ | 幹川流路延長$L$ | $A/L^2$ |
|---|---|---|---|
| アマゾン川 | 705万 km² | 6,516 km（2位） | 0.17 |
| コンゴ川 | 368万 km² | 4,380 km（9位） | 0.19 |
| ミシシッピ川 | 325万 km² | 6,019 km（4位） | 0.09 |
| ラプラタ川 | 310万 km² | 3,998 km（14位） | 0.19 |
| ナイル川 | 287万 km² | 6,695 km（1位） | 0.06 |

羽状流域並みの値であるが，その他は概ね 0.1〜0.2 程度である。

**参考文献**
1) 篠原謹爾：河川工学，共立出版，1975 年
2) 日本河川協会：平成 18 年版 河川便覧，2006 年

## 3.3 河川地形

山地が形成されると，降雨や地下水の営力により，流水の経路が形成される。河道の流路はある所では直線的に，ある所では蛇行流路となる。河道の蛇行は第 2 章 2.1「山間部の河川地形」の穿入蛇行で記述したように，地質的に脆弱な基盤岩が侵食されたり，何らかの攪乱を引き金にして行われるが，具体的なメカニズムは未だ不明である。

日本の典型的な河川では上流の山間部を経て，平野に出た所で扇状地を形成し，勾配が緩くなった所で自然堤防帯（氾濫平野）となり，河口付近で三角州を形成する（図 3-4）。山間部は湾曲した峡谷で，途中に盆地や河岸段丘が形成され，その下流では直線的な河道となっていることが多い。ただし，流砂量が少ない穿入蛇行河川では平野や三角州の発達が悪い。

特に，隆起が著しい中部山岳地帯から流下している黒部川，富士川，安倍川，大井川，

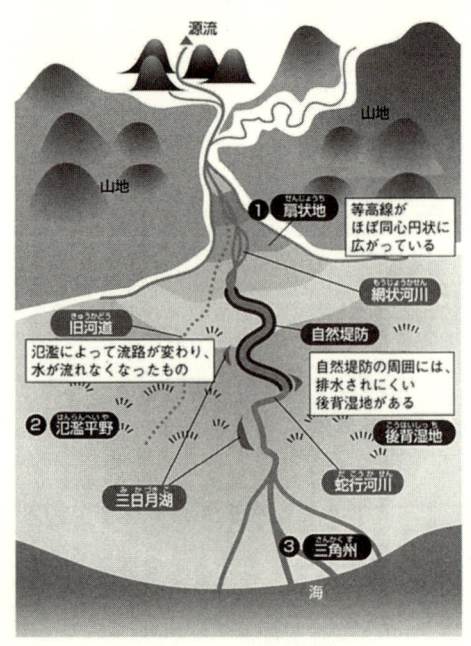

図3-4 河川地形の概念図

天竜川，常願寺川などは扇状地のまま海へ突入している。このような河道は下流区間も急勾配で慣性力が大きいため直線的で，川幅水深比が大きく，うろこ状砂州が形成され，河口に続く海岸地形も急勾配の場合がある。黒部川河口の下新川海岸の勾配は1/4〜1/6（水深200m以浅），富士川河口の富士海岸の勾配も1/8〜1/6と急勾配である。そのため，河道から海岸へ流出した土砂は河口に堆積（河口デルタを形成）せずに，海底谷へ流出していく（第2章　2.8「海岸地形」参照）。

山地河川では土砂移動が活発で，中下流とは相当異なった河川地形が形成されている。区間によっては岩が露出している区間があり，一部の生態系しか利用できない空間もある。例えば，黒部ダム（鬼怒川上流）下流には粒径128mm以下および512mm以上の土砂が多いが，大量の巨礫が堆積している湾曲区間と，露岩した直線区間が見られる（写真3-1）。これは規模の大きなステップ―プールとして形成された河川地形である。

氾濫平野では河道が著しく蛇行する。そのため，蛇行区間が取り残されて，三日月湖となっている場合があり，長いものでは延長2kmにも及ぶ。また，氾濫平野では河道沿いに自然堤防が発達しているため，背後地は後背湿地となり，水はけが悪い内水地帯となる。更に下流の河川地形は三角州で，河道の蛇行は微地形などの影響により，蛇行が大きい場合と小さい場合がある。太田川などのように，緩勾配のため，多数の支川に分流する場合もある。

このような河川地形を地形の諸元で見てみると，
・流域面積が最も広いのは利根川で16,840 km²
・幹川流路延長が最も長いのは信濃川で367 km
・川幅が最も広いのは荒川の2,537 m
・支川数が最も多いのは淀川水系

などである。川幅は通常下流へ行くほど広くなり，河口はかなりの幅を有するが，荒川では中流が広く，埼玉県の鴻巣市〜吉見町間が2.5 km以上と日本最大となっている。

このほかに特異な河川地形として，肱川は山地部の河床勾配が緩いため，盆地で氾濫が発生する反面，河口は山が迫った峡谷地形となっている。また，仁淀川支川宇治川は低奥型地形のために上流が低標高の逆勾配となっていて，水はけが悪くこれまで幾度となく浸水被害を被ってきた。これに対しては，H19に延長約2.6 kmの新宇治川放水路（φ約7 m）が完成し，洪水位の低下による浸水被害の軽減が期待されている。

河川地形は河道改修等によって元来の地形とは異なっている場合も多い。石狩川ではシ

写真3-1　ダム下流の露岩事例

ョートカットにより蛇行区間が直線的となったし，大河川の下流区間では洪水疎通能力を増大させるために，直線的な放水路が多数建設されている。一般的に治水機能を増大させる場合，計画高水流量を安全に流下させる河積を確保するために，引堤や河道掘削を行うが，小規模洪水に対して大きな断面になると，低水路内に中洲や島が形成され，河川地形が変質する場合がある。

**参考文献**
1) 山本幸次：漂砂系における海浜地形の変化過程に関する研究，筑波大学学位論文，2003年
2) 小林草平・中西哲・藤原正季ほか：山地河道のダム下流における河床露盤化と河床材料特性，河川技術論文集，第15巻，2009年

## 3.4 インパクトによる河川地形の変質

河道改修等が行われると，そのインパクトに対して，河道は地形変化を生じる方向に働く場合がある。インパクトとしては，ダム・砂防堰堤・床止め・堰などの横断工作物や放水路の建設，河道改修（ショートカット，川幅の変化，河道掘削），樹林化，ダム・放水路などによる流量変化などがある。

横断工作物による影響はダムによる影響に代表される（第12章 12.4「ダム建設の影響」参照）。改修の例として，流下能力を増やすために，床止めの天端高を切り下げると，その影響が上流に及ぶ。河床勾配が1/250程度の扇状地河川で床止めを90 cm切り下げた場合，1 km以上離れた上流河床には影響しないが，1 km以内の区間で最大1 m程度河床低下するという解析結果がある。

洪水疎通能力を増やすために低水路幅を広げると，土砂を流そうとする掃流力が小さくなり，土砂が河岸付近に堆積して元の低水路幅に戻ろうとする（図3-5）。例えば，鹿児島の川内川（67〜76 k）ではショートカットと同時に川幅を40 mから90 mに広げた結

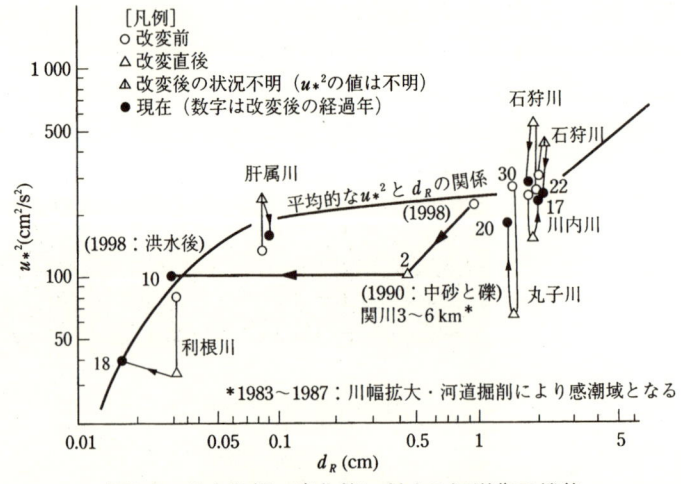

図3-5 低水路幅の変化等に対する河道復元機能
＊） 改修により低水路幅が大きく変化すると，元に戻ろうとするか，河床材料が変わる。
出典［自然的・人為的撹乱と河川生態系研究会，河川環境管理財団編：自然的撹乱・人為的インパクトと河川生態系の関係に関する研究，河川環境管理財団，2002年］

果，掃流力が減少し，拡幅して10年以内に元の川幅に近い50mになった。利根川，関川，球磨川などのように，掃流力の減少に伴い，川幅ではなく，河床材料が細粒化したケースもある。

一方，石狩川（108～110 k）ではショートカットと同時に川幅を70mにせばめたところ，河道の直線化に伴い，河床勾配が急になり，無次元掃流力 $\tau_*$ [注1] が約2倍になった結果，側岸が侵食され，ショートカット前後の川幅は130 m → 70 m → 165 mと推移し，ショートカット後の22年間で川幅はほぼ元通りとなった。一般に平均年最大流量時の摩擦速度 $u_*$ が代表粒径 $d_R \sim u_*$ の関係より±15％以上変化すると，川はその復元機能により川幅を変えて元に戻ろうとするか，または河床材料が変化する。

河道掘削等により河道内土砂が減少すると，河床高が一様に低下するが，横断工作物が建設されると，その下流から河床高が低下していく。セグメント1区間では，河道掘削量に応じて，平均河床高，最深河床高が同程度低下する。ただし，礫床河川ではたとえ1/100確率洪水が発生しても礫は数km程度しか移動しないので，礫河川でポケット状に河道掘削すると，上流から流送されてきた土砂がそこに堆積し，下流や海岸へ土砂が流出しなくなる。富士川1.5 kでS43に行った幅約500 mの河道掘削がその例である。したがって，扇状地河川の河口での河道掘削や砂利採取は海岸侵食を引き起こす危険性があることに留意する必要がある。

近年多くの扇状地河道で樹林化が問題となっている。樹林化は植生環境や営巣する鳥類などの本来の生態環境を損なうだけでなく，堤防や河岸を侵食するなどのインパクトとなる。高水敷等が樹林化し，特に洪水により運ばれた流木が樹林群の周囲に集積した場合，樹林群が洪水流の阻害となって流向を変化させ，対岸の河岸を侵食するなどの地形変化を引き起こす場合もある。

流量変化も河川地形を変質させるインパクトとなる。ダムや放水路が建設されると，洪水流量が変化するため，流量に応じて低水路形状も変化する。例えば，ダム建設により流量調節を行うと，大洪水は減少するが，中小洪水が増加する場合が多い。大洪水の減少に伴って，河道は広い掃流幅を必要としなくなり，洪水時に運搬された土砂が河岸沿いに堆積するようになる。低水路が狭くなった結果，深掘れが進行し，深掘れは前述した樹林化の要因ともなる。

**参考文献**
1) 自然的・人為的撹乱と河川生態系研究会，河川環境管理財団編：自然的撹乱・人為的インパクトと河川生態系の関係に関する研究，河川環境管理財団，2002年
2) 山本晃一・藤田光一・赤堀安宏ほか：沖積河道縦断形の形成機構に関する研究，土木研究所資料，第3164号，1993年

## 3.5 河道特性

河川は基本的には上流から下流へ行くに従って，川幅が広く，河床勾配が緩くなり，河床材料も小さくなる。すなわち，河道の縦断的な形状は一般に凹形になっている。C. T.

---

注1） $\tau_* = \dfrac{u_*^2}{sgd} = \dfrac{hI}{sd}$

　　　ここで，$u_*$：摩擦速度，$s$：土粒子の水中比重，$g$：重力加速度，$d$：粒径，$h$：水深，$I$：水面勾配である。

ヤングはこの理由を「河川はエネルギー消費の時間的割合（$\Delta H/\Delta t$）が最小になるような流路を流れるから」と説明している。直線河道では $\Delta H/\Delta t$ は最大となるので，河川は縦断方向に河床勾配を緩くするか，蛇行して流下しなければならない。しかし，3.3「河川地形」で記述した肱川や宇治川などのように，これとは異なった特性を有する河道もある。信濃川の大河津分水路のように，分水路建設時の山地の掘削土砂量を軽減するため，河口付近2 kmの川幅を下流方向にロート状に狭くし，河床勾配を急にしている例もある。また，局所的に見れば狭窄部では川幅が狭く，その上流の盆地区間は下流よりも河床勾配が緩くなっており，後述する小セグメントに分類される。

また，河道特性を面的に見ると，例えば北上山地は新第三紀には海岸に面した低い丘陵地帯で，第四紀になると北上山地や奥羽山脈は地殻変動により隆起したが，北上低地は取り残され，盛岡付近まで南から海水が進入してくるなど，低平地の河道特性のままであった。そのため，北上川は中流部でも河床勾配が緩く，洪水に伴う水はけが悪いため，現在多数の遊水地により洪水に対処せざるをえない状況にある。

河道特性は河床材料とも関係している。河床材料は2 mm以上は礫，0.062 mm（概略的には0.1 mm）〜2 mmは砂，0.062 mm以下はシルト・粘土に大分類される。砂は更に粗砂，中砂，細砂に分類される（表3-7）。河床材料は扇状地では下流でも大きく，黒部川で7〜14 mm，球磨川で40 mm程度である。しかし，一般には河床勾配と河床材料とは相互に関係があり，勾配が急な区間では掃流力が大きいため，粒径が大きな土砂も輸送されるが，勾配が緩くなると大きな土砂は掃流されにくくなり，河床に堆積する。堆積した土砂は凍結融解や，洪水による粒子同士の衝突や転動により砕けたり，摩耗して粒径が細かくなって，下流へ掃流される。なお，粒径調査では80 mm以上の河床材料は河床表面の礫を面格子（または線格子）法で計測し，80 mm以下の場合は表層の大礫を除いて，ふるい分け試験により計測を行う。

土砂が掃流されるかどうかは無次元掃流力（$\tau_* = hI/sd$）で表され，礫より大きな土砂は0.05〜0.06が掃流の目安となるが，これより小さな粒径の土砂，特にシルト・粘土は粘性力の作用のため，掃流されるには更に大きな無次元掃流力が必要となる（図3-6）。土砂が移動を開始する限界状態を算定する式に岩垣の式または栗原の式がある。このうち，岩垣の式は以下のように粒径 $d$ を関数とする限界摩擦速度 $u_{*c}$ で表示されるが，大きな粒径に対する分類が粗い[注1]，また一様粒径の式であることに留意する必要がある。単位は $d$ (cm)，$u_{*c}$ (cm/s) である。

表3-7 土砂の粒径による分類

| 名　称 | 粒径範囲 | |
|---|---|---|
| 巨　礫 | 256 mm〜 | |
| 玉　石 | 64〜256 mm | |
| 砂　利 | 2〜64 mm | |
| 砂 | 0.062〜2 mm | 粗砂 0.5〜1 mm<br>中砂 0.25〜0.5 mm<br>細砂 0.125〜0.25 mm |
| シルト | 0.004〜0.062 mm | |
| 粘　土 | 〜0.004 mm | |

---

注1）限界摩擦速度 $u_{*c}$ は，$d \geqq 4$ cmでは岩垣の式はEgiazaroffの式よりも大きくなり，$d \leqq 4$ cmでは岩垣の式はEgiazaroffの式よりも小さな値となる。

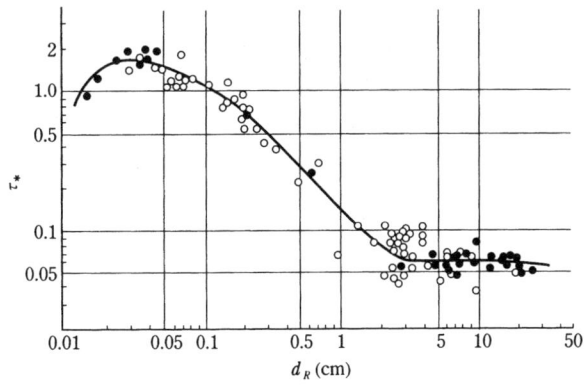

図3-6 代表粒径 $d_R$ と無次元掃流力 $\tau_*$ との関係

\*) 粒径が3 cm以下で無次元掃流力が大きくなるのは，粒子間粘性力が大きいからである

出典［山本晃一：河道特性論，土木研究所資料，第2662号，1988年］

$d \geq 0.303$ → $u_{*c}^2 = 80.9d$

$0.118 \leq d \leq 0.303$ → $u_{*c}^2 = 134.6d^{31/22}$

$0.0565 \leq d \leq 0.118$ → $u_{*c}^2 = 55d$

$0.0065 \leq d \leq 0.0565$ → $u_{*c}^2 = 8.41d^{11/32}$

$d \leq 0.0065$ → $u_{*c}^2 = 226.4d$

混合砂の場合の限界掃流力の算定にあたっては，芦田・道上の式またはParkerの式を用いる。Parkerの式は次の通りであり，混合砂のすべての粒径が移動する場合の適合性は高い。なお，式中の $\tau_{*ci}, \tau_{*cm}$ はそれぞれ粒径 $d_i$，平均粒径 $d_m$ の無次元限界掃流力を表し，$q$ は定数（-1よりやや大きい）である。

$$\frac{\tau_{*ci}}{\tau_{*cm}} = \left(\frac{d_i}{d_m}\right)^q$$

混合砂は一様砂に比べて波高および波長が小さく，伝播速度が速い。また，混合砂では（特に減水期に）大礫が小礫や砂の移動を遮蔽する場合があるため，一様砂に比べて流砂量は少なくなる。

### セグメント分類

以上のような河道特性はセグメント理論により整理されている。セグメントはMackinが提唱したが，以下では山本が体系化した考え方で示している。セグメントは基本的には河床材料の代表粒径と河床勾配により決まる河道特性指標であり，分類されたセグメントにより，定性的な蛇行や河岸侵食の程度を目安として知ることができる。主要な流域地形区分はセグメント1が扇状地，セグメント2が氾濫平野（自然堤防），セグメント3がデルタである。なお，木曽川などのように，河床勾配と河床材料が同一地点で変化する場合が多いが，荒川や太田川などのように，大きな河床材料が慣性力により勾配の緩い区間（河床勾配変化点から河口までの距離の約2～3割）まで流送され，変化点が異なる場合もある。

表3-8に示した河道特性からも分かるように，河岸の侵食は地質や湾曲の度合いにもよるが，掃流力の大きな上流区間（セグメントMや1）ほど激しく，下流へ行くに従って侵食されにくくなる。しかし，蛇行特性の変化は複雑で，蛇行は扇状地区間（セグメント1）で少なく，自然堤防区間（セグメント2）で大きいが，セグメントMでは地質の硬軟，

表3-8 セグメント分類とその特徴

|  | セグメントM | セグメント1 | セグメント2 2-1 | セグメント2 2-2 | セグメント3 |
|---|---|---|---|---|---|
| 地形区分 | 山間地 | 扇状地 | 谷底平野 / 自然堤防 | デルタ | |
| 河床材料の代表粒径 | 様々 | 2 cm以上 | 1〜3 cm | 0.3 mm〜1 cm | 0.3 mm以下 |
| 河岸構成物質 | 河床・河岸に岩が出ていることが多い | 河床表層に砂，シルトがのることがあるが薄く，河床材料と同一の物質が占める | 河岸下層では河床材料と同一で細砂，シルト，粘土の混合物で構成されている | | 河岸はシルト，粘土で構成されている |
| 河床勾配の目安 | 様々 | 1/60〜1/400 | 1/400〜1/5000 | | 1/5000〜水平 |
| セグメント毎の特徴 | ・河岸の侵食は激しい<br>・河道の蛇行は様々 | ・河岸の侵食は激しい<br>・河道の曲がりは少ない<br>・洪水中の河床洗掘は埋め戻される | ・河岸侵食は中程度<br>・砂河川では側方侵食速度よりも河床侵食速度が速い<br>・蛇行は著しい<br>・洪水中の河床洗掘は埋め戻される | | ・河岸はあまり侵食されない<br>・蛇行は大きい場合と小さい場合がある<br>・洪水ピーク後の埋戻しは顕著ではない |

出典 [山本晃一：沖積河川学 堆積環境の視点から，山海堂，1994年に加筆]

セグメント3では微地形の影響により程度は様々である。このように，河道特性はセグメント分類した区間ごとに一定の特徴を有するが，地質や微地形などの影響を受けるため，セグメントはあくまで河道特性の一指標で，個別流域・河川の特性により異なることに注意する必要がある。

**参考文献**
1) 朝日新聞社：週間朝日百科 世界の地理60号 特集編 日本の自然，朝日新聞社，1984年
2) 山本晃一：河道特性論，土木研究所資料，第2662号，1988年
3) 山本晃一：沖積河川学 堆積環境の視点から，山海堂，1994年
4) 岩垣雄一：限界掃流力に関する基礎的研究，（I）限界掃流力の流体力学的研究，土木学会論文集，第41号，1956年
5) G. Parker, P. C. Klingeman and D. G. Mclean: Bedload and size distribution in paved gravel-bed stream, J. of Hyd. Div., ASCE, Vol. 108, HY4, 1982
6) J. H. Mackin: Concepts of the graded river, Geol. Soc. Am. Bull., 1948

## 3.6 河床形態

河床形状は一様ではなく，流量，水深，河床勾配，河床材料の粒径のパラメータの組合せにより時空間的に変化する。形成された河床形状は河床形態または河床波として分類さ

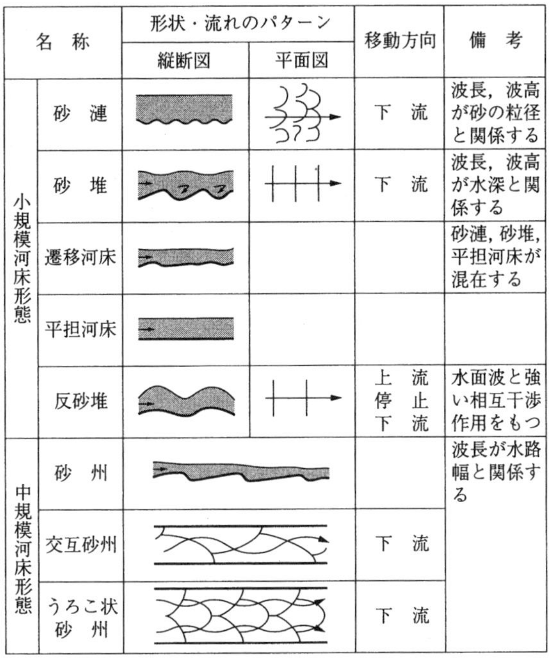

| 名　称 | 形状・流れのパターン 縦断図 | 形状・流れのパターン 平面図 | 移動方向 | 備　考 |
|---|---|---|---|---|
| 小規模河床形態 砂漣 | | | 下流 | 波長，波高が砂の粒径と関係する |
| 小規模河床形態 砂堆 | | | 下流 | 波長，波高が水深と関係する |
| 小規模河床形態 遷移河床 | | | | 砂漣，砂堆，平坦河床が混在する |
| 小規模河床形態 平坦河床 | | | | |
| 小規模河床形態 反砂堆 | | | 上流 停止 下流 | 水面波と強い相互干渉作用をもつ |
| 中規模河床形態 砂州 | | | | 波長が水路幅と関係する |
| 中規模河床形態 交互砂州 | | | 下流 | |
| 中規模河床形態 うろこ状砂州 | | | 下流 | |

図3-7　河床形態の分類
出典［土木学会水理委員会編：水理公式集（平成11年版），丸善，1999年］

れ，各々異なった特性を有している。河床形態は小規模河床形態（砂漣，砂堆，遷移河床，平坦河床，反砂堆），中規模河床形態（砂州，交互砂州，複列砂州，うろこ状砂州），蛇行に分類される（図3-7）。フルード数 $Fr$[注1]では砂漣・砂堆は $Fr<0.8$（lower regime）の領域に属し，平坦河床・反砂堆は $Fr>0.8$（upper regime：高水流領域）の領域に属する。lower regime とは低水流領域，upper regime とは高水流領域である。小規模河床形態のうち，砂堆は河床と水面が逆位相で，反砂堆は同位相の違いがある。小規模河床形態は洪水流量の増大に伴って，砂漣→砂堆→平坦河床→反砂堆などと推移していくが，河床材料が0.1 mm前後では砂漣→平坦河床へ遷移することもある。

**小規模河床形態**

　小規模河床形態では無次元掃流力 $\tau_*$ が1〜3程度になると，砂堆から平坦河床へ遷移する（表3-9）。すなわち，砂堆は洪水流により掃流され，消失して凹凸の少ない平坦河床となり，粗度が小さくなるため，水深は増加しないが流速・流量は増加するようになる。砂漣・砂堆では有効掃流力に応じた流砂量になるが，平坦河床・反砂堆では水位の低下・流速の増大とともに，流砂量は不連続的に増加する。

　砂漣は魚のうろこのような3次元的形態で，波長は30 cm以下，波高は3 cm以下である。河床材料が0.6 mm以下の場合にのみ形成される。砂堆は2次元的形態で，波長は水深の4〜10倍，波高は水深の0.2〜0.3倍である。河床形態が砂堆の時は，水面への湧昇流（ボイル）が発生することがある。砂漣と砂堆は水深粒径比（$H/d$）で $H/d≦500$ が砂漣，$H/d≦80$ が砂堆というように区別できる。縦断的な河床形状と水面形との関係

---

注1）　上記した $Fr(=v/\sqrt{gh})$ はフルード数といい，$Fr<1$ で常流，$Fr>1$ で射流の流れを表している。常流の場合，上流水位は下流の水位堰上げの影響を受ける。ここで，$\sqrt{gh}$ は長波の伝播速度である。

表3-9　平坦河床へ遷移する時の想定水深

| 粒径 \ 勾配 | 1/300 | 1/1000 | 1/3000 |
|---|---|---|---|
| 0.5 mm | 0.2〜0.74 m | 0.83〜2.4 m | 2.5〜7.4 m |
| 2 mm | 1.0〜3.0 m | 3.3 m〜 | — |

は砂堆が逆位相であるのに対して、反砂堆は同位相であるという違いがある。

**中規模河床形態**

　河道内の移動土砂は小規模な河床形態を形成するだけでなく、砂州（中規模河床形態）を形成する。砂州は上流から移動してきた土砂が砂州上面を経由して、一部は下流へ流下し、残りは砂州前縁に落ちながら砂州の前進が行われる。そして、砂州上流からの流砂と砂州後縁の土砂が合わさって、また下流の砂州上面へと移動していく、サイクリックな挙動を起こす。砂州の移動速度は砂州高が低いほど速く、高いほど遅い。また、砂州長が短いほど速く、長いほど遅い。こうした砂州スケールの河床形態は中規模河床形態といわれる（図3-8）。

　中規模河床形態は川幅水深比（$B/H$）や $H/d$ によって規定され、$B/H$ では $B/H \geq (10〜20)$ で砂州、$B/H \leq 70$ で交互砂州、$B/H \geq 140$ で複列砂州、$B/H \geq$ 数百でうろこ状砂州が形成される。ただし、$H/d \leq 40$ になると、この値より小さな値で推移するようになる。流砂量が多い河川や河床低下傾向の河川では、砂州が発達して水位が上昇する。交互（単列）砂州は直線河道では下流へ移動するが、例えば蛇行長が川幅の8倍の場合、湾曲の角度が23度以上になると、移動しない固定砂州となるというように、砂州形態・蛇行波長・砂礫堆が停止する蛇行角の間には相互に関係がある（図3-9）。

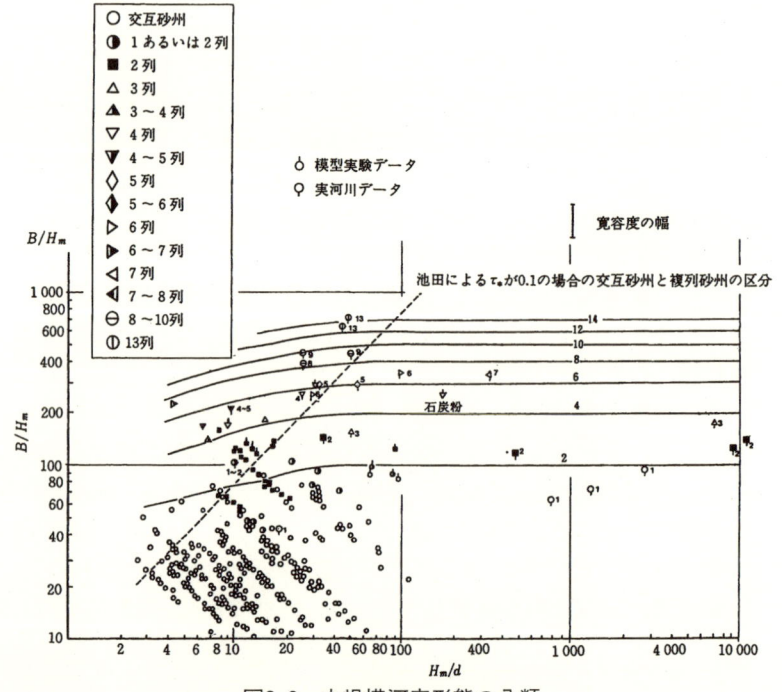

図3-8　中規模河床形態の分類

出典　[山本晃一：河道特性論、土木研究所資料、第2662号、1988年]

砂州スケールを河道中下流の直線区間で見てみる。交互砂州の波高は水深の0.2〜2倍で，砂州長は低水路幅の3〜7倍（概ね3〜4倍）であるが，砂州を発生させる上流の撹乱により異なり，短くなりすぎると消滅し，長くなりすぎると分裂する。複列砂州の砂州長は交互砂州より小さく，低水路幅の1〜2倍である。うろこ状砂州の砂州長は更に小さい（図3-10）。同じ低水路幅に対して見ると，砂州長の割合は概ねうろこ状砂州：複列砂州：交互砂州＝1：2：5程度となる（図3-11）。それぞれの砂州形態を有する河川は表3-10に示す通りである。典型的な交互砂州は那賀川，仁淀川，複列砂州は手取川，姫川，うろこ状砂州は黒部川，斐伊川などで見られるが，特に大河川下流域では掘削・浚渫により，砂州が消失または規模が縮小しているケースが多い。

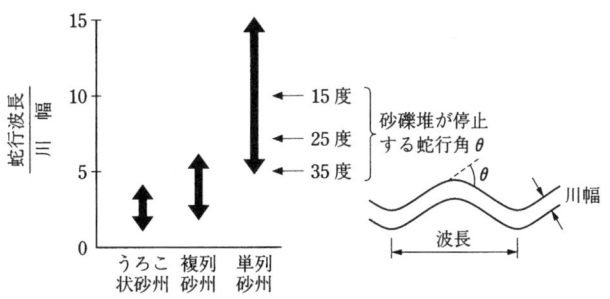

図3-9　中規模河床形態と蛇行波長／川幅
出典［木下良作・三輪式：砂レキ堆の位置が安定化する流路形状，新砂防，Vol.94，1979年を修正・加筆］

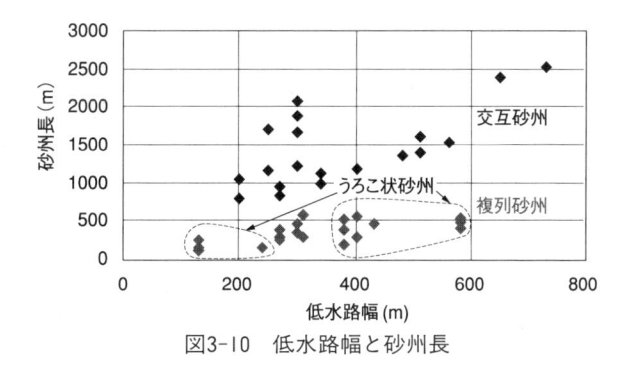

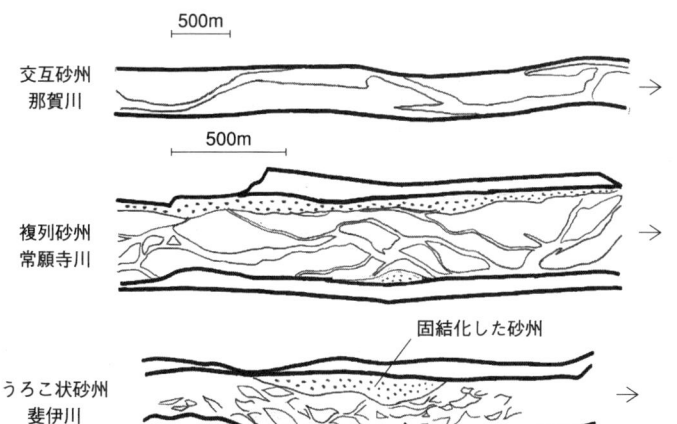

図3-10　低水路幅と砂州長

図3-11　各砂州形態における砂州分布
＊）　交互砂州は他の1/2スケールで表示している。

表3-10　各砂州形態を有する主要な河川

| 交互砂州 | 沙流川，阿武隈川，大和川，紀ノ川，吉野川，那賀川，仁淀川，物部川 | 〈砂州形態が混在する河川〉 |
|---|---|---|
| 複列砂州 | 姫川，手取川，庄川，高梁川 | 富士川，矢作川，神通川，鈴鹿川，木津川，重信川 |
| うろこ状砂州 | 大井川，安倍川，黒部川，斐伊川 | 天竜川，常願寺川 |

**参考文献**
1) 土木学会水理委員会編：水理公式集（平成11年版），丸善，1999年
2) 山本晃一：河道特性論，土木研究所資料，第2662号，1988年
3) 木下良作・三輪弌：砂レキ堆の位置が安定化する流路形状，新砂防，Vol.94，1979年

## 3.7　河床変動の実態

　土砂動態の変化は河床変動を引き起こす。過去30年間の河床高変化を直轄109水系で見ると，顕著な河床低下（2m以上）は3水系（富士川，木曽川，筑後川），1m以上の河床低下は56水系，1m以上の河床上昇は4水系（安倍川，重信川，新宮川など）で，全体的に河床低下傾向の水系が多い（図3-12）。河床低下は河道掘削，砂利採取，ダム建設による土砂捕捉などによるものである。また，河床上昇は土砂生産が著しく，土砂供給

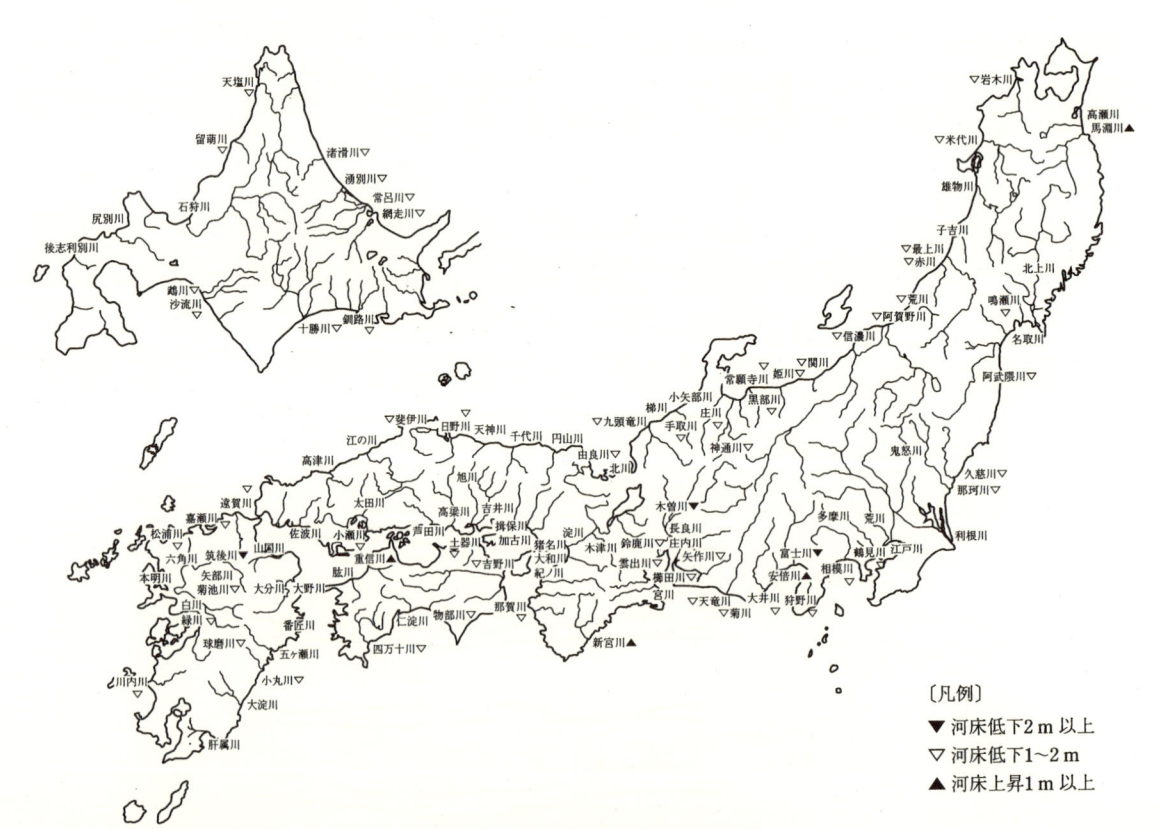

図3-12　過去30年間の河床変動量
出典［末次忠司：河川の減災マニュアル―現場で役立つ実践的減災読本―，技報堂出版，2009年］

を減少させる要因が少ない（ダムがない，砂防堰堤が満砂など）水系で多い。

現在も河床低下傾向の河川が多く，その原因は河道内土砂の減少（砂利採取，河積確保のための河道掘削，改修工事），横断工作物による土砂の捕捉（ダム，砂防堰堤，床止め，堰，頭首工）などである。河道内土砂が減少すると，河床高が一様に低下するが，横断工作物が建設されると，その下流から河床高が低下していく。床止めや堰などの横断工作物があると，洪水で下流側が洗掘され，その洗掘深は中小洪水の方が大きい。

河床材料によっても河床変動特性は異なり，砂河川では河道内土砂の採取をやめても，河床低下は緩慢に継続するが，礫河川では応答が速い。例えば，砂河川の木津川では砂利採取をやめたにもかかわらず，最深河床の低下が続いたが，礫河川の安倍川では砂利採取をやめた後，河床が上昇に転じ，低水路と高水敷の高さがあまり変わらない区間もある。急流河川では砂利採取量に応じて平均河床高，最深河床高が低下する。

直線河道では洗掘は主に砂州によって起こり，交互砂州では最大洗掘深 $H_{sc}$ は砂州波高 $H_s$ の0.8倍で，流量が大きくなっても洗掘深は大きくならないが，複列砂州で $B/H$ が大きい場合は流量とともに洗掘深も大きくなる[注1]。交互砂州では特に砂州前縁の対岸側で深掘れが発生する。なお，最大洗掘深 $H_{sc}$ を算定する際の砂州波高 $H_s$ は $H/d$ をパラメータとする $B/H_m$～$H_s/H_m$ 曲線（$H_m$：平均水深，$H_s$：砂州波高）により概ね予測可能である（図3-13）。

湾曲している河道では上記した最大洗掘深 $H_{sc}$ に（低水路幅 $B$/曲率半径 $r_c$）に応じた補正係数を乗じて洗掘深を予測する必要がある。補正係数は $B/r_c=0.5$ で2倍，$B/r_c=0.3$ で1.5倍である。深掘れは湾曲部外岸側で発生し，その位置は内岸側の直線河道延長が外岸側と交差する箇所から川幅程度下流の箇所である。内岸側に固定砂州が発達している場合，この砂州を掘削すると，一時的に対岸の洗掘が緩和される場合もある。

セグメント3のような下流河川の河床変動要因は単純ではない。例えば，利根川下流には六大深掘れ箇所があるが，箇所によって変動要因は異なる。中上流と同様に，湾曲部の外岸側の河床が洗掘されている箇所もあるが，特にみお筋の流向が堤防法線と逆位相になっている下流区間（津宮，向洲，高谷），みお筋が河岸に長い区間で接している区間（佐

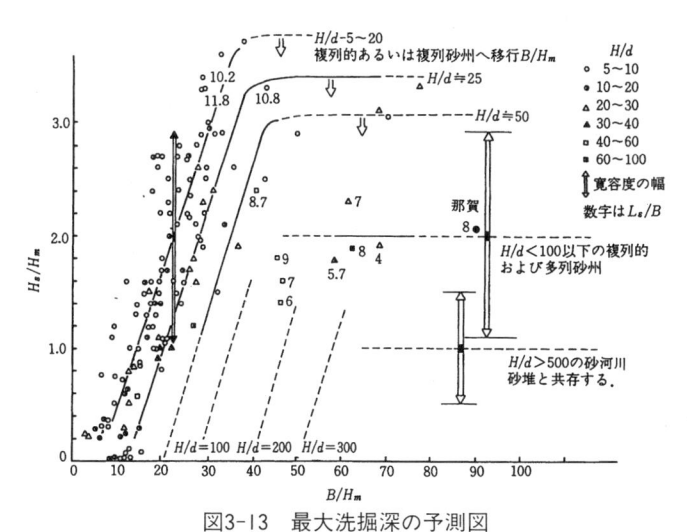

図3-13 最大洗掘深の予測図
出典［山本晃一：沖積河川学 堆積環境の視点から，山海堂，1994年］

---

注1）特に砂質の複列砂州では砂州が統合して，洗掘深が大きくなる。

原，石納，高谷）で河床が低下している。また，河道改修により砂質土層が露出したために，河床低下しやすくなった箇所（津宮）もある。

## 洪水中の河床変動

　洪水中の河床変動量は河床形態の変動量よりも大きい。洪水中の河床変動量は安倍川・富士川など（砂面計），黒部川・姫川など（洗掘センサー），姫川（地中レーダー）において観測された（表3-11，3-12）。洪水中，河床高は徐々に低下するのではなく，洪水ピーク時または洪水位の急上昇時に急激に下がる場合が多く，洪水ピークを過ぎると直ちに埋め戻しが始まり，3時間程度でかなりの部分は埋め戻ってしまうことが多い（図3-14）。

#### 参考文献
1) 末次忠司：河川の減災マニュアル―現場で役立つ実践的減災読本―，技報堂出版，2009年
2) 山本晃一：沖積河川学 堆積環境の視点から，山海堂，1994年
3) 福岡捷二・池田隆・田村浩敏ほか：利根川下流部における六大深ぼれ原因と低水路改修の評価，河川

表3-11　河床変動量の計測装置

| 計測装置 | 計測河川 | 計測装置の概要 |
|---|---|---|
| 砂面計 | 安倍川，富士川，日野川，石狩川支川雨竜川(光電式) | 砂面計には光電式と超音波式がある。H鋼に設置された光電式砂面計では鉛直方向に並列に配置された電極間に光を発射しておき，電極が河床以下にある時はセンサーは光を感知しないが，河床が洗掘され，センサーが露出すると光を感知して，河床高を知ることができる。H鋼周りの洗掘により，洗掘深がやや大きめに出る傾向がある |
| | 姫川，高瀬川(超音波式) | |
| 洗掘センサー | 黒部川，姫川，手取川，阿賀川，庄川 | 洗掘センサーでは河床に埋め込まれたABS※樹脂ブロックが洗掘に伴って浮上すると，内蔵された発信器から信号が発信され，計測センサーに電波が届くと，時間経過ごとの洗掘深が分かる。信号の伝搬距離は最大200mである。リアルタイムで計測することも可能であるが，砂面計のように減水期における河床の埋め戻しは計測できない。また，次回の洪水時の計測のためにメンテナンスが必要である |

※：ABSはアクリロニトリル，ブタジエン，スチレンの頭文字をとったものである

表3-12　洗掘深の計測結果（砂面計による）

| 河川名 | 距離標 河床勾配 | 対象洪水 | 最大洗掘深 $\tau_*$ | 最大洗掘後の洗掘深 3時間後 | 最大洗掘後の洗掘深 6時間後 |
|---|---|---|---|---|---|
| 安倍川 | 14.25k 1/146 | H9.6 | 2.0m 0.6程度 | 0.7m | 0.5m |
| | 17.1k 1/129 | H9.9 台風19号 | 2.1m 0.4程度 | 0.7m | 0.9m |
| | 4.1k 1/212 | H15.8 台風10号 | 0.9m 0.4程度 | △0.3m | △0.2m |
| | | H16.6 台風6号 | 2.0m 0.2程度 | 0.2m | 0.1m |
| 富士川 | 69.1k 1/330 | H15.8 台風10号 | 0.2m 不明 | △0.2m | △0.2m |
| | | H16.10 台風22号 | 1.4m 0.1程度 | 1.4m | 1.4m |

＊）△はマイナスの洗掘深（堆積）を表す

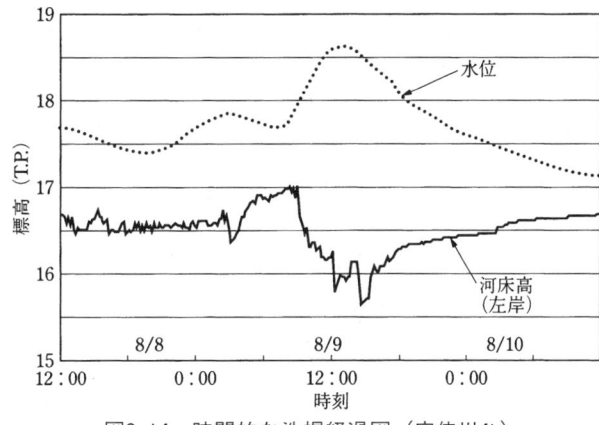

図3-14　時間的な洗掘経過図（安倍川4k）

技術論文集，第10巻，2004年
4）末次忠司・日下部隆昭・二村貴幸ほか：土砂動態テクニカルノート（案），河川研究室資料，2003年
5）辻本哲郎監修・河川環境管理財団編：川の技術のフロント，技報堂出版，2007年
6）渡邊明英・福岡捷二・山口充弘ほか：鶴見川における河岸の侵食・堆積速度と平衡断面形状，河川技術に関する論文集，第5巻，1996年
7）末次忠司・板垣修：堤防・河岸の侵食実態と侵食対策，第2回粘着性土の浸食に関するシンポジウム，2004年

## 3.8　崩壊の観測技術

　山地における崩壊状況を調査する場合，空中写真と併用して，1支渓のなかで少なくとも1カ所は崩壊深を実測し，これに面積を乗じることによって，崩壊土量を算定する。空中写真だけを用いると，崩壊深の測定精度は±10 cm程度であるが，併用することにより崩壊土量の計測精度が向上する。

　山腹崩壊に伴う土砂の侵食・堆積量を現地調査することは非常に時間と労力を要するので，レーザー・プロファイラー技術を用いる方法もある（図3-15）。航空機やヘリコプターに搭載されたレーザー・プロファイラーから地上に向けて毎秒1～3万回のレーザーパルス[注1]を80 m～2 kmのスキャン幅で照射し，地上から反射してくる光（反射点密度は10万点/1 km² が標準）を受光盤でとらえ，その時間から距離を測定し，地盤高（デジタル標高データ）を測定することができるので，崩壊前の地盤高との比較により斜面の侵食・堆積量を知ることができる（氾濫解析を行う際の標高データにも使える）。

　航空機の位置・姿勢は航空機に搭載したGPS，IMU（慣性測定装置）と地上のGPS基準局により算出する。すなわち，GPSにより1秒間隔で位置を把握し，IMUによりGPSで測定されない1秒以内の位置を測定する。なお，地域によっては飛行制限があるほか，高度1600 m以下になるとレーザー減衰フィルターの取付け義務があり，高度600 m以下ではレーザーは使用できない。

　標高データの測定精度は±20 cm程度（水平精度は±30 cm程度）であるが，飛行高度や飛行速度により反射データや測定精度は異なる。また，樹木などの遮蔽物がある場合は，複数回の反射データ（最高5反射）より高度補正（樹冠高測定）を行って地盤高を算定す

---

注1）発信するレーザーは近赤外線領域の波長の半導体レーザーで，周波数は15～20 kHzである。

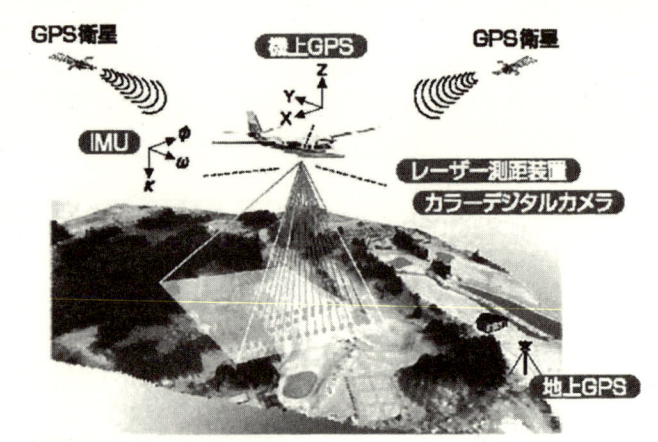

図3-15　レーザー・プロファイラーによる地形計測の概念図

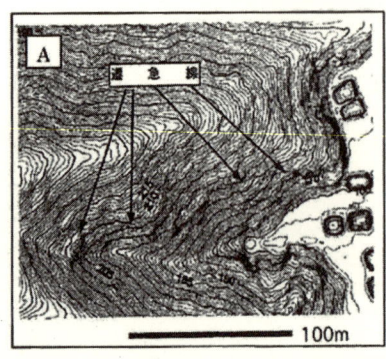

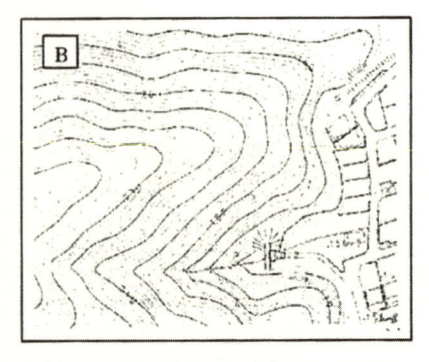

図3-16　レーザー計測地形図（A）と従来の航測図（B）
出典［千木良雅弘・八木浩司・古谷尊彦：レーザースキャナを用いた崩壊危険斜面抽出技術，第42回日本地すべり学会研究発表会講演集，2003年］

る必要がある。従来の航空写真測量に比べると，作業時間は約1/10，コストは1/3～1/2程度である。図3-16に航測図と比較した計測結果を示したが，斜面勾配が変化する遷急線などの地形特性がよく把握できる。なお，カナダのOptech社製のプロファイラーでは透明度の2～3倍の深さまでの水面下の測量も可能である[注2)]が，実務上水面下の測定は不可能と考えておいた方がよい。

　なお，可搬型のレーザー・プロファイラーもあり，遺跡調査などに用いられてきたが，橋脚周りの洗掘形状を測定した試みもある。航空レーザー測量に比べて，広い範囲を測定するのに時間を要するという短所があるが，0.5mコンターを作成できるので詳細な地形の把握ができ，データ処理に時間を要しないという長所があり，測定範囲によっては有利な手法である。

　山腹崩壊に比べて，移動速度が遅い地すべりの挙動については，地すべり土塊中に反射板などを付けた杭を設置して，光波測距儀などで移動状況を測定することができる。地すべり地に人が近づけない場合，例えば川の対岸に地すべり地がある場合，クロスボーにより反射材入りインクを付けたペイント弾を発射し，測量目標を設定して，ノンプリズム型トータルステーションにより地盤変位を計測することもできる（土木研究所ほかのRE・MO・TE2）。

---

　注2）波長が短く，水中の透過率が良い青色レーザーを用いれば，水面下もある程度測量できる場合がある。

**参考文献**

1) 千木良雅弘・八木浩司・古谷尊彦：レーザースキャナを用いた崩壊危険斜面抽出技術，第42回日本地すべり学会研究発表会講演集，2003年

## 3.9 流砂の観測技術

　流砂の観測技術のうち，浮遊砂量は表3-13に示す計器で濃度観測を行えば，流量をかけることにより算定可能である。濁度計やADCP以外は採水中に含まれた土砂量を分析して，粒度別濃度を算出できる。採取した土砂は細粒土砂でも0.08～3,000 μm（3 mm）の範囲ならば，レーザー回折式粒度分布測定装置で分析できる。多項目水質計を用いれば，濁度だけでなく，塩分，水温，クロロフィル，溶存酸素，電気伝導度も計測することができる。

　また，SSと濁度は混同されやすいが，SSが2 mmふるいを通過して，1 μmの濾紙上に残留した懸濁質の濃度であるのに対して，濁度は光学的な濁りの指標である。両者は比例関係があり，概ねSS＝(1～2)×濁度の関係にあるが，SSが濁度の2次関数になる場合もある。

　ウォッシュロードおよび浮遊砂観測にあたっての留意事項は以下の通りである。
- 水深方向に浮遊砂の濃度分布が生じる場合（粒径が0.2～0.3 mm以上）は，複数の高さで計測する
- 流砂量が多い支川が流入すると，横断方向に濁度やSS分布が変化する
- 河床形態が砂堆の場合，ボイル等が発生して，瞬時に濃度が変化する場合がある
- 大河川では浮遊砂やウォッシュロード量のピークが水位や流量のピークに先行する場合が多い

　一方，掃流砂量を計測するサンプラー型採取器（例えば土研式）はあるが，採取器を洪水中に入れたり，出したりする作業は危険を伴うし，仕切板の水密性が高くない（確実に土砂を捕捉できない）場合がある。また採取器を河床面に十分着床できなかったり，砂堆の谷部に設置すると，掃流砂量が少なく観測されるなど，未だ技術が十分確立されていない。このほかに，掃流砂の衝突音の音圧により，掃流砂量を求める方法（ハイドロフォン）も試みられている。

　また，ダム排砂の1種である下流河川土砂還元に関して，掃流砂（大礫など）の流下実態調査が長島ダム下流や多摩川などで行われた（表3-14）。特に長島ダム下流では洪水規模と流下距離，粒径と流下距離との間に相関関係が見られた。なお，多摩川における流下実態調査で用いられた低周波発信器の特徴は以下の通りである。
- 発信周波数は10～20 kHzと低いため，砂礫や水中に埋没しても10 m程度なら，電波受信器により電波を受信可能である
- 発信器を埋め込んだ礫が45度以上回転すると，センサーが感知して電波発信を開始する。発信を開始してからの電池の寿命は約2か月である

　河床や高水敷の堆積土砂は基本的にはボーリングにより調査するが，ジオスライサーを用いる方法もある。これはステンレス製の矢板を河床等に挿入した後，ステンレス製の平板シャッターで蓋をすることによって鉛直方向の土質を採取し，これに接着剤を塗布した網を貼付することにより，河床等における堆積状況を視覚化するものである。粒径1 cm以下の土砂であれば，挿入可能であるが，固結化した地層では挿入できない場合がある。

表3-13 SS濃度等の観測装置

| 名称 | 観測範囲 | 観測装置の概要 | |
|---|---|---|---|
| 濁度計 | ～0.42 mm | 光の反射より河川水の濁度を光学的に計測する装置で，計測データはデータロガーに保存される。高濃度センサーでは20,000 ppmまで観測できる。濁度をSS濃度に換算して流量をかけると流砂量を求めることができる。粒径依存性があり，0.42 mm以上になると散乱光が弱くなって，応答性が悪くなる。付着物により光学センサーが機能しなくならないように，ワイパーがついたものもある | 濁度計 |
| ADCP※ | 細粒の懸濁物質 | 横断方向の流速分布を計測できるのに加えて，100 ppm以下の濁度では反射強度から土砂濃度を換算できるため，両者の値を用いて細粒土砂の流砂量を算定することができる。測定範囲は水平式の場合，最大400 m（300 kHz：周波数による）であるし，測定にあたっては周波数，地点ごとのSS性状の違いなどの様々な影響を受けるため，現段階では個別にキャリブレーションを行う必要がある。また，流速測定にはBroad Band type，土砂濃度推定にはNarrow Band typeのADCPが適している | ADCP |
| 自動採水装置 | ～1 mm | 採水チューブを通じてポンプ採水する装置で，チューブを河床面近くに設置すれば，浮遊砂も採取できる。ポリタンクが24個（1リットル/個）装塡されていて，1時間に1回採水する場合では，自動で1日分の採水が可能である。携帯電話をとりつけると，携帯電話を使った遠隔操作により採水開始できるし，流量モジュールを取り付けると，水位計と連動させて効率的な採水ができる。本体価格は約80万円である | 自動採水装置 |

| 水中ポンプ | ～2 mm | ストレーナにより除去される2 mm以上の土砂以外は採水可能である。ポンプを使って採水量を任意に設定できるため，自動採水装置に比べて多くの水を採水できるが，人員を絶えず配置しておく必要があり，また電源確保のために採水地点の制約が生じる |
|---|---|---|
| 流砂捕捉ポンプ | ～5 mm | 国総研が開発した装置で，従来のポンプ吸引に加えて，エア・コンプレッサーと真空ポンプにより空気流（400リットル/分）の混入を行って吸引力を高めたものである。揚程20 m，管路延長120 mまでは搬送可能である。実際の流砂量より濃縮流入するため，予め定めた換算式を用いて重量補正を行う |
| バケツ採水 | ほとんどの粒径 | 橋梁等からバケツで採水するという最も一般的で容易な採水方法であるが，河川水の表層の濁度を測るため，実際の濁度より小さな値を示す場合がある |

流砂捕捉ポンプ

※：ADCP は従来潜水艦での周辺水域の流速測定に用いられた他，海洋観測に用いられ海流の内部構造の解明などが明らかにされた

表3-14 掃流砂の流下実態調査

| 河川名 | 対象地域 | 調査の概要 ||
|---|---|---|---|
| | | 調査手法 | 調査結果 |
| 大井川 | 長島ダムの約37 km（塩郷堰堤）下流 $I=1/200$ | 置き土中に赤石（$\phi 5$ cm），白御影石（$\phi 15$ cm），緑色変岩（$\phi 20$ cm）のトレーサーを入れ，洪水後に追跡調査 | 2,240 m³/s 洪水で2 km（$\phi 15$ cm），1,700 m³/s 洪水で1.3 km（$\phi 5$ cm），0.9 km（$\phi 15$ cm），0.8 km（$\phi 20$ cm）の最大流下を確認 |
| 多摩川 | 羽村大橋下流（51.5～53.2 k） $I=1/300$ | 礫中に低周波発信器（$\phi 46$ mm，高さ51 mm）を入れて，洪水後に発信電波を追って調査 | 430 m³/s 洪水で400～1500 m 移動（$\phi 10$～15 cm），$\phi 20$ cm 以上は移動せず<br>430 m³/s＋2,800 m³/s 洪水（約1 年後）で700～900 m 移動（$\phi 20$ cm 以上） |
| 阿武隈川水系大滝根川 | 三春ダム下流 | 現地河床に含まれない方解石を還元土砂に混ぜて，流下状況を追跡した ||
| 荒川水系浦山川 | 浦山ダム下流 | 糖晶質石灰岩（5～15 mm）をトレーサーに用いて，還元土砂の流下状況を追跡した ||

また，あわせて放射性同位元素（炭素14，セシウム137等）を用いて，軟X線分析を行えば，詳細な構造が判別でき，堆積年代の推定も可能である。

**参考文献**

1) 横山勝英・藤田光一：多摩川感潮域の土砂動態に関する研究，水工学論文集，Vol. 45, 2001 年

2) 国交省河川局治水課・国総研河川研究室ほか：水系一貫土砂管理に向けた河川における土砂観測・土砂動態マップの作成およびモニター体制構築に関する研究，平成13年度 国交省国土技術研究会報告，2001年
3) ダム水源地環境整備センター：河川土砂還元試験に係る環境調査マニュアル（第1次案），2005年
4) 福島雅紀・武内慶了・箱石憲昭：砂礫の敷設・供給が下流河道へ与える影響とその応答速度，河川技術論文集，第15巻，2009年

### 3.10 河床変動計算

　河床変動は観測だけでなく，解析によっても把握できる。河床変動計算では流砂量式を用いて掃流砂量，浮遊砂量（ウォッシュロード量は $Q〜Q_S$ カーブも利用できる）を算定し，単位区間への流入量と流出量から河床高の変動量を求める。掃流砂量は芦田・道上の式，浮遊砂量はLane-Kalinskeの式などがよく用いられる。芦田・道上の式は基本的に砂河川を対象にした式であるので，$\tau_*$ が小さな砂利河川では特にupper regimeで合わない場合があるので，流速係数 $\psi(v/u_*)$ をチェックする必要がある。

　一方，浮遊砂量は基準面浮遊砂濃度の設定により異なり，この濃度は基準面濃度に関するLane-Kalinskeの式または芦田・道上の式により求められる。芦田・道上の式はupper regimeを対象にしており，流水による最大輸送状態の濃度を表している。表3-15に示したように、基準面濃度は $\omega_0/u_*$ に依存し，特に浮遊限界近傍では大きく変化する。

**芦田・道上の式**

$$q_B = 17\ \tau_*^{3/2}\left(1-\frac{\tau_{*C}}{\tau_*}\right)\left(1-\sqrt{\frac{\tau_{*C}}{\tau_*}}\right)$$

ここで，$q_B$：単位幅あたり掃流砂量，$\tau_*$：無次元掃流力，$\tau_{*C}$：無次元限界掃流力
なお，上式は一様粒径の式で，混合粒径では $\tau_*$ などに粒径別の値を用いる。

**Lane-Kalinskeの式**

$$q_S = q \cdot C_a \cdot P \cdot \exp\left(\frac{6a \cdot \omega_0}{\kappa \cdot h \cdot u_*}\right)$$

$$P = \int_0^1 \left\{1 + \frac{1}{\kappa \cdot \varphi}(1+\ln \cdot \eta)\right\}\exp\left(-\frac{6\omega_0}{\kappa \cdot u_*}\eta\right)d\eta$$

表3-15 主要な流砂量式の概要

| | |
|---|---|
| 芦田・道上の式<br>（掃流砂量式） | 河床面の有効せん断力は流砂同士の衝突，流砂と河床面の衝突によるせん断力に砂粒の限界掃流力を加えたものであると仮定し，砂粒に働く抗力は摩擦抵抗に等しいとして，砂粒の平均移動流速を求めて導いた式である。Egiazaroffの式を修正したもので，混合砂礫にも適用できる。適用範囲は $\tau_*$ が0.5〜1.1の主に砂堆領域である |
| Lane-Kalinskeの式<br>（浮遊砂量式） | 拡散係数が渦動粘性係数に等しいと仮定して導かれたRouseの濃度分布式（相対水深に対する相対濃度）を用い，鉛直方向の変動速度が正規分布になると仮定して導かれた式で，米国のミシシッピ川およびミズーリ川の観測値で検証された式である。ウォッシュロード量も計算できるが，計算精度は必ずしも良くない |
| 芦田・道上の式<br>（基準面濃度式） | 浮遊砂の鉛直速度変動が正規分布に従うとし，これに沈降速度を考慮して，河床からの浮上率を求め，これと沈降率がつりあうと仮定して求めた式である |

基準面高 $a=0$ の場合：
$$q_S = q \cdot C_0 \cdot P$$
$$C_0 = 5.55\Delta F(\omega_0)\left[\frac{1}{2}\left(\frac{u_*}{\omega_0}\right)\exp\left\{-\left(\frac{\omega_0}{u_*}\right)^2\right\}\right]^{1.61}$$

ここで，$q_S$：単位幅あたり浮遊砂量，$q$：単位幅流量，$C_a$：基準面濃度，$P$：$\varphi$をパラメータとする関数，$a$：基準面高，$\omega_0$：沈降速度，$\kappa$：カルマン定数，$h$：水深，$u_*$：摩擦速度，$\varphi$：流速係数，$\eta$：$z/h$（$z$は河床からの距離），$\Delta F(\omega_0)$：沈降速度 $\omega_0$ の砂粒が河床砂礫中に占める割合

河床変動計算は基本的には1次元で解析を行うが，河道が大きく湾曲している場合，複列砂州河川のように空間的に掃流力が大きく異なる場合，河川環境の観点から瀬・淵構造の影響を見る場合などは，流砂の2次元計算を行う。計算にあたっては流砂に作用する力の釣り合いより求めた長谷川の式[2]などを用いる。長谷川の式は横断斜面勾配のみを考慮し，下流方向の流砂量が卓越しているという近似から求められた式である。長谷川の式を発展させ，縦横断の斜面勾配を考慮したものとして，西本・清水ら[3]，福岡・渡辺ら[4]の研究がある。

### 長谷川の式

$$q_{By} = q_{Bx}\left\{\frac{v}{u} - \frac{1}{\sqrt{\mu_S \cdot \mu_k}}\left(\frac{u_{*c}}{u_*}\right)\frac{\partial z_B}{\partial y}\right\}$$

ここで，$q_{Bx}$, $q_{By}$：$x$方向と$y$方向の単位幅あたり流砂量，$u, v$：$x$方向と$y$方向の流速，$\mu_S$：静止摩擦係数，$\mu_k$：動摩擦係数，$u_{*c}$：限界摩擦速度

2次元河床変動計算手法については，建設省土木研究所における蛇行河川を対象とした水理模型実験と解析結果との比較より，どのモデルの適合性が高いかが検証された。その結果，湾曲に伴って発生する2次流の予測精度に基づく河床変動量に差異が見られた。すなわち，2次元河床変動計算の予測精度を高くするには，湾曲部における2次流を精度良く予測する必要があることが分かった。

河床変動計算にあたっての課題は交換層厚，混合砂の場合の大礫による遮蔽効果，河床変動に伴う空隙率の変化をどう設定するかである。

- 交換層厚は通常礫河川では最大粒径程度，砂河川では砂堆の波高程度で設定されるが，河床が低下すると交換層から細粒の土砂が抜け出すので，粗粒化する
- 混合砂では，大礫により細粒土砂が動きにくくなる遮蔽効果が起きるので，その影響を計算に反映する必要がある。計算上，礫河川では増水期は細粒土砂の動きが活発で，減水期に遮蔽効果が顕著になり，その結果土砂堆積が生じる場合がある
- 一様砂を対象に解析を行うと，例えば交互砂州の波高・波長が大きく計算され，砂州の伝播速度が小さく計算されるので，そうした点を考慮して計算結果を評価する必要がある
- 空隙率は河床材料の粒径に対して礫で30％，砂で40％程度を考えるが，ウォッシュロードでは大きな値となり，例えば粒径0.01mmでは50〜80％にもなる。平野が提唱しているように，空隙率の変化を考慮しないと，河床変動計算結果が合わない場合があり，その設定は今後の課題である

**参考文献**
1) 芦田和男・道上正規：浮遊砂に関する研究(1)：河床付近の濃度，京大防災研年報，13(B)，1970年
2) 長谷川和義：非平衡性を考慮した側岸侵食量式に関する研究，土木学会論文報告集，第316号，1981

年
3) 西本直史・清水康行・青木敬三：流路の曲率を考慮した蛇行水路の河床変動計算，土木学会論文集，第456号／II-21，1992年
4) 福岡捷二・渡辺明英・萱場祐一ほか：ベーン工が断続的に設置された河道湾曲部の流れと河床形状，土木学会論文集，第479号／II-25，1993年
5) 芦田和男・江頭進治・中川一：21世紀の河川学―安全で自然豊かな河川を目指して，京都大学学術出版会，2008年
6) 平野宗夫：Armoringを伴う河床低下について，土木学会論文報告集，第195号，1971年

## 3.11 水理模型実験

　近年コンピュータの発達により水理現象や土砂動態はかなり精度良く再現・予測できるようになってきたし，様々な条件に対して計算が行えるメリットはある。しかし，実際の現地における現象は時間的に変化する3次元の挙動をとるため，計算では十分再現・予測できない部分もある。例えば，活発な土砂移動（砂州発達）を伴う急流河川の移動床流れ，橋脚設置に伴う河床洗掘，横断工作物周辺の流れなどについては水理模型実験により現象を確認する必要がある。

　実験では実験場の広さ，実験コスト，実験水深などを考慮して縮尺を設定する。実験模型は1/30～1/100の縮尺[注1]が多く，河道模型を製作するとともに，河床がモルタルの固定床では給水装置により上流からポンプで給水して，河道内の水深，流速，流況などを計測する。河床変動を含めた移動床実験では，河床に土砂を敷き詰め，給水のほかに上流から給砂して，河床高，流砂量についても計測する。

　計測は水深はポイント・ゲージやサーボ式水位計，流速はプロペラ式流速計や電磁流速計（3方向の流速を測定可能）やピトー管，河床高は砂面測定器，管路実験の水圧測定にはマノメータが用いられる。流量は開水路では下流端に設置した量水槽の四角堰または三角堰で計測し，管路では電磁流量計等により計測する。マクロの流況は上空から撮影した写真・画像より解析できる。ミクロの流況では色素やアルミ粉を投入して調べたり，各種の可視化法がある。例えば，流れにアルミ粉を投入して，流体にレーザーをパルス状に照射し，カメラで撮影すると，流速ベクトルの空間分布が調べられる。高速の水理現象，水・土砂の詳細な挙動を観察する場合にはハイスピードカメラにより撮影し，撮影された画像はPIV（粒子画像を用いた流速測定）やPTV（粒子の軌跡を追跡）という手法で画像解析を行うが，PIVを採用している事例が多い。

　図3-17は高さ4cmの水制周りの流況（2cmの位置での平面流速分布）をPIVにより

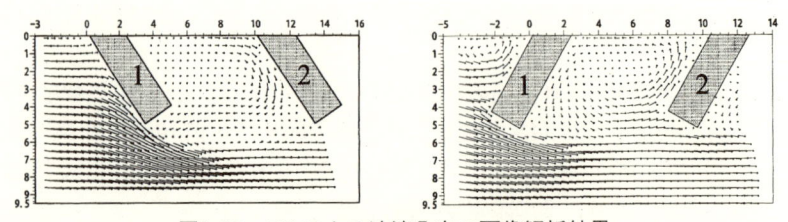

図3-17　PIVによる流速分布の画像解析結果
出典［木村一郎・細田尚・音田慎一郎：斜め越流型水制周辺の三次元流況に関する数値解析，第15回数値流体力学シンポジウム，2001年］

注1）単に縮尺という時は通常長さの縮尺を意味する。

可視化した事例である．実験では流れの中にナイロン樹脂粒子（比重 1.02，$\phi$ 50 μm）を投入し，500 mW のアルゴンレーザー光を照射して得られた可視化状況を高速ビデオカメラにより撮影したもので，VISIFLOW PIV システムにより画像解析が行われた．計測の結果，いずれの水制も最上流水制の先端付近で流速が大きくなるが，上流向き水制では水制根元の河岸に流れが衝突するのが特徴である．また，水制間の流れは下流向き水制では時計回りの渦ができ，上流向き水制では反時計回りの渦ができているのが分かる．

河道模型の縮尺はフルードの相似則に基づいて決定する．長さの縮尺を $S$ とすると，フルードの相似則より，流速の縮尺は，

$$\frac{v_1}{\sqrt{gh_1}} = \frac{v_2}{\sqrt{gh_2}} \longrightarrow \frac{v_1}{v_2} = \left(\frac{h_1}{h_2}\right)^{1/2} = \sqrt{S}$$

となる．また，時間縮尺は水平長さを $x$，時間を $t$ とすると，同じくフルードの相似則より，

$$\frac{x_1/t_1}{\sqrt{gh_1}} = \frac{x_2/t_2}{\sqrt{gh_2}} \longrightarrow \frac{t_1}{t_2} = \frac{x_1}{x_2}\left(\frac{h_2}{h_1}\right)^{1/2} = S \cdot \frac{1}{\sqrt{S}} = \sqrt{S}$$

となる．例えば，縮尺 1/100 の模型による実験では流速・時間縮尺は 1/10 となるので，実験値を現地値に換算する時は 10 倍すればよい．

縮尺設定にあたっては実験水深を考慮すると記述した．実験では水の粘性や流速測定などを考えると，最低 3 cm の水深が必要である．また，縮尺が小さな移動床実験で河床材料の粒径が 0.6 mm 以下になると，水の粘性が卓越して，実際の河川と異なる河床形態となる場合があるので，縮尺の設定ではこれらのことを考慮する必要がある．

この場合，模型材料をなるべく大きくするよう，粒径が大きく，比重が小さな人工軽量骨材を用いる方法がある．人工軽量骨材にはイシカワライト，石炭粉，スラッジライトなどがあり，特に土砂の輸送形態を相似させるよう，無次元掃流力と粒子の沈降速度/摩擦速度の式より導かれた $\omega_0^2/sd$ が相似するように骨材を選択する．人工軽量骨材の特性としては，$\tau_* \sim \phi$ は砂と同様の傾向を示すが，流砂量は砂より 1.5～2 倍ほど多くなる．

建設省土木研究所における吉野川・利根川実験ではイシカワライト，斐伊川・阿賀野川実験では石炭粉，天竜川実験ではスラッジライトが用いられた．他の人工軽量骨材としては断熱材・包装材料で球形の発泡ポリスチレン（水中比重 0.05），結晶性樹脂で円柱を裁断した PBT ペレット（0.31）などがある（表 3-16）．

表3-16 人工軽量骨材の諸元等一覧表

|  | 水中比重 | 粒径 mm | 沈降速度 cm/s | $\omega_0^2/sd$ | 形状・特徴 |
|---|---|---|---|---|---|
| イシカワライト4号 | 0.82 | 0.47 | 2.7 | 189 | 空隙のある天然軽石（流紋岩系）で，ほぼ球状である |
| イシカワライト3号 | 0.59 | 0.87 | 5.85 | 667 | |
| パミスターA | 0.38 | 0.85 | 3.2 | 317 | 天然軽石（凝灰岩系）を粒度調整した骨材で，剝片状である |
| パミスターB | 0.38 | 2.5 | 8.4 | 743 | |
| 石炭粉 | 0.48 | 1 | 4.58 | 437 | 薄い剝片状の濾過材である．粒度調整が可能なため，他に粒径の異なる石炭粉あり |
| 珪砂 | 1.63 | 0.56 | 6.8 | 507 | 花崗岩の風化で生じた，珪酸分に富んだ石英砂で，陶磁器・ガラス製造，鋳物砂の原料などに用いられる．形状は剝片状である |
| スラッジライトA | 0.8 | 0.85 | 7.92 | 947 | 下水汚泥の焼却灰を高温で半溶融した球形の骨材である |
| スラッジライトB | 0.8 | 1 | 11.1 | 1540 | |

一方，縮尺が大きくなると，水理現象の再現精度が良くなり，現象を把握しやすくなるが，広い実験用地が必要となるので，縮尺を歪ませた「歪み模型」について検討する。流れや河床変動が漸変的で剝離等の現象が生じなければ，縦横の縮尺を歪ませて実験を行うこともできる。歪み模型は建設省土木研究所における利根川実験（縮尺横 1/60，縦 1/40），江戸川実験（横 1/60，縦 1/40），首都圏外郭放水路の全体模型実験（横 1/80，縦 1/50）などで採用された。歪み模型の実験では一般に河床勾配が急になるので，抵抗となる粗度を大きくする必要がある。また，$B/H$ が変わるので，移動床実験では砂州等の河床形態が現地と異なる場合がある。

実験の流量条件としては，一定流量で行う定常実験と，計画ハイドロなどの洪水波形を与える非定常実験がある。移動床の定常実験では，計画高水流量を流すと河床変動などが実際より顕著となるので，平均年最大流量などを流して，砂州や地形変化などを調べる。非定常実験では河床の深掘れ・埋戻しを再現できるほか，大出水時の洪水流の挙動（水位，流速，高水敷への乗上げ，高水敷からの落込み，平面渦など）を調べることができる。非定常実験では初期河床として計画（または現況）河床のほかに，定常実験により形成された河床を与える。

実験例として，黒部川水理模型実験（縮尺 1/50）を見てみる（図 3-18）。この移動床実

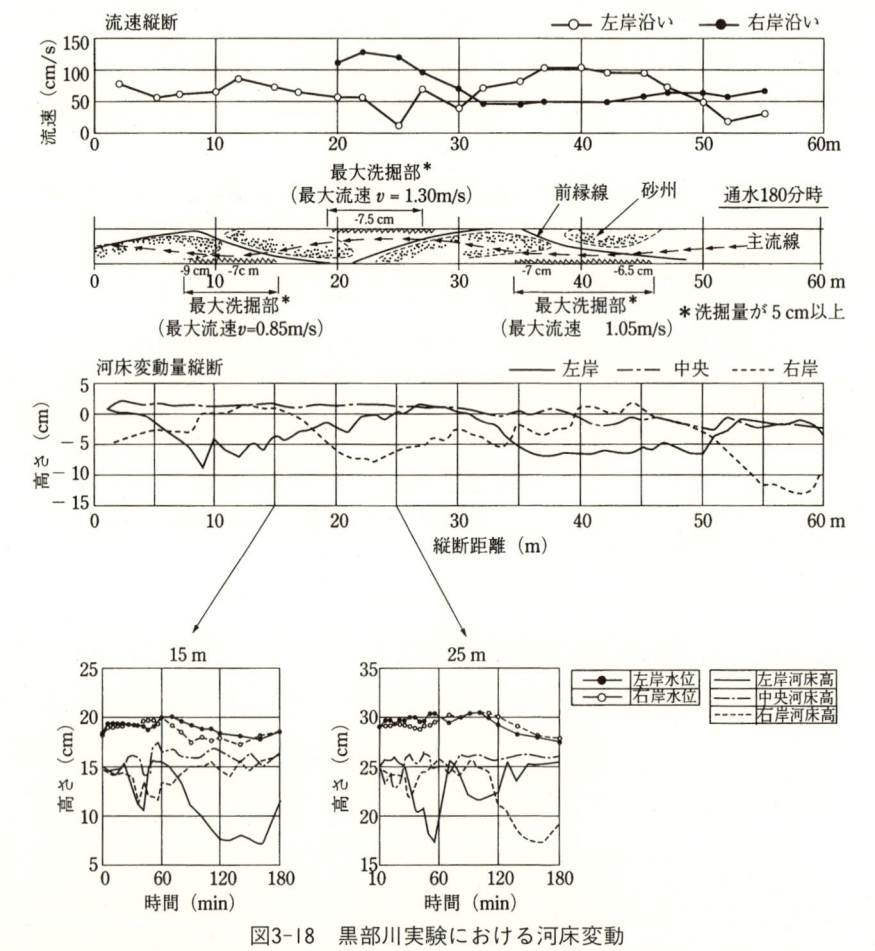

図3-18　黒部川実験における河床変動

＊）砂州前縁部で落ち込む箇所で流速が速く，洗掘深も大きくなっている
出典［山本晃一・高橋晃：扇状地河川の河道特性と河道処理，土木研究所資料，第3159号，1993年］

験では通水後30分頃から砂州が発達し，通水3時間後では砂州の波長が17 m，波高が8 cm程度となっている（すべて模型値で示している）。下流から25 m地点では最大で23 cm洗掘されている。砂州前縁では流れが下流側前縁線に直交するように流れ，流向が河岸に寄ったり，跳水が発生するために深掘れが生じている。縦断的に見ると，流速が速い地点と洗掘深が大きい地点がほぼ一致していることが分かる。

**参考文献**
1) 木村一郎・細田尚・音田慎一郎：斜め越流型水制周辺の三次元流況に関する数値解析，第15回数値流体力学シンポジウム，2001年
2) 福岡捷二・浅野富夫・林正男：軽量河床材料の流送特性と移動床模型実験の相似性に関する研究，土木研究所資料，第2641号，1988年
3) 山本晃一・佐々木克也：河川移動床模型実験材料としての軽量骨材の水理特性（II），土木研究所資料，第3111号，1992年
4) 山本晃一・高橋晃：河川水理模型実験の手引，土木研究所資料，第2803号，1989年
5) 須賀堯三編著：水理模型実験，山海堂，1990年
6) 山本晃一・高橋晃：扇状地河川の河道特性と河道処理，土木研究所資料，第3159号，1993年

## 3.12 千代田実験水路

　十勝川千代田実験水路は千代田新水路の一部を利用して水理実験を行うことができる日本最大級の実験施設で，自然共生研究センター（後述）の治水版といえる施設である。十勝川は当該区間で左岸側に大きく湾曲し，流下能力が低いが，サケの捕獲場である千代田堰堤があるため，河川改修できず，右岸の高水敷を掘削して新水路による治水安全度の向上を図ったものである。

　この新水路内の左岸側に長さ1,310 m，幅30 m（堤防天端位置で46 m），勾配1/500の実験水路が建設された（写真3-2）。実験水路の上流側にある起伏式の分流堰（第4ゲート）により流量を調節でき，最大170 m³/sを流下させることができる。十勝川流量などから実験可能期間は概ね4～8月中旬で，実験区間は本川背水の影響が少ない中上流区間が主たる区間である。大出水時には実験水路にも大量の洪水・土砂が流入するため，新水路と同じ距離標に沈砂池（長さ30 m×幅15 m×深さ1.5 m）を2基設けている（図3-19）。

写真3-2　千代田実験水路の全景

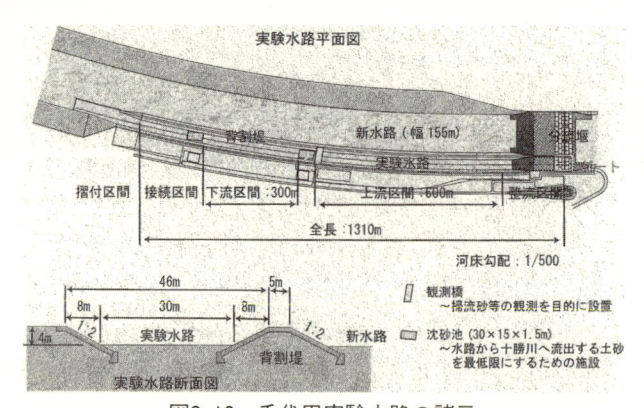

図3-19 千代田実験水路の諸元
出典［島田友典・渡邊康玄・横山洋ほか：十勝川千代田実験水路の基礎的な水理特性，寒地土木研究所 月報，No.658，2008年］

　観測施設としては，電波式水位計（6カ所），高水流量観測（浮子：1カ所），低水流量観測（プロペラ：2カ所），ADCP計測（杭ワイヤー式とラジコンボート：1カ所），流砂量計測（1カ所）がある。水位はダイバー水位計（20カ所）でも計測している。また，流砂量は土研式とバケット式の掃流砂採取器により計測することができる。ここで，バケット式掃流砂採取器とは河床面下に設置した0.5×1.5×高さ1mのバケット内に流砂を捕捉する施設で，バケット蓋の開閉により，採取口（50×50cm）からの土砂の出入りを調節し，実験終了後に採取器を取り出して捕捉した土砂量を計測するものである。

　実験水路および実験計画については，H11より「実験水路整備検討委員会（3回開催）」において検討が行われ，H16からは「千代田実験水路運営準備会（5回）」において検討が行われた。本格的な実験はH21から開始されたが，H19には実験水路の水理特性を明らかにする予備実験が行われた。これまでに実施された実験および今後予定されている研究テーマは以下の通りであり，壮大な実物実験により水理現象やメカニズムが明らかになることが期待される。

〔研究テーマ〕
　①　堤防等破壊プロセス→2次元越水破堤実験（H20），3次元越水破堤実験（H21）
　②　河床変動などの土砂移動→ADCPによる流速・河床高測定（H19）
　　　　　　　　　　　　　　土研式・バケット式による流砂量観測（H19）
　③　河道内樹木の密度と抵抗
　④　多自然工法や樹木・植生による堤防・河岸の保護機能

　2次元越水破堤実験（H20）はゲートの550m下流に設置した高さ2.5m，天端幅2m，のり勾配2割の堤防（礫7割）を使って，中央部から越水するよう，幅5m，深さ5cmの切り欠きを通じて越水破堤させた。破堤形状は堤体中に埋設した加速度センサーのデータ，カメラ・ビデオ画像により把握された（図3-20）。実験の結果，まず鉛直方向に侵食が起こり，その後横断方向に破堤が拡大することが分かった。破堤幅は越水開始3～10分後に大きく拡大し，越水後6分間で8m（最終破堤幅の約半分）が破堤し，最終破堤幅は18mであった。なお，流量は4 m³/sと氾濫流量より少ないため，実験中の上流水位は時間的に低下する条件である。

　また，ADCP計測（H19）による流速分布では安芸の式に比べて，河床付近の流速が小さくなり，河床の砂堆抵抗を考慮する必要が分かった。流砂量観測では土研式掃流砂採取器による観測結果は芦田・道上の式の流砂量に近い値となったが，バケット式掃流砂採

越水3分後　　　　　　　　　6分後　　　　　　　　　9分後

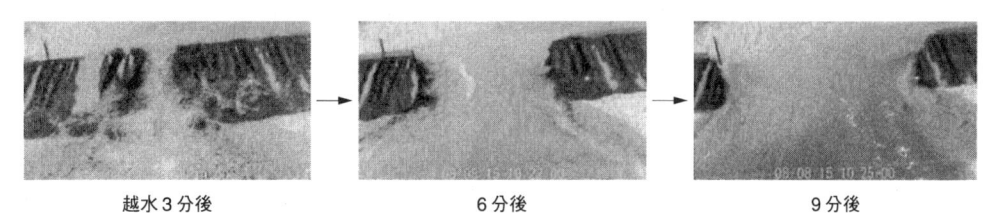

図3-20　破堤形状の時間的変化

出典［島田友典・渡邊康玄・横山洋ほか：千代田実験水路における横断堤越水破堤実験，水工学論文集，第53巻，2009年］

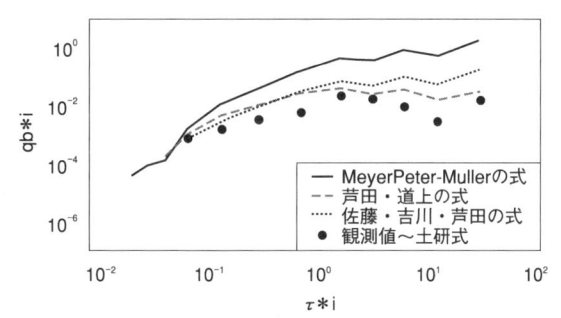

図3-21　掃流砂量の観測結果と計算結果

出典［島田友典・渡邊康玄・横山洋ほか：十勝川千代田実験水路の基礎的な水理特性，寒地土木研究所 月報，No.658，2008年］

取器では横からも土砂が流入したため，他方法や計算結果に比べて，過大な値が観測された（図3-21）。そのため，現在横方向から土砂が流入しないようにバケットを改良中である。

**参考文献**
1) 島田友典・渡邊康玄・横山洋ほか：千代田実験水路における横断堤越水破堤実験，水工学論文集，第53巻，2009年
2) 島田友典・渡邊康玄・横山洋ほか：十勝川千代田実験水路の基礎的な水理特性，寒地土木研究所 月報，No.658，2008年

# 第4章　水循環・物質動態とその予測

　洪水や渇水は水循環のバランスが崩れた一形態であり，その挙動を把握・予測するには降水および水循環系の仕組みについて検討しておかねばならない。水循環は「降雨→蒸発散 or 浸透 or 地表面流出→地下水 or 地表面流出→海域等での蒸発」のサイクルで行われており，各々の過程で循環量および循環速度は異なる。洪水流出では雨水の流出状況が深く関係するし，平常時流出では地下水の流出状況が大きく影響する。特に都市域においては，地表面の被覆状況や下水道の影響が大きく，今後水循環再生を検討する際のポイントとなる。また，栄養塩類などの物質は水や土砂と一緒に流下するため，水循環とあわせて物質循環について検討しておく。水質の観点からは栄養塩類や有機物が注目されているが，近年河川水中で増加している硝酸態窒素，海域で減少している珪酸や鉄などについても，その挙動を把握しておく必要がある。

## 4.1　降雨の発生要因

　降雨は梅雨前線，台風，低気圧などによってもたらされ，豪雨の発生状況によっては，水害を引き起こす。降雨の発生メカニズムは発生要因によって異なるので，メカニズムの特徴を念頭に置いて，河道計画や減災対応を考える必要がある。

**梅雨前線**
　梅雨前線のことを知るにはまずジェット気流について理解しなければならない。ジェット気流は中緯度地帯の上空に吹いている偏西風に伴う蛇行気流で，春から夏にかけてヒマラヤ山脈やチベット高原（熱源）で北と南の流れに分かれて，日本の東方海上で合流している。この空気の流れが日本の北側に冷たいオホーツク海高気圧（冷源）を作り，オホーツク海高気圧と太平洋高気圧の谷間の不連続線が梅雨前線となって日本付近に停滞する。梅雨前線付近では，数十～百km四方のメソ低気圧が上昇気流を発生させ，かつ湿舌により大量の水蒸気が補給されるため，豪雨が発生する。
　梅雨前線では同じ地域で豪雨が継続するが，同じ雨雲が絶えず豪雨をもたらすのではなく，雨雲が入れ替わりながら豪雨を発生させている。梅雨前線の雨雲は西から東へ移動するため，豪雨域は東西方向に細長い範囲となる場合が多い。梅雨は地域によって発生時期は異なるが，概ね6～7月である。特に梅雨末期は湿舌を伴う集中豪雨となることが多いため，厳重な注意が必要である。梅雨前線による水害としては，梅雨前線豪雨（S 36.6）により三重県を中心に357名が死亡，約42万棟の家屋が被災したり，長崎水害（S 57.7）では長崎県を中心に439名が死亡した。梅雨末期の集中豪雨により発生した主要な水害は図4-1に示す通りである。あわせて，各地域の平年の梅雨明け時期を示した。東北地方など，年によっては梅雨明け時期が特定されない年も多い。

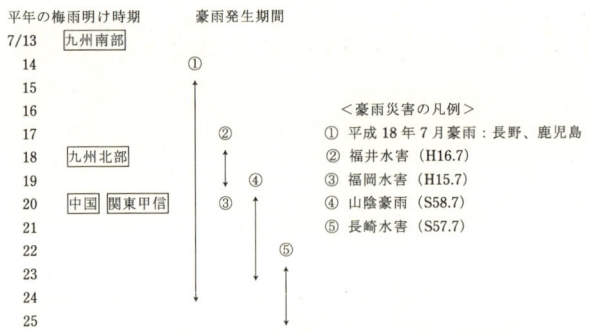

図4-1 梅雨末期の豪雨災害と梅雨明け時期

## 台風

　一方，積乱雲の集合体が熱帯低気圧となり，発達し，中心付近の最大風速が34ノット（17.2 m/s）以上になった場合に台風として命名される。台風は7～10月に多く発生するが，上陸は8，9月が多い。台風は年平均で約27個発生し，うち1割の約3個が日本に上陸している。最多上陸数はH 16の10個であるが，上陸しなかった年もある（表4-1）。

　台風内の風の動きを見ると，反時計回りに中心に向かって湿った強風が収束し，中心付近で強い上昇気流が発生している。この上昇気流に伴って供給された大量の水蒸気が積乱雲を発達させ，豪雨をもたらす。10 kmほど上昇した気流は上層で今度は時計回りに広がり，台風の目などを通じて下降してくる（図 4-2）。

　台風は西太平洋上で発生して，貿易風により北西方向に進み，北緯24～30度で転向して偏西風にのって北東方向に進む。ただし，カスリーン台風や狩野川台風などのように，明確な転向点がなく北上する台風もある（表4-2），第6章 6.1「水害被害の概要」に示した巨大水害の原因となった台風を対象に，その経路を示せば図4-3の通りである。あわせて，阿久根台風（S 20.10），ジェーン台風（S 25.9），ルース台風（S 26.10），第二室戸台風（S 36.9）の経路タイプも示した。

　台風が接近してくると，台風の目の動きに注意がいき，台風の中心が接近して大雨が降ると思っている人が多い。台風性豪雨では確かに中心付近で大雨となるが，中心から400～1,000 km離れた所にも何重かの降雨域（スパイラルバンド）が形成されるため，断続的な雨が降り続き，中心が近づくにつれて，大雨となる。台風の移動速度は日本付近では300～900 km/日で，平均的には770 km/日程度，すなわち1日で四国の西端から東京ぐらいまで移動する。代表的な雨台風はカスリーン台風（S 22.9），台風17号（S 51.9），台風19号（H 2.9）などで，特に台風17号では日本全体で834億トンの大雨をもたらした（図4-4）。これは圧倒的に多い大雨記録で，長良川（安八）で破堤災害が発生したほか，伊勢湾台風（S 34.9）に次ぐ約54万棟の被災家屋数を記録した。

　雨台風に対して風台風もあり，洞爺丸台風（S 29.9），台風19号（H 3.9），台風18号（H 16.9）などが代表的台風である。台風付近の風は台風を北上させようとする南風と中

表4-1　台風の発生・上陸個数

|  | 発生数 | 上陸数 |
|---|---|---|
| 台風が最も多かった年 | 39個(S42) | 10個(H16) |
| 台風が最も少なかった年 | 16個(H10) | 0個(S59, S61, H12) |
| 平均 | 26.6個 | 2.9個 |

＊）上陸とは本州，北海道，四国，九州の海岸に達したときをいう

〔上から見た台風〕

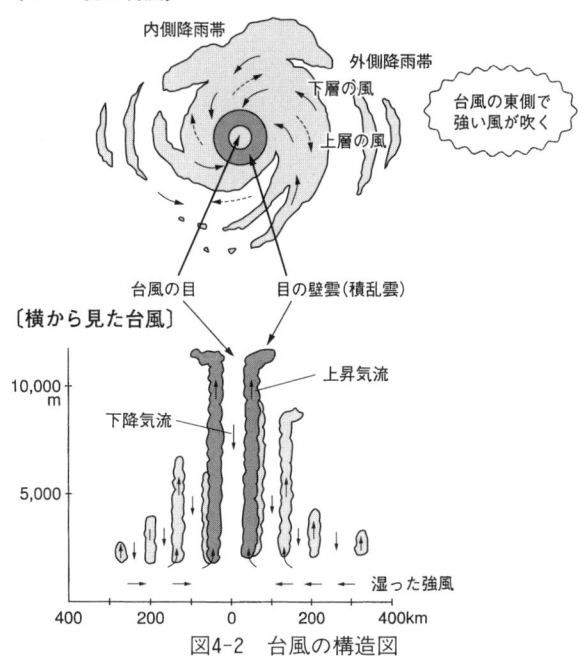

内側降雨帯　外側降雨帯
下層の風
台風の東側で強い風が吹く
上層の風

台風の目　目の壁雲（積乱雲）

〔横から見た台風〕

上昇気流
下降気流
湿った強風

図4-2　台風の構造図

\*）台風の目の周りに大きな上昇気流の壁雲があるが，目から離れた箇所にも幾重もの雨雲があることに注意する。
出典［末次忠司：これからの都市水害対応ハンドブック 役立つ41知恵，山海堂，2007年］

表4-2　主要台風の経路タイプ

| 経路タイプ ||| 類似タイプの台風 |
| --- | --- | --- | --- |
| 上陸まで | 台風名 | 上陸後 | |
| 九州へ北上 | 枕崎台風 | 西日本縦断 | 阿久根台風，ルース台風 |
|  | 室戸台風 |  |  |
| 近畿へ北上 | 伊勢湾台風 | 列島縦断 | ジェーン台風，第二室戸台風 |
| 転向して関東へ北上 | 狩野川台風 | 太平洋沿岸 |  |
|  | カスリーン台風 | 転向して太平洋 |  |

心に反時計回りに吹き込む風によって，台風の東側で暴風による被害が発生するため，この地域を危険半円と呼んでいる。伊勢湾台風や第二室戸台風（S 36.9）の際も，強風だけでなく，大雨や高潮の被害も含んでいるが，台風が通過した東側の木造家屋が大きな被害を被った。

　このように台風の進路は防災や被害予測にとって重要となる。進路予測結果は天気予報等で発表されるが，その意味について十分知っておく必要がある。例えば，台風の勢力圏は二重の円で表示されるようになっている（表4-3）。予測進路は予報円[注1)]で表され，これまでは3日先までの予報円と暴風警戒域が示されたが，H 21以降は4，5日先までの予報円も示されるようになった。

　これらの台風のうち，昭和三大台風と呼ばれた室戸台風，枕崎台風，伊勢湾台風の特性

---

注1）台風の中心が予報円に入る確率は約7割である。

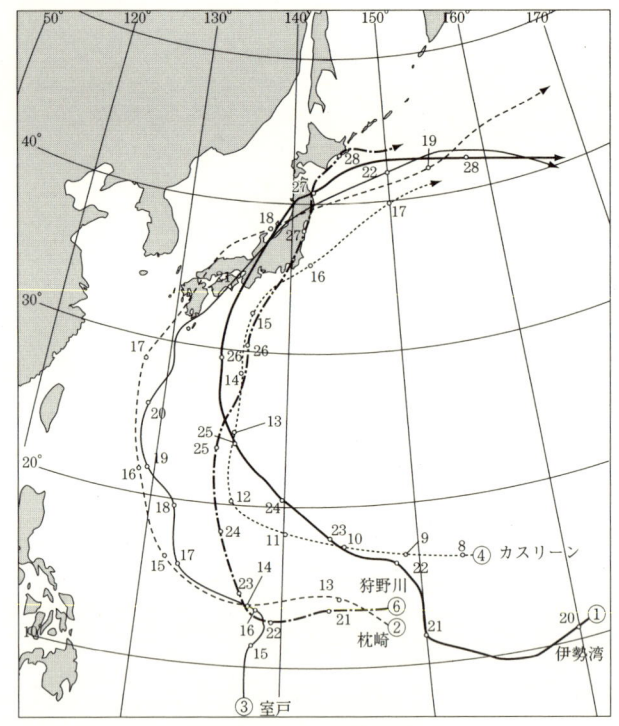

**図4-3　主要な台風経路図**

＊）数字は日付を表している。

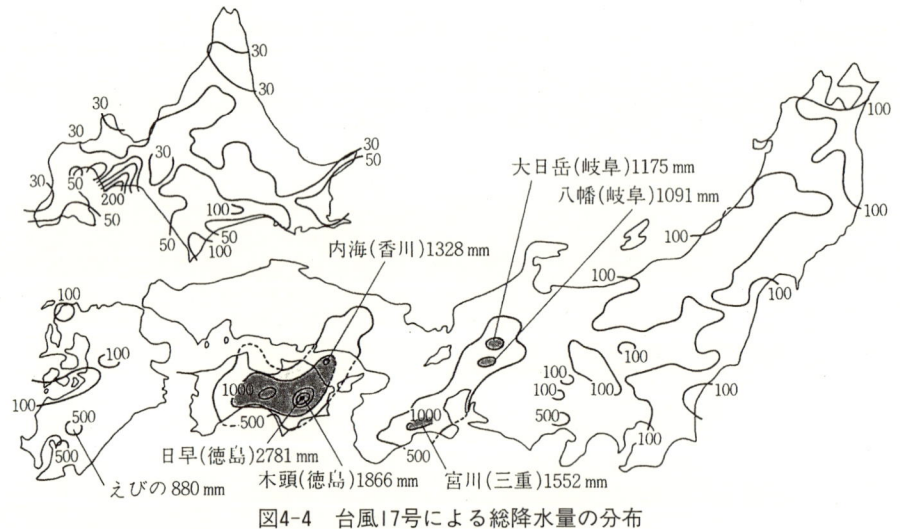

**図4-4　台風17号による総降水量の分布**

＊）圧倒的に多い記録で，特に四国や中部地方に大量の雨をもたらした。
出典［宮沢清治：大雨台風17号をかえりみて，天気，20巻，1976年］

を上陸後の気圧，風速などで比較すると表4-4の通りである。台風に伴う死者・行方不明者数は伊勢湾台風が最も多いが，台風の威力を表す最低気圧や風速を見ると，室戸・枕崎台風がいかに強大な威力を持った台風であったかが分かる。

また，台風が接近すると，風雨だけではなく，以下のように気圧低下による吸い上げと風による吹き寄せにより，海水位が上昇して高潮を発生させる。

・気圧低下による吸い上げ → 気圧が1 hPa 低下すると海水位が約1 cm 上昇する

表4-3　台風の勢力圏を表す二重の円

| | |
|---|---|
| 内側の円 | 暴風域（平均風速25 m/s以上）：立っていられないくらいの非常に強い風で，外装材や屋根が飛ばされたり，樹木が倒れる |
| 外側の円 | 強風域（平均風速15〜25 m/s未満）：歩くのが困難になり始める強い風で，転倒したり，簡易な倉庫などは被害が出始める |

表4-4　昭和三大台風の特性比較

| | 室戸台風 | 枕崎台風 | 伊勢湾台風 | 〈参考〉最大記録 |
|---|---|---|---|---|
| 上陸年月日 | S9.9.21 | S20.9.17 | S34.9.26 | — |
| 最低気圧 | 912 hPa（室戸岬） | 916 hPa（枕崎） | 929 hPa（潮岬） | 907.3 hPa（沖永良部島） |
| 最大風速<br>最大瞬間風速 | 45 m/s以上（室戸岬）<br>60 m/s（室戸岬） | 51 m/s（宮崎 細島）<br>76 m/s（宮崎 細島） | 45 m/s（伊良湖）<br>55 m/s（伊良湖） | 69.8 m/s（室戸岬）<br>85.3 m/s（宮古島） |
| 被災状況<br>　死者・行方不明者数<br>　被災家屋棟数 | <br>3,036名<br>62万棟 | <br>3,756名（2位）<br>44.6万棟 | <br>5,098名（1位）<br>55.7万棟（1位） | <br>—<br>— |

\*）被災状況の歴代順位は戦後の台風のなかでの順位である

・風による吹き寄せ　　　→　風速の2乗に比例して海水位が上昇する

　干満の影響を除いた最大偏差（気象潮）では，伊勢湾台風（S 34.9）の時の3.45 mが圧倒的に大きく，室戸台風（S 9.9）や第2室戸台風（S 36.9：1.97 m）の時にも大きな最大偏差を記録した。特に西から東へ流下する河川は，高潮に注意する必要がある。高潮と洪水が同時に発生すると，伊勢湾台風（S 34.9）のように大きな被害となる。

　過去に発生した類似台風をインターネットで検索することも可能である。国立情報学研究所では，過去約30年間の台風とサイクロン計約千個（約16万枚）分のデータを網羅した画像データベース「デジタル台風」を作成した。これを使えば，台風の動きを示す動画を出せるし，気圧や風速の大きさ順に表示できるほか，画像検索機能で台風の雲の形を分析して，形がよく似た過去の台風を表示することもできる。

　台風は北上すると温帯低気圧に変わる。気象予報で「台風は温帯低気圧に変わりました」と発表されると，台風の勢力が弱まって温帯低気圧に変わったと誤解されることが多い。しかし，勢力が弱まって温帯低気圧になったのではなく，構造が変化しただけである。温帯低気圧とは2つの気団（または高気圧）が接する前線で発達した低気圧（急速に発達すると爆弾低気圧という）で，2つの高気圧の温度差が大きい場合や前線に暖気が入り込んだ場合に発生する。したがって，依然勢力を保ち続けている温帯低気圧は台風同様に要注意である。

　同様に誤解されやすい台風の表現に「並の」台風，「弱い」台風があった。しかし，玄倉川におけるキャンパー事故（H 11.8）を契機として，気象庁はH 20.6よりこれらの表

表4-5　台風の大きさと強さ

| | 表現の仕方 | 風速15 m/s以上の半径 |
|---|---|---|
| 台風の大きさ | 大型（大きい）台風<br>超大型（非常に大きい） | 500〜800 km<br>800 km以上 |
| | 表現の仕方 | 中心付近の最大風速 |
| 台風の強さ | 強い台風<br>非常に強い台風<br>猛烈な台風 | 33〜44 m/s<br>44〜54 m/s<br>54 m/s以上 |

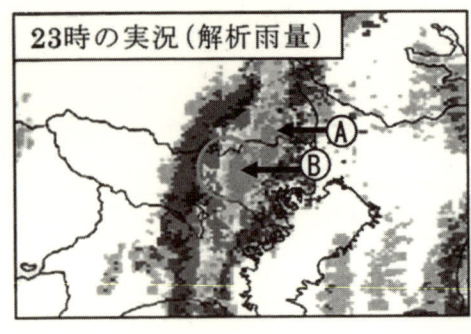

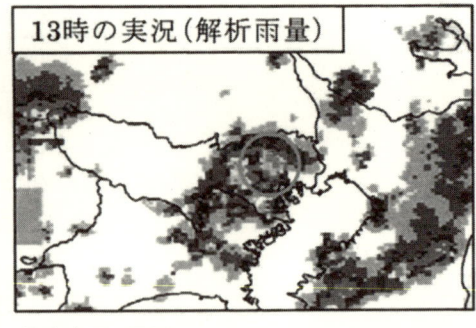

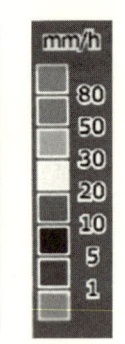

図4-5 集中豪雨の雨域

*) 左が東京都杉並区（H17.9.4）の広域的な豪雨，右が東京都豊島区（H20.8.5）の局地的な豪雨の雨域を表している（丸の中心が被災地）
出典［気象庁：局地的大雨から身を守るために（案）―防災気象情報の活用の手引き―，2009年］

現を使わないこととし，台風の大きさや強さを風速に応じて，表4-5のように表現することとした。なお，玄倉川のキャンパー事故については第6章 6.3「水難事故」を参照されたい。

**集中豪雨**

一方，近年都市域では集中豪雨に伴う水害が問題となっている。梅雨・秋雨前線上に積乱雲の集団がある場合，これらは数十kmの複数個の積乱雲群[注2]で構成され，積乱雲群が引き起こすメソスケールの擾乱が集中豪雨を発生させる。具体的な発生要因は次の通りである。例えば，亜熱帯地方においても，空気1 kg当りの水蒸気量は22 gで，地表から圏界面（赤道上空で高さ17〜18 km）までのすべての水蒸気が一気に雨になっても約30 mmの雨量にすぎない。集中豪雨が発生するのは，10 m/s以上にもなる上昇気流とそれに伴う水蒸気の補給があるからである。上昇気流に伴って供給される水蒸気量は大量で，かつ集中豪雨の時の上昇気流は大気の成層が安定な時の上昇気流10 cm/sオーダーの100倍以上の上昇気流となっている。このような気象条件になると，局地的に50 mm/hを超えるような集中豪雨となり，時には水害を発生させる。70 mm/h以上の豪雨の発生状況については，第4章 4.2「降雨状況」に示した。

集中豪雨は雨雲を構成する積乱雲によって，2種類に分類される。一つは積乱雲が連続的に発生して豪雨となり，広域的に水害をもたらすタイプで，近年の例では東京都杉並区（H 17.9），金沢の浅野川（H 20.7），岡崎の伊賀川（H 20.8）などがある（図4-5）。このほかには一つの積乱雲が急発達して，局地的な豪雨災害をもたらすタイプで，神戸の都賀川（H 20.7），豊島区雑司が谷（H 20.8）などの例がある。特に後者は豪雨域（約70 mm/h以上）が5〜7 km²と非常に狭い局地的集中豪雨であるため，雨域を把握したり，災害対応が非常に難しい。

**参考文献**
1) 末次忠司：これからの都市水害対応ハンドブック 役立つ41知恵，山海堂，2007年
2) 宮沢清治：大雨台風17号をかえりみて，天気，20巻，1976年
3) 気象庁：局地的大雨から身を守るために（案）―防災気象情報の活用の手引き―，2009年
4) 小倉義光：お天気の科学―気象災害から身を守るために―，森北出版，1996年
5) 倉嶋厚：おもしろ気象学 秋・冬編，朝日新聞社，1986年

注2) 一つの積乱雲は数百m四方の大きさで，寿命は30〜40分である。

## 4.2 降雨状況

日本は降水量は多いが，人口も多いため1人当りの水資源量は少ない。平均年降水量は世界平均の970 mm に対して，日本は1,700 mm と約2倍であるが，1人当りの水資源量は世界平均が22,900 m³/年/人であるのに対して，日本は5,200 m³/年/人と約1/4にすぎない（4.7「渇水」参照）。

短時間雨量の記録を気象庁気象官署以外も含めて見ると，時間雨量は長与（長崎）の187 mm，福井（徳島）の167 mm，日雨量は海川（徳島）の1,317 mm，日早（徳島）の1,114 mm であり，四国・九州地方で豪雨が多い（表4-6）。第1位の時間雨量は長崎水害（S 57.7）において長与町役場で観測された，また日雨量は台風10号（H 16.7～8）で観測されたもので，徳島の海川雨量観測局（四国電力）では7/31～8/2 にかけて，2,048 mm の豪雨となった。日本の降雨と海外の降雨は観測時間が異なるため，単純には比較できないが，日本の降雨は世界記録の1/3～2/3 に匹敵する（図4-6）。流域雨量（年平均降水量）で見れば，最も多いのが黒部川流域の3,988 mm で，次いで宮川流域の3,243 mm，小矢部川流域の3,242 mm と北陸地方が多く，全国平均の約2倍である。

雨域スケールで見ると，長崎水害（S 57.7）や山陰水害（S 58.7）などの強雨域が100 km スケールで強雨継続時間が7～10時間程度であったが，鹿児島市で発生した集中豪雨（S 61.7）などの強雨域は5～10 km スケールで強雨継続時間が5～6時間程度の豪雨であり，豪雨により時空間スケールが大きく異なることに注意する必要がある（図4-7）。豪雨を水害被害（浸水棟数）との関係で見ると，空間スケールよりも時間スケールの影響を大きく受ける。すなわち，総雨量が多いから被害が大きくなるというより，総雨量が一定量以上あって，時間雨量が大きな豪雨の場合に，大きな水害被害が発生している。気象

表4-6 降雨量の極値（時間雨量，日雨量）

|  | 時間雨量 | | | 日雨量 | | |
|---|---|---|---|---|---|---|
| 第1位 | 長与（長崎） | 187.0 mm | 1982.7 | 海川（徳島） | 1317 mm | 2004.8 |
| 第2位 | 福井（徳島） | 167.2 mm | 1952.3 | 日早（徳島） | 1114.0 mm | 1976.9 |
| 第3位 | 浜津脇（鹿児島） | 162.0 mm | 2001.9 | 西郷（長崎） | 1109.2 mm | 1957.7 |
| 第4位 | 富士宮（静岡） | 153.0 mm | 1972.8 | 大台ケ原（奈良） | 1011.0 mm | 1923.9 |
| 第5位 | 香取・佐原（千葉） | 152.5 mm | 1999.10 | 繁藤（高知） | 979.0 mm | 1998.9 |

＊）気象原因別に整理しているため，同じ気象原因で発生している他の極値もある

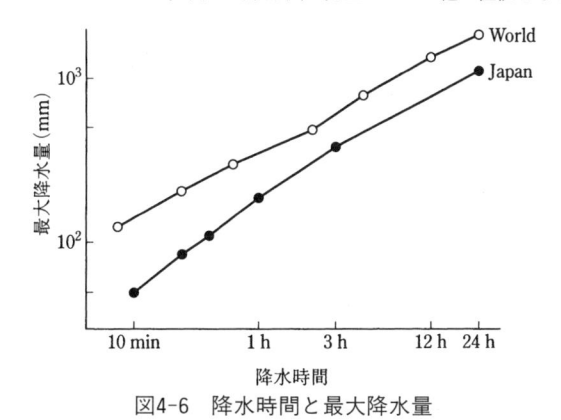

図4-6 降水時間と最大降水量

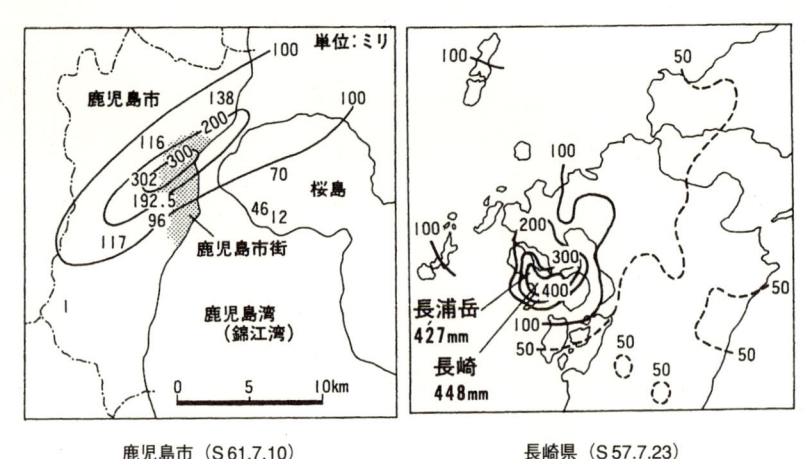

図4-7 集中豪雨に伴う日雨量分布
出典［NHK放送文化研究所編：気象ハンドブック，日本放送出版協会，2005年］

庁のデータベースを用いて，H 2～19 に発生した浸水 300 棟以上の水害を対象に，降雨データを整理すると図 4-8 の通りである．規模の大きな水害である浸水 5,000 棟以上（■，◆のデータ）のデータ分布を見ると，総雨量データはばらつきが大きいが，300 mm が目安となる．一方，時間雨量は大雨警報の基準雨量である 40 mm/h 以上で発生しており，特に 70 mm/h 以上で発生している場合が多い．

それでは豪雨発生の経年的な傾向はどうであろうか．日本全国のアメダス（AMeDAS）では 1,300 地点以上で降雨観測が行われている．アメダスデータ等を用いて，記録的短時間大雨情報に相当する 70 mm/h 以上の豪雨の経年変化を見てみる（図 4-9）．分析にあたっては，平地とは特性が異なる 700 m 以上の山地および亜熱帯地域のデータを除外している．平均発生地点数は約 35 地点で，H 16 には最多の 95 地点を記録した．特に H 10 以降は発生地点数が多く，5 年移動平均では H 10 以降一貫して増加している（図 4-10）．この原因は未だ不明であるが，地球温暖化かヒートアイランド現象のいずれかが影響していると考えられる．なお，観測地点数はシステム開始当初の約 1,100 地点から H 19.12 現在 1,350 地点と，経年的に増加しているため，観測地点数で割った発生地点数の割合もあわせて表示した．

観測地点ごとの傾向を見ると，亜熱帯地域の地点を除いて，70 mm/h 以上の豪雨発生が最も多いのは尾鷲で，次いで佐喜浜，宮川などで近畿・四国地方が多い（表 4-7）．尾鷲では 1 年に 1 回程度の頻度で 70 mm/h 以上の豪雨が発生している計算になる．なお，宮川は宮川流域の雨量でも全国 2 位である．

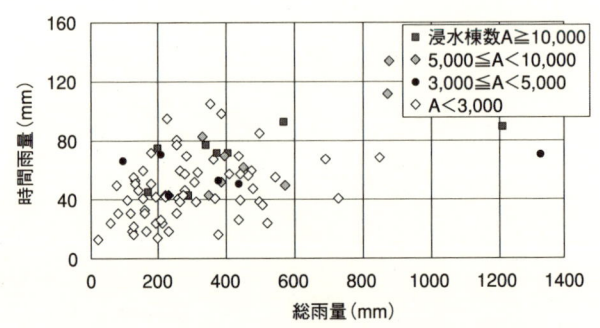

図4-8 総雨量・時間雨量と浸水棟数との関係

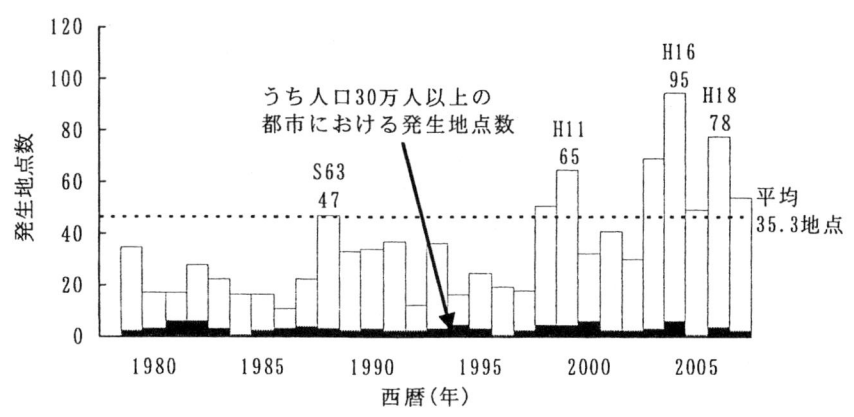

図4-9 70 mm/h 以上の豪雨の発生地点数の変化

＊) これまでにも70 mm/h 以上の豪雨は多く発生していたが，その年が連続しているのが最近の特徴である。

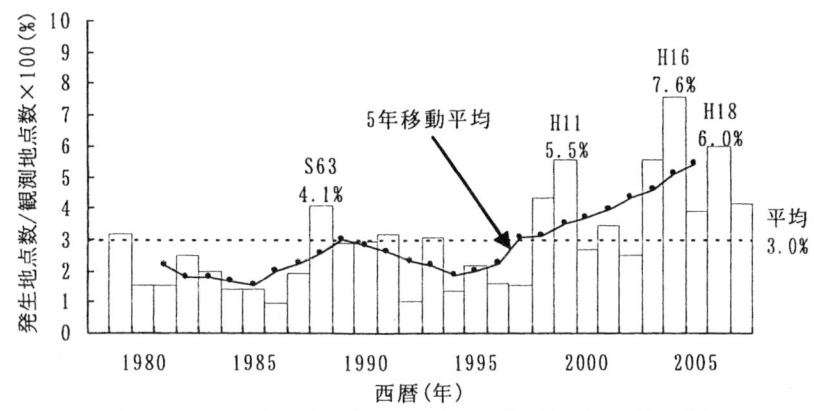

図4-10 70 mm/h 以上の豪雨の発生地点数／観測地点数の変化

＊) 中期的な傾向である5年移動平均を見ると，ここ10年程度は一貫して増加傾向にある。
出典［末次忠司・高木康行：都市河川の急激な水位上昇への対応策，水利科学，No.307，2009年］

表4-7 70 mm/h 以上の豪雨発生回数が多い観測地点

| 回数 | 観測地点 |
| --- | --- |
| 27回 | 尾鷲（三重） |
| 18回 | 佐喜浜（高知） |
| 15回 | 宮川（三重） |
| 12回 | 繁藤（高知） |
| 11回 | 日和佐（徳島），高知（高知），福江（長崎），平戸（長崎） |

**参考文献**

1) NHK放送文化研究所編：気象ハンドブック，日本放送出版協会，2005年
2) 末次忠司・高木康行：都市河川の急激な水位上昇への対応策，水利科学，No.307，2009年

## 4.3 流出状況

降水に伴う短期流出（洪水）や長期流出（平常時の水資源）を考える場合，降水量だけでなく，降水が山地の状況，流域の土地利用，水路網の整備などによって，どのように流

出してくるのか，また流出過程でどのように変化するのかを観測・予測しておく必要がある。一方，渇水に関連して無降雨時の低水量時の流量である基底流量（農業では渇水流量）についても検討しておく。基底流量は地下水の流出や湧水に規定される流量である。

降水流出の最初のプロセスである蒸発散について見れば，海外の大陸は面積が広く，河川の流路延長が長いため，降水量の2/3程度が蒸発散するが，日本における蒸発散量は降水量の1/3程度である。洪水流出量の算定において，日本で降水量を基本として解析するのに対して，海外で洪水流量を基本としているのは，この蒸発散量の違いによるものである。

降水は山地等に森林があると樹冠で受けとめられて蒸発散し，また地面に降った雨は土壌特性に応じて地中へ浸透するため，山地には雨水を遅れて地表に流出させる保水機能がある。すなわち，降水の河川水への変換に森林が影響を及ぼすのは蒸発散のみであり，他の要因は流出の時間遅れに限られる。ただし，蒸発散には森林だけでなく，下草や地面も影響を及ぼす。

アメリカのアパラチア山系にあるコウィータ試験地で行われた流出試験では，森林伐採初年度には年間降雨量の20％ほど流出量が増加した。これは森林状態の時の蒸発散量の44％に相当する。このことは森林に代わって成長した下草の蒸散および地面蒸発量が森林蒸発散量の約半分であることを意味している。しかも流出増は指数関数的に減少するものの，20年以上も継続している。なお，森林のなかでも，広葉樹は針葉樹より保水能力が高く，蒸発散量が少ない。

一方，降水の浸透過程を見ると，土壌に礫などの粗粒材料が多かったり，浸透性が高い関東ローム[注1]の場合は浸透量が多くなる。また，林床に適度な落葉地被物や地床植物が発達していると，下層の土壌は良好な浸透性を保つが，手入れ不足の過密なヒノキ人工林のような場所では林床は裸地化して浸透能が低下する。樹種別ではクヌギ，スギ，ニセアカシアは浸透能は高いが，カラマツ，モミは低い。この浸透能が高いと，洪水時には雨水流出量が少なくなり，下流河川の洪水流量が少なくなるし，平常時における河川流量が安定的となり，水資源として有効となる。

土壌中には地中水による地下侵食，植物の根の枯死，生物活動により大孔隙の連続流路（パイプ流）が形成されている場合がある。パイプ流の流速はダルシー則に基づくマトリックス流に比べてかなり速い流速を有し，浸透過程や降雨流出過程に重要な役割を持っている。多摩丘陵源流域における観測では，総流出量の約半分がパイプ流によるものであった。

なお，最近森林土壌には雨水を貯留する「緑のダム」効果があるといわれているが，雨水を浸透させ貯留できるのは降雨の少ない段階までで，地形・地質にもよるが，概ね100mm前後までである。すなわち，豪雨時には土壌が雨水で飽和状態になっていて，貯留能力は少なく，その意味では森林による大きな洪水緩和効果は期待できないといえる。このように，森林は特に長期流出（地下水流出）に大きく影響し，平常時における河川流量を滋養する効果が高い。

降水の河川への流出に関して，治水で重要となるのは洪水流出である。地表面流出による河道への流出量は降雨量に対する流出率（雨水流出量／総雨量）で表され，その目安は緩勾配の山地域で0.2〜0.4，急勾配の山地域で0.4〜0.6，畑で0.6，水田で0.7などである。これに対して，浸透性の低い都市域では一般市街地が0.8，密集市街地が0.9など

---

注1）土粒子が団粒構造で土粒子間の大きな間隙と土粒子内の微細間隙があるため，透水性と保水性が良い。

である。流出率は更に細分類された土地利用に対して，係数設定がなされている。なお，合理式で用いられる係数は流出係数（ピーク雨水流出量／ピーク雨量）と呼ばれている。

このように，都市域は建物や道路が多く，また地表面がコンクリートやアスファルトにより広く覆われているため，降水の大部分が浸透せずに流出してくる。しかも，都市河川は排水効率性を重視し，コンクリートの三面張り直線河道として整備されているので，河道内の流出も速くなる。その結果，雨水流出が速くなり，かつ流出量も増大することになる。

都市域だけではなく，農村域においてもほ場整備などが進捗すると，水路断面が大きく，かつ直線的になり，下流への流出が速くなり，結果的に流出率が大きくなる。減反や後継者不在で水田が使われなくなり放置されても，遊水機能が損なわれ，流出量が大きくなる。

### 参考文献
1) 塚本良則編：現代の林学6　森林水文学，文永堂出版，1995年
2) 田中正・安原正也・丸井敦尚：多摩丘陵源流域における流出機構，地理学評論，57，1984年
3) 太田猛彦：森林の多面的機能について，第4回水文・水資源セミナー，土木学会，2002年

## 4.4　降水・洪水予測

気象庁では空間スケールに応じて，表に示した数値予報モデルを用いて降水予測を行っている（表4-8）。領域モデル（RSM）はH8より，メソモデル（MSM）はH13より，降水短時間予報（VSRF）はH10より予測が行われているが，RSMはH19.11に廃止された。現在，MSMは5kmメッシュで33時間先まで，3時間間隔で予測が可能であり，VSRFは1kmメッシュで6時間先まで，30分おきに予測が可能となっている。降水短時間予報はメソモデルなどに比べて，レーダー・アメダス解析雨量[注1)]を用いたり，地形効果（山岳を越える場合の降水域の発達・減衰）を考慮している点が異なっている。予報にあたってはMSMの下層および気温を用いて評価しており，数値解析でもMSMと同じ50層のグリッドで，700 hPaの風データも活用している。

モデルによる数値予報は対象空間を立体格子状に分割し，各格子における気象要素（風，気圧，温度，水分量など）を運動の法則，熱力学の第1法則，気体の状態方程式などに基づいて計算するものである。計算の概念は「上記の気象要素が時間的に変化する割合は，その瞬間における気象要素の空間的な分布で決まる」ことに基づいている。

数値解析による降雨予測の精度はどうであろうか。ダム水源地環境整備センターが藤原ダム流域を対象にした予測降雨と実績降雨との比較結果を見てみる（図4-11）。対象にし

表4-8　数値予報モデル

|  | 格子間隔 | 鉛直層数 | 予測時間 | 更新間隔 |
|---|---|---|---|---|
| 全球モデル（GSM） | 20 km | 60層 | 最大216時間先 | 4回／日 |
| メソ数値予報モデル（MSM） | 5 km | 50層 | 最大33時間先 | 8回／日 |
| 降水短時間予報（VSRF） | 1 km | 50層 | 6時間先 | 48回／日 |

*）このほかに台風アンサンブル予報モデルなどがある

---

注1) 気象レーダーによる降水強度を地上雨量計の雨量で校正（解析）した降水量で，記録的短時間大雨情報もこの雨量に基づいている。

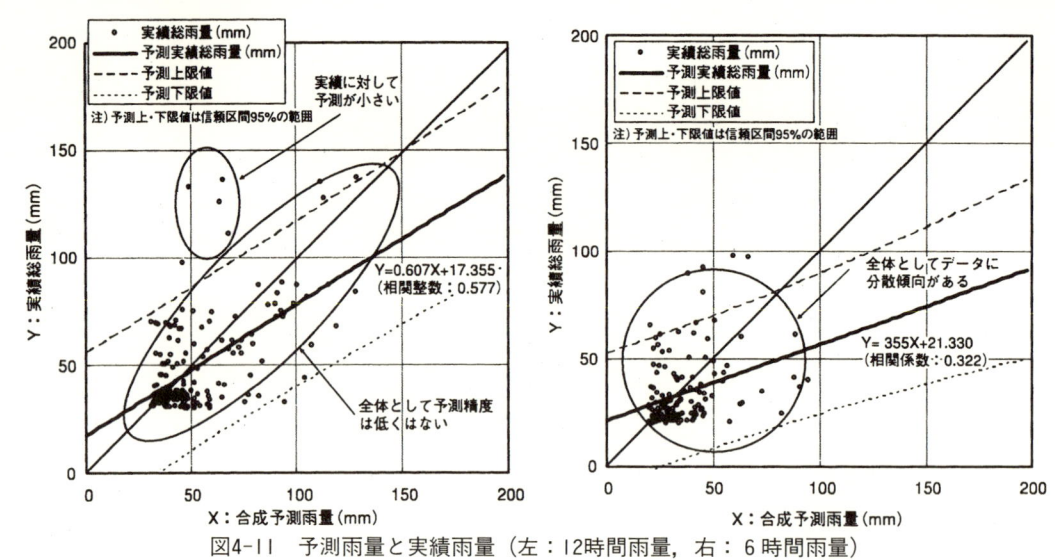

図4-11 予測雨量と実績雨量（左：12時間雨量，右：6時間雨量）

*) 12時間雨量で見ると，予測雨量50 mm，100 mmに対して，それぞれ概ね50 mm，100 mmの実績雨量の変動幅を有している。

出典［竹下清・瀬戸楠美・松木浩志ほか：ダム管理における降雨予測の現状と課題，平成19年度 ダム水源地環境技術研究所所報，2008年］

　た藤原ダムは利根川上流にある多目的ダムで，越後山地と谷川連峰に囲まれた流域を有している。対象降雨はVSRF（〜5時間先）とMSM（6時間以降）を合成した6時間雨量と12時間雨量で，洪水に影響が少ないと思われる雨量データ（6時間雨量で20 mm未満，12時間雨量で30 mm未満）は省略している。データ数は6時間雨量が146データ，12時間雨量が171データである。なお，VSRFとMSMの解析対象時間は年代により異なり，上記した範囲はH 14.3以降の範囲である。

　予測と実績を比較すると，12時間雨量では実績に対して予測結果が小さい傾向がある。また，危険側の予測データもあるが，全体としての予測精度は低くない。一方，6時間雨量（予測結果）はデータ全体に分散傾向が見られる。一般的には短時間先ほど予測精度が高い場合が多いが，本検討結果より，場合によっては短時間先の予測精度が低くなる場合があることが分かる。このように，降雨予測の結果などを見ると，必ずしも十分な精度を有していない場合があるので，今後実績雨量との相関式を活用するといった工夫を考える必要がある。

　一方，数値予報（全球モデル）による台風予報精度（図4-12）を見ると，過去10年間の台風の予報円の中心と実際の位置との距離の精度は24時間進路予報で100〜180 km，48時間進路予報で180〜300 kmであるが，予報精度は着実に向上している（予報精度の向上に伴って，H 21以降は4，5日先までの予報円も示されるようになった）。例えば，H 21.10の台風18号の予報進路（予報円の中心）を見ると，10/8の10時および22時時点の予報はほぼあっているが，10/7の9時および22時時点における予報ではそれぞれ24h後，11 h後の予報は実績と約100 kmずれており，前述した予報精度とほぼ同様の結果であった（図4-13）。

　洪水予測について，約400〜500地点（直轄）における実施状況で見ると，気象庁・気象協会等の予測降雨を活用し，貯留関数法により流出量の予測を行っている事例が多い。予測に用いるパラメータは実績水位等を用いて，オンライン・キャリブレーションにより，自動修正して精度向上を図っている地点が全体の2/3もある。

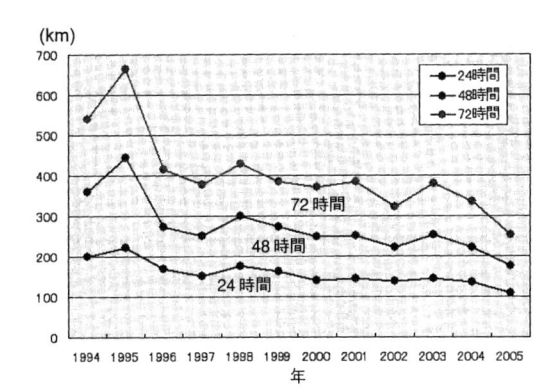

図4-12 台風進路予報誤差
出典［気象庁予報部数値予報課資料］

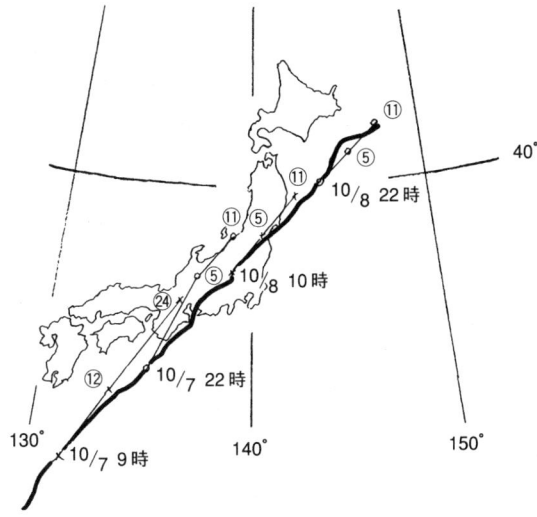

図4-13 台風18号の予報進路（H21.10）

　現在洪水予測に用いられている洪水流出モデルは計画策定用のモデルであるため，洪水時の管理用に使えるものにアレンジしていく必要がある。雨水流出については不浸透域を除いて，1次流出率 $f_1$ 〜飽和雨量 $R_{SA}$ モデルを採用し，実際の洪水に対応できるように係数のキャリブレーションを行う。しかし，貯留関数法はブラックボックスを持っているため，今後は降雨流出は kinematic wave 法，飽和・不飽和浸透流，タンクモデルなどにより，また河道流は kinematic wave 法などの分布モデルにより洪水予測を行っていくことが望まれる。

**参考文献**
1) ダム水源地環境整備センター：降雨予測情報の解説，2008年
2) 竹下清・瀬戸楠美・松木浩志ほか：ダム管理における降雨予測の現状と課題，平成19年度 ダム水源地環境技術研究所所報，2008年
3) 末次忠司：河川の減災マニュアル─現場で役立つ実践的減災読本─，技報堂出版，2009年

## 4.5　注意報・警報

　水害被害が減少しているのは治水施設の整備と詳細な気象情報（注意報・警報など）の提供が関係している（第6章　6.1「水害被害の概要」参照）。気象情報のうち，注意報は水害が起こるおそれがある時に，警報は危険の切迫に対して警戒すべき時に出される。大雨・洪水に関しては，
・注意報：大雨，洪水，高潮，雷
・警　報：大雨，洪水，高潮
が気象庁から発令される。水防法・気象業務法に基づいて指定された指定河川[注1]については，気象庁と国交省または都道府県から，大雨により洪水のおそれがある場合に洪水予報が出される。洪水予報のうち氾濫注意情報は洪水注意報，残りの情報は洪水警報に相当するものである。
　気象庁が発令する警報（暴風雨[注2]，大雨，洪水，高潮）はアメダスの整備（S 46）後，

発令数が増加し、大雨または洪水警報は整備前の6〜7倍発令されている（図4-14）。現在大雨・洪水警報は各々350〜700回/年、高潮警報は5〜20回/年発令されている。現在全国を約370地域に区分して注意報・警報が発令されているが、H22年度より、更に細かい市町村単位で発令される予定である。

　注意報・警報の発令基準雨量は降雨要因ではなく、地域によって定められ、大雨注意報・警報の基準雨量は表4-9に示す通りである。大雨警報の基準雨量は概ね40〜50 mm/h以上、24時間雨量で150または200 mm以上などである。実際、東京23区では40 mm/h以上の降雨があると、小規模ではあるが、内水等の浸水被害が発生している。

　基準雨量がどの程度の雨量かを示せば、表4-10の通りである。警報の40〜50 mm/hは表中の「激しい雨」に相当し、都市で下水管から下水が溢れるぐらいの雨量である。記録的短時間大雨情報（後述）の70 mm/hを超えると、「非常に激しい雨」や「猛烈な雨」となり大規模な災害が発生するおそれが強くなる。

　気象庁がH10.11〜H11.10の1年間を対象に、大雨警報の的中率を検証した結果、発表した大雨警報に対して、基準値以上の雨量が警報発令後に発生した的中率は42％であった。これに対して、警報を発表したが雨量は基準値に達しなかった「空振り」も41％あった。

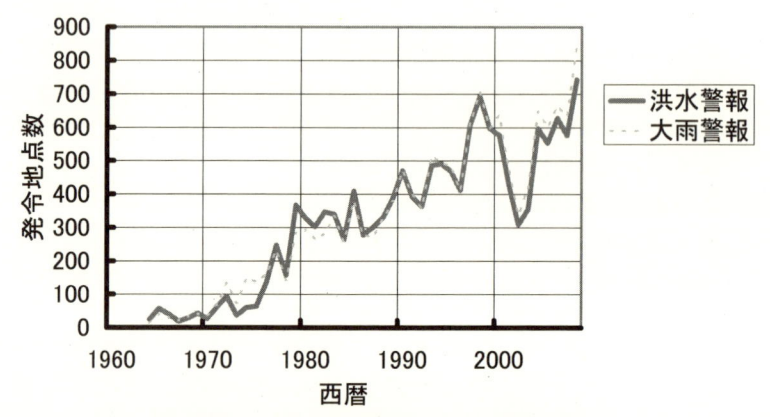

図4-14　大雨・洪水警報の発令地点数の推移

表4-9　大雨注意報・警報の基準雨量

| | 種別 | 仙台市 | 東京23区 | 鹿児島市 |
|---|---|---|---|---|
| 注意報 | 1時間雨量 | 20 mm以上 | 30 mm以上 | 30 mm以上 |
| | 3時間雨量 | 40 mm以上 | 50 mm以上 | 60 mm以上 |
| | 24時間雨量 | 60 mm以上 | 90 mm以上 | 100 mm以上 |
| 警報 | 1時間雨量 | 40 mm以上 | 50 mm以上 | 50 mm以上 |
| | 3時間雨量 | 60 mm以上 | 80 mm以上 | 100 mm以上 |
| | 24時間雨量 | 140 mm以上 | 150 mm以上 | 200 mm以上 |

＊）1，3時間雨量は総雨量の条件を伴う場合があるが、省略している

注1）指定河川には洪水予報指定河川（260河川）と水防警報指定河川（959河川）があり、水防警報は河川管理者（国交省または都道府県）から出される。
・氾濫注意情報 ── 洪水注意報に相当
・氾濫警戒情報 ┐
・氾濫危険情報 ├ 洪水警報に相当
・氾濫発生情報 ┘

注2）暴風雨警報が発令されたのは、S63.3までである。

表4-10 時間雨量と浸水などの状況

| 雨の通称 | 雨の強さ(mm/h) | 浸水・災害などの状況 | その他の状況 |
|---|---|---|---|
| 小雨 | 1未満 | 地面がかすかに湿る程度 | |
| 弱い雨 | 1〜3未満 | 地面がすっかり湿る | |
| 雨 | 3〜10未満 | 水たまりができる | |
| やや強い雨 | 10〜20未満 | 雨の降る音で話し声が聞きとれない | ザーザーと降る感じ |
| 強い雨 | 20〜30未満 | どしゃ降り。側溝や小さな川があふれる 小規模の崖崩れが発生する | ワイパーを速くしても前が見づらい |
| 激しい雨 | 30〜50未満 | 山崩れ、崖崩れが起こりやすくなる 都市では下水管から下水があふれる | 道路が川のようになる。高速走行ではブレーキが効きにくくなる |
| 非常に激しい雨 | 50〜80未満 | マンホールから水が噴出する 地下室や地下街に雨水が流れ込む 土石流など，多くの災害が起こる | 滝のように降る感じ 車の運転は危険である |
| 猛烈な雨 | 80以上 | 大規模な災害が発生する恐れが強く，厳戒な注意が必要 | 息苦しくなるような圧迫感があり，恐怖を感じる |

出典［気象庁編：平成12年度版 今日の気象業務，大蔵省印刷局，2000年を加筆・修正］

なお，警報の基準雨量よりも水害発生の危険性が高い雨量である記録的短時間大雨情報もある。この情報は長崎水害（S 57.7）および山陰水害（S 58.7）を教訓にS 59より発表され始めた雨量で，レーダー・アメダス解析雨量に基づいて，概ね70〜100 mm/h（予報区域内の最大時間雨量相当）を超えると発表される。この雨量は予測値ではなく，実測値に近い値であるので，発表されるとかなりの注意が必要で，減災対応を考えておく必要がある。なお，記録的短時間大雨情報は年間20〜70回発表されている。

**参考文献**

1) 栗城稔・末次忠司：戦後治水行政の潮流と展望―戦後治水レポート―，土木研究所資料，第3297号，1994年
2) 気象庁編：平成12年度版 今日の気象業務，大蔵省印刷局，2000年

## 4.6 水循環

地球は「水の惑星」である。地球上には約14億km³の水があるが，その97.4％が海水で，淡水（陸水）はわずか2.6％である（図4-15）。しかも，淡水のうち76％は南極やグリーンランドの氷雪であり，なかには厚さが3 kmを超える広大な台地のような氷もある。河川水は1,700 km³で，氷雪を除く淡水の0.02％にしかすぎず，河川と人間が利用できる湖沼などとして存在する水を含めても，淡水全体のわずか0.3％程度しかない。このように，地球上には膨大な水があるものの，我々人間が利用できる淡水の量は全体か

地球上の水
- 海水 13.5億km³〔97.4％〕
- 陸水 3.6千万km³〔2.6％〕
  - 氷河 2.8千万km³（76.4％）
  - 地下水 820万km³（22.8％）
  - その他 29万km³（0.8％）
    - 塩水湖 11万km³（0.3％）
    - 淡水湖 10万km³（0.3％）
    - 土壌水 7万km³（0.2％）
    - 河川水 1,700km³（0.005％）
    - 動植物 1,300km³（0.004％）

図4-15 地球上の水の構成割合

*）（ ）内の数字は陸水を100％とした時の割合である。
出典［Speidel and Agnew: The world water badget, Perspective on water, Oxford Univ. Press, 1988］

ら見ると，極めてわずかである。

　このように，地球規模の視点から川を見れば，河川は地球上で循環している水の形態（水循環）の一つとして捉えることができる。水循環は川，海，地表から水蒸気が蒸発して雲を作り，雨となることから始まる。雨の一部は樹冠（樹木上部の枝や葉）で遮断・貯留され，樹木から蒸散される。地表に到達した雨は地中へ浸透して地下水となり，浸透できる量を超えた降雨は地表面流になる。地下水が長時間かけて地中を流下し，川などへ出てくるのに対して，地表面流は短時間で流出してくる。その循環の速さは地下水が約600年，淡水湖が約4年であるのに対して，河川水は3〜4週間であるという試算もある。そして，水の流れは最初は小川にすぎないが，流れがいくつも合わさると川となり，流れる途中で多くの支川の水を加えながら，海に近づくころには大河となる。そして，これらの水は流下する過程で再び蒸発して，水循環の流れを形成する。

　日本全体の水循環（年間水収支）を見ると，降水量が6,500億m³であるが，その約1/3は蒸発散している。残りの2/3である約4,200億m³が利用可能であるが，大部分は洪水として流出している。実質的な利用水量は831億m³で，農業・生活・工業用水などに利用されている（第13章　13.2「河川水・水面利用」参照）。

　水循環は蒸発散や地下水を除くと，地表面流なども河川や水路を通じて，最終的に海へ流下してくる。日本は河川密度が高く，河川・水路が網の目状に分布している。しかし，東京都内の河川・水路網を見ると，大正10年以降減少し，特に経済成長が始まった昭和30年以降は急激に減少した。これは家屋や道路用地を増やすために小河川や水路が暗渠化されたためである。特に目黒川と多摩川にはさまれた流域や石神井川南側流域で河川・水路の消失が多い（図4-16，4-17）。

　健全な水循環が行われているかどうかは水循環指標で評価する必要があるが，現時点で我が国には明確な指標はない。水循環は物質循環と密接に関係しており，諸外国では水質などの環境との関係で水循環指標が設定されている。例えば，アメリカでは環境保護庁（EPA）が全米の各流域を対象に水質汚濁や流域の人口動態等を現状と水質汚濁に対する脆弱性の2つの側面から評価している。OECD（経済協力開発機構）では環境への負荷，自然の状態，人間活動による対応の環境指標として水循環を評価している。

　水循環は地球温暖化や都市化などの影響を強く受ける。気温が上昇すると，蒸発が盛んになるとともに，上昇気流が活発となり，大量の水蒸気が上空に送り込まれて，降雨活動が活発となる。また，都市化に伴って地表面がコンクリート等で覆われると，地中への浸透量が減少し，地表面流が多くなる。「土地に関する動向調査」結果[5]によると，S50からH15の約30年間で道路面積は8,900 km²→13,100 km²（1.5倍）に，宅地面積が12,300 km²→18,100 km²（1.5倍）に増加している。

　水循環を考えるにあたっては，人工系の下水道についても考える必要がある。日本全体では下水処理場（浄化センター）から年間140億m³が処理・排水され，この量は北上川や最上川流域からの年間流出水量に相当する。しかも，処理場の約9割が沿岸近くにあり，いわゆる水の「中抜け状態」を起こして，河川に戻される水量は少ない。また，人口が稠密な都市域では平常時の水量の7割が下水道であるといわれているし，浸水にも影響を及ぼすなど，都市域における水循環は下水道抜きでは考えられない状況にある。

　千葉県船橋市の海老川流域では水循環系再生のための取り組みが行われている。海老川流域を対象にした検討結果によれば，平常時水量は21世紀中頃には現在の1/6になり，その確保方策としては，雨水浸透・貯留施設の設置などよりも，下水処理水の河川への還元が最も効果的であるという結果であった（図4-18）。このように，水循環は人間の活動

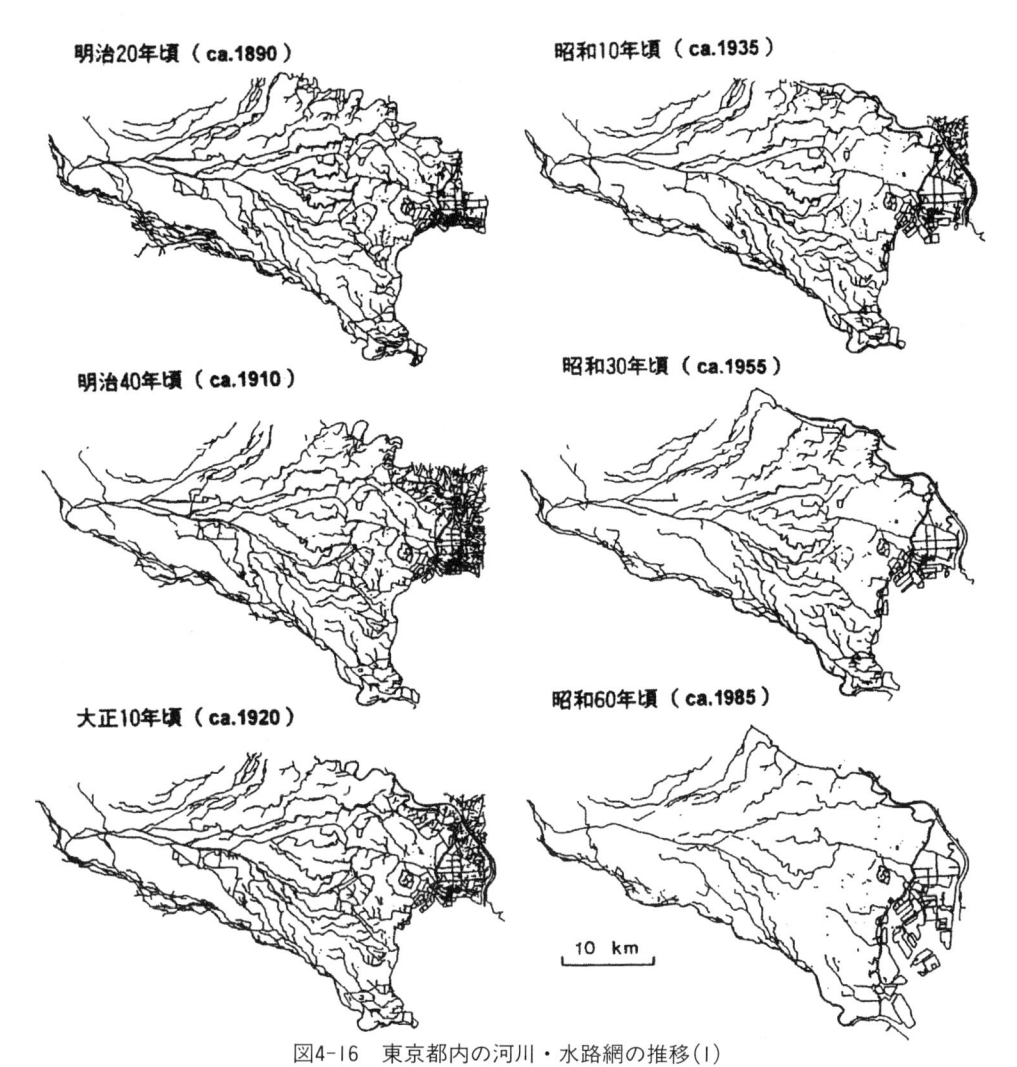

明治20年頃（ca.1890）　　昭和10年頃（ca.1935）

明治40年頃（ca.1910）　　昭和30年頃（ca.1955）

大正10年頃（ca.1920）　　昭和60年頃（ca.1985）

10 km

図4-16　東京都内の河川・水路網の推移（1）
*）　大正から昭和にかけて，特に下流域の水路網が消失し，昭和30年から60年にかけて目黒川や石神井川流域の小河川・水路の消失が多くなっている。
出典［新井正：東京の水文環境の変化，地学雑誌，Vol.105 No.4，1996年］

によっても変化してきている。海老川流域水循環再生構想はH11〜17に実施に移され，現在はその効果を評価・分析し，その後5年間の第二次行動計画がとりまとめられた。

　水循環の保全事例としては，八王子みなみ野シティ（東京都八王子市），三田ウッディタウン（兵庫県三田市）などがある。八王子みなみ野シティでは流域水環境総合整備モデル事業により，透水層（難透水層の上総層泥質層あり）の復元，貯留浸透施設・雨水浸透流出抑制型下水道の整備，トンネル湧水の導水などにより，多摩川支川兵衛川の平水流量を確保するとともに，洪水時の流出抑制を行っている。三田ウッディタウンでは学校・公園地下に砕石貯留層（約1.4万m³）を設けてフロート式で自動定量放流したり，ため池を0.5〜1m嵩上げ（約2.9万m³確保）したりして，武庫川支川平谷川の平水流量を確保するとともに，初期降雨の貯留を行っている（図4-19）。

　また，水循環保全のために，千葉県市川市では真間川流域の水田の保全協定を締結し，耕作田に55円/m²，他の水田等に45円/m²の補助金を交付している。市川市では建物の建て替えにあたって浸透施設の設置も義務付けている。神奈川県秦野市では地下水採取企

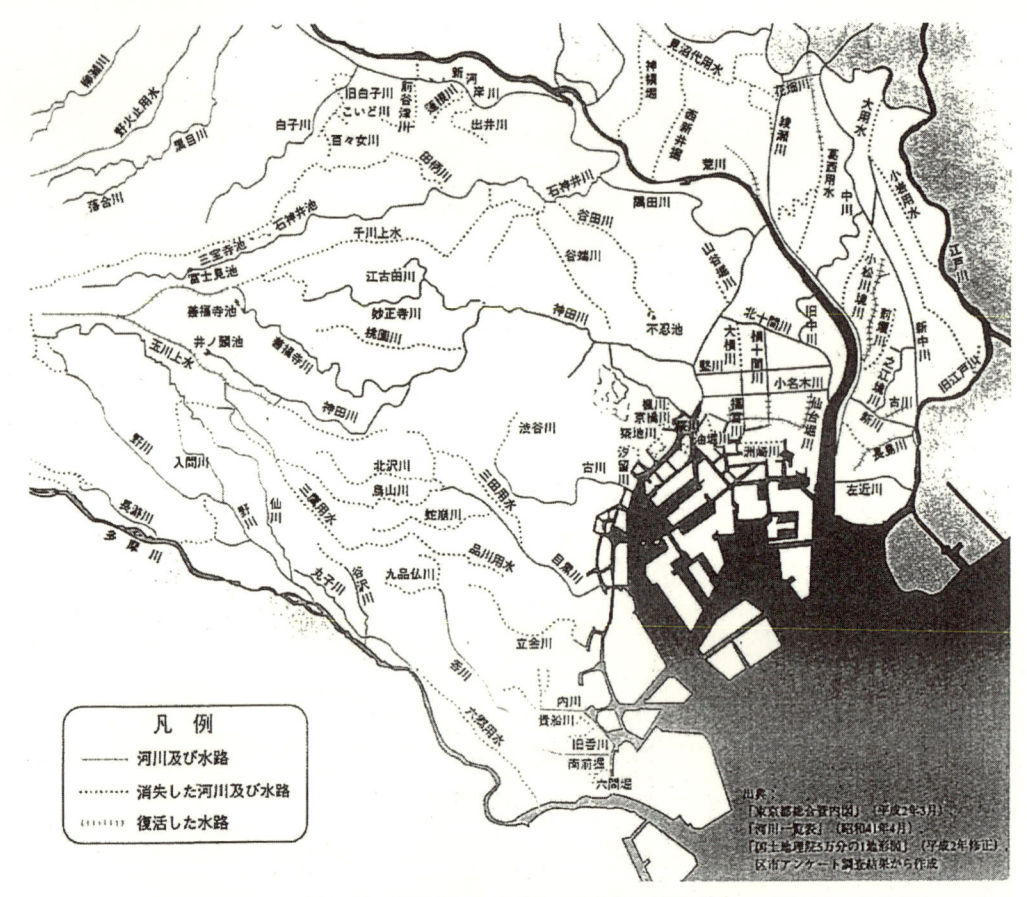

図4-17　東京都内の河川・水路網の推移(2)

業から揚水量に応じて，15円/m³を地下水保全基金として徴収している。

なお，水循環は多数の部署にまたがる施策であるなど，施策を検討・実行するにあたっては，数多くの隘路がある。したがって，水循環施策の検討・実施に関しては，以下の点に留意する必要がある。

- 水循環には河川，都市（下水道），農水など，多数の部署が関係するので，機関を調整する部署を設置したり，コーディネーターを配置して，円滑な調整を行う必要がある
- 地元の住民や機関（環境保護団体，土地改良区など）に施策内容を十分説明して，早い段階から施策の合意形成を図っておく
- 水循環の実態を明らかにするために（住民も参加した）モニタリングを行い，この結果を用いてモデリングを行う。モデル計算は将来予測を行ったり，代替案の検討に有効となる。水循環モデル等については，4.9「水・物質循環の解析」に示した
- 水循環計画実行のためには学識経験者など第三者機関により事業の進捗状況のチェックを行ってもらうようにする

参考文献

1) D. H. Speidel and A. F. Agnew: The world water badget, Perspective on water, Oxford Univ. Press, 1988
2) 大森博雄：地球を丸ごと考える(5)水は地球の命づな，岩波書店，1993年
3) 国立天文台編：理科年表シリーズ 環境年表 平成21・22年，丸善，2009年

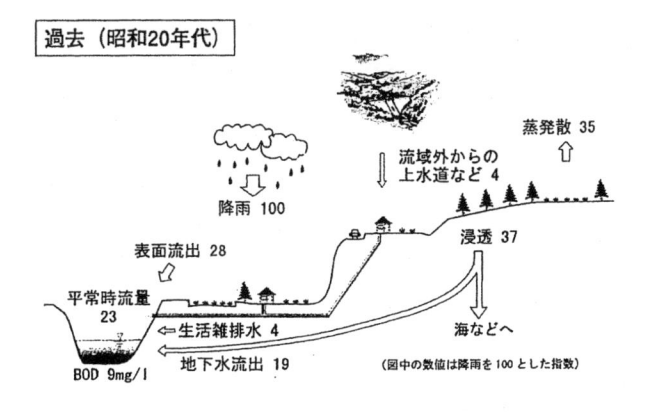

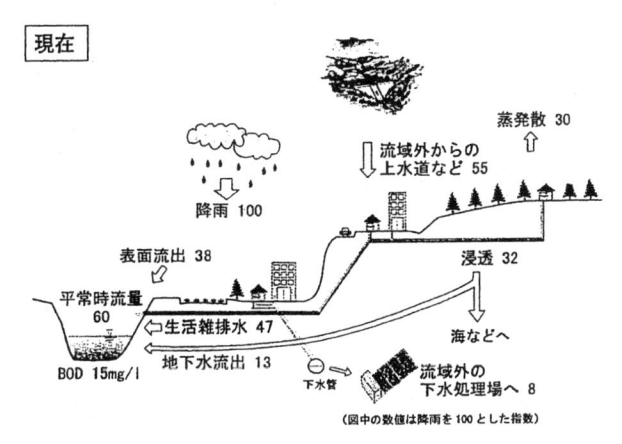

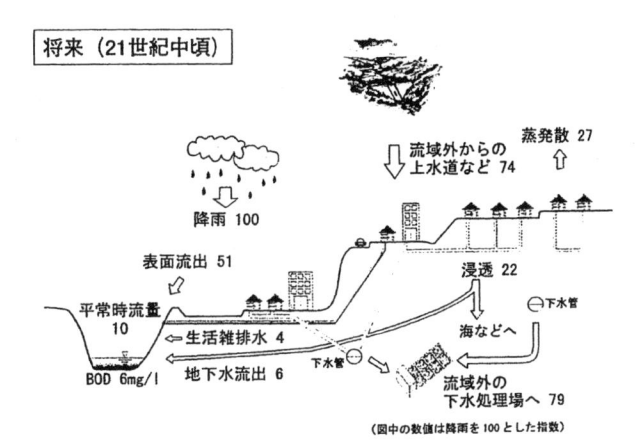

図4-18 水循環の将来予測（海老川流域）

*) 将来は流域外の下水処理場へ送られる水量が増えて，平常時水量が激減する予想結果となっている。

出典［海老川流域水循環再生構想検討協議会：みんなで取り戻そう私たちの海老川—海老川流域水循環再生構想—，1998年］

4) 新井正：東京の水文環境の変化，地学雑誌，Vol.105 No.4，1996年
5) 国土交通省：土地に関する動向調査，2004年
6) 末次忠司・福島雅紀："河道特性と河川環境保全"テクニカルノート—環境河川学のすすめ—，河川研究室資料，2006年
7) 海老川流域水循環再生構想検討協議会：みんなで取り戻そう私たちの海老川—海老川流域水循環再生構想—，1998年

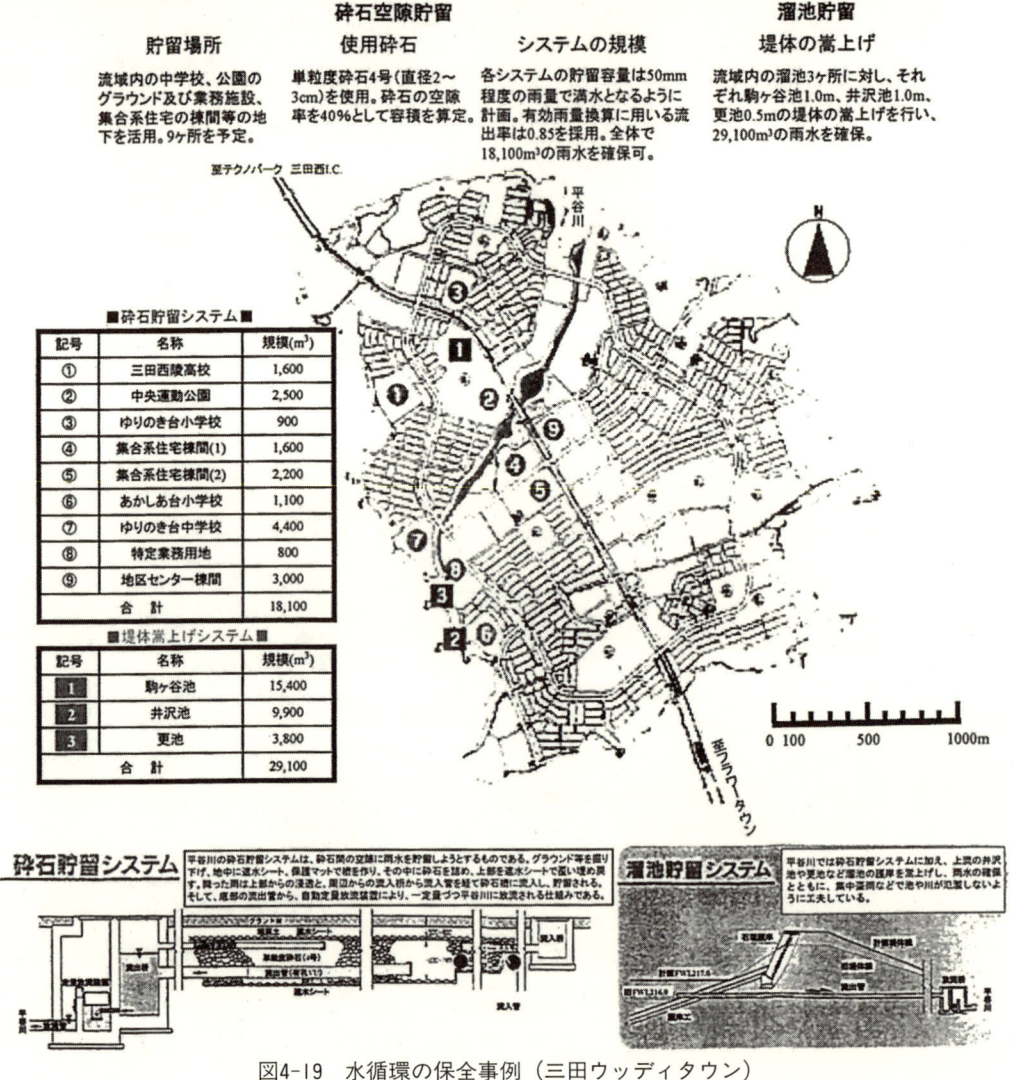

図4-19 水循環の保全事例（三田ウッディタウン）

*) 学校・棟間における貯留だけでなく，ため池の嵩上げにより多くの雨水貯留を行う予定である。

## 4.7 渇　水

　先進国の降雨状況を見ると，アメリカを除いて年間降水量は世界平均（970 mm）に近いが，1人当りの降水総量は平均よりも少ない国が多い（図4-20）。1人当りの降水総量は年間降水量を人口密度で割った値であるため，人口密度が高い先進国ほど1人当りの降水総量が少なくなる傾向にある。日本の場合は年間降水量（1,700 mm）は世界平均の約2倍と多いが，1人当りの降水総量（5,100 m³/年/人）は世界平均（21,800 m³/年/人）の1/4と少ないのが特徴である。したがって，豪雨に伴う洪水と水資源の供給に逼迫する渇水の両方の危険性を有している。

　そのため，平均すると2～3年に1回の割合で都市型渇水が発生しており，特に福岡・

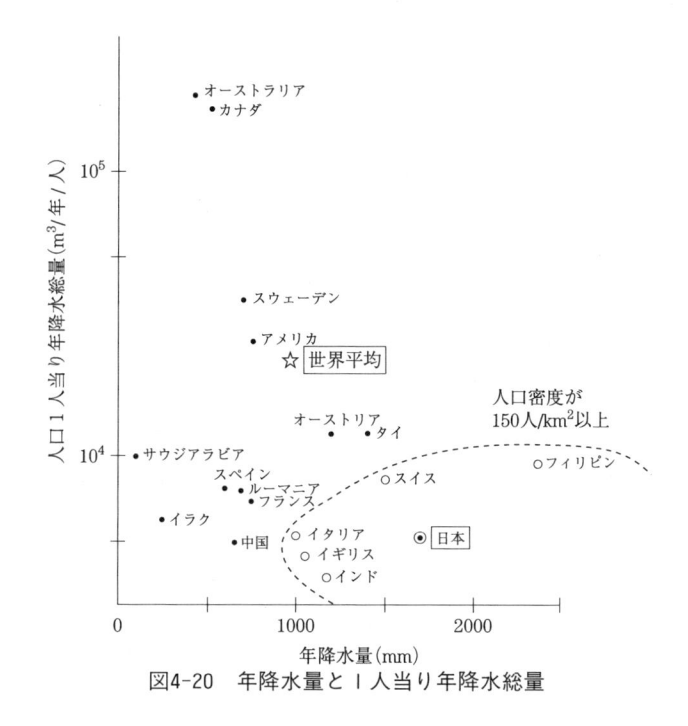

図4-20 年降水量と1人当り年降水総量

長崎の九州地方や四国地方の都市で多く発生している。渇水の程度は給水制限日数，渇水指数（給水制限率×制限日数）などで表され，渇水指数が2,000％・日を超えると深刻な渇水被害となる。なお，表4-11では渇水発生地区数の多い順に示している。高い渇水指数を記録した福岡渇水（S 53）では，S 53の5月から翌年3月にかけて，287日間給水制限が続いたほか，長崎渇水（S 42）の時の節水率は最大88％にのぼった。過去20年間に発生した渇水を都道府県別に見ると，四国地方の県が最も多く，次いで関東地方の県が多い（図4-21）。

一方，豪雨の発生により，一気に渇水が解消された例もある。吉野川にある総貯水容量が3.16億m³（確保貯水量が1.47億m³）の早明浦ダム（水機構）はH 17.9の渇水により貯水率が0％となった。しかし，台風14号に伴う豪雨により，洪水が流入してから約半日で貯水率が一気に100％に回復した（図4-22）。なお，貯水率は貯水容量に対する貯水量で表し，夏期は洪水に備えて貯水容量を減らす（夏期制限水位まで下げる）ため，貯水量が増えなくても貯水率が上がることに注意する。

表4-11 主要な渇水（渇水発生地区数順）

| No. | 年 | 名称 | 都市名 | 主要河川 | 給水制限日数 | 渇水指数 |
|---|---|---|---|---|---|---|
| 1位 | H6 | 列島渇水 | 福岡市<br>佐世保市 | 筑後川<br>— | 295日<br>213日 | — |
| 2位 | S53 | 福岡渇水 | 福岡市 | 筑後川 | 287日 | 8,160％・日 |
| 3位 | S48 | 高松砂漠 | 高松市 | — | 58日 | — |
| 4位 | S42 | 長崎渇水 | 長崎市 | — | 72日 | 5,000％・日 |
| 5位 | S59 | — | 東海市<br>大阪市他 | 木曽川<br>淀川 | 213日<br>156日 | — |

*）このほかに東京五輪渇水（S39），沖縄渇水（S56），首都圏渇水（S62）などがある

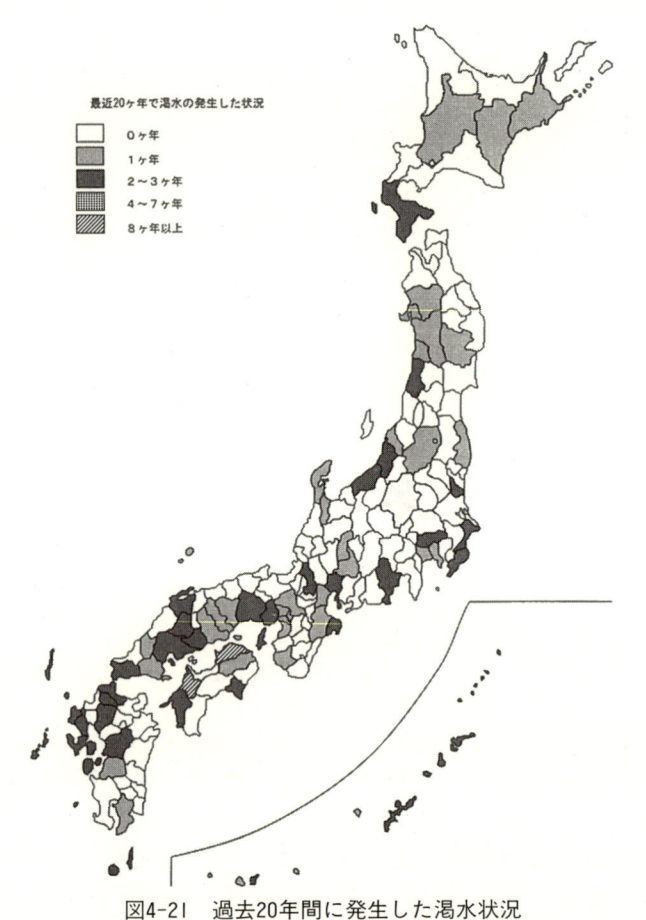

図4-21　過去20年間に発生した渇水状況
＊）H1〜20に上水道の減断水があった年数で示すと，渇水は四国・瀬戸内海沿岸の地域が多いが，大都市近郊の地域も多い。
出典［国土交通省水資源部：平成21年度 日本の水資源―総合水資源管理の推進―，2009年］

　利水ダムにおける計画利水安全度は1/10であるが，現況で見ると主要なダムで1/3〜1/6の安全度であり，今後利水安全度の向上が望まれる。渇水対策としては下の原ダム（長崎）や五ケ山ダム（福岡）などの渇水対策ダムが建設されているほか，東京および福岡では水道の配水管網の水圧管理が行われたり，一般家庭では給水量を絞る節水コマが一部ではあるが普及している。降雨量が少ない離島などでは表4-12に示すような地下ダムが建設されている。地下ダムの総貯水量は離島の石灰岩地域には福里地下ダムのように100万 $m^3$ 以上の大規模な地下ダムがあるが，その他は常神地下ダムが73,000 $m^3$，中島地下ダムが27,000 $m^3$ などのように，それほど規模は大きくない。樺島ダムは国内初の水道専用地下ダムで，皆福ダムは不透水層である島尻層上の琉球石灰石層内（滞水層）を締め切り，地下水を貯留している。
　一方，雨水の有効利用のために雨水利用施設としては，S58に福岡電気ビルに有効容量1,000 $m^3$ の施設が建設された。規模が大きいのは福岡ヤフージャパンドームの有効容量2,900 $m^3$，京セラドーム大阪の1,700 $m^3$ などで，上位は野球場が占めている（表4-13）。雨水はトイレ用水，植栽用水，散水用水などに利用されている。

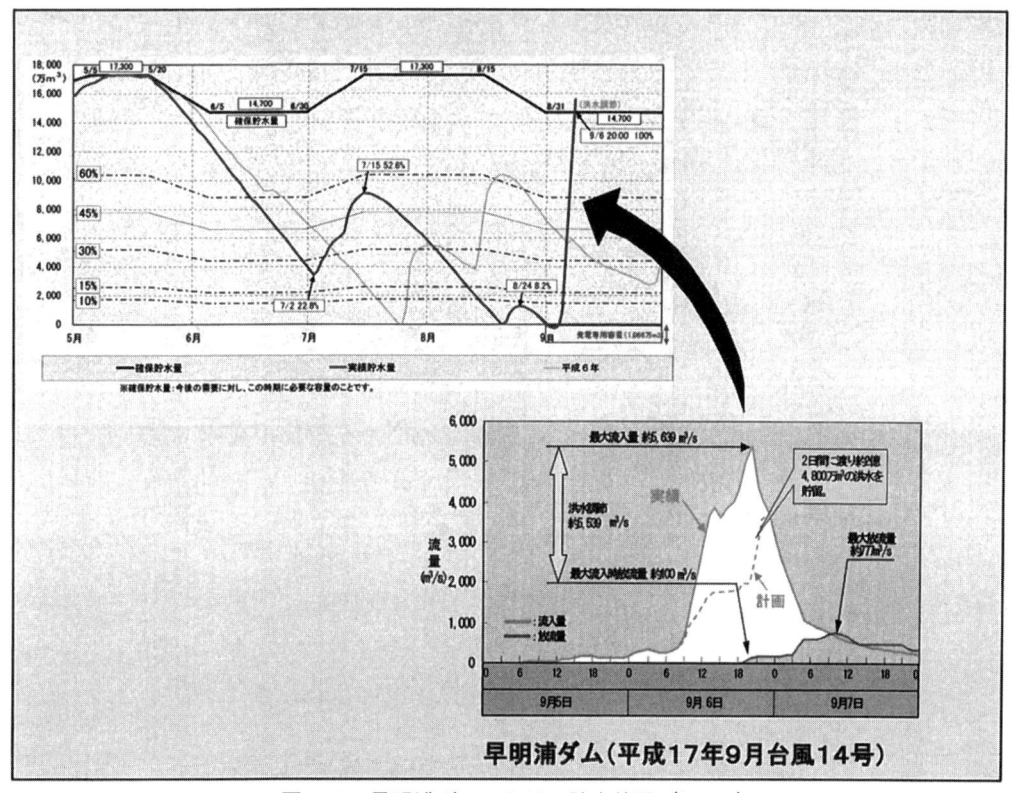

図4-22 早明浦ダムにおける貯水状況（H17.9）

＊）渇水および洪水調節対応として，放流量を少なくして，計画以上の洪水も貯留を行った。

表4-12 代表的な地下ダムの諸元等（完成年順）

| 名称／総貯水量 | 完成年 | 管理者（場所） | 構造 | 目的 |
|---|---|---|---|---|
| 樺島地下ダム<br>9,340 m³ | S49 | 国交省長崎河川国道事務所<br>（長崎県野母崎町） | グラウト工法による遮水壁 | 上水の確保<br>塩水遡上防止 |
| 皆福地下ダム<br>720,000 m³ | S54 | 農水省＋沖縄開発庁<br>（沖縄県宮古島） | グラウト工法による止水壁 | 農業用水確保のための実験ダム |
| 常神地下ダム<br>73,000 m³ | S58 | 福井県三方町（同左） | 地下連続壁 | 上水の確保<br>塩水遡上防止 |
| 中島地下ダム<br>27,000 m³ | H4 | 農水省（愛媛県中島町） | 地下連続壁 | 農業用水確保のための実験ダム |
| 福里地下ダム<br>1,050万 m³ | H10 | 緑資源機構（沖縄県宮古島市） | 地下連続壁 | 農業用水の確保<br>塩水遡上防止 |

**参考文献**

1) 国土交通省水資源部：平成21年度 日本の水資源―総合水資源管理の推進―，2009年
2) 雨水貯留浸透技術協会：雨水利用ハンドブック，山海堂，1998年

## 4.8 水文観測技術

**雨量観測**

　雨量観測は雨量計，レーダー雨量計で行われる。雨量計には転倒マス型・貯水型雨量計，

表4-13 代表的な雨水利用施設（有効容量順）

| 施設名 | 有効容量 | 雨水利用量 | 利用用途 | 開始年 |
|---|---|---|---|---|
| 福岡ヤフージャパンドーム（旧 福岡ドーム） | 2,900 m³ | 260 m³/日 | トイレ用水，植栽用水 | H5 |
| 京セラドーム大阪（旧 大阪ドーム） | 1,700 m³ | 76.7 m³/日 | トイレ用水，植栽用水 | H9 |
| ナゴヤドーム | 1,500 m³ | 98.6 m³/日 | トイレ用水，植栽用水 | H9 |
| 中野区 もみじ山文化センター 本館 | 1,454 m³ | 9,915 m³/年 | トイレ用水，冷房用水 | H5 |
| MAZDA ZOOM-ZOOM スタジアム広島（新広島市民球場） | 1,000 m³ | 300 m³（処理水容量） | トイレ用水，散水用水 せせらぎ水路 | H21 |
| 東京ドーム | 1,000 m³ | 186.3 m³/日 | トイレ用水 | S63 |
| 福岡電気ビル | 1,000 m³ | 7.4 m³/日 | トイレ用水，洗車・散水用水 | S58 |
| 新国技館 | 750 m³ | 20.9 m³/日 | トイレ用水，冷却用水 | S60 |

＊）新広島市民球場には他に14,000 m³の浸水対策用の貯留池がある

降雨強度計がある。転倒マス型雨量計が最も一般的で，0.5 mmごとに1パルスをカウントする。降雨量は標高が高くなるほど多くなる傾向があるが，山間地における風雨は横風を伴い，雨量計で正確に観測できない場合もある。

また，レーダー雨量計はパルス形の電磁波（マイクロ波）を送信し，降水粒子から散乱された反射波のうち，後方散乱の電磁波を受信して，反射強度から降雨強度を測定する[注1]もので，全国に40基以上（国交省で26基）配備されている。レーダー雨量計では定性的に半径200〜300 kmの範囲を，定量的に120 kmの範囲を観測することができる。なお，気象庁はレーダーデータを解析するコンピュータの精度向上に伴って，H 21.7より予測情報を従来の10分間隔から5分間隔に短縮して発表している。

一方，局地的な集中豪雨に対して，国交省は新型気象レーダーと既存レーダーを用いて，予測される集中豪雨の警報を住民へ出す「水災害予報センター」を地方整備局ごとに設置する予定である。H 21年度中に，関東（2基）・中部（3）・近畿（4）・北陸（2）に11基の新型気象レーダーを配備して豪雨を起こしそうな雲の動きや雨量を監視し，集中豪雨が発生しそうな場合は，自治体などに「緊急洪水情報」を伝達して，避難などの警戒を促す態勢づくりを目指している。

なお，この新型気象レーダーは位相差測定機能を有した二重偏波ドップラーレーダー（別名マルチパラメータレーダー：MPレーダー）で，降水粒子の特性や移動速度を推定できるため，従来のレーダー雨量計に対して雨粒の特性や雨域の移動速度を測定でき，雨量計データによるキャリブレーションなしで，高分解能・高精度の迅速な計測を行うことができる（写真4-1）。従来レーダーが1 km四方単位で計測していたのに対して，新型レーダーは250〜500 m四方単位で計測できる。すなわち，新型レーダーの導入により，観測精度が4〜16倍に向上する。また，表4-14のように，従来のレーダー雨量計の周波数帯はCバンド（5 GHz）であったが，新型レーダーでは周波数の高いXバンド（9.4 GHz）を採用している。周波数を高くすると雲粒の微粒子まで観測できるが，減衰しやすい特徴がある。

---

注1）雨滴の粒径 $D$ と関係があり、反射強度 $\propto D^6$，降雨強度 $\propto D^3$ である

写真4-1 二重偏波ドップラーレーダー

表4-14 気象レーダーの周波数帯等

| バンド | 周波数帯<br>代表的な波長 | 最大観測距離 | 特　徴 |
|---|---|---|---|
| S | 2.7〜3.0 GHz<br>10.7 cm | 約200 km以上 | 降水による電波の減衰が少ないので，広域の降水観測に用いられる |
| C | 5.25〜5.35 GHz<br>5.7 cm | 約120 km | 降水観測に利用される。Sバンドのレーダーに次いで降水による電波の減衰が少ない |
| C | 5.60〜5.65 GHz<br>5.4 cm | 約120 km |  |
| X | 9.3〜9.7 GHz<br>3.2 cm | 約60 km | 降雨・降雪観測で利用。強雨時には電波の減衰が大きくなり，広域観測には向いていない。装置構成が比較的小規模で安価である |

出典［科学技術動向研究センター資料］

**洪水観測**

　洪水観測では水位，流量の観測が行われる。水位計にはデジタル式，フロート式，圧力式があり，フロート式が多いが，最近はデジタル式が増えてきている。小型で安価なダイバー水位計（長さ20 cm）でも5 cmの精度で水位を計ることができるが，大気圧補正を行う必要がある。一方，流量は流速を計測して，断面積をかけて求めている。流速の計測には超音波流速計，電磁流速計，ADCP（超音波ドップラー流速計）などが用いられたり，PIV（粒子画像流速測定法）により観測されているが，一般的には横断方向に分割した区間ごとに浮子で計測した流速と各々の断面積の積の合計で求められることが多い。浮子の喫水に応じて更生係数（水深平均流速/表層流速）をかけて平均流速を求めるが，水深の浅い高水敷などで適切な流速が観測されているかどうかを確認する必要がある。この更生係数は以下に示した安芸の流速分布式（理論式）から求められたものである（表4-15）。更生係数により算定した平均流速は実績値よりも大きめとなることがある。

$$u = \sqrt{I} \cdot h \left\{ C + \frac{20}{3} - 20a + 40a\frac{z}{h} - 20\left(\frac{z}{h}\right)^2 \right\}$$

　ここで、$I$：水面勾配，$h$：水深，$C$：Chezy係数（$R^{1/6}/n$），$a$：流速ピーク位置の相対水深（0.2），$z$：河床からの距離である

　超音波流速計，電磁流速計は表面流速を計測する計器であり，平均流速に換算する必要があるし，超音波流速計は低水観測用である。一方，ADCPでは流速分布のほか，河床高，濁度も計測することができる。従来のADCPでは水面・河床付近をあわせて1 m程

表4-15　喫水ごとの更生係数

| 適用水深 | 〜0.7 m | 0.7〜1.3 m | 1.3〜2.6 m | 2.6〜5.2 m | 5.2 m〜 |
|---|---|---|---|---|---|
| 浮子の喫水 | 表面浮子 | 0.5 m | 1 m | 2 m | 4 m |
| 更生係数 | 0.85 | 0.88 | 0.91 | 0.94 | 0.96 |

度は計測できなかった（ブランクの発生）が，最近の ADCP では発信器の残響を抑える（瞬時に発信する）ことにより，ブランクは河床で 3 cm 程度（水面はもっと大きい）しか発生しないので，精度良く河床高を測定できる。また，濁度は超音波の反射音響強度から以下のように推定できるが，測定範囲は数百 mg/L 以下に限られる。なお，ADCP には鉛直式と水平式があり，鉛直式では深さ 175 m（300 kHz），水平式では 400 m（300 kHz）先まで観測可能である。観測可能距離は周波数により異なる。

ADCP から発信された音波は水中伝搬する過程で減衰する。この伝搬損失を考慮した音響強度 $I$ と土砂濃度 $C$ との関係式は，基準音圧を $B$ とすると，

$$40 \log C = I - B + T$$

となる。ここで，センサーからの距離を $r$ とすると，$T = k \log r + 5.6r$ となるから関係式は，

$$40 \log C = I - B + k \log r + 5.6r$$

で表される。よって，あらかじめ係数 $k$ を設定しておけば，音響強度 $I$ から土砂濃度 $C$ を求めることができる。白川 3 k における観測値（実測 SS）と推定値（換算 SS）の関係は図 4-23 の通りであり，いずれの水位においても，概ね精度良く推定できることが分かる。

観測された数多くの水位・流量データからは水位流量（$H$〜$Q$）曲線が得られる。洪水の増水期は減水期に比べて水面勾配が大きく，流速が速いので，流量は水位上昇に対して大きく増加する。減水期にはこの逆の現象となるので，$H$〜$Q$ 曲線はループを描く。河

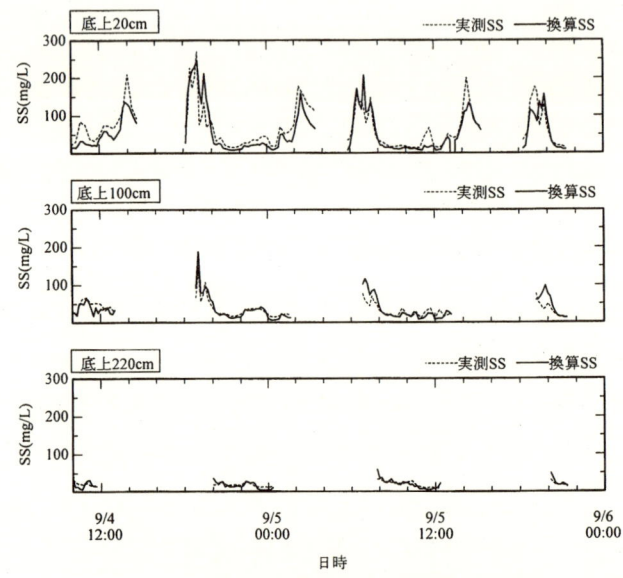

図4-23　実測 SS と換算 SS の時系列データ
出典 ［末次忠司・藤田光一・諏訪義雄ほか：沖積河川の河口域における土砂動態と地形・底質変化に関する研究，国総研資料，第32号，2002年］

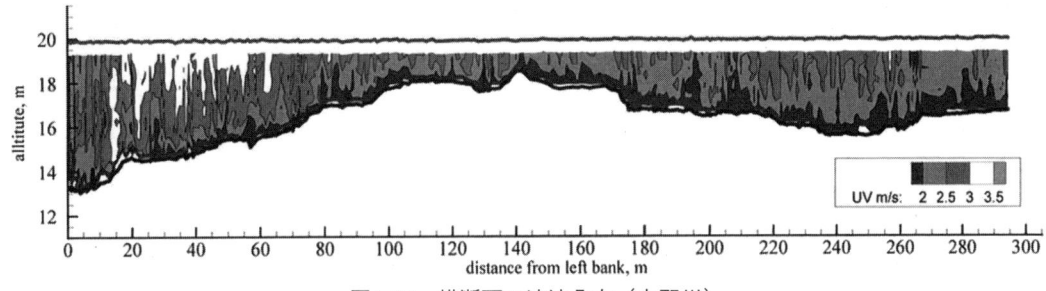

図4-24　横断面の流速分布（吉野川）

*）左岸主流部の水表面に3 m/s以上の最大流速域が見られ，等流速線状の分布が見られる。
提供［四国地方整備局徳島河川国道事務所］

道が複断面の場合はこのループが大きくなる。洪水流の横断方向の流速分布は$B/H$が大きい場合は水表面付近で最大流速となるが，$B/H$が小さい場合は水表面よりも低い位置で流速が最大となる。図4-24はADCPで計測された吉野川（阿波中央橋）における流速分布で，台風9号によるH 21.8洪水（約2,700 m³/s）時の分布図である。なお，洪水中の各水理量のピークは水面勾配，流速，流量，水位の順番で発生することが多い。

**参考文献**
1) 科学技術動向研究センター資料
2) 安芸皎一：浮子特に竿浮子に依る観測流速の更生係数に就て，土木学会誌，第18巻，第1号，1932年
3) 末次忠司・藤田光一・諏訪義雄ほか：沖積河川の河口域における土砂動態と地形・底質変化に関する研究，国総研資料，第32号，2002年

## 4.9　水・物質循環の解析

　水循環は各種の水循環モデルにより解析できる。水循環モデルには集中定数型モデル（集中モデル）と分布定数型モデル（分布モデル）がある。集中モデルには，低水解析用で多摩ニュータウンを対象に開発された安藤・虫明・高橋モデルがある。分布モデルは更に流域を特性が類似したブロックで分割する「斜面要素型」と，メッシュ分割する「グリッド型」に分類される（表4-16，4-17）。分布モデルには都市域が対象の低水・高水解析のSHERモデル，SMPTモデル，WEPモデルなどがあり，SMPTモデル，WEPモデルは高水に限定的に対応可能である。なお，SMPTモデルは安藤・虫明・高橋モデルに深層地下水涵養を組み込んだモデルである。分布モデルは物理過程を考慮した解析ができるが，多くのパラメータを必要とし，また流域をメッシュ分割して水分移動を計算するため，多大な労力と計算時間を要する。分割するメッシュの大きさは都市域では数値地図の50 mを採用している場合が多いが，対象流域面積$A$が広い場合はメッシュ$\Delta x$は大きくてもよい。計算労力・コストから見たメッシュ設定の目安は下記の通りである。

$A \geq 50 \text{ km}^2$　　→　$\Delta x = 50 \text{ m}$
$A \geq 200 \text{ km}^2$　　→　$\Delta x = 100 \text{ m}$
$A \geq 1,000 \text{ km}^2$　→　$\Delta x = 250 \text{ m}$

　水循環モデルのうち，WEPモデルについて紹介する（図4-25）。本モデルはグリッド型分布モデルで，水循環過程として降雨，蒸発散，表面流出，窪地貯留，中間流出，地下水流出，飽和・不飽和浸透などのほか，人工の水循環過程である上水，工業・農業用水，

表4-16 水循環モデルの分類

| 対象 | 集中モデル | 分布モデル 斜面要素型 | 分布モデル グリッド型 |
|---|---|---|---|
| 低水のみ | 安藤・虫明・高橋モデル | — | — |
| | EPIC | **SWRRB**, SLURP | |
| 低水＋高水 | タンクモデル | **SMPT**, **SHER**, PLUMP | **PDE**, **WEP**, 土研モデル, Hydro-BEAM |
| | CREAMS | **SWMM**, **TOPMODEL**, **PRMS**, HSPF, NWSRF, SSARR, UBC, MIKE, HBU | **SHE**, IHDM |

*）上段は日本，下段は海外のモデルで，太字は詳述したモデルである

表4-17 水循環モデルの概要

| モデル名 | 水循環モデルの概要 |
|---|---|
| PDEモデル | 最も高精度の水循環モデルで，各種施設の対策評価も行うことができる。流域をメッシュ分割し，各メッシュにおける鉛直方向の水分移動を計算し，これを地表面，表層土壌，地下水のそれぞれに平面的に接続し，流域全体を3次元的に連続したものとして表現したモデルである。地下水モデルには大気格子モデルを組み込む必要がある |
| SMPTモデル | 水文特性が類似したブロックで分割し，それぞれのブロックにモデルを一つずつ対応させ，流域全体を表現している。表層土壌はタンクモデルで表現している |
| SHERモデル | SMPTモデルにおいて表層土壌部分に不飽和浸透計算を組み込んで物理性を向上させたモデルである。水文特性が類似したブロックで分割し，ブロックごとに流出を物理的に解析する。地下水深度による流出応答が異なることを反映するように分割を行う。都市河川流域に適用する場合，流量データは必要であるが，地下の土質構造はボーリング結果の代わりに土壌含水率を用いればよい。演算時間を要しない実用的な簡易モデルである |
| WEPモデル | 地表面・不飽和土壌層の水・熱フラックス，河道流れを計算できるとともに，貯留関数法による地下水流出を計算できる。平面多層モデルにより，飽和地下水流の鉛直方向の移動を計算できる。また，流量データがなくても，降雨流出や地下水流動などの水循環を精度良く予測できる。貯留・浸透施設や防災調節池もモデル化されているので，平常時・洪水時における各種施設の効果も計算可能である |

　地下水の揚水などを考慮している。流域を50mメッシュに分割し，kinematic wave法により算出した流出量より河道流量を解析できる。地下水流れは飽和帯水層を不圧帯水層，被圧帯水層に分割し，層ごとに2次元地下水流の方程式を解き，地下水位の表面流出に与える影響などを検討することができる。また，熱輸送過程である日射，長波放射，顕熱，潜熱なども考慮できる点が，他の水循環モデルと大きく異なっている。

　一方，海外にも前述した多数の水循環モデルがあり，いくつかのモデルは日本でも適用されている。代表的なモデルの概要は表4-18に示す通りで，対象流域が農地や都市のモデル，側方浸透を考慮できるモデル，水質解析ができるモデルなど，各モデルで特徴が異なっている。

　水循環の解析にあたっては，解析の目的・範囲を踏まえて，必要なパラメータ・精度を設定し，要する時間・コストを考慮したうえで，流域・河道特性に適したモデルを選定する必要がある。解析では平常時の浸透・地下水流動，洪水時の表面流出・河道流下が解析精度を大きく左右するので，最適なパラメータを設定する。流域に（地形情報に示されていない）大きな窪地地形などがあると，大量の水が地下に浸透したり，地下水が誘導され

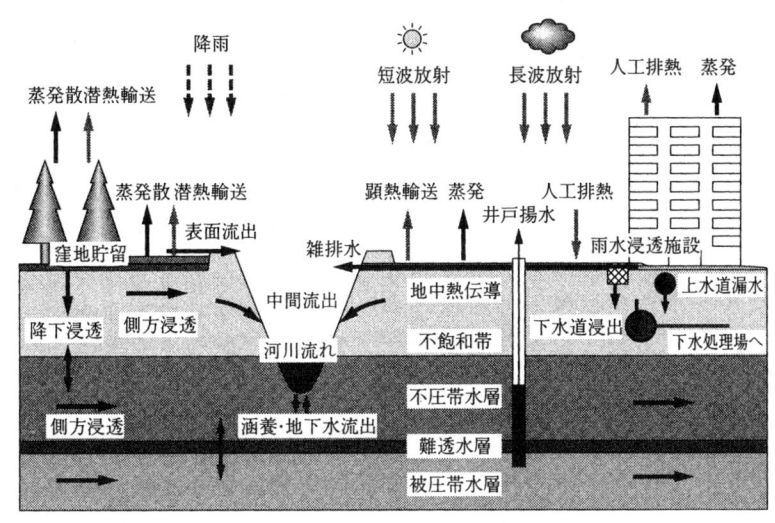

図4-25 WEPモデルの概念図

表4-18 海外の主要な水循環モデル

| モデル名 | 国名／機関名 | 水循環モデルの概要 |
| --- | --- | --- |
| SWRRB | 米国 農務省 | 農地の土壌・植物の状況により流域を分割して解析するモデルで，側方浸透を考慮できる |
| PRMS | 米国 地質調査所 | 均質の小流域に分割し，各小流域成分の合成により全流域の水文量を算出するモデルで，側方浸透を考慮できる |
| SWMM | 米国 環境保護庁 | 都市流域が対象で下水道がモデル化され，水質解析もできる。公開されたパッケージソフトがある |
| TOPMODEL | 英国 Lancaster大 | 平均貯水位と地形により決定された流出寄与域（寄与域では降雨は直ちに表面流出）の概念に対応した物理モデルである |
| SHE | デンマーク 水理研究所 | 地下水を3次元解析でき，地下水保全の検討に有用なモデルであるが，解析には時間を要する。パッケージソフトが販売され，日本でも適用事例が多い |

て，解析結果が実績値に合わない場合が出てくるので，地形のモデル化で反映しておく必要がある。

　上記した水循環モデルを用いて，物質動態を把握しようとする試みがなされている。通常は小流域または大流域の一部を対象に，窒素・リンの挙動を解析している事例が多い。大規模な解析事例としては，多摩川全流域（1,240 km²）を対象にグリッド型水循環系解析モデル（流域200×200 m）を適用した「水流実態解明プロジェクト」の事例がある。この解析では水循環モデルにより得られた水分移動量にあわせて，汚水・市街地・管渠内堆積物由来の負荷を追跡している。解析の結果，

・平常時の河川流量に占める人工系流出量の割合が高い
・残堀川や野川上流域等で，河川水の伏没現象により河川流量が少なくなっている
・全体的に降雨時の点源流出負荷が多いが，中下流域では市街地の面源流出負荷が多い場合もある
・下流域ほど，下水処理場や合流式下水道によるBOD負荷が大きい

などが分かった。

**参考文献**

1) 「都市小流域における雨水浸透，流出機構の定量的解明」研究会：都市域における水循環系の定量化手法—水循環系の再生に向けて—，2000年
2) Y. Jia and N. Tamai: Integrated analysis of water and heat balances in Tokyo metropolis with a distributed model, 水文・水資源学会誌, 第11巻 第2号, 1998年
3) 内山雄介・野原昭雄・中塚隼平ほか：物質・水循環系シミュレーションの多摩川流域への適用，第12回日本水環境学会シンポジウム講演集，2009年

## 4.10 物質循環（動態）

　河川は水だけでなく，流水とともに様々な物質を輸送している。河川水中に含まれる炭素C，窒素N，リンP，ケイ素Siなどが懸濁態または溶存態物質として，輸送されている。これらの物質は植物性プランクトン等の生育に不可欠な成分である。例えば，白川16k地点においてADCPや採水分析により計測された濃度に流量を乗じた物質量は，表4-19に示す通りで，SSを除けば懸濁態全有機炭素POCが多い。また，窒素は溶存態，リンは懸濁態で輸送されるものが多く，特にリンは土砂に付着して輸送されるものが多い。そのため，ダムの堆砂にはリンが多く含まれている。

　日本に限らず，全世界的に流域開発などの人間活動の増大に伴って，リン酸，硝酸態窒素など，多くの物質が増加している。すなわち，リンは生活・工場排水，肥料の使用によって増加しているし，窒素は森林流域からの流出量は0.4～9 kg/ha/年程度であるが，肥料の使用や下水処理の普及に伴って増加している。このうち，硝酸態窒素の多い水を一定量以上飲むと酸素欠乏症やガンになる危険性がある（第13章 13.8「下水道（汚水処理）」参照）。また，河道を通じて海域に流入した無機態窒素は植物プランクトンの栄養源となるが，過剰な流入は赤潮や貧酸素水塊の原因となる。

　リン酸などが増えているにもかかわらず，ケイ素Siだけは海域で減少（シリカ欠損）している。特に関東圏や近畿圏でその傾向は顕著である。これは水資源開発による平常時河川流量の減少やダムなどの建設に伴う停滞水域の出現が原因であり，停滞水域の富栄養化により，淡水性の珪藻がケイ素を吸収して，下流へ流下するケイ素が更に減少するといわれている。

　ダム貯水池が珪酸の動態に及ぼす影響は，独立行政法人土木研究所により調べられた。土木研究所は全国10の貯水池規模の大きな多目的ダムを対象に，平水時におけるイオン状シリカ（粒径が$10^{-9}$m以下の溶解性ケイ素）の流入量と放流量を調査した結果，その変化率は△27％～＋25％で，平均的には1割弱の減少であった。このうち，鬼怒川上流にある川治ダムにおける濃度調査では流入地点で20 mg/L前後，放流地点で15 mg/L前後で，変化率は△22％であった。そして，イオン状シリカの減少量とクロロフィルaの

表4-19　輸送された物質量（白川）

| 計測期間 | SS | POC | PN | DN | PP | DP |
|---|---|---|---|---|---|---|
| 2001.5～2002.5 | 13.3万t | 3,300 t | 480 t | 820 t | 155 t | 35 t |
| 2002.3～2003.2 | 4.8万t | 1,600 t | 240 t | 660 t | 80 t | 26 t |

＊）頭文字のPは懸濁態，Dは溶存態を表す。
出典［末次忠司・藤田光一・諏訪義雄ほか：沖積河川の河口域における土砂動態と地形・底質変化に関する研究，国総研資料，第32号，2002年］

間に相関が見られ，貯水池内の珪藻類[注1]によって，シリカが消費され，イオン状シリカが減少した可能性があることが分かった。一方，洪水時におけるイオン状シリカの濃度は平水時よりも若干少なかったが同程度で，減少率も平水時と同程度の1～2割の減少であった。このように，ダム貯水池において，シリカの減少は見られるものの，それほど大きな値ではないといえる。

国交省・農水省・林野庁が豊川流域で行った物質循環調査結果でも，
- 窒素は森林域～河道～海域にかけて，川（海）底の土砂で高い濃度を示した
- リンと珪酸は川底の土砂で高い濃度を示したが，森林域では少なく，特に珪酸は河川下流から海域にかけて著しく減少した
- 河川水中の珪酸濃度を見ると，森林域や河道では高かったが，海域では大きく減少した

という結果になり，河道から海域にかけての珪酸濃度の減少が見られた（図4-26）。

なお，ケイ素は岩石圏の主要成分で，ケイ酸塩，$SiO_2$の形で多量に存在している。ケイ素は雨水・流水と岩石・ケイ酸塩鉱物が直接触れ合う風化[注2]により溶け出し，河川水・地下水を通して供給されるものである。世界的に見ると，河川水の珪酸濃度は長期間湿潤状態が保たれ，溶脱反応が促進される熱帯雨林気候帯が高く，高緯度地方が低い。日本における森林流域からの流出量は10～240 kg/ha/年程度で欧米よりも多く，流出水量が多い地域ほど多い。森林流域から流出した珪酸は河道を流下し，海域へ運ばれる。河道から海域にかけて珪酸が減少するのは，微粒子状珪酸が河道を流下する過程で沈殿するほか，コロイドとして存在する河川水中の溶存態珪酸が感潮域で海水と混合して，凝集し河床に沈降するからである。この現象は北上川感潮域などで確認された。

海域におけるケイ素の影響はどうであろうか。通常海では春季に大規模な珪藻の増殖が起こり，これを捕食する動物性プランクトン，甲殻類，魚，人間といった食物網が形成さ

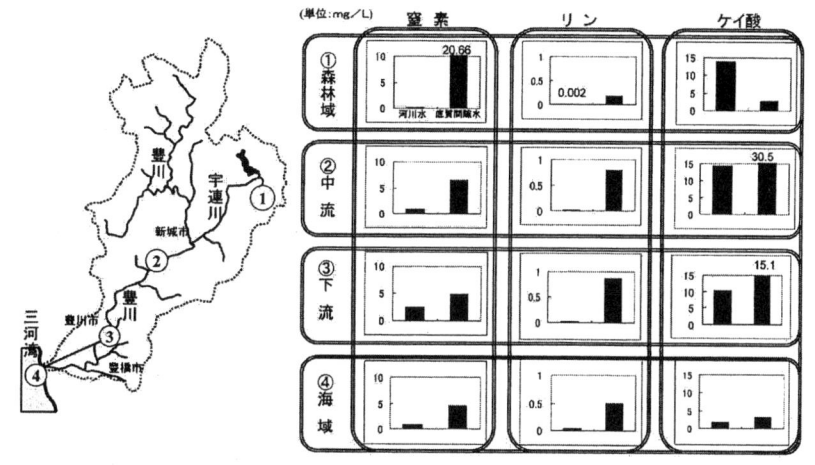

図4-26 豊川流域における窒素・リン・珪酸濃度
*）河道下流から海域にかけて物質濃度が減少しているが，特に珪酸の減少が大きく，感潮域で沈降していると考えられる。
出典［細見寛：矢作川と天竜川での流砂系の回復，特集 河川管理—ダムと水産，日本水産学会誌，73(1)，2007年］

注1）河道では植物プランクトンのうち，珪藻類の主成分は珪酸であるため，珪藻類は水を通じた珪酸循環に重要な意味を持っている。
注2）岩石は物理的・化学的風化により1,000年程度かけて土壌になっていくが，化学的風化では地衣類（菌類と藻類が共生した植物群）・コケ類の侵入で有機酸やキレート化合物により風化が助長される。

れている（図4-27）。すなわち，海洋の食物連鎖は主に珪藻による基礎生産（光合成）から出発している[注3]。しかし，供給される溶存態ケイ素が減少すると，有毒鞭毛藻類の増殖を引き起こす結果，漁業生産や水質保全に影響を及ぼすことになる。独立行政法人水産総合研究センターによる調査の結果，矢作川・三河湾流域でシリカ欠損している可能性が示唆されている。

三河湾・伊勢湾ではシリカ欠損しているが，河道等を通じて，多くの窒素・リンが流入しているため，近年でも年間200日以上赤潮が発生している。三河湾は知多半島と渥美半島に囲まれた内湾で，湾口部が狭い閉鎖性の強い海域で海水交換が悪い。三河湾内では都市化に伴う産業活動や生活排水の流入により，図4-28に示すプロセスの通り，赤潮だけでなく，貧酸素化に伴う青潮（硫化水素の発生：苦潮ともいう）も発生している。伊勢湾も三河湾同様，閉鎖性が強いため海水交換が悪く，生活排水等の窒素・リンの流入により，赤潮が発生するとともに，三大湾ではCOD環境基準の達成率が最も悪い。これは埋立てに伴う干潟や藻場の減少により，自然浄化能力が低下したことも影響している。

これまで述べてきたように，窒素・リンは海域に悪影響を及ぼす一方，生態系の生息にとっては重要な元素である。このN・P・Siのバランスが湖沼・海の植物プランクトンの種構成に影響を与えており，Siの供給量がN・P流出の増加（ひいては富栄養化）に対する制限因子となっている可能性がある。なお，海域では冬の間，表層水が沈み込み，代わって栄養塩が豊富な深層水が押し上げられ，表層と深層の水塊が混合されて，必要な栄養塩が植物プランクトンに供給されている。

植物プランクトンの増殖には栄養塩のほか，光と水温も関与している。例えば，光の条件が珪藻の増殖に適してくると，珪藻が増殖し，海水中の溶存ケイ素が吸収され尽くすと増殖は終わる。このケイ素が枯渇した状態で，NやPが多量に残っていると，ケイ素を必要としない渦鞭毛藻などの非珪藻類が大量発生して赤潮を発生させる。この赤潮藻類が

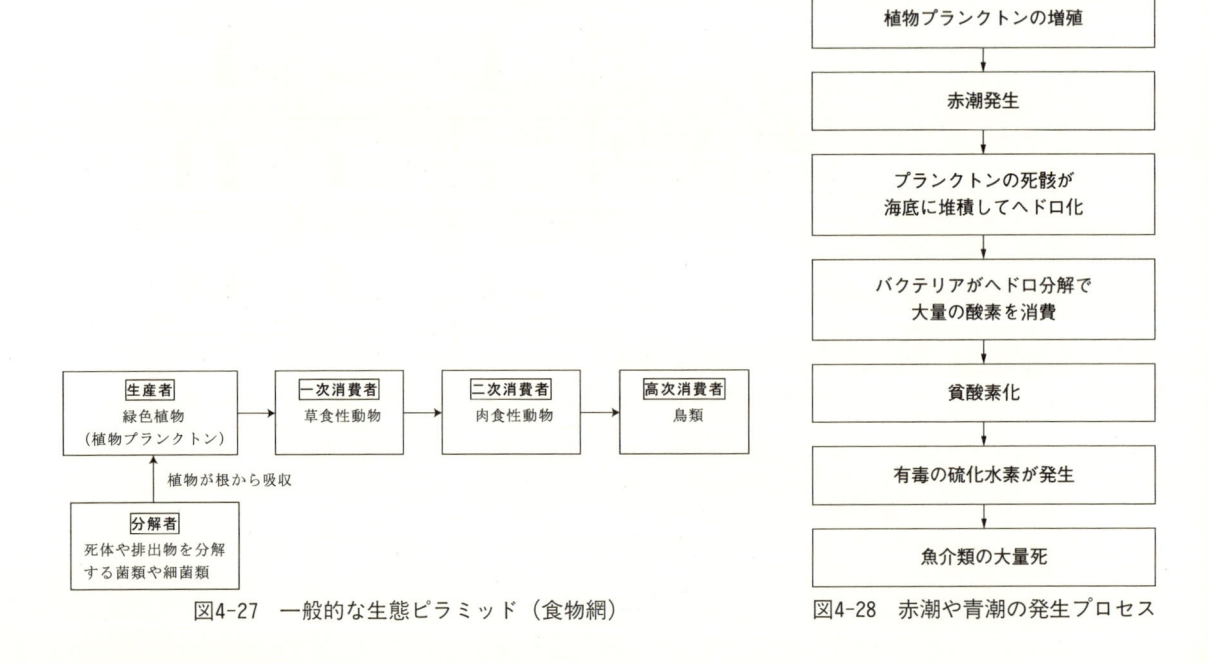

図4-27　一般的な生態ピラミッド（食物網）

図4-28　赤潮や青潮の発生プロセス

注3）近年の温暖化に伴い，珪藻の優占していた海域が円石藻（炭酸カルシウムの外殻を作る植物プランクトン）の優占する海域にシフトしている。

死んで分解する時，海中の酸素を消費するため，大量の魚が酸欠状態となり，死んでしまうことがある。

一方，「森が海をつくる」とよくいわれるが，これは森に降った雨は大半が地下水となり，土の養分を溶かしつつ，豊富な栄養分を含んだ状態で川に流れ出て流下し，最終的に海に注ぎ，海の生態系に恵みをもたらすことをいっている。上述したように，植物プランクトンの生育等には窒素，リン，ケイ素が必要であるが，これらを摂取する前に体内に鉄分を取り込まないと，養分を十分吸収することができない。すなわち，植物プランクトンの生産速度は窒素，リンなどの多量栄養塩に加えて鉄などの微量栄養塩の供給量に依存している。すなわち，鉄が生物生産を律速しているといえるし，このことは J. Martin らによる海水への鉄撒布実験により明らかになっている。

元北大の松永教授によれば，森では木の葉が腐って腐葉土になると，鉄イオンと結びついて，フルボ酸鉄という植物性プランクトンに吸収されやすい鉄ができる。これが川の水によって海に運ばれるため，森が海にとって重要となっている。鉄は洪水時に懸濁物質とともに運ばれてくるものが多い。しかし，鉄は河口域で9割以上が粒子化して沈積するし，河川から海域へ供給された鉄も海水中でいったん溶解しても，その後粒子に吸着して沈降するものがある。この現象は日本の河口や海域でも見られるし，海外では極東ユーラシアと北米に囲まれた北部太平洋域で顕著である。当海域は栄養塩濃度が高く，光も十分あるが，鉄不足のために植物プランクトンが十分生育できない状況にある。

陸域から運ばれた鉄分の多くは沈降するため，海水中の鉄分濃度が低下し，結果的に海域で植物性プランクトンが十分吸収できないため，海藻が枯れて岩肌が真っ白になる「磯焼け」が発生する場合がある。「磯焼け」が起きると，浅海の海草（藻場）が消失し，ワカメやコンブなどの海藻類が採れなくなったり，藻場に生息するアワビやサザエなどの水生生物またはカサゴやメバルなどの磯魚が大きく減少し，無節サンゴ藻（石灰藻）やキタムラサキウニなどが優占する。「磯焼け」は，特に北海道日本海側，九州地方（長崎，大分），東北地方太平洋岸などで多く見られる。

ただし，「磯焼け」には鉄分の不足以外に，
- ウニや巻貝類などの植食動物による食害
- 冬～春季の海水温の上昇
- 無節サンゴモの優占
- 海底の侵食
- 漂砂による傷・汚れ
- 人間の影響：船底塗料，環境ホルモン，富栄養化，（土砂流入）

など，多くの原因が考えられる。

H 19.2 には磯焼けの原因の特定と具体的な対応策を示した「磯焼け対策ガイドライン」が水産庁から出された。磯焼け対策にはウニの食害対策と海藻の生育促進があり，食害対策してはウニを除去したり，フェンスや動揺基質（海藻の根付き）によりウニから防御する方法がある。また，海藻の生育促進としては防波堤裏の小段に藻場を創出したり，防波堤表面に凹凸をつけて胞子が着底しやすくする方法などがある。

〈参考：各物質の挙動〉

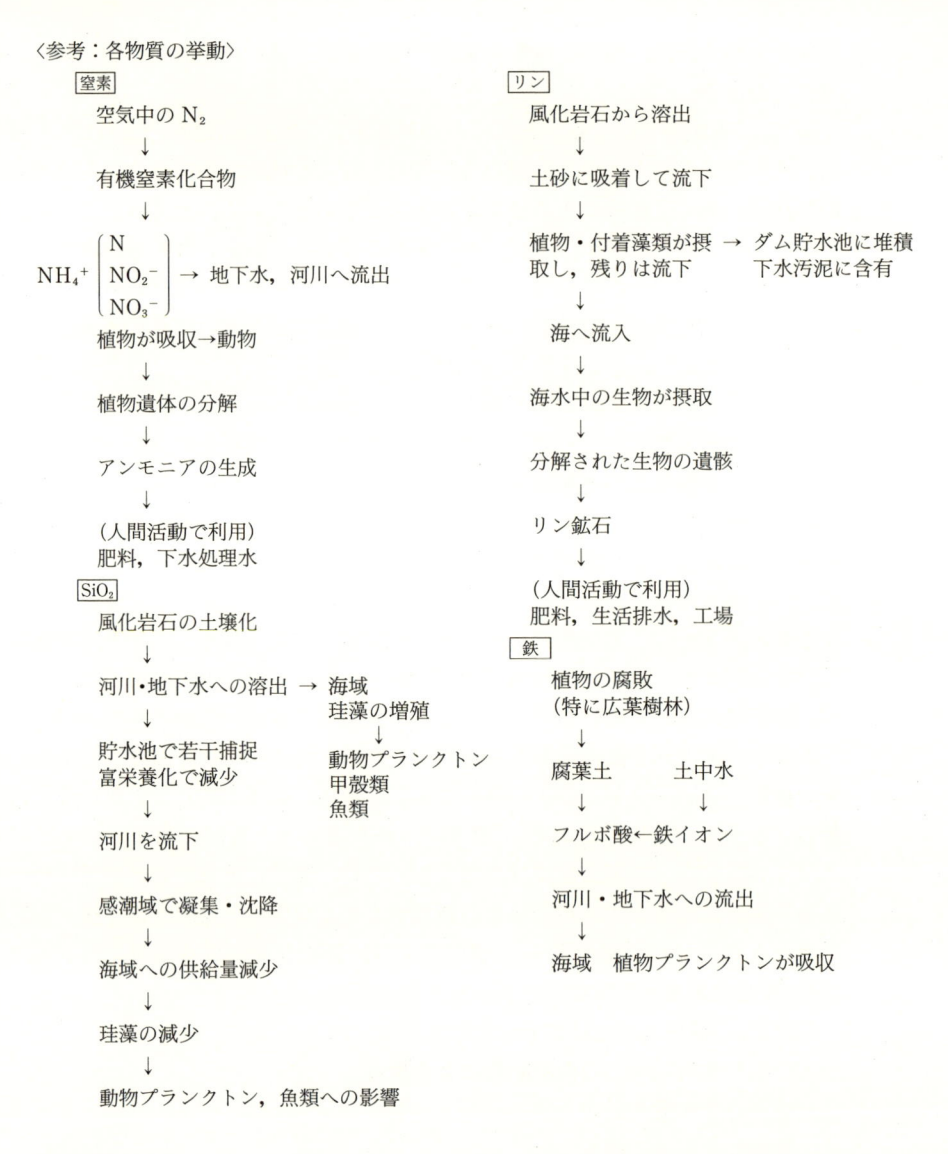

窒素
空気中の $N_2$
↓
有機窒素化合物
↓
$NH_4^+ \begin{Bmatrix} N \\ NO_2^- \\ NO_3^- \end{Bmatrix}$ → 地下水，河川へ流出
↓
植物が吸収→動物
↓
植物遺体の分解
↓
アンモニアの生成
↓
（人間活動で利用）
肥料，下水処理水

$SiO_2$
風化岩石の土壌化
↓
河川・地下水への溶出 → 海域
　　　　　　　　　　　珪藻の増殖
↓　　　　　　　　　　　↓
貯水池で若干捕捉　　　動物プランクトン
富栄養化で減少　　　　甲殻類
↓　　　　　　　　　　　魚類
河川を流下
↓
感潮域で凝集・沈降
↓
海域への供給量減少
↓
珪藻の減少
↓
動物プランクトン，魚類への影響

リン
風化岩石から溶出
↓
土砂に吸着して流下
↓
植物・付着藻類が摂　→　ダム貯水池に堆積
取し，残りは流下　　　　下水汚泥に含有
↓
海へ流入
↓
海水中の生物が摂取
↓
分解された生物の遺骸
↓
リン鉱石
↓
（人間活動で利用）
肥料，生活排水，工場

鉄
植物の腐敗
（特に広葉樹林）
↓
腐葉土　　　土中水
↓　　　　　　↓
フルボ酸←鉄イオン
↓
河川・地下水への流出
↓
海域　植物プランクトンが吸収

**参考文献**
1) 末次忠司・藤田光一・諏訪義雄ほか：沖積河川の河口域における土砂動態と地形・底質変化に関する研究，国総研資料，第32号，2002年
2) 箱石憲昭・櫻井寿之：ダム貯水池における物質移動に関する調査②，平成18年度 土木研究所成果報告書，2007年
3) 細見寛：矢作川と天竜川での流砂系の回復，特集 河川管理―ダムと水産，日本水産学会誌，73(1)，2007年
4) 河川環境管理財団：河川における珪酸など無機溶存物質の流出機構に関する研究，2007年
5) 東千秋・鈴木基之・濱田嘉昭：放送大学教材 物質循環と人間活動，放送大学教育振興会，2007年
6) 中塚武氏のホームページ資料「アムール川からオホーツク海への鉄供給のインパクト」
7) 山本潤：生き物に優しいみなとを目指して～磯焼け対策・藻場造成を中心に～，寒地土木研究所月報，寒地土木研究所講演会特集号，2009年

# 第5章　洪水状況

　洪水状況や氾濫被害の予測・対策を検討する場合，まず河道特性ごとの洪水の挙動について知っておく必要がある．洪水は大河川と中小河川では，その挙動が大きく異なり，大河川は洪水流量が多く，水害ポテンシャルが高いのに対して，中小河川は洪水流出や洪水上昇が非常に速いため，避難等の迅速な対応が必要となる．これに対しては，的確な降水・洪水予測が必要であるし，迅速な警報等の発令が減災にとって重要である．いずれの場合も，様々な洪水の挙動を精度の高い洪水流解析により把握・予測し，ハード・ソフト対策に活用する必要がある．

## 5.1　洪水状況（大河川）

　日本における1時間～1日スケールの短時間豪雨は世界記録の1/3～2/3に相当するほどの激しい豪雨である．しかも河床勾配が急で，流路延長が短いため，洪水流出は極めて速い．洪水継続時間は通常1～2日，長くても4日程度である．一方，水資源の面から見ると，洪水流出量が多いために水資源としての利用可能量は少ないし，台風なども一過性で供給の安定性が低い．したがって，最大流量/最小流量の河状係数が非常に大きく，流量のコントロールが難しい．そのため，ダムによる流量制御が行われている．
　洪水流量は基本的には流下するに従って支川の流量を取り込み増大するが，分流したり，河道内貯留されると，減少する場合がある．河道内貯留によっても減少し，蛇行・高水敷・樹林による貯留のほか，堰等の横断工作物により貯留される場合がある．例えば，岩木川中流部の幡龍橋～五所川原間では1～3割の洪水流量が貯留され，その原因は蛇行・高水敷・樹林が各々約1/3程度であった．利根川支川の鬼怒川などでも同様に河道内貯留が見られる．
　利根川ではカスリーン台風（S 22.9）により大洪水が発生したが，洪水位上昇（渡良瀬川合流と橋梁で閉塞した流木による堰上げの影響）により埼玉県東村の新川通で越水破堤し，堤内地に氾濫したため，観測流量では伊勢湾台風（S 34.9）による新宮川（相賀）の19,025 m³/sが観測史上最大の洪水流量である．流量は流域面積が広いほど大きくなるので，比流量で見る必要がある．比流量（m³/s/km²）の順位を見ると，本明川（20.2），狩野川（12.6），櫛田川（12.3），那賀川（11.8）となっており，上位14河川中，10河川が中央構造線の外帯に属する河川[注1]である．ちなみに流域面積が3,000 km²以上の流域，豪雨が少ない北海道・東北地方の河川の比流量は小さく，1～2 m³/s/km²が多い（図5-1）．
　また，洪水流速については，下流へ行くほど河床勾配が緩くなり，川幅が広くなるので，

---

注1）外帯は降雨量が多いほか，多くの外帯河川が位置する西南日本は東北日本に比べて，河川の流域面積が小さい（2,000 km²以下が多い）傾向があり，比流量が大きくなっている．

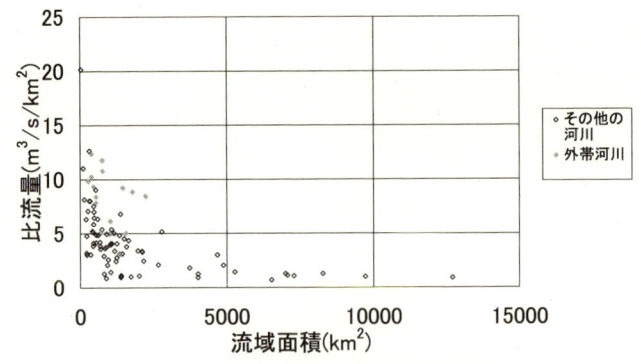

図5-1 流域面積と比流量の関係
＊）流域面積が小さい外帯河川で，比流量が大きい河川が多い。

洪水流速は遅くなり，洪水ハイドログラフは扁平になる。例えば，石狩川では橋本地点より上流域における洪水ハイドログラフは尖鋭であるが，空知川合流後の月形や石狩大橋地点における洪水ハイドログラフは扁平で長い洪水継続時間となっている（図5-2）。そのため，急速の速い上流区間で侵食，継続時間の長い下流区間で浸透による被害が多く発生する。

しかし，臨海性扇状地などでは河道の下流区間でも河床勾配が急なため，例えば富士川ではかなりの高速流となる。そのため，S 57.8の台風10号による洪水では国鉄東海道本線の富士川橋梁周辺が洗掘され，下り線側中央部の橋脚が倒壊する被害が発生した。河床勾配による洪水状況の違いは，例えば平均年最大流量時の洪水流速で見ると，同じ北陸地方の河川であっても，河床勾配が大きくない梯川，小矢部川，信濃川下流では流速が1〜3 m/sであるのに対して，急流河川の手取川，姫川，黒部川，常願寺川は2〜4 m/sである（図5-3）。

大河川では高水敷幅が広いため，洪水時の高水敷上の水深が小さい場合（低水深）と大きい場合（高水深）で，洪水流況が異なる。洪水の表面流で見ると，洪水位が高水敷高以下の場合は，低水路の湾曲に従った流向で流下する。しかし，高水深になるほど，洪水は直進性を持ち，低水路ではなく堤防法線に従った流向をとるようになる。洪水による洗掘状況を見ると，低水深の場合洪水が高水敷から低水路へ落ち込む箇所よりも，低水路から高水敷に乗り上げる箇所の方が河床洗掘が大きい[注2]。高水深の場合，河床洗掘が最も大

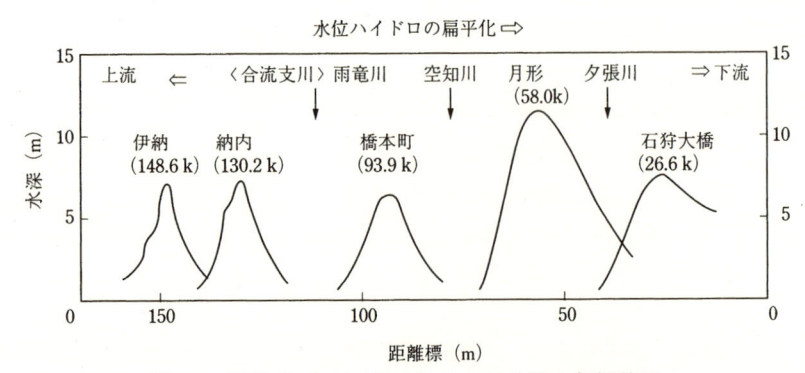

図5-2 石狩川（S50.8洪水）における洪水伝播状況
＊）洪水ピークを水位観測所の距離標にあわせて表示している。水深＝洪水位−平水位
出典［末次忠司：河川の減災マニュアル—現場で役立つ実践的減災読本—，技報堂出版，2009年］

図5-3 平均年最大流量時の洪水流速

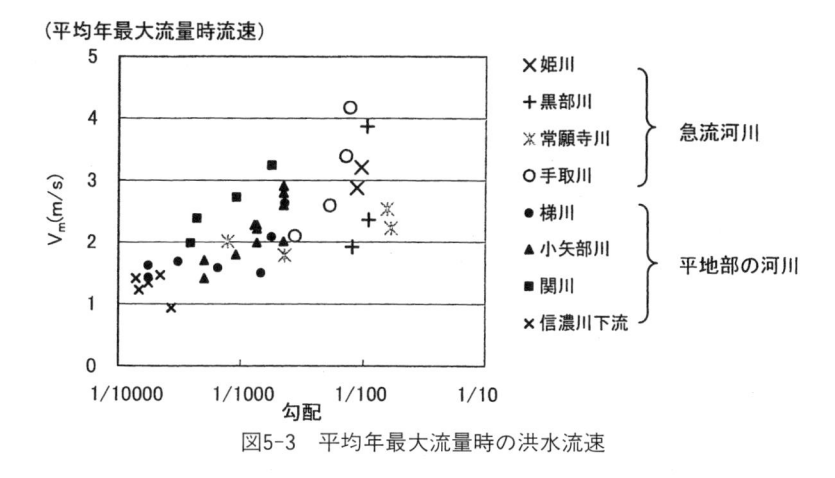

きいのは堤防法線で見た湾曲部の外岸側で，かつ低水路の外岸側にあたる箇所である。

**参考文献**
1) 末次忠司：河川の減災マニュアル―現場で役立つ実践的減災読本―，技報堂出版，2009年
2) 国交省北陸地方整備局：急流河川における浸水想定区域検討の手引き，2003年
3) 岡田将治・J. M. Himenez・福岡捷二ほか：平面形が縦断的に変化する複断面河道における流れと河床変動，水工学論文集，第47巻，2003年

## 5.2 洪水状況（中小河川）

　中小河川は大河川とは特性が大きく異なるし，山地域の急流河川と都市河川に分類して，特性を見る必要がある。中小河川は流域面積が小さいため，豪雨発生から洪水発生までの時間が短い。また，堤防等が未改修の区間があり，越水氾濫を起こす場合がある。

　山地域の急流河川は洪水時に非常に速い流速が発生する。また，豪雨に伴って山腹崩壊が発生し，土砂や流木が河道へ流下してくる。発生する流木量 $W$ （本）は山腹崩壊量 $C$ （m³）に比例し，平均的には $W = C \times 1/8$ である。土石流や山腹崩壊により発生する流木の諸元は，以下の通りである。

- 発生域 → 大部分が勾配8度（1/7）以上の渓流
- 樹　種 → 針葉樹（特にスギ）が6～7割
- 形　態 → 約7割が幹のみ
- 流木長 → 平均で7～9 m，長いもので16～19 m
- 幹　径 → 平均で15～20 cm，太いもので25～40 cm

　この流木・土砂は表5-1に示すプロセスにより橋脚で閉塞を引き起こし，洪水流の流下を阻害し，越水氾濫を起こす。山地域や河岸段丘地形であれば，氾濫水は河道沿いを下流へ流下するが，扇状地などでは氾濫水は旧河道などを経て氾濫被害をもたらす。近年では那珂川支川余笹川（H10），高知県南西部（H13），沙流川（H15）などにおいて，流木による橋梁閉塞に伴う水害が発生した（図5-4）。

　一方，都市域では地表面がアスファルトやコンクリートで覆われているため，雨水の地中への浸透量が減少し，表面流出量が多い。また，都市河川は直線化され，両岸や河床が

---

注2）高水敷上に土砂が堆積しやすい場所も，低水路から高水敷に乗り上げた箇所である。

表5-1 橋脚閉塞のプロセス

| 段　階 | 閉塞プロセスの概要 |
|---|---|
| ① 橋脚への草などの付着 | 洪水により運ばれた草，小枝などが橋脚に絡まって，橋脚周りにダルマ状に堆積する |
| ② 洪水疎通範囲の縮小 | 上流から運ばれた土砂による河床上昇と相まって，洪水が流れる範囲が狭くなって，洪水位が上昇する |
| ③ 流木の引っかかり | 洪水が波打って，上流から運ばれた流木が橋桁に押しつけられて，数本の流木が引っかかる |
| ④ 流木の滞留 | 後続の流木が次々に滞留し始めて，橋脚間を閉塞させる |

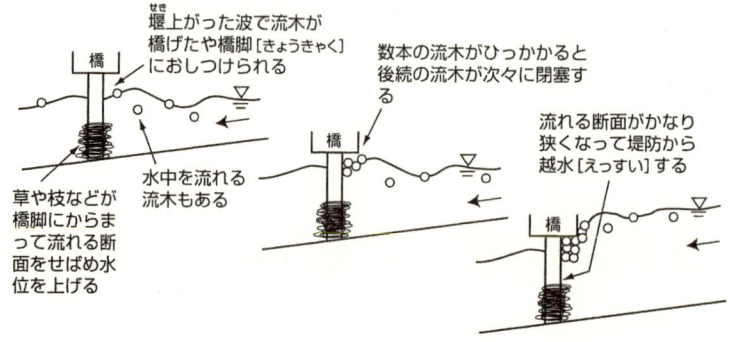

図5-4 流木による河道閉塞

＊) 洪水だけでなく，橋脚にからまった草や枝が水位を上昇させ，流木が橋桁や橋脚にひっかかりやすくなる。流木対策としては橋脚や橋桁を流木がひっかかりにくい形状にする（流下方向に斜部を設ける）方法もある。

コンクリートの三面張りとなっている場合が多く，洪水の伝播が速くなる。これらにより，降雨発生から洪水発生までの時間（流達時間）が短くなるとともに，洪水ピーク流量が大きくなり，水害が発生しやすくなっている。

また，都市内中小河川は洪水上昇が速いのが特徴である。洪水上昇速度を流域面積との関係で見ると，流域面積が 100 km² 以上の河川（直轄河川など）では上昇速度は速くても 2～3 m/h である（図5-5）。しかし，流域面積が数十 km² より小さくなると，上昇速

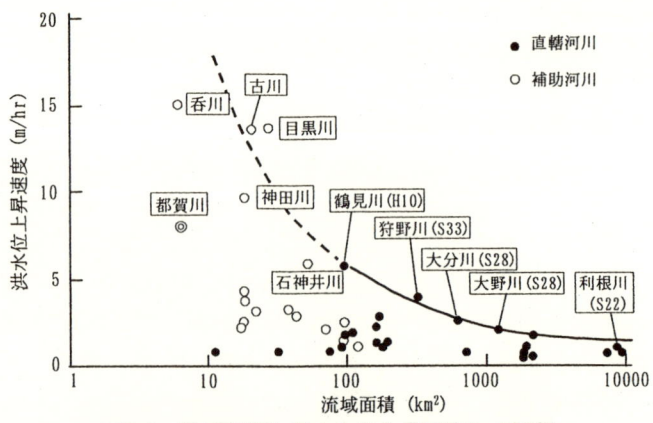

図5-5 流域面積と最大水位上昇速度との関係

＊) 統一的な表示のため，中小河川の水位上昇量／10分間を1時間当りに換算し，包絡線は破線とした。

出典［末次忠司：水文現象として見た洪水の挙動，第4回 水文・水資源セミナー，2002年に加筆］

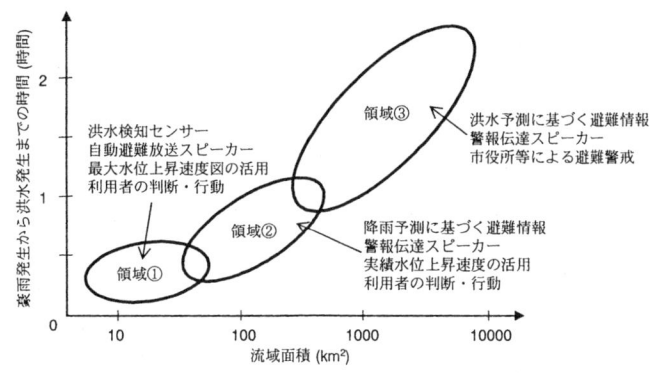

図5-6 洪水発生までの時間から見た対応策

\*) 前述した「流域面積と最大水位上昇速度との関係」図に対応して，洪水位上昇速度が非常に速い場合は実績降雨・水位に応じて，瞬時に情報伝達できるシステムを考える必要がある。
出典［末次忠司・高木康行：都市河川の急激な水位上昇への対応策，水利科学，No.307，2009年］

度は更に速くなる。例えば，直轄では典型的な都市河川である鶴見川（亀の子橋）が最も水位上昇が速く，H 10.7 の集中豪雨で 5.4 m/h を記録したが，流域面積が小さな呑川や目黒川などでは，10 m/h 以上の上昇速度を記録した。水位上昇速度が 10 m/h を超えるのは流域面積が 30 km² 以下で，上昇速度が 5 m/h を超えるのは流域面積が 150 km² 以下が目安となる。

このように，都市内中小河川は洪水上昇が極めて速いため，豪雨の発生後に洪水予測等により減災対応するのでは間にあわない場合がある。H 20.7 に発生した都賀川（神戸市）の洪水では河川内で洪水に遭遇した 57 名中 41 名が避難したが，11 名は避難が間にあわず救助され，残りの5名が洪水に流されてなくなった。したがって，洪水予測ではなく，降雨予測に基づいて避難警戒を行ったり，場合によっては上流に設置した洪水検知センサーにより，上流で洪水が発生したら直ちに下流の河川利用者に避難サイレンが届くような迅速な対応策が必要となる（図 5-6）。

**参考文献**

1) 水山高久・石川芳治・福澤誠：平成元年9月愛知県伊香川土石流・流木災害調査報告書，土木研究所資料，第2833号，1990年
2) 末次忠司：水文現象として見た洪水の挙動，第4回 水文・水資源セミナー，2002年
3) 末次忠司・高木康行：都市河川の急激な水位上昇への対応策，水利科学，No.307，2009年

## 5.3 融雪出水

北海道から山陰地方に至る日本海沿岸一帯は，大陸からの寒気の吹き出しと対馬暖流の相乗作用により世界的多雪地帯となっている。春先でも山間部には 2～3 m を超す積雪が見られる。適量の雪は有効な水資源となるが，豪雪は洪水と同様に災害を引き起こす。著名な4大豪雪（死者・行方不明者数）は S 38（231 名），S 56（152 名），S 59（131 名），H 18（139 名）といわれている。最多の死者・行方不明者数を記録した S 38 豪雪は未曾有の豪雪で，南向きに大きく蛇行した偏西風[注1)]が影響したものである。近年は温暖化の

影響もあって，豪雪は少なくなってきている。

融雪出水による水害被害の状況を戦前のS9水害（死者158名）について見てみる（表5-2）。S9は60年来の豪雪で，7月になっても5mを超す積雪が山地域にあり，北陸地方では7月の低気圧に伴う豪雨により大洪水となった。手取川，庄川，黒部川では表に示すような大水害となり，特に手取川では24カ所で破堤し，55 km² が浸水する被害が発生した。

洪水は一般的には降雨により発生するが，北海道・東北・北陸地方などの雪の多い地方では，降雪の融雪に伴って洪水が発生する。特に豪雪が発生し，降雨量が多い年は規模の大きな融雪出水が発生する。融雪出水の期間は年，地方によって異なるが，東北・北陸地方では3～4月，北海道では4～5月に集中している。春一番が過ぎると日射が強くなり，また南から暖風が吹き込んで気温が上昇し，雪は1日に20 cmも融けたりして，融雪出水となる。20 cm/日の融雪は日雨量80 mmに相当する。融雪量は融雪時期により異なるが，流域スケールで見て0.7～8 mm/℃・day程度である。ただし，河川によっては，尻別川などのように融雪流出高が積雪深と相関する河川もある一方で，豊平川などのように相関関係がない河川もある。

融雪出水時の流量は降雨量の影響を受けるので，融雪出水に伴う洪水流量が大きいかどうかは一概にはいえないが，例えば沙流川では台風に伴う洪水流量が5,000 m³/s規模であるのに対して，融雪出水では500～600 m³/sと，台風期洪水の約1/10であった。融雪出水が支配的な河川では，洪水・土砂流出規模の経年的な変動が少ないので，蛇曲まで蛇行が発達する。

融雪出水が他の洪水と大きく異なるのは洪水継続時間が長いことである。融雪出水時のSS，T-N，T-Pを流量に対して見ると通常洪水以上にばらつきは大きいが，通常洪水とそれほど傾向は変わらない（図5-7）。したがって，融雪出水は通常洪水よりもかなり洪水継続時間が長いので，大量のSSが流下するなど，生態系にも大きな影響を与える。また，通常洪水と同様，融雪出水により裸地ができると，ヤナギが5～7月に先駆的に侵入してくるという生態系への影響もある。

融雪に伴う土砂の影響にも注意する必要がある。融雪出水に伴って土砂が流出して，湿原へ流入すると，湿原の乾燥化を引き起こす場合がある。また，全層雪崩によって雪がなくなった斜面は，冬期から早春期にかけて気温が上昇すると，地表面は凍結融解作用を受けて落石等が発生し，河道へ流入していく。また，融雪水の供給により，地下水が集中する斜面では土中の含水率が上昇して地下水脈が形成され，崩壊に至る場合がある。このように，融雪は地すべりや雪崩などの災害を引き起こす場合がある。また，内部の雪が融けると，谷壁斜面で崩落堆積土の二次移動（崩壊・流動）が起き，河道に大量の土砂が供給

表5-2　融雪出水（S9）による水害被害状況

|  | 破堤箇所 | 破堤延長（km） | 浸水面積（km²） |
|---|---|---|---|
| 手取川 | 24 | 9.2 | 55 |
| 庄川 | 22 | 2.7 | 49 |
| 黒部川 | 7 | 2.5 | 17 |

出典［町田洋・小島圭二編：自然の猛威，岩波書店，1996年］

---

注1）偏西風が南向きに大きく蛇行すると，北風が卓越し，気温が低く乾燥した寒気が入ってきて，豪雪となる場合がある。

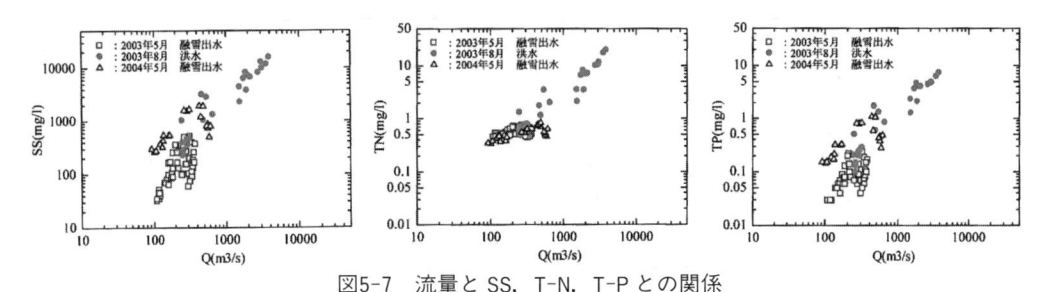

図5-7 流量とSS，T-N，T-Pとの関係

＊） 流量とSS・物質濃度との関係は通常洪水と融雪洪水であまり変わらないで，フラックスは洪水継続時間に規定される。

出典［吉川泰弘・渡邊康玄：大規模洪水の影響による融雪出水時の物質輸送の変化，土木学会第60回年次学術講演会講演概要集，2005年］

され，洪水等に伴って下流へ流出してくる可能性がある。

　なお，積雪に対して新潟では消雪パイプにより雪を融かしている。北海道の雪はパウダースノーであるのに対して，新潟の雪は湿った水っぽい雪である。これは新潟の平野部の冬季の日最低気温は△0.5度で，東京より少し低い程度で暖かいためである。消雪は10〜15度の比較的水温の高い地下水を汲み上げ，道路に埋設されたパイプのノズルから水を流して雪を融かすものである。一気に地下水を汲み上げると，井戸の水枯れや地盤沈下を引き起こす場合がある。

#### 参考文献
1) 町田洋・小島圭二編：自然の猛威，岩波書店，1996年
2) 馬場仁志：融雪出水の特性変化に関する研究(1)，開発土木研究所月報，No.556，1999年
3) 吉川泰弘・渡邊康玄：大規模洪水の影響による融雪出水時の物質輸送の変化，土木学会第60回年次学術講演会講演概要集，2005年

## 5.4 洪水流の挙動

　前節までで大局的な洪水状況について述べたが，本節では局所的な洪水の挙動も含めて記述する。洪水流は河道の形状に応じて様々な変化を見せる。河道が湾曲していると，速い流れは内岸側に沿って流れた後，流心部を横切るようにして，外岸側に沿って流れるようになる。すなわち，横断的に見た最大流速位置が流下に従って変化するのである。これは湾曲に伴う遠心力により，洪水流が外岸側に寄るからである。

　河道の湾曲部では内外岸の水位差により生じる内岸側への水圧と遠心力によって発生する外岸側への力との関係で，2次流[注1]が発生する（図5-8）。2次流は縦断的な洪水流の主流に対して2次的な横断方向の流れで，上層では内岸から外岸に向かって流れ，下層では外岸から内岸に向かって流れる。その流速は主流と比較すれば1/10程度である。湾曲部で内岸側に土砂が堆積して，砂州が形成されるのは，この2次流の影響である。天竜川における26〜28kの蛇行区間を見ても，内岸側に大きな砂州が形成されていることが分かる（写真5-1）。

　なお，河道の直線区間でも水深を直径とする横断方向の渦（縦渦）が発生していて，渦

---

注1) 便宜的に2次流と呼んでいるが，厳密には主流と2次流が組合わさった流れで，3次元らせん流となっている。

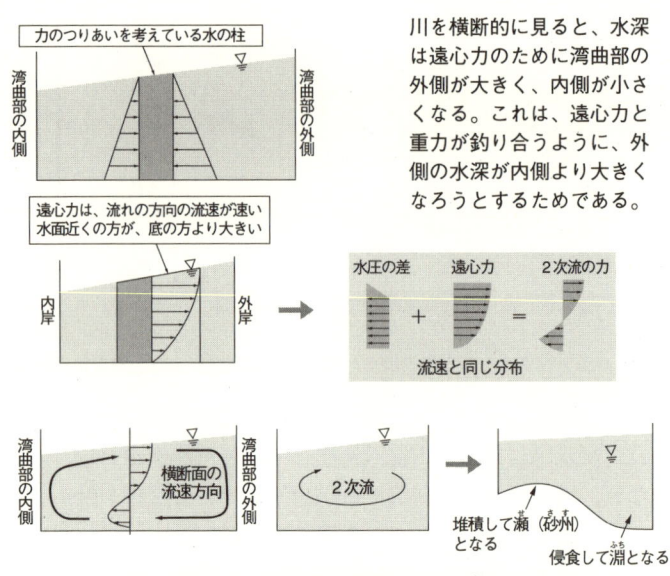

図5-8　2次流の発生メカニズム

写真5-1　湾曲部における侵食・堆積（天竜川27k付近）
提供［国土交通省中部地方整備局浜松河川国道事務所］

の回転方向は交互の関係となっている。そのため，流れが湧き上がる箇所と，沈み込む箇所が交互に発生する。洪水時によく流木やゴミが一直線上に並んで流下している光景を見かけるが，これは流れが沈み込む箇所に流木等が集積しているためである。

　また，広い高水敷があると，高水敷上の流速が低水路よりも遅くなるのは当たり前であるが，この速い流れと遅い流れとの間で相互干渉（遅い流れが速い流れを遅くする　など）が起こり，境界に渦状の流れができる。高水敷上の水深が小さい時に逆流するような流れが見られるのはこのためであり，この領域では大きな抵抗が作用している。河道計画における水位算定で境界混合の考え方を採用しているのはこの抵抗を考慮するためである。

　河岸侵食についても，一般的には掃流力が大きな洪水流で，大きな侵食が起きる。しかし，小洪水で発生することもある。砂州が発達した河道では，小洪水で砂州上を横断的に流れる偏流が発生し，偏流が河岸に衝突すると侵食被害を引き起こす。砂州上に見られる斜め方向の筋は偏流の名残りであり，近年では富士川や那賀川などで偏流災害が発生した。

**参考文献**
1) 末次忠司：河川の減災マニュアル—現場で役立つ実践的減災読本—，技報堂出版，2009 年
2) 福岡捷二・大串弘哉・加村大輔ほか：複断面蛇行流路における洪水流の水理，土木学会論文集，No. 579，II-41，1997 年


## 5.5 水位変動

　洪水時の流水の挙動を見ると，急流河川では波打つような水位変動が見られるが，緩流の大河川では大きな水位変動を伴うことなく，流下することが多い。洪水時における水位変動は砂州，橋脚，横断工作物，湾曲などに伴うもので，その影響は長い区間に及ぶ水位変動（下流域）と局所的な水位変動（上流域）がある（写真5-2）。

　急流河川では流速が速いため，砂州や湾曲により大きな水位上昇が起き，凹凸が大きな水面形となる。橋脚区間でも，大きな水位上昇となるが，その影響は局所的で上昇範囲は中下流ほど長くない。中下流域では砂州高にもよるが，砂州により水位上昇が大きくなる場合がある。特に複列砂州の河道では砂州により大きな水位上昇量となる。扇状地河川では砂州と湾曲により，左右岸で1〜1.5 m 程度の水位差が生じるが，常願寺川や黒部川では水位差が2〜3 m にもなる区間もあった。単列砂州の河道では砂州の最高点と深掘れ地点の中間点で水位が最大となる。

　橋脚による水位上昇は橋脚幅と河床勾配により異なる。河積阻害率（橋脚の総幅が川幅に占める割合）と水位上昇量との関係を見ると，河積阻害率が5％を超えると，大きな水位上昇量の割合が多くなる。したがって，構造令では河積阻害率を5％以内としており，橋脚幅が大きくなる高速道や新幹線の橋脚の場合は7％以内にするように規定している。水位上昇の影響は，急流河川では橋脚付近の局所的な水位上昇は大きいが，上流区間への影響は少ない。一方，緩流河川では水位上昇量は大きくないが，上流の長い区間に堰上げの影響が生じる。河床勾配による水位上昇量の違いはフルード数 $Fr$ により知ることができ，$Fr>0.5$ の場合に水位上昇量が大きくなる。

　河道内に堰や床止めなどの横断工作物があると，局所的に水面が盛り上がるような水面形となるが，通常流下断面に突出している部分はそれほど大きくないので，水位上昇の影

写真5-2　洪水時の水面変動（石狩川支川豊平川）
＊）　急流河川では砂州や河床地形の変化により，水位変動が大きくなる。
提供［北海道開発局］

響はそれほど大きくない。橋脚や横断工作物のような流水阻害物に対して，河道自身は水位上昇を緩和するような働きをする。例えば，橋脚による水位上昇に対しては，橋脚周りの河床を洗掘して，水位上昇を抑えようとする。固定床と移動床の水理模型実験や数値解析の結果を比較すると，その現象がよく分かる。こうした働きの結果，橋脚周りに洗掘が生じ，最大洗掘深は橋脚幅の1.5倍程度，最大洗掘長（流下方向）は橋脚幅の6倍程度になる。

河道の湾曲部では主流の移動と流水の遠心力により外岸側の水位が上昇する。湾曲部では上層では内岸から外岸への流れ，下層では外岸から内岸への流れとなる2次流が発生するからである。湾曲部における左右岸水位差 $\Delta h$ は，曲率半径 $r_c$ に反比例し，流速 $v^2$ に比例する関係にあり，

$$\Delta h = \frac{Bv^2}{gr_c}$$

により，算定できる。なお，急流河川では更に水位差は大きく，上式で計算された水位差 $\Delta h$ を2倍する必要がある。また，湾曲部は砂州の影響によっても水位上昇するため，あわせて見ておく。

**参考文献**
1) 山本晃一・高橋晃：扇状地河川の河道特性と河道処理，土木研究所資料，第3159号，1993年
2) 国土開発技術研究センター編：改定・解説 河川管理施設等構造令，技報堂出版，2000年
3) 山本晃一：沖積河川学 堆積環境の視点から，山海堂，1994年
4) 宇多高明・高橋晃・伊藤克雄：治水上から見た橋脚問題に関する検討，土木研究所資料，第3225号，1993年

## 5.6 洪水流の解析（基本編）

流水の連続式と運動方程式を用いて解析すれば，洪水の水深・流速・流量を計算することができる。運動方程式には不定流式，不等流式などがあり，時間的な流れの変化がある感潮区間や河道貯留が顕著な場合は不定流式により解析するが，通常の洪水流は不等流式による解析で十分である。

1次元不定流式の連続式と運動方程式は以下の通りで，運動方程式の抵抗項と水面勾配項が支配的である。不定流式中の加速度項を省略すると，不等流式になる。式中で単位幅流入量 $q$ は分合流がある場合や遊水地への流入がある場合などに用いる変数である。径深 $R$ は $B/h$ が大きな河道では $R \fallingdotseq h$ となる。計算区間 $\Delta x$ は短い方が河川地形をより反映し精度良く解析できるが，この条件で安定的に計算を行うには，計算時間間隔 $\Delta t$ を短くする必要があり，計算時間を要する。

〔連続式〕

$$\frac{\partial A}{\partial t} + \frac{\partial Q}{\partial x} = q$$

〔運動方程式〕

$$\underbrace{\frac{1}{g}\frac{\partial v}{\partial t}}_{\text{加速度項}} + \underbrace{\frac{\partial}{\partial x}\left(\frac{v^2}{2g}\right)}_{\text{移流項}} + \underbrace{\frac{\partial h}{\partial x} - I}_{\text{水面勾配項}} + \underbrace{\frac{n^2 v^2}{R^{4/3}}}_{\text{抵抗項}} = 0$$

ここで，$A$：河道断面積，$Q$：流量，$q$：単位幅流入量，$v$：流速，$g$：重力加速度，

$h$：水深，$I$：河床勾配，$n$：粗度係数，$R$：径深である

また，縦断的な河道断面や勾配の変化が少ない場合は以下のマニング式により，流速・流量を計算できる。この式は不等流式中の水面勾配項の河床勾配 $I$ と抵抗項が支配的で，これら以外の項を省略した式である。

〔連続式〕 $Q = vA$

〔運動方程式〕 $v = \dfrac{1}{n} R^{2/3} I^{1/2}$

緩流河川は上記した不定流式または不等流式を用いて計算すれば，特に問題なく計算できるが，急流河川は急勾配で，また階段状の地形（ステップとプール）もあるため，区間によっては常流と射流が混在する場合があり，計算が不安定となるので，射流制御のために以下のような工夫を施す（ステップ・プールについては，第2章 2.1「山間部の河川地形」参照）。

- 計算断面で断面積が大きく変化する場合は，その間に適正な死水域を設定したり，内挿断面を作成する（または計算時間間隔を短くする）
- 射流区間では便宜的に $Fr = 1$ に相当する限界水深に置き換えて計算を行う
- 移流項に緩和係数 $(1 - Fr^2)$ を乗じて，移流項の重みを小さくする方法もある（詳細は，5.7「洪水流の解析（応用編）」参照）

上記した解析モデルは1次元モデルであるが，第8章 8.3「計画諸量の決定」で述べるように，河道計画の策定には低水路と高水敷等の相互干渉を考慮した準2次元不等流モデルを用いる。また，河道が屈曲していたり，川幅・低水路幅が縦断方向に大きく変化する河川では2次元不等（定）流計算を行う。特に湾曲区間が連続していたり，狭窄部区間や高水敷幅が広い場合は洪水が河道内に貯留されるので，時間的変化も考慮した2次元不定流計算を行う。

更に緩勾配区間で川幅の広い河口域などを対象に，塩分や栄養塩類などの物質移動まで含めて解析する場合，また跳水・段落ち・段上がり（非静水圧分布の場合あり）の場合は準3次元または3次元不定流計算を行う。表5-3には河道特性等から見て適用すべき解析手法を列挙したが，河川の流況によっては，更に高次元の解析手法を用いた方が良い場合がある。また，不等流計算が適切か，不定流計算が適切かについては別途検討が必要である。

表5-3 流況から見た適用が望ましい解析手法

| 解析手法 | 手法の適用が望ましいケース・河道特性 |
| --- | --- |
| 準2次元解析 | 下記以外の条件において，基本となる手法 |
| 2次元解析 | 〈横断方向に流況変化があるケース〉<br>・横断方向に大きな川幅変化（分合流を含む）<br>・蛇行河道<br>・複列砂州河道 |
| 準3次元解析 | 〈横断・鉛直方向に流況変化があるケース〉<br>・急蛇行河道<br>・横断工作物付近の流れ<br>・河口域の水・塩分・物質移動 |
| 3次元解析 | 〈横断・鉛直方向に大きな流況変化があるケース〉<br>・横断工作物付近等の跳水，段落ち，段上がり<br>＊非静水圧分布となる場合あり |

出典［末次忠司：河川の減災マニュアル―現場で役立つ実践的減災読本―，技報堂出版，2009年］

**参考文献**
1) 土木学会水理委員会編：水理公式集（平成11年版），丸善，1999年
2) 末次忠司：河川の減災マニュアル―現場で役立つ実践的減災読本―，技報堂出版，2009年

## 5.7 洪水流の解析（応用編）

河道内では様々な流れとなるので，流れに対応した洪水流の解析を行う。

河川の上流域では洪水流速が速くなり，河床高や川幅の変化もあって，水面形が大きく波打ち，常流と射流が交互に発生する場合がある。この流れを解析する場合，計算水面形が実際の水面形以上に大きく変動し，特に射流区間上流で水位が高くなるので，不等流式の移流項（$\partial/\partial x(v^2/2g)$）に緩和係数（$1-Fr^2$）をかけて，その重みを小さくする方法がある。この手法はアメリカ陸軍工兵隊が採用している方法である。

上流から中流にかけては，狭窄部と盆地の地形がよく見られる。洪水時には狭窄部で洪水が堰上がって，上流の盆地で大きな水深（水面勾配は緩くなる）となり，狭窄部では大きな水面勾配の洪水流となる。通常狭窄部によって洪水の河道内貯留が起きるため，下流河道の流量が低減するが，計画流量のような大洪水では上記したように狭窄部で大きな水面勾配となり，高流速となるので，通過流量はそれほど減少しない場合もあるので，解析ではこの点に留意して結果を評価する必要がある。なお，狭窄区間の解析にあたっては，通常の距離標間隔を内挿して計算区間間隔を短くして，安定的な計算を行う。

また，高水敷に高密度で繁茂している樹林内は洪水が流れないと仮定して解析される場合があるが，樹林内の洪水流速は速くないが，洪水流は間違いなく流れている。密度の高い樹林，幹径の大きな樹林，枝下高さの低い樹林ほど，樹林内や上流河道の洪水流速を低減させたり，洪水位の上昇を引き起こす。こうした洪水流は2次元不等（定）流計算により解析することができる。解析の詳細は「河道計画検討の手引き」で解説されている。

しかし，通常の解析では実際の流況に適合した結果とならない場合が多い。これは洪水流により運ばれた流木群が樹木群の上流側や河岸沿い等に集積して，洪水流が樹木群内に流入するのを阻害するからである。流木群の影響を評価するまでには至っていないが，試行錯誤的に評価して，樹木群による阻害影響を適正に解析する必要がある。

国総研では千曲川（H11.8洪水）を対象に，流木群集積の考慮の有無による樹木倒伏の違いについて検討を行った。樹木の倒伏は流水が樹木に作用するモーメントにより決まるが，流木群の集積により，特に流水抵抗を受ける樹林等の投影面積が大きくなる（10倍になる場合もある）ため，流木群集積の考慮により作用モーメントは大きく異なってくる。図5-9に示したように，流木群の集積を考慮しなかった場合は全く樹木の倒伏範囲を予測できず，倒伏確率がほぼすべての領域で20％以下となっていた。これに対して，流木群の集積を考慮した場合は一部再現できていない箇所もあるが，ほぼ樹木の倒伏範囲を推定することができた。

このように解析した結果からは，樹木の倒伏範囲だけでなく，樹木群（図5-10の左側で集積形態に囲まれた範囲）内は流速は遅いが流れがあり，また樹木群は洪水流の阻害となって，対岸（右岸）へ向かう速い流れを生じていることが分かる。したがって，高密度に繁茂した樹木群がある場合，対岸の侵食被害にも気をつける必要がある。なお，図5-10の集積形態とは胸高直径を$D$，集積幅を$B$とすると，$D$と$B$がともに小さな形態I，$B$が大きな形態II，$D$と$B$がともに中規模の形態IIIを表している。

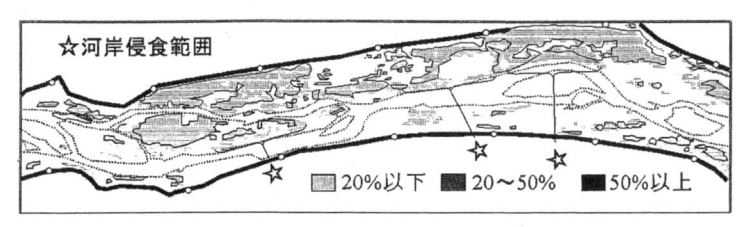

(a) 流下物の集積を考慮しなかった場合（計算結果）

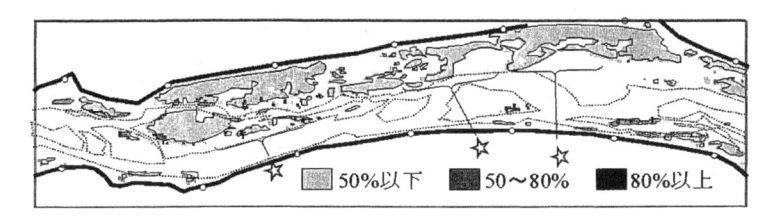

(b) 実際の流下物の集積を考慮した場合（計算結果）

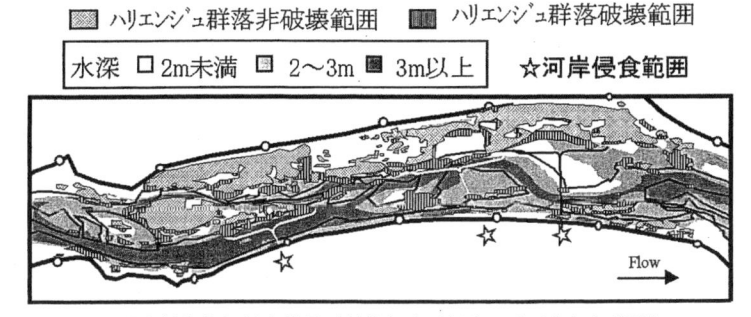

(c) 樹木倒伏状況調査結果（斜線部分が倒伏の確認された場所）

図5-9　平面流況から評価したハリエンジュ群落の破壊範囲

*）樹木の引き倒し試験の結果を用いて，洪水流による倒伏計算を行っても合わない。計算では流木等の集積（樹木の投影面積の増加）を考慮したうえで計算を行う。

出典［服部敦・瀬崎智之・徳田真ほか：植物群落の変化（出水によるハリエンジュの倒伏・流失とその後の再萌芽），千曲川の総合研究，2001年］

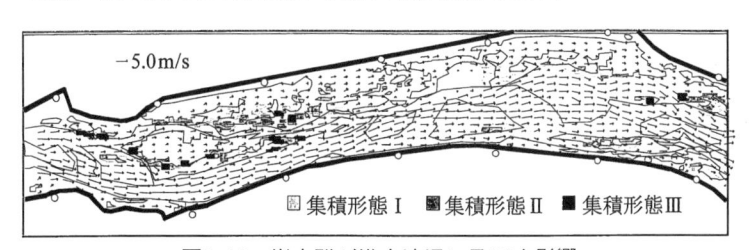

図5-10　樹木群が洪水流況に及ぼす影響

出典［服部敦・瀬崎智之・徳田真ほか：植物群落の変化（出水によるハリエンジュの倒伏・流失とその後の再萌芽），千曲川の総合研究，2001年］

　図5-10に示すように，樹木群があると，実質的に河積減少を引き起こして，樹木群側方の流速が増大する。樹木群による洪水流の減勢特性は胸高直径 $D$（m）と樹木密度 n（本/m²）を用いて、$D \cdot n$（本/m）で表され，坂野らの水理模型実験によれば，氾濫流量の低減に効果を発揮するには $D \cdot n \geqq 0.03$ が必要であるとされている。しかし，樹木群による河岸侵食の実態を見ると，$D \cdot n$ よりも，

・河積阻害率（川幅に対する横断方向の樹木群総幅）が40〜50％以上ある場合

・非樹林帯（主として低水路）の線形が河岸に向かっている場合

に，河岸侵食を引き起こすことが多い．すなわち，樹木群が治水上障害とならないようにするには，低水路が河岸に向かっている場合に，樹木群の幅を 40〜50％以下にする必要があるといえる．

また，河岸沿いに樹木群があると，洪水が低水路から高水敷，または高水敷から低水路へ向かう流れにより蛇行流が生じ，流れの抵抗が増大する．その結果，樹木群により水位が上昇し，場合によっては洪水流の阻害要因となる．この現象は準2次元不等流計算により十分解析できるが，抵抗を表す境界混合係数の設定に留意する必要がある．なお，標準的な係数は「河道計画検討の手引き」に記載されている．

**参考文献**
1) 国土技術研究センター：河道計画検討の手引き，山海堂，2002 年
2) 服部敦・瀬崎智之・徳田真ほか：植物群落の変化（出水によるハリエンジュの倒伏・流失とその後の再萌芽），千曲川の総合研究，2001 年
3) 坂野章：樹林帯による破堤後の減災効果に関する検討，河川研究室資料，2002 年
4) 国交省河川局・国総研ほか：河道内樹木群の治水上の効果・影響に関する研究報告書，2008 年

## 5.8　温暖化の影響

第 4 章　4.2「降雨状況」で示したように，近年豪雨はやや増加傾向にある．豪雨には気圧配置（海水温分布）や偏西風の蛇行が大きく影響するが，経年的に影響を及ぼす要因としては，地球温暖化とヒートアイランド現象などがある．地球温暖化は世界全体で見て，依然進行しており，過去 100 年間で地球全体の地上平均気温は 0.6 度（日本は 1 度）上昇した．温暖化原因となる温室効果ガスのうち，最も影響が大きいのは水蒸気であるが，人為的なコントロールが難しい水蒸気を除くと，$CO_2$ が最も影響が大きい（表 5-4 参照）．

元来地球には $CO_2$ 循環による温度調整機能があった．この機能は図 5-11 のように，$CO_2$ 増加に伴う豪雨が土砂流出を活発化させ，土砂から溶出したカルシウムイオンが $CO_2$ と反応して炭酸カルシウムを作って，$CO_2$ を減少させるというものである．しかし，この機能は時間スケールで見れば，数億年の時間スケールで起こる機能であるため，近年の時間的に急激な $CO_2$ の変化に対応することは難しい．

温室効果ガスのうち，メタンやフロンは経年的に減少し，$N_2O$（一酸化二窒素）はやや増加傾向にあるが，64％の寄与率を有する $CO_2$ は化石燃料の消費に伴い，過去 50 年間で 4.2 倍になるなど，顕著な増加傾向にある．大気中の $CO_2$ 層は光は通すが，熱は逃がさないため，温室のように蓄熱して，温度上昇させる（温室効果）．この寄与率は気候変化をもたらす要因の強さである放射強制力で表される．放射強制力は人間活動が関係し

表5-4　温室効果ガスの寄与率・発生原因

| 温室効果ガス | 寄与率 | 発生原因 |
|---|---|---|
| $CO_2$ | 64％ | 化石燃料の燃焼 |
| メタン | 19％ | 農業関連，廃棄物埋め立て |
| フロン（ハイドロフルオロカーボン，パーフルオロカーボン，六フッ化硫黄など） | 10％ | 冷蔵庫やエアコンの冷媒，半導体製品や精密機器の洗浄剤 |
| 一酸化二窒素 | 6％ | 化石燃料の燃焼，肥料・牧畜など |

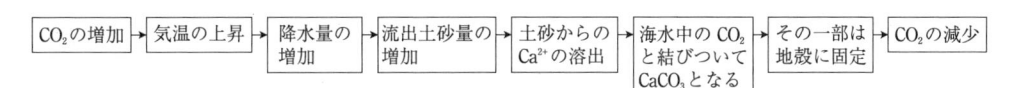

CO₂の増加 → 気温の上昇 → 降水量の増加 → 流出土砂量の増加 → 土砂からのCa²⁺の溶出 → 海水中のCO₂と結びついてCaCO₃となる → その一部は地殻に固定 → CO₂の減少

図5-11　地球のCO₂循環による温度調整機能

ている大気組成の変化，土地利用による太陽光の表面反射率（アルベド）の変化などの地球・大気系のエネルギー収支のバランスを変える力の尺度（W・m⁻²）で表される。

　このように，CO₂の温室効果に対する寄与率は高い。しかし，CO₂の放出量は人為起源よりも火山や太陽放射などの自然起源の方が何十倍も多く，温暖化はCO₂の増加ではなく，自然起源のCO₂変動の影響によるものであるという説もある。また，CO₂以上に水蒸気が温暖化に影響しているという説もあり，温暖化すると水蒸気量が増加し，水蒸気量の増加により更に温暖化するというサイクルも考えられる。

　IPCC（気候変動に関する政府間パネル）の予測では，2090～99年までに1980～99年より気温が1.1～6.4度上昇し，海水の膨張や氷河の融解[注1]により海面水位が18～59 cm上昇するというシナリオが予測されている。例えば，海面が50 cm上昇すれば，日本全国で700 km²の平野，140万人（30万戸）が海水準下となる（建設省試算）。また，気温上昇により蒸発散量が増加するため，平常時は河川への流出量が少なくなるほか，海水面上昇により河川に海水が侵入してくると，都市・農業用水などの淡水の取水が困難になったり，生態系の生息行動などに大きく影響する。すなわち，地球温暖化は河川はもとより，人々の生活・産業や生態系に大きな影響を及ぼすことになる。

　豪雨への地球温暖化の影響は定説はないものの，CO₂濃度が2倍になった場合，降水量が約1割増加し，洪水流量が約1割増加するという試算結果がある。したがって，長期的には計画高水流量の見直しまたは堤防の嵩上げが必要となってくる。また，過去の台風データを分析した研究では海域の水温が上昇すると，台風の中心気圧が低下するという結果が得られている。この結果によれば，統計データのとり方によるが，90パーセンタイルの値で見ると，海水温が26度の場合，中心気圧は950 hPa以上であるのに対して，海水温が28度になると，930 hPaに減少して台風が勢力を増す。

　温暖化が進行すると，環境や生態系にも影響を及ぼす。温暖化により，森林限界が上昇してこれまで植生が少なかった地域にも植生が繁茂するようになるし，生態系の生息空間（陸域，水域）が変わってくる。豪雨の発生頻度が増加することにより，土砂生産が多くなるので，SSを好まない生態系にとっては，不利な生息環境となる。水域では，湖沼やダム貯水池などの停滞水域が影響を受けやすく，福島らが霞ヶ浦を対象にした調査によれば，気温が1度上昇すると，

- 水温が0.75～0.96度上昇する
- CODが0.92～1.7 mg/L増加する
- SSが3.9～11.9 mg/L増加する

という結果であった。これはS 54～H 7の17年間を対象にした調査である。

　こうした温暖化に対する排出量の取り決めは京都議定書のなかで策定された（H 9）。京都議定書では，温室効果ガスの排出を2008年から2012年の間に，1990年比で日本は6％，アメリカは7％，EUは8％削減することが公約となっている。日本は6％のうち，4.2％を国内対策（省エネ基準の強化，エネルギー対策）により，1.8％を国際取引（排

---

注1）マスコミは温暖化に関連して氷河融解の映像をよく写し出すが，海水は氷河の約50倍の容積があるため，温暖化による海水位上昇は海水膨張の方が影響が大きい。

出権取引,共同実施による削減)によって削減することを見込んでいるほか,地球温暖化税(通称環境税)についても導入が検討されている[注2]。しかし,現時点では$CO_2$等の温室効果ガスは減少傾向になく,目標達成は非常に困難な状況にあるし,各国の排出量の削減目標は現在見直しが進められている。今後の温暖化対策としては,上記した方法以外に,$CO_2$を地中や海底に封じ込める方法も研究されており,今後$CO_2$回収・貯留技術が進歩していくと考えられる。

一方,都市化が進行すると,地表面がアスファルトやコンクリートなどで被覆されて温度上昇するとともに,空調・自動車・工場からの排熱が温度を上昇させる(図5-12)。都市化に伴うヒートアイランド現象はいわれてから久しく,東京では過去100年間で年平均気温が約3度上昇した。夏季よりも,特に冬季の最低気温の上昇が大きい。三上[7]の解析によれば,明け方は都心部の気温が高いが,日中排熱等により生じたヒートアイランド現象は東京湾,相模湾,鹿島灘からの海風の収束により,東京都北西部で顕著になるとしている。しかし,ヒートアイランド化による豪雨発生に関する研究は多くない。

末次らはヒートアイランド現象を擬似して,東京都の中心部に人工排熱(50ワット/$m^2$)を与えて,LOCALS(局地気象評価予測モデル)を用いて,発生する降雨量を予測した。その結果,時間雨量で20〜30 mmの降雨の上乗せはあったものの,豪雨発生には至らなかった。したがって,都市化(ヒートアイランド現象)に伴う降雨量増加の影響はあるものの,都市化は豪雨発生に直接結びつく訳ではない。図4-9(第4章 4.2「降雨状況」参照)において,人口30万人以上の都市における発生地点数の割合が都市数の割合より少ない[注3]ことからも,そのことがうかがえる。

温暖化対策としては,工場・家庭・車から$CO_2$を排出しないよう,排出を抑制する技術の開発,ライフスタイルの変更,公共交通機関の利用などが考えられる。排出した$CO_2$を地中や海底に封じ込める研究も行われている。一方,廃棄物や下水汚泥などを活用して,温室効果ガスを軽減する方法もある。廃棄物や下水汚泥のうち,エネルギーとして回収可能なものはバイオマス系成分(紙類,食品残渣,し尿など)や化石燃料由来成分(プラスチックなど)がある。これらは以下に示すように,直接的にエネルギー利用する方法と,物理・生化学的変換により利用する方法がある。

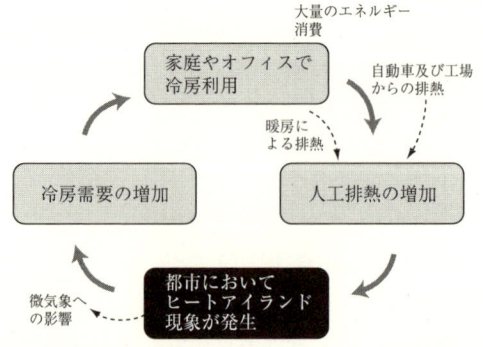

図5-12 悪循環するヒートアイランド現象
出典[末次忠司:図解雑学 河川の科学,ナツメ社,2005年]

---

注2)地方自治体であるが,環境税の名称が付いたものに「森林環境税」があり,高知県(H15),鹿児島県(H17),愛媛県(H17)などで導入されている。
注3)都市内外の温度差が大きくなり始める人口が約30万人で,その都市数の割合が1割弱であるのに対して,70 mm/h以上の豪雨発生地点に占める割合は2〜6%程度であった。

- 直接的なエネルギー利用 → 熱処理後の排熱利用 → 電気・熱として供給
- 物理・生化学的変換による利用 → メタン発酵
  → ゴミ固形燃料化
  → 炭化・液体燃料化

また，ヒートアイランド対策としては，河川以外の対策も含めて，以下に示す種々の方策が考えられる．

- 面的な水と緑のネットワークの形成により，気象を緩和する
- 保水性舗装により，路面温度の上昇を抑制する（道路）
- 都市開発と一体的に環境負荷を削減するため，複数の熱供給プラントを連携する（都市）
- 建築群の配置，オープンスペースなどにより風通し良くすることにより，ヒートアイランドを緩和する（建築，都市）

**参考文献**

1) 新星出版社編集部：徹底図解 地球のしくみ，新星出版社，2007 年
2) 国立天文台編：理科年表シリーズ 環境年表 平成 21・22 年，丸善，2009 年
3) 建設省河川計画課河川環境対策室：地球環境問題に関する河川行政上の課題，河川，No.517，1989 年
4) 宝馨・小尻利治：地球温暖化による流域水文応答の変化に関する数値実験，土木学会論文集，No. 479 II-25，1993 年
5) 山元龍三郎：頻発する集中豪雨，台風の来襲 地球温暖化が雨を増やすこれだけの理由，週刊エコノミスト，2000.10.31 特大号，毎日新聞社，2000 年
6) 福島武彦・上西弘晃・松重一夫ほか：浅い富栄養湖の水質に及ぼす気象の影響，水環境学会誌，21(3)，1998 年
7) 三上岳彦：都市ヒートアイランドの実態―東京の事例を中心に―，環境情報科学 32，2003 年
8) 末次忠司：図解雑学 河川の科学，ナツメ社，2005 年
9) 末次忠司・河原能久・木内豪ほか：都市空間におけるヒートアイランド現象の軽減に関する研究（その 1），土木研究所資料，第 3722 号，2000 年
10) 末次忠司・高木康行：都市河川の急激な水位上昇への対応策，水利科学，No.307，2009 年
11) 国交省編：国土交通白書 2009 平成 20 年度年次報告，ぎょうせい，2009 年

# 第6章　水害被害と対策

　水害被害は1950年代以前と1960年代以降で，死者・行方不明者数や被害規模が大きく変わった。しかし，水害被害額はここ50年間，ほぼ横這いである。これは近年人口・産業の集積した都市域で水害被害が発生して水害被害密度が増加しているほか，都市域を中心に内水被害が多く発生しているからである。こうした水害被害の量・質の変化は豪雨の発生状況はもとより，堤防・ダムなどの治水施設の整備，気象警報・避難などの情報伝達などが影響している。水害被害は家屋だけでなく，ライフラインや地下施設（地下鉄，地下街）にも被災を及ぼし，様々な形態で被害を発生させている。氾濫被害は時には地震とともに複合災害となって発生する危険性もある。なお，氾濫被害対策は第10章で記述している。

## 6.1　水害被害の概要

　死者・行方不明者数が1,000人以上の水害は20世紀に9回発生している（表6-1）。S9.9の室戸台風による水害では小学校の倒壊により教員・生徒750名が死亡したほか，四天王寺の五重塔が倒壊した。その結果，62万棟以上の家屋が被災を受けた。戦後も国土の荒廃により枕崎台風（S20.9）は広島地方を中心に，カスリーン台風（S22.9）は関東地方から東北地方にかけて大きな被害をもたらした。死者・行方不明者数が最多の水害

表6-1　20世紀における主要な水害（死者数が1,000人以上）

| 発生年月 | 水害名 | 死者・行方不明者数 | 被災家屋数 全壊・流失 | 総雨量 | 最低気圧 最大風速 |
|---|---|---|---|---|---|
| 1910.8 | 明治43年水害 | 1,379人 | 443,000棟 | | |
| 1934.9 | 室戸台風 | 3,066人 | 624,704棟 | | 912 hPa |
| 1945.9 | 枕崎台風 | 3,746人 | 446,897棟 | 470 mm：大洲<br>282 mm：都城 | 916 hPa<br>40 m/s：枕崎 |
| 1947.9 | カスリーン台風 | 1,930人 | 394,041棟<br>9,298棟 | 611 mm：秩父<br>513 mm：箱根 | 987 hPa<br>20 m/s 程度 |
| 1953.6 | 梅雨前線豪雨 | 1,013人 | 472,013棟<br>5,699棟 | 713 mm：大分<br>591 mm：佐賀 | |
| 1953.7 | 南紀台風 | 1,124人 | 96,308棟<br>7,707棟 | 777 mm：前鬼<br>468 mm：阿久根 | |
| 1954.9 | 洞爺丸台風<br>（台風15号） | 1,761人 | 133,700棟<br>8,396棟 | 303 mm：佐賀<br>288 mm：長崎 | 956 hPa<br>36 m/s：江差 |
| 1958.9 | 狩野川台風<br>（台風22号） | 1,269人 | 526,000棟<br>2,118棟 | 444 mm：東京<br>355 mm：伊東 | 956 hPa<br>29 m/s：横浜 |
| 1959.9 | 伊勢湾台風<br>（台風15号） | 5,098人 | 557,501棟<br>40,838棟 | 404 mm：津<br>321 mm：彦根 | 930 hPa<br>45 m/s：伊良湖 |

は伊勢湾台風による水害（S 34.9）で，高潮・氾濫により 5,098 名が亡くなった。犠牲者の約 9 割が伊勢湾沿岸の高潮による被害者で，貯木場の貯木が高潮で運ばれ，流木化し，多くの人や家屋に被害を与えた（写真 6-1）。

なかでも被害が大きかった巨大水害について，その概要を表 6-2 に示した。室戸台風，

写真6-1　伊勢湾台風による被災状況

*）伊勢湾台風では洪水と高潮により被害が発生した。特に高潮により貯木場の貯木が流木化し，家屋を破壊し，この家屋がまた流木となり，被害を増大させた。
提供［中日新聞社］

表6-2　巨大水害による被災概要

| 年月 | 原因 | 水害被害の概要 |
|---|---|---|
| S9.9 | 室戸台風 | 史上最低気圧（912 hPa）と強い風速（60 m/s）を伴って，学校の倒壊などの洪水・高潮被害が近畿地方を中心に発生した。この台風による被災家屋数（約62万棟）は歴代1位である。S36.9には進路・勢力等が類似した第二室戸台風により被害が発生した |
| S20.9 | 枕崎台風 | 広島地方（死者数の半数）を中心に，関東以西に大きな被害が発生し，死者・行方不明者数は伊勢湾台風に次いで多かった（3,746名）が，戦後の混乱のなかであまり報道されなかった。この年は台風の他，戦争の影響，阿久根台風（S20.10）により，明治35年以来の大凶作となった |
| S22.9 | カスリーン台風 | 典型的な雨台風により，関東・東北地方に被害をもたらし，群馬県赤城山などでは山津波などで592名が死亡し，利根川新川通（埼玉）の破堤では14.5万戸が浸水し，約70億円の被害が発生した。破堤災害は他に荒川・渡良瀬川・那珂川等でも発生し，各地に壊滅的な被害を与えた |
| S28.6 | 梅雨前線豪雨 | 九州北部全域で500 mm以上の豪雨となり，筑後川・白川・菊池川などで甚大な被害が発生した。28年災害に対して，28本の災害特別立法が組まれた。この年は南紀豪雨（S28.7）などもあり，年間水害被害額は未だに歴代1位である |
| S33.9 | 狩野川台風 | 伊豆半島・関東南部で被害が発生し，特に伊豆半島では各所で破堤被害が発生した。これまで水害が少なかった東京の台地が被災し「山の手水害」とも呼ばれ，東京では27万戸が浸水した。洞爺丸台風（S29.9），伊勢湾台風とも台風来襲日は 9/26 で，この日は特異日といわれている |
| S34.9 | 伊勢湾台風 | 死者・行方不明者数が最多（5,098名）の水害である。洪水と高潮による被害が発生したが，特に高潮に運ばれた貯木場の貯木が，家屋を破壊して，更に流木を増やすなどして，伊勢湾沿岸の高潮で多数の犠牲者（約9割）が発生した |

枕崎台風，伊勢湾台風は昭和三大台風と呼ばれ，特に枕崎台風は戦争直後の水害であまり知られていないが，原爆被災者を治療していた大野陸軍病院を土石流が襲い，約180人が死亡するなど，土砂・洪水災害により，約4,000人がなくなった。柳田邦夫氏の『空白の天気図』の題材ともなった。また，表6-2から分かるように，梅雨前線豪雨（S28.6）以外の水害はいずれも台風により9月に発生している。

　水害被害は経年的に減少傾向にあり，特に死者・行方不明者数および被災家屋数は減少している。注意すべきは防災の専門家であっても「最近水害被害が減少してきたのは大型の台風が襲来しなくなってきたためである」と説明するが，戦後発生した台風を分析すると，大型台風の数は若干減少しているものの，台風自体の最低気圧・総雨量・最大風速は必ずしも経年的に規模が小さくなっておらず，水害被害の減少は堤防やダム等の治水施設の整備と詳細な気象情報の提供によるものである。直轄堤防延長は過去40年で2倍以上になったし，警報発令数もアメダスの運用前後で6〜7倍に増加した。ただし，水害被害額は人口・資産が集積した都市域が多く被災しているため，ここ50年間ほぼ横這いである。過去20年間の平均では被害額が約7,000億円/年，家屋数が約7万棟/年である（図6-1）。

　災害といえば，地震災害が大きいと思っている人が多いが，水害は地震災害より被害額・被災家屋数が大きい（表6-3）。確かにH7.1に発生した阪神・淡路大震災（M7.3）のような大規模地震は水害より被害が大きいが，こうした一部の地震を除けば，

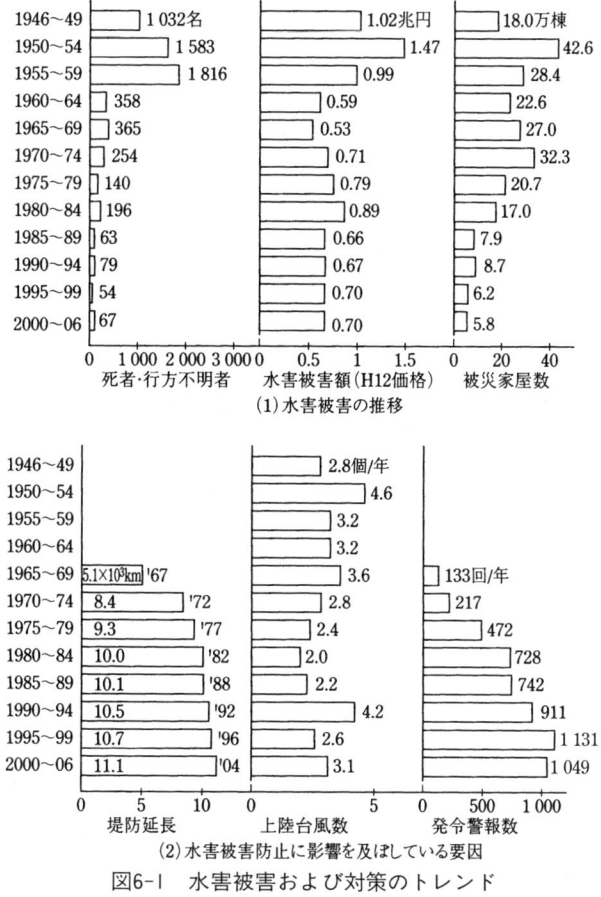

図6-1　水害被害および対策のトレンド

出典［栗城稔・末次忠司：戦後治水行政の潮流と展望―戦後治水レポート―，土木研究所資料，第3297号，1994年に加筆した］

表6-3 水害と地震による被災状況の推移（年平均被害状況）

| 項目 | 西暦 | 1950〜59 | 1960〜69 | 1970〜79 | 1980〜89 | 1990〜99 | 2000〜06 |
|---|---|---|---|---|---|---|---|
| 死者・行方不明者数(名) | 水害 | 1,700 | 361 | 197 | 130 | 66 | 67 |
|  | 地震 | 5 | 24 | 8 | 14 | 655 | 12 |
| 全壊・流失家屋数（棟） | 水害 | 13,854 | 1,475 | 1,469 | 552 | 525 | 557 |
|  | 地震 | 84 | 509 | 149 | 102 | 10,827 | 768 |
| 被害額(億円) 2000年価格 | 水害 | 12,297 | 5,580 | 7,481 | 7,762 | 6,626 | 6,979 |

＊）地震による被災は，津波，全焼被害を含んでいるほか，建築被害は半壊が含まれている場合がある。

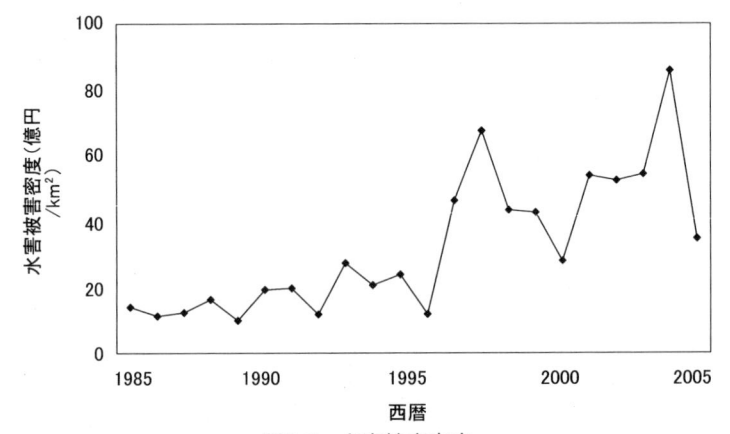

図6-2 水害被害密度

＊）従来型の水害（減少しているが）に加えて局地的豪雨に伴う水害の増加により，浸水面積は減少しているが，都市水害が被害密度を押し上げている。

水害の方が被災規模が大きいと考えるべきである。なお，地震災害は突発性災害であるが，洪水災害は進行性災害であり，大きな災害になるかどうかが分かりにくいという違いがある。そのため，洪水災害では避難などの対応を躊躇して被災に合う場合が多い。

水害の被災形態としては，近年破堤に伴う壊滅的な災害が減少しているのに対して，内水災害が多く発生している。特に三大都市圏では内水災害のシェアが高い。しかし，被災域が人口・資産が集積した都市域であるため，水害被害額はここ50年間ほぼ横這いである。そこで，都市域の水害指標である水害被害密度（家屋・事業所の水害被害額／農地を除いた浸水面積）の経年変化を見ると，H7までほぼ一定割合で増加し，H8以降は大きく変動しながら，特にH10は68億円/km²，H17も86億円/km²という大きな水害被害密度を記録した（図6-2）。

近年の特徴的な水害としては，表6-4に示した水害がある。

以上のように，歴史的な大水害は1960年代以降は発生していないが，水害は形態を変えて都市域などで多く発生している。また，全国規模の水害もS47.7水害が最後である。しかし，時代の移り変わりとともに，地域住民の主張が強くなり，行政の施策に対する見方が厳しくなってきており，S47.7水害以降多数の水害裁判が提訴され，S50には最多の7件の提訴が行われた（ダム・土砂に伴う訴訟は除く）。

参考文献

1) 栗城稔・末次忠司：戦後治水行政の潮流と展望―戦後治水レポート―，土木研究所資料，第3297号，

表6-4 近年の水害による被災概要

| 年 月 | 原 因 | 水 害 被 害 の 概 要 |
|---|---|---|
| H3.9 | 台風19号 | 洞爺丸台風（S29.9）と並ぶ記録的な風台風で，「リンゴ台風」と呼ばれ，各地で最大瞬間風速50 m/s以上を観測した。九州北部を中心に風倒木災害が発生し，約3.8万棟の被災により，損害保険の支払い額（5,700億円）は当時世界最高であった |
| H12.9 | 東海豪雨 | 12 h雨量は458 mm（名古屋）を記録し，庄内川支川の新川などが破堤し，名古屋市の広範囲が被災した。多数の地下施設，ライフライン，車が被災し，一般資産等被害額は過去最高額となった。この水害を契機に，流域を含めた各種水災防止策が打ち出された |
| H16.7 | 新潟・福島豪雨 | 12 h雨量は352 mm（栃尾）を記録し，信濃川支川の刈谷田川，五十嵐川などが破堤した。特に刈谷田川では本川4カ所，支川2カ所がほぼ同時に破堤した*。刈谷田川では破堤氾濫流の影響もあり，5,000棟以上が半壊した |
| H16.10 | 台風23号 | H16水害中で最も被災規模（死者91名，被災家屋7.4万棟）が大きかった。地盤沈下が進行した円山川と支川出石川で破堤し，豊岡盆地約12 km²が浸水し，1.2万棟が被災した。岡山や香川などでは土砂災害が発生し，全国で27名がなくなった。高知県では高潮災害も発生した |

※：破堤時刻が判明している5カ所は1時間20分以内に破堤した。

1994年
2) 国交省河川局：水害統計，国交省防災課：災害統計，国立天文台編：理科年表

## 6.2 水害による死亡原因

　水害による死者・行方不明者数（以下死者数と称する）が1,000人以上の水害は20世紀で9回発生した。最も多い伊勢湾台風（S34.9）では5,098人，次いで枕崎台風（3,746人），室戸台風（3,066人）などで多くの人が水害により亡くなった。年間死者数で見ても，伊勢湾台風が発生したS34までは，平均して1,000人規模の水害であった。年間死者数500人以上の水害数は，戦後からS34までの14年間で10回，S35からS47までの13年間で3回，S48からH16までの32年間で0回となり，伊勢湾台風（S34.9）と最後の全国規模水害のS47.7を境にして，水害による死者数の傾向が変化していることが分かる。

　最近10年間（H9〜18）の死者数を見ると，平均70人/年であるが，そのうち24人は土砂災害による死者（特に土石流が多い）である。死者の内訳は，例えば台風が10個上陸したH16水害では，61％が65歳以上の高齢者であった。近年は地下施設（地下ビル，地下室）や立体交差のアンダーパスなどにおける死者も多い。自動車に乗車中の溺死も多く，厚生労働省の人口動態統計特殊報告によれば，自動車事故死者のうち，溺死は毎年約200名に及んでいる（海での事故を含む）。ただし，S50年代までは年間250〜300名が溺死していたが，S60年代以降の年間溺死者数は150〜250名とやや減少している。このように，水害に伴う死者と一口に言っても，その内訳は様々である。

　死者の内訳を調査・分析するために，建設省土木研究所と消防庁防災課は連携して，S57〜H3の10年間において洪水・氾濫で死亡した265名の死亡状況等を調査した（土砂災害を除く洪水被害が対象である）。この調査の結果，

　・死亡者は男性が179名（68％）と多く，また50歳以上の人が125名（47％）[注1]と多い

- 年齢・性別では10歳未満の男の子が水路・側溝付近で遊んでいて死亡したり，30・40歳代では河川内や橋・堤防上といった河川区域内で死亡していた
- 女性では50歳以上の高齢者が屋内（主に自宅）で死亡していた
- 死亡時の行動は，①居住（34名），②レジャー・遊び（32名），③水防災活動（28名）・業務（28名）が多かった
- 死亡場所は，①水路・側溝付近を除く路上（53名），②橋・堤防上（51名），③水路・側溝付近（44名）が多かった

ことが分かり，結局男性は屋外で活動中に，女性は自宅で待機中（就寝ほか）に死亡しているケースが多く見られた（図6-3，6-4）。

また，他の自然災害との死亡要因および死亡リスク[注2]の比較を行った。比較対象は伊豆大島近海地震（S53.1）と宮城県沖地震（S53.6）の地震災害，長崎水害（S57.7）と平成5年豪雨の土砂災害（H5.6～9）である。なお，年齢別の死亡リスク[注3]を比較するために，阪神・淡路大震災（H7.1）のデータも用いた（図6-5，6-6）。洪水・氾濫被害

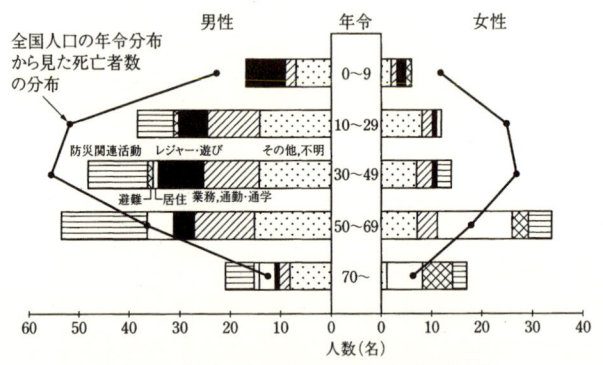

**図6-3　洪水・氾濫による死亡時の行動**

＊）特徴的なのは男性は活動（業務，レジャー，通勤・通学）中に死亡し，女性は50歳以上が居住中に死亡している。

出典［栗城稔・末次忠司・小林裕明：洪水による死亡リスクと危機回避，土木研究所資料，第3370号，1995年］

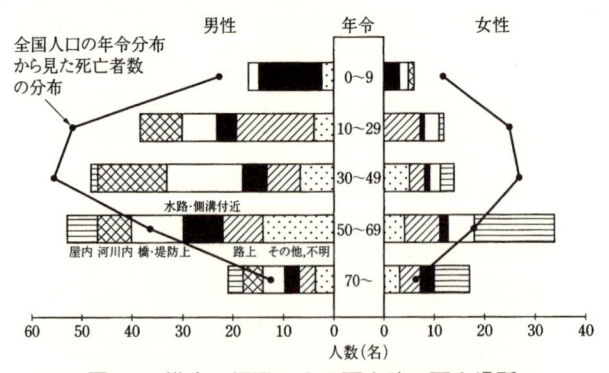

**図6-4　洪水・氾濫による死亡時の死亡場所**

＊）全体的に河川区域（河川，橋・堤防，水路・側溝）で死亡している人が多いが，10～20代では多くが路上で死亡している。

出典［栗城稔・末次忠司・小林裕明：洪水による死亡リスクと危機回避，土木研究所資料，第3370号，1995年］

注1）H16水害など近年の水害では，死亡者に占める高齢者の割合はもっと多い。
注2）ハザードが災害危険性を表すのに対して，リスク＝ハザード×脆弱性 or 生起確率を表す

との比較調査の結果，
- 土砂災害は昼間から夕方にかけて自宅で主婦が死亡したケースが多く，屋外で活動中の男性が被災した洪水とは異なる
- 年齢別に死亡リスクを見ると，いずれの災害も高齢者のリスクが高いが，洪水が最も年齢別のバラツキが少ない。死亡リスクが最も高い70歳以上で見ると，地震：土砂

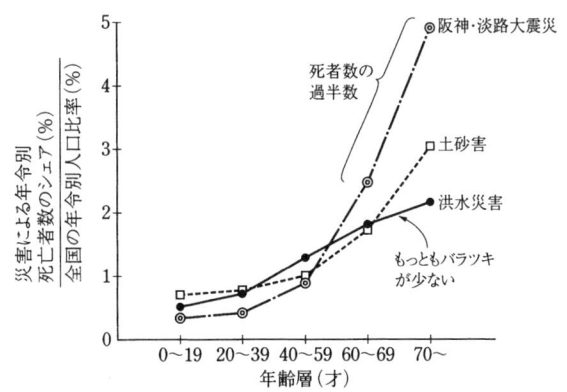

図6-5 災害別・年齢別死亡リスクの分布

*) 全災害で高齢者の死亡リスクが高いが，洪水災害は比較的低い。

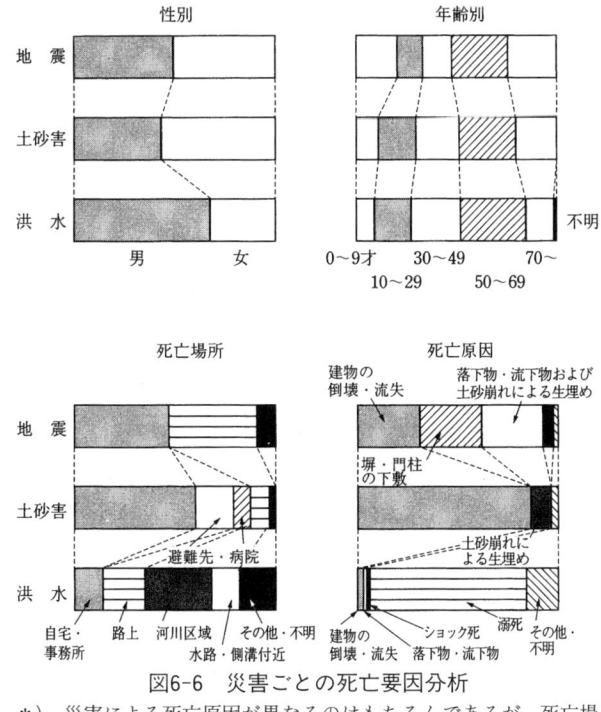

図6-6 災害ごとの死亡要因分析

*) 災害による死亡原因が異なるのはもちろんであるが，死亡場所にも大きな差異が見られる。

出典［栗城稔・末次忠司・小林裕明：洪水による死亡リスクと危機回避，土木研究所資料，第3370号，1995年］

---

注3）死亡リスク＝災害による年齢別死者数のシェア（％）／全国の年齢別人口比率（％）で，死者数の多さを人口換算で表している。

災害：洪水＝5：3：2であった
- 死亡原因で見ると，地震では様々な原因で死亡しているのに対して，土砂災害では建物の倒壊・流失が圧倒的に多く（87 %），洪水では溺死による死亡が多い（79 %）
- 全体的には地震では様々な死亡要因があるのに対して，土砂災害では自宅において死亡するケースが多く，洪水では河川や水路付近で活動中に死亡している場合が多い

ことが分かった。

**参考文献**
1) 栗城稔・末次忠司・小林裕明：洪水による死亡リスクと危機回避，土木研究所資料，第3370号，1995年

## 6.3 水難事故

キャンプで洪水に流されたり，中洲に取り残されて救助される場面が，ニュースでよく報道されるが，水難事故でなくなった人の数はS50年代が2,000～3,000人/年であったのに対して，最近は800～900人/年に減少している。これは着衣泳などにより水難事故に対する対応が良くなったというより，遊びの少なかった昔に比べて，川などで水遊びをする人が少なくなったためである。

警察白書により，最近10年間（H 10～19）の水難事故による死亡場所を見ると，海が52 %と最も多く，次いで河川（30 %），用水・堀（9 %）となっている（図6-7）。近年は海の割合が増え，河川の割合もやや増えている。死亡時の行動は魚とり・釣りが30 %と最も多く，次いで水泳中（17 %）が多いが，水遊びも7 %いる。近年は魚とり・釣りの割合が増え，その他は減少傾向にある（図6-8）。海では海水浴中に溺れたり，釣りで高波にさらわれたりするのに対して，河川では水遊び中に流される場合がある。したがって，川の水遊びでは水深が急に深くなっていないか注意するとともに，多少の流れでも流される危険性があることに注意する必要がある[注1)]。浸水中の避難調査結果では，成人でも安全に歩行できるのは水深50 cm以下，流速50 cm/s以下であり，子供や女性だと更に厳しい条件となる。

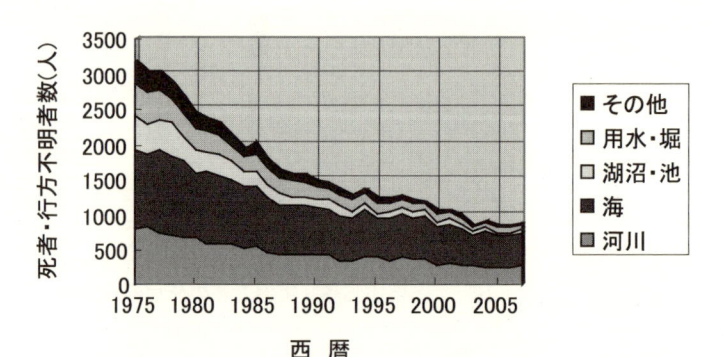

図6-7 水難事故による死者・行方不明者数（場所別）の推移
 *) 水難事故の割合は海で増加し，河川もやや増加している。

注1) 財団法人河川環境管理財団では全国の水難事故を地図上に明示し，ホームページで公表しているので，河川利用の参考になる。

## 6.3 水難事故

**死者・行方不明者数（場所別）**
- その他 25人
- 用水・堀 85人
- 湖沼・池 66人
- 海 505人
- 河川 288人

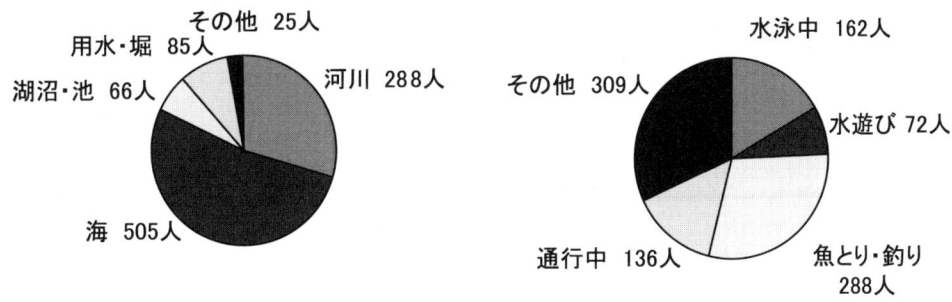

**死者・行方不明者数（行動別）**
- 水泳中 162人
- 水遊び 72人
- 魚とり・釣り 288人
- 通行中 136人
- その他 309人

図6-8 水難事故に伴う死者・行方不明者数の内訳
＊） 魚とり・釣りに関する水難事故の割合が増加し，その他はやや減少傾向にある。

　水難事故は水遊びや海水浴が盛んな7〜8月が多く，特に川遊びでは子供が川に流され，子供を助けようと親が川に入って2次災害となるケースが多い。近年都市河川における水難事故も多く，H 20.7 に発生した都賀川（神戸市）の洪水では河川内で洪水に遭遇した57名中41名が避難したが，11名は避難が間にあわず救助され，残りの5名が洪水に流されて亡くなった。

　水難事故を減らすためには，川に転落したり，川で溺れている人を見たら，まずそれにつかまって水に浮けるような物を投げてあげることが大事で，タイヤ，太い木の枝など，近場ですぐに投げられる物を探す。川で溺れた人も泳いで岸へ行こうとする[注2]のではなく，浮くことを考える。着ている服や靴は中の空気により浮きやすいので，脱がない方がよい。バッグやビニール袋でも浮き袋の代わりとなる。特に堰などの構造物の下流などでは流れが渦まいていて，溺れやすいので，流れに逆らわず，流れに浮くようにする。川の流れにより，流下していくうちに浅瀬に達する。そして，背が立つぐらいの浅瀬に到達したら，立って岸辺に向かうようにする。

　水難事故はレジャーに関連しても発生しており，レジャー災害としてはH 11.8に酒匂川水系玄倉川（神奈川県山北町）で発生したキャンパー事故がある。県や警察が再三避難を呼びかけたが，河原でキャンプを続けて避難しなかった18名が濁流に呑み込まれて，うち13名が死亡した（表6-5）。キャンパーが濁流に流される直前の流れはNHKが撮影した映像を見ると，水深1.2 m，流速2 m/sと推定され，流れの中に立つのも非常に困難な状況であったと想像される。なお，神奈川県では全国に先駆けてS 39にキャンプ禁止条例[注3]を制定していたが，指定河川は水無川と四十八瀬川だけであった。このキャンパー事故では日常生活と水害が縁遠いものではなく，危機意識の欠如や自己責任が問題となった。

　キャンプで事故に合わないようにするには，まずキャンパーは携帯ラジオにより，特に上流域の気象情報を入手する。国交省はH 13.6より，インターネット，iモードによる雨量・水位等の情報をリアルタイム（正確には10分程度の時間差がある）で提供している。これを利用するほか，表6-6に示した天気の変化，川の水位の上がり具合に注意し，足下まで水が来る前に素早く避難する必要がある。流木やゴミが川と平行に1列に並んでいる所は最近の出水での水位を示している。河原上のテントで就寝する時は鈴を付けた木

---

注2） 泳ぎに自信があり，懸命に岸へ泳ごうとする人ほど，途中で力尽きて溺れてしまうことが多い。
注3） 条例では地すべり・洪水のおそれがあったり，飲料水の水質保全に影響を及ぼす場合は区域を指定して宿泊を伴うキャンプを禁止できるもので，知事が決定している。

表6-5　キャンパーへの対応の時間経過

| 月日 | 時刻 | 対応の概要 |
|---|---|---|
| 8/13 | 15：20 | 県の気象情報システムが丹沢上空の雨雲をとらえる→ダムからの放流に備えて見回り，避難呼びかけ→河川敷6ヵ所に50張のテントあったが，反応は冷ややか |
|  | 19：35 | 最初の放流警報（サイレン） |
|  | 19：50 | 県が見回り→一部のキャンパー避難済み→残りの人の反応同じ |
|  | 20：06 | 県がキャンパーに退去命令を出すため，警察に通報 |
|  | 20：20 | ダム放流開始（21：00に放流警報） |
|  | 21：00すぎ | 県と警察が拡声器で人数，安否確認→キャンパー「大丈夫」と返事 |
|  | 21：30 | ダムから11 m³/s放流 |
| 8/14 | 5：35 | 大雨・洪水警報発令→6：30 再度放流40～50 m³/s |
|  | 7：00すぎ | 救助チームが対岸に渡したロープで川を渡ろうとしたが，渡れず |
|  | 7：30 | 松田署員到着→9：07 救助隊到着 |
|  | 10：10 | 救助ヘリの要請打診→10：18 消防局，天候不良で航行不能と判断 |
|  | 10：36 | 救助ボートの搬送要請→10：57 ボート出せないと連絡 |
|  | 11：00 | ダムから最大放流100 m³/s。松田署員が県に放流中止を要請 |
|  | 11：27 | ボートを持った消防署員到着 |
|  | 11：38 | 18名が濁流に飲み込まれる |

表6-6　気象・水文状況の変化

- 山に雨雲がかかり，降雨により山が見えなくなる
- ラジオにノイズが入る（雷雲の発生）
- 急に風が強くなり，空色が黒くなる（雷雲の接近）
- 川の水が濁ってくる
- 木の枝などが流れてくる

出典［末次忠司・高木康行：都市河川の急激な水位上昇への対応策，水利科学，No.307, 2009年］

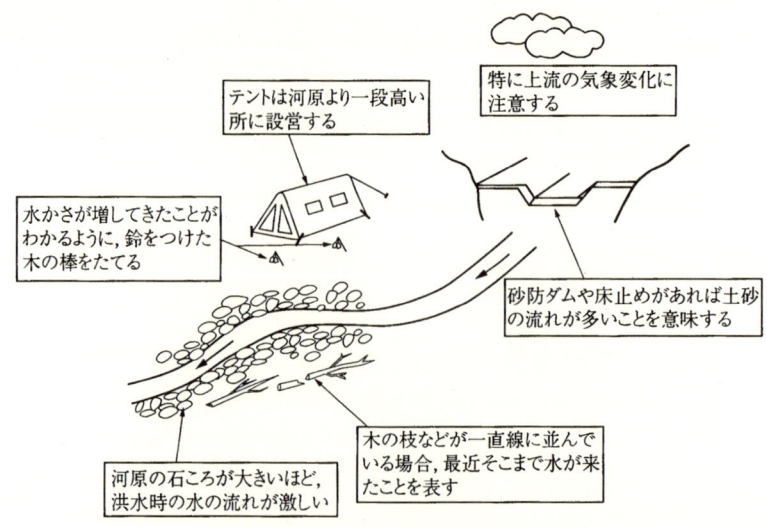

図6-9　河原のキャンプで水害にあわないための心得

＊）気象情報等の収集に加えて，現地の状況（空模様，水の濁り）などに注意する。
出典［末次忠司：河川の減災マニュアル―現場で役立つ実践的減災読本―，技報堂出版，2009年］

の棒を水面よりやや高い河原に立てておくと，鈴の音が水位上昇を知らせてくれる（図6-9）。

なお，玄倉川におけるキャンパー事故が契機となって，気象情報や情報伝達のあり方が厳しく問われた。その結果，

- 誤解されやすい「並の」台風，「弱い」台風という表現を改め，風速15 m/s以上の半径が500 km以上の台風を大型台風，800 km以上の台風を超大型台風と呼ぶようになる（H 20.6）
- 東海豪雨（H 12.9）の災害も契機となり，「新しい時代のダム管理のあり方」が検討され，異常洪水における情報提供のあり方が提示される（H 13.7）

こととなった。

**参考文献**
1) 栗城稔・末次忠司：自然災害における情報伝達 関川豪雨災害（1995年），土木学会誌，1996年
2) 警察庁：警察白書
3) 末次忠司・髙木康行：都市河川の急激な水位上昇への対応策，水利科学，No.307，2009年
4) 末次忠司：河川の減災マニュアル―現場で役立つ実践的減災読本―，技報堂出版，2009年

## 6.4　水害発生の地域性

　水害被害は台風や梅雨前線などの大規模な気象の擾乱で発生することが多いが，地域によっては水系ごとに発生時期が異なる場合がある。隆起が著しく，起伏の大きな中部地方や北陸地方では水系単位に集中して洪水が発生し，水系ごとに大規模な水害の発生時期がまちまちである。中部地方は伊勢湾台風（S 34.9）による水害が13水系中6水系もあるが，北陸地方は各水系で大規模水害の発生要因は異なり，要因が同じ水害は2水系にすぎなかった。一方，九州地方はS 28の梅雨前線豪雨等による水害が12水系と圧倒的に多く，次いで宮崎県内の3水系のS 29水害が続いている。九州地方西部と中国地方の瀬戸内海側は梅雨前線による豪雨が多いが，その他の地域は台風か台風・梅雨前線の両方による豪雨が多い（表6-7）。

　九州・北陸地方で代表的な水害であるS 28水害とS 53水害について見てみる。S 28水害は北部九州を中心に西日本一帯を襲った6月の梅雨前線豪雨と7月の和歌山地方の南紀豪雨などの全国的な水害で総被害額約6,000億円（現在価格で3兆円以上）は史上最高の被害額である。各々の死者・行方不明者（被災家屋）数は1,013名（約47万棟）と1,124名（約10万棟）であった。梅雨前線豪雨時の気象状況は九州北部全域で総雨量が500 mmを超え，筑後川・白川・大分川・嘉瀬川・六角川などの多い所では700 mm以上の総雨量となり，各地で水害が発生した（図6-10，6-11）。この水害が契機となって政府から治山治水事業の長期計画と諸施策が公表されたが，予算規模が大きかったために閣議決定には至らなかった。

　一方，S 53水害は6月の梅雨前線豪雨が原因で，新潟県を中心に約1,100億円の被害を発生させた。総雨量は多い地域で300〜500 mmであったが，その範囲は百数十kmで，

表6-7　北陸地方と九州地方の水害比較

| | | | |
|---|---|---|---|
| 九州地方 | S28水害：12水系 | S29水害：3水系 | その他の水害：5水系 |
| 北陸地方 | S53水害：2水系 | S27水害：2水系 | 他の水害は全て1水系 |

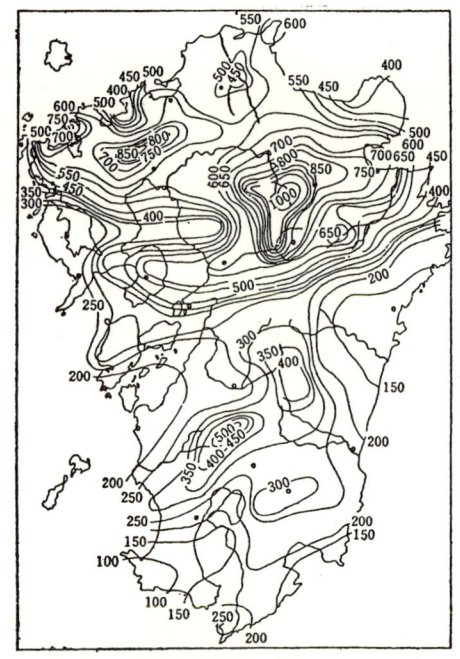

図6-10 雨量分布図1 (S28.6.24〜29)
出典［土木学会西部支部：昭和28年西日本水害調査報告書, 1957年］

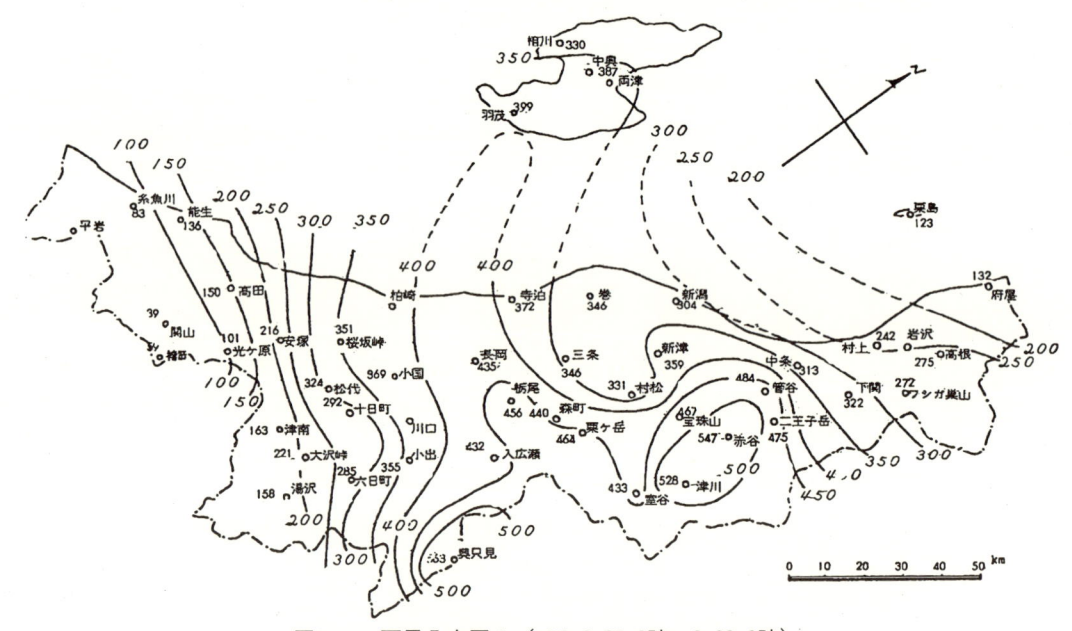

図6-11 雨量分布図2 (S53.6.25.9時〜6.28.9時)

時間雨量は少ないが2日半という継続時間の長い洪水が水害の原因となった。信濃川や阿賀野川などの大河川における破堤氾濫はなく，中小河川（渋海川，猿橋川，能代川など）での破堤・溢水災害，排水不良地域における浸水被害が発生した。

両水害の豪雨範囲を500 mm 以上の範囲で見れば，S 28 水害が140 km 四方であったのに対して，S 53 水害は数十 km であった。S 28 水害の豪雨範囲が広かったのは，前線の動きにもより，25〜26日にかけて北部九州に停滞したが，27日にいったん南下した後に

再度北上した。28日にはやや南に停滞したが，結局瀬ノ下地点（筑後川）で見て洪水は5日以上も継続した。このように両水害は豪雨の発生範囲が大きく異なっている。すなわち，九州地方では広範囲の豪雨により水害が発生するが，北陸地方における水害は九州地方に比べると，範囲の狭い豪雨によるものが多い。

一方，水害被害額から地域性を見ると，水系別の名目水害被害額（H7～16の平均値）は最多が庄内川水系の351億円/年で，東海豪雨（H12.9）による被害額が大きい。次いでH16水害が発生した信濃川水系（325億円/年），円山川水系（234億円/年）と続く。同様に都道府県別で見ると，水系別と類似して，庄内川水系のある愛知県（686億円/年），円山川水系のある兵庫県（604億円/年），信濃川水系のある新潟県（537億円/年）の順となっている。平均被害額は154億円/年であるので，最多被害額はこの4倍以上となり，地域ごとの格差が見られる。市町村別に例示すると，大阪市は頻度・被害額とも多いし，旧大宮市は頻度は高いが被害額は多くない。

**参考文献**
1) 土木学会西部支部：昭和28年西日本水害調査報告書，1957年

## 6.5 水害の発生形態

水害の発生形態は1950年代までと1960年代以降で大きく異なる。1950年代まではカスリーン台風（S22.9），狩野川台風（S33.9），伊勢湾台風（S34.9）などのように，破堤を伴う壊滅的な水害が多く，多数の家屋が全壊・流失し，多くの人が犠牲となった。しかし，1960年代以降は特に水害に伴う死者・行方不明者数が減少し，都市域を中心とする内水被害が増大した。

1960年代以降，死者・行方不明者数が減少したのは，堤防やダムなどの治水施設の整備と詳細な気象情報・警報等の発令が効果を発揮したといえる。堤防高が計画高水位以上の直轄完成堤・暫定堤で見ると，S42に約5,100kmであったが，約30年後のH8には約10,700kmと倍増し，H18.3現在は約11,200kmである。また，気象警報（大雨，洪水，高潮など[注1]）はアメダスの整備（S46）後，発令数が増加し，整備前の6～7倍の警報が発令されている。

水害は越水等により破堤して氾濫被害を発生させるものから，降雨が低平地に湛水して，内水被害を発生させるものまで，多種多様な形態がある。被災規模の大きさの順に氾濫までのプロセスを分類すると，以下の通りである。

① 豪雨→洪水→破堤→氾濫
② 豪雨→洪水→堤防高の低い中小河川からの越水→氾濫
③ 豪雨→洪水→中小河川の排水不良→中小河川からの氾濫
④ 豪雨→低平地に湛水→内水氾濫

治水施設の整備が十分でなかった時代には①の氾濫形態が多かったが，最近は相対的に③や④の氾濫形態にシフトしてきている。その結果，1960年代は水害による家屋の全半壊・流失が全体の約3割を占めていたが，1990年代は被災家屋数の約8割が床下浸水により生じている。

---

注1) 水害関係では，現在この3警報が発令されているが，S63.3までは暴風雨警報も発令されていた。

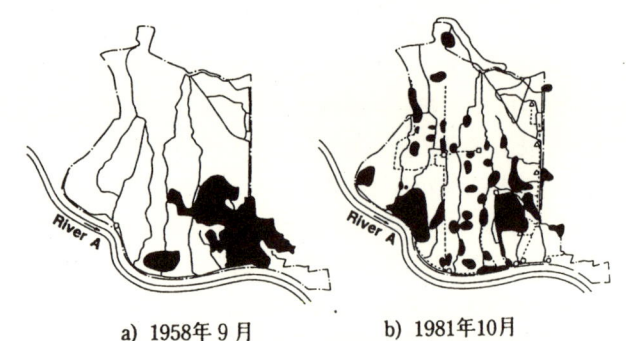

a) 1958年9月　　b) 1981年10月
図6-12　浸水区域の変化（荒川左岸）
出典［浜口達男・井出康郎・中島輝雄：総合的な都市雨水処理計画
に関する調査，土木研究所資料，第2481号，1987年］

　なお，都市域では中小河川に加えて，排水の中心となっている下水道からの氾濫も多い。下水道からの氾濫は流下能力（確率1/5〜1/10）を超えた下水が氾濫を起こす場合と，排水先河川の水位が高く，下水道と河川の合流点付近で氾濫する場合がある。例えば，荒川左岸流域ではS30年代は荒川沿いの河川や下水道から浸水していたが，幹線排水路の整備によって，荒川から離れた地域において浸水が増加してきた（図6-12）。
　このように，近年多く見られる水害は中小河川・下水道からの氾濫であるが，その他に流域開発および河道改修の進捗を上回る都市化に伴う浸水，元々浸水被害が多かった浸水地域の開発に伴って発生する氾濫などもある。

**参考文献**
1) 栗城稔・末次忠司：戦後治水行政の潮流と展望―戦後治水レポート―，土木研究所資料，第3297号，1994年
2) 浜口達男・井出康郎・中島輝雄：総合的な都市雨水処理計画に関する調査，土木研究所資料，第2481号，1987年
3) 末次忠司：氾濫被害軽減のための氾濫原管理，水利科学，No.275，2004年
4) 栗城稔・末次忠司・小林裕明：洪水による死亡リスクと危機回避，土木研究所資料，第3370号，1995年


## 6.6　内水被害と対策

**内水被害**

　治水施設の整備等により，破堤に伴う水害被害は減少している。しかし，内水被害は増大しており，洪水被害額に占める内水被害額のシェアを見ると，1970年代が45％，80年代が53％，90年代が60％と増加傾向にある。三大都市圏で見れば，内水被害額のシェアは更に高い。
　内水原因は図6-13に示した，③中小河川の流下能力不足や，②排水先河川の水位が高いために排水できずに湛水する場合が多いが，局所的な集中豪雨では，①窪地状の地形に湛水するなど，河川から離れている場所でも湛水が発生する場合がある。その他に浸水地域の都市化，都市化・流域開発による流出増，河川と下水道の整備水準のアンバランスなどの原因がある。
　このように内水被害が増えたのは都市化に伴って雨水流出が速くなり，洪水ピーク流量

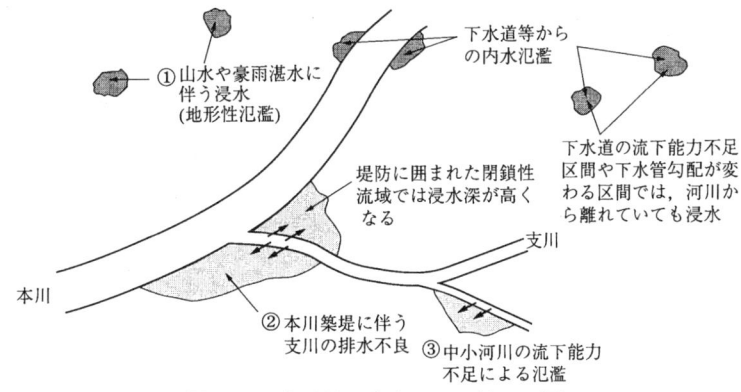

図6-13 典型的な内水氾濫形態の要因

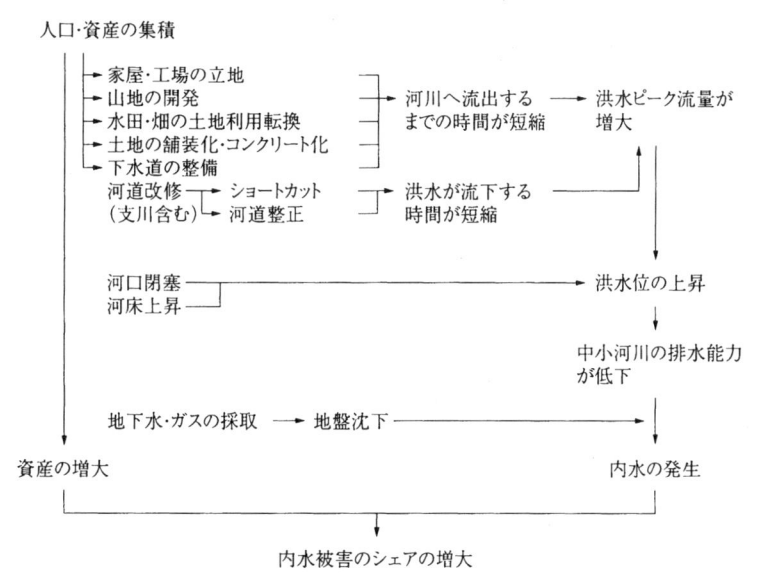

図6-14 内水被害のシェア拡大要因

*) 都市化に伴う流出変化が内水を引き起こす場合と，排水先河川の高水位により排水能力を上回った洪水が内水を発生させる場合がある。

出典［栗城稔・末次忠司：戦後治水行政の潮流と展望―戦後治水レポート―，土木研究所資料，第3297号，1994年］

が増大したことが一番の原因であるが，流量増大による洪水位の上昇は合流する中小河川や下水道の排水能力を低下させ，内水被害を発生させる原因となっている．社会的には開発による水害ポテンシャルの増加や都市域への人口・資産の集積が被害額増大の引き金となり，内水被害のシェア拡大へと導いている（図6-14）．

内水はゆっくりと上昇する場合もあるが，外水と同じくらい水位上昇が速い場合もあるので，注意する（第10章 10.6「氾濫水の伝播・上昇」参照）．また，通常内水はそれほど浸水深は高くならないが，堤防に囲まれた地域やすり鉢状の地形などでは浸水深が大きくなったり，湛水日数が長くなる可能性がある．例えば，内水ではないが，吉田川の水害（S61.8）では4カ所破堤し，旧品井沼が1週間以上湛水した．このように水害は昔の治水地形を蘇らせることがある．

**内水対策**

　内水対策としては排水ポンプ，河道改修（バック堤[注1)]）が多く採用されているが，排水ポンプはコストや維持上の課題があり，できれば自然排水方式が望まれる。その他の内水対策として放水路，遊水地，樋門・水門の改築などがあるし，河川・水路のネットワーク化，または流況調整河川を活用して内水排除を行う方法もある（佐賀・木曽川・北千葉導水路事業）。

　内水処理計画をたてる場合，内水すべてを排除できる放水路，ポンプなどを建設するには多額の建設費を要するので，遊水地，流出抑制，氾濫許容などを組み合わせて，施設の設計規模を小さくし，コスト縮減を図る必要がある。例えば，富士川支川大堀川や北上川支川吉田川などでは氾濫原ポンプや氾濫原樋門を設置している。氾濫許容時の許容浸水深は床上浸水が発生しないように，床高（50 cm）程度が多い。また，ポンプによる内水排除を計画する場合，比流量で見ると一般河川では $0.5 \sim 1 \, m^3/s/km^2$，都市河川では $2 \, m^3/s/km^2$ 以上が目安となる。流域面積別では $10 \, km^2$ 以下で $2 \sim 4 \, m^3/s/km^2$，$10 \, km^2$ 以上で $1 \sim 2 \, m^3/s/km^2$ が多い。

　排水先河川の改修が遅れていたり，洪水時の水位が高い場合はポンプ排水規制[注2)]を実施する必要がある。排水規制は排水管理者と浸水被害者が一致する場合は実施可能性はあるが，一致しない場合は実施が困難な場合がある。新潟県西蒲原地区（信濃川支川新川）では，過去2回（S 42.8，H 7.8）にわたってポンプ排水規制が実施された。この地域は農村地帯であり，排水規制に対する住民からの反発は少ない。それでも，S 42.8 の規制時にはポンプ停止の決定に住民が反対を表明した。幸い，この間に河川水位が下がったため，特に問題とはならなかった。愛知県および流域市町村でも，東海豪雨（H 12.9）以降，排水調整要綱を作成し，排水規制を行う基準水位を設定している。なお，その他の内水対策としての放水路計画にあたっては第8章　8.6「放水路・トンネル河川」，遊水地計画にあたっては8.7「遊水地」を参考されたい。

**参考文献**

1) 建設省河川局治水課監修・国土開発技術研究センター編集：内水処理計画策定の手引き，山海堂，1994 年
2) 末次忠司：氾濫被害軽減のための氾濫原管理，水利科学，No. 275，2004 年
3) 建設省河川局監修：河川砂防技術基準（案）同解説 計画編，日本河川協会，1997 年
4) 栗城稔・末次忠司：戦後治水行政の潮流と展望―戦後治水レポート―，土木研究所資料，第3297号，1994 年

## 6.7　下水道（雨水処理）

　都市域では下水道網が整備され，下水道は河川と並んで重要な雨水の排水機能を有している。下水道による汚水処理に関して，流域別下水道整備総合計画が策定されるのに対して，雨水処理では特定都市河川浸水被害対策法に基づく流域水害対策計画を策定しなければならない。本計画では雨水貯留浸透施設の整備，特定都市下水道およびそのポンプ操作などに関する計画を定めることとなっている。

---

注1) バック堤とは本川堤防並みの安全な構造を持つ支川堤防のことをいい，本支川合流点付近に逆流防止施設を設けずに堤防で対応するもので，逆流堤ともいう。

注2) ポンプ運転調整という場合もある。

## 6.7 下水道（雨水処理）

下水道には汚水と雨水を一緒に流す合流式6万 km と別々に流す分流式35.7万 km があり，雨水処理には合流式と分流式の雨水管4.8万 km の計10.8 km が用いられる。分流式はS40年代頃から各地で整備されるようになった。雨水は基本的には水位差に従って管路内を流下していくが，低平地では管路位置が深くならないよう，中継所でポンプ揚水しながら流下させている。

下水道による都市浸水対策が対象としている降雨計画確率は1/10，1/7，1/5が多く，各々33％，25％，36％である[注1]。都市浸水対策の整備は達成面積率で見て49％（H11）→51％（H15）→54％（H19）とわずかずつではあるが進捗している。都道府県別の達成面積率で見れば大分（74％），東京（73％），岡山（70％），……，佐賀（33％），長野（31％），鳥取（30％）となっている（H19年度末）。政令指定都市でも達成率に格差があり，達成率が高い名古屋市が93％であるのに対して，達成率が低いさいたま市は41％である（図6-15，6-16）。

下水道からの浸水被害を減少させるには河川と下水道の計画策定にあたって，計画や計算手法を統一する必要がある。また，河道整備が進んでいないのに，下水道整備が進捗するとかえって水害被害が助長される危険性もあるため，雨水管の整備は排水先となる河川の計画と整合性をとりながら進める必要がある。H10には建設省の河川部局と下水道部局が共同して「総合的な都市雨水対策計画の手引き（案）」を策定するとともに，一層の連携が図られた。

手引きのなかでは総合治水対策が実施されている鶴見川，寝屋川を対象に河川事業と下水道事業が連携して整備する施設の想定計画（雨水排水分担計画）例が示されている。例えば，寝屋川における下水道事業では比流量換算で，将来的に7 m³/s/km²（10年確率）まで引き上げる計画が策定されている（図6-17）。これに対して経済性等の検討から6 m³/s/km² までは流下施設，それ以上は貯留施設等で対応するといった分担計画が示されている。

H12の都市型水害緊急検討委員会による「都市型水害対策に関する緊急提言」を受けて，H13に都市型水害対策検討委員会が設置された。検討委員会では都市型水害の水災シナリオを明確にし，シナリオに応じた対応策を示すとともに，河川・下水道管理者が都市型水害対策を検討するための指針を明らかにすることとした。H15に成立した特定都市河川浸水被害対策法では知事や市町村長，河川管理者，下水道管理者が共同で流域水害対策計画を策定し，河川・下水道による一体的な浸水対策を講じることが唱われた。

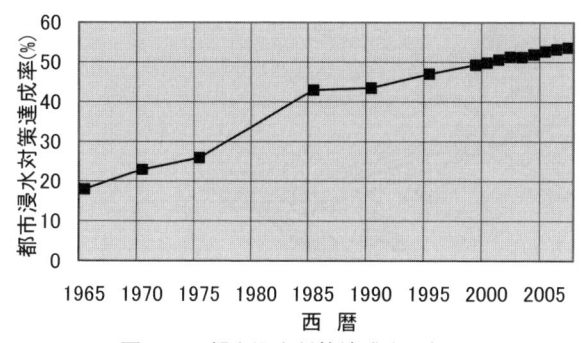

図6-15　都市浸水対策達成率の推移
*）1999以前は達成率の算定方法が異なるため，参考値として示した。

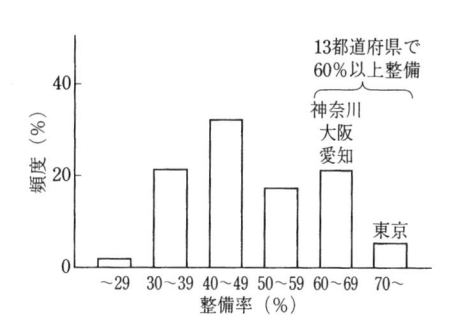

図6-16　都道府県別の都市浸水対策達成率
*）都市圏の達成率は高いが，地方では3割台の県も多い。

---

注1）降雨計画確率は最小値または最大値（または両者）で示されているため，合算して割合を出した。

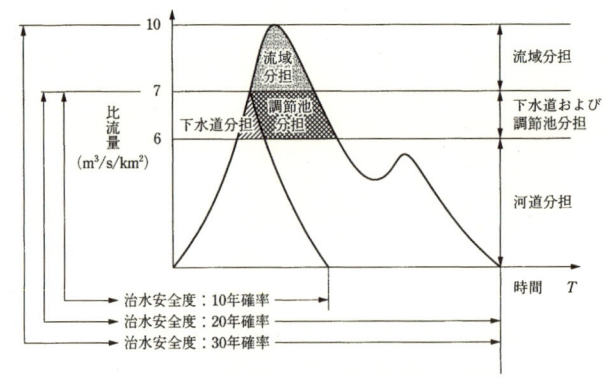

図6-17 寝屋川における雨水処理分担
*) 10年確率洪水は河道と下水道で対応するが、それ以上の河道で処理できない洪水は調節池や流域（浸透、貯留）で分担する計画となっている。

H21からは「下水道浸水被害軽減総合事業」が開始された。これは一定規模の浸水実績があり、浸水対策に取り組む必要性が高い地区を対象に、従前の「下水道総合浸水対策緊急事業」に比べて、貯留・排水施設（下水排水面積の要件あり）、防水ゲート、止水板など、補助対象施設を大幅に拡大した事業である。

下水道は管渠下水管渠（汚水管を含む）は $\phi 60\,\mathrm{cm}$ 未満が全体の86％であり、小口径管渠が多いが、大規模幹線による雨水処理も行われている。近年大口径の幹線管渠が各地で建設されており、例えば東京には汐留幹線（最大内径 $6.5\,\mathrm{m}\times$ 延長 $1.8\,\mathrm{km}$）、大阪にはなにわ大放水路（$6.5\,\mathrm{m}\times 12.16\,\mathrm{km}$）や天王寺弁天幹線（$6\,\mathrm{m}\times 8.2\,\mathrm{km}$）などがある。大規模幹線管渠の目的は雨水排除または雨水貯留であるが、前者の場合でも排水先河川の整備状況を勘案して、下流端で排水量を絞って貯留効果を発揮している場合もある。

東京都では大規模幹線管渠に加えて、面的に高い密度で下水管を整備したり、浸透・貯留施設により浸水被害を軽減する雨水整備クイックプランをH11より開始した（図6-18）。プランでは都内28の重点地区を対象に対策を実施し、これまでに雨水排水区域 $568\,\mathrm{km^2}$ に対して、$15{,}320\,\mathrm{km}$ の下水管（合流式を含む）を建設した。このうち93％は $\phi 80$

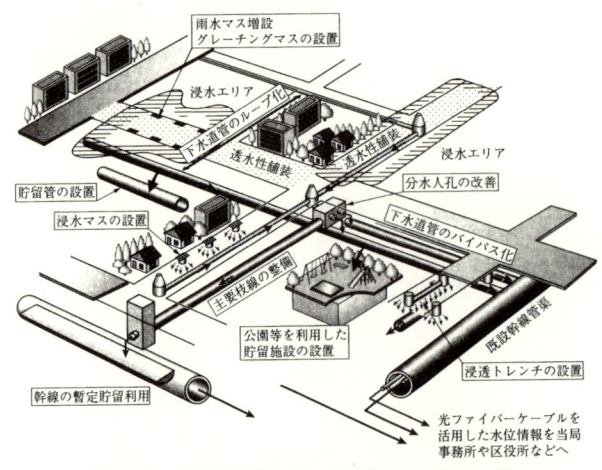

図6-18 雨水整備クイックプラン（東京都）
*) 雨水を流域で浸透・貯留（浸透マス、透水性舗装）または下水管内で貯留（貯留管、バイパス化）するプランで、面的に雨水処理を行う。

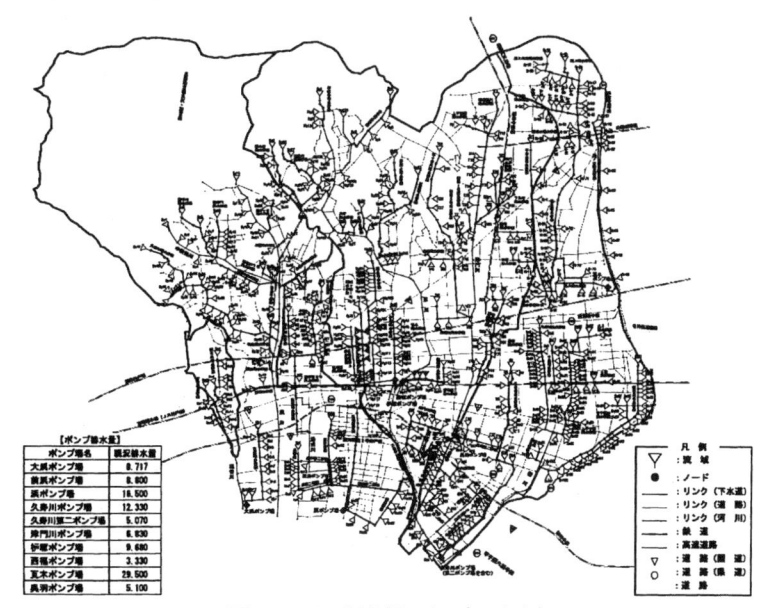

図6-19 下水道網の例（西宮市）

*) ▽印は集水する流域を表している。
出典［三谷實・三井航：西宮市南部河川における都市域総合モデルについて，調査・計画・設計部門Ⅰ No.22, 2006年］

cm 以下の小規模な下水管である。H 16 には新・雨水整備クイックプランを策定した。プランでは重点地区 42 地区において幹線・枝線等による貯留，バイパス管の整備などを行うとともに，小規模対応箇所 67 カ所を対象に管渠のループ化，バイパス管・道路雨水マスの設置などを行う予定である。

都市域における下水道は人間の毛細血管のように網状に整備されている。例えば，図6-19に示す兵庫県西宮市南部の主要雨水幹線（幅 5.5 m 以上の道路下の下水道）の整備状況を見ると，10 基のポンプ場を経由して，特に下流の低平地に高密度で管路が整備されている様子がうかがえる。こうした高密度の管路網で面的かつ効率的に雨水排除を行うには，上下流の管径分布を変えたり，一定区間に貯留管を設けることも検討すべきである。

また，通常雨水排除は市町村の下水道事業として行われているが，市町村を越えて広域的に対応する方が効果的な場合がある。東京都は多摩川上流，黒目川上流の 2 地域を対象に広域的な雨水幹線計画を策定した。多摩川上流域では浸水を解消するため，シールド工法により内径 4～6 m，延長 7.3 km の幹線の建設に着手し，H 16.5 に完成した。

**参考文献**

1) 三谷實・三井航：西宮市南部河川における都市域総合モデルについて，調査・計画・設計部門Ⅰ No. 22, 2006 年
2) 伊東三夫・三上豊：創意工夫した技術の導入による多摩川上流雨水幹線の建設，土木学会誌，Vol. 88-12, 2003 年
3) 日本下水道協会：平成 19 年度版 下水道統計 第 64 号，2009 年
4) 都市雨水対策検討会：総合的な都市雨水対策計画の手引き（案），1998 年

## 6.8 下水道の防災・管理

### 作業員の被災

都内の豊島区雑司が谷では，H 20.8 に下水管の老朽化対策工事（内面の樹脂補強）中の作業員 5 名が流されて死亡した。この時，大雨・雷・洪水注意報が発令されていたにもかかわらず，作業員には退避指示は出されず，水位が急上昇した時に作業員は工事用具の搬出中で，6 名が流され，うち 5 名が死亡した。事故発生後の H 20.9 に，予防対策の強化のために，局地的な大雨に対する下水道管渠内工事等安全対策検討委員会より「局地的な大雨に対する下水道管渠内工事等安全対策の手引き（案）」が出された。

### マンホール蓋の飛散

豪雨により大量の雨水が下水管に流入すると，水圧[注1]や連行された空気塊による空気圧が大きくなって，マンホール蓋を飛散させる。マンホール蓋が飛散すると，自動車の通行障害や通行人の転落を発生させる危険性がある。高知市（H 10.9）では，集中豪雨により合流地点やポンプ場に近い地点のマンホールの蓋が 11 カ所で浮き上がり，蓋があいた 2 カ所で人が吸い込まれ，2 名が転落死した。飛散対策としては，マンホール内の圧力に対して，一定の高さまで蓋が浮き上がって，圧力を開放するタイプと，蓋の下の隙間に金属の中蓋を取り付け，万一蓋が外れても歩行者が転落しないタイプなどがある。

### 管路の劣化・損傷

下水管は建設後 30 年以上経過する古いものが 2 割弱ある[注2]。下水管は老朽化したり，劣化すると，破損して土砂が流入し，道路陥没を発生させる。道路陥没は H 11 より増加傾向にあり，最近では 6,000～7,000 カ所／年（うち約 4,000～5,000 カ所が下水管に起因する）発生している。例えば，下水管がたるんでいる箇所は下水が流れにくく，滞留するため，硫化水素が発生する原因となり，硫化水素は以下のプロセスで劣化を進行させる。劣化・損傷に対してはテレビカメラ等で点検を行い，必要箇所には塩ビ樹脂やプラスチック材等で被覆し，管面に圧着させる。

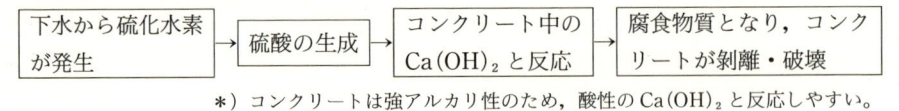

下水から硫化水素が発生 → 硫酸の生成 → コンクリート中の $Ca(OH)_2$ と反応 → 腐食物質となり，コンクリートが剥離・破壊

\*）コンクリートは強アルカリ性のため，酸性の $Ca(OH)_2$ と反応しやすい。

### 雨天時浸入水

分流式下水道を通じて雨天時にポンプ場や終末処理場に流入する「浸入水」が増加すると，汚水管路からの溢水による環境悪化，ポンプ場・処理場の冠水を引き起こす。これに対しては，財団法人下水道新技術推進機構「分流式下水道における雨天時浸入水対策計画策定マニュアル」が H 21 に出された。

### 管路の誤接続

都内 23 区内における雨水放流渠（吐口）の調査の結果，誤接続によりトイレ等の汚水

---

注 1）大量の大雨で満管になったり，傾斜地下流で標高差により，大きな水圧となる。
注 2）標準的耐用年数は 50 年である。

が雨水管を経て河川へ流出していた事例が5カ所見つかった。このような管路の誤接続をなくすために，国交省はH21に各都道府県へ「汚水の雨水管への誤接続に関する緊急点検の実施」を通知した。

**参考文献**
1) 末次忠司：河川の減災マニュアル―現場で役立つ実践的減災読本―，技報堂出版，2009年
2) 国交省ホームページ資料

## 6.9 ライフライン被害

　私たちの生活は電気・ガス・水道などのライフラインにより維持されている。そのため，水害によるライフラインの被害額は平均で総水害被害額の約1％にすぎないが，ライフラインが被害を受けると，日常生活や産業活動に大きな影響を及ぼすことになる。例えば，神田川・目黒川からの溢水では配電設備の被災により3万軒以上が停電したし，那珂川・逆川の氾濫では電力および電話の交換機能が停止し，影響を及ぼした（表6-8）。

　過去20年間のライフラインの代表的な被災状況を見ると，特に電力施設の被災世帯数が多く，電気通信施設の被災世帯数は年によって変動している（表6-9：ガス施設は停止世帯数が少ないので記載していない）。ライフライン施設の停止は日常生活や産業活動に直接影響を及ぼすだけでなく，被害が連鎖的に波及して広範囲に影響する被害となる。停電を例にとると図6-20のように2次，3次とツリー状に被害が波及・拡大していくのが特徴である。

　東海豪雨を例にとって見てみると，コンビニエンス・ストアーのサークルケイ・ジャパンでは約120店舗が浸水したり，停電により保温・保冷設備が動かなくなり，営業に支障

表6-8　ライフライン施設の被災と影響

| 被災原因 | 年月 | 被災および影響の概要 |
|---|---|---|
| 神田川・目黒川からの溢水 | S57.9 | ・配電設備（開閉器・変圧器等を収容した配電塔など）が被災し，32,180軒が停電した<br>・復旧に約1日を要した |
| 那珂川・逆川の氾濫 | S61.8 | ・那珂川の氾濫により，東京電力根本変電所（水戸市）が約1.5m浸水し，監視室内の制御回路が短絡する前に電力供給を緊急停止したため，24,400軒が停電した<br>・那珂川支川逆川の氾濫により，NTT茂木電報電話局（茂木町）の交換機室が床上50cm浸水し，交換機能が停止し，約4,300の加入電話が不通となった |
| 東海豪雨 | H12.9 | ・3変電所が冠水し，愛知県内の26,400戸が停電した<br>・新幹線が東京～新大阪駅間の駅などで最大74本が立ち往生し，最長で20時間以上車内で足止めとなるなど，5.2万人の乗客に影響した<br>・トヨタ自動車では交通網の分断により従業員や部品を確保できず，全国24工場の操業を停止した。操業停止は1.7万台の車両製造に影響を及ぼした |
| 平成21年7月中国・九州北部豪雨（山口市） | H21.7 | ・朝田浄水場の浸水と送水管漏水により，35,377戸に影響した<br>・浄水場は最大1.3m浸水し，浄水池・配水池が被害を受けるとともに，電気室や送水ポンプ室の防火扉が水圧で破壊された<br>・被害を受けてから6日で復旧できた<br>・大雨を想定した被害シミュレーションの経験により，事前に送水・取水ポンプを停止したのも効果的であった |

表6-9 ライフライン停止の影響

| 年<br>施設 | H2 | H3 | H10 | H16 | H18 |
|---|---|---|---|---|---|
| 電力 | 9.1 | 1.4 | 8.8 | 5.4 | 3.1 |
| 水道 | 3.9 | 3.4 | 2.1 | 2.8 | 2.3 |
| 電気通信 | 4.2 | 0.5 | 3.0 | 3.9 | 0.1 |

注1）単位は万世帯で，電気通信は万回線である。
注2）降雨だけでなく，風による被害も含まれている。

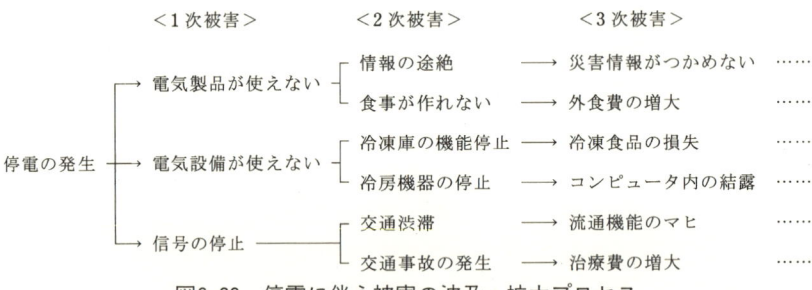

```
                  <1次被害>           <2次被害>           <3次被害>
                                  ┌ 情報の途絶   → 災害情報がつかめない  ……
             ┌→ 電気製品が使えない ┤
             │                    └ 食事が作れない → 外食費の増大        ……
             │                    ┌ 冷凍庫の機能停止 → 冷凍食品の損失     ……
停電の発生 ──┼→ 電気設備が使えない ┤
             │                    └ 冷房機器の停止 → コンピュータ内の結露 ……
             │                    ┌ 交通渋滞     → 流通機能のマヒ       ……
             └→ 信号の停止        ┤
                                  └ 交通事故の発生 → 治療費の増大        ……
```

図6-20 停電に伴う被害の波及・拡大プロセス

出典［栗城稔・末次忠司・小林裕明：都市ライフライン施設等の水防災レポート，部内資料，1992年］

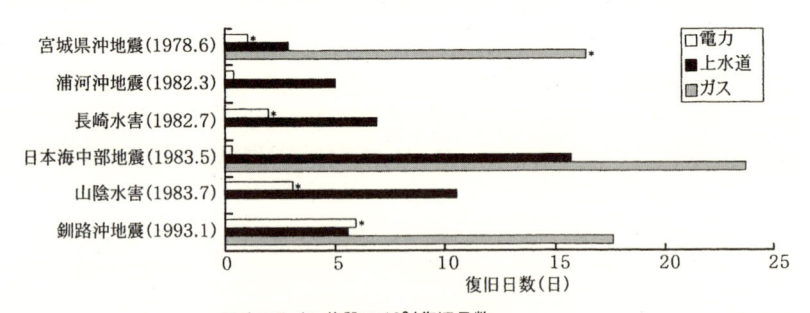

図6-21 ライフライン施設の90%復旧日数

ライフライン施設の90%復旧日数
＊印は最大供給停止戸数が5万戸以上の施設被害である

＊）電力，上水道，ガスの順に復旧しており，試し運転が難しいガスの復旧が最も時間を要する。＊印は最大供給停止戸数が5万戸以上の施設被害である。
出典［道上正規・国蔵眞臣・檜谷治：ライフラインの被災機構とその影響調査，文部省科学研究費，1984年　ほか］

が生じた。名古屋市中央卸売市場では大雨による混乱で仲買人らが集まれず，また入荷量が少なかったため，競りが中止となった。また，都市ガス設備の冠水により約5,000戸のガス供給が停止したほか，ガス整圧器（ガバナー）の冠水に対して，2次災害防止に備えて，ガス機器使用差し控えのお願いが出された。

　これまでの水害に伴うライフライン施設の停止状況（9割復旧までの日数）を見ると，電力が2～4日，水道が7～11日と，電力の復旧が早かった（図6-21）。施設復旧までの日数は被災規模や被災形態によるものの，地震に伴うライフライン施設の停止状況も含めて見てみると，復旧日数が短い方から電力，電気通信，ガス，水道であった。ただし，ガス管は他のライフラインと異なって，供給を開始しながら被災箇所をチェックできないため，被災規模によっては最も復旧に時間を要する可能性がある。

表6-10 ライフライン施設の被災しやすい設備と浸水対策

| 施設 | 被災しやすい設備 | 浸水流入箇所→主要な対策 |
|---|---|---|
| 電力 | （地下）変電設備，配電塔，分岐箱 | ・変電設備→設備の嵩上げ<br>・地下変電設備の出入口→ステップ，防水板，防水扉，設備の嵩上げ<br>・地下変電設備と洞道・管路との接続箇所→樹脂による間仕切 |
| 電気通信 | 交換局，電話交換機，電柱，回線 | ・交換局全体→敷地・建物周囲の防水壁<br>・交換局出入口→防水板，防水扉 |
| 水道 | 取水場，浄水場，電気設備（ポンプ，電動機），送・排水管 | ・開放系の施設のため，浸水流入箇所は特定が難しい |
| ガス | 地下整圧器，需要家のガスメータ | ・地下整圧器（ガバナー）→完全防水又は移転 |

写真6-2 防水壁（NTT電話局）

＊）局舎が大きくない場合は全体を防水壁で囲う方が有利となるが，降雨・浸水時の出入口を別途設けておく必要がある。

　既往の調査より，水害による被災を受けやすいライフライン設備とその浸水対策は表6-10の通りである。浸水対策は出入口に防水板・防水扉を設置する場合が多いが，NTTのように施設全体を防水壁で囲ってしまう場合もある（写真6-2）。また，浸水を想定して設備自体を嵩上げするのは浸水防止に確実な方法である。なお，表6-10に示した浸水対策は各事業者が積極的に進めていく必要があり，そのためには対策実施にあたっての資金補助を行う必要がある。現在，公益施設の浸水防止対策の実施に対しては，日本政策投資銀行による低利融資制度が活用できる。

　ライフライン施設は，たとえ個別の施設が被災したとしても，全体の機能不全につながらないよう，いわゆる「リダンダンシー」を考え，例えば電力供給施設であれば，施設の融通化や電話線の複線化を図るなど，ライフラインの多重化を進めておく必要がある。例えば，長崎水害（S57.7）では本河内・浦上浄水場の被災に対して，水系間で給水を融通できるネットワークを利用して，給水を早めた事例がある。

**参考文献**
1) 栗城稔・末次忠司・小林裕明：都市ライフライン施設等の水防災レポート，部内資料，1992年
2) 道上正規・国歳眞臣・檜谷治：ライフラインの被災機構とその影響調査，文部省科学研究費，1984年
3) 末次忠司：都市型地下水害の実態と対策，雨水技術資料，第37号，2000年
4) 末次忠司・藤堂正樹：減災・危機回避への方策・技術の応用，河川技術論文集，第8巻，2002年

## 6.10 地下水害（地下鉄・地下街）

全国には多数の地下施設がある。都内の地下鉄・地下街を見ても，地下鉄の駅は約280カ所あり，1日の利用者は約800万人もいる。地下街は代表的なものだけでも8カ所（総延べ床面積約21万m²）あり，利用者が最も多い八重洲地下街では1日に約15万人も利用している（表6-11）。したがって，もし地下水害が発生した場合，非常に多数の利用者に影響が及ぶことが考えられる。

H11に福岡市（H11.6），新宿区（H11.7）の地下施設で相次いで浸水による死者が発生した。この地下水害に対して，マスコミは「近来まれに見る災害」と報道したが，実は地下水害は以前より発生していた。最初の地下街被害はS45.11の八重洲地下街（東京）で，工事用の防水壁が壊れて河川水が流入してきたし，地下鉄もS48.8の名古屋市営地下鉄名城線の平安通駅でホーム上40cmまで浸水したのが最初である。

表6-12に示すように，数多くの地下鉄や地下街で被害が発生している。地下鉄の被害が多いのは，出入口だけでなく，歩道面や道路の中央分離帯に設置している換気口からの浸水流入があるためである。また，地下水害が発生した時の最大時間雨量はほぼ70mmであり，この雨量が地下水害発生の目安となる。H15.7の福岡水害では福岡市内は30mm/hであったが，上流域の太宰府では99m/hの豪雨が発生していた。

地下水害の実態を福岡水害（H11.6）の例で見てみる。福岡市では午前8～9時にかけて77mm/hの集中豪雨に見舞われ，下水道（52mm/h対応）から氾濫が始まった。8時より天神地区の地下ビル，8時15分より博多駅地下街のデイトスで浸水が始まった。デイトスの一部では9時30分に排水を完了し，営業再開と思われた矢先，10時10分頃より再び浸水が始まった。これは10時頃から始まった御笠川と山王放水路からの越水氾濫によるものである。

地下街デイトスには20カ所から浸水が流入し，うち10カ所が出入口，エレベータ・エスカレータが各々4カ所などであった。デイトスの地下には地下水の漏水対策用の地下貯水槽（約1.3万m³）があり，フロアの排水口（55×55cm）13カ所を通じて排水されたため，幸い最大浸水深は10～20cm程度であった。しかし，博多駅コンコース入口およびJR側からの漏水が1階にたまり，地下街の天井から漏水が発生したため，商品等が被害を受けた。

水害時に最も対応が早かったのは地下鉄で福岡市交通局は9時頃，各駅に地下への出入口に防水板や土のうを置くよう，防水対策の指示を出した。このため，博多駅では浸水被

表6-11 都内の主な地下街の諸元

| 名　称 | 所在地 | 経営主体 | 開設年月 | 階層 | 延床面積 |
|---|---|---|---|---|---|
| 八重洲地下街 | 中央区八重洲2 | 八重洲地下街（株） | S40.6 | 地下3層 | 69,203 m² |
| 歌舞伎町地下街（サブナード） | 新宿区歌舞伎町1 | 新宿地下駐車場（株） | S48.9 | 地下2層 | 38,344 m² |
| 新宿駅西口地下街（小田急エース） | 新宿区西新宿1 | （株）小田急ビルサービス | S41.11 | 地下3層 | 29,650 m² |
| 新宿駅東口地下街（ルミネエスト） | 新宿区新宿3 | （株）ルミネ | S39.5 | 地下3層 | 18,358 m² |
| 京王新宿名店街（京王モール） | 新宿区西新宿1 | 京王地下駐車場（株） | S51.3 | 地下6層 | 17,086 m² |

表6-12 地下鉄・地下街で発生した主要な水害

| 区分 | 年月 | 被災箇所 | 被災の概要 |
|---|---|---|---|
| 地下鉄 | S48.8 | 名古屋市営名城線他 | 80 mm/hの豪雨により，名城線の平安通駅では軌道面上1.2 m（ホーム面上40 cm）まで浸水した．中村日赤駅では70 cm，大曽根駅等では30 cm浸水した |
| | S60.7 | 都営浅草線 | 68 mm/hの豪雨による道路上湛水が引上線開口部より西馬込駅構内に侵入し，内水被害が発生したが，防水ゲート・土のうにより浸水流入を軽減した |
| | S62.7 | 京阪電鉄三条～五条駅 | 70+78 mm/hの豪雨により，鴨川支川から越水した水がバイパス水路及び幹線下水暗渠へ流入し，換気口・ダクトを通じて駅構内へ侵入した．1万人以上の乗客に影響した．同年には都内の都営浅草線や営団丸の内線でも被害が発生した |
| | H11.6 | 福岡市営 | 77 mm/hの豪雨による下水道・河道からの越水で博多駅が浸水し，約4時間（80本）不通となった．隣の東比恵駅では防水板設置により浸水被害を防止できた．同年には都内の営団半蔵門線・銀座線でも被害が発生した |
| | H12.9 | 名古屋市営名城線他 | 93 mm/hの豪雨により4駅が浸水し，最大で2日間不通となり，40万人に影響した．特に名城線の平安通駅ではホーム面上90 cmまで浸水した |
| | H15.7 | 福岡市営 | 25 mm/h（上流の太宰府は99 mm/h）の降雨により，御笠川・綿打川から越水し，博多駅で最大約1 m浸水した．この浸水の地下鉄への流入により，23時間にわたって，331本の運行が停止したため，10万人に影響した |
| 地下街 | S45.11 | 東京駅八重洲地下街 | 河川の水圧で工事用防水壁が壊れ，水が侵入した |
| | S56.7 | 新宿歌舞伎町サブナード | 内水（最高30 cm）で浸水 |
| | S57.8 | 名古屋市セントラルパーク地下商店街 | 33 mm/hの降雨により，接続する名鉄瀬戸線の栄橋より浸水が流入し，地下街で内水被害が発生した．名鉄には防水板があったが，短時間で浸水が始まったため，設置できなかった |
| | H11.6 | 博多駅地下街・天神地下街 | 77 mm/hの豪雨により，浸水が流入して被害が発生した．博多駅地下街では天井からの漏水等により商品被害が発生したが，浸水は地下貯水槽に排除されたため，浸水被害を軽減できた |
| | H15.7 | 博多駅地下街 | 25 mm/h（太宰府は99 mm/h）の降雨により，御笠川・綿打川から越水し，地下街が浸水した |
| | H20.8 | 名古屋駅前ユニモール | 84 mm/hの豪雨により，86の専門店の約1/3が浸水し，営業停止した．ユニモールはS46，H12にも浸水した |

害が発生したが，隣の東比恵駅では駅員2名で全7カ所の出入口に防水板[注1]を設置し，浸水被害を防いだ．これに対して，地下街では10時30分にデイトスが対策本部を設置し，11時20分に博多駅筑紫口を土のうで封鎖したり，扉を手動で閉鎖したが，地下街各店舗の従業員に対して避難・誘導等は行われなかった．土のうによる封鎖に対しては，「土のうが通行に邪魔だ」と苦情を言う客がいた．なお，特定都市河川浸水被害対策法では洪水・浸水想定区域内の地下街管理者は浸水時の避難計画を作成し，公表する努力を行う旨が謳われている．

　福岡における H11.6 水害後，著者はヒアリングと称して，博多駅地下街とデイトスの管理者に防水板設置の要請を行った．博多駅の地下街では初めての浸水であったが，当時

---

注1）高さ60 cm×幅2 mのアルミニウム製で，価格は30万円/枚と安価な防水板である．

写真6-3　防水扉（馬喰横山駅）
注）同駅の隧道（トンネル）内にも浅草線方向からの浸水を防止するために，鋼鉄製の防水扉（電動油圧式）が設置されている。

　その他の地下街では浸水被害が発生しており，この実情を説明するとともに，防水板設置の実績や有効性について説明したが，管理者は「次に浸水するのは先のことである」と危機感が薄く，水害後の防水板設置もわずかであった。そして，4年後のH15.7に再度浸水被害を受けた。この水害後は地下街，地上の周辺ビルにも多数の防水板が設置された。
　地下街や地下鉄などの地下施設では，防水板等により出入口からの浸水流入は阻止できる。しかし，出入口以外にも多数の浸水流入箇所はあるし，地下施設は近隣のビルと多くの箇所で接続しているため，これらのうちの1カ所でも防水板等の設置が行われていなければ，浸水被害が発生する危険性があることに留意する必要がある。
　浸水流入防止対策としては，出入口の嵩上げや防水板が多いが，防水扉（出入口，連絡通路，トンネル），防水シャッターなども設置されているし，地下鉄の換気口には浸水防止機が設置されている。江東デルタの地下鉄（都営新宿線・浅草線）には，浸水範囲が拡大しないように，連絡通路やトンネルの途中に鋼鉄製の防水扉（電動油圧式）が設置されている箇所もある。写真6-3は都営新宿線の馬喰横山駅の連絡通路に設置されている防水扉である。

**参考文献**
1) 栗城稔・末次忠司・小林裕明：都市ライフライン施設等の水防災レポート，部内資料，1992年
2) 末次忠司：都市型地下水害の実態と対策，雨水技術資料，第37号，2000年
3) 末次忠司：地下水害の実態から見た実践的対応策，土木学会 地下空間研究委員会，2000年

## 6.11　地下水害（地下ビル・地下室）

　全国には多数の地下施設がある。都内では，個人住宅や延べ床面積150 m² 未満の建物を除いても，約63,000カ所の地下空間がある。建築基準法の改正（H 6.6）で住宅地下室の容積率不算入制度が定められ，ドライエリアの設置等の一定基準を満たした場合，地下室を居室として利用できることになり，都内では土地の有効利用として，個人住宅や共同住宅の地下室が増加した。都内だけでも地下や半地下空間の浸水被害が4～7回/年発生しており，浸水被害は駐車場が43％と最も多いが，居室も7％被害を受けている。
　福岡市（H 11.6），新宿区（H 11.7）で発生した地下水害も地下ビルや地下室で発生し

**写真6-4 地下ビルへの浸水の流入（H11.6）**

＊）道路上の浸水は低い場所を目指して進行するので，地下施設は恰好の流入場所となる。歩道上の浸水が30〜40cmになると，流入速度は約1m/sとなり，非常に危険な状況となる。

提供［国交省九州地方整備局］

**表6-13 通報から救助・搬送までの経緯**

| 時刻 | 内容 |
|---|---|
| 10：00頃 | 店員が出勤 |
| 10：30頃 | 店員が店主に電話で「店に水が入ってきて逃げられないかもしれない」と言った直後，悲鳴がして電話が不通となる |
| 11：00前 | ビル管理人が通報するが，電話不通 |
| 11：17 | 出勤した従業員が119番通報 |
| 11：24 | 警防小隊が現場に到着 |
| 11：45 | レスキュー隊が現場に到着 |
| 12：02 | 隊員が潜水 |
| 12：34 | 隊員が店員を発見。心肺蘇生法を実施しながら病院へ搬送 |
| 13：50 | 病院で死亡を確認 |

た浸水被害であった（写真6-4）。同じ地下水害でも，地下ビルや地下室は床面積が狭いため，浸水の上昇がかなり速い。そのため，前述した福岡水害で，博多駅東2丁目のビルの地下1階にあった飲食店の女性店員（52歳）がランチの仕込み中に浸水により死亡した。出勤した従業員が119番通報したが，レスキュー隊が到着してから発見するまでに約1時間を要するなど，地下水害時の要救助者の捜索は容易ではないことが分かる（表6-13）。

同様の死亡事故は新宿でも発生した。H11.7に練馬で105mm/hの集中豪雨があり，新宿区のビル地下室が水没して，男性が1名死亡した。このビルは3つの坂道が交わるすり鉢状地形の底に位置し，局所的に浸水深が高くなりやすい場所であった。男性は地下室の状況が気になり，エレベータで地下へ行ったが，浸水していたため，扉を開けて2階へ行こうとしたが，水圧で開かず浸水により水死してしまった。

このような地下施設における死亡事故や浸水被害をなくすには，浸水防止対策として，出入口等に防水板・防水扉，換気口には浸水防止機などを設置する必要がある（詳細は6.12「地下水害の対策と心得」参照）。現在防水板等は高価なため，まだ十分普及していないが，今後安価な浸水流入防止施設の開発が望まれる。

また，地下室のような床面積が狭い空間に，浸水が流入すると急激に水位上昇することをあらかじめ知っておいてもらうためには，浸水位の予測が必要となる。建設省土木研究所では縮尺1/3の階段模型（17段）を使った実験により，地下施設への総出入口幅が$B$(m)の時，流入量$Q$が，

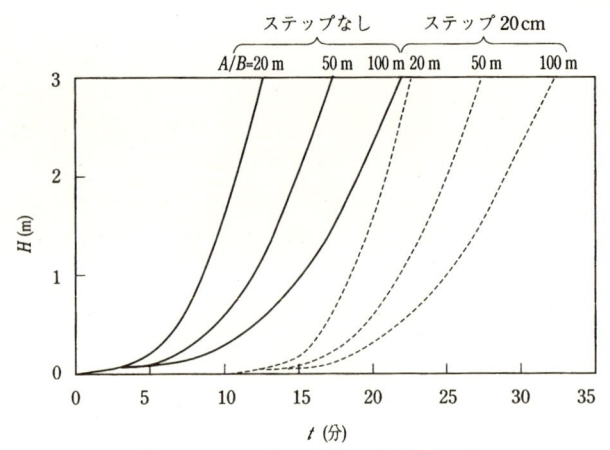

図6-22 地下室における浸水深上昇
出典［末次忠司：都市型地下水害の実態と対策，雨水技術資料，第37号，2000年］

$$Q = 2.3 \times B \cdot h(t)^{1.8}$$

になるとし，この式と地下施設の床面積 $A(\mathrm{m}^2)$ と浸水深 $H(\mathrm{m})$ を与えて，浸水ボリューム $V$ が，

$$V = A \cdot H = \int Q dt$$

になるとした。浸水位上昇速度 $h(t)$ は第10章 10.6「氾濫水の伝播・上昇」で記述した10～20 cm/10分より，安全側の20 cm/10分として計算した結果，地下施設で浸水深が $H$ になるまでの浸水所要時間 $T$（分）は，

$$T = 3.0 \times (A/B \times H)^{0.35}$$

となった。すなわち，浸水所要時間 $T$ は $A/B$ で決まり，天井（$H=3\,\mathrm{m}$）まで浸水が達する時間は $A/B \fallingdotseq 20\,\mathrm{m}$（福岡のケース）で約13分，$A/B \fallingdotseq 50\,\mathrm{m}$（新宿のケース）で約17分と，非常に短時間であることが分かる。したがって，地下施設に水が流入してきたら，直ちに避難しないと生命に危険が及ぶ可能性があるし，施設管理者は施設の $A/B$ より，あらかじめ浸水時間を想定したうえで，計画策定などの対応を考えるべきである。また，図6-22から分かる通り，出入口に20 cmのステップを設ければ，浸水開始を10分程度遅らせることができるので，ステップ設置により対応のリードタイム（余裕時間）を得ることができる。

**参考文献**
1) 末次忠司：都市型地下水害の実態と対策，雨水技術資料，第37号，2000年
2) 末次忠司：地下水害の実態から見た実践的対応策，土木学会 地下空間研究委員会，2000年

## 6.12 地下水害の対策と心得

**管理者の対策と心得**

　地下水害を起こさない，または地下水害による被害を軽減するためには，地下施設に浸水が流入しないようにすることが重要である（表6-14）。氾濫水の流入箇所は出入口だけでなく，地下鉄では換気口，地下鉄・地下街などでは地下ビル等の接続する施設から浸水

表6-14　地下施設における浸水対策

| 施設名 | 氾濫水の流入箇所→主要な浸水対策 |
|---|---|
| 地下鉄 | 出入口→ステップ，防水板<br>換気口→浸水防止機（手動，自動※）<br>接続する施設→防水扉，防水シャッター<br>隧道内→防水扉（通路内，トンネル内） |
| 地下街 | 出入口→ステップ，防水板<br>排気・吸気塔→通常高さが高いので問題ない<br>接続する施設→防水扉，防水シャッター |
| 地下ビル | 出入口→ステップ，防水板，防水扉<br>フロア下→地下貯水槽 |
| 地下室 | 出入口→ステップ，防水板，防水扉 |
| 共通事項 | 標高の低い所に排水ポンプ<br>内部に非常階段（はしご） |

※：30 mm/h の雨量をフロートセンサーが感知して閉鎖する。

写真6-5　地下ビルに通じる入口の防水板
＊）福岡地下水害（H11.6）により女性が死亡した地下ビル階段入口に，水害後設置された防水板である。

表6-15　防水板の価格例

| | | 立上げ式 | ジャッキ式 | 電動式 |
|---|---|---|---|---|
| 出入口幅2 m | | 約450万円 | — | 約700万円 |
| 幅6 m | 一般 | — | 約920万円 | 約1,030万円 |
| | 駐車場 | — | 約1,000万円 | 約1,100万円 |

注）株式会社イトーキの資料より作成。消費税込みの金額

が流入してくるので，地下街協議会などのような場で包括的な浸水流入防止対策について議論しておく必要がある。

防水板は手動で行う「立ち上げ式」がよく用いられているが，設置人数が限られている場合や緊急に設置する必要がある箇所には，コストは高いが「ジャッキ式」や「電動式」についても検討しておく。現時点では，防水板や防水扉などの施設はコストが高く，特に幅が広いもの（駐車場用）は高価であり，今後安価な施設の開発が必要である（写真6-5，表6-15）。

地下鉄の換気口の多くは低い位置に設置され，浸水が流入しやすいので，浸水防止機を設置しておく。古い路線ほど，浸水防止機の設置率が低い。浸水防止機は手動で閉めるタイプと，自動で閉まるタイプがある。自動のタイプでは受水槽内の感知器（フロート）が30 mm/h 以上の雨量（浸水）を感知すると，自動的に閉まるもの（15秒で閉鎖）で，職員数が限られたなかでの対応には有効である。

浸水流入防止施設は浸水流入の危険性がある箇所に設置するが，その設置基準の策定にも留意する必要がある。福岡市営地下鉄では「福岡市高速鉄道地下鉄出入り口等防水対策基準」が作成され，これに基づいて東比恵駅には防水板が用意され，水害時に迅速に設置されたが，博多駅は設置対象外で防水板が用意されていなかった（写真6-6）。基準では河川に近い，または標高が低い駅に対して，1階出入口の高さを河川の計画高水位＋60

写真6-6　階段を流下してくる浸水（福岡地下水害：H15.7）
＊）流入水は速い速度で流下するだけでなく，階段で波打ちながら流れてくるので，手すりにしっかりつかまっていないと流される危険性がある。
提供［国交省九州地方整備局］

cm の高さ以上に設定し，出入口の嵩上げまたは防水板で対処するというものであった。今後は河川からの距離だけではなく，氾濫解析結果に基づいた氾濫水の到達時間も決め手となろう。

　このように，管理者は浸水流入などに対して，計画的に浸水防止策をとる必要がある。地下水害に対する管理者の対応と心得は，以下の通りである。

［事前対応］
・水害対応計画を策定しておく。利用者および従業員各々に対する計画を考える
・出入口はもちろんのこと，隣接するビルとの接続口など，すべての浸水流入箇所に防水板等を設置できるようにしておく

［浸水対応］
・気象・水位情報に注意する。特に地上の浸水に十分注意を払う必要がある
・地下施設の浸水が始まる前に，迅速に防水板等を設置できるよう，設置場所を従業員

表6-16　地下水害に対する利用者の対応と心得

| 共　通 | ・浸水中を歩行する場合，水深が30 cm 以上になると，水の抵抗だけでなく，浮力により足の動きが不安定になることに注意する<br>・階段を通じて地上に脱出する場合，浸水が階段を通じて速い速度で流下してくるので，手すりにつかまり転倒しないようにゆっくり移動する<br>・浸水は階段だけでなく，エレベータやエスカレータを通じても進入してくる |
|---|---|
| 地下街 | ・出入口は60 m おきにあるので，（近くの出入口を目指すのではなく）水の流れに逆らわない方向に進み，最寄りの階段より地上へ避難する<br>・店舗の商品や設備が水流にのって流れてくることがあるので，衝突してケガをしないようにする |
| 地下鉄 | ・ホーム上まで浸水した場合，ホームと軌道（線路）との境界が分からなくなるので，軌道に転落しないように注意する<br>・駅と駅の間で停車した場合，絶対に線路に降りてはならない。線路脇に高圧電流が通っている路線があるので，線路に降りた途端に感電死する危険性がある<br>・駅と駅の間隔は平均して1 km，都心部では500 m 程度であるので，落ち着いて係員の指示・誘導を待つようにする<br>・換気口からの浸水は換気ダクトを通じて流入する場合があり，天井から水が落ちてくる場合もあるが，それほど大量ではないので，あまり気にする必要はない |

に周知するとともに，設置訓練を行っておく
- 浸水の危険が予想される場合，利用者を安全に避難・誘導する
- 地下ビルのフロア下に漏水対策用の地下貯水槽がある場合，浸水排除に利用できるので，積極的に活用する
- いよいよ地下施設における浸水危険性が高まってきたら，従業員を安全に避難させる

[利用者の対応と心得]

　一方，地下水害時における利用者の対応と心得としては，水に逆らわないで安全な方向，安全な通路を利用して避難する，また，水が流入している階段では手すりにつかまって，流れで転倒しないように移動することなどが考えられる（表6-16）。

**参考文献**
1) 末次忠司：都市型地下水害の実態と対策，雨水技術資料，第37号，2000年
2) 末次忠司：地下水害の実態から見た実践的対応策，土木学会 地下空間研究委員会，2000年

## 6.13 複合災害

　治水施設は水害発生時に，地震など他の災害は同時に生起しないという前提で計画・設計が行われる。しかし，複合的に災害が発生する可能性はあるので，危機管理的な対応については検討しておく必要がある。地震に伴う津波が浸水被害を発生させることはよくある。例えば，S 39.6に発生した新潟地震（M 7.5）では地震により信濃川堤防が沈下・陥没したところへ津波（1～2 mの高波，最高で6 m）が遡上したため，堤防を越水し，沿川の約1万世帯が床上浸水被害を被った（写真6-7）。万代橋より下流では堤防より200 m以内の堤内地で1～2 mの浸水深となった。津波による浸水被害は南海地震（S 21.12），十勝沖地震（S 27.3），北海道南西沖地震（H 5.7）でも発生している。

　複合災害に近い2次災害の例としては，濃尾地震（1891.10）に伴う浸水がある。濃尾地震（M 8.0）は最大の垂直ズレが6 mに及ぶ根尾谷断層で有名であるが，この断層のズレにより岐阜県山県市高富町の深瀬地区で浸水被害が発生した。断層のズレ（2 m）により，深瀬地区を流れる鳥羽川の上流側が沈下し，排水できなくなったために，鳥羽川と深瀬川の合流点一帯が浸水したのである（図6-23）。一帯はその後の豪雨でも浸水被害に苦

**写真6-7　新潟地震に伴う浸水状況**
\*) 地震で津波が発生すると，沈下した堤防から浸水被害が発生するので，特に河川沿いの地域は要注意である。
出典［国交省ホームページ］

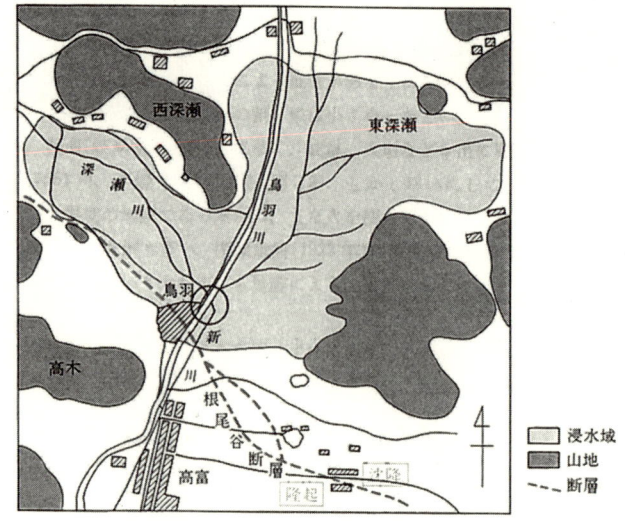

図6-23 鳥羽川と深瀬地区の浸水

*) 断層が河川を横切る箇所では浸水被害が発生する。特に鳥羽川のように断層運動により河川の上流が沈下した場合は排水できずに被害が大きくなる。

出典 [B. Koto: On the cause of great earthquake in central Japan, 1891, Jour. Coll. Sci., Imp. Univ. Japan, Vol. 5, pt4, 1893]

しめられた。また，S 20.1 に発生した三河地震（M 6.8）でも地震時の断層運動により音羽川（袋川）下流部が隆起し，堰止められた河川が決壊して氾濫被害が発生した。

洪水と地震が同時に生起した事例はないが，極めて近い事例はある。S 23.6 に発生した直下型の福井地震（M 7.2）では九頭竜川の堤防が 31 カ所で 1～5 m 沈下するなどの被災が起こり，その1カ月後に梅雨性豪雨により随所で破堤災害が発生した。このように津波以外の要因で浸水被害が発生したものに，十勝沖地震（S 43.5），根室半島沖地震（S 48.6），日本海中部地震（S 58.5）などがある。

歴史的に見ると地震，土砂災害，浸水災害に関する複合災害に近い例もある。江戸時代末の弘化 4（1847）年に善光寺地震（M 7.4）が発生し，松代領内で 4 万カ所を超える山崩れが発生した。特に虚空蔵山の崩壊は千曲川支川の犀川を閉塞し，約 30 km の湖が形成された。そして，地震発生の 20 日後にこの湖が決壊したため，善光寺平は大洪水となり，100 名以上が亡くなった。その 11 年後の安政 5（1858）年には，跡津川断層の運動に伴う飛越地震（推定 M 7.0～7.1）が発生し，山が崩れて常願寺川が堰止められ，堰止め湖が形成された。この湖が決壊して富山地方で 1,600 以上の家が潰され，140 名が溺死

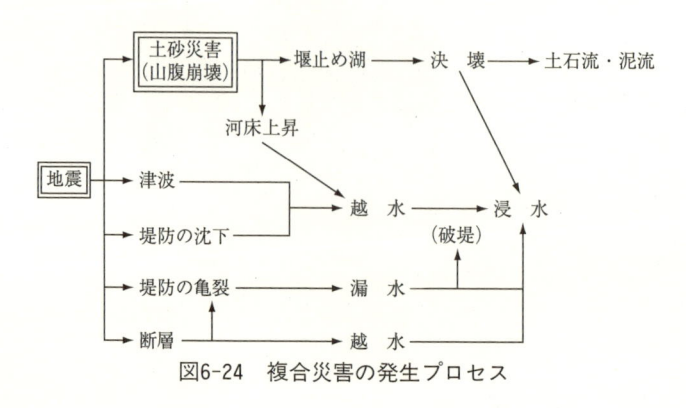

図6-24 複合災害の発生プロセス

するという大きな災害となった（第1章 1.5「大規模山地崩壊」参照）。なお，現在の基準でいえば，この断層は活動が活発な活動度A級の活断層である。

このような複合災害の発生プロセスを示せば，図6-24の通りである。大きくは地震災害を発端として，土砂災害，津波による浸水被害などが発生するケース（（地震＋土砂＋浸水）または（地震＋浸水））と，山腹崩壊により土砂災害が発生し，それに伴って浸水被害が発生するケース（土砂＋浸水）が考えられる。なお，（ ）はその現象が発生しなくても，次のプロセスに進展する現象を表している。

**参考文献**
1) 奥田節夫：大規模な崩壊・氾濫災害に関する研究，昭和62年度特定研究研究成果，1996年
2) 国交省ホームページ資料
3) B. Koto: On the cause of great earthquake in central Japan, 1891, Jour. Coll. Sci., Imp. Univ. Japan, Vol. 5, pt4, 1893
4) 町田洋・小島圭二編：自然の猛威，岩波書店，1996年

## 6.14 水害訴訟

水害が発生すると，河川を管理する国または都道府県に対して，水害訴訟が提訴される場合がある。水害訴訟は特に「公の営造物（公物）の設置管理に関する管理者の損害賠償責任」を規定した国家賠償法2条1項に対して，提訴されることが多い。国家賠償法は全6条からなり，他に公権力の行使を規定した1条などがある。河川管理に関する訴訟（国交省河川局関係）は過去30年間で年間20～40件提訴されていて，H13以降やや増えているが，係属中の訴訟件数は120件（H1.3）→102件（H11.4）→68件（H19.3）と経年的に減少傾向にある。H19時点で係属している68件の内訳を見れば，土地（15件），水害（8件），許認可（8件），転落等（6件）などとなっており，相対的に水害が増加している（図6-25）。

水害訴訟について見れば，S47.7の梅雨前線に伴う豪雨災害以降，提訴件数が増加したが，S59.1に大東水害訴訟最高裁判決が出されて以来，提訴件数は大幅に減少した。しかし，H9以降再び増加傾向に転じている（図6-26）。

河川行政に最も大きな影響を及ぼした大東水害訴訟は淀川水系寝屋川の支川である谷田川（たんだ）における浸水被害に関する訴訟で，S48.1に提訴された。これはS47.7豪雨による内

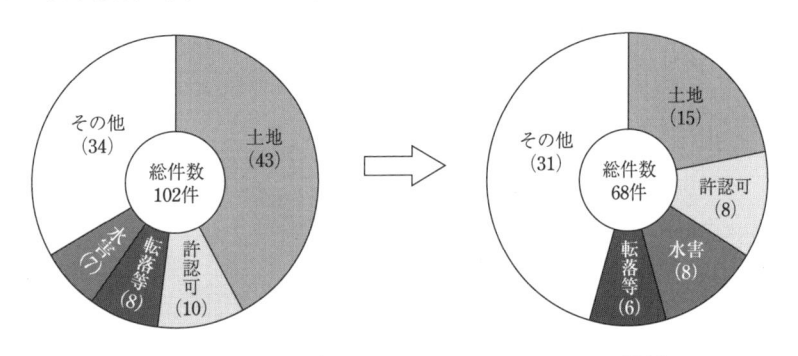

図6-25 係属中の訴訟件数の推移（国交省河川局関係）

＊） 件数で見れば，土地に関する訴訟以外はほぼ同数で，土地が減少した分だけ，他の項目の割合が増加している。

図6-26 水害訴訟の提訴件数

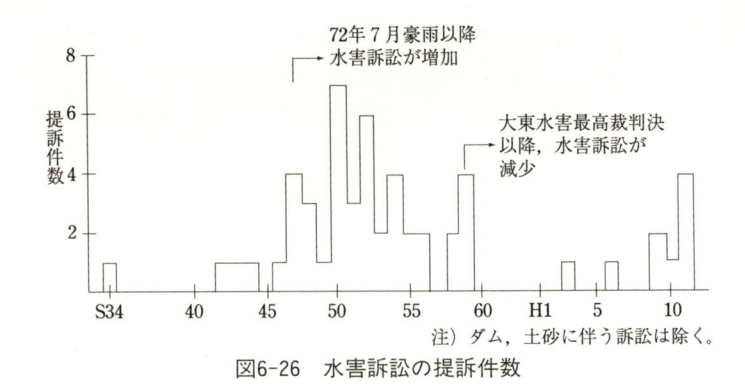

水に伴う床上浸水に対する訴訟で，河道の未改修が河川管理の瑕疵に該当するかどうかが争われた。S 59.1の最高裁判決では，自然公物である河川の管理は，道路などの営造物管理とは異なり，表6-17に示す4つの制約が示されるなど，河川管理には多くの制約がある。

そして，判決では「改修中の河川では改修計画が合理的でない場合，または計画が合理的であっても計画策定後の情勢変化により水害発生危険性が顕著に出ても早期に改修を実施しなかった場合に，河川管理瑕疵が問われる」という判断基準が示された。すなわち，適切な改修計画を策定しているか，水害危険性に対して適切な改修を行っていれば，未改修の河川，改修不十分な河川でも過渡的な安全性で足りる（管理責任は問われない）という主旨であった。この大東水害訴訟最高裁判決（大東判決）以降，水害訴訟の提訴件数は減少するとともに，原告敗訴事例が相次いだ。大東判決前後約10年間の判決結果を見ると，いかに大東判決がそれ以降の判決に大きな影響を与えたかが分かる。

表6-18に示すように，従来の水害訴訟では未施工の堤防や危険性のある堰・護岸を放置しておいたなどの理由により被告（国または県）が敗訴するケースも多く，S 50～58に出された判決では20件のうち11件で被告が敗訴した。特に1審判決で見れば，13件中実に9件で敗訴した。しかし，大東判決（S 59.1）以降は多くの訴訟で被告が勝訴している。

しかし，H 2.12の多摩川水害訴訟判決[注1]に関して，「大東判決結果は破堤水害には適用されない部分がある」という報道[注2]がなされ，その後の訴訟に影響を及ぼした。近年ではH 9以降提訴が漸増している。なお，水害訴訟における最初の最高裁判決は，S 53.2に山梨県・旧国鉄（被告）が勝訴した富士川水系日川に関する水害訴訟で，国に

表6-17 河川管理に関する制約

| 財政上の制約 | 多くの事業への投資が要求されるなかで，河川改修のみに膨大な投資はできない |
|---|---|
| 時間的制約 | 河川延長は長く，改修に長い工期を要する |
| 技術的制約 | 改修は危険度・効果を考慮して段階的に実施されるもので，かつ改修順序も考慮する必要がある |
| 社会的制約 | 都市化と河川改修のバランス（土地利用変化，それに伴う流出変化），都市化による用地取得の困難 |

注1）多摩川宿河原堰による洪水迂回流に伴い，19棟の家屋が流失し，堤内地の流失住宅面積が約3千m²に及んだ水害（S49.9）に対して，宿河原堰の構造上の安全性が問われた。
注2）大東判決は未改修・改修不十分・改修済の河川，また越水・越水破堤・非越水破堤のすべてのケースに適用されるものである（ただし，ダム操作ミスは除く）。

表6-18 大東判決前後の判決結果

| 判決年月 | 訴訟名 | 1審 | 2審 | 上告審 |
|---|---|---|---|---|
| S50.7 | 加治川 | × | | |
| S51.2 | 大東 | × | | |
| S52.1 | 日川 | | ○ | |
| S52.5 | 安曇川 | × | | |
| S52.12 | 大東 | | × | |
| S53.2 | 日川 | | | ○ |
| S53.8 | 平佐川 | × | | |
| S53.11 | 川内川菱刈 | × | | |
| S54.1 | 多摩川 | × | | |
| S54.5 | 油山川 | × | | |
| S54.7 | 神田川 | ○ | | |
| S55.4 | 馬洗川 | ○ | | |
| S55.11 | 馬洗川 | | ○ | |
| S56.10 | 加治川 | | × | |
| S56.11 | 志登茂川 | × | | |
| S56.11 | 神田川 | | ○ | |
| S57.6 | 馬洗川 | | | ○ |
| S57.11 | 宇美川 | ○ | | |
| S57.12 | 長良川安八 | × | | |
| S58.7 | 江の川 | ○ | | |
| S59.1 | 大東 | | | ○ ←大東水害訴訟 |
| S59.5 | 長良川墨俣 | ○ | | |
| S60.3 | 加治川 | | | ○ |
| S60.8 | 平作川 | ○ | | |
| S60.9 | 加持川 | ○ | | |
| S60.9 | 太田川 | ○ | | |
| S61.3 | 石神井川 | ○ | | |
| S62.4 | 大東 | | ○ | |
| S62.6 | 平野川 | ○※ | | |
| S62.8 | 多摩川 | | ○ | |
| H1.3 | 志登茂川 | | ○ | |
| H2.2 | 長良川安八 | | ○ | |
| H2.2 | 長良川墨俣 | | ○ | |
| H2.6 | 大東 | | | ○ ←大東水害訴訟（再上告審）|
| H2.12 | 多摩川 | | | × ←多摩川水害訴訟 |
| H3.4 | 平作川 | | ○ | |
| H3.7 | 水場川 | ○ | | |
| H4.12 | 多摩川 | | × | ←多摩川水害訴訟（差戻控訴審）|
| H5.3 | 志登茂川 | | ○ | |
| H6.10 | 長良川安八 | | ○ | |
| H6.10 | 長良川墨俣 | | ○ | |

\*）○：被告側勝訴，×：被告側敗訴
※：被告は河川管理では勝訴，下水道管理では敗訴した。

　関係する最初の最高裁判決は，S 57.6 に国（被告）が勝訴した江の川水系馬洗川に関する水害訴訟である。ダム水害では洪水調節容量および洪水調節方式について争われ，H 5.4 に国（被告）が勝訴した川内川の鶴田ダムに関する訴訟がある。
　これまでに出された水害訴訟判決のうち，今後の改修計画等に影響を及ぼす最高裁判決の概要を見ると，表6-19の通りである。加治川水害では前線性豪雨により，S 41.7, 42.8 の 2 年続きで破堤災害（越水，洗掘）が発生した。加治川本川だけでも 6 カ所の堤

表6-19 最高裁判決に見る改修計画等のあり方

| 判決名<br>提訴年月日<br>最終判決年月日 | 原告<br>被告<br>判決結果 | 判決の概要 |
|---|---|---|
| 大東水害訴訟<br>最高裁判決<br>S48.1.31<br>S59.1.26<br>(H2.6.22再上告審判決) | 71名<br>国, 大阪府, 大東市<br>被告勝訴 | ・河川管理には財政上の制約, 時間的制約, 技術的制約, 社会的制約がある<br>・改修計画が合理的でない場合, 又は水害危険性が顕著であるにもかかわらず, 計画変更等を行わなかったり, 早期の改修工事を行わなかった場合に河川管理瑕疵が問われる |
| 加治川水害訴訟最高裁判決<br>S43.8.28<br>S60.3.28 | 18名<br>国, 新潟県<br>被告勝訴 | ・治水上, 特段危険な状況ではなく, かつ利水対策の早期実現が困難なため河床掘削ができなかったもので, 改修計画の未達成は河川管理瑕疵とは言えない<br>・応急対策としての仮堤防は本堤防の断面・構造と同一でなくても仮堤防の存置期間における後背地の安全を確保していれば良い<br>・河川管理者は水防管理者に余裕高部分の防護対策に関する指導, 助言をする義務がある (高裁判決) |
| 多摩川水害訴訟最高裁判決<br>S51.2.11<br>H2.12.13<br>(H4.12.17差し戻し控訴審判決) | 33名<br>国<br>被告敗訴 | ・宿河原堰・取付護岸等は, 建設当時は構造上の安全基準に適合していた。しかし, 被災当時の技術水準を示した構造令案の第八次案から見れば, 堰・取付護岸等は流水の通常の作用に対して十分安全な構造とは評価されない<br>・過去の災害実績をあわせて考えると, 堤内災害発生の危険を予測することが可能であった |
| 長良川 (安八・墨俣) 水害訴訟最高裁判決<br>S52.6.18〜S54.9.10 (4回)<br>H6.10.27 | 2,052名<br>国<br>被告勝訴 | ・堤防の基礎地盤は過去の被災等により欠陥が明らかな場合を除き, 予め安全性の調査を行い, 所要の対策を講じることは財政的, 技術的に実際上不可能であるので, 予想される洪水に対して堤体の安全性を確保する改修, 整備を行えばよい |

*) 原告人数は1審提訴時における人数で, 複数回にわたって提訴している場合は合計人数で表している。

防が再度破堤し,
- 洗掘防止のための高水護岸が設置されていなかった
- 応急対策としての堤防背後の仮堤防が本堤防と同構造でなかった

などが論点となったが, 基本的には大東判決の主旨により管理瑕疵は認められなかった。

一方, 長良川水害はS51.9の台風17号および前線に伴う豪雨により, 洪水が長時間継続し, 安八町において破堤したものである。裁判では,

- 堤内地に丸池 (落堀) があったため, 透水性が高くなり, 漏水浸潤によるパイピングが発生した

表6-20 近年提訴された訴訟の判決結果

| 訴訟名 | 水害年月 | 提訴年月 | 判決年月 | 判決結果 |
|---|---|---|---|---|
| 野並 | H12.9.11<br>東海豪雨 | H13.6.5<br>名古屋地裁 | H18.1.31 | 被告勝訴 |
| 新川 | 〃 | H15.9.8<br>名古屋地裁 | H19.9.14 | 〃 |
| 古座川 | H13.8.21<br>台風11号 | H16.8.17<br>和歌山地裁 | H21.6.23 | 〃 |
| 荒崎 | H14.7.10<br>台風6号<br>梅雨前線 | H16.8.9<br>岐阜地裁 | H21.2.26 | 〃 |

・計画高水位以下の洪水で破堤したのは，堤防の安全性が十分ではなかった

などが論点となったが，判決では破堤原因はパイピングではなく，浸潤による漏水破堤であると判断された。また，たとえ破堤箇所の堤防基礎地盤に難透水性の不連続層があっても，過去の大洪水で異常が発生した危険性はなく，対処を行わなかったことは管理瑕疵にあたらないと結論付けられた。

また，近年判決が出された訴訟としては，表6-20に示した東海豪雨に関する訴訟などがある。東海豪雨により被災した名古屋市天白区野並地区の住民（672人，54法人）は水害が発生したのは排水ポンプの設計ミス，治水対策（藤川，郷下川の堤防嵩上げ）が不十分であった，などが問題であるとして名古屋市を相手どってH13.6に名古屋地裁に提訴した。東海豪雨関係では，他に庄内川支川の新川破堤に関する水害訴訟がH15.9に名古屋地裁に提訴された。また，七川ダムからの放流により古座川から氾濫し，古座川町の住民が浸水被害を被ったとして，H16.8に訴訟が提訴された。大垣市の大谷川（木曽川水系揖斐川支川）には遊水地へ越流させる洗堰があり，ここを通じて洪水により荒崎地区が浸水したため，同年183人の原告より訴訟が提訴された。いずれの訴訟も被告である県や市が勝訴した。

なお，訴訟大国であるアメリカでも水害訴訟が提訴されているが，洪水防御法（1928）のなかで「洪水または氾濫による損害に対して，いかなる種類の責任も合衆国政府に関与または存しない」と明記されているため，政府にとって不利な判決結果が言い渡されたのは建設工事中の瑕疵，ダム建設による浸水域の増大などに限定されている。欧州諸国もアメリカと同様であり，上記したような水害訴訟が成立するのは日本のみであるといえる。

**参考文献**
1) 日本自然災害学会監修：防災事典，築地書館，2002年
2) 2007 河川ハンドブック，日本河川協会，2007年
3) 河川情報センター：特集・水害と防災対策 日本の水害史，PORTAL 06，2002年

# 第7章　河道・堤防整備

　河道は古来より扇状地や氾濫平野などで自由奔放に乱流していた。現在でも海外の、緩流でシルトなどの侵食されやすい河岸を有する河道では大きく流路変動を行っている河道がある。一方、日本では戦国時代から江戸時代にかけて、時の為政者が国づくりのために治水事業を行って、水害被害を減少させてきた。近年においても、堤防整備は着実に行われ、詳細な気象情報等の伝達とあいまって、水害被害（死者・行方不明者数、被災家屋数）は減少傾向にある。

## 7.1　流路の変動

　現在の河道は堤防・護岸・水制などで流路が固定されているが、古来河川は氾濫により流路をたびたび変えてきた。近年まで流路変動が激しかった河川としては、バングラデシュのブラマプトラ川の例がある。この川は1830年の洪水を契機として最大で50 kmも西へ移動し、同国を流れるガンジス川の支川ジャムナ川も西へ大規模な流路変動を行っている。

　特にジャムナ川は網状河道で、河岸材料が細粒で粘着力のないシルトであるために、侵食されやすく流路変動が大きくなっている。その移動量は約50 m/年で、川幅も拡大傾向にある。1830年と1952年の川幅を比較すると、2倍以上になっている区間もある（図7-1）。中国・バングラデシュの合同チームは対策として、護岸・突堤により侵食を防止し、河道を安定させるシナリオを提唱している。

　日本ではこれほど大きな流路変動はないが、例えば天塩川10 k付近には洪水氾濫に伴い浮遊砂により形成された線状微高地が約20 m間隔にあり、洪水ごとに河岸高の2〜3倍ずつ流路変動している計算になる。なお、北海道以外の河川では線状構造は明らかではない。

　流路変動に関して、河道特性や土質に対する侵食速度を見れば、表7-1の通りである。直線部に比べて湾曲部における侵食速度は早い。地質で見れば、小貝川や鶴見川の湾曲部におけるデータから分かるように、河岸の地質の粘土成分が多いと侵食速度はやや遅くなる。また、セグメント2区間では、低水路の天然河岸部が経年的に河岸侵食を生じながら、低水路が河道内に蛇行し、徐々に蛇行の振幅が大きくなる場合と、小貝川の事例のように

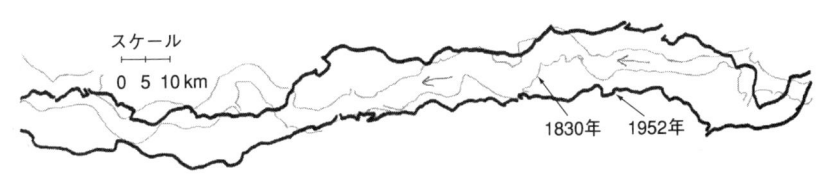

図7-1　ブラマプトラ川の河道変遷
＊）　川幅は2〜3倍となり、長い周期で蛇行するようになった。
出典［国際協力事業団：ジャムナ川架橋計画調査報告書Ⅱ　河川制御計画、1976年］

表7-1 河道特性や土質から見た天然河岸の侵食速度

| 水系名<br>河川名 | 距離標<br>河床勾配 | 観測期間 | 河道特性／土質 | 侵食速度 |
|---|---|---|---|---|
| 利根川<br>小貝川 | 49.2 k 右岸<br>1/4620 | S41〜H10 | 湾曲部（$r_c ≒ 270$ m）外岸<br>粘土混じりシルト（上層）＋細砂・凝灰質粘土の互層（下層） | 0.7〜1 m/年 |
| 鶴見川<br>鶴見川 | 12.8〜13 k<br>右岸<br>1/1520 | S50〜S55 | 湾曲部（$r_c ≒ 95$ m）外岸<br>シルト混じり砂（上層）＋シルト（下層），またはシルト（単層） | 1.4 m/年 |
|  | 12〜12.4 k<br>13〜13.8 k<br>1/1520 |  | 湾曲部を除いた直線部<br>同上 | 平均0.8m/年<br>(0.6〜1 m/年 が多い) |
| 米代川<br>米代川 | 57.5 k 右岸<br>1/1000 | H8.7〜H9.7 | 直線部<br>砂質シルト〜シルト（上層）＋砂・礫（下層） | 0.1〜0.2 m/1 洪水 |
| 木曽川<br>長良川 | 30.8 k 左岸<br>1/8200 | S51〜H11 | 低水路幅が狭くなった区間<br>礫混じり砂（上層）＋砂（下層） | 0.5〜3.2 m/年 |

＊1）鶴見川における侵食速度は護岸・工事区間を除いて算出している。
＊2）$r_c$ は湾曲部の曲率半径である。

天然河岸部の内岸側の河岸侵食に伴って，湾曲していた低水路が直線化する場合がある。小貝川の河道区間では同じ低水路幅を確保しながら，一方の河岸で侵食，他方の河岸で堆積が生じており，この傾向は低水路法線が堤防法線と平行になる区間まで続いている。

**参考文献**
1) 国際協力事業団：ジャムナ川架橋計画調査報告書Ⅱ 河川制御計画，1976年
2) 栗城稔・末次忠司・河原能久ほか：開発途上国における都市河川改修計画策定マニュアル（案），土木研究所資料，第3596号，1998年
3) 山本晃一：沖積河川学 堆積環境の視点から，山海堂，1994年
4) 渡邊明英・福岡捷二・山口充弘ほか：鶴見川における河岸の侵食・堆積速度と平衡断面形状，河川技術に関する論文集，第5巻，1996年
5) 末次忠司・板垣修：堤防・河岸の侵食実態と侵食対策，第2回粘着性土の浸食に関するシンポジウム，2004年

## 7.2 歴史的な河道整備

古来日本には乱流していた河川が多く，為政者にとって河道改修は国づくりのための最重要課題であった。整備された乱流河川の事例としては，平野部に発達した木曽川，淀川・大和川，信濃川・阿賀野川，由良川・土師川，斐伊川などがある。乱流河川の整備は木曽川，斐伊川では洪水を伴う流路変更によって行われ，淀川・大和川，由良川・土師川は河道付け替えによって行われた（表7-2）。また，信濃川・阿賀野川は阿賀野川の放水路化によって行われた（図7-2）。

これらの改修等の結果，乱流した河道は現在それぞれ分離・独立した河道となり，水害被害は減少している。ただし，改修の過程では様々な問題もあり，例えば信濃川と阿賀野川の分離は，徳川吉宗が新田開発を推奨したため，新発田藩が紫雲寺潟を干拓した結果，加治川や阿賀野川の水害が増加したことに対して行われた。両川の分離に対して，新潟側は新潟港の水深が低下するという理由で反対した。この新潟側の異議に対して，松ケ崎開

表7-2 乱流していた河川の整備事例

| 河川名 | 河川整備の概要 |
|---|---|
| 木曽川 | 16世紀までは現在より北部を流下していたが，1586年の水害により現在の流路に近くなった。当時木曽川中流部の犬山扇状地からは多数の支川が南方向へ流下していたが，濃尾平野を洪水被害から守るため，1608年に河道が分かれる所が締め切られ，南西方向に本流が付け替えられ，支川に代わって宮田・羽島・木津用水が設けられた |
| 淀川・大和川 | 昔の大和川は寝屋川を合流していた石川に上町台地の付近で合流し，その流れが淀川に合流していた。しかし，上流から運ばれた土砂により河床が高くなり，洪水が頻発したため，河村瑞賢が川の浚渫土ではなく，余っていた土砂を使って築堤を行い，1704年に付け替えが完成し，淀川から分離された。上町台地の南側の開削が工事の最大の難所であった |
| 信濃川・阿賀野川 | 古来より阿賀野川は乱流していた。これは海岸から4〜5km区間に幾列もの海岸砂丘があり，流れが砂丘に遮られていたためである。中流右岸には現在も多数の半月形の蛇行跡が残っている。阿賀野川は河口付近で信濃川に合流していたが，1730年に洪水防御と水田排水の目的で，日本海に直接流す「松ケ崎放水路」の開削により信濃川から分離された。翌年，融雪出水により堰が破壊したため，この放水路が阿賀野川の本流となった。このため，阿賀野川下流は別名松ケ崎放水路とも呼ばれている |
| 由良川・土師川 | 福知山を流れる由良川が土師川と合流する地点は昔から度々氾濫を起こしていた。明智光秀は福智山城下の建設にあたって，河川の氾濫を防ぐために，由良川の流路を大きく北に付け替え，水害防備林（竹）を伴う堤防1.7kmを築いて，城下町を守った |
| 斐伊川 | 島根半島は縄文海進の頃は離島であったが，その後の海退，弓ケ浜砂州の成長，斐伊川からの流出土砂によって，陸続きとなった。古代・中世の頃は，斐伊川は簸川平野の出西付近から多くの分流となり，西へ流れていた。宍道湖に東進するのは寛永12（1635）年の藩主による堤防工事及び大洪水以降で，寛永16（1639）年に現在のように完全に東進するようになった |

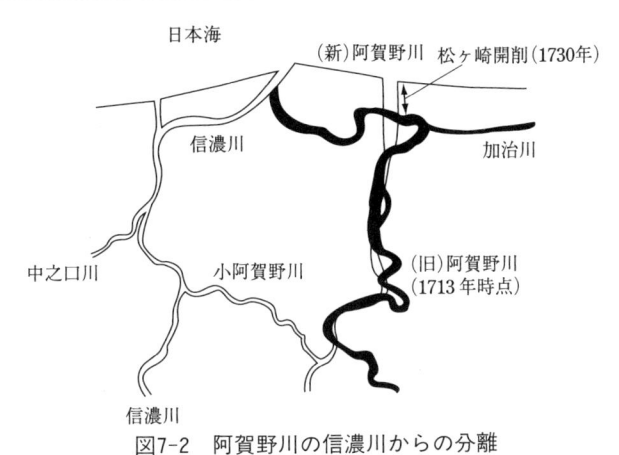

図7-2 阿賀野川の信濃川からの分離

\*) 信濃川から分離するために，開削してショートカットした松ケ崎放水路が本流となった。

削後，新発田藩は阿賀野川の上流から信濃川へ導水する「小阿賀野川」の改修・拡幅が行われた。

また，木曽川は上記した乱流河川の整備が行われたが，下流で長良川・揖斐川の三川が乱流していたため，新たに薩摩藩により木曽川三川分流が行われた。これは1753（宝暦3）年の洪水後，江戸幕府は井沢弥惣兵衛為永の三川分流計画を基本に薩摩藩に治水工事（宝暦治水）を命じたもので，薩摩藩は平田靱負を総奉行として工事に着手した。工事では特に大榑川の洗堰工事と油島の食い違い堰が最大の難関であったが，1755年に工事は完成した。岐阜県海津町油島には平田靱負と薩摩義士84名を祭った治水神社が建立され

ている。

　海外には改修が行われていない原始河川があるのに対して，日本のほとんどの河川は少なからず，人の手が加えられている。河道整備では上記したように河道の付け替えを伴うことも多い。特に大規模な河道付け替えは徳川家康による利根川の東遷事業で，江戸に流れていた利根川を治水・舟運・防衛の目的から，湖沼群をつなぐ形で千葉県の銚子方向に付け替えた（図7-3）。付け替えは会の川の締め切り（1594）から開始され，赤堀川（利根川，常陸川を結ぶ）の開削（1654）に至る一連の事業が東遷事業といわれている。しかし，河川は自然の地形条件等から流下しやすい流路があり，カスリーン台風（S 22.9）による埼玉県東村（新川通）破堤に伴う氾濫流は元々の流路であった古利根川沿いを流下し，東京一帯に氾濫被害を及ぼした。

　利根川東遷事業の治水技術は伊奈家の関東流と呼ばれ，堤防をあまり高くせず，大きな洪水は溢れさせて，一時的に堤内地に湛水させる工法で，直線的な連続堤による紀州流とは一線を画していた。知野ら[2]によると，江戸時代の主流は関東流で，紀州流は享保時代に一時的に現れた工法であると解釈されている。なお，関東流は伊奈流とも呼ばれ，水害防止のための乗越堤，霞堤，遊水地により洪水を湛水したり，用水では旧河道の地形を利用し，上流からの排水を受け，下流の用水とする溜井を用いた用水確保を行う工法であった。

　一方，下流区間の洪水流下能力を増やすために，放水路化された河川も多い。放水路化は河積を広げ，河道を直線化するように行われる場合が多い。例えば，S 42に完成した太田川放水路は太田川7河川のうち西側を流れていた山手川・福島川を直線的に放水路化したもので，延長9 kmで4,000 m³/sの洪水を流下させることができる（写真7-1）。信濃川の大河津分水路（延長約10 km）は信濃川が日本海に近づく場所で分水され，流量270 m³/s以上で可動堰より分流させるが，信濃川下流が洪水の時は本川の洗堰を閉じて洪水全量（計画で最大11,000 m³/s）を分水路へ流下させる。分水路完成後，本川への洪水流量の減少に対して，本川下流の新潟市街地における低水路幅は半分以下に縮小され，堤外地の開発が行われた（図7-4）。

　また，大規模ではないが，最も多い河道の付け替えは合流に伴う水位上昇を抑制するための合流点の下流への付け替えである。付け替え河川（合流先河川）の例としては，木津川（宇治川），小貝川（利根川），北上川（雫石川，中津川）などがある。淀川三川は江戸時代までは淀城付近で合流していたが，明治初期に木津川，明治後期に宇治川が付け替えられるなど，合流点は下流に移動された。図7-5の中で実線が現在の堤防法線で，明治期

図7-3　利根川の付け替え状況

注）＊印は河道付替のための締切個所

＊）江戸に流れていた利根川・荒川を付け替えて，新たな流路を建設した。

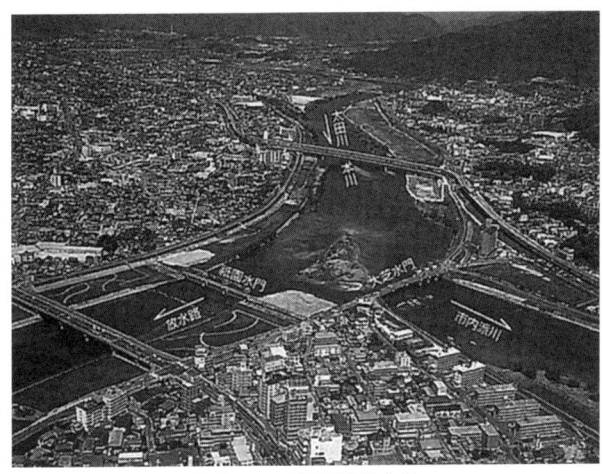

写真7-1　太田川放水路
*) 太田川7河川のうちの山手川・福島川を放水路化し，洪水流下能力の向上を図った。
提供[中国地方整備局太田川河川事務所]

図7-4　信濃川下流の堤外地埋立て
*) 大河津分水路の完成に伴って，下流の計画高水流量が減少したのを受けて，川幅が縮小され，新たな土地利用が行われた。

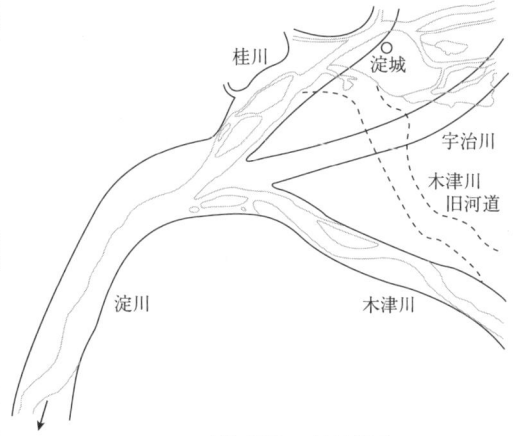

図7-5　木津川等の付け替え
*) 河川の乱流をなくすために，堤防を整備するとともに，三川合流を下流で行うように付け替えられた。

は堤防法線が不明確なため，低水路の流路で表している。また，木津川旧河道は破線で示した。なお，市街地を洪水から守るため，合流点を上流に付け替えた袋川（千代川）の例もある。

**参考文献**
1) 北陸地方整備局ホームページ資料
2) 知野泰明・大熊孝・石崎正和：近世文書に見る河川堤防の変遷，土木学会第44回年次学術講演会講演概要集，1989年

## 7.3 堤防整備の歴史

人為的な堤防は元々形成されていた自然堤防上に人間が盛土したものである。自然堤防はまだ堤防がなかった時代に，河道から洪水が氾濫した際に，河道沿いに土砂が堆積して形成されたものである（第2章 2.5「氾濫平野」参照）。

日本最初の堤防は西暦324年頃に築造された茨田の堤（大阪府門真市）で，集落の上流（河川）側のみに堤防を築いた尻無堤であるが，本格的には戦国時代になると武田信玄が甲府盆地を水害から守るために釜無川に信玄堤を築いたり，安土桃山時代に佐々成政が富山市を水害から守るために常願寺川に石堤分水路である佐々堤を築いた（写真7-2，7-3）。しかし，治水事業が最も盛んに行われたのは江戸時代で，利根川では東遷事業に加え，

写真7-2 信玄堤（釜無川）
*) 現存する信玄堤は石積み堤など一部で，多くはM20年代以降の改修堤である。現在の堤防は練石張り護岸で作られ，表のり尻付近には聖牛が見られる。

写真7-3 佐々堤（常願寺川）
*) 佐々成政が富山平野を守るために築造した練石張り護岸で，現在は常願寺川沿いの堤内地水路横に残っている。

表7-3 歴史的な主要堤防整備

| 時代 | 治水事業 | 主たる目的 | 備考 |
|---|---|---|---|
| 戦国時代 | 富士川（釜無川）の信玄堤 | 甲府盆地を水害から守る | 1542年，武田信玄による釜無川・御勅使川・塩川の三川合流点の治水 |
| 安土桃山時代 | 常願寺川の佐々堤 | 富山市を水害から守る | 1580年，佐々成政 |
|  | 利根川，荒川の石田堤 | 敵城を攻めるため，利根川，荒川から導水 | 1590年，石田三成 |
|  | 宇治川の太閤堤 | 伏見城を水害から守る | 1594年，豊臣秀吉，巨椋池と宇治川の分離 |
|  | 九頭竜川の元覚堤 | 福井市を水害から守る | 本多丹後守 |
| 江戸時代 | 利根川の東遷事業 | 埼玉平野の開発，伊達藩に対する防御，舟運 | 1594年～ 伊奈備前守忠次 |
|  | 木曽川左岸の御囲堤 | 洪水防御，軍事戦略 | 1610年 |
|  | 芦田川の水野土手 | 福山城を水害から守る | 1619年，水野勝成 |

二線堤となる中条堤が築かれ，木曽川左岸には約 50 km に及ぶ御囲堤が築かれた（表 7-3）。

**二線堤**

利根川の中条堤と並ぶ大規模な二線堤に荒川の日本堤・隅田堤がある（図 7-6）。右岸側に日本堤（1.4 km），左岸側に隅田堤（3.8 km）の二線堤が配置され，上流で荒川の洪水を遊水させて，漏斗状の氾濫原を形成し，下流の氾濫被害を軽減していた。二線堤内では洪水流は江戸の反対側（左岸の隅田堤側）へ誘導され，実際天正 18（1590）年から M 45（1912）年までの破堤状況を見ると，隅田堤が 3 回破堤したのに対して，日本堤は破堤していない。

近年では S 61.8 水害後，鳴瀬川支川の吉田川流域（宮城県鹿島台町，大郷町，松島町）に新設バイパス道路や嵩上げ道路などを用いた二線堤が建設され，鹿島台駅周辺の市街地を水害から守る「水害に強いまちづくり事業」が行われた。一般に二線堤は氾濫原勾配が 1/1000 より緩く，二線堤上・下流の資産比率が 3 倍以上で効果を発揮するが，二線堤建設に伴って浸水深が増大する地域が出てくるので，全体的な被害軽減効果を算定しておく必要がある。

堤防には上記した尻無堤，二線堤以外にも霞堤，越流堤，横堤，背割堤・分流堤，締切堤，山付堤，導流堤，特殊堤，高潮堤など，様々な堤防がある（図 7-7）。二線堤，輪中堤，周囲堤などは堤内地に建設された堤防で，越流堤，周囲堤，囲繞堤は遊水地に関係する堤防である（表 7-4，写真 7-4〜7-9）。霞堤は最近締め切って連続堤化される傾向があるが，今後は超過洪水対策を兼ねて，地盤高を嵩上げする（浸水頻度を減らす）などして

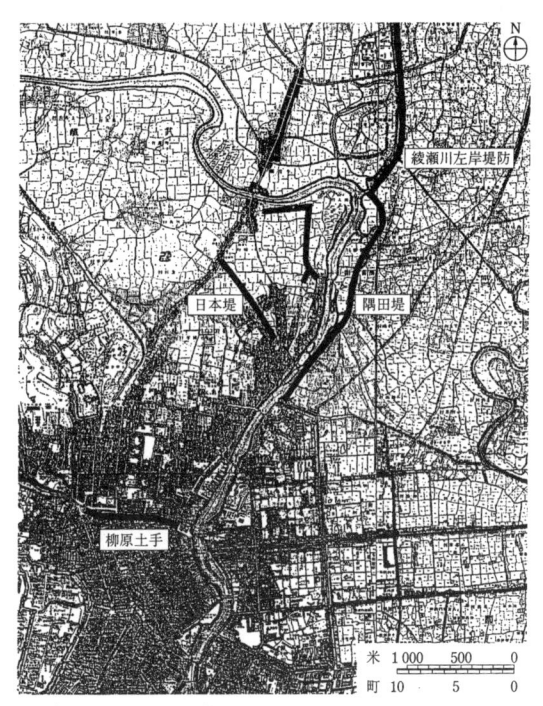

図7-6　荒川の日本堤・隅田堤
＊）二線堤により洪水を遊水させるシステムで，江戸を洪水から防御していた。
出典［迅速測図（下谷・市川驛・麹町・逆井村），明治13年測量］

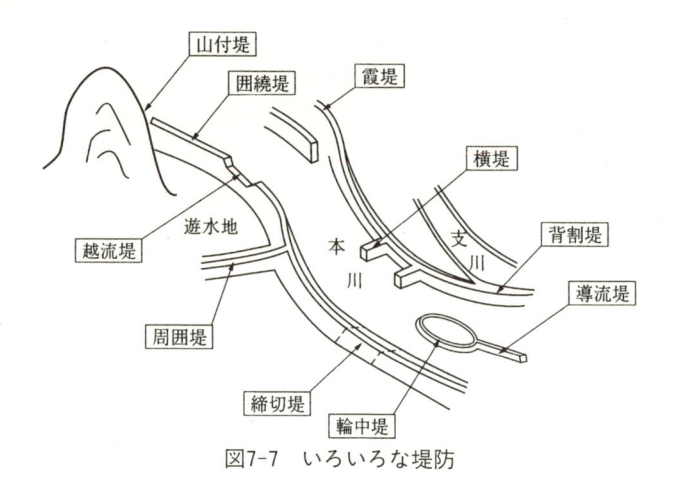

第7章 河道・堤防整備

図7-7 いろいろな堤防

表7-4 代表的な堤防の概要

| 堤防名 | 堤 防 の 概 要 |
|---|---|
| 霞堤 | 霞堤は下流側の堤防を上流側の堤防の外側に重複させるように作った堤防で，重複延長は洪水位と堤内地の地盤高によって決まる。霞堤は富士川，天竜川，信濃川などの急流区間（河床勾配が1/250～1/100）に多い。霞堤には洪水を一時的に滞留させる貯留効果と上流からの氾濫水を河道に戻す氾濫戻し効果がある。霞堤の不連続部にはゲートを設置しなくても，小河川や排水路から内水を排除できる。武田信玄が天文11（1542）年に釜無川筋に設置したのが最初であり，現在でも締め切られた霞堤を除いて17（富士川流域に31）の霞堤が釜無川筋にある |
| | 写真7-4 霞堤（常願寺川）<br>＊）霞堤部を下流側から見て，写真右側が上流に延びる本堤，写真中央が不連続堤の下流端で，主に上流からの氾濫水を河道へ戻す機能が期待されている。 |
| 越流堤 | 越流堤は洪水を遊水地に流入させるために周囲より低くした堤防で，特に川裏は3～10割と勾配が緩くなっている。越流堤はアスファルト等で被覆されたものが多いが，のり面に植生のり枠，かごマット（減勢効果あり）などを用いたものもある。堤体内の空気圧によりアスファルト等に揚圧力が作用しないように排気管を設けている。中国の明朝末期に建設されたのが最初で，日本では加藤清正が熊本の浜戸川で最初に採用した |
| | 写真7-5 越流堤（沖館川多目的遊水地）<br>＊）堤防高を一段低くして洪水を遊水地へ導く。越流堤を通じて写真左の河道から右の遊水地へ洪水が流入する。 |

| | | |
|---|---|---|
| 横堤 | 横堤は堤防に直角に設けられた堤防で，流れの乱流を防止し，洪水を貯留したり，洪水流速を低減させて高水敷の農耕地等を防護している。横堤は荒川や釧路川にあり，特に荒川には昭和初期に建設された横堤が左岸に14基，右岸に11基ある。最大の横堤は約1 kmもあり，流速を低減させたり，横堤間で遊水機能を持たせている。遊水効果は流量で1,500～2,000 m³/sにも相当する。横堤のうち，堤防が下流方向に大きく傾いているものを羽衣（はごろも）堤や付流堤という | 写真7-6　横堤（荒川）<br>＊）洪水の貯留，流速低減だけでなく，高水敷の農耕地等を洪水から防御している。<br>提供［関東地方整備局荒川上流河川事務所］ |
| 背割堤 | 分合流する河川間で水面勾配や河状が異なる場合，横流が生じ，分合流点付近で流れが乱れて，不安定となり，維持が困難となるため，背（瀬）割堤又は分流堤を設けて，両河川間の水位差を調整している。木曽三川や荒川・中川が代表的な事例である | 写真7-7　背割堤（木曽川）<br>＊）写真左が長良川，右が揖斐川で，その中央に背割堤が築かれている（国営木曽三川公園「水と緑の館」タワーより下流を望む）。 |

| | |
|---|---|
| 導流堤 | 導流堤は河川のみお筋を固定し，洪水を誘導するとともに，漂砂に対して河口の上手側または上手側と下手側に設けられた堤防である。導流堤の建設によって，漂砂が遮断され，下手側の海岸侵食を引き起こさないように注意する必要がある |

写真7-8　導流堤（千代川）
＊）写真左の鳥取港との間の左岸側に導流堤が長く伸びている。
提供［中国地方整備局鳥取河川国道事務所］

| | |
|---|---|
| 特殊堤 | 堤防は通常土堤が原則であるが，堤防用地がとれない区間や河口域の波返し（パラペット）などのように，堤防全面または一部にコンクリート構造または矢板を用いる場合がある。この堤防を特殊堤といい，下流の高潮堤などに用いられている |

写真7-9　特殊堤（大淀川）
＊）狭い用地でも十分な高さの堤防となる。写真は特殊堤が嵩上げされた珍しい事例である。

　保全に努める必要がある（図7-8）。また，輪中堤は自然堤防→尻無堤→潮除堤（しおよけ）→懸回堤（かけまわし）→輪中堤の過程を経てできた堤防で，集落を囲むようにつくられ，木曽川流域に多数あるが，雄物川（強首地区（こわくび））や小貝川流域などにもある。

　現在の堤防は左右岸とも，同じ高さ・断面の堤防が多いが，以前は城下町（城）や中心地を水害から防御するため，城下町側の堤防を高くするなど，左右岸で差をつけていた。木曽川の御囲堤は尾張藩を豊臣家から守るために築かれ，その後木曽川洪水から守るという目的となったが，対岸の美濃側は堤防高が約1m低く，地形的にも土地が低かったため，水害が多発した。また，堤防の高さ・断面が左右岸同じであっても，例えば庄内川は名古屋城のある左岸の堤防内には粘土コアが入った浸透に強いセンターコア型堤防となっている。

　堤防は自然堤防から始まって，逐次増強される形で嵩上げされてきた。例えば，石狩川左岸堤防（40.7k）を見ると，S32までは基本的に堤防幅を広げるように築堤され，その後は堤防の嵩上げと腹付けが行われている（図7-9）。特にS63に築堤された丘陵堤は従来と比べて非常に幅広く腹付けされた緩勾配堤防となっている。一方，利根川の堤防を

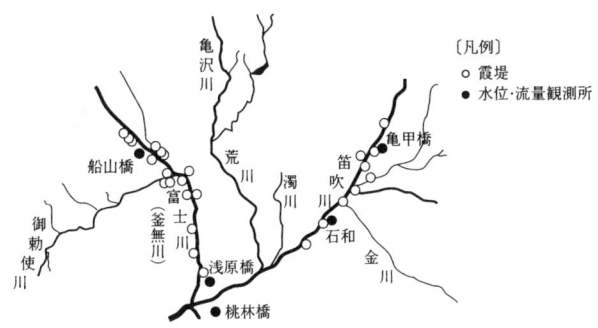

図7-8 霞堤の分布（富士川上流）

\*) 富士川流域には31の霞堤があり，特に釜無川や笛吹川上流に多い。

出典［関東地方整備局甲府河川国道事務所資料］（修正加筆）

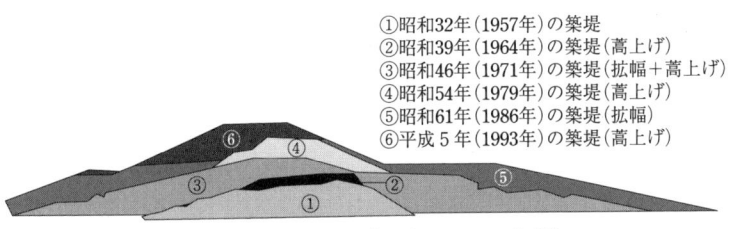

① 昭和32年（1957年）の築堤
② 昭和39年（1964年）の築堤（嵩上げ）
③ 昭和46年（1971年）の築堤（拡幅＋嵩上げ）
④ 昭和54年（1979年）の築堤（嵩上げ）
⑤ 昭和61年（1986年）の築堤（拡幅）
⑥ 平成5年（1993年）の築堤（嵩上げ）

図7-9 築堤の履歴（石狩川40.7k左岸）

\*) 石狩川では堤防の拡幅と嵩上げを繰り返しながら，堤防断面を拡大してきた。

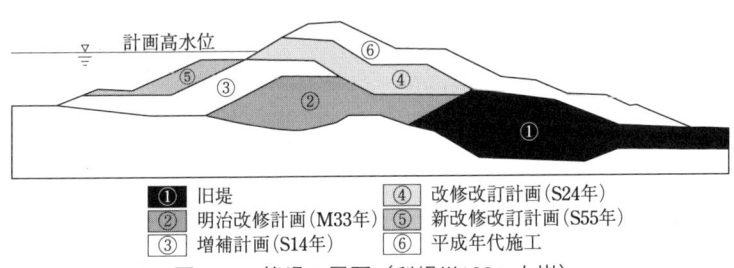

① 旧堤
② 明治改修計画（M33年）
③ 増補計画（S14年）
④ 改修改訂計画（S24年）
⑤ 新改修改訂計画（S55年）
⑥ 平成年代施工

図7-10 築堤の履歴（利根川139k右岸）

\*) 利根川では戦前までは川表に拡幅し，戦後は川表・川裏に拡幅するように築堤が行われた。

表7-5 利根川の主な改修計画

| 契機となった水害 → 改修計画名 | 地点 | 計画高水流量 |
|---|---|---|
| M18水害, M29水害 → 利根川改修計画（M33） | 八斗島 | 3,750 m³/s |
| S10水害, S13水害 → 利根川改修増補計画（S14） | 八斗島 | 5,570 m³/s |
| カスリーン台風（S22）→ 利根川改修改定計画（S24） | 八斗島 | 14,000 m³/s |
| — → 利根川水系工事実施基本計画 | 八斗島 | 16,000 m³/s |
| 基本計画改訂（S55）\* | 栗橋 | 17,000 m³/s |

※：工事実施基本計画は流域の経済的・社会的発展及びそれに伴う洪水特性の変化による治水安全度の低下に対応して改訂された。

見ると，中流より下流の堤防は東遷事業以降に築堤されたものである。利根川右岸（139k）の堤防を例にとると，大規模な災害が起きるたびに表7-5に示すような改修が行われ，特に計画流量の大幅な改訂に伴う利根川改修改定計画（S24）および平成年代の築堤により堤防高の嵩上げが行われるなど，複雑な断面構成となっている（図7-10）。

また，吉野川堤防は在来堤（掻き寄せ堤）上に第一期改修事業（M40～S2）および第

二期改修事業（S 24〜S 40）による堤防が築造されている。堤防の嵩上げと同時に腹付けが行われているが，腹付けは区間によって川表側の場合と川裏側の場合がある。

**高規格堤防**

S 60 からは沿川と一体となって，越水・浸透に対して強い高規格堤防（スーパー堤防）の事業が開始され，S 63 に淀川左岸 23.8〜24 k の大阪府枚方市出口地区に第 1 号が竣工した（写真 7-10）。中島氏によれば，高規格堤防の発想の起源はドイツ（ブレーメン市）のウェザー川堤防である。高規格堤防は通常の堤防に比べて堤体断面が大きく，特に川裏は堤防高の約 30 倍の幅を持った堤防敷となっている。この川裏勾配 1/30 は，越水深 15 cm 程度の越流水によっても洗掘破壊を発生させないという試算結果に基づいて設定されている。

写真7-10　淀川高規格堤防
注）　大阪市酉島地区の高規格堤防（H12完成）では，高層住宅等の利用が行われている。
提供［近畿地方整備局淀川河川事務所］

　高規格堤防の整備対象河川は背後地に人口・資産が集積した大都市を擁する利根川，江戸川，荒川，多摩川，淀川，大和川の 5 水系 6 河川（対象区間約 800 km）で，H 15.4 現在 18.1 km が施工され，35.5 km が施工中である。設計にあたっては，計画堤防天端高に河床変動等に起因する変動水位[注1]を加えた水位を設計水位としている。
　高規格堤防上は高層住宅，公園として利用されたり，土地区画整理事業の対象となっている。高規格堤防は不同沈下すると，越水による荷重が局所的に設計荷重より増大するおそれがあるため，すべり破壊や地震時の液状化破壊の危険性が予想される場合は，必要に応じて地盤改良（深層混合処理工法などの固結工法）を実施している。

**参考文献**
1) 高橋裕編著：水のはなしⅠ，技報堂出版，1982 年
2) 浜口達男・金木誠・中島輝雄：霞堤の現況調査報告書，土木研究所資料，第 2286 号，1986 年
3) リバーフロント整備センター：高規格堤防盛土設計・施工指針（案），2000 年
4) 中島秀雄：図説 河川堤防，技報堂出版，2003 年

---

注1）不定流計算により求めた越水深に対して，河床勾配をパラメータとして変動水位を計算する。

## 7.4 堤防の整備状況

　日本には14.4万kmに及ぶ河道があり，1級河川が8.8万km，2級河川が3.6万km，準用河川が2万kmある。1級河川のうち，国交省が管理しているのは主として本川下流と重要な支川合流区間の約1万kmで，その他の1級河川は都道府県等が管理している。国交省の管理区間における完成堤は約7,900km（整備率59％），完成堤＋暫定堤は約1.1万km（整備率84％）である（H 18.3現在）。30年前の整備率はそれぞれ38％，66％であるので，かなり進捗が進んでいるといえる（図7-11）。なお，完成堤とは計画通りの断面を有する堤防で，暫定堤とは堤防高は計画（計画高水位）を満足するが，計画断面とはなっていない堤防を意味する。整備率は，例えば完成堤の整備率＝完成堤延長／（直轄区間延長－堤防不要区間延長）×100で，堤防不要区間とは山付き堤などを指す。堤防不要区間は直轄区間全体の約2割ある。

　直轄区間の完成堤整備率（H 18.3）を水系別に見れば，堤防整備率の高い順から渚滑川（100％），関川（99.6％），新潟荒川（98.8％）などで，整備率が低いのは円山川（8％），神通川（20％），小瀬川（21％）などである（図7-12）。ただし，堤防整備率が高い水系は直轄区間延長が短い水系が多く，完成堤整備率90％以上の13水系中8水系は直轄区間延長が30 km以下である。

　整備率が最も低い円山川は台風23号（H 16.10）に伴う豪雨により，本川と支川出石川の2カ所で破堤災害が発生した。被災原因の一つは堤防整備率の低さであるが，円山川流域が位置する豊岡盆地は厚さ30～40 mの軟弱地盤上（砂層と粘土層）にあり，堤防を整備しても，沈下して十分な堤防高を確保できないという理由がある。また，狭隘地区では堤防を建設する用地が十分ないことも整備率が向上しないもう一つの理由である。

　全国的に見て，堤防整備が進んでいない河川や地域は多数ある。整備が進まない理由は改修予算の問題以外に，

- 家屋や道路が堤防に近接していて，堤防用地を確保できない
- 過去の経緯で堤防上に家屋や畑などの個人的な土地利用が行われていて，移転が行われないと，改修できない
- 堤防の整備順序として，まず腹付けを行ってから，堤防の嵩上げを行うことが多いため，堤防高が高くなるまでに時間を要する

などの理由がある。例えば，東海豪雨（H 12.9）では庄内川支川の新川で破堤災害が発生したが，庄内川本川でも越水が発生した。この越水区間は堤防の裏のりに家屋が立っていて，移転交渉後移転が行われ，その後堤防の腹付けが行われた。そして，これから堤防の

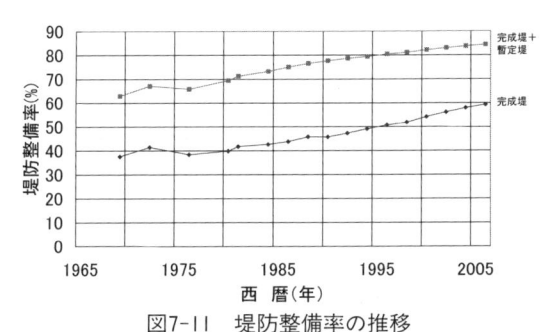

図7-11　堤防整備率の推移

注）直轄区間の堤防整備率は30年で約20ポイント改善された。

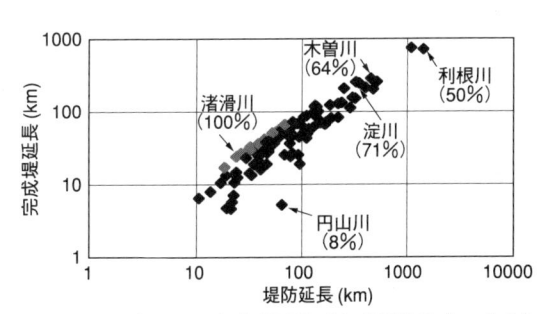

図7-12　堤防延長と完成堤延長（完成堤整備率の分布）

嵩上げにより堤防高を上げようとしていたところに，洪水により越水が発生した。

現地における堤防の整備状況を見ると，途中より上流区間が未整備または堤防高が低くなっている場合があり，この区間を境に管理者が国から都道府県に変わっている場合がある。また，こうした整備状況の違いや道路・橋梁取付部，樋門などの区間を除いても，堤防高を細かく見ると 10〜30 cm 程度の高さの凹凸（不陸）が見られる。洪水が堤防を越水すると，このわずかな不陸の違いが大きな越水外力の違いとなり，破堤に影響を及ぼす場合がある。

**参考文献**
1) 日本河川協会：平成 18 年版 河川便覧，2006 年

# 第8章　河川計画と施設設計

　治水・利水・環境のための河道整備は河川法の下，各種技術基準に基づいて，調査・計画・設計等が行われている。特にＨ9の河川法改正以降は実績の洪水位ではなく，河床材料と掃流力の関係と計画時の水位から粗度係数を算定し，計画高水流量（高水位）を設定している。洪水防御の根幹となる堤防は侵食・浸透・地震などの外力に耐えられるよう，設計が行われているし，放水路・遊水地などの施設も基準に基づいた設計が行われている。近年都市域においては地下河川や地下調節池による洪水調節が行われ，水害被害の軽減に貢献しているが，これらの施設の諸元などについても言及している。

## 8.1　河川法

　最初の河川法は明治中期の1896（M29）年に制定された。これは国土保全に関する最初の治水法で淀川，利根川，木曽川，筑後川などの治水工事を国庫負担で行うために制定された法律であった。河川法制定の直接の契機は国により淀川改修工事を行うための法規面からの制度化であった。当時，国が高水工事を行っていたのは木曽川だけで，河川は原則都道府県知事が管理していたため，他河川は府県負担で工事が行われていた。

　1910（M43）年に死者・行方不明者1,379名，浸水家屋44万戸以上という大水害が東海・関東・東北地方を中心に発生した（図8-1）。この水害を契機に臨時治水調査会が設置され，第一次治水計画が策定された。流域平地面積が10平方里以上の65河川が選定され，直轄河川に指定された。続いて1918年に第二次治水計画，1933年に第三次治水計画

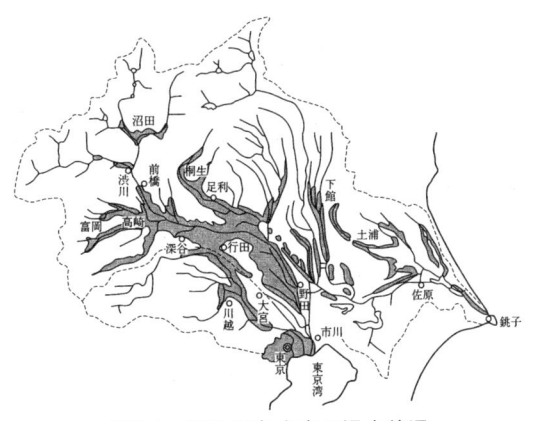

図8-1　明治43年水害の浸水状況

＊）　利根川堤防が破堤して東京が大氾濫となるなど，狩野川台風に匹敵する被害が発生した。この水害が契機となって利根川，荒川，北上川などで大規模な改修工事が始まった。

出典［建設省関東地方建設局：利根川百年史，1987年］

が策定された。

　戦後荒廃した国土に多発した水害に対して，S22に内務省に経済安定本部の意を受けた治水調査会が設置され，10大河川の根本的治水対策が検討された。その後，S24には戦後最初にオーソライズされた治水十箇年計画が策定された。調査会の審議で特筆すべきことは，流量改訂計画がたてられた際，北上川5大ダム（石淵，田瀬，湯田，四十四田，御所）計画に続くものとして，6水系でダムによる洪水流量調節が計画に盛り込まれたことである。ここで，10大河川とは北上川，江合・鳴瀬川，最上川，利根川，信濃川，常願寺川，木曽川，淀川，吉野川，筑後川である（下線はダム計画の6水系を表す）。

　S28には史上最高の被害額（物価換算して現在の3兆円以上）を記録した西日本水害が発生した。梅雨前線により北部九州（6月），集中豪雨により和歌山地方（7月），台風13号により東海地方（9月）が相次いで被害を被った。水害後，治山治水対策協議会が設置され，治山治水基本対策要綱が策定された。投資規模が大きすぎ，閣議決定はされなかったが，その内容はS35から始まる治水事業十箇年計画に引き継がれた。この計画は最初の治水長期計画で，その前期計画である第一次治水事業五箇年計画が3,650億円で始まった。この計画とあわせて，計画を正式なものとするため，4カ条からなる治山治水緊急措置法が同年に成立した。

　河川法はS39に利水の観点等から改正された。改正理由は，
 ・行政・制度の変化に河川管理制度が対応できない
 ・水利権，大規模ダム・堰に対して水系から見た総合的な管理が必要である
 ・河川技術の進展

によるものであった。なお，法改正を推進させた直接の契機は利水ダム（相模ダム）からの放流により，釣り客6名が死亡した人身事故（S37.8）であった。

　その後，S47.7豪雨により北九州，島根，広島などを中心に水害が発生し，この水害以降江の川本川・馬洗川，淀川水系谷田川など，数多くの水害訴訟が提訴された（第6章6.4「水害訴訟」参照）。S40年代末からは多摩川（S49.9），石狩川（S50.8），長良川（S51.9）と直轄河川で破堤災害が相次ぎ，これらと都市水害が契機となって，限界のある都市河川対応に対して，S52.6に河川審議会より「総合的な治水対策の推進方策についての中間答申」が出され，S54.4より総合治水対策特定河川事業（S54に9河川，現在17河川）が開始された。

　河川法は上記以外ではS47に流況調整河川制度の創設・準用河川制度の拡大，H4に高規格堤防特別区域制度，H7に河川立体区域制度，H9に樹林帯などに関する法制度の改正が行われた。各々の制度等の内容は，

 ・流況調整河川制度：複数水系間を結び，水資源開発および広域利用を行う制度で，水供給の領域を広げるために制定され，利根川広域導水事業などが行われている
 ・高規格堤防特別区域制度：高規格堤防は治水上定まる形状を基本とするが，高規格堤防特別区域における河川区域の規制緩和等に伴い，通常の土地利用を行うことができるようになった
 ・河川立体区域制度：河川区域を地下または空間に立体的に指定できる制度で，土地に区分地上権を設定したときに，運用上支障が生じなくなるように制度化された
 ・樹林帯：樹林帯により堤防などの治水上または利水上の機能を有し，越水による洗掘防止および氾濫流による破堤部の拡大防止による堤防機能の維持・増進を図ることが謳われた。なお，河川法上の樹林帯の定義は堤防裏のり尻から概ね20m以内にあって，成木時の胸高直径が30cm以上，密度が1本/10m$^2$以上のものをいう

である。
　環境保全意識の高揚に対しては，H9に河川環境の整備と保全を河川法の目的として明確に位置付けるため，河川法の改正が行われた。改正に伴って従来の工事実施基本計画は河川整備基本方針と河川整備計画に分けられた。本河川法においては，河川整備基本方針の作成後，河川審議会等の意見を聴く手続きを経て，決定・公表が行われる。この方針の下で，河川整備計画の原案を提示し，学識経験者や住民から意見を聴き，作成された河川整備計画は地方公共団体の長の意見を聴く手続きを経て，決定・公表が行われる（図8-2）。
　現河川法の主要な条項は，表8-1に示す通りである。
　政令としては，S51に河川管理施設等構造令が制定された。これは建設省治水課が制定した河川占用工作物設置基準案（S37）が原型となっている。構造令はその後H4，H9に改正された。本構造令の解説はS53に出版された後，H9の法改正を受けてH12に改定され，逐次新たな知見が加えられている。

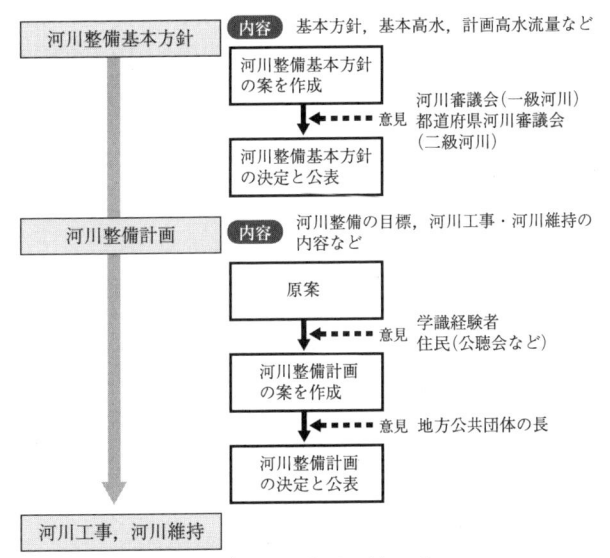

図8-2　河川整備計画等の流れ

\*）河川整備基本方針では審議会の意見を聴くが，河川整備計画では住民や首長の意見を聴いて，計画を策定することとなっている。

表8-1　河川法の主な条項

| 1条 | 目的：河川の災害発生防止，適正利用，流水の正常な機能維持，河川環境の整備と保全 |
|---|---|
| 2条 | 関連する施行令2条7号：指定区間（9条）のうち，国土交通大臣が河川工事を行って，都道府県知事が管理を行う区間を，通称2-7（2条7号）区間と言う |
| 9条 | 一級河川の管理は国土交通大臣が行う<br>9条1項：国が管理する区間が指定区間外（直轄）区間<br>9条2項：都道府県に管理が委任された区間が指定区間 |
| 10条 | 二級河川の管理は都道府県知事が行う |
| 16条 | 河川管理者は河川整備基本方針を定めなければならない |
| 23条 | 流水占用する者は河川管理者の許可を得なければならない |
| 24条 | 土地占用する者は河川管理者の許可を得なければならない |
| 26条 | 工作物の新築・改築を行う場合，河川管理者の許可を得なければならない |

**参考文献**
1) 建設省関東地方建設局：利根川百年史，1987 年
2) 山本三郎著・国土開発技術研究センター編集：河川法全面改正に至る近代河川事業に関する歴史的研究，日本河川協会，1993 年
3) 栗城稔・末次忠司：戦後治水行政の潮流と展望―戦後治水レポート―，土木研究所資料，第 3297 号，1994 年
4) 建設省河川法研究会：改正河川法の解説とこれからの河川行政，ぎょうせい，1998 年

## 8.2 河川関連法

　河川法以外にも河川に関連する法律等は多数ある。以下では特に治水・治山に関係する法律について記述し，水環境関連法は別途第 13 章 13.4「水環境関連法」に示した。治水に関して，水防法は建設省河川局が制定した最初の法律である。また，最初の治水長期計画である治水事業十箇年計画を正式なものとするため，S 35 には治山治水緊急措置法が制定された。その後 S 36 に災害対策基本法，S 40 年代に入って各種土砂災害に関する法律が制定された。S 54 には河川事業の枠を越えた総合治水対策特定河川事業が開始され，流域治水には及ばなかったが，その流れは特定都市河川浸水被害対策法（H 15）に引き継がれた。

　関連する法律・制度・事業は社会・経済情勢の変化とも関係するが，特に水害を契機として制定される場合も多い。戦後の法律・制度・事業を対象に，契機となった水害を示せば，図 8-3 の通りである。

　上記した法律・制度・事業のうち，特定都市河川浸水被害対策法（H 15），改正水防法（H 17）の概要は以下の通りである。

［特定都市河川浸水被害対策法］
　本法は東京，大阪，名古屋，福岡などの大都市の河川のうち，市街化が進んだ河川を対象とし，河川法・水防法・下水道法などで対応できない対策を補う法律である。河川管理者，下水道管理者，地方公共団体が一体となって効果的な被害対策を講じるために立案さ

| 法律・制度・事業 | 契機となった水害 |
|---|---|
| 災害救助法(S22)、水防法(S24)、気象業務法(S27) | ← 枕崎台風(S20.9)〜カスリーン台風(S22.9) |
| 治山治水基本対策要綱(S28) | ← 梅雨前線豪雨・南紀豪雨(S28) |
| 治水事業十箇年計画(S35)、治山治水緊急措置法(S35)、治水特別会計法(S35)、災害対策基本法(S36) | ← 伊勢湾台風(S34.9) |
| 宅地造成等規制法(S36)、激甚災害に対処するための特別の財政援助等に関する法律(S37) | ← 伊那谷水害(S36.6) |
| 急傾斜地崩壊対策事業(S42)、急傾斜地の崩壊による災害の防止に関する法律(S44) | ← 台風26号に伴う土石流災害(S41.9)、西日本豪雨(S42.7) |
| 防災のための集団移転促進事業に係る国の財政上の特別措置等に関する法律(S47)、災害弔慰金の支給等に関する法律(S48)、河川管理施設等構造令の制定(S51) | ← 北九州、島根、広島における集中豪雨(S47.7) |
| 総合治水対策特定河川事業(S54) | ← 多摩川水害(S49.9)、石狩川水害(S50.8)、長良川水害(S51.9)＋相次ぐ都市水害 |
| 土砂災害警戒区域等における土砂災害防止対策の推進に関する法律(H12) | ← 広島・呉の土砂災害(H11.6) |
| 水防法の改正(H13)、特定都市河川浸水被害対策法(H15) | ← 東海豪雨(H12.9) |
| 水防法の改正(H17) | ← H16水害 |

図8-3　法律・制度・事業の契機となった水害

れた．具体的には鶴見川，寝屋川（淀川水系），新川（庄内川水系），巴川が対象流域となっている．法案の骨子は以下の通りである．

- 河川氾濫または内水による浸水が想定される区域を都市洪水想定区域または都市浸水想定区域として指定・公表し，自治体は地域防災計画のなかで，避難経路，避難場所を位置付ける
- 知事や市町村長，河川管理者，下水道管理者が共同で流域水害対策計画を策定し，河川・下水道の洪水対策を一本化する
- 河川管理者は流域水害対策計画に基づいて，雨水貯留浸透施設を整備できる
- 流域水害対策計画に基づく事業を実施する自治体は，事業実施の利益を受ける他の自治体（受益自治体）に費用を負担させることができる
- 両想定区域内の地下街管理者は浸水時の避難計画を作成し，公表するよう努力する

[改正水防法]

水防法は東海豪雨（H 12.9）時における不十分な情報伝達・避難行動を受けて，H 13に改正された．本法は H 16 水害を受けて設けられた「水災防止体制のあり方研究会」，「豪雨災害対策総合政策委員会」による提言を受けて，水災による被害の防止・軽減を図るため，集中豪雨の影響を受けやすい中小河川などの水災対策を推進することを目的に H 17 に再度改正された．主要な改正点は以下の通りである．

- 洪水予報河川以外の主要な中小河川において，新たに浸水想定区域の指定・公表，洪水ハザードマップの作成・公表を義務付ける[注1]とともに，特別警戒水位（現在の避難判断水位）を設定し，その水位への到達情報を関係者に通知し，および一般に周知する
- 非常勤の水防団員に係る退職報償金の支給規定を創設する
- 水防管理者は水防活動に協力する公益法人および特定非営利活動法人を，その申請により水防協力団体として指定できる

**参考文献**
1) 栗城稔・末次忠司：戦後治水行政の潮流と展望―戦後治水レポート―，土木研究所資料，第 3297 号，1994 年
2) 国交省国総研監修・水防ハンドブック編集委員会編：実務者のための水防ハンドブック，技報堂出版，2008 年

## 8.3　計画諸量の決定

河道計画における河川整備基本方針では流量配分（基本高水流量，計画高水流量），主要地点の計画高水流量・計画高水位・川幅・維持流量が規定されている．また，河川整備計画は今後 20〜30 年先を目標にした計画で，暫定目標となる治水安全度を達成するための投資規模を考慮した政策目標である．基本方針も整備計画も治水経済調査マニュアルなどに基づく経済性評価を行うほか，生態系や景観に与える影響を把握することとしている．河川整備基本方針は H 21.3 までに 109 水系すべてで策定され，河川整備計画は H 21.10 現在 54 水系 61 河川で策定済である．

河道計画の基本は計画確率（計画規模）である．各水系の計画確率は流域面積，洪水想

---

注1）H17の水防法改正前は「作成の努力」義務にとどまっていた．

定氾濫区域（以下想氾区域）面積，想氾区域内人口・資産・出荷額，人口／想氾区域面積，資産／想氾区域面積，出荷額／想氾区域面積の8ファクターをランク付けして決められている。1級水系では概ね1/100～1/200[注1]で設定されている。北上川，最上川，富士川，信濃川，天竜川，庄内川など8水系では上流と下流で計画確率が異なるが，以下には治水上の基準地点における計画確率で示している。

- 確率1/200：淀川，荒川，利根川，木曽川，多摩川，庄内川，大和川，太田川（8水系）
- 確率1/150：信濃川，矢作川，石狩川，安倍川，富士川，相模川，阿賀野川など（33水系）
- 確率1/100：馬淵川，大野川，五ヶ瀬川，矢部川，小矢部川など（67水系）
- 確率1/80：球磨川

河道計画の策定にあたっては，まず計画洪水の諸元を決定する。直轄河川の代表的な例では，

- 確率雨量：観測地点の年最大2日雨量などからティーセン分割により流域平均雨量を算出し，確率統計処理（ガンベル分布，岩井法など）して，分布形との乖離が少なくなる[注2]ように，計画確率に対する降雨量を決定する
- 降雨ハイエト：既往最大雨量・流量時等の降雨波形を対象降雨継続時間内で，総雨量が確率雨量になるように引き伸ばす
- 雨水流出量：流出率等を設定し，貯留関数法などの流出解析手法により算定する
- 計画高水流量（水位）：確率流量も加味して計画高水流量を算定し，この流量に基づいて，準2次元不等流計算などにより計画高水位を定める

の手順で計画高水位が決定される。

確率雨量を求める場合の確率分布形は極値の出現により変化する。そこで，計画に採用する確率雨量の妥当性をPMP（可能最大降雨量）により確認しておく（図8-4）。PMPは既往最大日雨量，その発生日の最大比湿や可能最大比湿より求めるもので，全国71地点で200年確率日雨量に対して，1～1.6倍（この範囲で全体の3/4）であったが，稚内

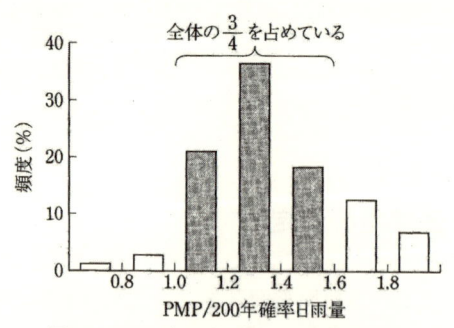

図8-4 PMP/200年確率日雨量の分布

\*）確率日雨量がPMPよりも，かなり小さな値となる場合は再度検討を行う方がよい。

出典［裏戸勉・中村昭・長谷川修：日本の主要地点における可能最大日雨量，土木研究所資料，第1398号，1978年］

---

注1）計画確率の1/200は200年に1回の発生確率ではなく，当該雨量を超過する確率が1/200であることを表し，対象年数との関係で決まる。例えば50年以内には22%，100年以内には39%の確率で発生する雨量を意味している。

注2）SLSC（標準最小二乗規準）<0.04およびJackknife推定誤差が最小となることが採択基準となる。

では2倍，宮崎では1.9倍という大きな比率であった。なお，比湿とは最低気圧，最大水蒸気圧時の湿度を意味する。

基本高水ピーク流量の妥当性は，既往洪水時の実績降雨や痕跡水位を用いて検証する。また，多くの水系においては，確率流量や歴史的洪水の記録により基本高水ピーク流量の妥当性の検証を行っている。確率分布モデルにはガンベル分布，一般化極値分布，指数分布などが用いられている。

計画高水流量に対する計画高水位の算定にあたっては粗度係数を設定する必要がある。従来粗度係数は洪水痕跡水深と洪水流量から逆算していたが，洪水流量により変化するため，計画高水流量時の状況に対応した係数を求めるようになっている。まず $d_R$（代表粒径）〜$\tau_*$（無次元掃流力）の関係と $H_m/d_R$ より流速係数 $\phi$ を求めて，$\phi$ と計画高水位時の水深 $H_m$ から粗度係数 $n$ を求める。そして，準2次元不等流計算（低水路と高水敷間の相互干渉を考慮した計算）より河床粗度に伴う洪水位を計算する。

$$d_R \longrightarrow \tau_* \atop H_m/d_R \Big] \phi \atop H_m \Big] \rightarrow n = \frac{H_m^{1/6}}{\phi\sqrt{g}}$$

計画高水位はこの水位に断面変化・支川合流・湾曲・砂州等の水位上昇量を加味して求められる。ただし，湾曲部では固定砂州により，湾曲と砂州両方の水位上昇が考えられるので，大きい方を採用する。支川合流では合流点に近い断面で運動量保存式を適用する。以上に留意して，加味する水位上昇量は以下の方法で求められる。

- 断面変化：死水域（急拡5度，急縮26度の範囲）を除いて断面設定する
- 植生等：境界混合係数[注3] に基づく抵抗より求める
- 支川合流：運動量保存式より求める
- 橋脚：ドビッソン公式を用いる
- 砂州等：河床勾配 $I \geq 1/2,000$ では大洪水を対象に左右岸の痕跡水位差より求め，$I \leq 1/2,000$ では摩擦抵抗に伴う水深の2.5％とする
- 湾曲：$B \cdot v^2/g \cdot r_c$ より求める。ここで，$B$ は川幅，$r_c$ は曲率半径である

このようにして求められた基本高水流量，基本高水流量からダム等による洪水調節流量を差し引いた計画高水流量が多い河川について示せば，表8-2の通りである。外帯に属する吉野川は基本高水流量，計画高水流量ともに多い。治水上の基準地点で，計画高水流量が 10,000 m³/s を超える水系は下記以外の石狩川，仁淀川，四万十川などを含めて14水系ある。

なお，本河道計画の特徴としては，上記の手法で設定された計画高水位を安全に流下させる河道断面を設定する以外に，従来の単一的な河道計画ではなく，一洪水で侵食される

表8-2　基本高水流量および計画高水流量

| 河川名 | 地点名 | 基本高水流量 | 河川名 | 地点名 | 計画高水流量 |
|---|---|---|---|---|---|
| 吉野川 | 岩津 | 24,000 m³/s | 新宮川 | 相賀 | 19,000 m³/s |
| 利根川 | 八斗島 | 22,000 m³/s | 吉野川 | 岩津 | 18,000 m³/s |
| 木曽川 | 犬山 | 19,500 m³/s | 富士川 | 北松野 | 16,600 m³/s |
| 天竜川 | 鹿島 | 19,000 m³/s | 利根川 | 八斗島 | 16,500 m³/s |
| 新宮川 | 相賀 | 19,000 m³/s | 天竜川 | 鹿島 | 15,000 m³/s |

注3）低水路流と高水敷流との相互干渉，樹木群と流水との相互干渉を表した係数である

高水敷幅を基本として設定する堤防防護ラインと低水路の安定などのために設定する低水路安定化ラインを設定して，河道の環境特性や維持管理を念頭に置いた「防護のための管理の目安」を示した点が特徴である。

**参考文献**
1) 裏戸勉・中村昭・長谷川修：日本の主要地点における可能最大日雨量，土木研究所資料，第1398号，1978年
2) 栗城稔・末次忠司：戦後治水行政の潮流と展望—戦後治水レポート—，土木研究所資料，第3297号，1994年
3) 国土技術研究センター：河道計画検討の手引き，山海堂，2002年

## 8.4 堤防設計（1）

堤防は元々氾濫によって形成された自然堤防がベースになっており，そこに土砂を盛土したもので，土堤が原則となる。堤防を土堤にすることは工費，工期，材料の取得，沈下・震災に対する復旧，嵩上げ・拡幅が容易であるという点で有利となる。

古来，連続堤はまだ少なく，霞堤，水利を兼用した越流堤など，地域の特性に合わせた様々な堤防があった。明治時代に入ると，ファン・ドールンやデ・レーケなどのオランダ技術による堤防設計が行われた。オランダ技術は大陸の河道・洪水特性に対応した技術で，均一型の堤防技術であった。その後，河川堤防は計画高水位から決まる堤防高，のり面すべりに対する安定や堤体の浸透条件から決まる堤防断面に基づいて設計された。そのため，構造体としての破壊原因（越流による侵食，洗掘に伴う破壊など）のすべてに対して安全な構造とはなっていなかった。これに対して，既往の災害事例に関する調査・分析，水理模型実験，数値解析結果などを用いて，合理的な堤防の設計方法に関する研究が行われ，『河川堤防の構造検討の手引き』が作成され，実際の堤防設計に反映されつつある。

洪水の堤防越水に対しては，洪水を安全に流下させるのに十分な河積（流下能力）を有する堤防高になっているかどうかを粗度係数から求めた水位，物理的な観点からの水位上昇量などに基づいて照査する。計画堤防高はこの設計された堤防高に対して，余裕高を見込んだ高さとする。余裕高[注1)]は洪水時の風浪，うねり，跳水に伴う水位上昇，巡視・水防時の安全性の確保，流木等流下物への対応のための堤防高であり，余裕高や天端幅は計画高水流量に対応して，表8-3に示す値を採用するように定められている。余裕高以外に

表8-3 計画高水流量に対する余裕高・天端幅

| 計画高水流量 | 余裕高 | 天端幅 |
|---|---|---|
| 200 m³/s 未満 | 0.6 m 以上 | 3 m 以上 |
| 200〜500 m³/s 未満 | 0.8 m 以上 | |
| 500〜2,000 m³/s 未満 | 1.0 m 以上 | 4 m 以上 |
| 2,000〜5,000 m³/s 未満 | 1.2 m 以上 | 5 m 以上 |
| 5,000〜10,000 m³/s 未満 | 1.5 m 以上 | 6 m 以上 |
| 10,000 m³/s 以上 | 2.0 m 以上 | 7 m 以上 |

注1) 諸外国では水位計算の不確実性（アメリカ，オランダ，ドイツ，ハンガリー），施工上の余裕（中国，ドイツ），天端の確保（オランダ，ドイツ）などを考慮して決められている。

堤体圧縮による沈下に対応するため，施工上の配慮として沈下相当分の堤防の余盛を行う。余盛厚は堤体および基礎地盤の土質や堤防高によって異なるが，概ね堤防高の5～10％程度である。結局，堤防高は計画高水位＋余裕高＋余盛で決定される。

堤防断面の照査は浸透，侵食に対する安全性の確認により行う。浸透に関しては，堤防の土質調査結果と築堤履歴等から堤防の形状および土質構成のモデルを作成する。堤体あるいは基礎地盤の土質や構成は複雑で不明確な場合が多いので，築堤履歴や基礎地盤の複雑さは安全率のなかで考慮する。そして，設計外力に対して浸透流計算および安定計算を行って，照査項目ごとの安全率等を算出する。照査基準から見て，安全性が満足されない場合は強化工法の設計を行う。浸透流計算は第9章 9.4「浸透流解析」，強化工法は第9章 9.2「越水・浸透対策」を参照されたい。

一方，侵食に対しては，側方侵食幅から見て既存の高水敷幅が十分あり，堤防を侵食しないかどうかを照査する。照査はセグメントごとに推定した以下の最大侵食幅と高水敷幅との比較により行う。

- セグメント1　　　→　侵食幅は砂州幅の1/2で最大40 m
- セグメント2-1　　→　侵食幅は低水河岸高の5倍程度で最大30 m
- セグメント2-2, 3 →　侵食幅は低水河岸高の（2～3）倍程度で最大20 m

堤防断面は従来川表の侵食や川裏の浸透対策として，高水敷や小段により一定の堤防幅を確保してきたが，『河川堤防の構造検討の手引き』では川表，川裏とものり面を1枚のりとすることを推奨している。これは1枚のり化することにより，越水や浸透に対する堤防の弱体化を防いだり，地震発生時の弱点を回避するもので，特に雨水が高水敷や小段から堤体内に浸透するのを軽減する目的がある。1枚のりの堤防では，緩傾斜堤はのり長が10 mを超えてもよいが，例えば2割勾配の場合は10 mを超えないように計画する。

以上より，堤防高・断面，高水敷幅などは決められる。しかし，堤防ののり勾配については構造令や河川砂防技術基準では，表・裏のり勾配を2割以上の緩勾配にするよう規定しているが，特性等に対する定量的な規定はない。日本では江戸時代前期までは裏のりが表のりより緩い堤防が多かったが，江戸時代後期以降は表・裏のり勾配が同じとなり，現在に至っている。中国も表のりと裏のりの勾配が同じ堤防が多い。その他の海外堤防は浸透と越水による裏のり洗掘を考慮し，裏のり勾配が緩くなっており，越水や浸透を考えると，海外の堤防と同じように裏のりは緩く設計した方がよい。川表もある程度は緩い方がよいが，急流河川ではあまり緩くしない方がよい（戦前は洗掘防止の目的で表のりの勾配が緩くなっていた）。

最近では利根川右岸堤防の破堤に伴う首都圏氾濫を防ぐために，特に裏のりを緩勾配堤防にする首都圏氾濫区域堤防強化対策が進められている。この対策は裏のり勾配を7割，表のり勾配を5割の1枚のり堤防にする堤防強化策（浸透対策）で，対象区間は江戸川分派点から小山川合流点である。

### 参考文献
1) 中島秀雄：図説 河川堤防，技報堂出版，2003年
2) 国土技術研究センター：河川堤防の構造検討の手引き，2002年
3) 山本晃一：沖積河川学 堆積環境の視点から，山海堂，1994年
4) 知野泰明・大熊孝・石崎正和：近世文書に見る河川堤防の変遷，土木学会第44回年次学術講演会講演概要集，1989年
5) 国土技術研究センター：河道計画検討の手引き，山海堂，2002年

## 8.5 堤防設計（2）

　堤防は新規に設計されるよりも，現在の堤防を拡築する場合が多い。したがって，盛土や嵩上げを行う既存の堤防が浸透などに対して十分な機能を持った堤防であるかどうかを照査しておく必要がある。堤体内の構造等を調べるにはボーリング試験，標準貫入試験，透水試験などを行うが，堤体に損傷を与えないで調査できる探査技術についても検討を行う。堤体内の探査には，表 8-4 に示した地盤探査技術を活用するが，堤体のように浅部の探査も重要となる場合は電磁波探査法が有効（粘性土以外）で，この方法だと他の方法ほど計測に時間を要さない。

　堤防の嵩上げに伴う，または浸透・侵食対策としては，堤防断面を拡幅する腹付けが行われる。通常は川裏腹付けが多いが，洪水疎通能力が十分あったり，沿川に家屋が連坦している場合などは川表腹付けが行われる。施工にあたっては，新旧盛土がなじむように 50～60 cm 厚の段切り（階段状に整形）を行ってから腹付けする。段切り面は排水のため，2～5％の勾配をつけておく。

　堤防の締固めにあたっては，室内の締固め試験の最大乾燥密度の比が 85％になることを目標とする。なお，S 25～40 に築堤した堤防は締固めが不十分で乾燥クラック，降雨による沈下，洪水時の漏水が多いなど，堤防の弱点となるので注意する。この時代は機関車（2 m の高さ）から堤防や線路脇に土を投下する高撒き方式，浚渫土を土砂送流管で運び，堤防上に噴出する浚渫サンドポンプ方式が行われたため，締固めが十分ではなかった。

　また，堤体材料の吟味も重要で，堤防の新設や拡築の場合，質的安全度を上げるよう十分吟味する。利根川（83 k 左岸）を例に構成する堤体材料を見てみると，川表には砂，堤体コア部分には粘土混じり砂が使われ，それらを覆うように堤体上部と川裏には粘土が使われており，複雑な構成となっている。堤体材料としては，粗粒分は強度を高めるが，粗粒分のみでは締固めが困難で，細粒分は不透水性を高めるが乾燥クラックを生じやすい

表8-4　地盤探査技術の概要

| 名　称 | 探査技術の概要 |
| --- | --- |
| 電磁波探査法（地中レーダー） | 地表のアンテナから地中に電磁波パルスを発射し，地下で反射した波をとらえて，地下浅部の構造，空洞，埋設物を探査する方法である。高周波のパルスを使えば，浅部構造を高い分解能で把握できる。深度5 m 程度までは探査できるが，粘性土では1 m 程度の探査しかできないし，鉄筋等の金属があれば探査できないので，構造物周辺の探査は難しい |
| 電気探査法 | 地面に設置した電極から地盤に電流を流し，他電極の電位分布を測定する。電位分布を逆解析して，地盤の比抵抗分布を求めて，地下の構造を推定する。比抵抗が土の種類，締固め・含水状態の違いにより変化することを利用した探査方法である。かなり深くまで探査できるが，5 m 以浅では深度とともに精度は低下する。電磁波探査法と比較すると，測定に時間を要する |
| 弾性波探査法（浅層反射法） | 地表で起振し，弾性波速度や密度の異なる境界で反射して地表に戻ってくる弾性波をとらえて，地下の反射面の分布を探査する方法である。かなり深くまで探査できるが，深度2～3 m 以浅の探査はできない（石油探査用に低い周波数帯域の設定のため）。電磁波探査法と比較すると，測定に時間を要する |
| 表面波探査法 | 不均質な地盤の表面付近を伝わる表面波（レイリー波）を利用し，波長（周波数）による伝播速度の違いを逆解析することにより，S 波速度構造を調べ，堤体地質等の判断指標に用いる。比較的浅い深度（20 m 程度）を対象とし，分解能は必ずしも高くないが，概略の分布を把握するのに適している |

＊：最近はX線などによる探査も行われているが，未だ途上の探査技術である

といった長所・短所がある。したがって，これらを適度に配合した適切な粒度分布を構成した土砂を用いることが重要である。

　堤防の植林は最近は行われていないが，以前は多く行われていた。例えば，約400年前につくられた筑後川の千栗堤（ちりく）[注1]（福岡県久留米市）では，川表に侵食を防ぎ土を安定させる竹，川裏に杉を植え，また桜並木をつくって花見で人が土を締め固めるようにした。しかし，明治時代になると，オランダ技術者が暴風雨のとき堤防が破損するので，植樹は堤脚にすべきとし，その後植林は行われなくなった。その他には伊勢湾台風（S 34.9）で堤防上の樹木が風でゆらいで堤防に被害を与えたため，植樹はよくないとしたという説がある。このように，堤防の植林については意見が分かれるところである。

　以上より，堤防設計にあたって留意すべき事項は以下の通りである。
- 川表や川裏ののり面は越水や浸透に対して弱体化しないよう，1枚のりで設計する
- 浸透や侵食に対して，設計外力に対する堤防の照査を行い，耐力が十分でない場合は，堤防の強化を行う
- 堤体の設計にあたっては，浸透や侵食に対して最適な堤体形状について検討するほか，適切な粒度分布を持った堤体材料を採用したり，十分な締固めを行うよう，配慮する
- 空洞や異物など，堤体を弱体化させる要因がないかどうかを調査する

**参考文献**
1) 中島秀雄：図説 河川堤防，技報堂出版，2003年
2) 藤井友竝編著：現場技術者のための河川工事ポケットブック，山海堂，2000年

## 8.6　放水路・トンネル河川

**放水路**

　河道の屈曲を減らし，洪水疎通能力を大幅に増大させる方法として，放水路の建設があり，本川自体を放水路化する場合と，本川とは別に新たに人工河道としての放水路を建設する場合がある。一方，分水路も本川から分派した洪水を流下させる流路であるが，放水路が海までの人工河道であるのに対して，分水路は下流で本川と合流するものが多い。北陸地方ではこの定義の放水路も分水路と呼んでおり，大河津も放水路ではなく分水路である。

　大規模放水路としては信濃川の大河津分水路（T 13完成），荒川放水路（S 5），狩野川放水路（S 40），豊川放水路（S 40），太田川放水路（S 42）などがある（表8-5）。大河津分水路は延長が約10 kmあり，下流へ行くほど川幅が狭いロート状の平面形状となっている。分水地点は信濃川が日本海に近づく地点が選ばれた。流量が270 m³/s以上になると可動堰を通じて洪水を分水路へ流下させる構造であるが，信濃川下流域が洪水の時には本川の洗堰を閉じて，全量を分水路へ流下させている。計画高水流量は放水路で最大の11,000 m³/sである。大河津分水路は1909（M 42）年より本格的な工事に着手し，1922（T 11）に通水，1924（T 13）に竣工した。しかし，S 2に分水路の自在堰（可動堰）が河床低下により陥没破壊し，流量調節機能を失ったため，抜本的な復旧工事を行ってS 6に完成した。現在堰の老朽化および流下能力不足に対して，H 25完成を目指して

---
注1）千栗堤は当時としては珍しい連続堤で，堤体中心に漏水防止対策の粘土コアが入っていた。

表8-5 主要な放水路の諸元（完成年順）

| 分水路名 | 河川名 | 完成年 | 延長 | 計画高水流量 | 備考 |
|---|---|---|---|---|---|
| 大河津分水路 | 信濃川 | T13 S6 | 約10 km | 11,000 m³/s | S2に自在堰が河床低下により陥没破壊。床止め6基 |
| 荒川放水路 | 荒川 | S5 | 22 km | 7,700 m³/s | 1,300戸の家屋移転 |
| 狩野川放水路 | 狩野川 | S40 | 約3 km | 2,000 m³/s | 約1 km区間はトンネル河川。狩野川台風により計画流量を倍増 |
| 豊川放水路 | 豊川 | S40 | 6.6 km | 1,800 m³/s | S13に事業着手したが，工事は戦後より始まった |
| 太田川放水路 | 太田川 | S42 | 9 km | 4,000 m³/s | S47.7にS18.9と同規模の洪水が発生したが，被災規模は約1/10であった |
| 野洲川放水路 | 淀川支川 野洲川 | S62 | 8.3 km | 4,500 m³/s | 天井川，砂河川 |
| 斐伊川放水路 | 斐伊川 | 建設中※ | 4.1 km | 2,000 m³/s | 天井川，神戸川へ分流 |

※：H20年代前半に完成する予定である。

改築工事を行っている（写真8-1）。

一方，荒川放水路は1907（M40）年および1910（M43）年洪水を契機として，大河津分水路建設の2年後の1911（M44）年より建設工事に着手された（図8-5）。放水路は河道の蛇行をかなり少なくする流路が採用された。延長は放水路だけで最長の22 kmにも及び，工事では1,300戸の家屋移転を伴ったが，S5に完成し，首都圏を洪水被害から守っている。計画高水流量は大河津分水路に次ぐ規模で7,700 m³/s流下可能である。放水路完成後，東京の江東デルタ地区等は水害被害の減少に伴い，飛躍的に人口増加や経済発展を遂げることとなった。

また，低平地で排水状況が悪い越後平野には多数の放水路が建設され，「放水路銀座」とも呼ばれている（図8-6）。越後平野の海岸沿いには砂丘が広がっているため，排水の障害となっているし，砂丘背後には福島潟，鳥屋野潟などに代表される低湿地が多数ある。このため，阿賀野川，加治川などあわせて19本の放水路が建設されている。なお，放水路の分流は固定堰と可動堰により行っている場合が多い。

放水路計画にあたって注意すべきことは，

写真8-1 改築中の可動堰（大河津分水路）
注）現可動堰の下流に，新可動堰のラジアルゲート（6門）を建設中である。

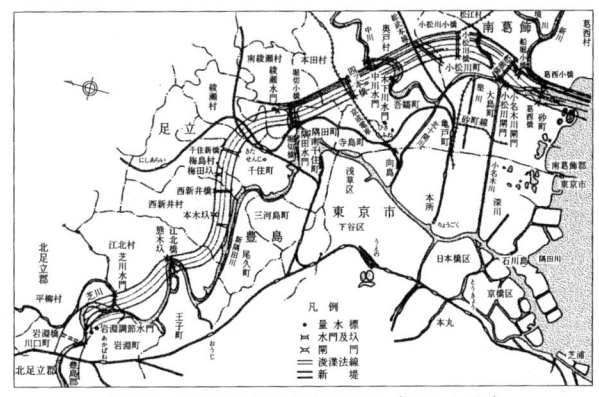

図8-5 荒川改修計画平面図（明治44年）
提供［関東地方整備局荒川下流河川事務所］

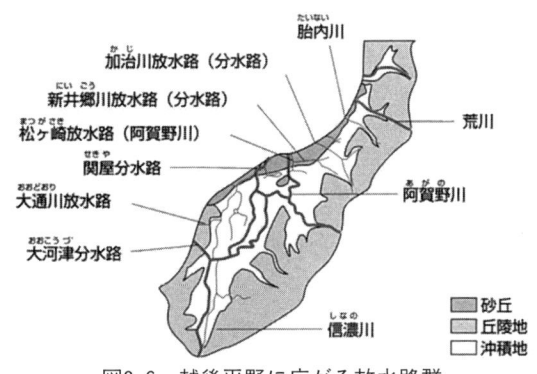

図8-6 越後平野に広がる放水路群
＊）海沿いの砂丘を通過するように放水路群が建設されている。

- 流域変更が行われ，放水路流域の水害ポテンシャルが増大するため，流域住民への十分な説明が必要となる
- 洪水ピーク時に所定の分流比（分流流量）を保つことができるか確認しておく
- 流砂量のアンバランスに伴う本川の河床低下
- 濁水の長期化

などである．所定の分流比の確保では，本川と放水路の断面特性から見て，水位上昇に伴って流量がどう変化するかについて検討しておく必要がある．例えば，放水路ではないが，利根川から江戸川への分派率は利根川上流の流量が少ない場合，江戸川への分派率が増大するが，概ね20〜35％である．17,500 m³/s のうち，7,000 m³/s（40％）を分流する計画と比較すると，低い分派率となっている．また，大河津分水路のように，放水路への洪水分流に伴って本川への流砂量が減少し，本川の河床低下や海岸侵食が生じないかどうかについても検討を行い，必要があれば河道断面の見直しを行う．

大河津分水路では分水路建設に伴って，分水路河口付近の寺泊海岸には分水路を通じて運搬された土砂が堆積し，面積3 km² 以上の新しい土地が生まれたが，本川への流砂量が減少したため，本川の平均河床高が戦後以降 3〜6 m 低下したほか，河口付近の新潟西港近くの水戸教浜地区では M 22〜S 22 の 58 年間で約 350 m も海岸線が後退する顕著な海岸侵食が生じた（新潟港における浚渫の影響もある）．放水路の流砂対策としては，流下断面の検討のほか，分派点に分流堰を設置したり，堰下流に沈砂池を設置することが考えられる．

また，大規模な放水路の建設は環境に影響を及ぼす可能性があるため，環境影響評価を行う必要がある。土地改変面積が1 km²以上の放水路建設である第一種事業は必ず，土地改変面積が0.75～1 km²の放水路建設である第二種事業は必要に応じて環境影響評価を行うこととなっている。環境影響評価は「放水路事業における環境影響評価の考え方」に従って評価する。

**トンネル河川**

一方，分水路の機能も基本的には放水路と同じであるが，異なるのは放水路が開水路形式が多いのに対して，分水路はトンネル形式も多い。以下ではこのトンネル河川について記述する。トンネル河川は山岳等を掘削したトンネルを利用して，洪水を流下させるもので，流路を直線的にできるため，効果的な洪水処理ができる。放水路と同様に，河道自体をトンネル化する場合と，流量の一部をトンネルで分派する場合がある。最大のトンネル河川は狩野川放水路（分水路ではない）で，分流できる流量2,000 m³/s（3連の合計）[注1]は本川の計画流量の半分に相当する。延長約3 kmのうち，約1 kmがトンネルで形状は99～115 m²の馬蹄形である。勾配は1/400～1/300で，設計流速は7～8 m/sである。

一般的にトンネル河川は中小河川に多く，断面が馬蹄形か矩形，勾配は1/2000～1/100と急勾配が多く，計画流量は200 m³/s以下がほとんどである。トンネル河川は中上流域に建設されることが多いため，流木等で断面が閉塞しないように断面に余裕を持たせて（空気の流下ができるよう）設計したり，呑口付近にスクリーンを設置する必要がある。

トンネル河川の設計にあたっての留意事項は以下の通りである。

・上記した余裕の持たせ方は開水路方式では「計画流量の1.3倍を設計流量とし，空面積を見込んで設計流量を流下させる断面の1.15倍を設計断面積とする」が，圧力管方式では「計画流量の1.1倍を設計断面積とする」場合が多い。圧力管方式で割増率が少ないのは超過洪水や大きな流量が流下してきても，呑口の水位が高くなって動水勾配が大きくなって，流量を十分流下させることができるからである
・トンネル上部の土かぶり厚に制約があるなど，断面設計が厳しくなる場合，線形の曲がり，急拡・急縮などを少なくして，エネルギーロスを最小限にする
・トンネル断面が上流河道断面よりかなり狭くなる場合は，流入口の上流側で水位が堰上がって，浸水被害を発生させたり，トンネル内の水面波が波打ち，流木が滞留しやすくなるので，トンネルまでの間にトランジット（断面漸変）区間を設ける必要がある。

**参考文献**
1) リバーフロント整備センター：放水路事業における環境影響評価の考え方，2001年
2) 末次忠司：河川の減災マニュアル―現場で役立つ実践的減災読本―，技報堂出版，2009年
3) 末次忠司・河原能久・岡部勉ほか：トンネル河川水理模型実験，土木研究所資料，第3711号，2000年
4) 建設省土木研究所都市河川研究室：トンネル河川設計の手引き（案），1985年

---

注1）狩野川放水路は狩野川台風（S33.9）後に計画されたと誤解されている場合があるが，台風以前より計画されていて，台風後計画流量を倍増し，トンネルも2連から3連に変更した。

## 8.7 遊水地

　歴史的に見て，古来より日本では自然の保水・遊水機能を利用して，下流域の都市の水害被害を軽減してきた．江戸時代以降はこの自然遊水地の効果を一層高めるために，人工的に河川地形を改変したり，自然遊水地の下流に二線堤を築くなどの方策がとられた．しかし，明治時代以降，直轄による洪水対策（高水工事）が行われ，従来の分散型保水・遊水機能の治水方式から集中型治水方式へと変遷してきた．これに伴って，下流域の自然遊水地が減少し，残された中上流域の自然遊水地に遊水機能が集約される結果となった．

　現在の分散型遊水施設には遊水地，防災調節池，防災調整池，ため池（嵩上げ等により治水容量を持ったもの）などがある．これらの施設の概ねの貯水面積・容量は，図8-7に示す通りである．現在の遊水地は自然遊水地とは異なり，周囲を堤防等で囲った施設で，その意味では小型のダム貯水池の位置付けがある．今後建設が困難なダムに代わって，遊水地群がその役割を担っていく可能性がある．

　遊水地としては氾濫原特性や土地利用から見て適地を選定する必要がある．河道沿いの横断勾配の緩い低地が河岸段丘や丘陵等で囲まれた水田地帯などが遊水地に適している．一連の水田面積が多少狭くても，道路・盛土等下の樋管などで連結して，一定容量の遊水地とすることはできる．

　遊水地の構造はある水位以上に達した洪水を支川合流点などにおいて一段低くなった堤防（越流堤）から囲繞堤・周囲堤と呼ばれる堤防で囲まれた地域に導いて貯留するもので，河道の洪水位が下がった段階で排水門から自然排水またはポンプ排水により強制排水する．遊水地を囲む堤防のうち，囲繞堤は河道堤防で，周囲堤は堤内地の堤防である．第10章　10.11「氾濫流の解析」で示すように，越流量は越流堤の幅，越水深，河床勾配に伴う越流水の流向によって規定される．

　越流堤付近の越流特性を水深・流速分布から見ると，以下の通りである．

［水深分布］

　越流量を算定する時の越流水深は水面が安定した位置において計測された河道水位−越流堤天端高で，通常越流堤上の水深より大きな値となる．越流水はのり面を流下するに従って流速が速くなり，水深は段々小さくなる．

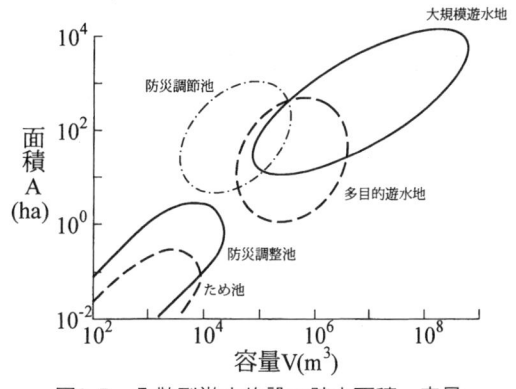

図8-7　分散型遊水施設の貯水面積・容量
出典［末次忠司・人見寿：分散型保水・遊水機能の活用による治水方式―遊水地の計画・設計・管理のための技術的・社会的視点―，河川研究室資料，2005年］

### [流速分布]

越流水はのり面を流下するに従って加速し，のり尻付近で最大流速となり，のり肩付近の約2倍となる。越流水や降雨により遊水地が湛水すると，越流水は湛水域への突入直後に最大流速となり，その後減速していく。流速の鉛直分布はのり面中央付近まではのり面付近の速度勾配が大きいが，中央付近からのり尻までは速度勾配は小さくなる。越流水は湛水域に入ると，のり尻付近では底部の流速が速いが，減勢工に近づくほど，対数分布則に近似した流速となる（図8-8）。

最大規模の遊水地は渡良瀬遊水地で，約33 km²の面積を有し，利根川に合流する直前で支川洪水を全量カットする。洪水ピーク時で渡良瀬川4,500 m³/s，思川3,700 m³/s，巴波川（うずま）1,200 m³/sの洪水調節を行う。この遊水地は度重なる氾濫と足尾鉱毒被害[注1]を契機として計画され，調節容量は約1.8億m³である。調節池は3つからなり，第1調節池はS 45，第2調節池はS 47に概成した。なお，洪水調節の面積・容量には遊水地以外の遊水地域（周囲堤・囲繞堤・台地と河川間，沼など）が含まれている場合もあるので注意する。渡良瀬遊水地の面積の1/3は調節池以外の面積で，蕪栗沼（かぶくりぬま）遊水地の面積の2割弱は沼面積である。

洪水調節流量が200 m³/s以上の遊水地で見ると，洪水調節流量は渡良瀬遊水地（9,400 m³/s），利根川遊水地群（5,000 m³/s），一関遊水地（1,900 m³/s）が多く，越流方式は一関遊水地と大久保遊水地は全面越流であるが，一般的には幅が200～400 m程度の越流堤による部分越流が多い。自然越流が多いが，南谷地遊水地は転倒式の可動堰，蕪栗沼遊水地（野谷地）はラバーダムを倒伏させて越流させる方式である。越流堤の材料はアスファルトやコンクリートが多いが，鶴見川多目的遊水地や母子島（はこじま）遊水地のように，のり面にカゴマットを使用しているものもある（表8-6）。越流水はのり面を流下するに従って高流速となるため，渡良瀬遊水地の越流堤のアスファルト厚も30→40→50 cmと厚くなっている。堤体内に水が浸透しにくいように川裏・川表には止水鋼矢板が打設されている（図8-9）。

越流堤の設計にあたって留意すべき事項は以下の通りである。

・越流堤の位置は河道の流下能力や洪水位に基づくが，遊水地内で浸水を面的に受けたい場合は上流側に，遊水地内の湛水域を限定したり，排水性を良くしたい場合は下流

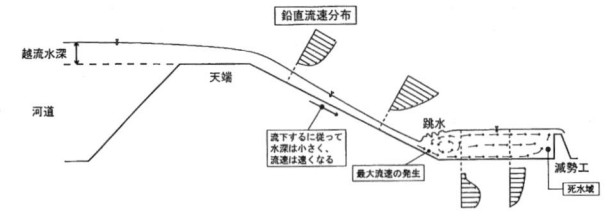

**図8-8 越流水の越流特性**

\*）図面は水平方向に1/2に歪ませて書いている。最大流速，流速勾配ともに，のり尻付近で最大となる。それ以外の区間では跳水区間を除いて，速度勾配はそれほど大きくない。
出典［末次忠司・人見寿：分散型保水・遊水機能の活用による治水方式―遊水地の計画・設計・管理のための技術的・社会的視点―，河川研究室資料，2005年］

---

注1）古河鉱業が明治中期から開始した銅の採鉱に伴って，精錬時の排煙や鉱毒ガス（二酸化硫黄），排水中の銅が渡良瀬川流域の河川や田畑に悪影響を及ぼし，魚の斃死や米のカドミウム被害を発生させた。

表8-6 主要な遊水地の諸元（洪水調節流量順）

| 水系名 河川名 | 遊水地等名称 | 管理者 | 面積 (km²) | 容量 (万 m³) | 洪水調節流量: m³/s (%) | 備考 |
|---|---|---|---|---|---|---|
| 利根川 渡良瀬川他 | 渡良瀬遊水地 | 国交省 | 33 | 17,680 | 9,400* (100*) | 第1～3調節池 |
| 利根川 利根川 | 田中調節池 | 〃 | 11.75 | 7,204 9,553 | 5,000* (100*) | 田中調節池は暫定完成，稲戸井調節池は越流堤・囲繞堤を建設し，今後池掘削の予定 |
| 利根川 利根川他 | 菅生調節池 | 〃 | 5.92 | 2,854 | | |
| 利根川 利根川 | 稲戸井調節池 | 〃 | 4.48 | 3,030 | | |
| 北上川 北上川 | 一関遊水地 | 〃 | 14.5 | 12,940 | 1,900 (21) | 暫定完成 全面越流堤 |
| 荒川 荒川 | 荒川第一調節池 | 〃 | 5.8 | 3,900 | 850 (12) | |
| 北上川 小山田川他 | 蕪栗沼遊水地 | 宮城県 | 5.82 | 1,580 | 425 (64) | ラバーダム：野谷地，ポンプ排水 |
| 高城川 鶴田川他 | 品井沼遊水地 | 〃 | 3.72 | 974 | 287 (80) | ポンプ排水 |
| 北上川 迫川他 | 南谷地遊水地 | 〃 | 2.56 | 920 | 262 (15) | 転倒堰 |
| 最上川 最上川他 | 大久保遊水地 | 国交省 | 2 | 900 | 200 (4) | 全面越流堤 |
| 鶴見川 鶴見川 | 鶴見川多目的遊水地 | 〃 | 0.84 | 390 | 200 (25) 700 (含 地下放水路) | |

*1) 2段書きのものは上段が現況又は暫定計画値，下段が将来計画値を表している。
*2) 洪水調節流量の欄の（%）は洪水調節流量／調節前流量で，※印は遊水地群による調節割合を意味する。

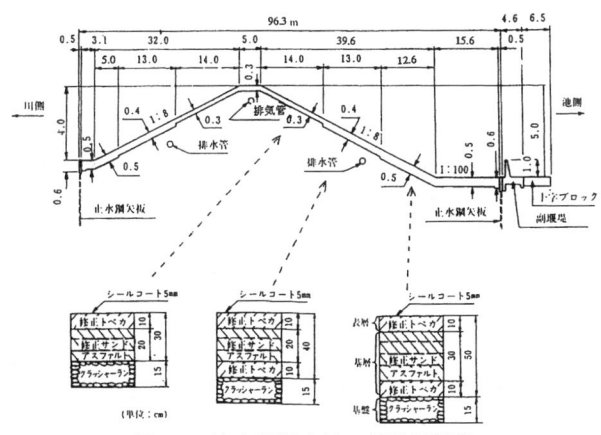

図8-9 渡良瀬遊水地の越流堤構造
*) 堤体内の空気・水を排出するために，排気管や排水管が設置されている。

側に設ける．ただし，下流側に設けると，ゴミが滞留する場合がある
・越流堤形状が幅広台形であれば，越流係数 $\mu$ は 0.35 程度であるが，突起状の形状になる（堤頂幅が狭くなる）と，遠心力の影響により，越流係数が大きくなる（図8-

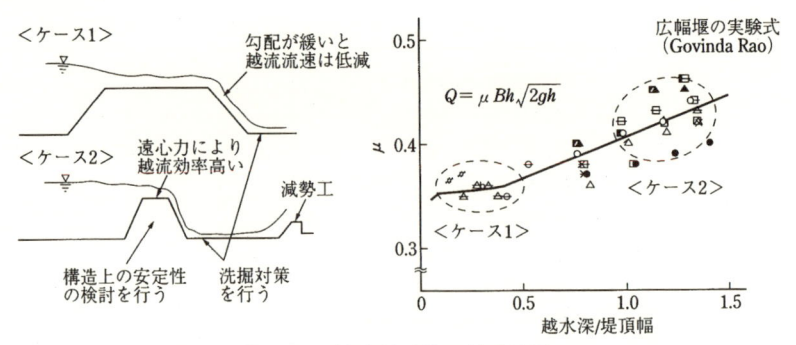

図8-10 越流堤形状と越流流況

＊）堤頂幅＜越水深×2の場合は越流係数が変化するので注意する。
出典［山本晃一・桐生祝男・吉川勝秀：新河岸川朝霞遊水池調査中間報告書，土木研究所資料，第1917号，1983年］

10参照)。すなわち，越流堤が突起状になるほど，（構造的には弱くなるが）越流効率は高くなる

- 越流堤は表面が被覆されるので，浸透水の流入により，堤体内の空気圧・水圧が高まって被災することがあるが，高落差の場合は揚圧力にも注意する
- 越流水深や裏のり勾配が大きくなると，のり面を流下する洪水流の流速が速くなり，大きな揚力（負圧）が発生して，のり面がめくれたり，遊水地地盤を侵食する危険があるため，のり勾配を緩くするか，のり面の被覆厚を厚くする。侵食に対しては減勢池を設ける

遊水地内は水田が南谷地遊水地で94％，菅生調節池で81％と多いが，多目的に利用されている遊水地もある。荒川第1調節池，鶴見川・横内川・沖館川の多目的遊水地は公園，運動場，競技場などに利用されている。沖館川多目的遊水地は他に小・中学校，自動車試験コース，運転免許センターにも使われている。なお，遊水地内の建物は標高が高い場所に位置し，ピロティ式建物となっている。利用者の安全対策のために，スピーカー（横内川12基，鶴見川3基），電光掲示板（横内川2基，鶴見川2基），監視カメラなどが設置されている遊水地もある。

また，H14のサッカー・ワールドカップの決勝会場となった横浜国際総合競技場は実は鶴見川多目的遊水地の中にある（写真8-2）。都市河川の鶴見川で洪水が発生して，洪水が越流堤を越えると，この遊水地内に貯留される仕組みである。この遊水地により，当面は200 m³/sの洪水をカットする計画である。たとえ，洪水が流入して，浸水したとし

写真8-2 鶴見川多目的遊水地

＊）写真中央左の越流堤から洪水が遊水地へ流入するが，競技場などの建物には支障ないようになっている。
提供［関東地方整備局京浜河川事務所］

表8-7 遊水地の補償方式

| 補償方式等 | 対象遊水地 |
|---|---|
| 用地買収方式 | 渡良瀬遊水地，鶴見川多目的遊水地 |
| 減収損失補償方式 | 品井沼遊水地，南谷地遊水地 |
| 地役権設定方式 | 一関遊水地，上野遊水地，蕪栗沼遊水地，横内川多目的遊水地，大久保遊水地，沖館川多目的遊水地，母子島遊水地 |
| (参考) 河川区域 | 田中調節池，菅生調節池，稲戸井調節池，犀川遊水地 |

\*1) 荒川第1調節池は一部河川区域で，一部買収を行った。
\*2) 横内川・沖館川多目的遊水地は県が買収を行って，使用者の市に対して地役権（低水敷：用地買収費の5割，高水敷4割）設定を行ったものである。

表8-8 減収損失補償方式と地役権設定方式の長所・短所

| | 減収損失補償方式 | 地役権設定方式 |
|---|---|---|
| 内容 | ・他人の土地に洪水を流入させることによって生じる損失費用に対して，事前に組合にその補償金を支払う方式<br>・補償金は基金として組合が運用し，被災の度に土地所有者または耕作者に支払われる<br>・遊水地域は河川の付属物として認定されるが，敷地の私権は認められる | ・他人の土地に洪水を流入させることができる権利で，この権利を得るために金銭の支払いが必要な方式<br>・遊水地内での浸水を許容するとともに，流水の妨げとなる盛土・家屋の設置はできない |
| 長所 | | ・再補償の可能性がない（一度限りの永久補償）<br>・権原が明確である |
| 短所 | ・補償額が少ない<br>・再補償が問題となる<br>・土地利用権が不安定である | ・補償額がやや少ない<br>・越流堤・周囲堤（要役地）の買収が完了しないと登記できない；登記が完了しないと地役権設定の契約ができない |
| 補償例 | [南谷地遊水地]　25,000円/10a<br>[品井沼遊水地]　59,600円/10a | [蕪栗沼遊水地]　四分区，沼崎　75万円/10a　野谷地　107万円/10a<br>[母子島遊水地]　1,250円/m²＝125万円/10a |

ても競技場は他の建物同様に高床式になっているので問題はない。

　一方，遊水地計画では地権者に対する補償が問題となり，この解決のために遊水地建設が長期間を要した場合が多かった。補償方式には多額の費用を必要とする用地買収方式のほか，蕪栗沼遊水地で最初に実施された地役権設定方式，南谷地方式と呼ばれる減収損失補償方式などがある（表8-7）。地役権設定方式の長所は権原が明確で，再補償の可能性がない「一度限りの永久補償」である。この方式では遊水地を河川区域（3号地）指定することに伴う地価の目減り分を事業予定地，周辺の堤内地・堤外地の鑑定評価結果に基づいて算定するもので，蕪栗沼遊水地では地価の3割，母子島遊水地では用地取得価格の25％が設定された。減収損失補償方式は過去発生した洪水を対象に，確率的に算定した平均被害額に対して損失分が災害補償管理組合の補償費から遊水地管理規則に基づき補償される。この方式は地役権設定方式に比べて優位性に劣っているため，最近の適用事例は少ない（表8-8）。

**参考文献**
1) 末次忠司・人見寿：分散型保水・遊水機能の活用による治水方式―遊水地の計画・設計・管理のため

の技術的・社会的視点―，河川研究室資料，2005 年
2) 末次忠司・日下部隆昭：河道計画立案に向けた研究展望，水利科学，No.272，2003 年
3) 山本晃一・桐生祝男・吉川勝秀：新河岸川朝霞遊水池調査中間報告書，土木研究所資料，第 1917 号，1983 年
4) 小池勲：渡良瀬川遊水地のグランドデザインについて，第 54 回建設省技術研究会報告，2000 年
5) 内田和子：遊水地と治水計画―応用地理学からの提言，古今書院，1985 年

## 8.8 堰・床止め

S 49.9 に多摩川が決壊して，氾濫流により家屋が流失する状況がテレビ放映され，この水害を題材として，ドラマ「岸辺のアルバム」が制作された（写真 8-3）。この水害は二ケ領宿河原堰（22.4 k）が洪水流の阻害要因となって，洪水流が迂回したため，堤防が決壊して，家屋被害が生じたものである。したがって，堰や床止めは所定の機能を発揮することはもちろんのこと，洪水流の阻害とならないように計画・設計しなければならない。

堰は機能により分流堰，潮止堰，取水堰に分類される。河川から取水するために設けられた堰が多く，頭首工（農業関係）とも呼ばれる。堰は上流から上流側護床工，堰，水叩き，下流側護床工で構成されている。一方，床止めは流砂量が多い急流河川で，下流への土砂輸送を抑制し，河床を安定させる横断工作物である。床止めも堰と同様の構造であり，以下には堰を中心に，その計画・設計にあたっての留意事項を記載する。

［堰の位置］

基本的には取水の関係で決まるが，湾曲部に設置する場合，上流からの土砂が堆積してゲート開閉の障害にならないかどうかをチェックする必要がある。

［河積阻害率］

堰は河道の横断方向に設ける施設であるため，洪水流の阻害となったり，土砂が堆積し

写真 8-3　多摩川宿河原堰における決壊
*)　宿河原堰による洪水迂回流に伴って，19 棟の家屋が流失し，堤内地の流失住宅面積は約 3,000 m² に及んだ。
提供［朝日新聞社］

て機能が低下しないように計画・設計する。そのため堰柱は低水路法線ではなく，洪水時の流向に合わせるよう設計する。河積阻害率は橋梁が原則5％以内であるのに対して，堰は概ね10％を超えないように計画する。可動部の径間長は計画高水流量に応じて表8-9のように定められているが，可動部の一部が土砂吐きまたは舟通しの場合は特例として，（　）の値を採用する。

[設計外力]

　堰・床止めの設計においては平水時・洪水時の土圧，水圧，揚圧力，自重等を考慮するとともに，地震に対しては，上記に加えて地震時慣性力等を考慮する。堰・床止めなどの横断工作物がある場合，その直下流で河床が低下し，その洗掘深は水位差が大きな中小洪水の方が大きい（図8-11）。洪水位が大きい場合は潜り越流となり問題ないが，中小洪水時には完全越流となり，工作物下流で跳水が発生するためである。これより，

・護床工の長さや護床ブロックの重量は完全跳水の状況に対して決定する
・揚圧力，パイピング，本体の安定計算は上下流の水位差が最大となる状況に対して行う

必要がある。

[水叩き・護床工]

　上流側護床工の長さは計画高水位の水深以上とするが，川幅が狭く河床高低下が渦流発生の主要因となる場合は，河床低下量の2倍程度の長さとする。また，水叩きの長さ $W$ は限界水深 $h_c$ と落差高 $D$ で求まる Rand の公式により設定する。

$$W = \{4.3(h_c/D)^{0.81}\} \times D$$

　堰・床止めの被災で最も多いのは施設下流の洗掘に伴う施設の損傷・流失である。そこで，堰・床止め下流の水叩きは揚圧力，越流水による侵食，転石の衝撃に耐えるよう，強固な構造とする設計となっている。洪水流が施設を落下し，跳水が終わるまでの区間（$L_1$ および跳水区間長 $L_2$[注1]）は高速流で流れが乱れるため，コンクリート構造または連節ブロック構造の護床工とし，水叩き・護床工下に遮水シートを敷設する。また，連節ブロックや河床材料が砂・シルトの場合は河床土砂が吸い出される場合があるので，吸い出し防止材（厚さ2cm）を敷設する。跳水発生後の区間 $L_3$ は河床変動に追随できる屈撓性のある護床工とする。

　以上より，下流側護床工の $L_1$, $L_2$, $L_3$ は水深，減勢方式，河床材料等により異なるが，

表8-9　計画高水流量と可動部の径間長

| 計画高水流量（m³/s） | 500未満 | 500〜2,000 | 2,000〜4,000 | 4,000以上 |
|---|---|---|---|---|
| 可動部の径間長（m） | 15（12.5）以上 | 20（12.5）以上 | 30（15）以上 | 40（20）以上 |

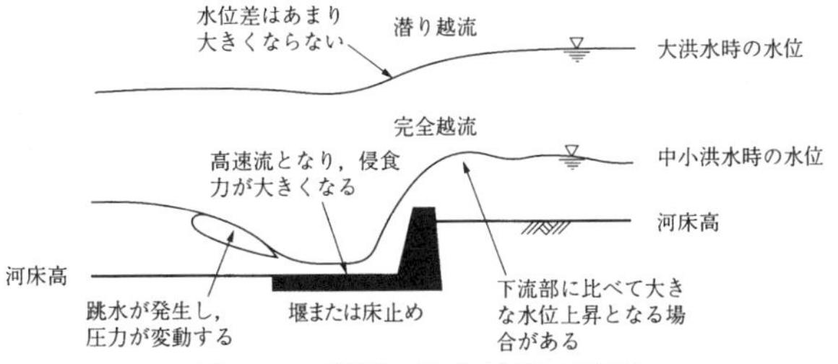

図8-11　横断工作物付近の流況

---

注1）強制跳水に対する跳水長である。

代表的な区間長は以下の方法で求められる[注2]。なお，計画流量が流下しても潜り跳水になる場合は，護床工 $L_2$ は不要だが，護床工 $L_3$ を長めにとる。急流河川ほど $L_1$，$L_2$ が長くなる傾向があるが，エンドシルやバッフルピアを設置すれば，強制跳水により延長を短くできる。詳細な設計を行う際には「床止めの構造設計手引き」を参照されたい（図8-12）。

- $L_1$ は水面形を求める式より導く
- $L_2$ は下流水深の 4.5～6 倍程度の延長とする
- $L_3$ は計画高水位の水深の 3～5 倍程度の延長とする

ここで，水面形を求める式は以下の通りで，$q$ は単位幅流量，$C$ はシェジー係数，$x$ は区間長（$L_1$），$a$ は定数，$h_c$ は限界水深である。

$$-\frac{q^2}{C^2}x + a = \frac{1}{4}h^4 - h_c^3 \cdot h$$

[保護工・護岸]

堰・床止めが低水路のみに設けられる場合，取付護岸ののり肩は上下流の護床工の位置まで高水敷保護工で保護する。また，低水路河岸には上下流の護床工＋5 m の位置まで護岸を施工する。護岸のすり付け部は洪水流の剥離が生じないように，すり付け角度は 11 度とする。

[端部処理]

床止めは堤防と一体になっていると，堤防に悪影響を及ぼすことがあるので，端部は堤防に嵌入させないのが原則で，取付擁壁や矢板により絶縁する。ただし，単断面で河床勾配が 1/100 程度の急流の掘込河道では，砂防堰堤のように，安全のために床止め本体を河岸等に嵌入させてもよい。

[関連設備]

堰の関連設備として，可動堰，土砂吐きゲートを有する固定堰では下流 400～500 m 区間に警報設備を設置するほか，監視用に CCTV 設備を設置する。また，堰に設置する魚道は上流は設計取水位を基準とした場合の取水量および河川水量による水位変動を考慮し，下流はこれに干満による潮位変動に伴う水位変動を考慮する必要がある。

[その他]

砂河川では流送されてきた土砂により埋没して機能を損なわないように天端高を設定する一方，床止めは機能を発揮できる高さに天端高を設定する必要がある。また，堰・床止めでは洪水の越流に伴う洗掘以外に，水位差に伴う浸透水による土砂流動および吸い出しが生じることがあるので，これを防止するために本体の上流・下流端下部に遮水工を設け

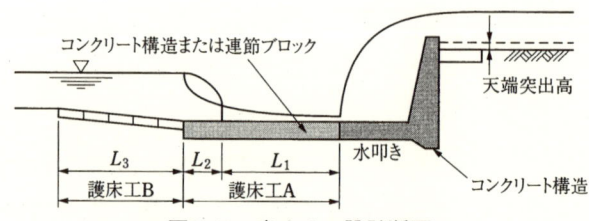

図8-12 床止めの設計断面

*) 急流河川ほど $L_1$，$L_2$ が長くなる。潜り跳水になる場合は護床工 $L_2$ は不要である。

＊注2）下流側護床工の長さは従来プライの式で求めていたが，越流落下後の水理現象により予想される局所洗掘防止区間を網羅しきれていないため，適用に課題があった。

る。遮水工の根入れ長はレインの式により算定するが，遮水工間隔の1/2以内（最低2m程度以上）とする。遮水工は浸透経路を長くし，揚圧力を減少させるので，床版・水叩き厚を薄くすることができる。

維持管理の観点からは，過去の被災事例より，たとえ一部であっても護床工のブロックが流失するなどの被災を受け，補修せずにそのまま放置しておくと，その影響により，洪水流が乱れたり，施設全体に被災が波及する場合があるので，被災程度に応じて適宜補修を行う必要がある。また，水叩きや下流側護床工は損傷したり，施設下の土砂が吸い出されて，被災する可能性が高いので，10年に1回程度は矢板等で囲って，ドライな状態にしたうえで，施設の点検を行う必要がある。

**参考文献**
1) 国土開発技術研究センター：床止めの構造設計手引き，山海堂，1998年
2) 国土開発技術研究センター編：改定・解説 河川管理施設等構造令，技報堂出版，2000年

## 8.9 橋　梁

橋梁は道路管理者が設置する構造物であるが，適切に計画・設計が行われなかった場合，洪水により流失したり，流木による閉塞を起こす場合がある。橋梁は洪水により橋脚周りに洗掘を起こしやすい。洪水時には橋脚上流側における下降流により河床付近に馬蹄形渦が発生し，洗掘を引き起こす。この洗掘穴の最大深さ $Z$ は河川規模や $Fr$ 数により異なるが，円柱橋脚実験では，橋脚幅を $D$ とすると，$Fr=0.3\sim0.4$ で $Z\fallingdotseq D$，$Fr=0.6$ で $Z\fallingdotseq 1.5D$ 程度で，縦断的な洗掘範囲は洗掘深の約2倍であった。

橋梁の計画・設計にあたっては，このような洗掘に伴う被災や流木閉塞などが生じないよう，以下に示す橋脚の諸元（位置，向き，形状），河積阻害，径間長，スパン割などについて検討する必要がある。

［橋脚の諸元］
河岸侵食を起こさないよう，橋脚は河岸から10m以上離す。計画高水流量が500㎥/s未満では5m以上離す。橋脚の向きは低水路法線ではなく，洪水流の向きにあわせる。合流部や湾曲部など，流向が一定でない場合は橋脚形状を円形断面とするが，円形断面では渦流により乱れが発生するので，橋脚幅が1m以下で河積阻害率が3％未満の場合のみとする。通常橋脚形状は流水抵抗が小さくなるよう，細長い楕円形とする。

［河積阻害率］
洪水流の阻害とならないよう，河積阻害率（橋脚の総幅が川幅に占める割合）は原則5％以内を目安とする。なお，新幹線や高速道路では橋脚幅が大きくなるので，河積阻害率は7％以内を目安とする。

［径間長］
計画高水流量 $Q$ が多いほど，大きな径間長を採用することを基本とする。具体的には，$Q\geq2,000$ ㎥/s の場合，基準径間長 $L$ は $(20+0.005Q)$ 以上の値を用い，最大でも50

表8-10　計画高水流量と基準径間長

| 計画高水流量（㎥/s） | 500未満 | 500～2,000 | 2,000～6,000 | 6,000～ |
|---|---|---|---|---|
| 基準径間長（m） | 川幅<30mの場合は12.5以上<br>川幅≧30mの場合は15以上 | 20以上 | 20+0.005Q以上 | 50 |

mとする。河川管理上支障がない場合，$Q≤2,000 m^3/s$ では表8-10の値を採用することができる。なお，斜橋や曲橋の径間長は橋梁方向ではなく，流向と直角方向にとる。

[スパン割]

　流心部以外のサイドスパンは25mまで縮小することができ，縮小分だけ流心部の径間長を長くする。また，橋梁長さから設定した径間長が基準径間長より5m以上長い場合，(径間長−5m) を新たな径間長とし，径間数を増やすことができる（5m緩和の規定）。

[桁下高]

　桁下高が低いと，流木で閉塞したり，洪水流を安全に流せない場合がある。したがって，計画高水位に対して十分な桁下高を決めるが，高潮区間は計画高潮位に対して桁下高を決定する。また，支川の背水区間は本川の計画高水位または自己流水位に支川の余裕高を加えた高さ以上の水位に対して桁下高を決定する。

[橋台前面の位置]

　川幅≧50mの場合は，橋台前面がHWLとのり面交点より堤内地側にくる（橋台を流下断面内に設けない）ようにする。川幅＜50mの場合は，橋台が洪水流下に与える影響が大きいので，橋台前面が表のり肩より堤内地側にくるようにする。

[基礎の根入れ深さ]

　低水路の橋脚は，低水路の最深河床から2m以上の部分まで根を入れる。また，河岸から20m以内の高水敷も河岸の側方侵食を考慮して，同様に最深河床から2m以上の部分まで根を入れる。高水敷では高水敷表面から1m以上の部分まで根を入れる。

[護床工]

　橋脚の被災は橋脚周りの洗掘により発生することが多いため，護床工により洗掘を抑制する必要がある。護床工は橋脚では周辺5m以上，河岸では橋脚の両端から上下流に基準径間長の半分以上，橋台では両端から上下流に10m以上の範囲に設置する。橋脚周辺で著しい洗掘が予想される場合，高水敷保護工を橋脚周辺5m以上の範囲に設置する。

[その他]

　橋梁が基準径間長以内で縦断方向に連続して建設される場合，洪水流の河積阻害が少なくなるよう，橋脚の位置を見通し線に合致させる。また，橋台が堤防に食い込む場合，食い込み角度は20度以内とし，食い込み幅は天端幅の1/3以下（最大2m）とする。堤体に橋脚を設置すると隙間ができて漏水しやすいので，なるべく堤体内に入れないが，食い込み幅以上の厚さで川裏に腹付けを行えば，鞘管構造のピアアバットを堤防に設けてもよい。

　このように，橋脚で河積阻害や流木閉塞を起こさないようにするには，橋脚の径間長はもとより，橋桁までのクリアランスを十分とったり，橋桁の上流側を斜め形状にしておくことが重要である。新潟・福島豪雨（H 16.7）の際の杉沢橋（刈谷田川）における流木捕捉状況を見ると，橋脚上流側に加えて，上流側に突出した下部工の梁部で流木が捕捉されていた（写真8-4）。基準径間長は計画高水流量に対して，定められた値を採用するよう規定されているため，規定上では小規模な河川ほど狭い径間長を採用することとなり，上流域の中小河川などにとっては厳しい条件となっている。

　上記した考え方に基づいて決定された橋梁の諸元が適切かどうか，また橋脚が河床変動に与える影響は水理模型実験または数値解析により検討を行う。河床変動の状況は移動床の条件で検討する。特に橋脚設置に伴う河床低下に対しては，根固め工などの設置について検討するが，たとえ1cmでも許容できないとする河川管理者と建設側の道路管理者間の調整が必要となる。著者も橋梁建設計画策定にあたって，両者の板挟みとなることがた

写真8-4　杉沢橋における流木捕捉状況（刈谷田川）
＊）洪水により流木は流下したが，橋脚周りに多くの草や枝が付いている。流木の閉塞はこうした草や枝，土砂による水位上昇が大きく影響している。

びたびあった。

　供用後の橋脚の維持管理は洗掘に対する対応が最も重要となる。橋脚周囲の洗掘深が設計地盤面以下に達したと判断された場合，また洗掘の影響で橋脚の沈下・移動・断面破損などの弊害が生じた場合は，橋梁の架け替えまたは橋脚の補強対策を行う必要がある。橋脚の補強対策工法には以下に示す工法がある。

- 橋脚の周囲に突き出し杭を打ち込み，杭頭部に結合した桁受梁で直接上部工を支持する
- 橋脚の周囲に杭を打ち込み，フーチングで結合して安定度を増加させる
- 橋脚基礎の周囲を矢板等で取り囲み，矢板内部にコンクリートを充填して周囲を固める
- 橋脚周辺に根固め工（捨石や異形コンクリートブロック）を投入して，周囲を固める。本工法は他の補修方法と併用されることが多い
- 固結強度の大きいセメント系の注入材と，浸透性の良いガラス系の注入材を複合注入して，地盤を改良する

**参考文献**
1) 宇多高明・高橋晃・伊藤克雄：治水上から見た橋脚問題に関する検討，土木研究所資料，第3225号，1993年
2) 国土開発技術研究センター編：改定・解説　河川管理施設等構造令，技報堂出版，2000年

## 8.10　地下河川

　都市域などでは河川沿いに家屋が連担していて，用地買収が難しく，河道拡幅が困難なため，地下空間を利用して洪水調節を行っている。H 7.10 の河川法改正（河川立体区域制度）により，地下空間の一定範囲を河川立体区域として指定できるようになり，区分地上権が及ぶ範囲が限定されたため，上部空間における建物の増改築が基本的に自由となり，地下河川などの積極的な整備が行えるようになった。

地下空間を利用した洪水調節施設としては，地下河川や地下調節池などがある．地下河川は主として道路下の地下空間にトンネルを建設して河川から分流した洪水をトンネルを通じて圧力差およびポンプにより他の河川や海に排出する施設である．これに対して，地下調節池はトンネルまたはボックス状の地下貯水槽に洪水を一時的に貯留する施設で，地下河川が完成するまでの暫定的な施設として地下調節池としている場合もある．

大深度地下空間を利用した地下河川として，環七地下河川（東京）や寝屋川南部地下河川（大阪）では地下河川の一部が各々H 9，S 61に完成し，地下調節池として利用されている．施設完成後は流域の浸水被害は大幅に減少している．一方，国交省が中川流域に建設した首都圏外郭放水路はH 18.6に完成した（H 14.6に一部供用）地下河川で，埼玉県春日部市から庄和町までの6.3 km区間（国道16号線下）をトンネルが通過し，洪水時には大落古利根川（ピーク流量85 m³/s），中川（25 m³/s），倉松川（100 m³/s）などから最大200 m³/sの洪水が流入し，洪水時差を考慮して江戸川へ排水する（図8-13）．一部施設の利用を含め，過去約7年間で49回稼働した．貯留容量で見ると，放水路全体で67万m³，うち49万m³が立坑・地下トンネル，18万m³が調圧水槽で貯留できる規模である．

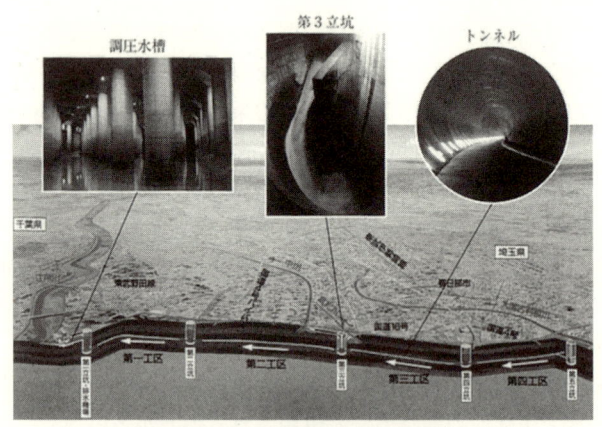

図8-13　首都圏外郭放水路

*） 複断面型の第3立坑などから流入した洪水は圧力（水位差）によりトンネル内を流下し，調圧水槽を経て，樋門から江戸川へ排出される．

提供［関東地方整備局江戸川河川事務所］

表8-11　首都圏外郭放水路を構成する施設

| | |
|---|---|
| 導水路 | 河川から立坑へ洪水を導く水路で，越流堤，除塵機，ゲートなどで構成されている |
| 立坑 | 地下トンネルへ洪水を落下させる深さ65 m，第1～3立坑はφ31.6 mの縦トンネルで，5本のうち最下流の第1立坑は排水用立坑である．連続地中壁工法（深さ122～140 m）で建設され，コンクリート厚は約2 mである |
| 地下トンネル | 地下50 mにあるφ10 mの横トンネルで，圧力式（ヘッド差）で洪水を流下させる．当初二次覆工はなかったが，補強用に30 cm厚の覆工で覆った |
| 調圧水槽 | 第1立坑と排水機場の間にあり，ポンプ運転時の水量確保，ポンプの緊急停止時の水圧調整を行うための自由水面を持った空間で，59本の柱で支えられ，広さは長さ177m×幅78 mもある |
| 排水ポンプ | 洪水排水用の50 m³/sポンプ4台と残水排水用のポンプ2台がある．50 m³/sポンプは航空機に使う2軸式ガスタービンの14,000馬力，全揚程14 mの立軸渦巻斜流ポンプ（φ3.8 m）である |
| 排水樋管 | 江戸川へ排水するための樋管で，幅5.4 m，高さ4.2 mの6連樋管である |

表8-12 各立坑の流入河川等

〈下流〉 ←――――――――――――――――――→ 〈上流〉

|  | 第1立坑 | 第2立坑 | 第3立坑 | 第4立坑 | 第5立坑 |
|---|---|---|---|---|---|
| 流入河川名 | 調圧水槽 | 18号水路 | 中 川 | 倉松川 | 旧倉松落 | 大落古利根川 |
| 最大流入量（m³/s） | — | 4.7 | 25 | 100 | 6.2 | 85 |
| 立坑内径（m） | 31.6 | 31.6 | 31.6 | 25.1 | 15 |

首都圏外郭放水路は，河川から洪水を導く導水路，洪水を流下させる立坑・地下トンネル，排水のための調圧水槽・排水ポンプ・排水樋管などで構成されている。各施設の諸元等は表8-11，8-12の通りである。

[立坑]

導水路から立坑（第3，5立坑）に入る区間には建設省土木研究所が開発した複断面型渦流立坑が採用されている。この方式は流入口が低水路と高水路の複断面からなり，流量が少ない場合は低水路から流入し，立坑内面を沿いながら落下するため，流水が減勢される。一方，流量が多い場合は全幅で流入し，エネルギーロスが少なくなる分，動水勾配が大きくなり，排水時のポンプ負荷を軽減できるという利点を有している。また，洪水はトンネル内を圧力式で流下するため，下流端ポンプが急稼働・急停止した時にサージング現象（水位の揺り戻し）が発生し，各立坑から洪水が吹き上がるおそれがあるため，立坑の高さは洪水流入に伴う水位にサージングによる水位上昇を見込んでいる。サージングは全体水理模型実験（横1/80，縦1/50のひずみ模型）により検討された（写真8-5）。

[地下トンネル]

トンネル河川などは開水路式で水位差により流下させるものが多いが，外郭放水路は圧力式で流下させている。すなわち，一定量以上洪水が流入した段階でトンネル内は満管状態となっている。トンネル内はセグメント装着用のボルトボックスがあるなど，内面に凹凸があるため，洪水をスムーズに流下させるには覆工を施す必要がある。外郭放水路ではRCセグメント等により内水圧と外圧の両方に対抗する設計を行い（一次覆工はせず），当初は二次覆工も省略してコスト縮減を図った。しかし，トンネル表面の剥離が確認されたため，補強用に30cm厚の覆工を行った。

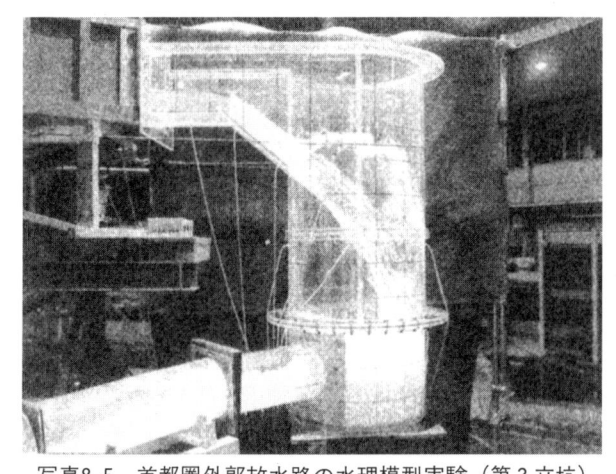

写真8-5 首都圏外郭放水路の水理模型実験（第3立坑）
*）第3立坑はφ31.6mと径が大きいため，基本的な水理特性以外に，流入した洪水が落下した時に床版に及ぼす衝撃圧や騒音についても検討が行われた。

［排水ポンプ］

　洪水排水用のポンプは調圧水槽の下流側に4台設置されているが，洪水後立坑やトンネル内の残水を処理するポンプも必要となる。そのため，立坑内に排水ポンプ（2台）と移送ポンプ（4台）が設置されている。残水排水ポンプは流入量の多い第3立坑が80 m³/分（$\phi$ 800 mm），第1立坑が1.5 m³/分（$\phi$ 125 mm）の能力を有する。残水移送ポンプは例えば第3立坑には0.85 m³/分（$\phi$ 80 mm）のポンプが設置されるなど，第2～5立坑までに計4台設置されている。

　海外にも地下河川（調節池）はあり，例えばアメリカのシカゴで実施されたTARPプロジェクトでは水質汚濁対策と浸水対策を兼ねた地下トンネルと調節池（採石場跡）が建設された。地下トンネルは深度15～91 m（延長174.7 km）にあり，立坑$\phi$ 2.7～10.1 mで，下流の下水処理場の処理能力を超える下水を貯留し，後日ポンプで処理場へ排水するものである。また，アメリカのウィスコンシン州・ミルウォーキーにある地下河川は深度80～100 m（延長30.5 km）にあり，立坑$\phi$ 5.2～9.2 mである。

　日本の地下河川と大きく異なるのは，地下トンネルへつながる立坑の大きさである。立坑の直径は，例えば外郭放水路は$\phi$ 31.6 m（第1～3立坑）であるが，シカゴは最大$\phi$ 10.1 m，ミルウォーキーも最大$\phi$ 9.2 mと小さい。外郭放水路の立坑径は地下トンネルを掘削する泥水式シールドマシーンを地下へ下ろせる大きさより決められた。そして，当初は連続地中壁内を埋め戻して，その中に立坑を建設する予定であったが，コスト縮減のため，連続地中壁自体を立坑とし，立坑径が大きくなった。シカゴなどでは立坑径が小さいために流入水をスムーズに流下させるために，立坑内にいかに空気コアを確保するかが課題であったが，外郭放水路では立坑径が大きいために流入水が立坑の床版に及ぼす衝撃圧や騒音などが課題となった。土木研究所による水理模型実験（縮尺1/22）等の結果，流入水は立坑内面沿いに2/3回転ほどして床版に落下するが，立坑内は短時間で湛水するなど，特に大きな衝撃圧・騒音は生じないことが分かった。

　このような地下河川の設計にあたっての留意事項は以下の通りである。
- 流水のエネルギーロスを減らすよう，（特に接合部の）施設形状[注1)]やルートを工夫する
- 立坑径が大きい場合は減勢方式について検討する。立坑径が小さい場合は空気コアの確保を行うとともに，連行空気の排気に注意して設計する
- 洪水が立坑に流入する箇所は高速流となり，キャビテーションが発生する可能性があるので，確認するとともに，対策を講じる

**参考文献**
1) 末次忠司：河川の減災マニュアル―現場で役立つ実践的減災読本―，技報堂出版，2009年

## 8.11　地下調節池

　河道の拡幅が困難な都市域には地下に洪水を貯留する地下調節池が建設されている。地下調節池には貯留目的で建設されたものと，地下河川が完成するまでの暫定調節池として運用されているものがある。

---

注1) 立坑とトンネルが直角に接合されている場合に対して，接合部をベルマウス形状等にすると，エネルギーロスを大幅に軽減できる。

地下河川が完成するまでの暫定調節池である神田川・環状七号線地下調節池では第1期事業により延長2km，φ12.5mで神田川，善福寺川，妙正寺川からの洪水24万m³を貯留でき，第2期事業では延長2.5kmのトンネルで30万m³の洪水を貯留できる予定である。将来的な環七地下河川は75mm/h（確率1/15）に対応する施設で，計画では白子川・石神井川・神田川・目黒川の4水系10河川から洪水が流入し，約10kmの地下トンネルを通じて，東京湾に排出する計画である。寝屋川地下河川は延長13.2kmが供用され，北部は2km，南部は11.2kmのトンネルで計64万m³の洪水を貯留することができる。将来計画では寝屋川北部地下河川は延長11.4kmのトンネルで最大191m³/sの流量を流下させ，最終的には旧淀川（大川）へポンプ排水する予定である（写真8-6）。寝屋川南部地下河川は延長13.7kmのトンネルで最大180m³/sの流量を流下させ，最終的には木津川へポンプ排水する予定である（表8-13）。

また，貯留目的の地下調節池で大規模な施設として，東京にある白子川の比丘尼橋下流調節池（21.2万m³），目黒川の荏原調節池（20万m³）は20万m³以上の調節能力を有している。その他にも東京にある上高田調節池（16万m³），黒目橋調節池（15.94万m³），名古屋にある若宮大通調節池（10万m³）などがあり，都市域に多く建設されている。東京都内では河道拡幅には用地買収等で長期間を要するので，先行的に地下調節池を整備して治水安全度の向上を図っている。表8-14に示した大規模地下調節池では荒川の2次支川沿いに建設された施設が多い。

現時点の調節容量で見れば，比丘尼橋下流調節池が日本最大であるが，暫定供用中である黒目橋調節池の全体計画の調節容量は22.1万m³にも及ぶ。比丘尼橋下流調節池は計画降雨50mm/hに対して設計され，調節容量は21.2万m³で，白子川調節池群（4調節池）の一つである。河道から洪水が流入する越流堤，地下調節池へ導水するシュート状減

写真8-6 寝屋川北部地下河川の建設状況

＊）寝屋川南部地下河川はS61に一部完成し，洪水の貯留が始まったが，北部地下河川は今後建設が進み，将来的に11.4kmの地下河川となる予定である。

表8-13 寝屋川地下河川の諸元

|  | 供用中 ||| 将来計画 |||
| --- | --- | --- | --- | --- | --- | --- |
|  | 延長 | トンネル径 | 貯水容量 | 延長 | 調節流量 | 排水河川 |
| 北部地下河川 | 2 km | φ5.4〜10.2 m | 9万m³ | 11.4 km | 191 m³/s | 大川 |
| 南部地下河川 | 11.2 km | φ6.9〜9.8 m | 55万m³ | 13.7 km | 180 m³/s | 木津川 |

表8-14 主要な地下調節池の諸元

| 調節池名 | 水系名 | 河川名 | 場所 | 洪水調節容量 | 備考 |
|---|---|---|---|---|---|
| 比丘尼橋下流調節池 | 新河岸川 | 白子川 | 東京 | 21.2万 m³ | 荒川の2次支川 |
| 荏原調節池 | 目黒川 | 目黒川 | 〃 | 20万 m³ | 単独水系 |
| 上高田調節池 | 神田川 | 妙正寺川 | 〃 | 16万 m³ | 荒川の2次支川 |
| 黒目橋調節池 | 新河岸川 | 黒目川 | 〃 | 15.94万 m³ | 〃 |
| 恩廻公園調節池 | 鶴見川 | 鶴見川 | 神奈川 | 約11万 m³ | |
| 妙正寺川第二調節池 | 神田川 | 妙正寺川 | 東京 | 10万 m³ | 荒川の2次支川 |
| 若宮大通調節池 | 庄内川 | 新堀川 | 名古屋 | 10万 m³ | |

注）表では地下河川建設に伴う暫定調節池は除いている。
出典［末次忠司：河川の減災マニュアル―現場で役立つ実践的減災読本―，技報堂出版，2009年］

写真8-7 比丘尼橋下流調節池の越流堤
\*）越流長をかせぐために，越流堤天端はノコギリ状の形となっている。

勢工，調節池，（地下調節池へ導水するための）取水施設などで構成されている。短い河道区間で所定の越流量を確保するために，越流堤天端は直線ではなく，連続した"くの字形（ノコギリ状）"になっていて，延長は約109 mに及ぶ（写真8-7）。将来は環七地下河川に接続する白子川地下調節池（目白通り地下）と連結され，比丘尼橋下流調節池が満杯になっても，洪水は白子川地下調節池へ導水され，洪水調節機能を発揮する予定である。

地下調節池は多額の建設コストを要するが，建設用地を要せず，また施設設置に伴う治水効果は大きい。地下調節池の設計・運用にあたっては，水質汚濁，臭気・騒音の発生に注意する必要がある。若宮大通調節池では合流式下水道から雨天時下水が流入するため，調節池で数時間静置した後，上澄水を新堀川へ放流し，残りの水を堀留下水処理場へ流下させている。臭気に関しては，アンモニアおよび硫化水素の発生が想定されたため，維持管理が容易で設置スペースが少なくてすむ脱臭装置（活性炭吸着法）を排気口に設置した。

新しい地下貯留施設として，新広島市民球場（MAZDA ZOOM-ZOOMスタジアム広島）地下の大州雨水貯留池がある（写真8-8）。これは流出抑制のための浸水被害緊急対策事業によるもので，球場グラウンド下に下水管の排水能力を越えた下水を貯留する施設で，既存能力20 mm/hの約2.5倍となる53 mm/hの降雨（確率1/10）に対応可能となる。この地域は軟弱地盤のため，深層混合処理工法等により地盤改良され，グラウンド形状にあわせて，$\phi$100 m，高さ5.35 m（内空高3.85 m）の円形施設となっている。プレ

写真8-8　大州雨水貯留池
＊）浸水対策用の雨水貯留施設としては規模が大きな施設である。

キャスト部材の使用と現場打ちコンクリートの巻立て工法により1年で施工された。雨水貯留池は15,000 m³の容積を持ち，うち14,000 m³が浸水対策用，1,000 m³がトイレ用水，散水・せせらぎ水路用である。これまでの大規模な雨水貯留施設は雨水利用目的が多いが，有効容量は福岡ヤフージャパンドームが2,900 m³，京セラドーム大阪が1,700 m³であり，新広島市民球場の雨水貯留池がいかに大規模な施設であるかが分かる。

　地下調節池ではないが，ビル地下には地下水の漏水対策用の地下貯水槽が設置されている場合があるため，地下施設やビル地階が浸水した時には浸水排除に有効となる。福岡地下水害（H 11.6）の際にも博多駅の地下街デイトスの地下には漏水対策用の地下貯水槽（約1.3万 m³）があり，フロアの排水口（55×55 cm）13カ所を通じて排水されたため，フロアの最大浸水深は10〜20 cm程度にとどまった。

**参考文献**
1) 末次忠司：河川の減災マニュアル―現場で役立つ実践的減災読本―，技報堂出版，2009年

## 8.12　浸透・貯留施設

　洪水災害を減災するには，堤防や遊水地などの洪水防御施設だけでなく，雨水流出を抑制する流域対応が必要となる。流出抑制には山地における植林[注1]やダムによる洪水調節などが考えられるが，特にコンクリートやアスファルトで地表面が被覆[注2]された都市域やその近郊域における対応が急務である。ニュータウンなどの宅地開発に対しては，流末に防災調節池や防災調整池を設置するほか，駐車場・校庭・棟間などの空間を利用して雨水を貯留する方法がある。ここで，防災調節池は恒久的な施設で，防災調整池は暫定的な施設と位置付けられている。

　各施設・建物に対応できる浸透施設には住宅・事業所・公共施設などの雨樋を通じて雨水を地中へ浸透させる浸透マス・浸透トレンチのほか，透水性舗装（歩道など）・保水性

---
注1）森林は洪水時の雨水流出抑制よりも，平常時における地下水涵養の効果が大きい（第4章 4.3「流出状況」参照）。
注2）土地に関する動向調査（H16 国交省）によると，S50からH15の約30年間で道路面積は8,900 km²→13,100 km²に，宅地面積は12,300 km²→18,100 km²（いずれも約1.5倍）に増加している。

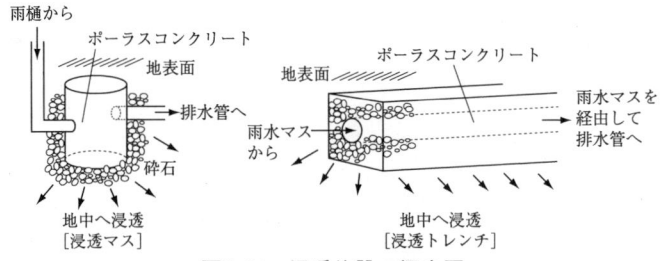

図8-14 浸透施設の概念図
＊）小規模な浸透マスは各戸に，浸透トレンチは公共施設などに設置されている。浸透能力は施設形状と水深の影響を大きく受ける。

舗装（車道）などがある（図8-14）。浸透マスは直径40～50 cm，深さ50～100 cmのポーラスコンクリートの周辺に砂利を敷くとともに，必要に応じてフィルター層を設置し，底面または底面と側面から浸透させるもので，浸透能力は施設形状，水深，地下水位，宙水，地質などにより異なる。浸透トレンチはトレンチ径12～20 cm，トレンチ長がトレンチ径の120倍以下のポーラスコンクリートの周辺に砂利を敷いたものである。

定常時の浸透能力は標準的な形状の浸透マスで概ね100～1,000 L/h，浸透トレンチが概ね100～1,000 L/h/mであり，浸透能力は地形では段丘や火山灰台地で高く，地質では礫やロームで高い。当初ゴミや葉っぱによる目詰まりが懸念されたが，昭島つつじケ丘ハイツ（東京）における実証実験の結果，ある程度の維持管理（泥だめ用のマスなど）を行えば，浸透能力の低下は1割程度に抑えられることが分かった。また，副次的ではあるが，浸透施設や保水性舗装には下記のような流出抑制以外の効果もある。

- 浸透施設：地表下50 cm以内の土壌には微生物が活発に活動しているため，浸透水は浸透過程で浄化される。また，雨水中のリンは土壌に吸着される
- 保水性舗装：車が水に濡れた路面を走行する時，舗装の空隙がタイヤの水滴破裂音を吸収して，騒音を低減する

浸透施設の設置に対しては，国や自治体で各種助成措置が講じられている。流域貯留浸透事業では総合治水対策特定河川および市街化率が50％以上の地域において500 m³以上の貯留機能を持つ施設を対象に設置費用の1/3を補助している。個人住宅に対しては条件付きの場合もあるが，1/2～2/3の補助を行っている自治体が多い。自治体のなかには，大田区・調布市・三鷹市のように全額補助したり，東京都・品川区・杉並区・多摩市では最高40万円/件，練馬区・青梅市・市川市・郡山市では最高20万円/件の補助を行っている（地域，対象施設，基数に関して条件がある）。これらの補助制度等により，施設整備が進んでいる地域では貯留量に換算して，

- 集合住宅等…………松戸市で約5万 m³（主として貯留）
  練馬区で約3万 m³（トレンチ，舗装）
- 公共・公益施設……横浜市で約4万 m³（貯留）
  所沢市で約1万 m³（トレンチ）

に相当する浸透・貯留施設が設置されている。また，千葉県市川市では建物の建て替え時に浸透施設を設置することを義務付けている。

海外では，例えばドイツやスイスの一部地域では宅地内の雨水浸透を条例で義務付けている。フランスのボルドーでも宅地開発にあたって，雨水浸透を義務付けている。しかし，浸透や貯留を雨水の流出抑制対策というより，水質汚濁防止対策として用いる例が増えている。そのため，オランダでは分流式の雨水管を流下する「降り始めの汚い雨水」は処理

場に導くような構造となっている。

　従来浸透・貯留施設は施設管理者，宅地開発デベロッパー，個人が設置していた。これに対して，H 15 に成立した特定都市河川浸水被害対策法では河川管理者が雨水貯留浸透施設を整備できることとなった。この法律は総合治水の流れを受けて，大都市内の市街化が進んだ河川を対象にしたもので，鶴見川，寝屋川，新川，巴川が対象流域である。これは河川管理者，下水道管理者，地方自治体が一体となって流域水害対策計画を策定するとともに，河川管理者が雨水貯留浸透施設を整備できる，また防災調整池の保全[注3)]に対して勧告できることなどを盛り込んだ，法的裏付けを持った措置となっている。

　貯留施設としての防災調節池は降雨確率 1/50，防災調整池は降雨確率 1/30 に対して設計されていることが多い。しかし，都市域で頻発している浸水は下水道の設計降雨を上回る確率 1/5〜1/10 が多いため，調節池が有効に活用されていないというクレームが出されることがある。これに対しては，調節池等の吐口を絞っている場合があるが，今後は設計降雨の対象確率を見直したり，調節池等を 2 段構造（吐口標高以下に低い調節池を設ける）にするなどの工夫が必要である。

　その他には水田を貯留に活用したり，ため池の堰堤嵩上げで遊水機能を高めて流出抑制する方法がある。水田貯留（遊休地の保全・転用防止）については，千葉県市川市や埼玉県越谷市で実施されてきた。これは現況の水田をそのまま活用するものである。栃木県西那須野町では水田の畦を嵩上げして遊水機能を高めるとともに，水路と水田をパイプでつなぐ方式を採用した。嵩上げに伴う労働力や機械経費代価に対しては水田で 25 円/m²/年，水田以外では 20 円/m²/年の補償が行われた。

**参考文献**
1) 建設省河川局都市河川室・土木研究所都市河川研究室：浸透型施設の機能評価に関する研究，第 46 回建設省技術研究会報告，1992 年
2) 雨水貯留浸透技術協会：都市小流域における雨水浸透・流出機構の定量的解明 研究会資料，1998 年
3) 藤田昌一：海外における雨水対策の最近の動向，下水道協会誌，Vol. 34，No. 418，1997 年

---

注 3) 防災調整池は暫定施設で，宅地にするために埋め戻したり，蓋がされるケースが見られた。

# 第9章　河道災害と対策

　水害で被害規模が大きな災害は破堤であるが，発生頻度・箇所数では破堤以外の堤防・河道災害が圧倒的に多い。堤防・河道災害は図9-1のように，破堤・越水・侵食・浸透に伴う堤防災害と，侵食・洗掘に伴う被災，洪水・地震に伴う土砂堆積，護岸・根固め工などの構造物の被災，土砂・流木による橋梁付近の災害などの河道災害に分類できる。多くの災害はこれらが複合した形で発生している。このような堤防・河道災害の現状について把握しておくことは，対策を考えるうえで重要である。越水・浸透・侵食対策に関しては，多数の対策があるが，河道特性や堤体状況に応じて，適切な対策を選定する。特に河床低下に伴って発生する侵食については，河岸侵食から見た護岸等の侵食対策について検討する。

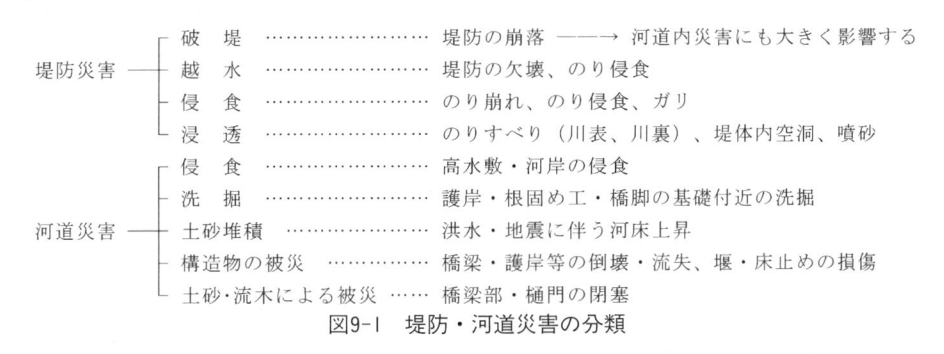

```
            ┌ 破　堤 ………… 堤防の崩落 ──→ 河道内災害にも大きく影響する
  堤防災害 ┤ 越　水 ………… 堤防の欠壊、のり侵食
            │ 侵　食 ………… のり崩れ、のり侵食、ガリ
            └ 浸　透 ………… のりすべり（川表、川裏）、堤体内空洞、噴砂
            ┌ 侵　食 ………………… 高水敷・河岸の侵食
            │ 洗　掘 ………………… 護岸・根固め工・橋脚の基礎付近の洗掘
  河道災害 ┤ 土砂堆積 ……………… 洪水・地震に伴う河床上昇
            │ 構造物の被災 ………… 橋梁・護岸等の倒壊・流失、堰・床止めの損傷
            └ 土砂・流木による被災 … 橋梁部・樋門の閉塞
```
図9-1　堤防・河道災害の分類

## 9.1　越水・浸透災害

　浸透災害は多数の河川で発生しているし，中小河川や山地河川では越水災害が多く発生している。本節では越水・浸透災害のうち，破堤災害を引き起こしたものを中心に記述する。侵食災害も含めて，過去約30年間で発生した主要な破堤災害を原因別に分類すると，

表9-1　主要破堤災害の原因別分類（過去約30年間）

| 原因1<br>原因2 | 越　水 | 浸　透 | 侵　食 |
|---|---|---|---|
| ― | 石狩川<br>千曲川<br>吉田川（鳴瀬川）<br>足羽川（九頭竜川）<br>刈谷田川（信濃川） | ― | 多摩川<br>関川<br>荒川（阿武隈川） |
| 浸透 | **新川（庄内川）**<br>**円山川** | 長良川<br>漁川（石狩川）<br>小貝川（利根川） | ― |

＊1）（　）内は水系名である。
＊2）太字の河川は複合原因による破堤事例である。

表9-1の通りである。

越水に伴う破堤災害はH16水害の足羽川・刈谷田川（いずれもH16.7），吉田川（S61.8），千曲川（S58.9），石狩川（S50.8）などで発生した。一方，浸透に伴う破堤災害は漁川（S56.8），長良川（S51.9）などで発生した。特に小貝川では破堤箇所は異なるものの，S56.8およびS61.10に浸透破堤した。表9-1から分かるように，破堤原因は単一原因だけでなく，越水と浸透が原因となって破堤した事例もある。東海豪雨（H12.9）で破堤した新川，H16.10水害で破堤した円山川などがその例である。

**越水災害**

破堤アンケート調査結果によれば，中小河川データも多いが，破堤原因の7〜8割は越水であった。石狩川では最大20 cmの越水により，裏のりに亀裂が発生し，これが拡大して堤防が崩壊した。堤体土が粘性土であったこともあり，崩壊形状は鉛直となった。一方，千曲川では越水により裏のり肩付近の植生が流失し，裏のり肩から小段にかけて侵食した（初期侵食）後，裏のりが鉛直に崩壊した。堤体上部は裏のりから徐々に侵食され，初期侵食から15分後には堤体上部全体が流失した（図9-2）。

千曲川における破堤は越水実験で見られた破堤プロセスと同様の形態であった。図9-3に示した高さ60 cmの小型堤を用いた実験[注1)]では越水流は裏のり尻付近で最大せん断力

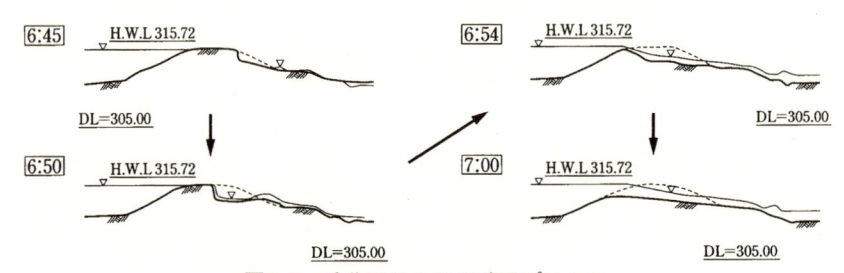

**図9-2 千曲川における破堤プロセス**

\*) 越流水はせん断力により，まず小段またはのり尻を洗掘する。
出典［建設省千曲川工事事務所資料］（修正・加筆）

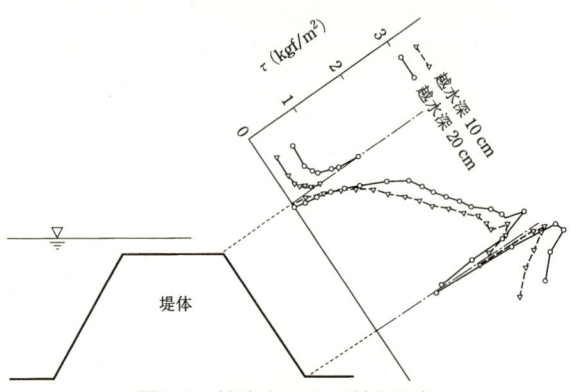

**図9-3 越流水のせん断力分布**

\*) 越流水はのり尻付近で剥離するため，計測上小さなせん断力となっているが，実際は大きなせん断力が作用する。
出典［須賀堯三・橋本宏・石川忠晴ほか：越水堤防調査最終報告書—解説編—，土木研究所資料，第2074号，1984年］

---

注1）越流水によるせん断力の分布傾向を調べるための実験である。

写真9-1 刈谷田川（中之島）の破堤状況
＊）破堤部付近の浸水深は高いため，破堤部の水面勾配はそれほど大きくなっていないが，破堤部で洪水流が縮流している様子がうかがえる。
提供［新潟日報事業社］

となり，侵食を引き起こした．侵食後不安定となった堤体は土塊状の崩落を繰り返し，最終的に破堤に至った．千曲川における小段を実験ののり尻に置き換えて考えれば，類似したプロセスとみることができる．

　H16水害では九頭竜川支川足羽川，信濃川支川刈谷田川が越水破堤した．足羽川は越水により裏のり肩付近から侵食し，高水護岸を越流した水が護岸裏を侵食して，破堤に至った．越水〜破堤までは約1.5時間と長かったが，これは堤防高があまり高くなく，高水護岸が残存したためであると考えられる．一方，刈谷田川（中之島）は相対的に堤防高の低い区間から越水し，越流水により堤体の一部が流失した結果，破堤に至った（写真9-1）．堤防高が高く，裏のりが急勾配であったため，越水〜破堤までは約30分であった．

　なお，各河川の破堤箇所は1カ所だけではなく，鳴瀬川支川吉田川では4カ所，刈谷田川では6カ所が破堤した．吉田川の4カ所の破堤により旧品井沼が1週間以上にわたって湛水した．また，刈谷田川は破堤時刻が判明している5カ所が1時間20分以内に破堤する（うち3カ所は同時刻）という，ほぼ同時破堤の状況であった．

**浸透災害**

　浸透は多数の河川で発生しているが，破堤に至る事例はそれほど多い訳ではない．浸透には堤体漏水と基盤漏水（パイピング）があるが，いずれも地盤中の浸透水によるものであるため，洪水時の現象は裏のり尻での漏水しか見ることはできない．実物大実験の結果によれば，浸潤線が川表から川裏に徐々に進んでいき，裏のり尻よりやや高い所に達した段階で漏水が発生する．しかし，水だけが噴き出す漏水では災害とはならず，漏水に伴って堤体内に水みちができ，土砂が洗い出される（濁った水が出だす）と，すべり破壊などの災害が生じる．

　浸透災害の事例として有名な長良川はS51.9の台風17号および前線に伴う豪雨により，洪水が約3日間継続し，岐阜県安八町において破堤したものである．水害訴訟で堤内地の丸池（落堀）によるパイピングが争点となったが，破堤原因はパイピングではなく，浸潤による漏水破堤であった．一方，小貝川は昭和以降でも10回破堤するなど，水害被害が多く，近年でもS56.8とS61.8に浸透災害が発生した．S56水害では利根川本川からの逆流水により浸透破堤し，利根川と小貝川に囲まれた低平地で多数の家屋が浸水した．

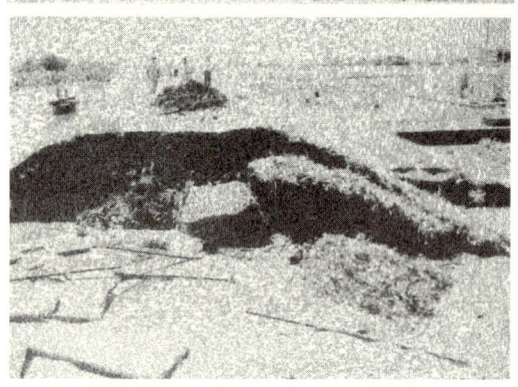

写真9-2　小貝川における破堤状況
*) 漏水に伴う堤体の土砂流出の仕方にもよるが，小貝川では越水と同様に土塊状に堤防が崩落していく様子が写真からうかがえる。
出典［吉本俊裕・末次忠司・桐生祝男ほか：昭和61年8月小貝川水害調査，土木研究所資料，第2549号，1988年］

S61水害での破堤状況は石下町役場職員により撮影されていた（写真9-2）。漏水は排水樋門脇で発生し，特にのり尻からの漏水の勢いは激しいものであった。漏水に伴う堤体内の土砂流失により，2条の亀裂間（7〜10 m）の堤体が流失し，約20分，約40分後にそれぞれ39 m，46 mの破堤幅となった。最終的な破堤幅は60 mとなった。

**越水・浸透災害**

浸透によるのり崩れの後に越水破堤したり，越水によるのり崩壊後に浸透破堤するような複合原因による破堤もある。庄内川支川新川は計画高水位を11時間上回る洪水に伴って浸透により裏のりが崩れた。そして，のり崩れで堤防天端が若干下がった箇所より高水位の洪水が越水して破堤した。また，円山川では相対的に堤防高の低い区間から越水して，小段およびのり尻が洗掘され，川裏半分が崩壊した。その後，浸透により破堤に至った。なお，越水が原因とされている災害でも浸透現象が確認されていないだけで，複合原因で破堤している事例も多いと思われる。

**参考文献**
1) 須賀堯三・橋本宏・石川忠晴ほか：越水堤防調査最終報告書―解説編―，土木研究所資料，第2074号，1984年
2) 吉野文雄・土屋昭彦・須賀堯三：越流水による堤防法面の破壊特性，水理講演会，第24回，1980年
3) 山本晃一・末次忠司・桐生祝男：氾濫シミュレーション(2)，土木研究所資料，第2175号，1985年
4) 末次忠司・菊森佳幹・福留康智：実効的な減災対策に関する研究報告書，河川研究室資料，2006年

5) 吉本俊裕・末次忠司・桐生祝男ほか：昭和61年8月小貝川水害調査，土木研究所資料，第2549号，1988年
6) 国土技術研究センター：河川堤防の構造検討の手引き，2002年

## 9.2 越水・浸透対策

**越水対策**

　越水対策としては，まず越水しないように，堤防を嵩上げしたり，河道断面を拡幅するために掘削する必要がある。しかし，堤防整備が改修途上であったり，計画を超える超過洪水が発生する場合もあるので，越水が発生することも想定しておく必要がある。

　越水対策として，越水にある程度耐えられる堤防として開発された耐越水堤防がある。これは越流水により最も大きなせん断力が作用するのり尻に礫からなるのり尻工を敷設し，のり面を遮水シートと保護マットで保護したものである（図9-4）。遮水シート上は覆土し，植生で覆うとともに，天端は越流水で侵食されないように，舗装する工法である。なお，耐越水堤防は実物大水理実験により一定の効果は認められたが，耐越水効果は未だ技術的には十分確立されておらず，今後の検討課題もある発展途上の堤防技術である。

　また，破堤事例を数量化II類により分析した結果によれば，越水に強い堤防は「①堤体土質が砂でない，②天端幅/越流高が大きい，③水防活動あり，④天端に舗装がある」の条件を有している場合であった。したがって，天端幅を広くしたり，天端をアスファルト等で舗装することも，越水に対してある程度までは有効である（舗装は浸透にも有効である）。

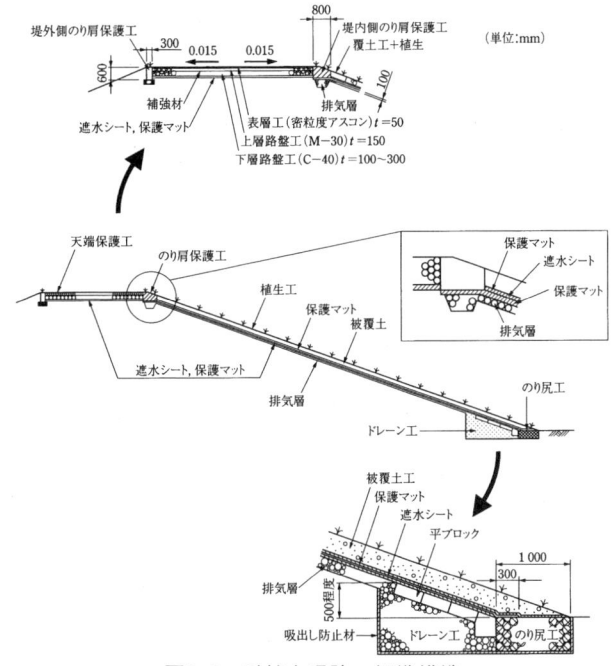

**図9-4　耐越水堤防の標準構造**

＊）基本構造として，せん断力が最も大きなのり尻にはのり尻工を敷設して，のり面には越水流による侵食を起こさないように遮水シートを敷いている。

越水破堤の一つのプロセスとして，H 16.7 の福井水害（足羽川）で見られたように，堤体土質が砂質の場合，越流に伴って川裏のり肩付近がガリ状に侵食され，侵食幅が拡大して破堤するタイプがある。このタイプの破堤に対しては，のり肩保護工を設置するか，天端を舗装する方法がある。天端舗装する場合，越水により侵食を受けやすい川裏の肩を保護するよう，舗装面を巻き込むようにするのがよい。

**浸透対策**

浸透に対しては漏水実績や治水地形から見て，浸透に対する脆弱性の検討を行っておく必要がある。浸透対策としては川表側の透水性を低くし，川裏側の透水性を高くする。すなわち，洪水を堤体内に入りにくくし，かつ堤体内に入った浸透水を出やすくすることが原則となる。前者の対策としては鋼矢板，ブランケットなどがあるが，鋼矢板[注1)] は透水層厚の 80〜90 ％を入れ，表層に透水層がある場合はブランケットを用いると効果を期待できる。ブランケット幅は計画高水位とのり尻（川裏）の比高差の（5〜15）倍とする。

浸透水を出やすくするための対策としてはのり尻に礫を敷設するドレーン工などがある（図 9-5）。ドレーン工は厚さ 50 cm 以上とし，平均動水勾配が 0.3 以上とならないように幅（奥行き）を設定すると同時に，空隙への土砂流入による目詰まりに注意する。ドレーン材料は堤体の透水係数より 2 オーダー程度大きいものを目安とする。のり尻でドレーン工，堤脚水路を設置するスペースが十分ない場合は，腰積み護岸を採用する。

また，樋門下の空洞からの浸透に対しては，連通試験により空洞や水みちの連続性を確認しておく。樋門周りの浸透対策としては，止水板や連壁により浸透路長を長くして，浸透圧力を低減させる。抜本的な対策としては，欧米で採用されている，堤体内ではなく，堤体上に設置するオーバーサイフォン型の樋管があり，日本でも同様のタイプの樋管が木曽川・川内川・江の川の堤防，八郎潟・笠岡の干拓堤防などに設置されている。オーバーサイフォン型の樋管は振動が堤体に悪影響を及ぼす場合があるので，管径は 500 mm 以内とするよう規定されている。

以上を踏まえて，越水・浸透対策のメニューを列挙すると，図 9-6 の通りとなる。

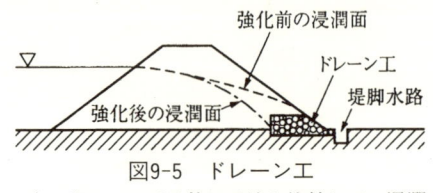

図9-5　ドレーン工

＊）ドレーン工は他の工法と比較して，浸潤面を低下させる効果は高いが，ドレーン材料の選定や目詰まりに注意する必要がある。

図9-6　越水・浸透対策メニュー

- 越水対策
  - 洪水を越水させない方法 ── 堤防の嵩上げ、河道掘削など
  - 堤防を越水に強くする方法 ── 耐越水堤防、天端舗装、川裏の植生管理など
- 浸透対策
  - 川表側の透水性を低くする方法 ── 鋼矢板、ブランケット、遮水シート、覆土など
  - 川裏側の透水性を高くする方法 ── ドレーン工、堤脚水路など

---

注1）鋼矢板は挿入区間の遮水性は高いが，浸透水が鋼矢板を回り込んで，浸透圧が高まった浸透水が周囲の地盤に影響を及ぼす場合がある。

**参考文献**
1) 藤井友竝編著：現場技術者のための河川工事ポケットブック，山海堂，2000年
2) 国土技術研究センター：河川堤防の構造検討の手引き，2002年

## 9.3 越水流解析

　越水現象は様々な要因が関係するため，未だ確立された解析手法はないが，以下では越水流の解析・評価の試案について記述する。越水流の解析にあたっては，その流下特性を反映する必要がある。越流水はのり面を流下するに従って水深が小さくなりながら加速していく。ここでは簡単のため，のり面上を等流で流下すると仮定して，のり面上に作用するせん断力 $\tau_0$ を評価する。水の単位体積重量を $\omega$，堤体の勾配を $\theta$，のり面粗度を $n$ とし，越水深を $h$，のり面上の等流水深を $h_0$ とすると，

$$\tau_0 = \omega h_0 \sin\theta \quad \cdots\cdots\cdots 式①$$

と表せる。単位幅当りの越水流量を $q$，のり面上の流速を $v_0$（マニング式）とすると，

$$q = 1.6 \cdot h^{3/2}$$

$$q = v_0 h_0 = \frac{1}{n} h_0^{5/3} (\sin\theta)^{1/2} \rightarrow h_0 = \left(\frac{nq}{\sqrt{\sin\theta}}\right)^{3/5}$$

となるから，両式より $q$ を消去して，式①に代入すると，

$$\tau_0 = 12,993 \cdot n^{3/5} h^{9/10} (\sin\theta)^{7/10}$$

となる（SI単位表示）。$n=0.03$ と仮定すると

$$\tau_0 = 1,584.8 \cdot h^{9/10} (\sin\theta)^{7/10} \quad \cdots\cdots\cdots 式②$$

となり，越水深とのり勾配をパラメータとした関係式が得られる。

　図9-7より，のり勾配が2割で越水深が10 cmから30 cmに増えると，$\tau_0$ は約3倍に増大する。すなわち $\tau_0$ は越水深にほぼ比例して増大する。逆に越水深が30 cmでも勾配を2割から3割にすると，$\tau_0$ は2割以上減少する（表9-2）。$\tau_0$ に対する耐力 $\tau_a$ は劣化を想定したアスファルトで $\tau_a=78$ N/m² 程度であるので，大きくても $\tau_0<100$ N/m² とする必要がある。2割勾配で越水深が10 cmであっても $\tau_0=114$ N/m² であるから，河道内の流況が変わらない区間では，越水に伴う外力の集中を避けるために，堤防高の縦断的変化

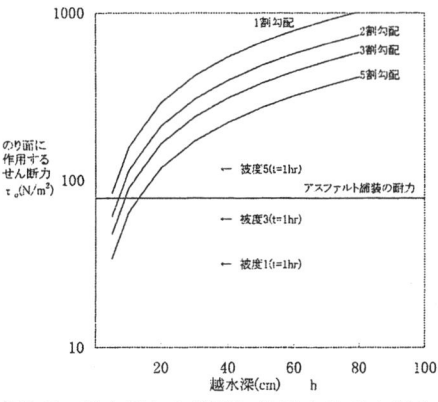

図9-7　越水深とのり面に作用するせん断力との関係

\*) せん断力は越水深にほぼ比例して増大するが，のり勾配は越水深ほど影響を受けない。

表9-2　越水深 $h$ と裏のり勾配によるせん断力 $\tau_0$ の相違

|  | 10 cm | 20 cm | 30 cm | 40 cm |
|---|---|---|---|---|
| 1割 | 156.6 (1.4) | 292.3 (2.6) | 421.0 (3.7) | 666.7 (5.9) |
| 2割 | 113.5 (1.0) | 211.8 (1.9) | 305.1 (2.7) | 483.2 (4.3) |
| 3割 | 89.0 (0.8) | 166.0 (1.5) | 239.2 (2.1) | 378.8 (3.3) |
| 4割 | 63.8 (0.6) | 119.1 (1.0) | 171.6 (1.5) | 271.8 (2.4) |

\*1) せん断力 $\tau_0$ の単位は N/m² である。
\*2) （　）内の数字は越水深10 cm，裏のり勾配2割の時のせん断力を1.0とした時の値である。

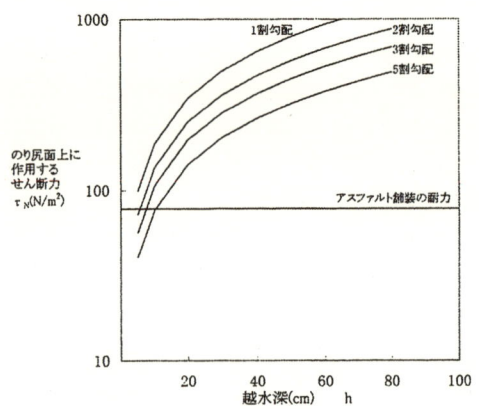

図9-8 越水深とのり尻面に作用するせん断力との関係

がなるべく小さくなるような堤防管理を行う必要がある。

なお、越水によりのり尻から先行的に洗掘されることが多いので、のり尻面上に作用するせん断力 $\tau_N$ を同様に求めると、$\tau_N = 1883.4 \cdot h^{9/10}(\sin\theta)^{7/10}$（$n = 0.04$ と仮定）となり、式②ののり尻面上より約2割も大きなせん断力が作用することが分かる（図9-8）。ただし、のり尻にはせん断力以外に越流水が衝突する動水圧なども作用して、更に大きな流体力となるので注意する。ここで、単位幅あたりの衝突面積は越水深ののり尻方向長さとする。越水直後に湛水なしの条件で破堤することは少なく、湛水は越流水を減勢させるが、安全側を考えて湛水なしの時のせん断力で評価するのがよい。

以上は越水流を2次元的等流と仮定した解析法である。実際の越水流は複雑な3次元的挙動をとるし、堤体には小段があったり、護岸があるなど単純な構造ではないので、解析で十分に挙動を把握することは困難な場合がある。その場合は水理模型実験を行って、3次元的挙動を解明する必要がある。

**参考文献**
1) 建設省河川局治水課：河川堤防設計指針、2000年
2) 末次忠司・菊森佳幹・福留康智：実効的な減災対策に関する研究報告書、河川研究室資料、2006年

## 9.4 浸透流解析

実際の洪水時における堤体内の浸透現象は様々な要因が影響し、十分把握されていないので、実物大堤防の実験結果より、浸透現象を把握したうえで、浸透流解析を行う必要がある。実験結果によれば、洪水位の上昇に伴って堤体内への浸透が進むが、浸潤面が裏のりに到達するまでには長い時間を要する（図9-9）。この実験は均一な土質・土質構造、十分な締固め状態で行われたが、実際の堤体内における浸透水の挙動には土質構造（土質分布、透水性、空洞）が影響するほか、降雨の侵入と洪水位の時間的変化が影響する。こうした様々な条件に対する浸透流の挙動は浸透流解析により把握する方が時間、労力などから見て有利となる。

浸透流解析は堤防（断面形状、土質構成）のモデル化、降雨・水位波形等の外力設定を行ったのちに行う。堤防のモデル化にあたっては定期横断測量結果、ボーリング調査結果

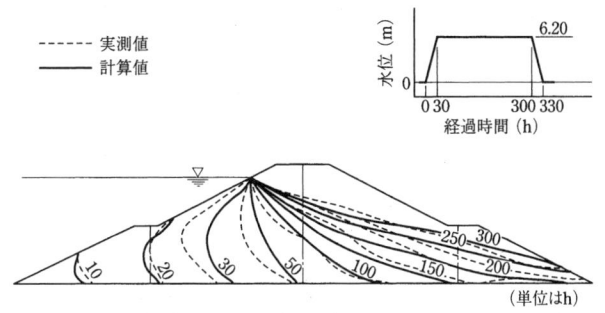

**図9-9　浸潤線の時間的変化（実物大実験および計算）**

＊）浸潤線の移動速度は最初は速いが，堤体中央より川裏側になると遅くなる。ただし，実堤防は実験ほど施工状況が良くないので，川裏に到達するまでの時間はもっと速くなる場合がある。

出典［国土技術研究センター：河川堤防の構造検討の手引き，2002年］

のほか，必要に応じて，○○川改修竣工平面図や○○川百年史などを参考とする。土質構成が不明な場合はサウンディング調査などの補足調査を実施する。外力である降雨・水位波形等の与え方は『河川堤防の構造検討の手引き』を参照するが，基本的には降雨量は計画の総雨量を 10 mm/h の降雨が連続すると仮定して設定する。水位は基準地点ごとの複数の波形を用いて水位〜その水位の継続時間のグラフを書き，その包絡線を設定し，波形面積が同等になる台形波形を作成する。

　浸透流解析の目的はすべり破壊とパイピング破壊に対する安全度の評価であり，すべり破壊には堤体浸潤線，パイピング破壊には裏のり尻の圧力水頭を求める必要がある。堤体浸潤線は堤防に対して最も危険な浸潤線を用いる。

　洪水中の堤体内は水で飽和された箇所と飽和されていない箇所があるため，飽和‐不飽和浸透流解析を行う。解析は有限要素法（FEM）に基づき，ダルシー則と連続式で構成された基礎式を用いる。比貯留係数 $S_s$ は砂質土で $1\times10^{-4}$ (1/m)，粘性土で $1\times10^{-3}$ (1/m) 程度を設定する。

$$\frac{\partial}{\partial x}\left(k\frac{\partial \psi}{\partial x}\right)+\frac{\partial}{\partial z}\left(k\frac{\partial \psi}{\partial z}+k\right)=(C+\alpha S_s)\frac{\partial \psi}{\partial t}$$

⎯⎯ ダルシー則 ⎯⎯　　← 連続式 →

ここで，$k$：透水係数（m/h），$\psi$：圧力水頭（m），$C$：比水分容量（1/m），$\alpha$：飽和領域では1，不飽和領域では0，$S_s$：比貯留係数（1/m）である

　この浸透流解析により求めた裏のり尻近傍の局所動水勾配 $i$ が $i<0.5$ であれば，パイピング破壊に対して安全となる。ただし，裏のり尻付近に被覆土がある場合は，被覆土層の重量と作用する揚圧力の大小関係より安全性を評価する。一方，すべり破壊に対する安全性は浸透流解析によって得られた危険側の浸潤面に対して，全応力法に基づく円弧すべり法から求めた安全率により安全性を評価する。安定計算では複数の円弧中心に対して安全率を求め，最小値を最小安全率とする。円弧すべり法による安全率の計算式は以下の通りである。

$$F_s=\frac{c\cdot L+(W-u\cdot b)\cdot\cos\alpha\cdot\tan\phi}{W\cdot\sin\alpha}$$

ここで，$F_s$：安全率，$c$：土の粘着力（tf/m²），$L$：円弧の長さ（m），$W$：分割片の重量（tf），$u$：すべり面の間隙水圧（tf/m²），$b$：分割片の幅（m），$\alpha$：すべり円の中心点から下ろした鉛直線と，すべり円の中心点と分割片の重心点・すべり面の交点とを結ん

だ線との角度（度），φ：土の内部摩擦角（度）である。

**参考文献**
1）国土技術研究センター：河川堤防の構造検討の手引き，2002年

## 9.5 侵食災害

河床低下が縦侵食とすれば，河岸侵食は横侵食といえる。近年の水害被害を見ると，内水被害が最も多いが，急流河川では河岸侵食の被害も多い。直轄河川で見ると，河岸侵食被害の約7割が河床勾配＞1/1,000で発生し，侵食幅≧5m（データⅠ）が全体の1/3以上を占めている。データⅠを分析すると，河床洗掘を伴った侵食が約8割を占め，うち約6割の事例で1m以上の洗掘が発生しており，河床洗掘が河岸侵食に大きく影響してい

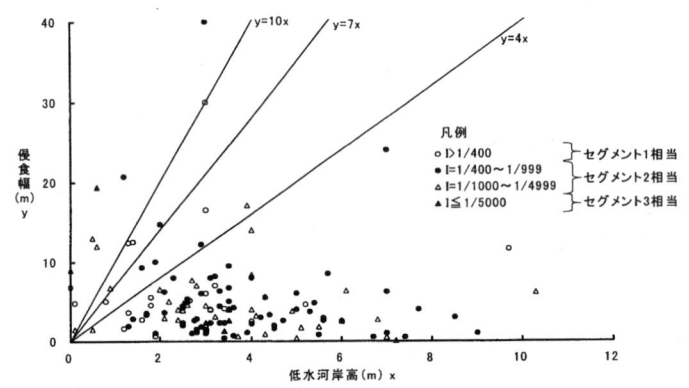

図9-10　河床勾配ごとに見た低水河岸高と侵食幅との関係

*）侵食幅は40mのものもあるが概ね20m以下である。また低水河岸高が4mを超えると，侵食幅は10m以下となる。

出典［末次忠司・板垣修：堤防・河岸の侵食実態と侵食対策，第2回粘着性土の浸食に関するシンポジウム，2004年］

表9-3　原因別の河岸侵食の概要

| 侵食原因 | 河岸侵食の概要 |
| --- | --- |
| 直接侵食 | 直接侵食では洪水流により，河岸や堤防のり面が侵食されたり，護岸ブロックが流失する。急流河川では礫や流木が衝突して侵食を引き起こし，侵食は時には破堤災害につながる場合もある |
| 河床低下・砂州に伴う侵食 | この侵食は湾曲部外岸・砂州対岸部や砂州前縁で発生した河床洗掘が原因である。洗掘が生じると掃流力が大きくなるし，そういう場所は流れが集中しやすい箇所であるため，堤防や河岸の侵食を引き起こしやすい。また，河床低下に伴って，根固め工・基礎工が被災して，護岸が被災したり，侵食被害が発生する。中小洪水でも，B/Hが大きな複列砂州河道では，砂州上を横断した偏流が堤防や河岸に衝突して，侵食を発生させる場合がある |
| 落込み流等による侵食 | この侵食は中小河川や山地河川でよく見られる侵食形態である。中小河川では流下能力が低い河川が多く，また山地河川では流木が橋脚で閉塞しやすいため，越水氾濫が起きやすい。越流水や地表面流は相対的に標高の低い河道区間や山付け部で河道に戻ろうとする。その際，氾濫水が護岸裏を流下したり，越水とは逆の河道への落込み流となり，護岸裏を侵食したり，護岸自体を流失させたりする |
| その他の侵食 | 洪水の減水速度が速い河川や干満差の大きな感潮河川では，水位低下時の堤防等の残留間隙水圧が大きくなり，護岸の継ぎ目などから裏込め土砂が流失して，空洞が発生し，のり覆工が破壊される場合があるが，事例は少ない |

```
急流河川 ─┬─ 流木・土砂 ──┬─ ①直接侵食
          │              │
          ├─ 洪水流 ──────┴─ 氾濫流 ──→ ③落込み流等
          │
          └─ 河床洗掘 ─────→ ②河床低下・砂州に伴う侵食
```

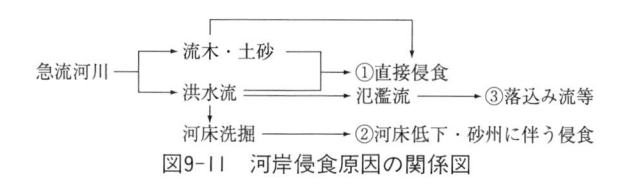

図9-11 河岸侵食原因の関係図

るといえる。

　河岸侵食および河床洗掘は洪水流のせん断力（$\rho g \cdot h \cdot I$）の影響を受けて発生する。パラメータのうち，水深 $h$ は河床洗掘により変化するので，$h$ の代わりに低水河岸高（高水敷高－平均河床高）を用いて，低水河岸高と最大侵食幅をグラフ化すると，図9-10の通りである。最大侵食幅は，河床勾配 $I>1/400$ の急流河川で低水河岸高が低い場合，低水河岸高の10倍程度となっている。$1/5,000<I\leq1/400$ では，包含する範囲で低水河岸高の7倍程度であるが，概ねの範囲では4倍程度と考えておけばよい。また，低水河岸高が4mより大きくなると，河床洗掘の影響が少なくなり，侵食幅が10mを超える事例は少数である。侵食長に関するデータは少ないが，山本氏によれば，黒部川の実測データより，侵食長は侵食幅の5～10倍程度としている。

　河岸侵食は表9-3に示す通り，①直接侵食，②河床低下・砂州に伴う侵食，③落込み流等による侵食，④その他の侵食が原因で起きるが，②の侵食形態が最も多い。ただし，急流河川では図9-11のように複数の原因が複雑に絡んでいるので，注意する必要がある。

**参考文献**
1) 末次忠司・板垣修：堤防・河岸の侵食実態と侵食対策，第2回粘着性土の浸食に関するシンポジウム，2004年
2) 山本晃一：沖積河川学 堆積環境の視点から，山海堂，1994年

## 9.6 侵食対策

　侵食対策はマクロな洪水・土砂の挙動を調査して，河道計画面からの対応を考える必要があるし，拠点的に対策を講じる必要があれば，侵食対策施設として護岸，縦工，腹付け，侵食防止シート，植生管理などを行う（表9-4，写真9-3，9-4，図9-12）。河道計画面からは，河道の深掘れが進行しているかどうかを調査し，水衝部における河岸侵食を防止するため，河道法線形を修正したり，河道掘削等により洪水流速を低減させる対策が考えられる。

　前述した被災形態である，①直接侵食，②河床低下・砂州に伴う侵食への対策としては，既存施設の強化，新たな侵食対策施設の設置等がある。既存施設の強化では，のり覆工の控え厚を厚くしたり，基礎工の根継ぎをしたり，根固めの重量を増やすなどの補強を行う。侵食対策施設としては，護岸等による耐力の強化（河岸防御）を行うか，水制・置換工等により侵食外力の軽減を図る。

　なお，表9-4に記した前腹付けとは通常の腹付けと異なり，高水敷を計画高水位の高さまで嵩上げして，堤防の川表前面を侵食から保護する工法で，高水敷と堤防との中間的な位置付けの侵食対策工法である。手取川を対象にした水理模型実験によれば，前腹付けの幅を厚くする（低水路幅を狭くする）と，洪水流による侵食幅が増大し，ある一定の低水路幅に収束するという結果であった。このことは前腹付けに限らず，急流河川においては

表9-4 侵食対策（河岸防御）手法

| 手法 | 河岸防御手法の概要と適用河川 |
|---|---|
| 護岸 | 護岸の設置にあたっては，流速・洗掘深を評価して，洪水流の抗力・揚力から見て安全な護岸ブロック・根固め工を設置する。護岸の安全性照査にあたって，抗力・揚力等を求めるための抗力・揚力係数等は『護岸ブロックの水理特性試験法マニュアル』より求め，護岸設計は『護岸の力学設計法』を参照する。なお，上流側ののり覆工は流体力を受けてめくれやすいので，小口止め工を設置するか，在来護岸とのすり付け区間に屈撓性のある蛇篭あるいは連節ブロックを設置する |
| 縦工 | 基本的な機能は後述する水制とほぼ同じであるが，縦工は流水の阻害にならないように河岸沿いに設置している。縦工は高水敷幅がある程度ある場合に河岸に異形コンクリートブロックを多段積みに設置し，その前面に根固め工を敷設する。縦工と下流側の縦工の区間の中央から下流側で河岸侵食が生じるが，安全側で考えて設置間隔は許容侵食量の7.5倍以下とし，砂州長の1/3程度を目安とする。縦工は急流河川において複断面化を図るための施設ともなる |
|  | 黒部川，利根川上流などに設置 |
| 腹付け | 急流河川では姫川のように高水敷がなかったり，高水敷の高さが低い場合があるなど，洪水流により侵食・流失する可能性（$\tau_* \geq 0.07$が侵食の目安）がある。また経験的に単断面の方が洪水に対して侵食に強いと考えられるので，高水敷造成よりも堤体腹付けによる耐侵食力（粘り強さ）の向上を図ることが望ましい場合がある。堤体への前腹付け厚は実績侵食幅又は想定侵食幅を目安とし，侵食量全てをカバーする必要はない。腹付けの高さは9.5「侵食災害」で記述したように，最低でも4m程度を確保すれば有効である。腹付けや高水敷造成は上載荷重を増すので，地震による液状化の発生を抑制し，堤体の沈下や変形を軽減する耐震効果もある |
|  | 急流河川における前腹付けとしては常願寺川，手取川で実施 |
| 侵食防止シート | 侵食防止シートは国総研と民間10社の共同研究により開発された厚さ1～4cm，空隙率9割以上の化学繊維で製作され，表のり面下に埋設して，覆土上を植生が覆うと，洪水流により表層の土砂が流失しても，シートが粗度要素となって，流速を低減させ，侵食防止効果を発揮する（H15に基本特許取得）。実験によれば，最大で4m/sの洪水流に対して有効なシートがあり，コストはコンクリート護岸の1/2～2/3である。シートは洪水流によりめくれないように施工する必要がある |
|  | 江戸川，那賀川，関川，信濃川，雲出川，本明川，大淀川など23河川に設置。特に淀川では長区間に敷設されている |
| 植生管理 | のり面の張芝は一様に生え，適切に管理されていれば，洪水流に対する耐力の向上につながる。しかし，例えば年2回の除草では，洪水に強い芝でも10年程度経過すると，チガヤ等のイネ科植物を経て，洪水に弱い雑草に遷移して，洪水流に対する耐力が低減してしまう。耐力を保持するためには，植生が遷移しないように年4回程度の除草，薬剤散布などの植生管理を行う必要がある |

写真9-3 縦工（黒部川）

写真9-4　前腹付け（常願寺川）

*）川表に計画高水位の高さまで盛土したもので，堤防と高水敷の中間的な施設である。常願寺川には幅20 mの前腹付けが3地区で施工されている。

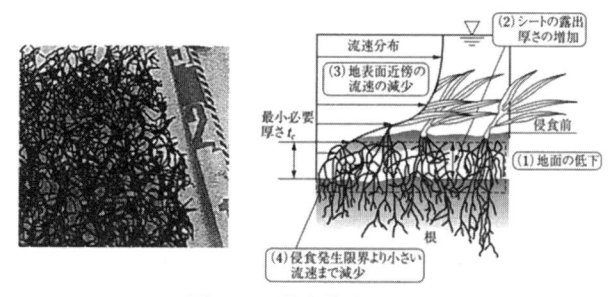

図9-12　侵食防止シート

*）護岸を設置するほどではないが，侵食対策を施したい場合に利用される工法で，土中のシートが粗度要素となって侵食を防止する。シートの空隙率は高いので，植生が生えやすい。

適した低水路幅が存在することを意味している。常願寺川では幅20 mの前腹付けが西大森地区（延長430 m），馬瀬口地区（560 m），西ノ番地区（759 m）の3地区で施工されている。

その他の侵食対策（侵食外力の軽減）としては，水制，ベーン工，置換工などを設置して，洪水流を河岸から離したり，河床洗掘を抑制して側方侵食を軽減したり，洗掘軽減により掃流力を低減させる方法などがある（表9-5）。なお，水制には水跳ね水制と根固め水制があるが，水跳ね水制は高さが高く，元付けが計画高水位程度の水制であり，本節では高さが低い根固め水制が対象である（図9-13）。

**参考文献**

1) 末次忠司・板垣修：堤防・河岸の侵食実態と侵食対策，第2回粘着性土の浸食に関するシンポジウム，2004年
2) 国土技術研究センター編：改訂 護岸の力学設計法，山海堂，2007年
3) 土木研究センター：護岸ブロックの水理特性試験法マニュアル 第二版，2003年
4) 山本晃一：沖積河川学 堆積環境の視点から，山海堂，1994年
5) 望月達也・藤田光一・末次忠司ほか：植生の耐侵食機能を活用した侵食防止シートの開発に関する共同研究報告書，共同研究報告書，第265号，2001年
6) 高田保彦・最上谷吉則・田代洋一ほか：急流河川を対象とした堤防強化対策の検討―堤防前腹付け工

表9-5 侵食対策(侵食外力の軽減)手法

| 手法 | 侵食外力軽減手法の概要と適用河川 |
|---|---|
| 水制 | 水制は洪水流を河岸から離して侵食外力を軽減するとともに,最深河床を河岸から離す。根固め水制の水制長 $L$ は通常川幅の1割以内が適当であるが,急流河川や川幅の狭い河川では2割程度必要な場合があるため,小規模河川で効果を発揮させようとすると,洪水流の阻害となる場合がある。水制の間隔は水制先端部を通過した流れが下流の護岸基礎部を洗掘しないよう,流線と下流側水制の交点は河岸から $L/3$ 以上離れるように設定する($L$ は水制長)。高さは砂河川において根付けで平水位+0.5〜1m程度とする。なお,水制周りには根固め工を設置する。また,上流向きの越流水制は先端部の局所洗掘を発生するし,下流向きの越流水制は越流水による河岸侵食を引き起こす危険性があることに留意する |
| | 千曲川・長良川・木曽川(並杭),矢作川(杭出し),矢作川・四万十川(石出し),木曽川・旭川・淀川(ケレップ),淀川・矢部川(石積み),釜無川・旭川・千曲川・四万十川(石張り)などに設置 |
| ベーン工 | 河床の外岸下流向きに設置された翼板状の構造物で,湾曲部で発生する2次流を抑制して,外岸の洗掘を抑制する(洗掘箇所及び最大流速位置はベーン工と内岸の間に移動する)とともに,侵食外力の軽減に寄与する。曲率半径が小さな区間には適していないが,土砂の移動が活発な砂河川で,下流に直線区間がある湾曲区間で効果が大きい。千鳥状に3列程度配置するのが効果的で,船の航行障害にならないよう,ベーン工の高さを決める。水制などに比べると建設費は安価である |
| | 白川支川黒川,球磨川,大野川,小矢部川,阿賀野川などに設置 |
| 置換工 | 洗掘された河床を礫等により埋め戻すことによって,侵食外力を軽減するとともに,河床低下に伴う侵食被害を軽減する。置換工は安価な工法であるが,維持が必要である。維持が少なくなるよう置換工の敷高を高くすると,下流の深掘れを助長する危険性がある。実験によれば,最深河床高と平均河床高の差の7割程度を埋め戻すようにすれば,その危険性は少なくなる |

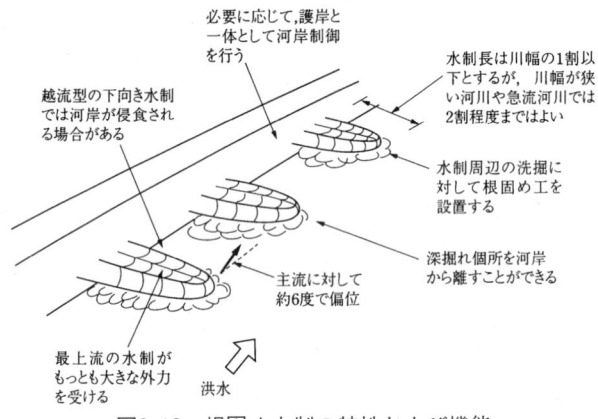

図9-13 根固め水制の特性および機能

注) 洪水により水制が壊れると設計が悪いといわれるが,水制は洪水の外力を受けて堤防を守るためのものであり,水制が壊れたということは機能を発揮したことを意味する。

の効果について—,河川技術論文集,第12巻,2006年
7) リバーフロント整備センター編著:まちと水辺に豊かな自然をⅡ—多自然型川づくりを考える—,山海堂,1992年
8) 福岡捷二・渡邊明英・黒川信敏:ベーン工の洗掘軽減効果と設計法に関する研究,土木研究所資料,第2644号,1988年
9) 宇多高明・望月達也・藤田光一ほか:洪水流を受けた時の多自然型河岸防御工・粘性土・植生の挙動,土木研究所資料,第3489号,1997年
10) 山本晃一:日本の水制,山海堂,1996年

## 9.7 護岸

　流速の速い洪水流から堤防や河岸を防御する手法として護岸がある。護岸は設置箇所により，のり覆工，基礎工，根固め工に分類される（図9-14）。のり覆工を構成する護岸ブロックには洪水流方向の抗力，それと直角方向の揚力が作用する。護岸の設計にあたっては，次式の安定条件を満たすように設計する必要がある。なお，抗力・揚力係数は『護岸ブロックの水理特性試験法マニュアル（第二版）』に基づいて設定するが，レイノルズ数 $Re>10^4$ の領域では一定値をとることが多い。

[護岸ブロックの安定条件]

$$\mu(W_w \cdot \cos\theta - L) \geq \{(W_w \cdot \sin\theta)^2 + D^2\}^{1/2}$$

$$L = \frac{1}{2}\rho_w \cdot C_L \cdot A_L \cdot v_d^2$$

$$D = \frac{1}{2}\rho_w \cdot C_D \cdot A_D \cdot v_d^2$$

　ここで，$\mu$：摩擦係数，$W_w$：水中重量，$\theta$：のり面の傾き，$L$：揚力，$D$：抗力，$\rho_w$：水の密度，$C_L$：揚力係数，$C_D$：抗力係数，$A_L$：上方から見た投影面積，$A_D$：流下方向から見た投影面積，$v_d$：ブロック近傍流速

　なお，護岸は平均的な流体力に耐えられるように設計されるので，瞬間的に大きな流体力が発生した場合は流失したり，変状を起こす可能性がある。例えば，$\mu+2\sigma$（$\mu$：平均，$\sigma$：標準偏差）の場合，$\mu$ の場合に比べて約2割少ない移動限界流速で護岸が流失する可能性がある。この移動限界流速の変動係数は揚力の変動係数が影響しているため，揚力変動が少ないブロックの方が洪水に対して優位である。

　護岸は洪水流による基礎工付近の河床洗掘により基礎工等が流失・破壊したり，それに伴って裏込め材の吸い出しが起きて被災することが多い（図9-15）。これに対しては，根入れ長を長くしたり，基礎工の前面に屈撓性のある根固め工を設置する。また，高水敷上を流下する洪水流や，谷底平野や中小河川（掘り込み河道）では氾濫流が護岸裏を侵食し，護岸の転倒・流失を引き起こす場合もある。たとえ，護岸の一部が流失したとしても，被害が全体に及ばないように，横帯工（隔壁工）を20m以内の間隔で入れておく。

　護岸は工種により，張り護岸，積み護岸，擁壁護岸，矢板護岸，篭・連節ブロックに分類される。また，のり覆工はのり勾配および胴込めコンクリートの有無により図9-16のように4分類される。護岸は「護岸の力学設計法」などに従って，河道・洪水特性に対応

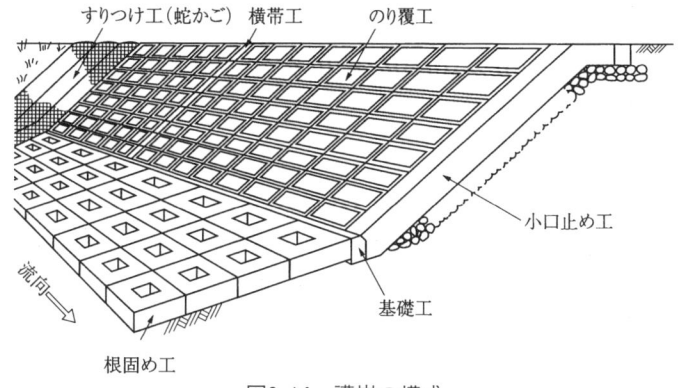

図9-14　護岸の構成

```
《護岸の表側からの被災》         《護岸の裏側からの被災》
       河床低下                洪水流が高水敷上に乗る
         ↓                         ↓
     根固め工の流失              護岸裏の侵食
         ↓                         ↓
   護岸裏の土砂の吸い出し        護岸の不安定化
         ↓                         or
     護岸の洗掘破壊              護岸の転倒・流失
```

図9-15 護岸の主要な被災原因

\*) 護岸の被災原因は川表側と川裏側があり，河床低下に伴っては川表側から，急流・山地河川では両方の被災が考えられる。

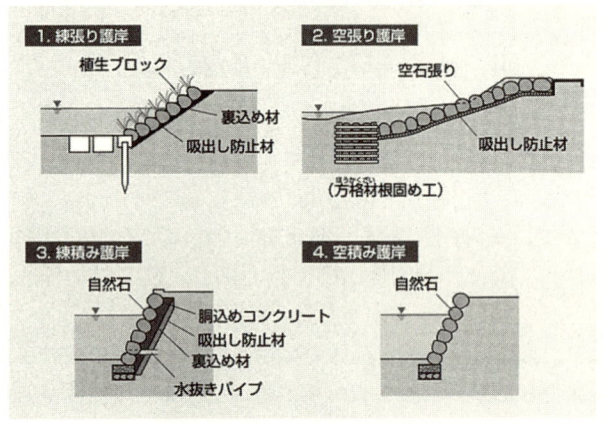

図9-16 護岸の種類

表9-6 各護岸の特性・特徴

| のり勾配 | 護岸の種類 | 胴込めコンクリート | 直高を高くできる | 植生が生える | その他 |
|---|---|---|---|---|---|
| 1.5割より緩 | 練張り護岸 | 有 | ○ | | 耐流速性が大きい 控え厚が小さい |
| | 空張り護岸 | 無 | | ○ | 排水性が良い |
| 1.5割より急 | 練積み護岸 | 有 | ○ | | — |
| | 空積み護岸 | 無 | | ○ | — |

した工種を採用する。なお，連節ブロックや篭工は洪水流によってめくれやすいので，重量が不足していないかなどに注意する必要がある（表9-6）。

最近は，環境に配慮してコンクリート護岸に覆土して，表面を緑化させる工法も用いられている。覆土には有機質土を用い，厚さは40 cm程度とする（第16章 16.1「環境に配慮した治水工法」参照）。植生が短期間で回復し，洪水により覆土が流失しないよう，施工時期に配慮し，現地表土を用いる。このような隠し護岸により，伏流水の流入が阻害される場合はコンクリート護岸ではなく，カゴマット等を用いる。

また，植生に配慮した護岸として，ポーラスコンクリート護岸がある。これは空隙率が25％以上（強度を重視する場合は21％以下）の隙間の多いコンクリート護岸で，コンクリートの隙間に土，保水剤，肥料を充填することにより植生が護岸を覆って環境に良い条件を作り出す。ポーラスコンクリート護岸は植生コンクリート擁壁や環境に適したブロックと同様，かなりの高流速による侵食に耐えることができる。

一般的に護岸の設計にあたっての留意事項は以下の通りである。

・基礎工の設計では基礎工天端高の決定が重要で，洪水時の最深河床高以下とする。基

礎の根入れが深すぎる場合は，基礎工前面に根固め工を設置して，基礎工天端高を浅くできる
- 護岸だけでなく，堰や床止めにもいえることであるが，河床の土砂流出防止のために，護岸基礎付近に吸い出し防止シート（厚さ1cm）を敷設する
- 中小河川では基礎工を入れる際の床掘りによって，洪水による河床洗掘が助長される場合があるので，床掘りの範囲を必要最小限とする
- 護岸ブロックが部分的に流失しても，護岸全体に被災が影響を及ぼさないように，20m以内に1カ所程度，隔壁工（横帯工）を設ける
- ポーラスコンクリート護岸を寒冷地に適用する場合，空隙水の凍結融解に注意する

**参考文献**
1) 土木研究センター：護岸ブロックの水理特性試験法マニュアル（第二版），2003年
2) 田村正秀・木下正暢・浜口憲一郎ほか：護岸ブロックの形状と抗力・揚力特性について，第2回流体力の評価とその応用に関するシンポジウム，2003年
3) 国土技術研究センター編：改訂 護岸の力学設計法，山海堂，2007年
4) 先端建設技術センター編：ポーラスコンクリート河川護岸工法，山海堂，2001年

## 9.8 土砂堆積

河道では侵食災害だけでなく，山地崩壊等に伴う土砂堆積災害もある。大規模崩壊で記述した立山の大鳶崩れ（常願寺川）では白岩堰堤より上流に約2.7億m³，下流の千寿ヶ原までの区間に約1億m³，下流の河口までに約3,600万m³の合計4億m³以上が堆積した（図9-17）。この時の正確な堆積深は不明であるが，平衡状態に近い現河床面からの高さで見れば，上流で最大200m，7km下流でも50m以上の堆積深であったと推測される。安政年間から現在に至る1.5世紀の間に，この堆積物が降雨・洪水により洗掘され，下流へ運搬されていったのである。

また，S 59.9の長野県西部地震による御岳崩れでは，山腹崩壊により約3,600万m³の土砂が流出し，王滝川の河床が最大で40mも上昇した。姫川流域ではH 7.7の山腹崩壊等により，1,000万m³以上の土砂が流出し，その約1割が流出した大所川との合流点付近では河床が15.5m上昇した。

山腹崩壊は河床上昇を引き起こすが，最も恐いのは河道閉塞により形成された天然ダム

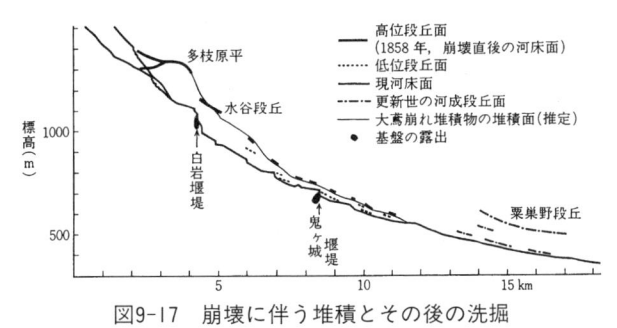

図9-17 崩壊に伴う堆積とその後の洗掘
*) 段丘面等から推定された土砂堆積深は上流で200mほどあり，約10km区間に堆積したが，下流へ行くほど堆積深は少ない。
出典 [町田洋：荒廃河川における侵食過程—常願寺川の場合，地理学評論，35巻，1962年]

表9-7 大規模天然ダムに伴う災害事例

| 地震・河川名 | 天然ダムの形成と決壊状況 |
|---|---|
| 天正地震による庄川堰止め | 天正地震は天正13（1586）年1月に発生したM7.8の地震で，濃尾地震よりも広範囲に影響を及ぼした。地震により複数の断層が同時に活動したが，庄川下流の左岸では幅700 m，奥行き1,100 mに及ぶ大規模な地すべりが発生し，高さ100 m程度の天然ダムが形成されるなど，堰止め土量は3,000万m³に達した。そして，湛水20日後から湛水が天然ダムから流出し始めたが，大鳶崩れのような大洪水にはならず，被害も少なかった |
| 善光寺地震による犀川堰止め | 善光寺地震は第6章 6.13「複合災害」でも記述したように，弘化4（1847）年5月に発生したM7.4の直下型地震で，松代領内で4万カ所以上，松本領で約2,000カ所の山崩れを引き起こした。特に，岩倉山は3方向に地すべり性崩壊を起こして，犀川を堰止め，最大高さ65 m程度の天然ダムを形成した。地震後，雪解け洪水が天然ダムに貯留され，40 km上流まで湛水するなど，湛水量は3.5億m³に達した。そして，湛水19日後に天然ダムは一気に決壊し，高さ20 mにも達する段波となって流下し，善光寺平のほぼ全域が氾濫し，大水害をもたらした |

出典［田畑茂清・水山高久・井上公夫：天然ダムと災害，古今書院，2002年］

が決壊して，下流に甚大な被害をもたらすことである（表9-7）。立山の大鳶崩れ（常願寺川）や姫川支川浦川流域の稗田山の崩壊でも天然ダムが形成され，その後決壊して大きな災害となった。最大規模の天然ダムは河道の堰止め土量では天正地震による庄川の事例（3,000万m³），堰止めによる湛水量では善光寺地震による犀川の事例（3.5億m³）がある。

　大規模な河川地形変化ではないが，土石流が流下すると，河床が平均で1.5～3 m侵食されたり，下流では土砂が数m堆積する。土石流は3～10度の領域で流動が停止して堆積する。洪水氾濫に伴う土砂堆積もあり，通常の氾濫では10～30 cmの厚さで泥，砂，礫が堆積するが，大出水に伴う氾濫では1桁多い土砂堆積が起きる。流動が掃流の場合は層状（分級）構造に堆積するが，土石流の場合はランダムに堆積する。歴史的に見て，京都府田辺町では1回の洪水氾濫で形成された厚さ2～3.5 mの更新世の砂層が発見された。東大阪市の瓜生堂遺跡では弥生中期の生活面上に洪水氾濫によって運ばれてきた厚さ約2.5 mもの土砂が堆積したため，集落が放棄されたと推定されている。

　山腹崩壊等により生産された土砂の多くは降雨とともに，河道へ流入・流下するが，渓床・渓岸に堆積するもの[注1]もあり，その後の洪水により流出してくる。また，通常の河川流況では，河床勾配が緩くなる区間や川幅が広い区間では，流れが減速するために土砂が堆積しやすい。支川が合流する区間でも合流点の下流で土砂が堆積し，支川の水位が堰上がることがある。また，河口付近では河床勾配が緩く，かつ波浪によって運ばれた土砂の影響もあって，土砂が堆積する傾向がある。土砂堆積量が多くなると，河口閉塞を引き起こす（第2章 2.7「河口の地形」参照）。

**参考文献**
1) 町田洋：荒廃河川における侵食過程―常願寺川の場合，地理学評論，35巻，1962年
2) 町田洋・小島圭二編：日本の自然8 自然の猛威，岩波書店，1996年
3) 田畑茂清・水山高久・井上公夫：天然ダムと災害，古今書院，2002年
4) 坂本隆彦・増田富士雄・横川美和：扇状地で氾濫時に形成されたクライミングリップル砂層―京都府田辺町の大阪層群―，月刊地球，号外No.8，1993年
5) 中川澄人：日本の河川―その自然史と社会史（下）―，河川，No.444，1983年

注1）土砂生産量に対する堆積量の割合は小流域ほど大きい。

## 9.9 地震災害と耐震対策

**地震災害**

　地震が発生すると，山地・山腹崩壊が発生し，大規模な地形変化が起きる。地震は大量の土砂を生産し，河床上昇により2次災害が発生する場合もある。大谷崩れや立山大鳶崩れなどを発生させた地震は概ねM7以上である。ちなみにマグニチュードは地震発生24時間後に日本に津波が来襲したチリ地震（S 35.5）のM 8.5が最大で，地球内部の構造からこれ以上のマグニチュードは生じないとされていたが，インド洋大津波（H 16.12）ではM 9.0を記録した。

　地震が河川堤防に影響を及ぼした最近の例では，H 7.1に発生した阪神・淡路大震災（M 7.3）がある。この地震では淀川左岸0.1～2.4 kにおいて，堤防天端が最大3 m，平均1.8 m沈下した（写真9-5）。堤防に近接する家屋も数十cm沈下したり，公園等では噴砂現象が見られた。淀川堤防の基礎地盤はO.P.－10 mの深さまで砂層が分布し，特にO.P.－6 mまでは$N$値が7以下と小さく，この砂層が液状化により流動したために堤防が沈下したと考えられる（図9-18）。

　新潟地震（S 39.6），十勝沖地震（S 43.5），日本海中部地震（S 58.5），釧路沖地震

写真9-5　阪神・淡路大震災による堤防被害（淀川左岸0.2～1.8 k）
＊）　堤防天端は最大3 m，平均1.8 m沈下し，前面にあったパラペットが転倒した。

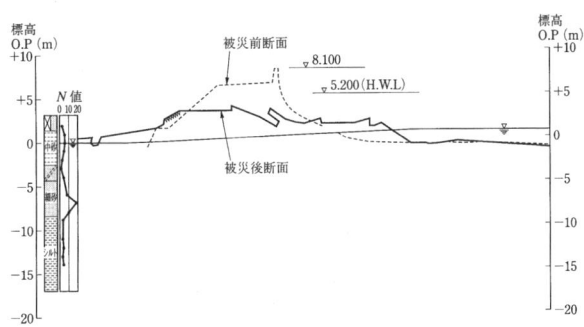

図9-18　阪神・淡路大震災前後の堤防断面（淀川左岸1.4 k）
＊）　堤防のパラペットより川表の土砂は川表側に，他の堤体土砂は川裏側へすべりを起こした。
出典［建設省土木研究所：平成7年兵庫県南部地震災害調査報告，土木研究所報告，第196号，1996年］

**写真9-6 中越地震による妙見堰の被災（信濃川）**
注）妙見堰の被害は壊滅的なものではなかったが，門柱が傾いたり，亀裂が生じた。

（H5.1）などにおいても，同様に基礎地盤の液状化により堤防が被災した。液状化に伴う被災は地震により砂層の間隙水圧が上昇し，砂層が液状化したために，堤体が側方へ流動したり，堤体が砂層内へ沈下したことにより発生する。堤防の被災形態としては，堤防の沈下・陥没・はらみだしなどの変形のほか，のり崩れや護岸被害（ブロックの倒壊・沈下・前倒）が発生することもあるが，亀裂が最も多い。しかし，河川堤防は高規格堤防や自立式の特殊堤等の一部の堤防を除いて，基本的には地震を考慮した設計を行っていない。これは地震と洪水が同時生起する確率が低く，地震被害を受けても土堤は比較的容易に復旧できるからである。

地震が発生すると，土堤が変状を受けることはよくあったが，地震による構造物の被災はあまり見られなかった。しかし，中越地震（H16.10）では信濃川30kの妙見堰（長岡市）において被害が発生した（写真9-6）。中越地震は中越地方を震源とするM6.8の地震で，妙見堰では震度7相当（1,529ガル）の揺れが生じた。地震により堰の門柱が傾いたり，多数の亀裂が生じたほか，隅角部のコンクリート片が剥がれ落ちた。事務所の管理棟も基礎地盤の流動により，傾くなどの被害を受けた。

**災害復旧**

このように，地震に伴って河川堤防には陥没・のり崩れなどの変形，沈下・亀裂などの変状が発生する。地震災害に対しては応急復旧，緊急復旧の順で対応する。

[応急復旧]（災害発生後数日以内）

亀裂に水が入って堤防が弱くならないように，ブルーシートで亀裂を覆う

[緊急復旧]（災害発生後数カ月以内）

① 沈下・すべりの発生
- 天端高までの盛土＋遮水シート張り＋河岸に土のう積み

② HWL以深に亀裂発生
- 亀裂に土砂充填＋河岸に土のう積み又は部分切返し
- 出水期には川表を止水矢板で仮締切

③ HWL以浅に亀裂発生
- 亀裂に土砂充填＋遮水シート張り
- 出水期には部分切返し

＊切返す深さは石灰水（又はグラウト）注入より亀裂の程度を判定して決定する。ただし，本復旧のために亀裂・注入状況を写真撮影しておく

**耐震対策**

　計画上の耐震対策は次の通りである。ゼロメートル地帯等で堤防が沈下し，河川水が流入してくると，湛水が長期間に及んで甚大な被害となる危険性があるし，ライフライン施設等の重要施設の被災は生活・産業活動に重大な影響を及ぼす場合があるので，堤防沈下による2次災害を起こさないことを目標として，地震に対する安全性照査や耐震対策を考える必要がある。なお，過去の被災事例で見ると，堤防沈下量は堤防高の75％以下であり，地震によっては大きな沈下を引き起こすが，堤防としての機能を全く失うことはない。この堤防沈下量とは被災後の堤防形状で被災前の天端幅が確保されている高さまでの沈下量を意味する（図9-19）。

　地震に対する安全性照査の堤防区間は2次災害が発生するおそれがある区間，例えば地盤高が朔望平均満潮位＋1mより低い区間を選定する。照査断面は液状化を起こすかどうか[注1]，粒度組成，液状化に対する抵抗（$N$値）に基づいて設定する。地震時変形量はFEM動的変形解析（LIQCA，FLIP）やFEM静的変形解析（ALID）などにより算定可能であるが，現時点では照査は慣性力または過剰間隙水圧を考慮した円弧すべり法により求めた地震時安全率に対応した沈下量に基づいて行う。沈下後の天端高が想定水位より低くなると想定された区間については堤防の強化対策を講じる。ここで，想定水位とは朔望平均満潮位＋（1～2）mまたは確率1/1相当水位＋（1～2）mである。

　耐震対策（強化対策）は図9-20のように，液状化を防止する工法と液状化を抑制する工法に分類できる。川表における深層混合処理工法や矢板は河川水の浸透を抑止し，特に基礎地盤浸透が主体の場合は遮水効果が大きい。川裏における地盤改良工法のドレーン工法は河川水や降雨による浸透水を排水することによって裏のりにおける浸潤面を低下させ

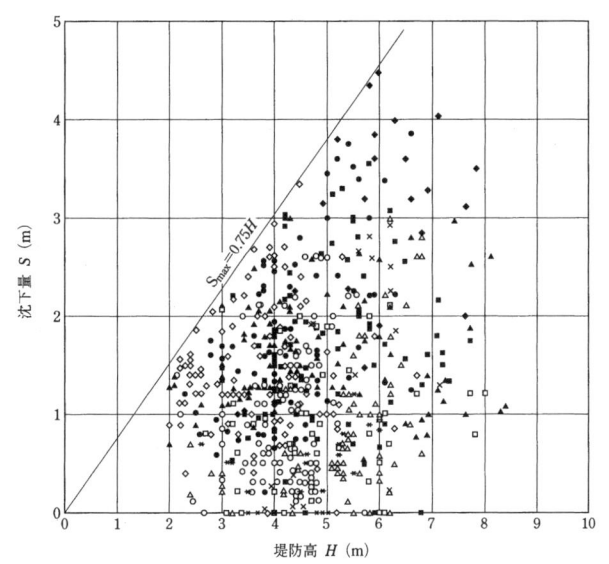

図9-19　既往地震における堤防高と沈下量の関係
出典［国土開発技術研究センター編：改定　解説・河川管理施設等構造令，日本河川協会発行，山海堂，2000年］

---

注1）深さ20m程度までの緩い飽和砂質土層は液状化を起こしやすい。

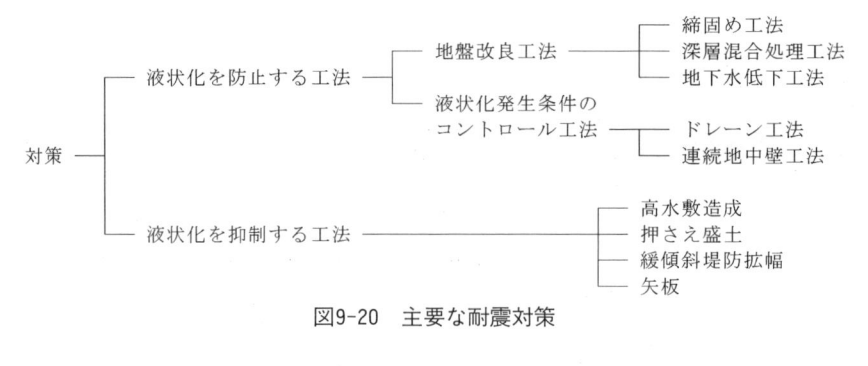

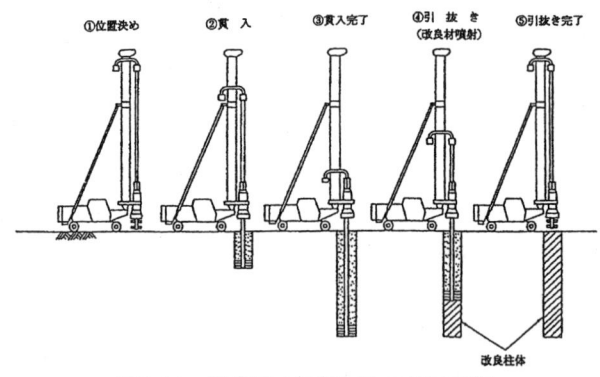

```
                                            ┌─ 締固め工法
                            ┌─ 地盤改良工法 ──┼─ 深層混合処理工法
                            │                └─ 地下水低下工法
        ┌─ 液状化を防止する工法 ─┤
        │                   │  液状化発生条件の
        │                   └─ コントロール工法 ──┬─ ドレーン工法
  対策 ─┤                                      └─ 連続地中壁工法
        │                                      ┌─ 高水敷造成
        │                                      ├─ 押さえ盛土
        └─ 液状化を抑制する工法 ───────────────┼─ 緩傾斜堤防拡幅
                                              └─ 矢板
```

図9-20 主要な耐震対策

図9-21 深層混合処理工法の施工手順
出典［国土技術研究センター：河川土工マニュアル 参考資料，2007年］

るので，浸透対策としても有効である．対策工法の選定にあたっては，浸透を助長させない，また施工時の振動等により堤体を緩ませないことに留意する必要がある．

　地盤改良工法の一種である深層混合処理工法は，図9-21のようにスラリー状または粉体状のセメント系や石灰系の安定材を軟弱土と混合して，強固な柱状またはブロック状の安定処理土を形成し，囲まれた砂層地盤のせん断変形を抑止して，地震時の液状化を防止する工法である．

#### 参考文献

1) 建設省土木研究所：平成7年兵庫県南部地震災害調査報告，土木研究所報告，第196号，1996年
2) 国土開発技術研究センター編：改定 解説・河川管理施設等構造令，日本河川協会発行，山海堂，2000年
3) 国土技術研究センター：河川堤防の構造検討の手引き，2002年

# 第10章　氾濫水理と氾濫対策

　河道災害は発生頻度は高いが被災規模はそれほど大きくない。これに対して，破堤災害は発生頻度は高くないが，いったん破堤すると被害は甚大となる。破堤については，被災後に災害調査委員会等において原因究明や対策が検討されるが，行政官や研究者個人の主観的な考え方に基づいて，原因の判断がなされる場合がある。したがって，客観的な破堤原因の見極め方や推定方法について整理しておく必要がある。特に破堤箇所の上下流の（推定）流況から越水可能性の見方について検討しておく。また，破堤氾濫に関して，既往の事例より氾濫形態，氾濫水の伝播・上昇について分析するとともに，マクロな対策としての氾濫原管理や氾濫流制御について検討することが氾濫対策として有効である。

## 10.1　破堤プロセス

　破堤原因には越水，浸透，侵食がある。越水破堤は中小河川で，侵食破堤は急流河川で起きることが多いが，浸透によりのり崩れを起こした（または脆弱化した）堤防を洪水が越水して，破堤する「複合破堤」もある。中小河川データを多く含んだ調査結果によれば，破堤原因の7～8割は越水であった。

**越水に伴う破堤**
　越水が発生しやすい区間は，
- 洪水疎通能力が低い区間：河積が狭い，河床高が高い
- 堤防高が低い区間：改修途上，道路取付部，地盤沈下地帯
- 本支川の合流点区間
- 狭窄部の上流区間
- 河床勾配の変化点
- 橋梁区間

などである。本支川の合流点は合流後川幅が狭くなる場合があり，また合流によって流れが乱れるので，水位上昇して，越水が起きやすい。また，橋梁部で橋脚により水位上昇したり，流木が閉塞を起こして，水位が堰上がると越水しやすくなる。
　洪水が堤防を越水すると，土堤の堤防は越流水により侵食され，最悪の場合破堤に至る。越流水がのり面に作用するせん断力はのり面の流下に従って増大し，特に堤防のり尻付近に大きなせん断力（のり面の平均せん断力の2倍）が作用するため，この箇所が侵食されると，不安定となった堤体は崩落し始める。すなわち，越水流により表面侵食を受けるというより，土塊状に崩落を繰り返して，破堤に至るプロセスとなる。
　実際の破堤現象を見ても，石狩川（S 50.8）では最大越水深20 cmの越水により堤防裏のり面に亀裂が発生し，これが拡大したため堤防が崩壊した。堤体土質が粘性土であったため，崩壊形状は鉛直となった。千曲川（S 58.9）では越水により堤防裏のり肩付近の

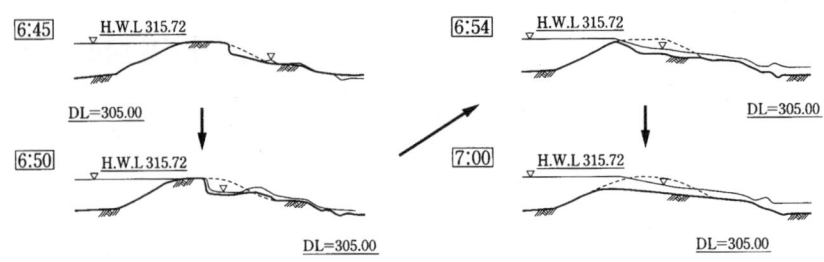

図10-1　千曲川における越水破堤プロセス

\*）越流水による小段の洗掘後，天端付近の侵食が進み，越水開始15分後に天端部分が流失した。
出典［北陸地方建設局千曲川工事事務所資料］（修正・加筆）

植生が流失し，裏のり肩から犬走りにかけて侵食し，最終的に裏のりが鉛直に崩壊した（図10-1）。

**浸透に伴う破堤**

一方，洪水が長時間続いたり，（空隙・土質から見て）浸透しやすい堤体の場合は，洪水が堤体内に浸透し，浸潤面が高くなると堤体内土砂の流出を発端として裏のりが崩れ，不安定となった堤防は破堤に至る。浸透は飽和度と関係し，堤体の飽和度は通常40〜60％であるが，これが100％になると土の強度は1/3〜1/2に低下するとともに，透水係数は10倍になる。また，堤体の土質構成としては，表のりに透水性の高い土質があり，裏のりに透水性の低い粘性土がある場合に，裏のりで浸透水の水位が上昇しやすく，浸透災害が発生しやすい。

浸透被害の原因は堤体漏水と基盤漏水がある。堤体漏水では洪水や雨水がのり面だけでなく，未舗装の天端や小段から堤体内に浸透して，浸透圧力が高まり浸潤面が川裏ののり尻より高い位置に形成されると，堤防から浸透水がしみ出す。漏水に伴って堤体内に水みちが形成され，漏水の勢いが強くなると，堤体内の土砂が洗い出されてすべり破壊が生じたり，最悪では破堤に至る場合がある。特に砂質堤防などで川表の透水性が高く，川裏の透水性が低い場合に堤体漏水を起こしやすい。

堤防内に建設された樋門周囲でも堤体漏水を起こすことがある。樋門の浮き上がりにより，樋門下に空洞を生じやすく，空洞からの土砂吸い出しにより，更に空洞化が進行して，浸透流が発生するからである（図10-2）。特にＳ48〜Ｓ59に建設された樋門の基礎には

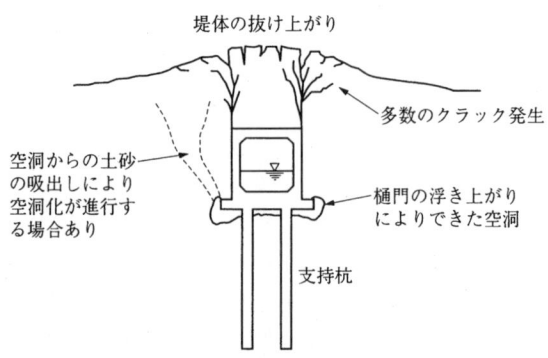

図10-2　樋門まわりに発生する空洞

\*）支持杭により固定された樋門は周辺地盤に追随せずに，床版下に空洞を生じる。この空洞から土砂が吸い出されると上部に向かって空洞化が進行する。

表10-1　越水・浸透・侵食の危険性を示す要因

- 越水危険性
  - 構造的要因：改修途上・地盤沈下で低い堤防，道路取付部
  - 水理的要因：狭窄部・橋梁上流，本支川合流点，河床勾配変化点
- 浸透危険性
  - 堤体漏水：砂質堤防，樋門などの工作物付近
  - 基盤漏水：扇状地，落堀，旧河道
- 侵食危険性
  - 直接侵食：（砂州・樹木・構造物に伴う）洪水流の衝突，転石・流木
  - 側方侵食：深掘れ箇所，（砂州等に伴う）洪水の偏流

長尺支持杭が多く用いられており，樋門下に空洞が発生しやすい。これに対しては，H 9 の河川砂防技術基準・同解説のなかで「原則として直接基礎とする」とし，H 10 の治水課長通達で「杭基礎以外の構造とする」という基準の改訂が行われた。

また，基盤漏水は扇状地や落堀・旧河道などの治水地形においてよく発生する。基盤漏水は基礎地盤において，浸透流速が速くなったことにより，土の組織構造が破壊して，浸透（パイピング）破壊を引き起こすもので，その危険性は動水勾配によって判定できる。動水勾配 $i$ は以下の式で表され，この値が 0.5 を超えると，パイピング破壊する危険性が出てくる。この式で $G_s$ は土粒子密度，$e$ は間隙比である。

$$i = \frac{G_s - 1}{1 + e}$$

以上より，後述する侵食も含めて，河道・洪水特性や堤防の性状から見た越水・浸透・侵食の危険性を示す要因を原因ごとに列挙すれば，表10-1の通りである。

**参考文献**
1) 末次忠司・菊森佳幹・福留康智：実効的な減災対策に関する研究報告書，河川研究室資料，2006 年
2) 吉野文雄・土屋昭彦・須賀堯三：越流水による堤防法面の破壊特性，水理講演会，第24回，1980 年
3) 中島秀雄：図説 河川堤防，技報堂出版，2003 年
4) 国土技術研究センター：河川堤防の構造検討の手引き，2002 年

## 10.2　破堤原因の見極め方

破堤は様々な要因が関係して発生するため，その要因を特定するのは容易ではない。破堤発生後に解析を行って要因分析を行う方法もあるが，ここでは末次ら[1]に従って現地で行うべき調査項目・内容について列挙した。現地調査の際には治水地形分類図，鋼製メジャー，ポータブル測深器（深掘れ測定）などを携帯するとよい。

［破堤箇所上下流の越水状況］

- 洪水位の痕跡：堤防高の高い区間や山付き部における洪水痕跡が分かれば，破堤箇所の越流水深を推測できる
- 堤防高変化：破堤箇所の堤防高が上下流に比べて低くなっていないか（不陸についても調査）

> 上記二者の関係より，かなりの確度で越水の有無を推測できる

- 天端・裏のりの侵食：越水すると，降雨によるガリ侵食以上に大きな洗掘が生じる。小段や裏のり尻における洗掘は越水によるものが多い
- 植生の倒伏：相当な豪雨でないと，降雨で植生は倒伏しないので，倒伏していると越

水した可能性がある（写真10-1）

> 破堤区間上下流には，越水したが破堤していない区間もあるので，その区間を対象に侵食・植生倒伏の状況を入念に調べる

[耐越水性の確認]
- 裏のり形状：のり勾配は緩いか，小段はないか，のり面上に凹凸（不陸）がないか
- 裏のり植生の状況：植生の繁茂状況は良好か
- 堤内地舗装：裏のり尻が舗装されているか

[耐浸透性の確認]
- 漏水等を起こす空洞等はないか
- 裏のりに透水性の悪い粘性土はないか
- パイピング[注1]：継続時間が長い洪水か（噴砂がある場合）
- ボイリング[注1]：被覆土層は厚いか（噴砂がない場合）

[耐侵食性の確認]
- 表のり・河岸の侵食：上下流に侵食の痕跡がないか，高水敷の植生の倒伏から見て洪水流の流向は堤防に向いていないか
- 河岸沿いの深掘れ：深掘れに伴って侵食が発生することは多い
- 植生の状況：河岸やのり面における植生の繁茂状況は良好か

[その他]
- 目撃証言：明確で具体的な証言は要因特定に結びつくが，誤った証言[注2]は要因特定を一層難しくする。一般住民だけでなく，水防・工事関係者などの証言を多数収集できれば，時空間的な状況想定に活かされる
- 解析結果：解析により外力と耐力との関係を調べるものであり，有効な手法であるが，結果が出るまでに時間を要する

写真10-1　越水による植生の倒伏（小貝川39k左岸）

＊） のり面に植生があると越水しても侵食を防止する場合がある。逆にいえば，植生が大きく倒伏している場合は越水した可能性が高いといえる。

---

注1）治水地形では旧河道・落堀でパイピング，裏のり尻の凹地でボイリングが発生しやすい。
注2）間違いやすい目撃証言として，越水深の小さい越水（遠くから見ると越水しているように見えない）時に越流水が小段やのり尻に衝突して，植生の影響もあって生じた飛沫等を見た住民等がのり面やのり尻から水が噴出（漏水）していると勘違いしているものが多い。

副次的ではあるが，破堤を誘引する要因として，植生による堤体の弱体化，モグラ穴などがあるので，あわせて現地調査を行っておく。例えば，北海道などに繁茂する外来種であるイタドリは主根が2～3 cmと太いため，堤体に空洞を発生させたり，葉が広いためのり面に草本が生育できず，裸地化により堤体を弱体化させる。カラシナも根が太いのに加えて，根が腐るとミミズが集まって，それを狙ってモグラが集まると，堤体の弱体化を進行させる。菜の花やナズナも深さ1 mぐらいまで根が成長して，堤防に悪影響を及ぼす。

　また，堤防にモグラ穴があると，水みちを形成しやすくなって，浸透被害を引き起こすし，越水が発生すると越流水が堤防を侵食する際の引き金となる。モグラ穴は$\phi$5～15 cm程度で，菜の花やクローバーなどがあると根が分解して有機質土となり，これに集まるミミズや虫たちを狙ってモグラが住みつく。坑道は河川の平水位より高い所に作られ，水際に近づくほど深い。本道は浅い所に作られ，その上の草は根を切られ，草が枯れた1列の筋ができる。モグラは大食漢で坑道に1匹だけ生活し，寿命は約5年である

**参考文献**
1) 末次忠司・菊森佳幹・福留康智：実効的な減災対策に関する研究報告書，河川研究室資料，2006年
2) 阿部禎：モグラの話（その1）（その2），河川，No.447およびNo.448，1983年

## 10.3　破堤原因の推定

　破堤原因はそれぞれの河川の河道・洪水・氾濫原特性により異なるが，共通する要因もある。ここでは，上記した破堤要因を踏まえて破堤原因を考えるための詳細調査前の1次推定手法について述べる。破堤に関する要因としては，越水痕跡（水位），落堀深，侵食・浸透外力，堤体土質，護岸・植生などが考えられる。これまでに得られた知見等から破堤原因を概略推定するフローチャートを図10-3に示した。

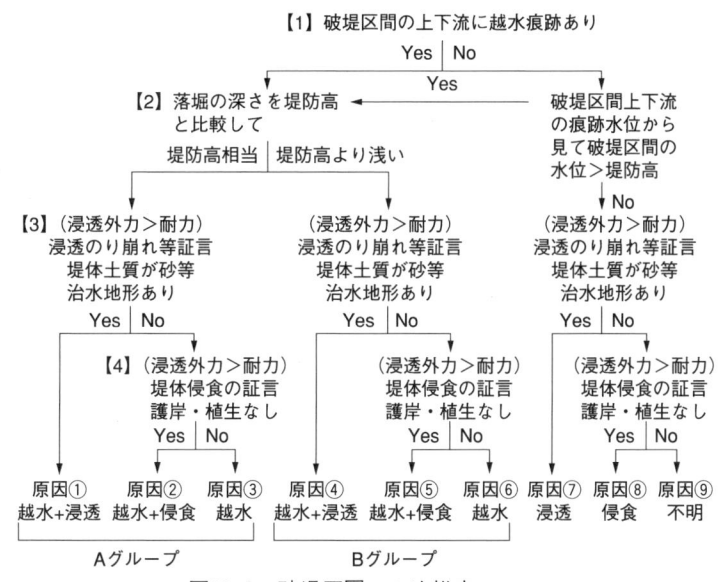

図10-3　破堤原因の1次推定フロー
出典［末次忠司・菊森佳幹・福留康智：実効的な減災対策に関する研究報告書，河川研究室資料，2006年］

破堤原因の推定にあたっては，まず【1】ステージで越水が関係しているかどうかを洪水痕跡より判定する。【3】【4】ステージでは越水が破堤原因であっても，複合原因で破堤していないかどうかについて，現象に関する証言を分析するほか，堤体土質や治水地形（浸透），護岸や植生状況（侵食）などに基づいて原因推定を行う。なお，図中の【2】ステージで越水破堤を2グループに分けているのは，落堀の深さが越水～破堤時間に関係することが多いためで，堤防高相当の深い落堀が形成されている場合は，浸透や侵食による影響が少なく，堤体が越水により崩壊するのに長時間を要した可能性が高い。

各原因に該当する事例は表10-2の通りである。越水に伴う破堤事例が多いが，越水と浸透の複合原因により破堤した事例もある。越水に関しては，相対的に堤防高が低い区間からの越水が多く（小貝川，五十嵐川，円山川，刈谷田川），小段次いで裏のり侵食後に破堤に至っている（円山川，千曲川）。複合原因による破堤では，新川は浸透破壊後に越水破堤したが，円山川では越水により堤体の川裏半分が崩壊した後に浸透破壊が生じた。

表10-2　各原因ごとの破堤プロセス

| No. | 原因 | 発行年月 | 河川名 | 破堤プロセス | 浸水面積 |
|---|---|---|---|---|---|
| 原因① | 越水＋浸透 | H12.9 | 新川 | ・浸透により裏のりが崩れる<br>・のり崩れで天端が若干下がる<br>・洪水が越水して破堤 | 約5 km² |
| 原因② | 越水＋侵食 | — | — | | — |
| 原因③ | 越水 | S61.8 | 小貝川*<br>（明野） | ・道路取付部の堤防高の低い区間から越水<br>・越水し，天端が2～3 m洗掘 | 15.1 km² |
| | | H16.7 | 五十嵐川 | ・堤防高の低い区間から2度にわたって越水<br>・越流水による裏のり侵食<br>・破堤<br>△ボイリングの可能性あり | 13.2 km² |
| | | H16.7 | 足羽川 | ・越水により裏のり肩付近から侵食<br>・高水護岸を越流した水が護岸裏を侵食して破堤。その後，護岸倒壊 | 2.6 km² |
| 原因④ | 越水＋浸透 | H16.10 | 円山川 | ・堤防高の低い区間から越水<br>・越流水による小段洗掘後，のり尻洗掘<br>・川裏半分が崩壊後に，浸透により破堤 | 12.0 km² |
| 原因⑤ | 越水＋侵食 | — | — | | — |
| 原因⑥ | 越水 | S58.9 | 千曲川 | ・越水により裏のり肩～小段の一部が侵食<br>・天端中央まで侵食し，裏のり面が垂直となる<br>・残りの堤体が流失し，破堤 | — |
| | | H16.7 | 刈谷田川<br>（中之島） | ・堤防高の低い区間（外岸側）から越水<br>・越流水により堤体の一部流失<br>・破堤 | 11.5 km² |
| 原因⑦ | 浸透 | S51.9 | 長良川 | ・洪水継続時間が長く，浸透作用が大きくなった<br>・浸透によりすべり破壊が発生<br>・破堤 | 17 km² |
| 原因⑧ | 侵食 | H10.9 | 福島荒川 | ・帯工と砂州の影響により洪水流が堤防方向に向かう<br>・洪水流が堤体を側方から侵食<br>・侵食が堤体全体に及んで破堤 | 0.6 km² |
| 原因⑨ | 不明 | — | — | | — |

*）越水による破堤が多いが，越水と浸透の複合原因による破堤もある。

**参考文献**
1) 末次忠司・菊森佳幹・福留康智：実効的な減災対策に関する研究報告書，河川研究室資料，2006 年

## 10.4 破堤形状

　破堤形状は氾濫被害や氾濫流に影響を及ぼし，災害復旧の工法・やり方に深く関係するため，その特性を把握しておく必要がある。破堤箇所では洪水流が縮流するため，特に高水敷を含む堤防の堤外側が侵食され，破堤の平面形状は川側から見て「八の字」に近い形になることが多い。また，遠賀川や牧田川（揖斐川支川）のように，上流からの洪水流および氾濫に伴う高速流の発生により，特に破堤箇所上流の堤外地側が侵食される場合がある。破堤後の残存堤防の形状は鉛直方向に形状が異なり，詳細な形状図はないため，天端と高水敷・小段における堤防形状より，その平均的な平面形状を図化した。図10-4 には落堀の最深箇所もあわせて示した。

　全国堤防の破堤調査結果より，堤体中心線上の破堤幅は川幅（堤防間距離）の関数として表される。合流点では合流後の川幅が合流前より狭かったり，合流に伴って流れが乱れる場合があるなど，越水可能性が高く，また破堤幅が大きくなる傾向があるため，関数式は合流点とそれ以外に分けている。ここで合流点付近とは合流の影響が無視できない規模の河川が合流している場合で，本川の川幅の3割以上の川幅を持つ支川が目安で，その範囲は上下流各々の方向に本川川幅の2倍程度の区間である。

　・合流点付近の場合： $B_b = 2.0 \times (\log_{10} B)^{3.8} + 77$ ……………………… 式①
　・合流点以外の場合： $B_b = 1.6 \times (\log_{10} B)^{3.8} + 62$ ……………………… 式②

ここで，$B_b$：破堤幅（m），$B$：川幅（m）である。

　ただし，侵食営力が大きな急流河川では緩流河川以上に大きな破堤幅となることが多く，川幅と実績破堤幅の関係より，以下のように破堤幅を設定している。

　・$B > 100$ m の場合： $B_b = B$
　・$B \leq 100$ m の場合： 上記の式①，②を用いる

　上記した破堤幅は最終破堤幅である。破堤幅は洪水が堤内地へ流入する時間とともに拡大する（図10-5）。越水してから破堤するまでの時間（越水時間）は0〜40分に一つのピーク（約4割）があり，40〜120分にも緩やかな分布（約4割）が見られる。この越水時間は堤防高が高いほど長い。すなわち，越流水による堤体侵食は時間を要するため，堤体断面積が大きい堤防ほど破堤するまでの時間は長くなる。

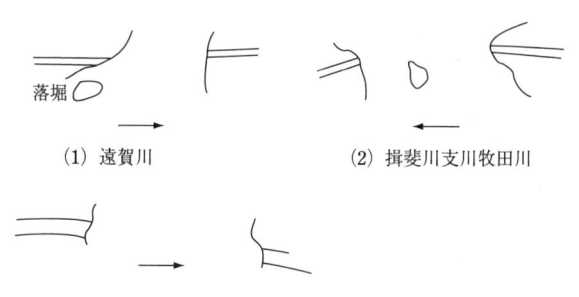

(1) 遠賀川　　(2) 揖斐川支川牧田川

(3) 九頭竜川支川足羽川

図10-4　平面的な破堤形状

＊）　上流側の堤防が侵食されているのは縮流した高速の洪水流によるものである。

図10-5 破堤幅の時間的変化

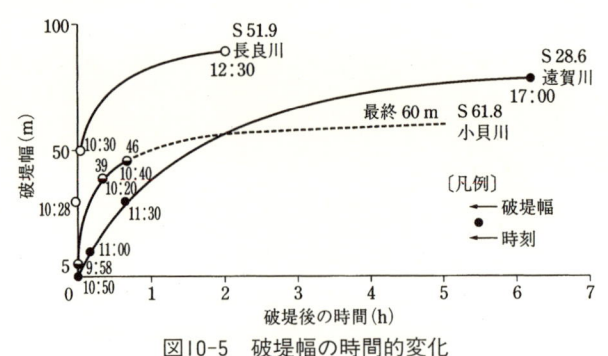

*) 破堤初期の破堤速度は速い場合が多いが，遠賀川のように時間にほぼ比例する形で破堤幅が拡大する場合もある。
出典［吉本俊裕・末次忠司・桐生祝男ほか：昭和61年8月小貝川水害調査，土木研究所資料，第2549号，1988年］

このように越水後瞬時に破堤する場合と時間をかけて破堤する場合がある。破堤幅の時間的変化を見ても，長良川（S 51.9）のように瞬時に拡大するケースと，遠賀川（S 28.6）のように時間とともに拡大していくケースがある。長良川では洪水継続時間が長く，堤体の湿潤度が高かったために，瞬時に最終破堤幅の半分以上が破堤した。氾濫解析で破堤幅の時間的変化を考える場合，既往実績を考慮したり，安全側の解析を行う場合は越水後瞬時に最終破堤幅まで破堤するという条件も考えられる。一般的には以下に示すように，越水後瞬時に最終破堤幅の1/2が破堤し，その後1時間かけて最終破堤幅まで拡大すると考えておけばよい。

$$t=0 \qquad B_t=\frac{B_b}{2}$$

$$0<t\leq 60\text{分} \qquad B_t=\frac{B_b}{2}\left(1+\frac{t}{60}\right)$$

$$t>60\text{分} \qquad B_t=B_b$$

ここで，$t$：破堤後の経過時間（分），$B_t$：破堤 $t$ 分後の破堤幅，$B_b$：最終破堤幅

破堤箇所の横断形状は堤体断面積が中規模で高潮の影響を受ける河川では扁平，堤体断面積が大きく河口から離れた河川では逆三角形になる場合が多い（図10-6）。また，堤防高が高く，河床材料が粗砂の場合や堤内地が侵食されやすい地質の場合は堤内地側に大きな落堀が形成される。

東海豪雨（H 12.9）の新川や福井水害（H 16.7）の足羽川のような大きな落堀の深さは堤防高の1.5倍程度であったが，落堀の深さは平均的には堤防高に匹敵する（図10-7）。藤本[6]の堤防高〜天端からの破堤口の深さデータにおいても，大きな落堀で堤防高の2倍程度であった[注1]。落堀の最大洗掘深／堤防高が大きくなるかどうかはⅠ：越水時間が長い，Ⅱ：高水護岸が残存，Ⅲ：裏のり勾配が急，Ⅳ：侵食されやすい土質，Ⅴ：減勢（内水，小段）なし，Ⅵ：その他（裏のり植生なし，高水敷が高い）の要因により判定できる。既往の5事例で見ても，関係する要因数が多いほど，最大洗掘深／堤防高が大きくなっている（表10-3）。

落堀の最深部は堤外地側にできることが多いが，河床材料が粗砂の場合や堤内地が侵食されやすい地質の場合は堤内地側となる場合もある。図10-8は小貝川（明野町）におい

---

注1) 平均的には破堤口の深さ≒堤防高であるので，破堤箇所では地盤高まで洗掘されると仮定して解析して問題ない。

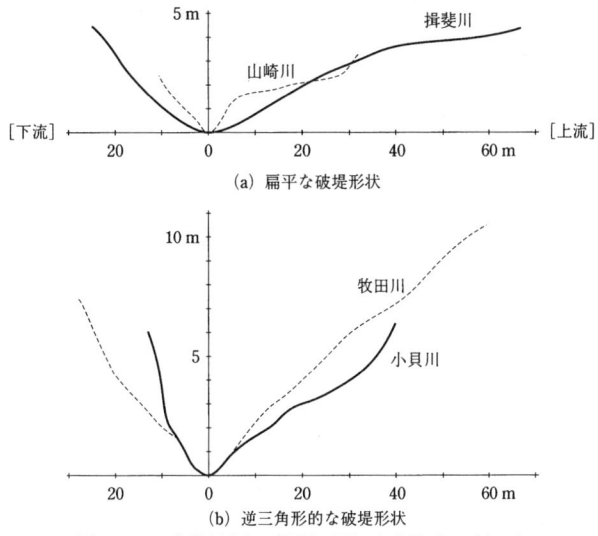

図10-6 破堤箇所の横断形状（堤体中心線上）

\*）縦横のひずみ度5で洗掘深を誇張して書いている。

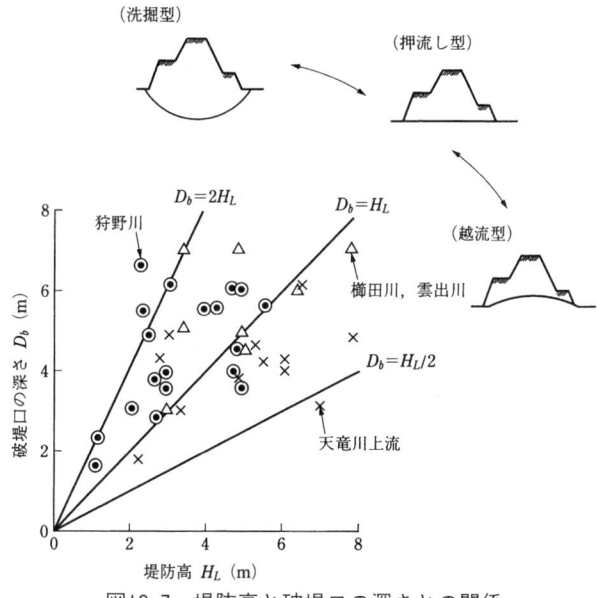

図10-7 堤防高と破堤口の深さとの関係

\*）破堤口の深さ＝堤防高×（1〜2）が多いが，破堤口の深さは概ね堤防高に等しいと見ておいて問題はない。

出典［藤本豊明：木曽三川における治水経済調査についての一考察，建設省直轄工事第17回技術研究報告，1963年］

て越水によりできた落堀である．最大洗掘深は5mであるが，全域の洗掘深はほぼ4mの浴槽の形状をした落堀であった．こうした堤内地洗掘が氾濫流の挙動に及ぼす影響について考えておく必要がある（表10-4）．

### 参考文献

1) 締切工法研究会編集：応急仮締切工事，全国防災協会・全国海岸協会発行，1963年
2) 栗城稔・末次忠司・海野仁ほか：氾濫シミュレーション・マニュアル（案），土木研究所資料，第3400号，1996年

表10-3 落堀の最大洗掘深／堤防高と各要因との関係

| 河川名 | 年月 | 最大洗掘深／堤防高 | I | II | III | IV | V | VI | 項目数 |
|---|---|---|---|---|---|---|---|---|---|
| 新川 | H12.9 | 1.5 | ○ | ○ |  | ○ | ○ |  | 4 |
| 足羽川 | H16.7 | 1.3 | ○ | ○ |  | ○ | ○ |  | 4 |
| 五十嵐川 | 〃 | 1.1 |  |  |  | ○ | ○ | ◎ | 4 |
| 円山川 | H16.10 | 0.5 | ○ |  |  |  |  |  | 1 |
| 刈谷田川 | H16.7 | 0.4 |  | △ | ○ |  | ○ |  | 2.5 |

＊）表中で○，◎印は各々該当するのが1，2要因を意味する。
出典［末次忠司・菊森佳幹・福留康智：実効的な減災対策に関する研究報告書，河川研究室資料，2006年］

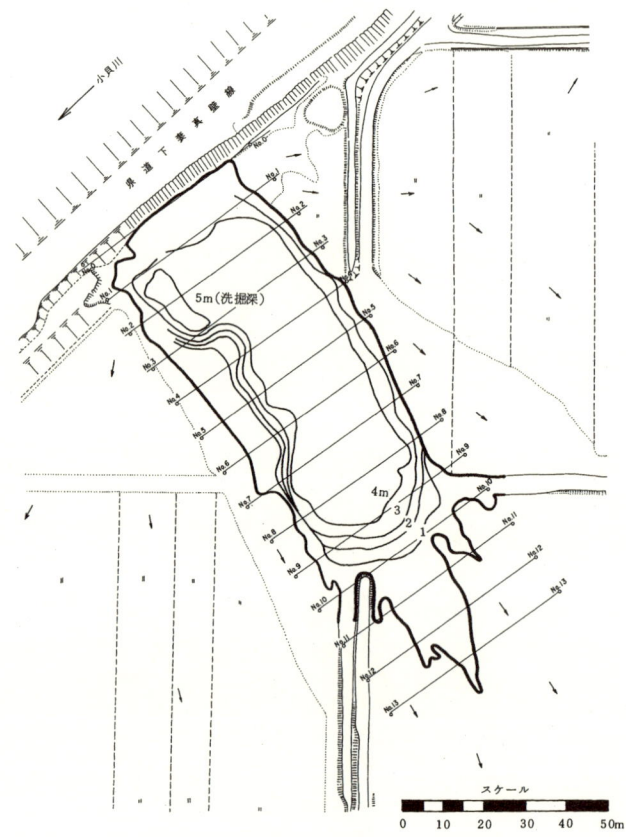

図10-8 小貝川に形成された落堀

＊）落堀は円錐状に形成される場合（牧田川）と，小貝川のように浴槽状に形成される場合がある。

3) 国交省北陸地方整備局：急流河川における浸水想定区域検討の手引き，2003年
4) 吉本俊裕・末次忠司・桐生祝男ほか：昭和61年8月小貝川水害調査，土木研究所資料，第2549号，1988年
5) 末次忠司：氾濫原管理のための氾濫解析手法の精度向上と応用に関する研究，九州大学学位論文，1998年
6) 藤本豊明：木曽三川における治水経済調査についての一考察，建設省直轄工事第17回技術研究報告，1963年
7) 末次忠司・菊森佳幹・福留康智：実効的な減災対策に関する研究報告書，河川研究室資料，2006年
8) 山本晃一・末次忠司・桐生祝男：氾濫シミュレーション（2），土木研究所資料，第2175号，1985年

表10-4 氾濫水による洗掘状況

| 河川名 | 水害名 | 発生年月 | 最大洗掘深 (m) | 破堤幅 (m) | 河口からの距離 (km)* |
|---|---|---|---|---|---|
| 遠賀川 | 西日本水害 | S28.6 | 4 | 110 | 14.3 |
| 揖斐川支川牧田川 | 集中豪雨 | S34.8 | 12 | 120 | 約1.3 |
| 山崎川 | 伊勢湾台風 | S34.9 | 5 | 67 | 1.4 |
| 揖斐川 |  |  | 5 | 150 | 3.0 |
| 利根川支川小貝川 (明野町赤浜) | 台風10号 温帯低気圧 | S61.8 | 5 | 85 | — |
| 庄内川支川新川 | 東海豪雨 | H12.9 | 6 | 100 | 16.0 |
| 信濃川支川刈谷田川 (中之島町中之島) | 新潟・福島 豪雨 | H16.7 | 2 | 50 | 9.3 |
| 信濃川支川五十嵐川 |  |  | 4.3 | 117 | 3.4 |
| 九頭竜川支川足羽川 | 福井豪雨 |  | 4.5 | 54 | 4.6 |
| 円山川 | 台風23号 | H16.10 | 3.5 | 150 | 13.2 |

＊）刈谷田川等の支川は本川合流点からの距離である。

出典）山本晃一・末次忠司・桐生祝男：氾濫シミュレーション(2)，土木研究所資料，第2175号，1985年。および，末次忠司・菊森佳幹・福留康智：実効的な減災対策に関する研究報告書，河川研究室資料，2006年

## 10.5 氾濫形態

　堤防は土堤のため，洪水が越水すると，破堤災害が起きやすい。破堤に伴って氾濫が発生すると規模の大きな水害となる。氾濫流は基本的に地盤高，氾濫原勾配，平地面積，治水地形などの地形特性に従って流下するが，流下形態を変化させる要因に流水阻害物（丘陵，道路盛土）や水路などがある。地形特性に基づくと，氾濫形態は表10-5に示す4タイプに分類できる。各形態の氾濫被害事例もあわせて示した。

　氾濫形態の一例として，北上川の拡散型氾濫，余笹川や三隅川の沿川流下型氾濫について説明する。北上川はカスリーン台風（S 22.9）の豪雨に伴う洪水により，宮城県登米郡上沼村（当時）の大泉堤防で250 mにわたって破堤被害が発生した。北上川支川の夏川の破堤とあいまって，氾濫水は米山町までの広い範囲に及んだ。氾濫幅は7 km以上にも及ぶ典型的な拡散型氾濫であった（図10-9）。また，余笹川は那珂川支川で，H 10.8豪雨に伴う洪水より，各所で越水・破堤氾濫を引き起こした。上流から流下してきた流木が橋梁を閉塞したことが被害を助長した。氾濫原勾配が1/100前後と急勾配なため，氾濫流が沿川の建物を流失させたり，田畑に大きな被害を及ぼした。一方，三隅川は山陰豪雨（S 58.7）に伴う洪水により，三隅・郷地区の三隅橋付近で破堤した。氾濫水は三隅川（$I ≒ 1/300$）に沿って流下し，速い所で3〜4 m/sという流速で家屋等を流失させ，沿川流下型の氾濫状況を呈した（図10-10）。

**参考文献**
1) 山本晃一・末次忠司・桐生祝男：氾濫シミュレーション (2)，土木研究所資料，第2175号，1985年
2) 川口広司・末次忠司：洪水氾濫に伴う氾濫原・河道地形の変化，国総研アニュアルレポート，No.3，2004年
3) 末次忠司：氾濫原管理のための氾濫解析手法の精度向上と応用に関する研究，九州大学学位論文，1998年

表10-5 氾濫特性等から見た氾濫形態の分類

| タイプ | 氾濫形態 | 氾濫特性 氾濫原勾配・平地面積 | 氾濫特性 その他 | 事例 | 氾濫の模式図 |
|---|---|---|---|---|---|
| 拡散型 | 氾濫水が広がりながら流下するタイプ | 小〜中 広い | 平野部で最も多く見られる氾濫形態で，広い範囲が浸水するが浸水深は貯留型ほど大きくならない | 北上川(1947) 小貝川(1981) 刈谷田川(2004) | デルタ or 後背湿地 |
| 貯留型 | 氾濫水が長時間滞留するタイプ | 小〜中 様々 | 地形的に滞留しやすい沼沢地・潟，盛土や周囲地盤により遮蔽された閉鎖性流域（合流点など）で氾濫水が滞留し，大きな浸水深となる | 宇治川(1953) 長良川(1976) 円山川(2004) | デルタ or 後背湿地／輪中堤 or 盆地 |
| 直進型 | 氾濫水が大きく広がることなく，ほぼ直線的に流下するタイプ | 中〜大 広い | 扇状地などの氾濫原勾配が大きな流域では慣性力により直線的に旧河道などを流下する。沿川流下型ほどではないが，氾濫流速は速い | 利根川(1947) 黒部川(1969) | ショートカット区間／扇状地 or 自然堤防帯／旧堤 or 自然堤防／旧河道 |
| 沿川流下型 | 氾濫水が堤防沿いを流下するタイプで，氾濫原勾配が緩くなると貯留型に近くなる | 中〜大 狭い | 狭隘部や河岸段丘などの平地幅が狭い流域でよく発生し，高流速・高水深の氾濫流は家屋流失などの被害をもたらす | 三隅川(1983) 余笹川(1998) 沙流川(2003) | 谷底平野 or 河岸段丘 |

出典［山本晃一・末次忠司・桐生祝男：氾濫シミュレーション(2), 土木研究所資料, 第2175号, 1985年］（加筆・修正）

4) 末次忠司・武富一秀：洪水ハザードの表現技術（その1），水循環 貯留と浸透, Vol.41, 2001年

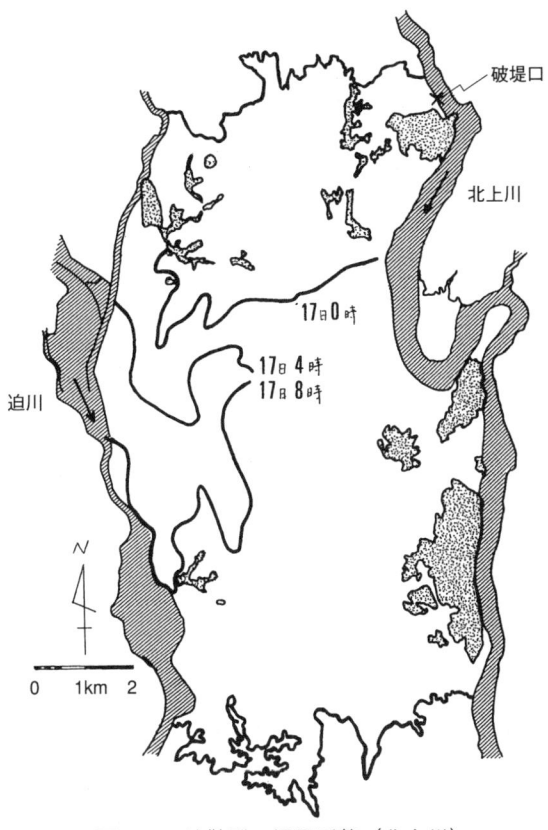

図10-9 拡散型の氾濫形態（北上川）
＊） 北上川の破堤氾濫では地形の影響で迫川沿いを流下して拡散した。

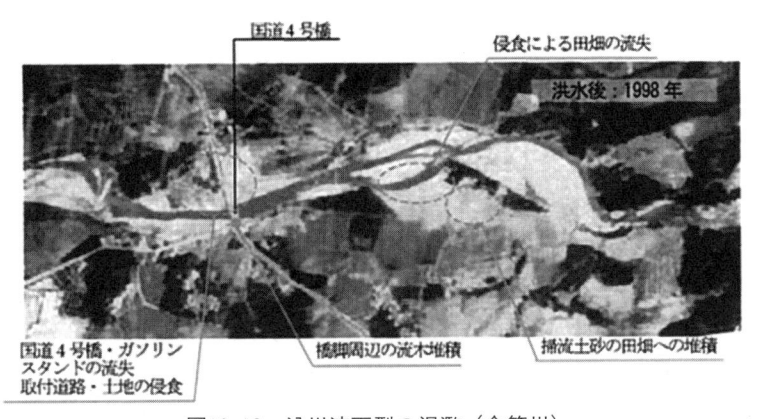

図10-10 沿川流下型の氾濫（余笹川）
＊） 河道沿いに氾濫水が流下し，取付道路や田畑が流失した。
出典［川口広司・末次忠司：洪水氾濫に伴う氾濫原・河道地形の変化，国総研アニュアルレポート，No.3，2004年］

## 10.6 氾濫水の伝播・上昇

　氾濫に対する減災（特に避難）のためには，氾濫水の経時的な挙動を知っておく必要がある。

## 氾濫水の伝播

　氾濫水は破堤部付近では高速流となるが，流れが広がった伝播速度は平野部ではかなり勾配の緩い低平地区間などを除いて1 km/h前後である（図10-11）。例えば，カスリーン台風（S 22.9）の時の利根川破堤に伴う氾濫水は，昔の流路である古利根川沿いを820 m/hのほぼ一定の速度，一定の氾濫幅で流下し，埼玉県南部の低平地に入ると，道路等の盛土で滞留しながら，230 m/hという遅い速度で伝播し，結局破堤4日後に東京湾にまで達した（図10-12）。

　氾濫流の伝播速度に大きな影響を及ぼすのは，地形特性以外にはこうした道路等の盛土と水路がある。氾濫水が水路に流入すると，氾濫原の氾濫流より速い速度で流下するため，氾濫水本体が到達する前に，水路から先行的に氾濫が発生することがある。小貝川水害（S 61.8）などで見られた現象である。

　扇状地のような急勾配の地域では，黒部川の例のように3〜5 km/hの速い速度で伝播するので，急勾配流域ほど迅速な対応を要するが，氾濫平野の拡散型氾濫とは異なり，氾濫幅をそれほど広げることなく，また慣性力があるためほぼ直線的に流下するので，氾濫水の進行方向を的確に見極めれば，安全に対応することが可能である（図10-13）。

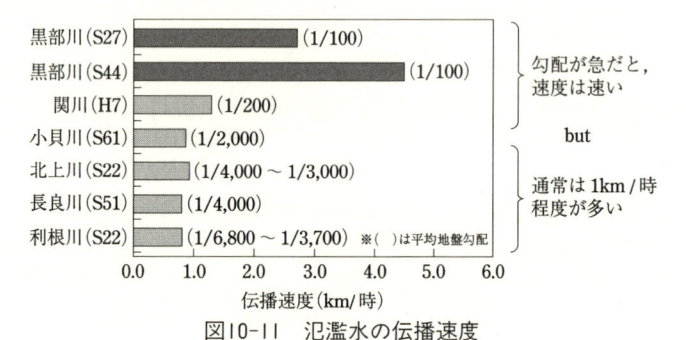

**図10-11　氾濫水の伝播速度**

\*）黒部川のような急流河川では3〜5 km/hで伝播した（後述）が，その他の流域では氾濫原特性によらず，概ね1 km/hで伝播した。

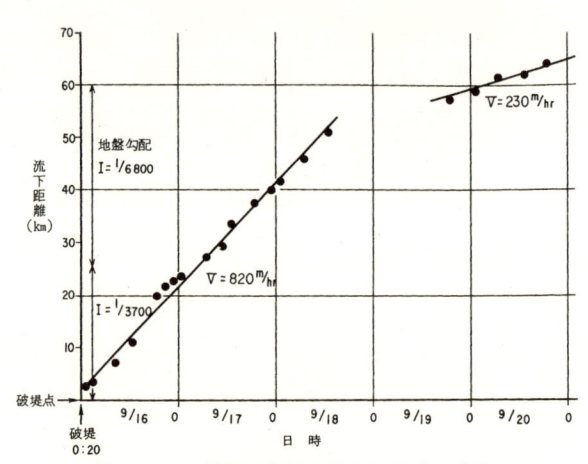

**図10-12　利根川破堤に伴う氾濫水の伝播**

\*）利根川破堤でも氾濫速度は820 m/hであったが，埼玉県低平地では勾配の影響と道路等による貯留もあって，伝播速度は230 m/hに減少した。

出典［吉本俊裕・末次忠司・桐生祝男ほか：昭和61年8月小貝川水害調査，土木研究所資料，第2549号，1988年］

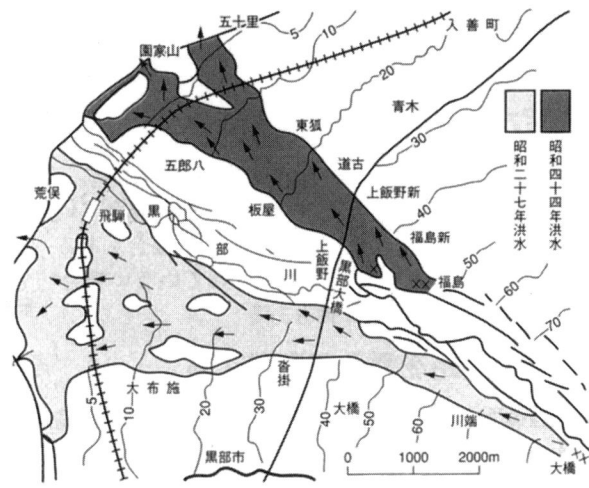

図10-13 黒部川における氾濫状況
＊) 扇状地では氾濫水の流速が速いこともあって，拡散型に比べると，氾濫域は直線的である。
出典［国交省北陸地方整備局：急流河川における浸水想定区域検討の手引き，2003年］

　破堤部付近の氾濫伝播速度は更に速いが，観測された事例はない。しかし，洪水流と氾濫流を一体的に解析できる FDS 法（流束差分離法）[注1]を用いて，H 16.7 の刈谷田川（中之島）の破堤氾濫に適用した国総研の解析がある。解析の結果，氾濫水は破堤2分後に破堤箇所から150〜200 m の地点に到達し，4分後に210〜230 m の地点に到達していた。破堤後2分間の伝播距離より 4.5〜6 km/h という速い速度で伝播していることが分かり，これまで未解明であった現象の一部が明らかになった（図10-14）。

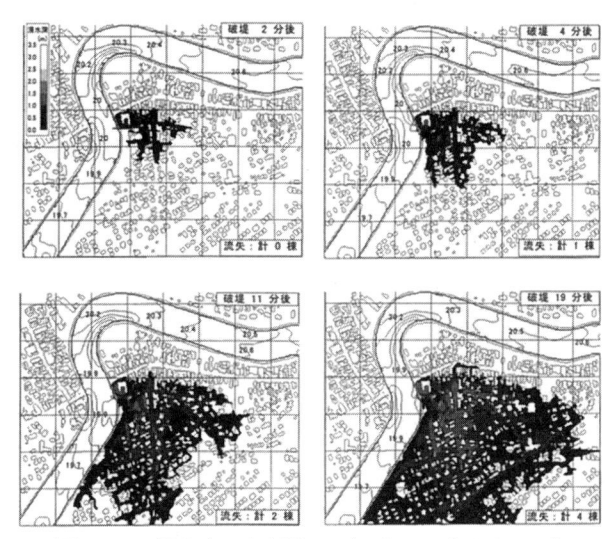

図10-14 氾濫水の伝播状況（刈谷田川中之島地区）
＊) 4.5〜6 km/h という速い速度で，破堤2分後に150〜200 m の地点に到達した。
出典［川口広司・末次忠司・福留康智：2004年7月新潟県刈谷田川洪水・破堤氾濫流に関する研究，水工学論文集，第49巻，2005年］

---

注1) FDS 法は理論・アルゴリズムが明解で計算精度が高い，また人工粘性が不要で未知数は粗度係数のみであるという利点がある。しかし，アルゴリズムの誘導が非常に難解である。

### 氾濫水の上昇

一方，氾濫水の上昇は避難のタイミングを決める重要な要素となる。これまで得られた主要な調査結果から見ると，表10-6の通りであり，氾濫規模の大きな筑後川氾濫以外では，概ね10～20 cm/10分と見ておけばよい。これらのデータより，外水氾濫による水位上昇速度は確かに速いが，都市域の内水氾濫も外水と同じくらい早い速度になる場合があることに注意する必要がある。例えば，福岡地下水害（H 11.6）では御笠川や山王放水路からの越水災害（外水氾濫）が発生し，その時の浸水上昇速度は9～25 cm/10分であったが，その前に発生した下水道氾濫（内水氾濫）時の浸水上昇速度も20 cm/10分と，あまり変わらない上昇速度であった（図10-15）。

しかし，破堤箇所付近では氾濫水の上昇は更に速い。上記した刈谷田川（中之島）破堤に関する解析結果では，破堤箇所から約150 m離れた地点で，浸水深が到達直後瞬時に50～70 cm上昇し，1 mになるまでの時間はわずか10～15分であった。浸水深が1 mに

表10-6　浸水上昇速度

| 福岡の水害 | H11.6 | ・博多駅前における下水道の氾濫により20 cm/10分 |
| | | ・御笠川氾濫により9～25 cm/10分 |
| 小貝川水害 | S61.8 | ・外水氾濫により下妻（茨城）で1 m/h＝17 cm/10分 |
| 西日本水害 | S28.6 | ・筑後川氾濫で1.4～2 m/h＝23～33 cm/10分 |

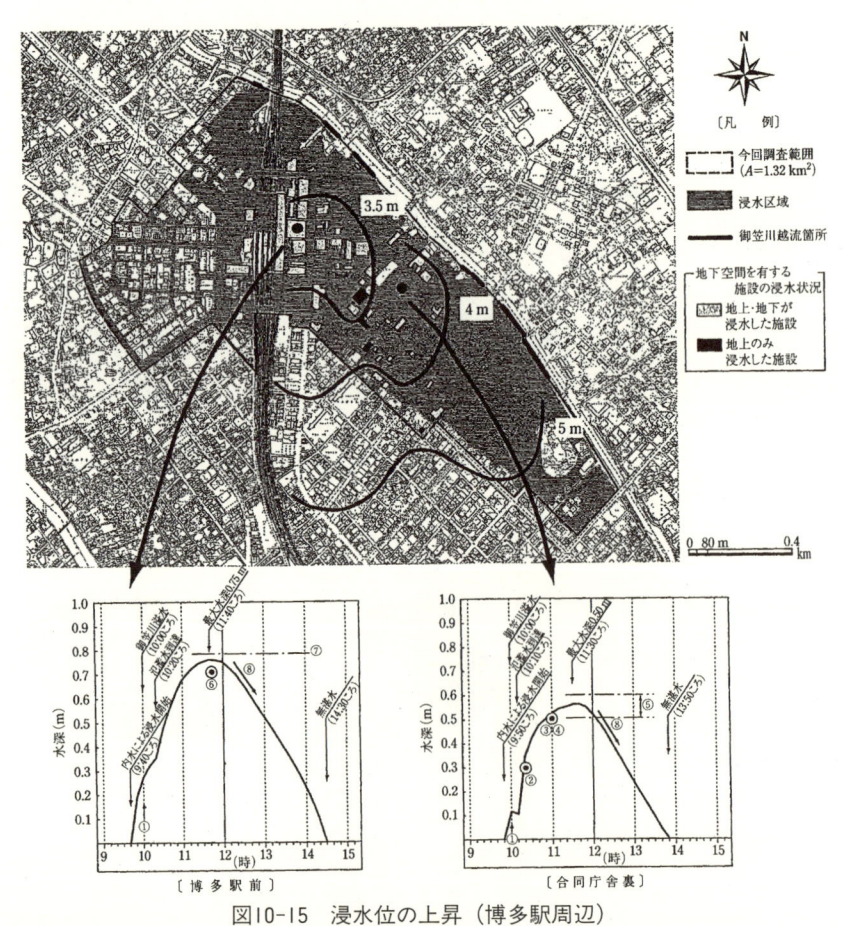

図10-15　浸水位の上昇（博多駅周辺）

＊）御笠川からの外水氾濫とあまり変わらない速度で下水道からの内水氾濫が発生した。

出典［福岡県資料を著者が修正・加筆］

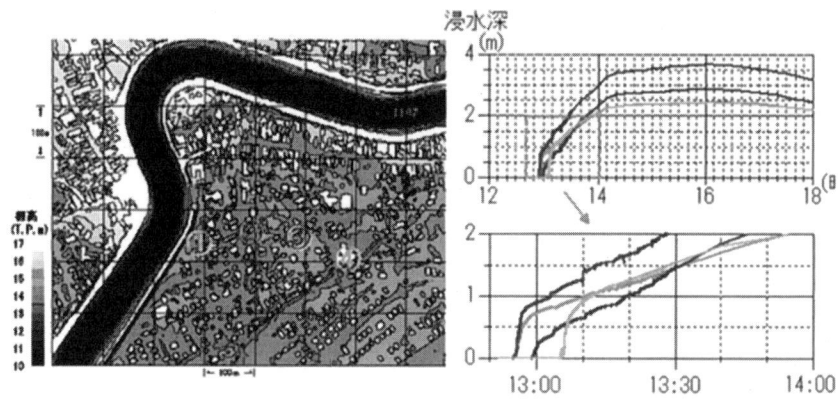

①家の時計が13:05で止まっていた。
②鉄砲水が家の中に飛び込んできて水はすぐ2階近くまで達していた。
③泥水が来て3分もしないうちに畳が浮いた。
④午後1時頃に道路から水がはけないことに気づいた。2階なら安全だと思い、避難したが、まもなく保育所一体は2階の高さまで冠水した。

図10-16　破堤箇所付近の浸水位変化（刈谷田川）

＊）　破堤箇所近くでは浸水深が瞬時に50〜70 cm 上昇した。
出典［川口広司・末次忠司・福留康智：2004年7月新潟県刈谷田川洪水・破堤氾濫流に関する研究，水工学論文集，第49巻，2005年］

なるまでの速度で見ても，表10-6に示した浸水上昇速度より3〜10倍も速い速度であり，かなり迅速な対応をとらなければ，被災する危険性が高いといえる（図10-16）。これらの解析結果は，現地で調査された当時の状況（冠水深，畳の浮き上がり など）とよく一致している。

**参考文献**

1) 末次忠司：氾濫被害軽減のための氾濫原管理，水利科学，No. 275，2004年
2) 吉本俊裕・末次忠司・桐生祝男ほか：昭和61年8月小貝川水害調査，土木研究所資料，第2549号，1988年
3) 国交省北陸地方整備局：急流河川における浸水想定区域検討の手引き，2003年
4) 川口広司・末次忠司・福留康智：2004年7月新潟県刈谷田川洪水・破堤氾濫流に関する研究，水工学論文集，第49巻，2005年

## 10.7　氾濫原管理

水資源政策としての治水・利水問題を考える場合，流域スケールで現象・特性を把握しながら，氾濫原管理（または流域管理[注1]）を行っていく必要がある。氾濫原管理は国土管理よりは狭い概念であるが，森林管理，流出抑制，地下水管理，洪水管理など，多様な管理が含まれ，治水でいえば総合治水よりも広い概念である。本節では治水に関する氾濫原管理について記述する。

治水に関する氾濫原管理のメニューとしては，ハード対策の堤防・ダム・遊水地の整備などの既往対策のほかに，氾濫流制御，流出抑制などがある（図10-17）。氾濫流制御手

---

注1）水法のなかで流域管理の概念が出されたのはフランス（1964年）が最初で流域委員会や流域財団が創設された。その後スペイン（1985），イタリア（1989）でも流域管理の概念が出された。

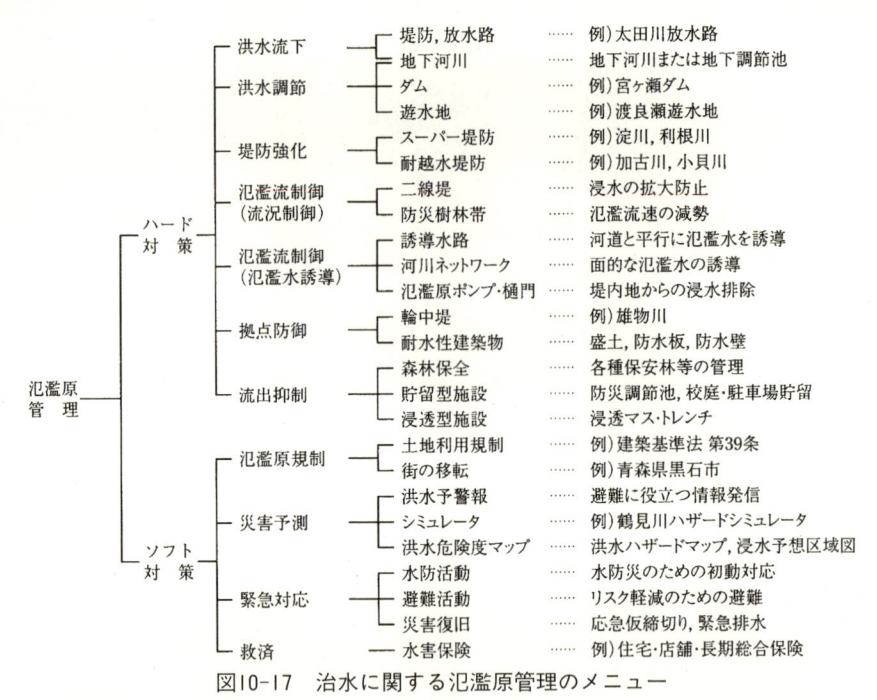

## 図10-17 治水に関する氾濫原管理のメニュー

```
                    ┌─ 洪水流下 ──┬─ 堤防, 放水路 ────── 例) 太田川放水路
                    │            └─ 地下河川    ────── 地下河川または地下調節池
                    │
                    ├─ 洪水調節 ──┬─ ダム       ────── 例) 宮ヶ瀬ダム
                    │            └─ 遊水地      ────── 例) 渡良瀬遊水地
                    │
                    ├─ 堤防強化 ──┬─ スーパー堤防 ───── 例) 淀川, 利根川
                    │            └─ 耐越水堤防   ───── 例) 加古川, 小貝川
         ┌─ ハード ─┤
         │  対 策   ├─ 氾濫流制御 ─┬─ 二線堤      ───── 浸水の拡大防止
         │         │ (流況制御)   └─ 防災樹林帯   ───── 氾濫流速の減勢
         │         │
         │         ├─ 氾濫流制御 ─┬─ 誘導水路    ───── 河道と平行に氾濫水を誘導
         │         │ (氾濫水誘導) ├─ 河川ネットワーク ── 面的な氾濫水の誘導
         │         │             └─ 氾濫原ポンプ・樋門 ─ 堤内地からの浸水排除
 氾濫原 ─┤         │
 管 理   │         ├─ 拠点防御 ──┬─ 輪中堤      ───── 例) 雄物川
         │         │            └─ 耐水性建築物  ───── 盛土, 防水板, 防水壁
         │         │
         │         └─ 流出抑制 ──┬─ 森林保全    ───── 各種保安林等の管理
         │                      ├─ 貯留型施設   ───── 防災調節池, 校庭・駐車場貯留
         │                      └─ 浸透型施設   ───── 浸透マス・トレンチ
         │
         │         ┌─ 氾濫原規制 ─┬─ 土地利用規制 ───── 例) 建築基準法 第39条
         │         │             └─ 街の移転    ───── 例) 青森県黒石市
         │         │
         │         ├─ 災害予測 ──┬─ 洪水予警報   ───── 避難に役立つ情報発信
         └─ ソフト ─┤            ├─ シミュレータ  ───── 例) 鶴見川ハザードシミュレータ
            対 策   │            └─ 洪水危険度マップ ── 洪水ハザードマップ, 浸水予想区域図
                   │
                   ├─ 緊急対応 ──┬─ 水防活動    ───── 水防災のための初動対応
                   │            ├─ 避難活動    ───── リスク軽減のための避難
                   │            └─ 災害復旧    ───── 応急仮締切り, 緊急排水
                   │
                   └─ 救済 ────── 水害保険    ───── 例) 住宅・店舗・長期総合保険
```

出典［末次忠司：氾濫原管理のための氾濫流制御と避難体制の強化, 氾濫原危機管理国際ワークショップ論文集, 1996年］

法は更に流況制御, 氾濫水誘導, 拠点防御に分類できる. また, ソフト対策としては氾濫原規制, 災害予測, 緊急対応, 救済などがある. ハード対策では堤防・ダムなどの構造物対応が中心で, 危機回避の観点からの氾濫流制御に関する防災担当者の認識は低い. ソフト対策では事前の氾濫原規制により, 水害に対する脆弱性を緩和するとともに, 災害予測 (特に洪水予警報) の精度向上により, 効率的な緊急対応を図ることが望まれる. なお, これらのメニューは単独ではなく, 組み合わせて用いると一層効果的となる.

　氾濫原管理のなかで,「土地利用規制」は建築基準法第39条に基づく災害危険区域の指定等で, 土砂災害 (特に急傾斜地崩壊) に関する指定区域が多いが, 出水に関しても佐賀県, 札幌市, 長野県飯田市, 名古屋市などで指定されている. 指定区域では出水による危険が著しい第1種区域, その他の第2種区域などに分類し, 第1種区域では居住に供する建築物の建築禁止を行っている地域もあるが, 通常は建築構造の制限を行っている地域が多い. また,「街の移転」ではたびたび災害に襲われる地域の住民の安全を確保するために, 防災集団移転促進事業が適用される場合がある. 通常は急傾斜地崩壊や土石流などの土砂災害が対象であるが, 水害に関しては青森県黒石市黒森および石名坂地区で岩木川支川の氾濫 (S 50.8) により, 約9割の家屋が被災したことを受けて, S 51に200 m離れた場所に団地を整備し, 44戸の移転を行った事例がある.

　このように, 氾濫原管理には事前に講じる対策と洪水・氾濫発生時に緊急的に実施する対策がある. 減災に関わる計画と, これらの事前・洪水時対策を全体スキームとして概観し, どの段階の対応レベルが不十分で弱点となりそうかをハード・ソフト両面から見ておく必要がある. 一方, 緊急時対応は被災規模・被災形態などを勘案しながら, 臨機応変に措置を講じるため, 地域間に意見の対立が生じたり, 利害関係が発生したりする場合がある. 例えば, 氾濫水排除のための堤防開削は排水先の下流域における水害危険性を増大させるし, ポンプ運転調整は越水や破堤の危険性は軽減するが, 浸水被害が増大する.

表10-7 河川の面的分布および都市化から見た治水安全度の設定・対策案

|  | 流域が全体的に都市化 | 流域の一部が都市化 |
|---|---|---|
| 外水氾濫が支配的な場合（大河川あり） | 河川規模別に安全度を序列化<br>【対策案】<br>ダムによる洪水調節，耐越水堤防，河川ネットワーク，ポンプ運転調整 | 河川規模・地域別に安全度を序列化<br>【対策案】<br>同左，高規格堤防<br>＊都市域がパッチ状の場合は河川規模別，都市域が集中している場合は河川規模別または地域別に序列化 |
| 外水・内水の被災形態の差違が少ない場合（中小河川） | 全体水害被害額を最小化する<br>【対策案】<br>流出抑制，地下貯留，河川ネットワーク | 地域別に安全度を序列化<br>【対策案】<br>遊水地，二線堤<br>＊都市域がパッチ状の場合は全体水害被害額を最小化する案とする |

＊）治水安全度を流域一様に向上させることは難しいので，河川規模または地域ごとに序列をつけて設定する必要がある。
出典［末次忠司：河川の減災マニュアル―現場で役立つ実践的減災読本―，技報堂出版，2009年］

このような様々な氾濫原管理手法は氾濫原特性などを考慮して選択するが，ここではその前提となる氾濫被害軽減のための治水安全度設定の考え方について整理しておく。氾濫原特性以外のファクターとして，大河川・中小河川の面的分布や流域の都市化から見て，治水安全度を設定するカテゴリ分類を設定すれば，試案であるが表10-7のようになる。表より，大河川があり，流域全体が都市化している場合は河川規模別に安全度設定を行う（序列化する）が，流域の一部が都市化している場合は，地域別に安全度設定を行うことも考える。

このようにして安全度を設定することにより，河川間または地域間でバランスのとれた治水計画となる。しかし，事業執行の進捗状況（段階施工）によっては現状レベルでのアンバランスが生じることもあるので，計画達成に至るまでの暫定的な管理手法についても検討しておく。例えば，洪水疎通能力の一部を流出抑制施設で負担したり，河道整備が進捗するまでの間の下水道による雨水排出量を抑制したりするなどの，河道だけではなく面的な氾濫原管理についても検討を行う必要がある。

#### 参考文献
1) 三本木健治：水管理政策における法制度整備の意義，水分野援助研究会報告書，JICA，2002年
2) 末次忠司：氾濫原管理のための氾濫流制御と避難体制の強化，氾濫原危機管理国際ワークショップ論文集，1996年
3) 水谷武司：災害危険地集落の集団移転，国立防災科学技術センター研究報告，29，1982年
4) 末次忠司：河川の減災マニュアル―現場で役立つ実践的減災読本―，技報堂出版，2009年
5) 末次忠司：氾濫被害軽減のための氾濫原管理，水利科学，No.275，2004年

## 10.8 氾濫流制御

氾濫規模が大きくなるほど，氾濫範囲が広く，伝播距離が長くなるので，氾濫流に対する対応が重要となる。氾濫原管理のうちの氾濫流制御手法には氾濫水の浸水深・流速をコントロールする「流況制御」，氾濫流の流下方向をコントロールする「氾濫水誘導」，氾濫流から拠点的に防御する「拠点防御」の3つの機能が考えられる。図10-18に各手法が適

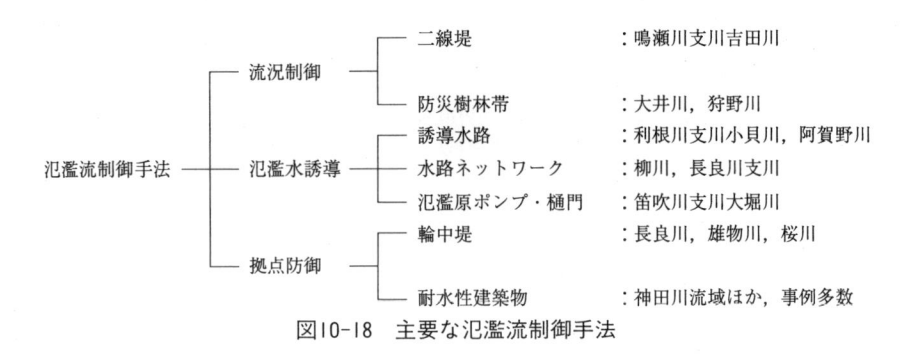

```
                    ┌─ 流況制御 ─┬─ 二線堤         ：鳴瀬川支川吉田川
                    │           └─ 防災樹林帯      ：大井川，狩野川
                    │           ┌─ 誘導水路       ：利根川支川小貝川，阿賀野川
氾濫流制御手法 ─────┼─ 氾濫水誘導┼─ 水路ネットワーク：柳川，長良川支川
                    │           └─ 氾濫原ポンプ・樋門：笛吹川支川大堀川
                    └─ 拠点防御 ─┬─ 輪中堤         ：長良川，雄物川，桜川
                                └─ 耐水性建築物    ：神田川流域ほか，事例多数
```

図10-18　主要な氾濫流制御手法

用されている河川もあわせて示した。

　事前対策としては都市を拠点的に守る二線堤を建設したり，閉鎖性氾濫原等には排水対策として氾濫原ポンプ・樋門を建設する。二線堤は堤内地の堤防で，万一河川堤防が破堤したとしても，都市の周縁で氾濫水の進入を阻止する役割を有する。また，通常のポンプ・樋門が小河川や水路を通じて排水するのに対して，氾濫原ポンプ・樋門は小河川や水路を伴わずに，ある程度の氾濫を許容した排水施設である（第6章　6.6「内水被害と対策」参照）。

　二線堤には氾濫流制御に効果を発揮する流域特性がある。例えば，氾濫原勾配が1/1000の流域で，鉄道盛土がある場合とない場合の氾濫流制御効果を氾濫解析結果より見てみると，高さが3mの盛土で氾濫流を遮断でき，高さが2mの盛土でも被害軽減率は7割以上（上下流流域の資産比率が4.9）と効果が大きく，かつ二線堤上流域での浸水被害額も一部の地域で大きくなる程度であった（図10-19）。このように，二線堤では盛土高（必要高は流域による）と，二線堤上下流の流域の資産比率により，発揮する効果が異なり，3倍以上の資産比率がある地域で，二線堤は治水経済的に有効となる。

　二線堤ほど規模は大きくないが，霞堤にも氾濫流を河道に戻したり，氾濫水を一時的に

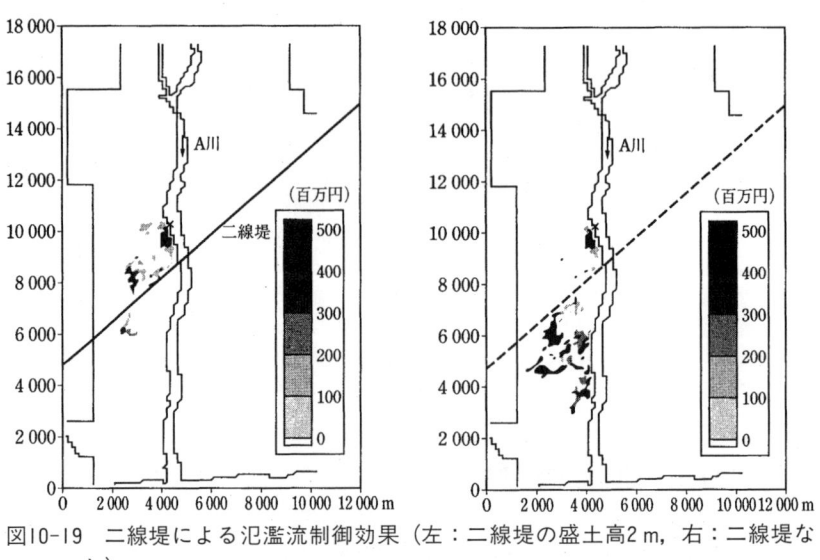

図10-19　二線堤による氾濫流制御効果（左：二線堤の盛土高2m，右：二線堤なし）

＊）　二線堤により上流域の被害は増大するが，下流域の被害軽減との兼ね合いで，全体被害額を軽減できれば，治水効果は得られる。

出典［末次忠司・都丸真人・舘健一郎：二線堤の氾濫流制御機能と被害軽減効果，土木研究所資料，第3695号，2000年］

貯留する「氾濫流制御効果」がある。特に急流河川では前者，緩流河川では後者の効果が大きい。近年霞堤は締め切られて，連続堤化される傾向にあるが，超過洪水対策も兼ねて，霞堤内の地盤高を嵩上げしてでも，氾濫流制御機能を維持すべきである。霞堤のなかでも，丘陵地近くまであるもの（霞二線堤）は特に氾濫流制御効果が大きい。近年霞堤は締め切られて連続堤化される傾向にあるが，霞二線堤は締め切られても堤防自体に氾濫流制御機能があるため，その有効な活用が期待される。例えば，安倍川（支川藁科川を含む）には霞二線堤が11カ所ある。霞二線堤は道路交通の妨げとならないよう，一部が開口され，開口部には陸閘（13カ所）が設置されている。課題は氾濫流制御のために道路交通を遮断してでも陸閘を閉じるという決断・管理を行えるかどうかである。

一方，流況制御の防災樹林帯は個別の建物や家屋対応の対策で，伝統的に大井川流域（舟型屋敷[注1]），狩野川流域，黒部川流域などに見られる。家屋上流側の樹林は氾濫流に対して防災樹林帯となり，家屋を流失させる流体力を半減させ，氾濫被害から守ってくれ

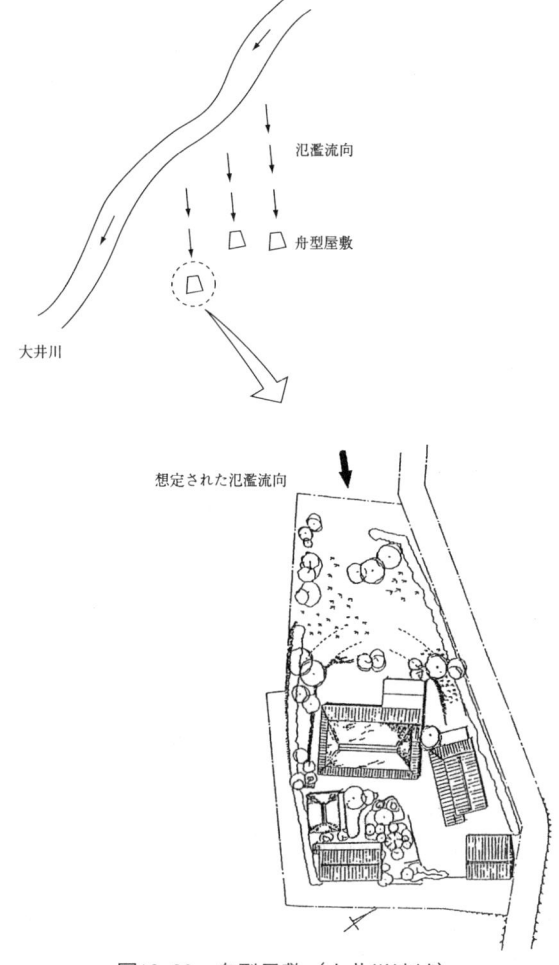

図10-20　舟型屋敷（大井川流域）
＊）想定される氾濫流側の樹林と盛土により，氾濫水の勢いを
　　減勢する古来からの知恵である。
出典［静岡県教育委員会編：静岡県文化財調査報告書，第12集
「静岡県の民家」，1973年に加筆］

---

注1）大井川流域の舟型屋敷は静岡県藤枝市や大井川町などにある。

(1) 実験結果

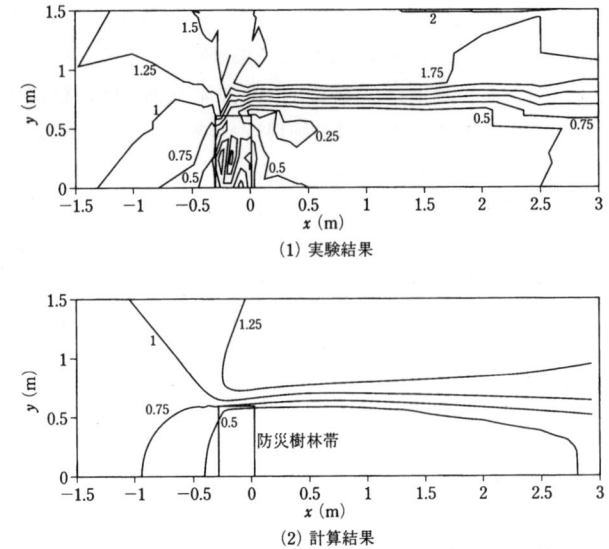

(2) 計算結果

図10-21　防災樹林帯による流体力の軽減
*) 防災樹林帯により，樹林帯の下流側では氾濫水による流体力は半減する。
出典［末次忠司・舘健一郎・小林裕明：防災樹林帯の氾濫流制御効果，土木研究所資料，第3538号，1998年］

る。例えば，舟型屋敷は河道側の敷地を三角形や舟の形にするとともに盛土を行い，高木が家屋を取り囲むように，また低木がその周囲に密に植樹されている（図10-20）。洪水氾濫時には先端部が氾濫水を二分するとともに，樹木群により水勢を弱めることで，家屋や財産を流失から守る古来からの工夫である。

　大井川流域の舟型屋敷の樹林帯を調査した結果，平均的には樹木間隔が2.4 m，樹木の胸高直径が21 cmであった。この条件下で水理模型実験（縮尺1/30）および数値解析を行った結果を見ると，防災樹林帯があると氾濫水が側方に跳ねられ（水跳ね効果），樹林帯下流側において特に流速が減少する結果，流体力 $v^2h$ が軽減され，樹林帯幅の2倍以上の領域で下流側の流体力が半分以下となった（図10-21）。実際の水害においても，栃木の余笹川水害（H 10.8）では樹林帯があった家屋の流失率は樹林帯がなかった家屋の流失率の約半分であった。

　一方，防災樹林帯ではないが，堤防沿いの堤外地や堤内地には洪水防御のための水害防備林が各地に見られる。堤外地の水害防備林は洪水流に対する堤防の防御となり，久慈川，高梁川，由良川，江の川，吉野川，仁淀川，嘉瀬川，矢部川など，多くの河川に見られる。堤内地の水害防備林は越水・破堤氾濫流を減勢する役目があり，常願寺川，旭川などに見られる。阿武隈川支川荒川には堤外地・堤内地の両方に水害防備林がある。なお，堤防沿いの樹林帯には氾濫拡大を抑制する効果もあり，水理模型実験の結果，以下のことが分かった。

・樹林帯により破堤の進行が抑制され，氾濫流量が減少する
・樹林帯密度・樹林帯幅が増加するほど，氾濫拡大抑制効果が増大する
・樹林帯諸元が同じ場合，その効果は河道湾曲率によらず，一定である

　緊急時対応として，氾濫発生後，暫定的に排水路を建設して，水路や他河川へ氾濫水を誘導する方法がある。利根川支川小貝川ではS 61.8に発生した破堤氾濫に対して，水海道市職員および消防団員などが緊急排水路（幅2 m×深さ1 m）を仮設して，千代田堀の

写真10-2 小貝川破堤に対する緊急排水路

*) 盛土等により浸水が排除されにくい地域で，近隣に河川・水路がある場合は緊急排水路が有効となる。

出典［吉本俊裕・末次忠司・桐生祝男ほか：昭和61年8月小貝川水害調査，土木研究所資料，第2549号，1988年］

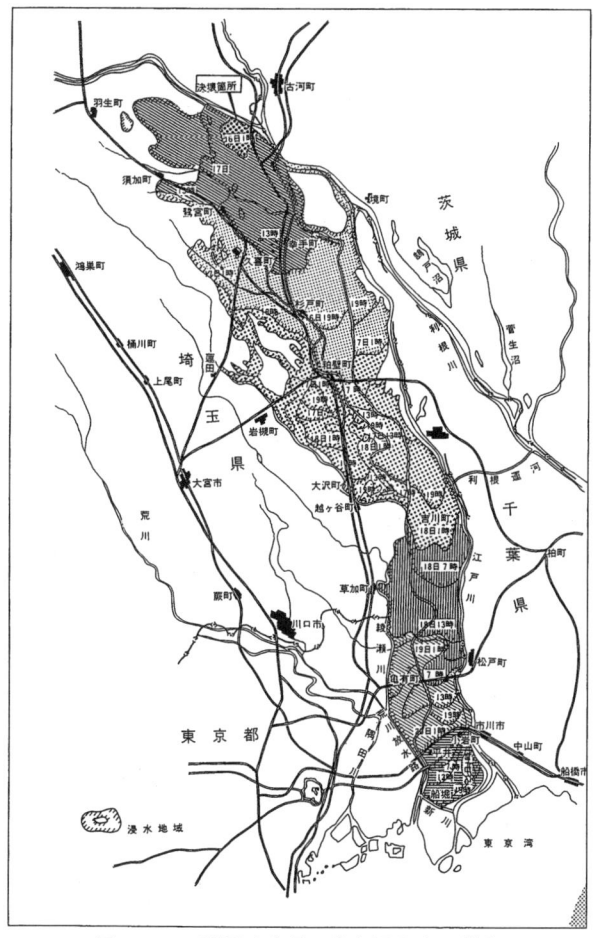

図10-22 利根川破堤に伴う氾濫水の挙動

*) 古利根川等を流下し，埼玉県南部に入ると減速しながら，最終的に東京湾まで達した。

出典［埼玉県：昭和二十二年九月埼玉縣水害誌，1950年］

表10-8 利根川破堤後の氾濫水の挙動と対応

| 9/16 | 0:20 | 利根川右岸136k堤防（東村）が破堤 |
|---|---|---|
| 9/17 | 2:00 | 氾濫水が東武野田線の盛土を突破する |
| 9/18 | 17:00 | 氾濫水が大場川の桜堤（葛飾区）に到達したため，東京都の安井知事は桜堤が決壊して都内に氾濫水が流入しないよう，江戸川堤防開削により湛水を除去する旨を川口知事（千葉），西村知事（埼玉）へ連絡を行う |
|  | 19:00 | 内務省の岩澤国土局長は反対する川口知事を説得して，江戸川堤防開削を決定する |
| 9/19 | ? | 東京都はGHQを通じて進駐軍に葛飾区金町六丁目の葛飾橋上流の江戸川右岸堤防の爆破を依頼 |
|  | ? | 堤防の爆破失敗 |
|  | 2:45 | 桜堤が決壊 |
|  | 15:15 | 江戸川堤防が住民により幅10m開削され，浸水が徐々に引く |
| 9/20 | 3:10 | 中川右岸堤防が決壊し，中川～綾瀬川間の平野が水没する |
|  | 14:00 | 破堤氾濫水が東京湾に到達する |

表10-9 荒川破堤氾濫に伴う氾濫流の挙動

| 9/15 | 18:35 | 荒川が埼玉県田間宮村（鴻巣市）大間で60m決壊 |
|---|---|---|
|  | 19:30 | 荒川が熊谷市久下新田の2カ所で100m決壊 |
| 9/16 | 19:00 | 氾濫水が春日部町に到達する |
| 9/17 | 2:00 | 利根川氾濫水と春日部町で合流する |

排水樋門から氾濫水を排水した（写真10-2）。また，阿賀野川ではS41.7水害時に，氾濫水排除のために堤防を開削すると同時に280mの導水路も開削された。堤防開削の判断については国会にまで議論が及び，最終的に建設大臣によって決定された。なお，湛水を排除するための堤防開削は鳴瀬川支川吉田川（S61.8），千曲川支川鳥居川（H7.7）でも実施された。

このように氾濫流制御には様々な手法があるが，ここで一例として利根川流域を対象に氾濫流制御について考察してみる。利根川はカスリーン台風（S22.9）に伴う洪水により，埼玉県北埼玉郡東村（現在の大利根町）で破堤した。破堤は本川と渡良瀬川の同時ピークが発生するとともに，東武鉄道・国鉄東北本線・国道4号線の橋脚で閉塞した流木が水位を上昇させたことに伴い，堤防高が低い区間より越水したために発生した。利根川破堤に伴う氾濫流は旧河道を流下し，最終的に東京まで到達して，各地に甚大な被害を及ぼした（図10-22）。

カスリーン台風に伴う氾濫に対しては，当時内務省国土局長と東京都知事の間で江戸川堤防開削による氾濫水排除の話が出たのに対して，千葉県土木部長が反対するなど，氾濫流制御は広範囲に利害関係が及ぶので，複雑な状況を呈する場合がある。当時の状況を時系列で示せば表10-8の通りで，結局千葉県は内務省の意見に従う方向で事態は落ち着いた。参考までに，表10-9に荒川の破堤氾濫流の挙動も示した。

現時点で同じ破堤箇所からの氾濫に対しては，首都圏中枢部を防御するため，JR武蔵野線，国道16号線を二線堤として，下流域への氾濫流量を減少させ，誘導された氾濫水をポンプにより江戸川へ排水する方法が氾濫流制御にとって有力な方法である。なお，JR武蔵野線等を二線堤として利用する場合，道路等のカルバートが多数あるので，大型土のうなどで氾濫水の流下を阻止する必要がある。

**参考文献**

1) 末次忠司・都丸真人・舘健一郎：二線堤の氾濫流制御機能と被害軽減効果，土木研究所資料，第3695号，2000年
2) 静岡県教育委員会編：静岡県文化財調査報告書，第12集「静岡県の民家」，1973年
3) 末次忠司・舘健一郎・小林裕明：防災樹林帯の氾濫流制御効果，土木研究所資料，第3538号，1998年
4) 浜口達男・本間久枝・井出康郎ほか：水害防備林調査，土木研究所資料，第2479号，1987年
5) 坂野章：樹林帯による破堤後の減災効果に関する検討，河川研究室資料，2002年
6) 吉本俊裕・末次忠司・桐生祝男ほか：昭和61年8月小貝川水害調査，土木研究所資料，第2549号，1988年
7) 大熊孝：川を考える④—堤防の自主決壊による氾濫水の河道還元について—，雨水技術資料，Vol.20，1996年
8) 埼玉県：昭和二十二年九月埼玉縣水害誌，1950年
9) 建設省関東地方建設局：利根川の22年災害を顧みて，利根川上流工事事務所，1958年
10) 高崎哲郎：洪水，天ニ漫ツーカスリーン台風の豪雨・関東平野をのみ込む—，講談社，1997年
11) 末次忠司：氾濫原管理のための氾濫流制御と避難体制の強化，氾濫原危機管理国際ワークショップ論文集，1996年

## 10.9 水害に対する土地利用

日本で水害が多発している原因の一つは，国土が持つ水害脆弱性にある．すなわち，急峻な山地が多く，また可住地面積が19％と狭いため，水害危険性の高い平野部で生活を営まざるをえないからである．洪水想定氾濫区域（計画高水位以下の区域で想氾区域と称する）の面積は全国土の10％にすぎないが，この想氾区域内に人口の約5割，資産の約8割が集積しており，特に想氾区域内への資産集積が増加している（表10-10）．また，想氾区域内には多数の都市・防災機能があり，特に消防署（60％），県庁（57％），市役

表10-10 洪水想定氾濫区域内の人口・資産のシェア

| 項目＼西暦 | 1960 | 1970 | 1980 | 1990 |
|---|---|---|---|---|
| 人口シェア | 44.6% | 46.3% | 48.2% | 48.8% |
| 資産シェア | 50.6% | 63.0% | 72.0% | 79.7% |

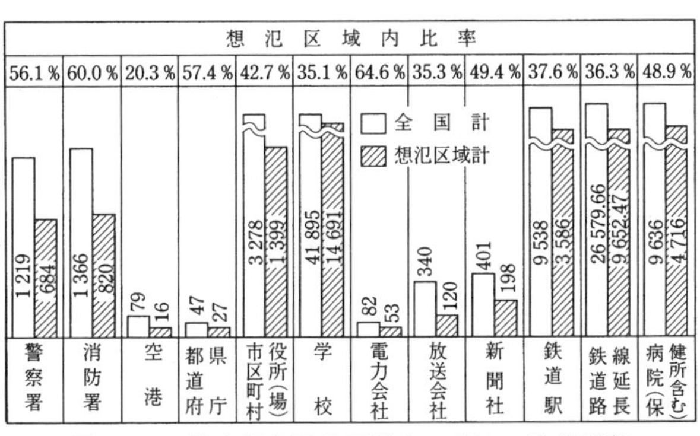

図10-23 洪水想定氾濫区域内の都市・防災機能

*) 電力会社，消防署，県庁，警察署は想氾区域内比率が50％を超え，被災リスクが高い．

出典［第1回水防研修テキスト，日本河川協会，1984年］

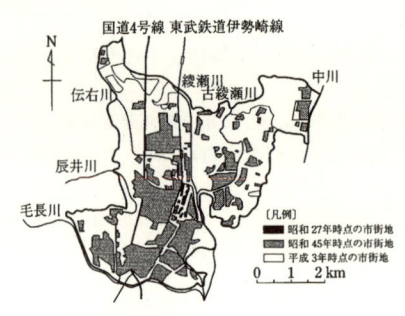

(1) 都市化の進展状況

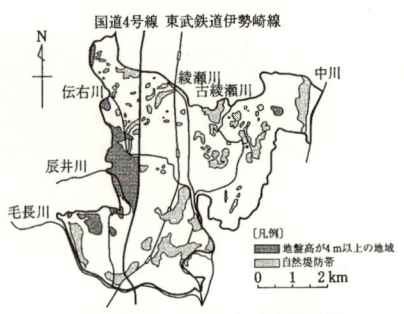

(2) 地盤高・治水地形から見た水害危険地域

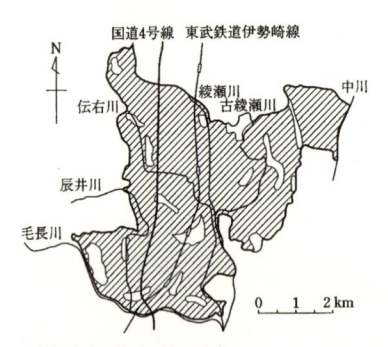

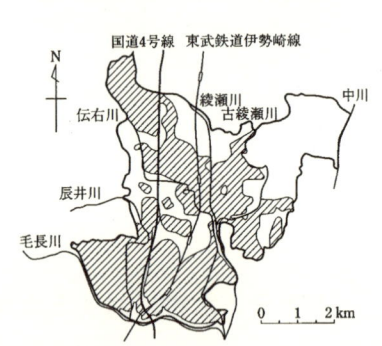

(3) 浸水実績図(昭和33年)

(4) 浸水実績図(平成3年)

図10-24　草加市における都市域の変遷と水害危険性

表10-11　水害危険地域への市街化の進行

|  | 市街地面積 $A$<br>(市街化率) | 水害危険地域内の<br>市街化面積 $B$<br>($B/A \times 100$) | 水害危険地域外の<br>市街化面積 $C$<br>($C/A \times 100$) |
| --- | --- | --- | --- |
| 1952(昭和27)年 | 14.50<br>(0.5%) | 0.25<br>(1.7%) | 14.25<br>(98.3%) |
| 1970(昭和45)年 | 855.50<br>(31.2%) | 615.25<br>(71.9%) | 240.25<br>(28.1%) |
| 1991(平成3)年 | 2,123.75<br>(77.5%) | 1,610.50<br>(75.8%) | 513.25<br>(24.2%) |

＊) 単位はha。いずれもS27時点の市街地は自然堤防上に立地していたが，近年の市街地は浸水しやすい地域（浸水実績地）に展開されている。

出典 [末次忠司・武富一秀：洪水ハザードの表現技術（その1）―洪水危険度マップの実態と活用―，水循環 貯留と浸透，Vol. 41，2001年]

所（43%）などのような防災機能もシェアが高く，浸水時に機能マヒに陥ると防災体制に支障が生じる可能性がある（図10-23）。

　古来は先人の知恵で浸水被害を被りにくい比高の高い自然堤防上などに住居を構えるなどの，いわゆる「棲み分け」を行っていた。しかし，人口が増えるとともに，農業以外の産業が発達するにつれて，比高の低い氾濫平野や斜面地などへ進出してきた。河川への接近史は地域により異なるが，基本的には容易に土地利用の開発ができる地域から，開発が困難な地域にシフトして，河川への接近が行われたのが特徴である。例えば，

・長崎市 …………… 洪積段丘 → 沖積平野 → 斜面地
・岐阜市 …………… 自然堤防 → 扇状地 → 低湿地 → 斜面地
・広島県竹原市 …… 微高地 → 低湿地

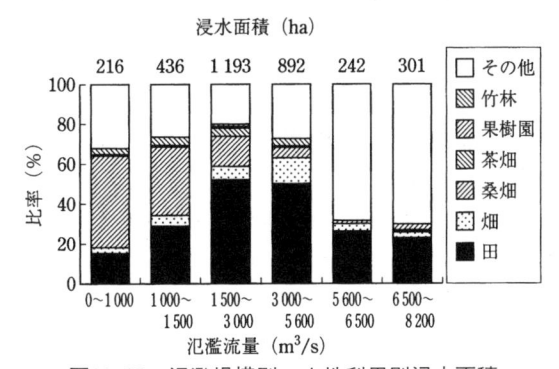

図10-25 氾濫規模別・土地利用別浸水面積

\*) 氾濫流量は浸水頻度と関係し，田は全体的に分布しているが，桑畑や竹林は頻度が高い地域に多く分布している。

出典［末次忠司・浜口達男・桐生祝男：氾濫と土地利用との関係について，土木学会第41回年次学術講演会講演概要集，1986年］

というように，各都市において開発地域の歴史的な変遷がうかがえる。

近年は特に災害危険性よりも利便性や快適性を重視して，低平地に住居を構える傾向が強くなってきている。その傾向を建設省土木研究所は埼玉県草加市を対象に調査を行った。草加市内には綾瀬川，古綾瀬川，伝右川などが流下している。地形分類を見ると，S 27には自然堤防および地盤高4m以上の地域（微高地）に98％の集落（都市域）が形成されていた（図10-24）。この微高地以外の地域は近年の浸水実績域とほぼ一致している。しかし，大規模団地や交通網の整備に伴い東京への通勤圏となり，人口が増加するに伴って，微高地以外の低平地における都市化率は2％（S 27）→72％（S 45）→76％（H 3）と推移し，水害被害の危険性が高い低平地への進出が顕著になった（表10-11）。

また，由良川（京都）においては，堤防整備率が低かったこともあって，氾濫頻度別の土地利用が行われている（図10-25）。氾濫頻度が高い方から農地，道路，家屋，事業所という棲み分けがあるほか，農地も氾濫頻度が高い方から桑畑，竹林，田，畑，茶畑と土地の使い分けが行われている。土地利用以外でも堤内地の嵩上げ，水害防備林，二線堤などの治水上の工夫が見られる。

川内川流域（鹿児島）でも度重なる浸水被害に対して「水害に強い土地利用」として，標高に応じて住宅，道路，水田を立地する棲み分けがあるほか，浸水の多い菱刈盆地出口では高刈りの桑[注1]を主体とし，水田は早期栽培・普通栽培・晩期栽培を混ぜた「分散栽培」を行っていた。しかし，近年下流域においても都市化が進んだり，鶴田ダム（S 40）が建設された結果，氾濫を許容しにくい環境になりつつある。

**参考文献**

1) 第1回水防研修テキスト，日本河川協会，1984年
2) 小林英之氏（国総研）の資料
3) 末次忠司・武富一秀：洪水ハザードの表現技術（その1）―洪水危険度マップの実態と活用―，水循環 貯留と浸透，Vol. 41，2001年
4) 末次忠司・浜口達男・桐生祝男：氾濫と土地利用との関係について，土木学会第41回年次学術講演会講演概要集，1986年

注1) 桑は浸水に強いため，由良川・川内川とも浸水頻度の高い地域に多く栽培されている。

5) 末次忠司：氾濫で水害を防ぐ―氾濫許容型治水方式はありうるか―，水利科学，No. 234，1997年

## 10.10 水害意識の高揚

　水害発生時の危機的状況を回避するには，洪水中の対応（危険の察知，回避手段）はもちろんのこと，事前の対応（水害意識の高揚，事前の準備・訓練）が重要である。水害についてはS 30年代以降，水害被害の減少とともに危機意識が低下してきたが，H 7.1の阪神・淡路大震災後は防災全体の意識が若干高揚し，H 16水害後に危険意識が高まった傾向がうかがえる。

　総理府が実施した「水害に関する世論調査」結果によれば，S 30年代は伊勢湾台風等の影響もあって，過半数の人が風水害に対して危険意識を有していたが，S 50年代以降は水害を危険またはやや危険であると回答した人の割合は1〜2割にすぎなかった。最も最近のH 17「水害・土砂災害等に関する世論調査」結果を見れば，H 16水害の影響もあって，水害を危険またはやや危険であると回答した人の割合は16.3％と増加した。特に小都市や町村の居住者の危険意識が高かった。水害に対して安全だと思う理由は大〜中都市では「近くに川がなく水害の危険性はない」が多く，小都市・町村では「堤防やダムが整備されている」が多かった（表10-12）。

　建設省土木研究所が実施した水害の記憶度調査によれば，
・水害意識は経過年数と印象度の関数で表される
・水害被害が大きく，印象が強烈な水害（狩野川水害など）は30年以上記憶に残る
・通常の水害は概ね20年程度しか記憶に残らない

という一般的な忘却曲線とは異なる傾向であった。また，過去に経験した水害の被災程度が小さいと，社会学でいう「正常化の偏見[注1]」より，水害への対応行動をとらなかったり，避難行動などが遅くなる傾向がある。

　全国民的な水害意識はアンケート調査以外では新聞記事に見ることができる。末次は規模の大きな水害が発生したS 36，47，57の各々7〜9月に発行された朝日新聞の朝・夕刊記事の分析を行った（図10-26，10-27）。その結果，以下の傾向が明らかとなった。
・水害被害額が1,000億円（S 55価格）を超えると，水害記事量∝水害被害額の傾向

表10-12　水害危険意識の推移

| 調査名 | 調査年 | 危険，または やや危険である | 安全，または まあ安全である | 不明 |
|---|---|---|---|---|
| 風水害に関する世論調査 | 1960 | 56.0％ | 42.0％ | 2.0％ |
| 河川と水害に関する世論調査 | 1977 | 16.5％ | 83.5％ | 0.0％ |
| 河川と土砂害に関する世論調査 | 1985 | 11.8％ | 85.5％ | 2.7％ |
| 治水対策に関する世論調査 | 1991 | 12.1％ | 86.5％ | 1.4％ |
| 河川に関する世論調査 | 1996 | 10.9％ | 87.5％ | 1.5％ |
| 防災と情報に関する世論調査 | 1999 | 11.6％ | 86.0％ | 2.4％ |
| 水害・土砂災害等に関する世論調査 | 2005 | 16.3％ | 81.3％ | 2.5％ |

注1）異常な事態であるにもかかわらず，平常時の状況であると思いきかせ，今回の洪水では自分たちは対応をとらなくても大丈夫であるといった誤った安心感を抱く。

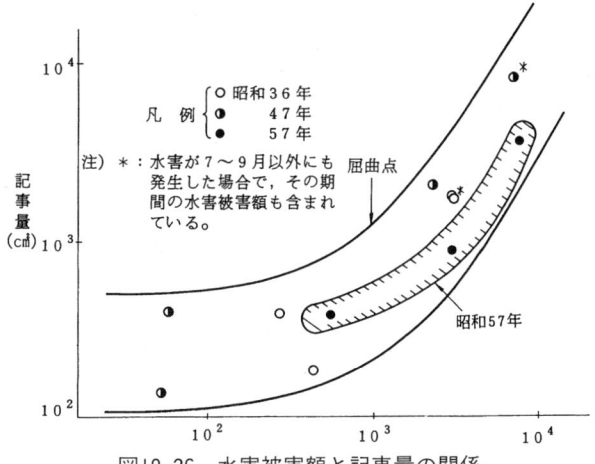

図10-26 水害被害額と記事量の関係

*) 被害額が1,000億円（現在の約2,000億円）を超えると，被害額に比例して記事量も増えている。

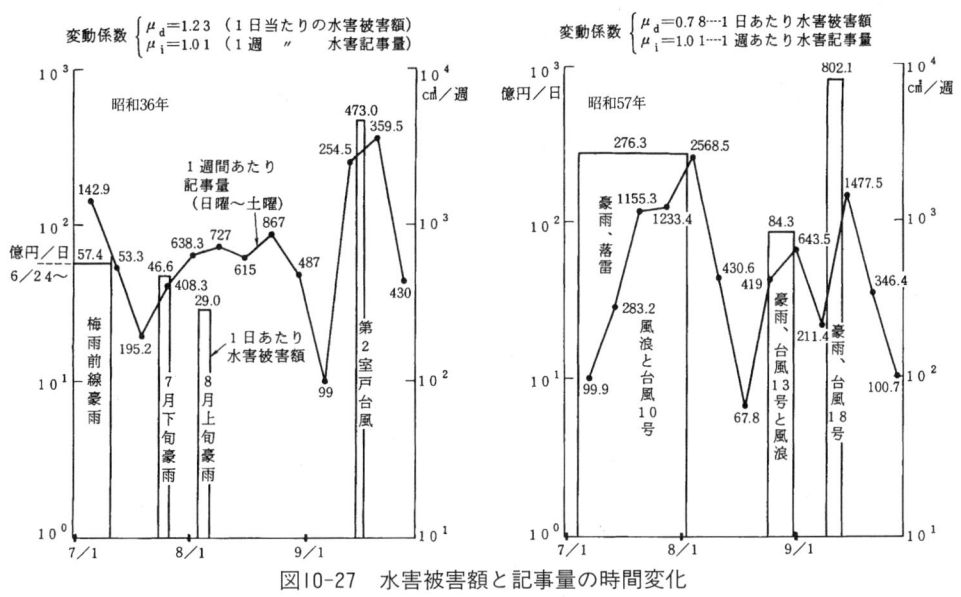

図10-27 水害被害額と記事量の時間変化

*) 経年的に見て，大きな水害が発生してもそれほど記事量は増えないし，水害後記事量が急に減少している。
出典［末次忠司：新聞に見る水害意識の分析，土木技術資料，27-5，1985年］

がある
- 近年になるほど洪水がおさまった後，水害記事量が急激に減少する。すなわち，国民の水害意識が被災時だけの一過性になっている
- 高潮・破堤災害から集中豪雨・土砂災害へという災害の質的変化が，新聞紙上で使用されている災害用語の変化という形で現れている
- 国民意識が反映される投稿欄では，防災技術上の問題点を指摘したものが，治水行政の姿勢を批判したものに代わりつつある。これは行政任せの防災へと意識が転換されつつあることを示唆している

その他の意識調査として，時事通信社は水害だけではなく，地震・火災などの様々な災害を対象にした世論調査（H 14.6）を行った。その調査結果を見ると，災害に不安や心配をしている人の割合は地震（73％），火災（66％），水害（43％），原子力事故（40％）

表10-13 電柱等への浸水実績表示

| 実 施 主 体 | 実施地域 | 対象洪水 | 表示方法 | 箇所数 |
|---|---|---|---|---|
| 建設省八代工事事務所 | 熊本県人吉市他 | S40.7洪水 | 電柱，表示板 | 132 |
| 建設省川内川工事事務所 | 鹿児島県川内市他 | S44.6洪水 | 電柱 | 115 |
| 建設省三次工事事務所 | 広島県三次市他 | S47.7洪水 | 表示板 | 104 |
| 建設省浜田工事事務所 | 島根県江津市他 | 〃 | 表示板 | 112 |
| 静岡県 | 静岡市他 | S49.7洪水 | 電柱 | 181 |
| 千葉県松戸市 | 松戸市 | S50.7洪水 | 電柱 | 100 |

出典［栗城稔・末次忠司・小林裕明：21世紀に向けた防災レポート―洪水災害の防災体制の強化―，1996年］

などの順番であった。地震は関東～近畿・四国地方，火災は京浜・阪神・東海地方，水害は東海・四国地方（6割弱）で不安や心配をしている人の割合が多かった。

　平常時における水害意識高揚策としては，洪水ハザードマップなどがあるが，日常的には住民の目につきにくい。簡易で，日常的な意識高揚策として，過去の浸水実績を表示する方法がある。これまでに，数多くの自治体や国交省の事務所で電柱や表示板に浸水実績を表示してきた。表示箇所数が100カ所以上の主要な例は表10-13の通りである。土砂災害に対しても，全国45,000カ所に土砂災害危険箇所表示板が設置されている。最近は「まるごとまちごとハザードマップ」として，全国統一の洪水関連図記号（洪水，避難所，堤防）を定め，地域に標識等を展開し，地域住民，旅行者，外国人にも浸水危険性などが分かるような対応が推進されている。

**参考文献**
1) 栗城稔・末次忠司：戦後治水行政の潮流と展望―戦後治水レポート―，土木研究所資料，第3297号，1994年
2) 末次忠司：新聞に見る水害意識の分析，土木技術資料，27-5，1985年
3) 中央調査社：中央調査報，No.539，2002年
4) 栗城稔・末次忠司・小林裕明：21世紀に向けた防災レポート―洪水災害の防災体制の強化―，1996年

## 10.11　氾濫流の解析

　氾濫流は洪水流と同様に，連続式と運動方程式を用いて解析するが，水位の時間的な変動が大きいため，不定流式を用いて解析することが多い。計算の境界条件には破堤または越水に伴う氾濫流量を与える必要がある。通常本間の越流公式（以下の $Q_0$ の式）がよく用いられるが，河床勾配が大きくなるにつれて，破堤部の氾濫流や越水流は斜め越流するようになる（図10-28，10-29）。また，破堤区間内では氾濫流の死水域が生じる。両者の影響を考慮した越流公式を破堤氾濫と越水氾濫に分けて，河床勾配 $I$ に対して示すと以下の通りである。

［破堤型氾濫］

・$I > 1/1580$ の場合：

$$Q/Q_0 = \frac{\{0.14 + 0.19 \times \log_{10}(1/I)\}}{\text{死水域に伴う補正}} \times \frac{\cos\{48 - 15 \times \{\log_{10}(1/I)\}\}}{\text{流向に伴う補正}}$$

・$1/1580 \geq I > 1/33600$ の場合：　$Q/Q_0 = 0.14 + 0.19 \times \log_{10}(1/I)$

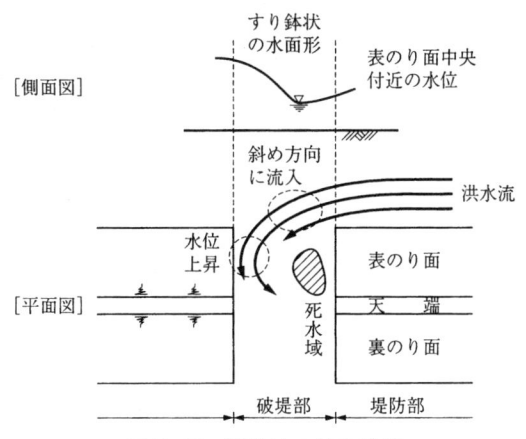

図10-28 氾濫流の流入状況
＊）洪水流は破堤部に斜め方向から流入し，破堤部上流に死水域が生じる。

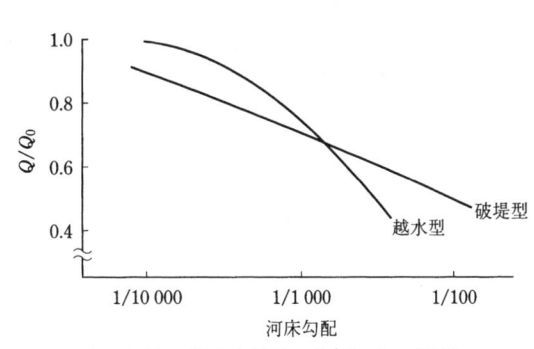

図10-29 河床勾配と $Q/Q_0$ との関係
＊）破堤型が破堤部地形で流向が法線方向に戻されるのに対して，越水型は河床勾配に鋭敏に反応して斜め越流する。

・$1/33600 \geq I$ の場合： $Q/Q_0 = 1$

[越水型氾濫]

・$I > 1/12000$ の場合： $Q/Q_0 = \cos[155 - 38 \times \{\log_{10}(1/I)\}]$
・$I \leq 1/12000$ の場合： $Q/Q_0 = 1$

ここで，$Q_0 = 0.35 B h_1 \sqrt{2gh_1}$ ：完全越流

$Q_0 = 0.91 B h_2 \sqrt{2g(h_1 - h_2)}$ ：潜り越流

越流部において，$B$：破堤幅または越流幅，

敷高から見て $h_1$：高い方の水位，$h_2$：低い方の水位

氾濫解析手法は氾濫特性に応じて，河道沿いに氾濫する場合は1次元モデル（貯留関数法，マスキンガム法，簡易一次元不定流モデル），氾濫原に拡散して氾濫する場合は2次元モデル（越流ポンドモデル，氾濫ポンドモデル，開水路ポンドモデル，二次元不定流モデル）を用いる[注1]。2次元モデルのうち，適合精度が限定されるモデルは以下の通りである。実際の氾濫解析によく用いられるモデルは二次元不定流モデルである。

・氾濫原勾配が1/1000以下の場合，越流ポンドモデルは伝播が遅く，適合性が落ちる
・二次元不定流モデル以外は $x$ 方向と $y$ 方向の水理現象を独立に計算しているため，氾濫水の伝播状況を表示する場合などには，浸水深の横断的変化を的確に表現できない場合があるので，予測精度が若干落ちる

2次元モデルの適用にあたっては，対象とする氾濫原をメッシュ分割して，平均地盤高を設定する必要がある。メッシュ幅は計算時間間隔との関係で決まることが多いが，氾濫流の横断方向で見て最低3メッシュは確保するほか，急流河川では隣接したメッシュ間の標高差が50 cm以内となるようにメッシュ幅を設定する。

メッシュ幅 $\Delta x$ を設定する場合，計算安定条件より $\Delta x$ は計算時間間隔 $\Delta t$ と関係があ

---

注1）氾濫解析モデルの名称は特性を反映した名称でなかったり，統一されていなかった。そこで，建設省技術研究会（S59）において名称が統一化された。統一前後の名称は以下の通りである。

〈旧名称〉　　　　　　　〈新名称〉
・二次元平面流モデル　　→　二次元不定流モデル
・開水路型タンクモデル　→　開水路ポンドモデル
・管路型平面タンクモデル→　氾濫ポンドモデル
・ポンドモデル　　　　　→　越流ポンドモデル

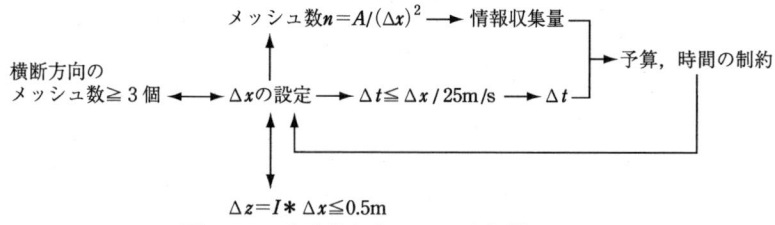

```
                                    メッシュ数 n＝A/(Δx)²  →  情報収集量
                                            ↕                         ↘
          横断方向の                                                        予算，時間の制約
          メッシュ数≧3個  ←→  Δxの設定  →  Δt≦Δx/25m/s  →  Δt  ↗
                                            ↕
                                    Δz＝I＊Δx≦0.5m
```

**図10-30　定式化したメッシュ分割フロー**

出典［末次忠司：氾濫原管理のための氾濫解析手法の精度向上と応用に関する研究，九州大学学位論文，1998年］

るし，隣接するメッシュとの標高差は50cm以内となる $\Delta x$ を設定するのが望ましい。また，設定された $\Delta x$ より地盤情報等のデータ整理時間，$\Delta t$ より計算時間が決まり，所要時間が想定されるので，工期から見て適切な $\Delta x$ または $\Delta t$ であるかどうかを判定することができる。以上より，定式化したメッシュ分割のフローは図10-30の通りである。なお，双方向の矢印は両項目を勘案して設定することを表している。ここで，$\Delta x$：メッシュ幅（m），$\Delta t$：計算時間間隔（秒），$A$：解析対象範囲（km²），$\Delta z$：メッシュ間の標高差（m），$I$：氾濫原勾配である。

　代表的な二次元不定流モデルの基礎式（連続式，運動方程式）は以下の通りである。式中で最も支配的となる抵抗項（底面せん断力）の算定にあたっては，氾濫原粗度係数 n を設定する必要がある。従来は土地利用に応じた粗度係数が与えられていた[注2]が，氾濫シミュレーション・マニュアルの策定以降は，土地利用の粗度 $n_0$ と建物占有率 $\theta$ に基づく粗度を合成した，式⑤の合成粗度係数 $n$ で与えることとなった（新モデル）。水理模型実験より柱体群の $C_D=3.83$[注3] が得られたため，$C_D/2gd=0.02$ を採用している。

〈連続式〉

$$\frac{\partial h}{\partial t}+\frac{\partial M}{\partial x}+\frac{\partial N}{\partial y}=0 \quad \cdots\cdots\cdots\cdots\cdots\cdots\cdots\cdots\cdots\cdots\cdots\cdots 式①$$

〈運動方程式〉

$x$ 方向　$\dfrac{\partial M}{\partial t}+\dfrac{\partial (uM)}{\partial x}+\dfrac{\partial (vM)}{\partial y}=-gh\dfrac{\partial H}{\partial x}-\dfrac{\tau_{xb}}{\rho}$ $\cdots\cdots\cdots\cdots\cdots\cdots$ 式②

$y$ 方向　$\dfrac{\partial N}{\partial t}+\dfrac{\partial (uN)}{\partial x}+\dfrac{\partial (vN)}{\partial y}=-gh\dfrac{\partial H}{\partial y}-\dfrac{\tau_{yb}}{\rho}$ $\cdots\cdots\cdots\cdots\cdots\cdots$ 式③

　　　　　慣性項　　　移流項　　　　水面勾配項　抵抗項

$\tau_{xb}=\dfrac{\rho gn^2 u\sqrt{u^2+v^2}}{h^{1/3}}, \quad \tau_{yb}=\dfrac{\rho gn^2 v\sqrt{u^2+v^2}}{h^{1/3}}$ $\cdots\cdots\cdots\cdots\cdots\cdots$ 式④

$n^2=n_0^2+0.020\times\dfrac{\theta}{100-\theta}h^{4/3}$ $\cdots\cdots\cdots\cdots\cdots\cdots\cdots\cdots\cdots$ 式⑤

$n_0^2=\dfrac{n_1^2 A_1+n_2^2 A_2+n_3^2 A_3}{A_1+A_2+A_3}$ $\cdots\cdots\cdots\cdots\cdots\cdots\cdots\cdots\cdots$ 式⑥

　　ここで，$h$：水深，$t$：時間，$M$：$x$ 方向の流量フラックス（$M=uh$），$N$：$y$方向の流量フラックス（$N=vh$），$u$：x方向の流速，$v$：y方向の流速，$g$：重力加速度，$\rho$：水の密度，$\tau_{xb}$：$x$方向の底面せん断力，$\tau_{yb}$：$y$方向の底面せん断力，$n$：氾濫原粗度係数である。
　　また，$\theta$：建物占有率，$n_1$：道路の粗度係数（0.047），$A_1$：道路面積，$n_2$：農地の粗度

---
注2）建物等は底面粗度に比べて粗度スケールが大きく，水理学的には適切な手法ではない。
注3）単独の柱体では $C_D=2.0$ である。

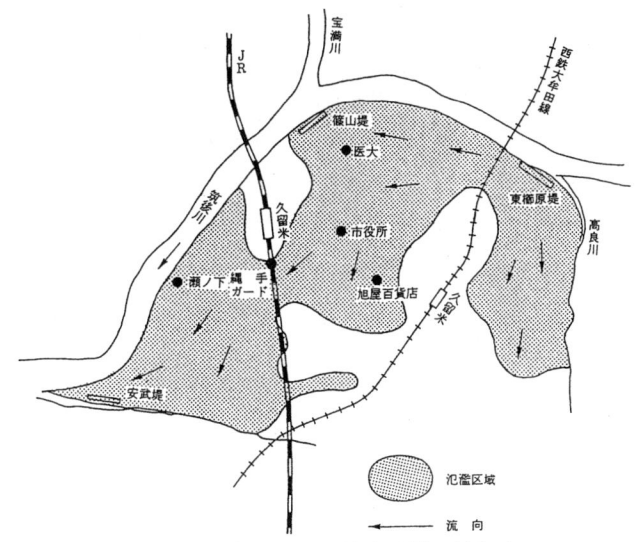

図10-31 新モデルの精度検討の対象域

*) 最大浸水深では新旧モデルで顕著な違いは見られなかったが，逆破堤時刻では精度向上が見られた。

出典［末次忠司・栗城稔：改良した氾濫モデルによる氾濫流の再現と防災への応用に関する研究，土木学会論文集，No.593/II-43，1998年］

表10-14 逆破堤時刻の比較

|  | 実 績 | 従来モデル | 新モデル |
|---|---|---|---|
| 篠山堤 | 6月26日 18時20分 | 6月26日 17時50分<br>実績より30分早い | 6月26日 18時15分<br>実績より5分早い |
| 安武堤 | 6月26日 23時30分 | 6月26日 20時05分<br>実績より3時間25分早い | 6月27日 0時30分<br>実績より1時間遅い |

係数（0.060），$A_2$：農地面積，$n_3$：その他の土地の粗度係数（0.050），$A_3$：その他の土地の面積である。

新モデルの解析精度の向上を検証するため，筑後川流域における破堤災害（S 28.6）を例に検証を行った。検証は図10-31に示した5地点の最高浸水深と表10-14に示した2地点における逆破堤時刻を対象に行ったが，ここでは逆破堤時刻だけを示している。逆破堤時刻とは上流での破堤氾濫流が堤内地側から下流堤防を越水し，破堤させた時刻を意味しており，その時刻が現地で観察されていた。表から従来モデルに比べて，新モデルでは明らかに精度が向上していることが分かる。

氾濫流の解析にあたって，盛土や水路等は氾濫流の伝播などに影響を及ぼすので，以下の事項に留意する。

・盛土は高さ50 cm以上のものを計算に取り込む
・水路はなるべく取り込むのがよいが，小さな水路まで取り込むと計算時間を要するし，計算が不安定になるので，メッシュ幅の1/5程度以上を取り込む
・都市域では下水道もモデルに組み込む。氾濫水の下水道への流入量は底部取水工の式（モストコフ式）などを用いる

最近の氾濫解析技術としては，洪水流と氾濫流を一体的に解析できるFDS法（流束差分離法）[注4]がある。この計算法は破堤箇所で氾濫流量を境界条件として解析する従来の手法とは異なり，水深や流速が急激に変化する「波」として取り扱う手法である。H 16.7

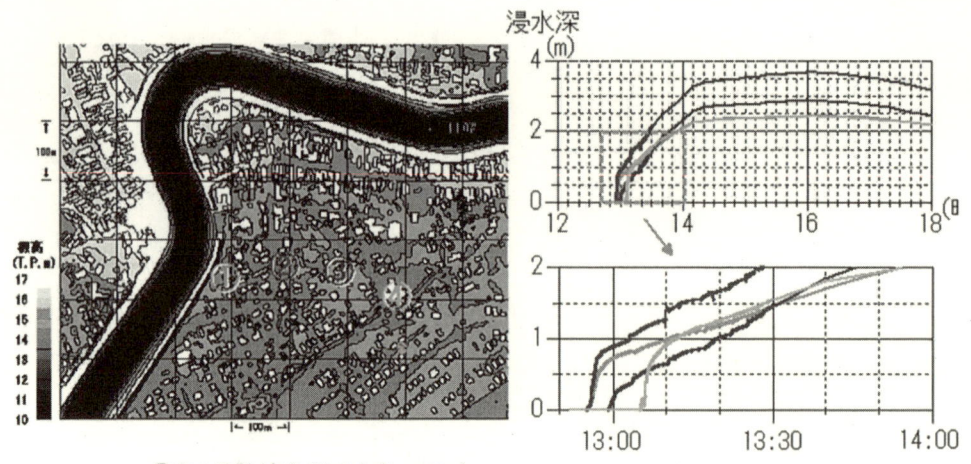

① 家の時計が13：05で止まっていた。
② 鉄砲水が家の中に飛び込んできて水はすぐ2階近くまで達していた。
③ 泥水が来て3分もしないうちに畳が浮いた。
④ 午後1時頃に道路から水がはけないことに気づいた。2階なら安全だと思い、避難したが、まもなく保育所一体は2階の高さまで冠水した。

図10-32　刈谷田川氾濫シミュレーション結果

注）一般的な氾濫解析で洪水流と氾濫流を別々に解析するのに対して、FDS法では一体的に解析できるため、破堤箇所付近の急変流も解析・表現することが可能である。
出典［川口広司・末次忠司・福留康智：2004年7月新潟県刈谷田川洪水・破堤氾濫流に関する研究、水工学論文集、第49巻、2005年］

の刈谷田川（中之島）の破堤氾濫解析に適用した結果、破堤箇所から約150 m離れた地点では、氾濫水が到達直後浸水深が瞬時に50～70 cm上昇し、1 mになるまでの時間はわずか10～15分であるという、これまで未解明であった現象の一部が明らかになった（図10-32）。

**参考文献**

1) 栗城稔・末次忠司・小林裕明ほか：横越流特性を考慮した破堤氾濫流量公式の検討、土木技術資料、Vol.38、No.11、1996年
2) 建設省治水課・土木研究所：流出・流下形態の変化に伴う洪水被害軽減対策に関する研究、第38回建設省技術研究会報告、1984年
3) 末次忠司：氾濫原管理のための氾濫解析手法の精度向上と応用に関する研究、九州大学学位論文、1998年
4) 末次忠司・栗城稔：改良した氾濫モデルによる氾濫流の再現と防災への応用に関する研究、土木学会論文集、No.593/II-43、1998年
5) 栗城稔・末次忠司・海野仁ほか：氾濫シミュレーション・マニュアル（案）、土木研究所資料、第3400号、1996年
6) 川口広司・末次忠司・福留康智：2004年7月新潟県刈谷田川洪水・破堤氾濫流に関する研究、水工学論文集、第49巻、2005年

---

注4) FDS法は理論・アルゴリズムが明解で計算精度が高い、また人工粘性が不要で未知数は粗度係数のみであるという利点がある。しかし、アルゴリズムの誘導が非常に難解である。

## 10.12 洪水ハザードマップ

　洪水氾濫の減災を行うには行政機関や住民が氾濫の危険性を知るとともに，氾濫が起きた時の対応について考えておかねばならない．特に的確な避難をしてもらうためには浸水情報を住民に提供する必要があり，この情報をマップ化したものが洪水危険度マップである．洪水危険度マップには，①地形学的分類マップ，②浸水状況マップ，③浸水頻度マップ，④浸水予想マップがある（図10-33）．

　①は，10.13「治水地形」に記載した国土地理院作成の治水地形分類図，土地条件図などで，②は氾濫実績を表示したマップで，総合治水対策特定河川の浸水実績図や神奈川県が作成したアボイドマップなどがある．近年は氾濫状況を予測する氾濫解析技術が進んできたため，④浸水予想マップが数多く作成されるようになった．

　洪水ハザードマップ[注1]はその代表格で，H6より作成され，H21.6時点で1,014市町村[注2]で作成された（図10-34）．地方別では関東（197）や近畿（165）が多く，都道府県別では北海道（87）や埼玉（49）が多い．しかし，H16水害を受けて，H17.7に水防法が改正され，洪水ハザードマップの作成が義務付けられたにもかかわらず，作成率は1,014/1,281＝79％で，都道府県管理河川の整備率は約7割と低い．すなわち，河川に近く破堤などで浸水のおそれがある1,280市町村のうち，未だ266自治体が未整備で，作成率は岐阜や大阪などが100％と高いのに対して，群馬は53％，長野や福岡は55％などと作成が進んでいない．作成が進んでいない原因は予算・人員の制約やデータ収集に手間取っているという理由が多い．

　洪水ハザードマップは洪水氾濫危険区域図（現在の浸水想定区域図）をベースに，計画降雨の発生に伴う洪水により堤防が破堤した場合の浸水予想区域，最大浸水深，避難所，情報伝達経路図などが記載されている．また浸水実績，避難路，避難方向が記載されたマップもある．ここで，最大浸水深とは想定した複数の破堤箇所からの氾濫解析結果に基づいた，氾濫水の範囲・水深を包含した水深（各地点における全計算ケース中の最大水深）である．

　洪水ハザードマップは従来建設省が作成していた浸水想定区域図（S62～）などとは異なり，大縮尺（1/7500～1/25000）で作成されているため，自分の家，地域の水害危険性を判断しやすくなっている．マップは一般住民に徐々に認知され，認知率は6％（H14）→20％（H16）→43％（H18）と向上してきている．H19からは全国の各種ハザードマップを検索・閲覧できるインターネット・ポータルサイトも開設されている．

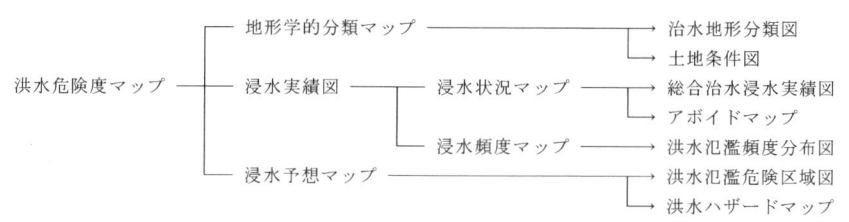

図10-33　洪水危険度マップの分類

出典［栗城稔・末次忠司・海野仁ほか：氾濫シミュレーション・マニュアル（案），土木研究所資料，第3400号，1996年］

注1）ハザードが災害危険性を表すのに対して，リスク＝ハザード×脆弱性 or 生起確率を表す．
注2）洪水ハザードマップ作成総数は，浸水想定区域外でマップを公表している30市町村を含めて，1,044市町村である．

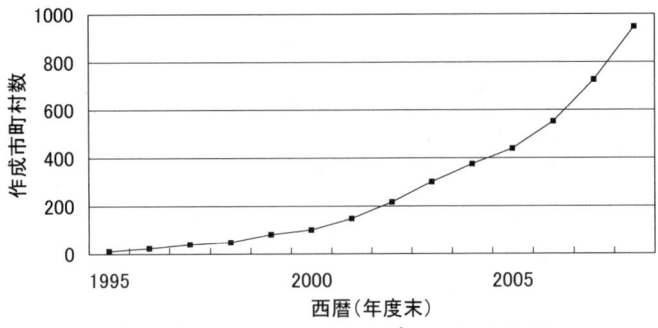

図10-34　洪水ハザードマップの作成市町村数

＊）マップの作成が義務付けられた水防法改正（H17）の2年後から作成数がかなり増加している。

ちなみに水防法の改正（H 13.7）に伴って，浸水想定区域を公表することとなり，近年都道府県で公表が進み，H 21.6時点で直轄で337河川（337/371＝91％），都道府県で1,230河川（1,230/1,358＝91％）で浸水想定区域が指定・公表された．洪水予報河川では332河川（332/354＝94％），水位周知河川[注3]では1,235河川（1,235/1,375＝90％）で，浸水想定区域が公表されている．

洪水ハザードマップの作成主体は市区町村で，国交省がデータ提供・技術指導を行っている．H9には河川情報センターより『洪水ハザードマップ作成要領 解説と運用』が発刊され，作成技術も進んできている．特徴的なマップとしては，表10-15に示したマップがある（図10-35）．特に愛知県清須市の「逃げどきマップ」では，各個人が避難行動を判断できるフローチャートを掲載している．フローチャートは図10-36の通りである．

表10-15　特徴的な洪水ハザードマップ

| 作成 | マップ名 | マップまたは小冊子の特徴 |
| --- | --- | --- |
| 愛知県清須市 | 気づきマップ 逃げどきマップ | ・「気づきマップ」では庄内川，新川，五条川の決壊による地域毎の浸水状況を示している<br>・「逃げどきマップ」では階数，浸水危険度等に対して避難行動の指針を示している<br>・洪水ハザードブックには浸水想定区域図を含む3種類のマップとその解説が入っている |
| 新潟県上越市 | 関川水系洪水ハザードマップ | ・氾濫水の到達時間分布が示されている<br>・主要道路の冠水区間が示されている |
| 宮城県岩沼市 | 浸水予測図 | ・成人用に水害避難マニュアル，子供用にハザード・パスポート（クイズ形式）を作った<br>・小冊子「水害避難マニュアル 知っていますか？ あなたの安全のために」には各自が避難経路図を作成する欄が設けられている |
| 宮城県名取市 | 浸水予測図 洪水情報図 | ・小冊子「水害BOOK まさかの時，あわてないために」他<br>・小冊子には避難の判断基準（雨量他），書込み式避難経路図，洪水情報の流れ，避難のポイントが記されている |
| 高知県土佐市 | 洪水避難地図 | ・仁淀川支川の波介川（はけ）からの氾濫を考慮し，浸水の速さで地域を区分している |
| 福島県郡山市 | 洪水避難地図 | ・点字で作られた洪水ハザードマップもある |

注3）洪水予報を行わない河川で，洪水被害の影響が大きな河川のことで，避難や避難準備の目安となる避難判断水位（特別警戒水位）に達した時，その情報が周知される．

図10-35 関川水系洪水ハザードマップ（新潟県上越市）
*) 氾濫水の到達時間は浸水までの余裕時間を表し，冠水道路は避難路として安全かどうかを示している。

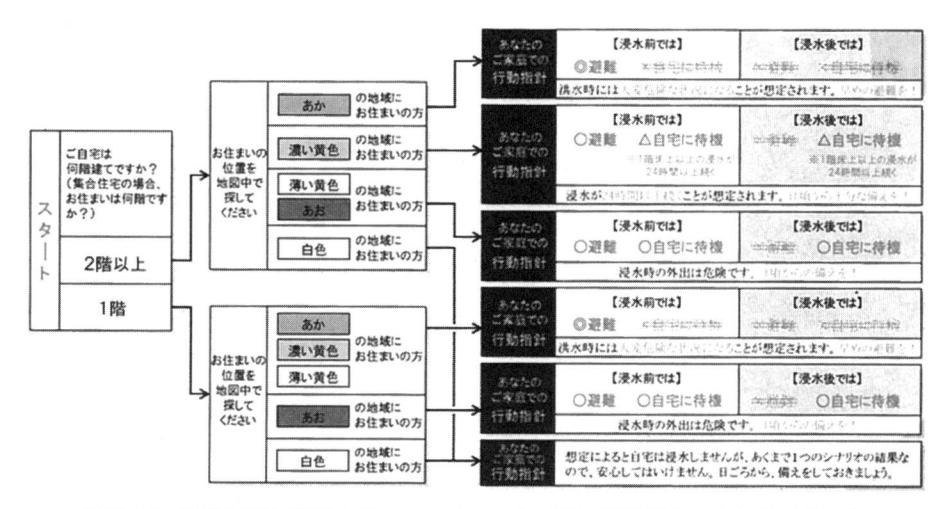

図10-36 避難行動を判断するフローチャート（愛知県清須市：庄内川 木造用）
*) フローチャートは家屋構造（木造と鉄骨・鉄筋コンクリート造）に分けて作成され，避難の行動指針は建物階数，想定浸水深，浸水タイミングに対して示されている。

減災のための避難活動等に有効な洪水危険度マップ（洪水ハザードマップ）を作成するにあたっての留意事項は以下の通りである．

- 防災機関が活用するマップは多数の詳細な情報が掲載されていてもよいが，住民用マップでは多くの情報は混乱を招くことになるので，必要最低限の情報を取捨選択する必要がある
- 氾濫解析の条件（降雨，破堤箇所など），浸水深などを理解できるように，分かりやすい説明をつけることが重要である．浸水深・流速と避難の関係を説明しておくと，もっと良い
- 氾濫原勾配が大きな流域では氾濫流速を示したり，閉鎖性流域では湛水日数を示すなど，氾濫原特性に対応した情報を表示するようにする．氾濫水の到達時間分布は避難の余裕時間を示せるので，氾濫原特性にかかわらず有効な情報となる
- マップは捨てられたり，使わずにしまわれないよう，折り畳んで袋に入れて，つり下げひもを付けたものが望ましい．地域の行事を示したカレンダー，病院の一覧表などを掲載しておくと，日常的に活用できるので，捨てない人が多くなる

洪水ハザードマップは基本的には外水氾濫を対象にしたものだが，近年の内水被害の増大に対応して，内水氾濫を対象にした内水ハザードマップも作成され，H 21.2 時点で 84 市町村で作成された．今後は床上浸水被害の発生地区，都市機能が集積し，浸水実績のある地区，地下空間利用が高度な地区などのある約 500 市町村を対象に整備される予定である．

『内水ハザードマップ作成の手引き』は国交省都市・地域整備局下水道部により H 18.3 に策定され，H 20.12 に改定された．改定では解析データがなくても，地形情報や浸水実績により内水浸水を想定する方法，洪水ハザードマップと一体的に作成する必要などが謳われた．なお，内水氾濫は頻度は多いものの，浸水深・範囲は大きくないので，外水氾濫とどう異なるかについて，適切に解説しておかないと，氾濫被害を過小評価して，水害に対して安全であるという誤解を招くことになるので，注意が必要である．

**参考文献**
1) 栗城稔・末次忠司・海野仁ほか：氾濫シミュレーション・マニュアル（案），土木研究所資料，第 3400 号，1996 年
2) 末次忠司：河川の減災マニュアル―現場で役立つ実践的減災読本―，技報堂出版，2009 年
3) 河川情報センター編集・発行：洪水ハザードマップ作成要領 解説と作成手順例，2002 年

## 10.13　治水地形

氾濫流は古来より形成された旧河道などの河川地形に従って流下するし，歴史的に形成された治水地形が原因で破堤・漏水等の堤防被災に至る場合がある（表10-16）．主要な治水地形は表の通りで，落堀・旧河道は破堤・越水・漏水と関係するし，旧川締切箇所は漏水と関係が深い．落堀・旧河道では浸透水の堤体・基盤漏水に伴ってパイピングが発生する場合がある（図10-37）．パイピングは浸透水および被圧地下水が基礎地盤中で上昇し，流動化した地盤中の土粒子が地盤から噴出し，地中に空洞や緩みを形成する現象である．この空洞が拡大したり，緩みが進行すると，堤防はのりすべりを起こしたり，破堤したりする．

表10-16 治水地形の概要

| 治水地形 | 治水地形の概要 ||
| --- | --- | --- |
|  | 破堤・氾濫流との関係 | 浸透・漏水との関係 |
| 落堀 | 破堤時の越流水の流水エネルギーにより堤内地が洗掘を受けた名残で過去の破堤箇所を表す | 基盤漏水が多い。落堀には災害復旧段階で土以外のものが埋戻しに使われ，漏水だけでなく，地盤強度が低下している場合もある〈パイピングの発生〉 |
| 旧河道（跡） | 古来の流路であった旧河道は周囲より地盤高が低く，破堤・越水した時の氾濫水の通り道となりやすい | 堤体漏水が多い。旧河道の旧川微高地（砂州）は砂礫が多いため，基盤漏水が起きやすい〈パイピングの発生〉 |
| 旧川締切箇所 | — | 湾曲部をショートカットする直線化により，新河道が旧河道と交差する箇所で，堤防内に旧河道の砂礫が残っているなど，基盤漏水が起きやすく，浸透被害が発生する危険性がある |

＊）漏水，パイピングは10.1「破堤プロセス」にも記載している。

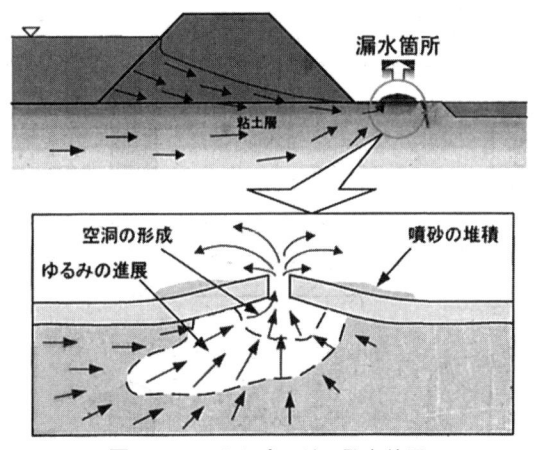

図10-37 パイピングの発生状況
＊）基盤漏水や堤体漏水の水圧が高くなって，堤内地地盤から漏水が噴き出す現象で，地盤が緩んで土砂が流出すると，空洞が形成される。

　治水地形のうち，落堀は破堤に伴うもので，その洗掘深は堤防高程度である。最深部は堤外地側にできることが多いが，河床材料が粗砂の場合や堤内地が侵食されやすい地質の場合は堤内地側にできる場合もある。また，旧河道は氾濫水の通り道となりやすい。カスリーン台風（S 22.9）では利根川が破堤して，氾濫流が旧河道の古利根川を流下したし，荒川の破堤氾濫流も旧河道の元荒川を流下した。

　これらの治水地形は水害地形分類図や，国土地理院が作成している治水地形分類図，土地条件図などにより知ることができる。各地形分類図の特徴および掲載されている地形要素は表10-17の通りで，このうち土地条件図は一般に市販されている。ただし，都市域においては宅地開発，道路建設などにより自然堤防などの治水地形は大幅に改変している場合も多いので，詳細については現地調査も行う必要がある。

　水害地形分類図が世の中の注目を集めたのは伊勢湾台風（S 34.9）の時である。分類図中に示された三角州（デルタ）の範囲が，伊勢湾台風による浸水範囲とほぼ一致していたことから，中日新聞が「地図は悪夢を知っていた」と評し，水害地形分類図の有効性が評判となった。木曽川下流域濃尾平野水害地形分類図では地形が8分類され，標高の高い山

表10-17 地形分類図の特徴および地形要素

| 名　称 | 地形分類図の特徴および地形要素 |
|---|---|
| 水害地形分類図 | 科学技術庁の資源調査会が作成した1/5万縮尺の分類図で，木曽川下流域濃尾平野の水害地形分類図（S31）が最初である。この地形分類図が伊勢湾台風（S34.9）による被害状況を的確に予想したことで有名になった |
| | 50種類以上の地形要素が示され，特に段丘・干拓地が詳細に分類されている<br>〈地形要素〉　中位・低位段丘，谷底平野，扇状地，自然堤防，中洲性微高地，後背湿地，デルタ，干拓地，埋立地，人工改変地，旧河道など |
| 土地条件図 | 木曽川下流域濃尾平野の水害地形分類図が伊勢湾台風（S34.9）による被害状況を的確に予想したことを受けて，S38以降作成された。1/2.5万縮尺の地図上に，地形分類だけではなく，地盤高（1mコンター）や施設の情報も記載されている。関東から近畿地方にかけての都市部で数多く作成され，市販されている |
| | 地形要素は約50種類に分類されている<br>〈地形要素〉　台地・段丘（5分類），扇状地，自然堤防，谷底平野，氾濫平野，三角州，後背湿地，落堀など |
| 治水地形分類図 | 国土地理院が作成した洪水地形分類図（S35）が元になっている。長良川の破堤（S51.9）を契機として作成され，S53までに合計132の直轄河川で整備された1/2.5万縮尺の分類図である。地形分類だけではなく，地盤高（1mまたは2.5mコンター）が記載され，河川計画・工事の基礎資料として利用されている |
| | 地形要素は20種類以上に分類されている<br>〈地形要素〉　台地，自然堤防，旧川微高地，扇状地，旧河道，落堀，氾濫平野，湿地，干拓地など |

地・台地のほか，低地の後背湿地・三角州などが表示されている。木曽川流域は東には自然堤防が多いが，西には後背湿地や三角州の割合が多い。これは東から西へ行くに従って標高が低くなる「傾動運動[注1]」と呼応している。

**参考文献**
1) 全国地質調査業協会連合会：日本の地形・地質　安全な国土のマネジメントのために，鹿島出版会，2001年
2) 大矢雅彦：河川地理学，古今書院，1993年
3) 中島秀雄：図説　河川堤防，技報堂出版，2003年

---

注1) 濃尾平野東端の猿投山塊側で隆起し，西端の養老山脈側の前面で沈降している。沈降量は第四紀以降で3,000m以上である。

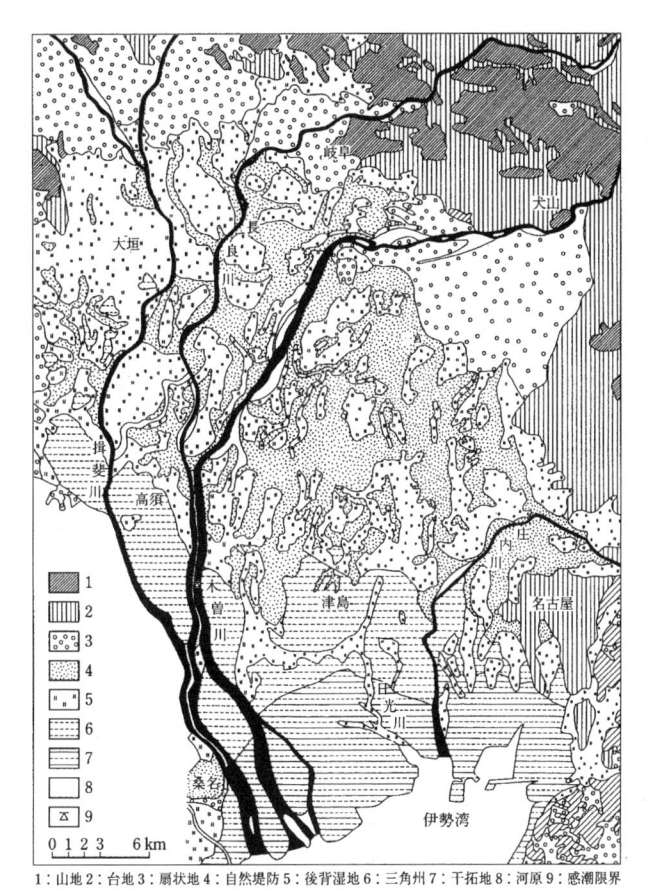

1：山地 2：台地 3：扇状地 4：自然堤防 5：後背湿地 6：三角州 7：干拓地 8：河原 9：感潮限界

**図10-38 水害地形分類図（木曽川下流域濃尾平野）**

＊）低平地は自然堤防，後背湿地，三角州，干拓地などで分類され，高潮災害などがあると三角州や後背湿地が浸水しやすい。

出典［大矢雅彦：河川地理学，古今書院，1993年］

# 第11章　施設の維持管理

　堤防・ダムなどの治水施設の整備が進み，今後維持管理が重要になるといわれているにもかかわらず，維持管理の予算化・計画の策定は進んでいないのが現状である。今後はライフサイクルを考慮した維持管理計画を策定し，その下で計画的に効率的な維持管理を行っていく必要がある。また，平常時に各施設の点検を行って，不具合や変状を早期に発見し，補修・補強を行うほか，洪水や地震発生後に堤防や構造物の変状を見つける技術を身につけ，堤防・河道災害の軽減を図っていく必要がある。近年予算・人員の削減や職員の異動により，こうした施設管理に手が回らない状況では，変状を検知できるセンサーを活用したり，洪水時には水防団と連携して，洪水被害を軽減するよう，体制を弱体化させないことが望まれる。

## 11.1　維持管理計画

　20世紀が建設の時代であったのに対して，21世紀は維持管理の時代になると考えられる。戦後国土保全事業の推進に伴って，数多くの河川管理施設が建設された。これらの施設は老朽化・劣化したり，陳腐化してきており，今後その運用・維持管理に多額の費用を要することとなる。施設建設後，50年以上を経過する河川管理施設（水門等）は道路橋梁と同様，今後急増することが想定される（図11-1）。

　国土交通白書2005では，今後の投資可能総額の伸びが前年比±0％（ケース1）の場合と，国が前年比△3％，地方が前年比△5％（ケース2）の場合の河川・道路などの国土交通省所管公共施設にかかわる維持管理・更新費の推計結果が示されている（図11-2）。投資可能総額に対する維持管理・更新費の割合はケース1では2004年の約31％に対して，2030年は約65％に増大する一方，新設充当可能費が投資可能総額に占める割合は約65％から約31％に減少する見通しである。ケース2に至っては投資可能総額が不足し，社会資本を十分更新できなくなると想定されている。

　施設の寿命（耐用年数）は被災や施設の老朽化（劣化，腐食）などの物理的減耗だけで

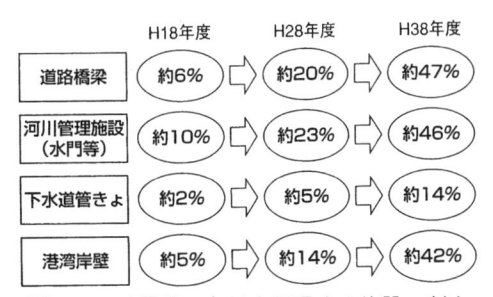

|  | H18年度 | H28年度 | H38年度 |
|---|---|---|---|
| 道路橋梁 | 約6% | 約20% | 約47% |
| 河川管理施設（水門等） | 約10% | 約23% | 約46% |
| 下水道管きょ | 約2% | 約5% | 約14% |
| 港湾岸壁 | 約5% | 約14% | 約42% |

図11-1　建設後50年以上経過する施設の割合
出典［国土交通省編：国土交通白書2009　平成20年度年次報告，ぎょうせい，2009年］

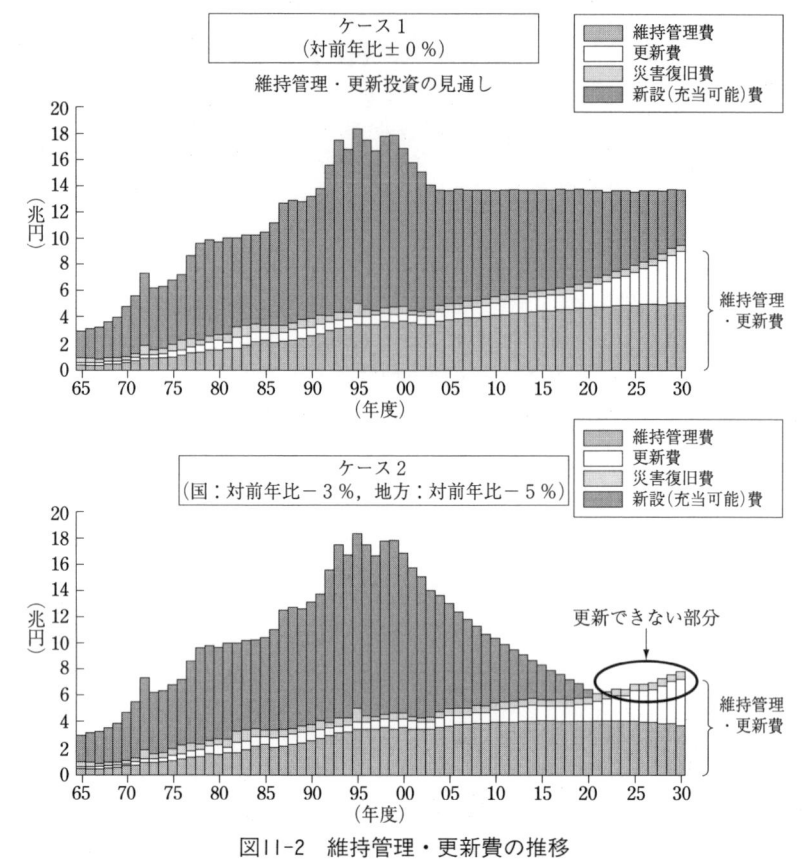

図11-2 維持管理・更新費の推移

＊) 投資可能総額の伸びがないと，約10年後には投資額の約半分が維持管理・更新費となる。また，投資可能総額の伸びが減少すると，約10年後には新設費が確保できないばかりか，維持管理・更新費すら十分でなくなる。

出典［国土交通省編：国土交通白書2006 平成17年度年次報告，ぎょうせい，2006年］

なく，社会的減耗や機能的減耗も影響する。一般に，施設の耐用年数は構造形式から土堤は40年，特殊堤（鉄筋コンクリート造）は50年，鉄筋コンクリート造の橋は60年などと定められている。これは資産の種類ごとに税務計算（資産の減価償却）のために定められたものであり，物理的減耗を中心に使用または時間経過によって損耗・劣化が著しく，修繕等を行って維持するよりも廃棄・更新した方が有利な状態を想定して定められている（図11-3）。

一方，社会的減耗とは堤防の嵩上げに伴って橋梁を架け替えたり，計画変更に伴ってポンプ容量を増強したり，河床変動や河道掘削に伴って堰や床止めを改築するなどで，施設自体は利用可能であっても，社会経済的な理由で寿命を迎えるものをいう。こうした社会経済的な理由で施設の一生を終えるものもかなり多い。また，機能的減耗とは新技術・新材料等の出現によって，寿命を迎えるものをいう。

維持管理は対象となる施設が少ない場合はあまり問題とはならないが，多数の施設が対象となる場合，維持管理予算は限られているので，施設の更新時期が集中しないように，

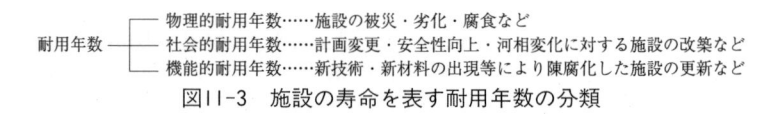

耐用年数 ─┬─ 物理的耐用年数……施設の被災・劣化・腐食など
　　　　　 ├─ 社会的耐用年数……計画変更・安全性向上・河相変化に対する施設の改築など
　　　　　 └─ 機能的耐用年数……新技術・新材料の出現等により陳腐化した施設の更新など

図11-3 施設の寿命を表す耐用年数の分類

維持管理計画を策定することが重要である。全体でも維持管理予算は建設予算に比べて少ないが，最近話題となっている地方負担割合も直轄事業の建設費1/3に対して，維持管理費4.5/10で，補助事業では建設費1/2に対して，維持管理費10/10と高い割合となっている。

河川管理では少なくとも流域ごとに維持管理計画を策定し，更新費用等の平準化を図る必要がある。計画策定の際には，施設の建設時期・耐用年数・被災および補修履歴，損傷・劣化状況からみた個別施設の更新計画，用途廃止される（た）許可工作物の撤去計画について考える。また，施設の維持修繕計画についてもあわせて策定しておく必要がある。そして，今後10カ年程度の期間を対象に優先順位，コスト，他事業との関連，実施にあたっての制約条件（改修計画，環境ほか）等を勘案して，実行計画を策定する。

こうした一連の維持管理をシステム的に考えておくことが重要である（図11-4）。巡視・点検結果は施設の劣化過程を知るためにデータベース化しておくとともに，その診断結果に基づいて適切な補修・補強手法を選定する。維持管理計画は河川改修計画や既存の維持計画との整合，環境への影響に配慮しながら策定する。計画に従って補修・補強された施設は十分機能を発揮するかどうかをモニタリングにより確認しておく必要がある。

また，計画・設計段階では新技術や新材料などを用いて，LCC（ライフサイクルコスト）も踏まえながら，経済性の観点から耐久性の高い施設計画・設計について検討を行う。このLCCとは1930年代に提唱された費用便益分析に起源があり，LCC＝計画・設計費＋初期建設費＋維持管理費＋解体処分費＋社会的費用である。供用期間中における貨幣価値の変化に対しては，割引率（通常3〜5％）で換算している。割引率は国交省「社会資本整備に係る費用対効果分析に関する統一的運用方針」や国債金利（リスクフリーレート）などに基づいて設定されているが，市中金利の利率などと比較すると高い割合である。これは割引率が国際的に見た国力を表す経済指標ともなるため，高い割合のまま設定され

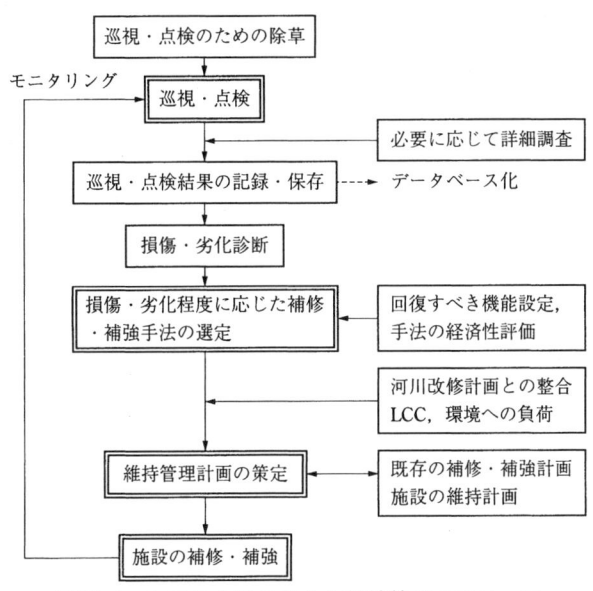

図11-4　システム的に考えた維持管理のフロー図

＊）補修・補強手法の選定や維持管理計画の策定にあたっては改修計画や既存の維持計画との整合性，経済性，環境負荷などについて検討しなければならない。

出典［末次忠司：河川の減災マニュアル—現場で役立つ実践的減災読本—，技報堂出版，2009年］

ているのである。

　今後，施設の維持管理のためにはマネジメントシステムが必要である。アメリカではIMS（社会資本マネジメントシステム）が活用されている。このシステムは維持管理の重要性を評価し，政策決定者が予算を効率的に執行するうえでの判断材料を与えるシステムで予算，意思決定基準，維持管理の方針，定量化の不可能な政治的動向などを外的要因としている。日本では橋梁のライフサイクルコストを考慮したBMS（ブリッジ・マネジメントシステム）のようなマネジメントシステムの確立が課題となっている。

　維持管理は施設の調査・計画・設計・施工・運用といったプロセス全体を通して（フィードバックも含めて）考える必要がある。各プロセスごとに維持管理に関する留意事項を示せば，以下の通りである。

- ・施設の計画・設計　→　コスト・維持から考えた適切な施設の配置・規模の決定
　　　　　　　　　　　→　初期投資・LCCを考えた，低コストで長持ちする施設設計
- ・施設の運用段階　　→　施設の調査・点検
　　　　　　　　　　　→　施設の損傷・劣化診断
　　　　　　　　　　　→　施設の耐久性向上のための補修・補強
- ・施設の更新　　　　→　老朽化・陳腐化した施設の更新時期の決定

**参考文献**
1) 国土交通省編：国土交通白書2009　平成20年度年次報告，ぎょうせい，2009年
2) 国土交通省編：国土交通白書2006　平成17年度年次報告，ぎょうせい，2006年
3) 小田嶋清治：5年改正版 減価償却資産の耐用年数表とその使い方，日本法令，1993年
4) 末次忠司編著：河川構造物維持管理の実際，鹿島出版会，2009年
5) 末次忠司：河川の減災マニュアル―現場で役立つ実践的減災読本―，技報堂出版，2009年
6) 笠原篤監訳：社会資本マネジメント―維持管理・更新時代の新戦略―，森北出版，2001年

## 11.2　堤防の管理（点検・変状発見）

　堤防が機能を十分発揮するためには，堤防管理のための巡視・点検を行い，変状等が見つかれば補修・補強することが重要である。近年は予算・人員の削減により，特に県管理河川において，巡視や点検に欠かせない除草が実施されない状況にある。例えば，巡視は県管理河川（約21,100）のうち，30％で未実施であるし，除草にいたっては県管理河川（約6,100）のうち，71％で実施されていない。

　点検はその時期・頻度から見て，平常時点検（日常・定期・出水期前点検）と出水時点検（出水時・臨時点検）に分けられる（図11-5）。堤防の点検手法としては河川巡視，目視点検，概略点検，詳細点検などがある。河川巡視は河川巡視規定に基づいて，平常時の

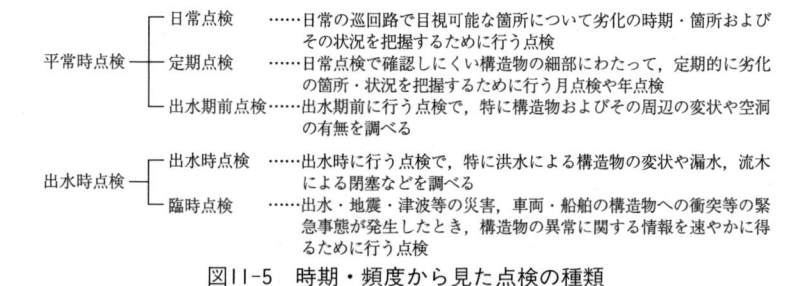

平常時点検
- 日常点検……日常の巡回路で目視可能な箇所について劣化の時期・箇所およびその状況を把握するために行う点検
- 定期点検……日常点検で確認しにくい構造物の細部にわたって，定期的に劣化の箇所・状況を把握するために行う月点検や年点検
- 出水期前点検……出水期前に行う点検で，特に構造物およびその周辺の変状や空洞の有無を調べる

出水時点検
- 出水時点検……出水時に行う点検で，特に洪水による構造物の変状や漏水，流木による閉塞などを調べる
- 臨時点検……出水・地震・津波等の災害，車両・船舶の構造物への衝突等の緊急事態が発生したとき，構造物の異常に関する情報を速やかに得るために行う点検

図11-5　時期・頻度から見た点検の種類

河川管理の一環として行うもので，原則として目視により占有，工作物の設置，河川環境等の状況を把握するものである．目視点検では高水敷，護岸，のり面，構造物周辺などを対象に，図11-6に示すような点検項目に対して，堤防破壊の懸念のある変状が生じていないかどうかの点検を行う．点検の結果，変状が見つかれば，詳細点検を行う．

堤防の点検では堤体・のり面の変形・沈下などを中心に見る．また，地震発生後には堤体の陥没・沈下等の変状などについてよく見る．なお，地震後の沈下は相対的に見ると見過ごす危険性があるので注意する．このように，全般的に変状を見ていく必要があるが，以下では特徴的な侵食・浸透による被災や変状に関する点検のポイントを示す．

[侵食に伴う変状調査]

侵食による被災や変状を調査する場合のポイントは図11-7の通りで，のり面の植生を除草して，わずかな被災や変状も見落とさないように十分な注意を払うほか，

- 護岸ブロックの流失・沈下やのり覆工下の空洞は土砂の吸い出しやのり面の侵食につながる
- 表のり面の縦断方向に亀裂や空洞があると，河岸や護岸の基礎が沈下または流失している危険性がある
- 連節ブロックの上流端のめくれは次の洪水でブロック全体の流失につながるおそれがある
- 樋門など，構造物周りの侵食は構造物と堤防が一体となって被災を引き起こす危険性がある

ので，それぞれの箇所について，入念に被災や変状を調べておく必要がある．

侵食は河床の深掘れに伴って発生することが多い．河床の深掘れに連動して河岸が侵食される場合と，深掘れに伴う基礎工や根固め工などの変状が河岸侵食を引き起こす場合が

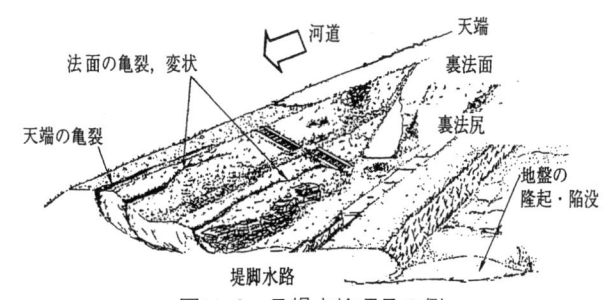

図11-6 目視点検項目の例

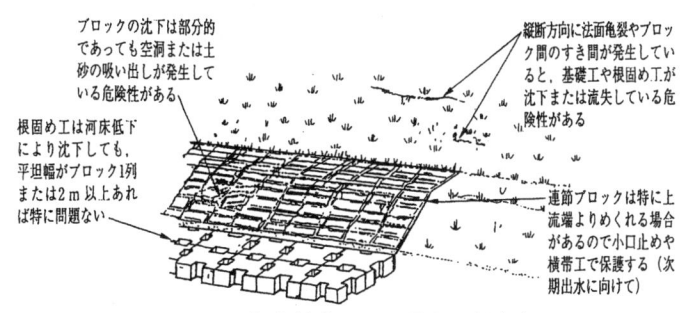

図11-7 侵食被害を見る場合の留意点

*) のり面が変状していると基礎工や根固め工の沈下の危険性があるし，ブロックの変状は土砂の吸い出しの危険性が想定される．

出典［末次忠司・川口広司・古本一司ほか：講座 土構造物のメンテナンス6.
河川堤防における点検と維持管理，土と基礎，54-8，2006年]

写真11-1　河床低下に伴う根固め工の沈下
（手取川）
＊） 根固め工等の護岸の変状が生じていると，まずは河床低下を疑って見る必要がある

ある。写真11-1は河床低下によって根固め工が沈下している様子である。この沈下が進行すると，河岸侵食を引き起こす。こうした河岸の深掘れは正確には測量しないと分からないが，簡易的にはスタッフを挿入したり，ポータブル測深器を使って，水深から河床の深さを推定する。この測深器は長さ20 cmと小型で，ソナーの原理で水中で超音波を発信すると，河床までの距離を80 mまで測定できる（河床がヘドロだと測深できない）。

[浸透に伴う変状調査]

一方，浸透に伴う被災や変状を調査する場合の留意点は，

- 特にのり尻付近から漏水することが多いので，漏水口ができていないかどうかを調べる
- 裏のりで漏水口や地盤のパイピングが見つかった場合は，すぐに月の輪工を行うのではなく，まずは表のりの吸込み口を探しだす
- 樋門付近からの漏水があれば，樋門下の空洞等を通じて漏水している可能性が高いので，連通試験等により確認する

などである。

**参考文献**

1) 末次忠司・川口広司・古本一司ほか：講座　土構造物のメンテナンス 6.河川堤防における点検と維持管理，土と基礎，54-8，2006年

## 11.3　構造物の管理（点検・変状発見）

河川構造物の点検においては，様々な点検項目が考えられるが，出水期前の点検項目および内容（堤防・護岸等を除いた主要な項目）を示せば，表11-1の通りである。点検項目は各施設ごとに異なるが，変状・破損・汚損などは多くの施設共通の点検項目であるし，河床の洗掘に伴って構造物に変状が起きていないかどうか（構造物下流，床止め・護床工），土砂の堆積などにより機能が損なわれていないかどうか（ゲート，樋門）なども共通的な点検項目となっている（写真11-2）。なお，融雪出水が発生する積雪寒冷地では融雪出水前に点検を行うことが困難な場合があるので，前年の出水期終了後の非出水期に出

表11-1 点検項目および内容

| 点検項目 | 主要な点検内容 |
|---|---|
| 構造物全般 | ・違法な改造等を施していないか／変状，破損，汚損がないか／本体周辺や下部に空洞が発生していないか |
| 構造物下流 | ・構造物の下流の河道で著しい洗掘や堆積がないか |
| ゲート | ・ゲートは支障なく開閉できるか（土砂や流木によりゲートが開閉できないことはないか）／角落としの本数，保管場所は確認されているか |
| 樋門 | ・同上（ゲートと同じ内容）／樋門周辺の護岸や高水敷保護工の沈下，空洞化，損傷はないか |
| 床止め・護床工 | ・流失，変状，破損，空洞，洗掘等がないか／下流河道で深掘れが発生していないか |
| 排水機場 | ・ポンプは正常に作動するか／不同沈下や地震等により，機場本体が沈下，変形していないか／沈砂池に大量の土砂が堆積していないか／吸水槽，吐出水槽は適正に維持されているか |
| 橋梁 | ・橋脚周辺で深掘れが発生していないか／橋台付近の堤体にひび割れが生じていないか／取付け護岸・根固め工に変状，破損はないか |
| 管理橋 | ・床版・手すり等の変状，破損，汚損がないか |
| その他の施設 | ・自家発電設備・受変電設備は正常に作動するか／除塵機は適正に維持されているか |
| 出水時に撤去すべき工作物 | ・撤去計画は策定されているか／撤去計画の内容は適正か／支障なく，撤去できるか |
| 管理体制 | ・操作要領等を確認しているか／操作要領等に照らし合わせて，出水時における操作人員の配置計画は適正か／出水時の通報連絡体制は適正か |

写真11-2 樋門の抜け上がり

＊）樋門が抜け上がると，樋門周りの堤体の変状だけでなく，樋門周囲（特に床版下）の空洞が発生していないかどうかについて確認する必要がある。

出典［末次忠司編著：河川構造物維持管理の実際，鹿島出版会，2009年］

水期前点検を行う。

　個別の点検項目ごとに見ると，ゲート・樋門では流水だけでなく，流水に伴って土砂や流木が通過するため，堆積・閉塞によりゲートが開閉できない不具合が生じると，洪水・高潮時に被害を助長することもあるので，開閉機能の確認を行っておく。排水機場は他の施設と比べて，多数の電気・機械設備があるため，各設備が正常に作動するかどうか，また沈砂池・吸水槽・吐出水槽が適正に維持されているかどうかについて点検しておく。

　橋梁は橋脚周辺の深掘れにより被災することが多いので，根固め工の範囲まで含めて橋脚周辺の河床高（河床変動）を測量する。部分的な根固めブロックの流失も全体被害に結

びつく可能性があるので，全体を調査することが重要である。

一方，出水時点検では出水期前点検と同様に，構造物の流失・変状・破損について調査するのは当然であるが，変状が明らかでない箇所でも，今後の洪水で被災・変状を起こす可能性のある箇所については調査を行う。床止め・護床工は流水中にあり調査は困難であるが，矢板等で締め切って，ドライな状態にして調査を行う。

**参考文献**
1) 末次忠司：河川の減災マニュアル―現場で役立つ実践的減災読本―，技報堂出版，2009年
2) 末次忠司編著：河川構造物維持管理の実際，鹿島出版会，2009年

## 11.4 水防による減災

洪水時には治水施設だけではなく，水防団・消防機関等の水防活動による減災が果たす役割も大きい。水防団は消防機関，都道府県，国交省の事務所，建設会社などと連携して，水防工法を実施するほか，監視・警戒，住民の避難・誘導などを行う。水防工法は身近に入手できる材料を用いて古来より行われてきた工法で，40種類以上の工法がある。水防工法としては表11-2に示した工法などが多く実施されており，いずれの工法も短時間に資材を調達する必要があるため，伝統的に土のう，竹，木などを用いる場合が多い（図11-8）。

水防工法を実施するにあたって，基本となる竹尖げ，杭拵え，ひも結びについて説明すると，以下の通りである。

[竹尖げ]
止め杭と控え杭で地面に固定した台木上に竹とげ鎌を設置する。竹の先端を持った者は竹を鎌にあてがうだけで，後ろの者が竹を引いてとぐ。竹は節下3～5cmの所から次の節3～5cmの所を残すように斜めにそぐ。先端がとがっていると堤防に入れた時に竹が割れやすいので，とがった部分をといで小さな三角形にする。

[杭拵え]
台木の上に杭を斜めにのせて持ち，他方の者がおので先端を削る。杭は直径の2～3倍の所より3方向から底面が3cmの正三角形となるように削る。先端をとがらせないのは，

表11-2 主要な水防工法の概要

| 〈目的〉工法名 | 工法の概要 |
|---|---|
| 〈越水防止〉土のう積み工 | 堤防上に土のうを2～3段積み，崩れないようにくいを打つ。土のうと土のうの間から水が漏れないよう，隙間に粘質土を詰める。実施された水防工法の半分が本工法である |
| 〈洗掘防止〉木流し工 | 枝葉のついた常緑樹に土のうをつけ，洗掘を防止したい箇所に投げ入れ，鉄線やなわで堤防天端の止め杭に止める工法で，急流河川における洗掘防止に用いられる。竹が用いられることが多いため，竹流し工と呼ばれる場合もある |
| 〈洗掘・漏水防止〉表シート張り工 | 防水シートをのり面に敷いて洗掘を防止する工法で，洪水流にあおられないよう，シートの下端と上流側に土のうなどの重りをつける。川表側の漏水の吸込み口を塞ぐように敷くと，漏水対策となる |
| 〈漏水防止〉月の輪工 | 川裏からの漏水に対して，のり尻に土のうを半円形状に2～3段積んで，漏水の水圧を減少させ，浸透流による堤体土砂の流失を防止する。のり尻先に円形状に土のうを積む工法は釜段工という |

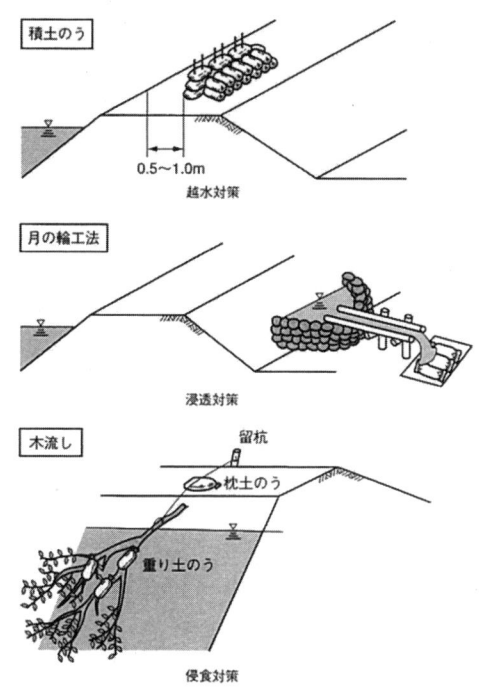

図11-8 水防工法の概要図
*) 積土のうでは土のうを肩から0.5～1m離すほか，表土のうと裏土のうの置き方に注意する。木流しでは木が洪水であおられないよう，重り土のうを付けるほか，堤体を傷めないよう，鉄線下に枕土のうを置く。

杭を堤防に打ち込んだ際に亀裂が発生しないようにするためである。

［ひも結び］

　土のうの口を縛る時は縛った袋の口を片方の手で握り，その下部にひもを2～3回まわす。まわしたひもの端を絞った元のひもに巻き込むように上から通し，そのまま上に強く引いて縛る。木流し工で，木の枝に重り土のうをなわで取り付ける時は，かみくくし（髪括し）で結ぶ。こうしたロープワークの詳細については，『水防工法の基礎知識』を参照する。

　水防工法の実施にあたってのノウハウを示せば，以下の通りである。
- 洪水流による影響を最小限にするため，土のう（長手積，長手ならべ）のしばり口は下流に向け，控え土のう（小口積，小口ならべ）のしばり口は川裏側に向ける
- 木流し工は枝や葉が付いた「しいの木」や「かしの木」がよく，堤体の損傷を防ぐため，枯枝等を取ることが大切である
- 堤防の裏のり，裏小段から漏水が生じた場合，まず川表の漏水口を探しだし，詰土のう工等を行う。漏水口が見つからない時はむしろ張り工等を下流部から連続して行い，漏水口を塞ぐことが先決であるが，これらと並行して川裏で月の輪工を行う
- 堤防が水で飽和している時にくいを打つと，新たな亀裂をつくる原因になるので，杭打ちをしてはならない

　水防活動は国交省または都道府県が発令する水防警報に基づいて実施される。水防警報は出水の危険度に対応して，待機，準備，出動，警戒，解除の段階があり，河川ごとにあらかじめ決められた水位に対して，水防団待機水位，避難注意水位，避難判断水位，氾濫

危険水位などが水防活動の目安となる水位に近くなると発令される。約2/3の水防管理団体が避難注意水位（以前の警戒水位）を洪水時の出動根拠としている。各水位の指定基準（目安となる基準），各水位に対する自治体・水防団・住民の対応は表11-3に示す通りである。なお，H19.4に「洪水等に関する防災情報体系の見直し実施要綱」に基づいて，水位の名称が変更された。（　）内の名称は旧名称である。

水防警報は国交省事務所→県庁→県土木事務所→水防管理団体の順に伝達されることが多いが，県庁または県土木事務所を経由しないで伝達される地域もある（この3ルートで全体の約2/3を占める）。伝達は電話等でツリー状に行われる場合が多いが時間を要するので，近年は一斉FAXを用いたり，愛知県では東海豪雨（H12.9）を教訓に，多重マイクロ無線回線と衛星回線を用いた高度情報通信ネットワークを構築し，活用している。

水防活動は水防体制や団員の経験の違いにより，地域により組織力や技術力の格差が見られる（写真11-3）。これまで実施された水防活動の実態調査結果では，以下の教訓が得られた。

・水（消）防団が水防工法を選定できず，国交省の事務所に判断を委ねた
・土のう袋が不足して，積土のう工法を十分実施できなかった
・積土のうや月の輪などはよく実施されるが，それ以外の工法ノウハウは近年低下し，あまり実施されていない

水防体制については，近年水害被害が減少したり，団員の後継者問題などにより各地で体制の弱体化が懸念されている。後継者問題としては農村域では過疎化や若者不足，都市域ではサラリーマン化（職住近接でない）などがある。水防団員はその98％が消防団員との兼務で，他の仕事を持ったボランティアである。水防団員数はS35には160万人い

表11-3 水防活動等のために設定された水位の指定基準等

| 基準対応<br>水位 | 水位の指定基準（目安） ||| 水位の例 ||
|---|---|---|---|---|---|
| | 自治体の対応 | 水防団の対応 | 住民の対応 | 淀川<br>枚方 | 多摩川<br>石原 |
| 水防団待機水位<br>（指定水位） | 計画高水流量の約2割の流量に相当する水位または高水敷に洪水が乗る水位 ||| 2.7m | 4.0m |
| | ― | 水防活動の準備 | ― | | |
| 避難注意水位<br>（警戒水位） | 洪水により災害が起きる恐れがある水位または平均低水位から計画高水位までの間の下から5～7割の水位 ||| 4.5m | 4.3m |
| | 避難準備情報の発令検討 | 水防活動に出動する段階 | 避難行動の準備 | | |
| 避難判断水位<br>（特別警戒水位） | 氾濫危険水位と情報伝達・避難に要する時間，洪水位上昇速度等を考慮して定めた水位（洪水予報河川以外の中小河川が対象） ||| 5.4m | 4.7m |
| | 避難勧告または指示の発令検討 | 水防活動の実施 | 避難を判断する段階（避難行動を行う目安） | | |
| 氾濫危険水位<br>（危険水位） | 洪水により相当の家屋浸水等の被害を生じる氾濫が起こる恐れがある水位で，完成堤の場合は計画高水位以下，暫定堤防の場合は（堤防高－余裕高）以下と定義される。氾濫危険水位を突破したということは洪水位が堤防天端より余裕高以内に上昇したことを意味する ||| 5.5m | 5.6m |
| | ― | 水防活動の実施 | 避難行動の完了 | | |

＊）避難判断水位は水位情報周知河川における特別警戒水位に相当する水位である。

写真11-3　安倍川における水防活動（S57.8洪水：侵食防止工法）
＊）　表のりの洗掘に対して，捨て土のうを杭で補強している。

たが，現在は90万人に減少している（図11-9）。全国平均ほどではないが，団員の高齢化も進んでいる。近年水防管理団体数が減少しているのは市町村合併によるものである。

H10に建設省土木研究所が実施した全国の水防管理団体に関するアンケート調査結果によれば，S60からH10にかけて，水防計画書の作成，水防協議会の設置などの体制整備は進んだが，実践に重要な水防訓練の実施が減少し，情報連絡担当員も大幅に減少した。

今後水防体制を活性化するためには以下に示す水防団員の確保，水防資器材の調達，水防技術の向上などが必要である。また，水防団・消防機関だけで水防を維持していくのが困難な場合は，地元の自主防災組織，企業内防災組織，ボランティアまで含めた水防のあり方を検討する必要がある。

［水防団員の確保］
- 水防団はイベントが多いという理由で，入りたくない人が多い → 水防団のイベントを少なくする
- 水防団員の定年は50歳未満が約4割と多い → 水防団員の採用・定年年齢を見直す

［水防団員の意識向上］
- 水防が知られていない → 市町村の広報誌に水防団の活動，水防団員の紹介を行う
- 団員は水防を自負している → 水防倉庫に水防団員の名前を掲示する

［水防資器材の調達］
- 資器材の調達に時間を要する → 建設業協会等と資器材調達の協定を締結する
- 資器材の入手が困難である → 代替品に使える肥料の袋，じゅうたん，シートなどを

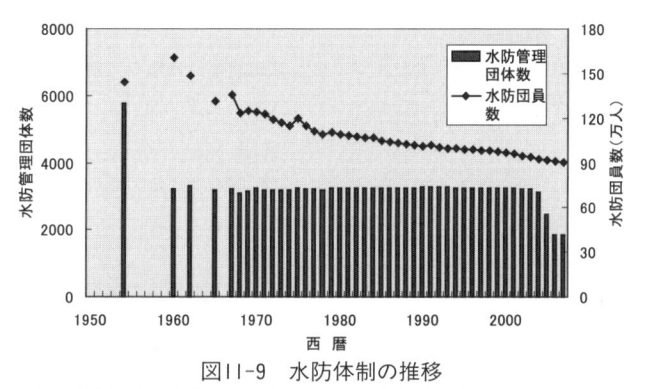

図11-9　水防体制の推移
＊）　水防団員は全盛期の約半分となり，高齢化も進みつつある。

表11-4 新たに開発された水防資器材

| 名　称 | 資器材の概要 |
|---|---|
| Tube Wall | スウェーデンのSIAQ社が開発した越水対策用チューブで，従来の水のうと類似しているが，空気でTubeを膨らまし，かつTubeにつながったスカート部分に作用する水圧でTubeを固定するため，Tubeを小型にでき，重量も軽い |
| Concertainer | イギリスのHesco-Bastion社が開発した大型土のう工法で，鋼製の骨組みとワイヤーパネルで作られた折り畳み式のかご（正六角形）に土砂を入れ，並べて設置する．折り畳み式なので運搬が容易で，繰り返し利用できる．2mまでの水深に対応できる |
| Quick-Dam | ドイツのQuick Systems Gmbh社が開発した越水防止工法で，鋼製の骨組みと防水シートで組み立てた容器に水または土砂を詰め，並べて設置する．簡単に組立て・積み込めができ，2.1mまでの水深に対応できる |
| Dura-Bull Barricades | プラスチック製のブロック（直角三角形）を連続的に設置して，ブロックの中に水または土砂を注入する越水防止工法で，日本で使われている工事現場用のプラスチック・ブロックに類似している |
| プラスチック十字ぐい | プラスチック擬木にカーボンブラック等を添加して，材質の改善及び強度増加を図ったものである．十字ぐい（6kg）は木ぐい（9.5kg）より軽く，抵抗が小さいため，比較的楽に打込みを行える |

周辺住民から提供してもらう
・資器材の備蓄状況が不明である → 国交省の災害対策資器材検索システム[注1]の活用

［水防技術の向上］
・水防技術を向上させる意識が低い → 水防活動で功績を上げたり，講習会等を受講した団員に「水防士」等の称号を与える
・水防演習は形式的になりやすい → 多くの人に水防を理解してもらう水防演習とは別に，実践的な水防訓練・水防技術講習会を開催する．水防専門家派遣制度[注2]を活用して，水防技術の習得を図る

上記のうち，水防資器材については新たな資器材が開発されているので，そのいくつかを表11-4に紹介する．

**参考文献**
1) 全国防災協会編：写真と映像で学べる 水防工法の基礎知識，全国防災協会，2008年
2) 浜口達男・末次忠司・桐生祝男：水防における情報伝達に関する調査報告書，土木研究所資料，第2327号，1986年
3) 浜口達男・末次忠司・桐生祝男：全国水防管理団体の実態調査，土木研究所資料，第2407号，1986年
4) 末次忠司・舘健一郎・武富一秀：近年における水防体制の変化，自然災害科学，19-3，日本自然災害学会，2000年
5) 国交省国総研監修・水防ハンドブック編集委員会編：実務者のための水防ハンドブック，技報堂出版，2008年

---

注1）国交省地方整備局のイントラ上で資器材の保有場所・種類・数量が把握できるとともに，対策の実施に必要な資器材の数量が表示される．今後は水防管理団体でも情報を見れるように改善されることが望まれる．
注2）H19.2より開始した制度で，河川伝統技術に詳しい水防団OB等が「水防専門家」として登録され，市町村等の講習会等で水防工法を教える．

## 11.5 検知センサー

職員数の削減などの理由で，巡視等により堤防や構造物の変状の把握が難しくなっている。また，植生が繁茂したり，職員の目が届きにくい箇所は盲点となり，災害を発生させる引き金となる可能性がある。このように職員の目視による変状把握には限界があり，今後は検知センサー等を活用した省力化された手法も取り入れていく必要がある。

河川にも検知センサーとして光ファイバーやICタグ（電子荷札）などのハイテクが利用されている。洪水時に浸透によるのり崩れ，高水敷の洗掘などの変状を光ファイバーでリアルタイムに計測できる堤防センサーが開発され，配備されている（表11-5）。このセンサーは堤体が浸透・洗掘で崩落して堤体中の錘が沈下して歪む（伸びる）と散乱光の周波数が短くなる性質を利用したものである。すなわち，ケーブル途中に錘を付けて，堤体の変状→錘の移動→歪みの発生のプロセスで変状検知を行う。光ファイバーの中継基地を10 km以内に設置すれば，mm単位の変状の発生位置を1 m単位で検知可能である。現在漏水センサーは阿武隈川，肱川，利根川などに，洗掘センサーは信濃川支川の魚野川に設置されている。センサーの方式は，光ファイバーの敷設方式により，直線的なライン型とV字型がある。ライン型は低コストで施工性が良く，V型は感度が良いという長所がある。

検知センサーは漏水や侵食だけでなく，浸水センサーとしても使われている。浸水センサーにはマイクロ波式と圧力式がある。国交省ではJR新横浜駅周辺の歩道にマイクロ波式3カ所，マイクロ波式＋圧力式の二重化センサー5カ所，鶴見地区に二重化センサー2カ所を設置している（写真11-4）。センサーで予測値以上の浸水を検知すると，パソコンや携帯に自動的にメール送信する登録サービスも行われている。

また，宮城県岩沼市にはS61.8水害，H6.9水害などを教訓として，H13までに26カ所の浸水センサーが設置された。小・中学校付近に6カ所，神社・寺院付近に4カ所，線路・踏切付近に3カ所などが設置されている。この浸水センサーは光ファイバーケーブルを利用したもので，浸水圧により光ファイバーが歪むと抵抗が変化して，伝送波形の伝達に時間遅れが生じ，この遅れから得られた水圧より浸水深を推定するものである。前述した堤防センサーと同様，従来のセンサーと比べると，電源・通信装置が不要なため，経済的な手法である。

表11-5 堤防センサーの設置状況

| 水系名 | 河川名 | 導入年月 | 目的 | 方　式 | 敷設長 |
|---|---|---|---|---|---|
| 阿武隈川 | 阿武隈川 | H12.3 | 漏水 | ライン型＋V型 | 1,000 m |
| 肱川 | 肱川 | H13.3 | 〃 | 〃 | 280 m |
| 信濃川 | 魚野川 | 〃 | 洗掘 | ライン型 | 1,850 m |
| 利根川 | 利根川 | H14.3 | 漏水 | 〃 | 400 m |
| 肝属川 | 串良川 | 〃 | 〃 | 〃 | 320 m |
| 庄内川 | 新川 | H14.5 | 〃 | 〃 | 232 m |

＊）フィールド試験実施河川：梯川（洗掘），仁淀川・斐伊川・川内川（漏水）

写真11-4 浸水センサー（JR新横浜駅前）
＊）歩道に設置されたマイクロ波式の浸水センサーである。新横浜駅前には同様のセンサーが計8カ所設置されている。

護岸等に取り付けたセンサーにより，護岸等の変状・流失を検知する研究も国交省国総研により行われた。この変状検知センサーには導線の敷設や電波法上の届け出も不要な微弱電波を発するアドホック通信技術[注1)]が活用されている（写真11-5）。護岸等が通信圏外に流失したり，変状を起こして通信不能になると，変状・流失を起こしたと判断される仕組みである。通信経路上の中継局が流失して機能しなくなっても，別の中継局が通信経路を確保するため，リダンダンシーの高い通信を可能としている。研究の結果，長い検知時間を要する場合があったり，他の電気機器のノイズの影響も見られた。

橋脚周りの洗掘に対しては，JR東日本が橋脚の傾斜を感知するセンサーを開発した。これは橋脚の天端に設置したセンサーが規定値以上の傾斜量（0.2～0.4度）を感知すると警報を発するもので，気泡型水準器の原理を応用している。すなわち，洗掘が起きて橋脚が傾斜すると，気泡が移動し，移動に伴う電圧変化をセンシングする原理である。電車の振動の影響をとらえることもあるため，120秒以内に傾斜が戻れば，異常はなかったものと判断される。

また，メモリー機能と無線通信機能を持ったICタグもセンサーに使われている。ICタグは大きさはいろいろでカード～コインの大きさが主流であるが，米粒やゴマ粒程度の小さいものもあり，最小のICチップは0.075mm角である。ICタグには多くの情報を入力でき，欧州メーカーが販売している廉価版では1個5円と低価格になっている。書籍の万引き防止，流通物資の管理，会社・レジャー施設の入退場管理，セルフレジなどに利用されているほか，鳥獣被害の対策として捕獲動物にも付けられている。上記した護岸センサーと同様にICタグにも電池寿命の問題があるが，ICタグ自身に電池を搭載したアクティブ型に対して，電池を持たず外部からの起電力を基に発電を行うパッシブ型がある。通信距離はアクティブ型は長いが，パッシブ型は短い。

なお，近畿地方整備局近畿技術事務所では，海岸の防波堤裏の路面下における土砂の吸い出し検知に関する基礎実験を行った。検討では土中に埋設した高周波数帯（2.4GHz）の無線ICタグは含水量の有無にかかわらず，検知できなかったが，低周波数帯（125kHz）の場合は土中の水分が満水まで検知することができた。また，近畿技術事務所では地下埋設物の検知への無線ICタグの活用を検討したほか，加速度センサーによる落石

写真11-5　護岸の変状検知センサー
＊）　各ブロックの中心に見える円形部分がセンサーである。

---

注1）微弱電波を出す電源に用いる内蔵電池の寿命を伸ばすために，伝播効率の良い周波数帯の電波を選択する必要がある。今回の検討では10MHzが選定されたが，今後検討する余地がある。

検知についても検討を行った。

生態系の追跡センサーとしては，土木研究所が開発したマルチ・テレメトリー・システム（MTS）がある。これは動物に装着した発信器が出す電波を受信局（5ヵ所）のアンテナがキャッチして，その位置を探査するシステムで，10m精度で位置の検出が可能である。このシステムを用いて，五ヶ瀬川支川の北川で高水敷の掘削工事に伴う騒音・振動に対するタヌキの回避行動が明らかにされた（図11-10）。調査の結果，タヌキは工事騒音の低い範囲で行動しており，振動よりも騒音に対して敏感であった。

また，土木研究所は魚類に対して発信命令がなくても一定間隔で電波発信を行う発信器を用いたシステムで，MTSを改良したATS（アドバンスト・テレメトリー・システム）を開発した[注2]。長さ2cmの発信器を装着したゲンゴロウブナを対象とした調査の結果，池に生息するゲンゴロウブナの行動は朝5～8時が活発で，台風に伴う大雨発生後に活発であった。また，千曲川におけるニゴイの調査では，洪水流量の増大に伴って流速が速くなると，流速の遅いみお筋に移動することが分かった。ATSはH20年度のダム工学会賞を受賞した。

検知センサーではないが，光ファイバーを用いた大容量の河川情報通信も荒川や阿武隈川で行われている。国交省はH17年度末で31,900kmに及ぶ光ファイバー網を整備して

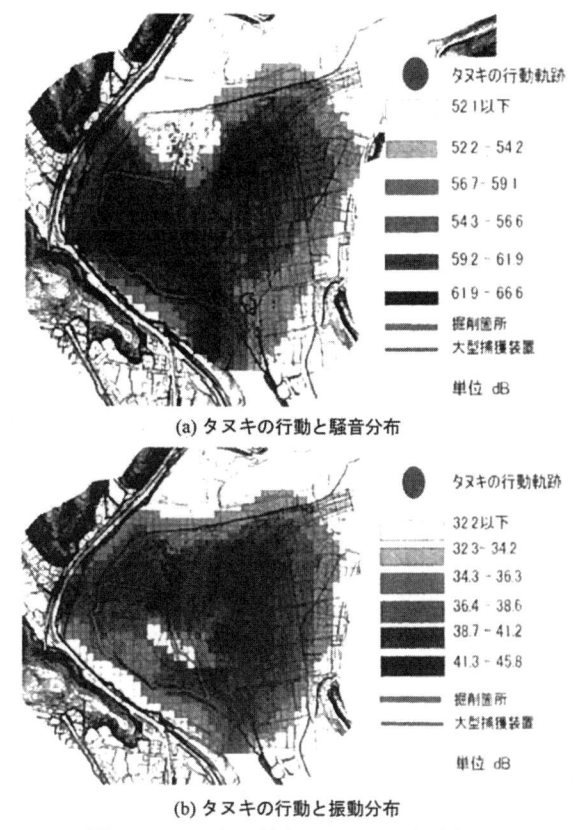

(a) タヌキの行動と騒音分布

(b) タヌキの行動と振動分布

図11-10　工事に対するタヌキの行動経路

*）タヌキの行動場所を示す点は騒音の低い地域に多く分布しているが，振動には関係なく行動している。

---

注2）MTSでは観測者が人力でデータ取得していたのに対して，ATSは複数の受信局が受信電波を解析して，自動的に発信位置を特定できるように改良されたシステムである。

写真11-6　情報コンセントからの
情報送信（荒川）
＊）　荒川下流には64基の情報コンセントがあり，現地情報を事務所の防災センター等へ送信することができる。

いる．例えば，荒川では河川管理用の光ファイバーネット[注3]を用いて，防災や地域情報を住民へ提供している．これまでに提供された情報では，「洪水の生中継」が最も好評であった．なお，光ファイバー網は民間でも活用できるよう，施設管理に支障がない範囲で，電気通信事業者等への開放が進められている．国交省等も光ファイバーの開放により，ケーブルテレビ会社から利用料が入るし，サイバーモールサイト運営会社から出店料や広告料を得ることができる．

　河川管理用の情報通信としては，荒川や阿武隈川では現地で撮影したカメラ情報を電波により，情報コンセントへ送り，光ファイバーを通じて事務所の防災センターへ送信している．特に荒川下流には64基の情報コンセント（うち無線8基），CCTV 137基（うち河川敷等に57基），河川情報表示板26基が設置され，情報収集・伝達に活用されている（写真11-6）．なお，情報コンセントからは接続したパソコンの情報を送信することも可能である．

**参考文献**
1) 末次忠司：河川の減災マニュアル―現場で役立つ実践的減災読本―，技報堂出版，2009年
2) 小林範俊・島村誠：橋脚洗掘モニタリング手法の開発，JR EAST Technical Review-No.3，2003年
3) 河川生態学術研究会北川研究グループ：北川の総合研究―激特事業対象区間を中心として―，2004年

注3）実際の用途としては水門・樋門・排水機場等の河川管理施設を遠方より監視して，操作したり，現場の状況を写したCCTVカメラ画像を伝送したりすることに使われている．

## 11.6 災害復旧

 堤防の破堤に対して，また河道災害が発生した場合に，2次被害が発生しないように，迅速に対応しなければならない。特に破堤した場合，緊急に堤防の仮締切りを行う必要がある。迅速な締切りを行うには仮締切りから本復旧に至るまでの工程の計画を策定すると同時に，対応できる近隣の職員等を招集し，また災害対策用機械や復旧資器材を迅速に調達することが重要となる。復旧計画は，

- 第一工程：欠け口止め工，仮水制工，掘削工
- 第二工程：荒水止め工
- 第三工程：仮締切工（漸縮工，せめ工）
- 第四工程：仮復旧堤防

の各工程ごとに策定する必要がある。災害対策用機械については現在照明車，排水ポンプ車，災害対策車などの位置および稼働状況を衛星通信により一元管理できる統合管理システムが運用されており，東海豪雨（H 12.9）の際にも機能を発揮した。

 また，国交省地方整備局によっては，ホームページ上で災害対策用機械・車両，電気通信機器の配備状況を把握できるし，資器材調達に関しても災害対策資器材検索システムができている地方整備局もあるが，システムがなくても必要資器材を備蓄したり，建設会社等と調達に関する協定を結んでおく必要がある。なお，上記システムは地方整備局のイントラ上で操作でき，河川・距離標や地先名等から災害地点を検索したり，災害地点周辺の施設（水防倉庫，土取場など）を表示したり，施設にある資器材の種類・数量を表示してくれる。

 仮締切りにあたっては，以下に箇条書きした基準を目安として，締切方法を選定する。越水破堤に対しては在来法線仮締切りが多いが，その他の破堤（漏水，洗掘ほか）に対しては，堤外仮締切りが多く採用されている。在来法線仮締切りは堤防本復旧工事に利用できるが，仮締切工事に利用した捨石や捨ブロックが支障となる場合があるし，川幅が狭い場合の堤外仮締切りは洪水流を阻害するので，避ける必要がある。緊急復旧工法としては盛土工（捨石・捨ブロック，杭打ち，サンドポンプ船）や鋼矢板工（二重式）が多く採用されている。なお，S 40以降の施工実績（中央値）で見れば，仮締切りで8日間，仮復旧堤防工で11日程度を要している。

- 堤内地の深掘れが少ない，仮締切延長が短い → 在来法線仮締切り
- 堤内地が深掘れ，高水敷あり，川幅が広い → 堤外仮締切り

 緊急復旧工事は基本的には図11-11に示した四つの工程からなるが，海岸・感潮河川では第二または第三工程から始める。サンドポンプ船により破堤箇所に土砂を流送する場合，土砂の歩留まりをよくし，工期を短縮するために粗朶沈床，捨石工，杭打土俵詰みなどの工法を荒水止め工に用いる。また，急流河川では第一工程が終了したら，流水を止め，直ちに本復旧にとりかかる。

 仮締切りの留意事項をS 34.8洪水により破堤した揖斐川支川牧田川を事例に見てみる。破堤箇所の仮締切りでは本堤防の根固めも兼ねるよう，川表を締め切る計画とした（図11-12）。破堤箇所上流には水跳ねの中聖牛7基が設置され，仮締切法線前面に列状に猪ノ子枠が投入された。河床には8～10層の粗朶沈床が敷設され，ポンプ船排送土砂の足固めとされた。そして，2隻のサンドポンプ船により破堤による洗掘箇所の埋土が行われたほか，堤防上からダンプトラックにより運搬された土砂が投入された。これらの工程を行

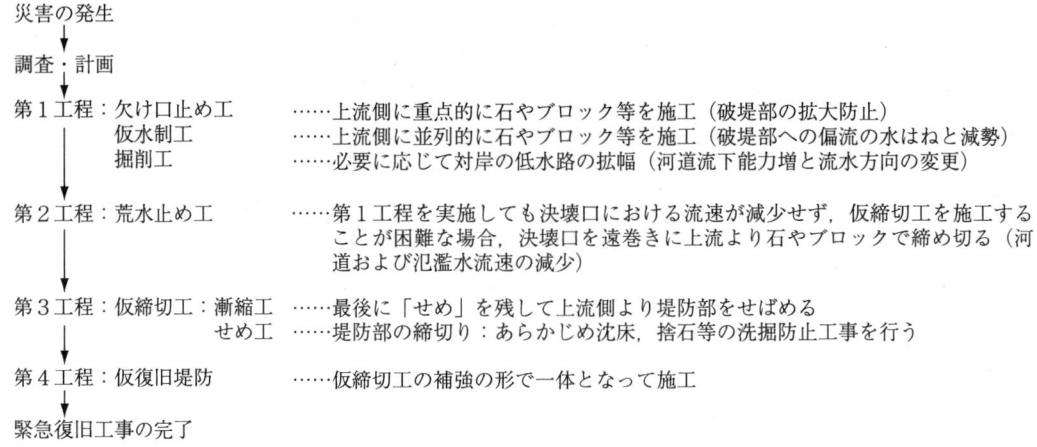

災害の発生
　↓
調査・計画
　↓
第1工程：欠け口止め工　……上流側に重点的に石やブロック等を施工（破堤部の拡大防止）
　　　　　仮水制工　　　……上流側に並列的に石やブロック等を施工（破堤部への偏流の水はねと減勢）
　　　　　掘削工　　　　……必要に応じて対岸の低水路の拡幅（河道流下能力増と流水方向の変更）
　↓
第2工程：荒水止め工　　……第1工程を実施しても決壊口における流速が減少せず，仮締切工を施工することが困難な場合，決壊口を遠巻きに上流より石やブロックで締め切る（河道および氾濫水流速の減少）
　↓
第3工程：仮締切工：漸縮工　……最後に「せめ」を残して上流側より堤防部をせばめる
　　　　　　　　　せめ工　　……堤防部の締切り：あらかじめ沈床，捨石等の洗掘防止工事を行う
　↓
第4工程：仮復旧堤防　　……仮締切工の補強の形で一体となって施工
　↓
緊急復旧工事の完了

図11-11　緊急復旧工事の工程

*）　第一・第二工程では氾濫水の流速を減少させるよう，石やブロックを投入し，第二〜第三工程で締め切るが，最後の「せめ」は大量の土砂等を要するし，堤防の新たな侵食を引き起こす危険があるので注意する。

出典［末次忠司・小林裕明：危機管理に備えた水防災のための時間感覚，水利科学，No. 249，1999年］

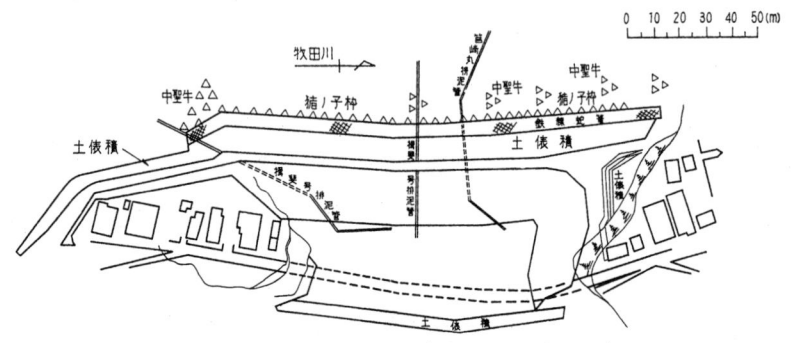

図11-12　仮締切平面図（揖斐川支川牧田川）

*）　中聖牛または猪ノ子枠は洪水流を跳ねるように投入され，ポンプ船排送土砂の足固めとして粗朶沈床が敷設された。

うにあたっての留意事項は以下の通りであった。

- 洪水の主流が破堤箇所から離れるように，破堤箇所上流に水跳ねの水制または聖牛を設置する
- 橋梁や浅瀬が多いと，ポンプ船の河川遡航は困難となるので，減水前の時間を有効に利用して回航する
- 締切作業が破堤中央の最深部に進むにつれて必要土量は急激に増加する

　このように，復旧では欠け口止め工，荒水止め工と破堤箇所の締切りが進むにつれて，必要土量が増えるだけではなく，氾濫流の流速は速くなり，侵食されやすくなる。利根川のカスリーン台風（S 22.9）時の締切りでは，流速が速く，打設した杭18本が折損したため，長い杭を短い間隔で打設して，土俵詰みを行った。したがって，特に最後の締切りとなる「せめ」を行う前に，沈床や捨石等の洗掘防止工事を行う必要がある。

　伊勢湾台風（S 34.9）においては，洗掘防止工のための大量の石の入手が困難であったため，サンドポンプ船により土砂が投入された。サンドポンプ船にはいろいろな方式があるが，迅速性を考え送泥管を継ぎ足して直接土捨場へ流送する方式が採用された。感潮域において締切りを行う場合，干満の状況により投入した土砂が流出する場合がある。今後，同様の状況が起きた場合，大型土のうやブロックなどが有効になると考えられる。

破堤以外の災害復旧では，越水・侵食・浸透に伴う被災や変状が破堤に至らないよう，応急的に対応する。越水・侵食による堤体の欠損に対しては，堤体周りに大型土のうを投入して断面を確保することが重要である。また，川表側前面には洪水流に抵抗できるよう，重量のある袋体やブロックを投入する。本復旧工事では被災箇所周囲を矢板で囲み，ドライな状態にしたうえで，これらの投入資材を取り除いて土砂等で復旧する。

**参考文献**
1) 国土開発技術研究センター：堤防決壊部緊急復旧工法マニュアル，1989年
2) 末次忠司・小林裕明：危機管理に備えた水防災のための時間感覚，水利科学，No.249，1999年
3) 締切工法研究会編集：応急仮締切工事，全国防災協会・全国海岸協会発行，1963年

# 第12章　ダム整備とその効果・影響

　近年ダム整備に対する風当たりは強く，特に環境に及ぼす影響が懸念されている。流況コントロールが厳しい日本にあって，ダムは洪水調節や利水等のためにはなくてはならない施設であり，その効果について整理するとともに，環境等への影響についても分析しておく必要がある。洪水調節効果に関しては，マクロな治水効果，洪水調節方式の現状と今後のあり方について検討する。また，ダム貯水池には上流からの土砂が堆積し，治水・利水容量を減少させており，その実態と対策に関する検討も必要である。対策としては堆砂対策と容量増大策などが考えられる。

## 12.1　ダムの整備と管理

　第5章で記述したように，日本の河川は流域規模の割に洪水流量が多く，かつ最大流量/最小流量の河状係数が非常に大きいため，ダムによる洪水時，平水時の流量制御が行われたり，用水の供給が行われている。また，資源の乏しい日本にとって，ダムによる水力発電は貴重なエネルギー資源となっている。このようにダムには洪水調節，利水（灌漑・上水道・工業用水，発電）などの機能があるが，12.5「ダム堆砂」で記述するように，土砂・流木の捕捉機能もある。例えば，上流から運ばれた土砂はダムにとっては堆砂問題を引き起こすが，ダムにより土砂が捕捉されることによって，下流河道にとっては河床上昇を抑制したり，（河床上昇に伴う）水害被害を軽減するなどの効果がある。

　世界最古のダムは約4,000年前にエジプトで築造された石積みダムで，日本最古は約1900年前に築造されたため池である。世界ダム委員会のWCDレポート（2000）によると，世界中には約5万に及ぶダムが建設されており，日本は中国，アメリカ，インドに次ぐダム大国である。

　日本全国には約2,900のダムがあり，うち約3割に相当する約700ダムで洪水調節，約2,800ダムで利水が行われている（多目的ダム[注1]は約540ダムある）。すなわち，洪水調節専用ダムは約90あるほか，利水では発電（約600ダム），灌漑・生活・工業用水等の供給が行われている（図12-1）。建設数で見ると，S30～40年代には約35ダム/年という多

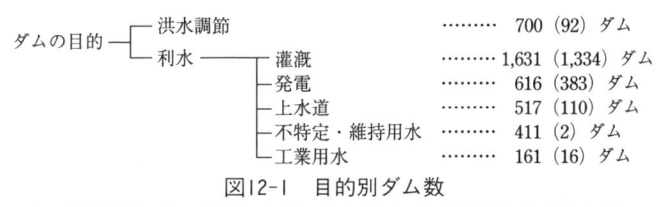

```
ダムの目的 ─┬─ 洪水調節                    ········   700 (92) ダム
            └─ 利水 ─┬─ 灌漑              ········ 1,631 (1,334) ダム
                     ├─ 発電              ········   616 (383) ダム
                     ├─ 上水道            ········   517 (110) ダム
                     ├─ 不特定・維持用水   ········   411 (2) ダム
                     └─ 工業用水          ········   161 (16) ダム
```

図12-1　目的別ダム数
＊）各目的別に延べダム数で示していて，（　）が単目的ダム数である。

---

注1）複数の目的を有していれば，多目的ダムと呼ばれる。

数のダム，特に多くの専用ダムが建設された。しかし，最近ダム建設数は減少し，ダム建設は縮小傾向にある。割合としては多目的ダムが増加傾向にある。また，渇水が多い福岡，長崎，沖縄などには地中壁により塩水の流入を防ぎ，不透水層上に淡水を貯留・取水できる地下ダムが全国に14基建設されている。S54に皆福ダム（宮古島），S55に樺島ダム（長崎県野母崎町）などが建設された。

一般的なダムは堤体を構成する材料により，コンクリートダムとフィルダムに分類される。フィルダムは堤体が岩石や土砂で構成された塑性構造物であり，弾性構造物であるコンクリートダムとは設計の仕方が異なる[注2]。構造により重力式ダムは重力式コンクリートダム，中空重力式コンクリートダム，アーチダムなどに分類され，フィルダムはアースダム，ロックフィルダムなどに分類される。構造形式別に見れば，アースダム（47%）が最も多く，次いで重力式コンクリートダム（38%），ロックフィルダム（11%）などが多い。フィルダムは灌漑用ダムに多い（図12-2）。

ダムの規模を総貯水容量で見ると表12-1に示すように，電源開発が管理しているダムに規模の大きなダムが多いが，海外のダムに比べると，数百分の1の規模である。なお，奥只見ダムや田子倉ダムのある阿賀野川水系は年間総流出量が140億m³（第2位）と多く，流水の貯留・利用に有利である。また，洪水調節容量で見ると表12-2に示す通りである。洪水調節流量が大きいダムは水機構の高山ダム（淀川水系名張川）の3,300 m³/s，早明浦ダムの2,700 m³/s で，洪水調節容量が大きいほど，ダムの洪水調節流量が大きいとは限らない。

巨大ダムの建設はアメリカのフーバーダムを嚆矢とし，それ以降世界各地で築造された。ダム高が世界一のダムはヌレークダム（タジキスタン）で，ダム高は300 m もある。日本のダムのダム高で見ると表12-3の通りで，大きな落差を有する方が有利な発電ダムや北陸地方のダムにダム高の高いダムが多い（写真12-2）。

ダムの管理には操作，貯水池管理，施設管理があり，時間的には平常時，洪水時，用水補給時の管理がある。操作を的確に行うには，降雨・洪水の状況を早期に把握し，下流河

```
                              ┌─ アーチダム ............. 54
              ┌─ アーチダム ─┤
<重力式の複合ダム>              └─ マルティブルアーチダム ............. 3
重力式アーチダム              ┌─ 重力式コンクリートダム ............. 1,091
      12     ←┤─ 重力式ダム ─┤
重力式コンクリート・          └─ 中空重力式コンクリートダム ............. 14
 フィル複合ダム              ┌─ アースダム ............. 1,343
      22      └─ フィルダム ─┤─ ロックフィルダム ............. 306
                              └─ その他のフィルダム ............. 15
```

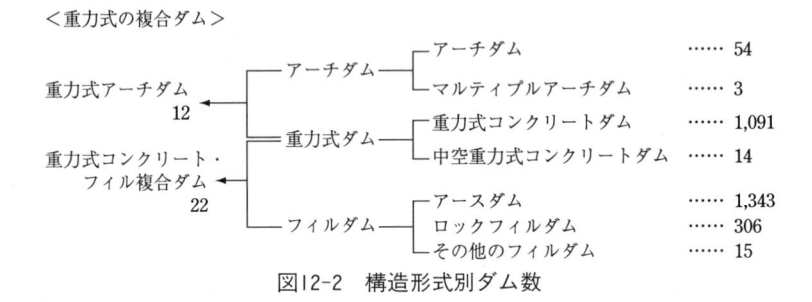

図12-2　構造形式別ダム数

表12-1　主なダムの総貯水容量

| ダム名 | 水系名 | 河川名 | 総貯水容量 |
|---|---|---|---|
| 徳山ダム（水機構） | 木曽川 | 揖斐川 | 6.6億m³ |
| 奥只見ダム（電源開発） | 阿賀野川 | 只見川 | 6.0億m³ |
| 田子倉ダム（電源開発） | 阿賀野川 | 只見川 | 4.9億m³ |
| 御母衣ダム（電源開発） | 庄川 | 庄川 | 3.7億m³ |
| 九頭竜ダム（国交省，電源開発） | 九頭竜川 | 九頭竜川 | 3.5億m³ |

注2）塑性とは力を加えると変形してそのまま元の状態には戻らない性質をいい，弾性とは力を加えると変形するが，力を取り除くと元の状態に戻る性質をいう。

写真12-1　徳山ダム（総貯水容量が最も多い）

＊）H20に竣工した水機構のダムで，総貯水容量は6.6億 m³ある。

表12-2　主なダムの洪水調節容量

| ダム名 | 水系名 | 河川名 | 洪水調節容量 | 洪水調節流量 |
| --- | --- | --- | --- | --- |
| 玉川ダム（国交省） | 雄物川 | 玉川 | 1.07億 m³ | 2,600 m³/s |
| 徳山ダム（水機構） | 木曽川 | 揖斐川 | 1.0 億 m³ | 1,720 m³/s |
| 早明浦ダム（水機構） | 吉野川 | 吉野川 | 0.9 億 m³ | 2,700 m³/s |
| 真名川ダム（国交省） | 九頭竜川 | 真名川 | 0.89億 m³ | 2,550 m³/s |
| 田瀬ダム（国交省） | 北上川 | 猿ヶ石川 | 0.845億 m³ | 2,200 m³/s |

表12-3　主なダムのダム高

| ダム名 | 水系名 | 河川名 | ダム高 | 目的・形式 |
| --- | --- | --- | --- | --- |
| 黒部ダム（関西電力） | 黒部川 | 黒部川 | 186 m | 発電用のアーチダム |
| 高瀬ダム（東京電力） | 信濃川 | 高瀬川 | 176 m | 発電用のロックフィルダム |
| 徳山ダム（水機構） | 木曽川 | 揖斐川 | 161 m | 多目的のロックフィルダム |
| 奈良俣ダム（水機構） | 利根川 | 楢俣川 | 158 m | 多目的のロックフィルダム |
| 奥只見ダム（電源開発） | 阿賀野川 | 只見川 | 157 m | 発電用の重力式コンクリートダム |

写真12-2　黒部ダム（ダム高が最も高い）

＊）S38に竣工した関西電力のダムで，ダム高は186 mである。

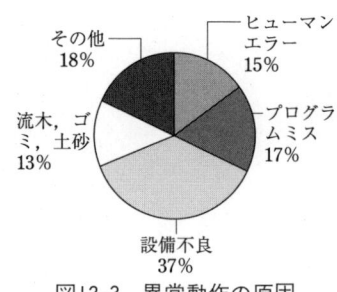

図12-3 異常動作の原因
＊）ダムの異常動作は放流設備やダムコンなどの設備不良が最も多いが，ヒューマンエラーもある。

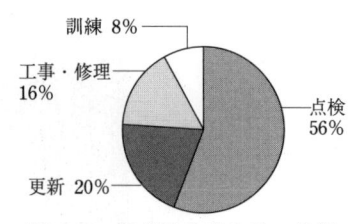

図12-4 異常動作発生時の状況
＊）異常動作は洪水時ではなく，点検・更新などに関連したスイッチの切り替えミスなどが多い。

川の状況を見ながら，放流量の決定・放流操作を行う必要がある。そのためには事前に操作方針（操作規則など）について検討し，下流河川の利用者の安全対策をたてておくとともに，放流に際しては関係行政機関への通知・通報を行う。

貯水池管理では貯水池の容量・水質・塵芥の状況を把握するとともに，周辺斜面ののり崩れ・地すべりの早期発見に努める。生物の生息状況のモニタリングや周辺環境整備を行うことも必要である。施設管理ではダム本体や基礎地盤の沈下・変形・ひび割れ，漏水・浸透の監視・測定を行うとともに，各種設備（洪水吐き，ゲート，観測施設，ダムコン，警報装置，電気設備）の点検・整備を行う。施設の不具合や老朽化に対しては，必要に応じて補修などの対策を講じることが重要である。

ダムに関する異常動作事例（H 12～19）の原因を見ると，放流設備やダムコン・堰コンなどの設備不良が37％と最も多く，次いでダムコン・堰コンのプログラムミス（17％），ヒューマンエラー（15％），流木・ゴミ・土砂（13％）などとなっている（図12-3）。こうした不具合はゲート等の操作時ではなく，平常時に多く点検（56％），更新（20％），工事・修理（16％）に関連して生じたヒューマンエラーが多い（図12-4）。したがって，設備の点検・更新等を行った際には規格の確認やスイッチの切り替えなどを確実・適切に行って，設備が正常に作動するよう万全を期する必要がある。

**参考文献**
1) ダム技術センター：ダム便覧

## 12.2 ダムによる治水

河川堤防が線的な施設であるのに対して，ダムは点的な施設であるため，適切なサイトがあり，予算を集中投資できれば，堤防よりも短期間で治水効果を発揮することができる。H 19年度末時点のダムによる整備効果を示せば表12-4の通りで，およそ5,600億 $m^3$ の治水容量，738万 kW の発電出力，260億 $m^3$ の用水供給の効果を有している。なお，対象にはダムのほか，堰，湖沼開発，遊水地なども含んでいる。

ダムによる治水は新設ダムによる治水と，既設ダムによる治水[注1]があり，例えば宇奈月ダムでは急速な堆砂の進行が予測されたため，堆砂により治水容量を損なわないよう，

---
注1) 近年ではH16水害後の豪雨災害対策総合政策委員会の提言のなかで，既存施設の有効活用が謳われた。

表12-4 ダム等による整備効果

| 区　分 | | 直轄 | 水機構 | 補助 | 合計 |
|---|---|---|---|---|---|
| ダム数 | | 99 | 28 | 396 | 523 |
| 治水容量（百億m³） | | 27 | 10 | 20 | 56 |
| 発電最大出力（万kW） | | 510 | 86 | 142 | 738 |
| 開発水量 | 都市用水（億m³/年） | 48 | 79 | 49 | 175 |
| | 農業用水（億m³/年） | 51 | 9 | 25 | 85 |

＊）都市用水＝水道用水＋工業用水
出典［国交省編：国土交通白書，ぎょうせい，2009年］

写真12-3 小規模放流施設の切削状況（土師ダム）

＊）ダム堤体を削孔して放流施設を増設する場合，構造的な検討が重要となる。

計画段階でフラッシング排砂手法・設備について検討が行われた。既設ダムでは図12-5に示すような治水機能の増大方策が考えられる。例えば，土師ダム（江の川）では洪水初期における調節のため，従来の大規模流量を対象にしたオリフィスゲートに加えて，ダム堤体を削孔して小規模（低位）放流施設を増設した（写真12-3）。一方，治水容量の増大にあたっては，ダム堤体の嵩上げが検討されるが，工期・構造変更など課題もあるため，比較的短期間で実施可能な貯水池容量の再配分案が採用されるケースがある。この場合，新たな放流施設が必要となる場合があり，例えば鶴田ダム（川内川）ではH18水害に鑑み，夏期の洪水調節容量を増大させるとともに，低い位置に放流設備を増設する予定（H27完成予定）である。洪水調節容量はS44, 46, 47水害後，4,700万m³から7,500万m³に増大された（S48）が，H18.7洪水で計画洪水の2倍以上の流入量があったため，更に9,800万m³に増大される予定である。

ダム群再編にあたっては，ダム間で管理者，法律，権利などが異なるので，ダム群再編事業の効果・効率を評価するとともに，効率的な容量配分を行うための機関間の調整が必要となる。各ダムの管理制度で見れば表12-5の通りである。なお，今後のダム群再編にあたっては，次のような課題について検討しておく必要がある。

・財産権などの権利をどう設定（権利関係の互換）するか
・貯水池容量の振替にあたって，同じ容量を交換するか，同じ効果を交換するか
・各ダムで既に負担している費用が異なるので，今後その費用をどう負担するか

なお，複数の方策を検討しているダムもあり，堆砂対策により増大した容量を治水容量に振り替る場合（佐久間ダム）や，洪水調節容量の変更に伴って放流設備を増設する場合

```
<個別ダム>
・貯水池容量の増大 ─┬─ 堤体の嵩上げ      ……新丸山ダム，新中野ダム，桂沢ダム
                    └─ 堆砂対策          ……美和ダム，他に貯砂ダム多数
                    ┌─ 洪水調節方式の変更  ……(刈谷田川ダム)，(浜田ダム)
・貯水池運用の変更 ─┼─ 放流設備の新設・増設 ……土師ダム，笹生川ダム
                    └─ 貯水池容量の再配分  ……(二風谷ダム)，(鶴田ダム)
<複数ダム（または水系）>
・貯水池容量の増大 ─── 既設ダム下流に新設  ……胆沢ダム，(夕張シューパロダム)
                    ┌─ ダム群再編        ……佐久間ダム，秋葉ダム
・貯水池容量の振替 ─┼─ ダム群連携        ……五十里ダム，川治ダム
                    └─ 既設ダムと新設ダム ……藤原ダム，玉原ダム
```

図12-5 既設ダムの治水機能の増大方策
＊）図中で，（　）書きは現在検討中のダムである。

表12-5　ダムの管理制度

|  | 根拠法 | 財産権 | 利水者権利 |
|---|---|---|---|
| 共同ダム | 河川法9，17，23，66条等 | 河川管理者と利水者 | 共有としての権利 |
| 特定多目的ダム | 河川法9条，特ダム法 | 国土交通大臣 | ダム使用権（物権） |
| 水資源機構ダム（特定施設） | 水資源機構法12，17条等 | 水資源機構 | 施設利用権（債権） |

（長安口ダム）もある．特に後者はよく採用される方策である．

**参考文献**

1) 国交省編：国土交通白書2009　平成20年度年次報告，ぎょうせい，2009年

## 12.3　ダムによる洪水調節方式

ダムにより治水機能を発揮するためには，その地域，河道，ダムにとって効果的な洪水調節方式を採用する必要がある．多目的ダムなどのように，洪水調節と利水の競合関係を調節するダム運用方式には，

- 制限水位[注1]方式：洪水期に貯水位を下げて洪水調節容量を確保する方式で，予備放流方式と組み合わせる場合もある．洪水期は6～10月が多い．貯水位の低下はダムにより異なるが，6～20m程度である
- オールサーチャージ方式：年間を通じて洪水調節容量を確保する方式で，経済的には多少不利であるが，小規模なダムでは安全・確実な方式である．直轄ダムでは丸山ダム（木曽川），厳木ダム（松浦川水系厳木川）などで採用されているが，事例は少ない

がある．このように，一般には洪水期に貯水位を下げて，空き容量を利用して洪水を調節し，一定以上の洪水流量または貯水位になった段階から放流を開始する．洪水調節方式は直轄・水機構ダムでは一定率一定量方式や一定量方式が多いが，補助ダムでは自然調節方式や一定率一定量方式が多い．自然調節方式はS52に改訂された河川砂防技術基準のなかで推奨された．

計画を上回る洪水の発生が予想されると，貯水池への流入量が洪水流量に達するまでに，利水容量を一時的に使って貯水位を制限水位以下に低下させる「事前放流」，最大放流量（無害流量）を決めて，予備放流水位まで放流する「予備放流」がある（操作規則に規定されている）．事前放流は直轄・水機構ダムのほかに，集水面積が80 km² 以上，かつ総貯水容量1,400万 m³ 以上の補助ダムが対象である．

また，サーチャージ水位（洪水時満水位）に達することが予想され，洪水調節容量の8割相当水位に達すると，貯水池への流入量に相当する量を放流する「ただし書き操作[注2]」により貯水量の調節を行う．「ただし書き操作」を行う場合，関係機関へ放流3時

---

注1）制限水位が洪水を貯留できるよう，貯水位を下げた洪水期最高水位であるのに対して，非洪水期の最高水位は常時満水位といわれる．

注2）国交省所管ダムの操作規則第15条1項のただし書き「ただし，気象，水象その他の状況により特に必要があると認められる場合においては，この限りではない（規則で規定された以外の操作を行える）」である．

間前に事前通知するほか，放流1時間前に通知しなければならない。「ただし書き操作」が実施されるのは通常1～5ダム/年であるが，台風が10個上陸したH16には25ダム，H17にも13ダム（延べダム数）にも及んだ（図12-6）。

これらの調節方式には長所・短所があり，予備放流は洪水調節容量を用いて決められた最大放流量まで放流できるが，放流水位以外のルールがないため，放流実施判断の適否が争点となる場合がある（表12-6）。ただし書き操作は超過洪水対応として，放流により貯水位を低下できるが，放流量を流入量まで増加させる「すり付け操作」に時間を要する（操作が間にあわない）場合がある。事前放流は早い段階で洪水調節を行えるが，開始基準となる降雨予測精度が未だ十分ではないうえ，貯水位を回復できない可能性がある。これに対して，H18に放流に伴う損失を補填する制度が創設された。

ダムの水害訴訟では「洪水調節における予備放流」が適切であったかどうかが争点とな

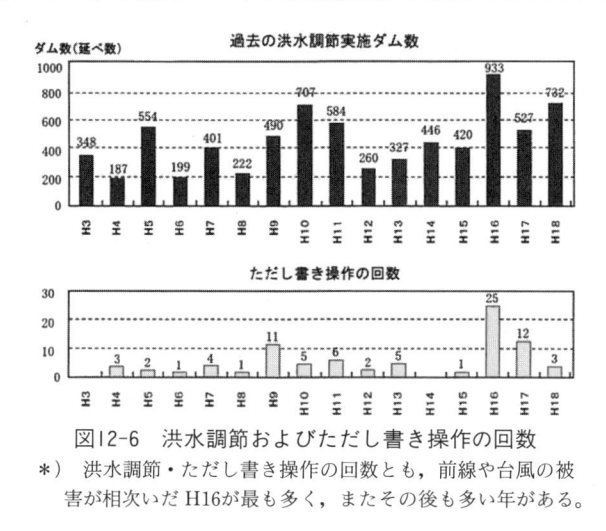

図12-6 洪水調節およびただし書き操作の回数

*) 洪水調節・ただし書き操作の回数とも，前線や台風の被害が相次いだH16が最も多く，またその後も多い年がある。

表12-6 洪水調節方式の概要と課題

| 項　目 || 予 備 放 流 | 異常洪水対応操作 ||
|---|---|---|---|---|
| ||| ただし書き操作 | 事 前 放 流 |
| 概　要 || ・操作規則で規定<br>・洪水期の洪水調節容量を使う<br>・予備放流水位まで最大放流量（無害流量）を決めて放流 | ・S53河川局長通達<br>・操作規則の例外規定<br>・貯水位に応じて，放流量を流入量まで増加させる | ・H17河川局長通達<br>・実施要領の検討中<br>・利水容量を使う<br>・流入量が洪水量に達するまでに制限水位以下に下げる |
| 操作方法 | 開始 | ・所長の判断 | ・サーチャージ水位を超えることが予想され，水位が洪水調節容量の8割相当水位になった時 | ・降雨量などから見て超過洪水の発生が予測される時 |
| | 終了 | ・流入量が洪水量になる前 | ・流入量が計画最大放流量になった時 | ・流入量が洪水流量に達した時 |
| 課　題 || ・放流水位以外のルールがない<br>・予備放流能力の不足 | ・すり付け操作に時間を要する<br>・下流河川で水位上昇が速くなる場合あり | ・開始基準となる降雨予測精度が低い<br>・貯水位の回復可能性（補填制度あり） |
| その他 || ・放流実施判断の適否が訴訟となる場合がある | ・県で多く実施<br>・H16に25回，H17に13回実施 | ・H16に17回，H17に26回実施 |

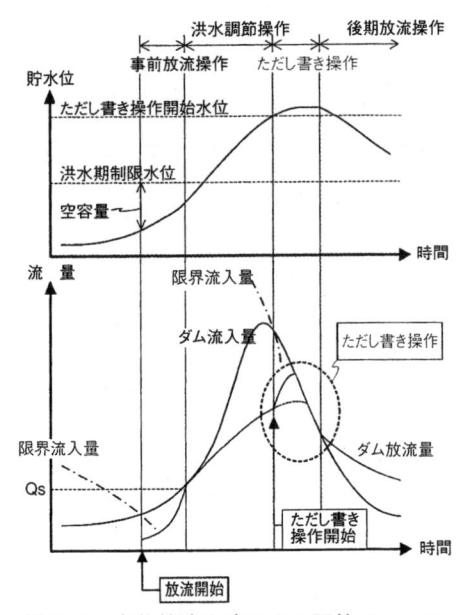

図12-7 水位放流方式による調節イメージ

＊） 水位放流方式では流入量や貯水池の空き容量の関数である限界流入量に基づいて，放流開始やただし書き操作開始の時期が決まる。

った「新成羽川ダム水害訴訟」などの事例がある。この訴訟は高梁川支川新成羽川の新成羽川ダム（岡山県・中国電力の利水ダム）において，S 47.7 洪水時に操作規程[注3]で予備放流方式を採用しているのが合理的かどうかが争われた。岡山地裁で原告住民が敗訴した後，広島高裁に控訴して，H 6 に中国電力との間で和解が成立した。

これらの洪水調節方式に対する新たな方式として，今村氏の水位放流方式や裏戸先生のVR方式がある。水位放流方式はダムからの放流による下流河道の水位上昇速度[注4]を制約条件として，ダム設計洪水位で放流量を流入量にすり付ける放流操作方式である（図12-7）。放流開始のタイミングや次のステップの放流量は，その時点の流入量や貯水池の空き容量の関数である限界流入量より算出される。水位放流方式は事前放流操作だけでなく，洪水調節操作やただし書き操作にも有効な方式である。この方式は熊本県の市房ダム（球磨川）における事前放流で試行された。

一方，VR方式はその時点の空き容量から判断して，以後の洪水をその空き容量内で貯留できない場合に，放流量を逐次増加していく操作方式である。流入量は計算時点をピークとして低減するものと仮定し，次の計算ステップで流入量が増加していれば，放流量はその流入量を基に計算し増加させる。まだ，両手法とも採用事例は少ないが，現在適用性について検討が行われている。

**参考文献**
1) 今村瑞穂：ダム貯水池における洪水調節の合理化に関する2，3の考察，ダム工学，Vol. 8 No. 2，1998年
2) 裏戸勉：ダムによる洪水調節方法の合理化について，松江高専研究紀要，第三十六号，2001年

---

注3）洪水調節目的を持つダムでは操作規則であるが，利水ダムでは操作規程という。
注4）放流に伴う下流河道の水位上昇は，利用者が待避できるように，30〜50 cm/30分以内に抑える「放流の原則」がある。

## 12.4 ダム建設の影響

ダム，砂防堰堤，堰，床止めなどの横断工作物が建設されると，下流河川への供給土砂量が減少し，特に砂河川では河床低下や深掘れを引き起こす場合がある。河床低下は治水にとっては流下能力が増大してよいが，顕著な河床低下は護岸や橋梁の基礎部分の洗掘などを招き，洪水被害を発生させる。ただし，砂利採取も河床低下に影響するので，両者の影響について検討する必要がある。

ダムが建設されると，上流から流送されてきた礫や粗砂が捕捉されるほか，洪水流量が平滑化される。ダムによる下流河道における土砂移動量の減少を丹生ダム（淀川水系高時川）を対象に解析した結果では，中小洪水時にダムで洪水を全量カットした場合，下流河道の土砂移動量が約6割減少し，その約9割がダムによる土砂の遮断によるものであった（図12-8）[注1]。

また，ダム建設前後の洪水流量の変化を平均年最大流量で見れば，江の川（粟屋地点），木津川（飯岡），手取川（中島）においては3〜4割減少，また矢作川（岩津：ダムから離れている地点）では1割減少したという結果であった。こうした洪水流量の平滑化と供給土砂量の減少により，ダム下流では河床低下や河床材料の粗粒化が起きる。河床低下は特に大洪水の減少による掃流幅の縮小に伴って生じる。この掃流幅の縮小に伴う深掘れは

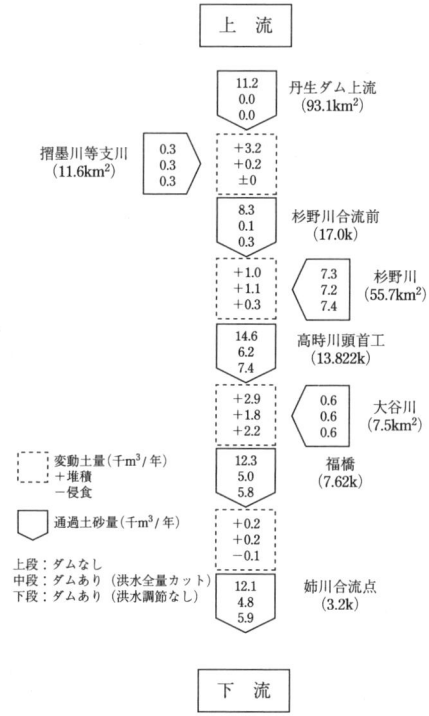

図12-8 高時川における土砂収支図
出典［木戸研太郎・松川知三・吉栖雅人ほか：高時川流砂系における丹生ダムの影響，河川技術論文集，第11巻，2005年］

---

注1） 姉川合流点で見て，1.2万 m³ のうち，7,000万 m³ が洪水調節で流砂量が減少し，6,000万 m³ がダムで遮断されるという解析結果であった。

撹乱頻度の減少とあいまって，樹林化も引き起こす（図12-9）。

洪水規模から見ると，ダムが建設されると大洪水が減少し，中小洪水が増加する流況変化が起きる。その結果，中小洪水で細粒土砂が掃流され，粗粒化した土砂が河床表面を覆うと，土砂の動きが少なくなり，アーマー化を引き起こす。粗粒化により岩河床が一層顕著になる場合もあるが，下流で流砂量が多い支川が合流すると，その影響は緩和される。アーマー化は本来の河道に見られない生活型の底生動物を増やすとともに，付着藻類の剥離・更新を妨げ，魚類の生息・生育環境を悪化させる。例えば，ダム下流では供給土砂量の減少と粗粒化により造網型の底生動物が増加する。また，土砂供給量の減少により，早瀬が平瀬化すると，平瀬を好むオイカワが増加し，代わってウグイなどが減少する。

底生動物が魚類に及ぼす影響に関しては，ダムではないが，アメリカの北部カリフォルニアの河川を対象にした研究結果があり，図12-10に示す通り，A：洪水撹乱の多い期間（洪水期）に対して，B：洪水撹乱の少ない期間（渇水期）は魚に食べられやすい底生動物が減少して，C：食べられにくい底生動物が増加するので，D：この餌の影響により魚類は減少してしまう。

ダム建設が環境に及ぼす影響を調査する場合，その調査範囲は陸域は対象ダム事業区域境界から500mまでの範囲が目安となる。また，水域は上流はダム湛水区域より上流500

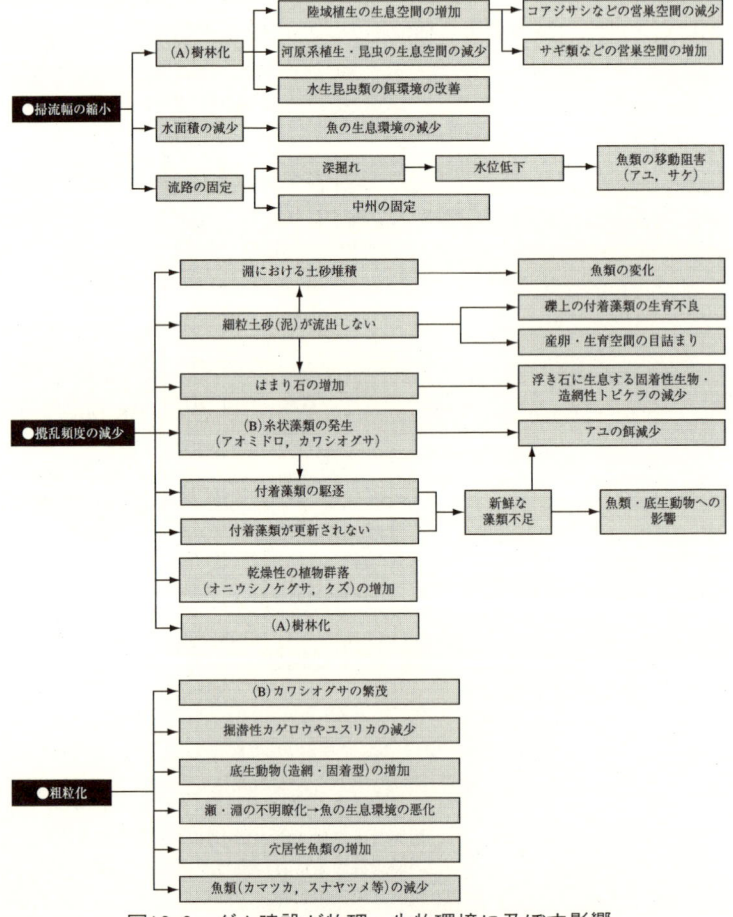

図12-9　ダム建設が物理・生物環境に及ぼす影響

\*）ダム建設による流量調節と土砂供給量の減少によって下流河道の掃流幅が減少し，河床が深掘れすると，河岸や中州上の撹乱頻度が減少するというように，各要因は相互関係にある。

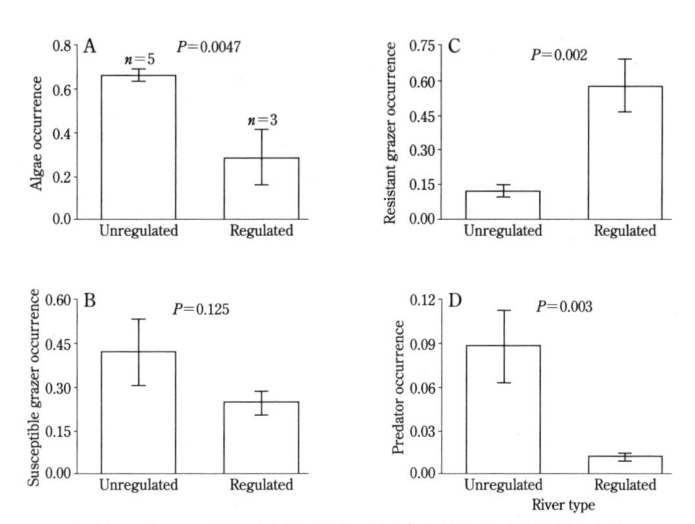

図12-10 夏季の成長期における底生動物の平均発生率
*) 確率p<0.05で有意な差があり，撹乱が少なくなると餌となる底生動物の減少により，魚類も減少してしまう。

m，下流はダム集水域の3倍程度の範囲で本川合流点または支川合流点までの範囲である。

ダム建設は水質にも影響し，栄養塩類（窒素，リン）[注2]が貯水池へ流入すると，富栄養化が起きる。栄養塩類の流入が少なくても，上流から濁水が流入したり，貯水池の底泥から栄養塩類が溶出して富栄養化が起きることがある。リン，窒素はその形態や成分により図12-11の通りに分類される。分解プロセスで見ると，窒素は有機物態窒素→アンモニア態窒素→亜硝酸態窒素→硝酸態窒素となり，リンは有機物態リン→リン酸態リンになる。ただし，嫌気的環境では亜硝酸態窒はアンモニア態窒素になる。富栄養度を知るには全窒素，全リンで水質表示するのがよいが，水質の中身を吟味する場合は分類した各成分での表示が重要となる。

この富栄養化が進行すると，初夏から秋にかけてミクロキスティス属などの藍藻類や時には緑藻類が異常増殖し，水の色が赤みを帯びた赤潮が発生する（写真12-4）。赤潮が発生すると，透明度が低下したり，夜間呼吸により大量の酸素を消費して酸素不足を生じる。加えて，増殖した藍藻類が死後分解される時に大量の酸素が消費されるため，底層の溶存酸素濃度が低下（貧酸素化）する。底層の貧酸素化は堆積物の還元を進行させ，鉄・マンガンのイオン態，メタンガス・硫化水素の発生，土粒子に吸着した栄養塩の溶出を引き起

- 全窒素 ─┬─ 溶存態窒素 ─┬─ 有機物態窒素
　　　　　│　　　　　　　├─ アンモニア態窒素 $NH_4-N$
　　　　　│　　　　　　　├─ 亜硝酸態窒素 $NO_2-N$
　　　　　│　　　　　　　└─ 硝酸態窒素 $NO_3-N$
　　　　　└─ 懸濁態窒素

- 全リン ─┬─ 溶存態リン ─┬─ 有機物態リン
　　　　　│　　　　　　　└─ (オルト)リン酸態リン $PO_4-P$
　　　　　└─ 懸濁態リン

図12-11 リンと窒素の形態や成分による分類

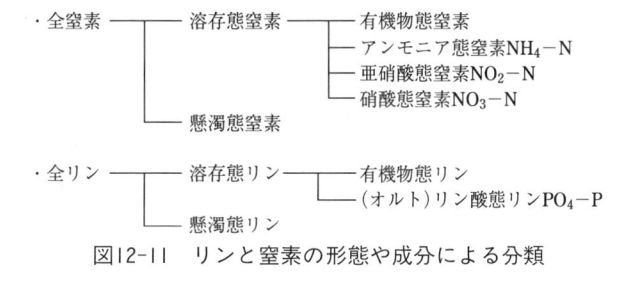

注2）栄養塩類は炭素，水素，酸素以外の，無機塩類として存在する植物の生命を維持する栄養分として必要な元素をいう。したがって，窒素，リンが代表的であるが，それら以外にカリウム・ケイ素などの主要元素とマンガン等の微量元素も含まれる。

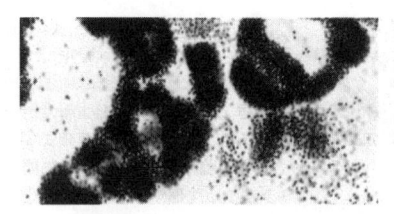

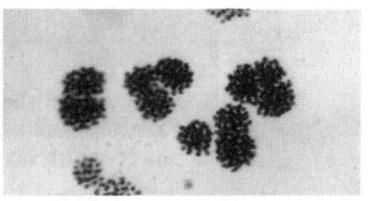

写真12-4　ミクロキスティス属のM. aeruginosa（Kutzing）Kutzing
出典［渡辺眞之著：微小藻の世界 日本のアオコ観察と分類，国立科学博物館発行，1999年］

こす。

　富栄養化の限界濃度はリンが0.02 ppm，窒素が0.15 ppmである。富栄養化は平均水深×貯水池回転率[注3]とT-P（総リン）の流入負荷量／水表面積の関数であるVollenweider（ボーレンバイダー）の式により判定できる。富栄養化対策としては，上流域の下水道整備などの発生源対策のほかに，曝気循環装置・流入水制御フェンスの設置，底泥の浚渫・除去，沈殿対策などがある。なお，流入水制御フェンスは表層に流入した栄養塩を貯水池の下層（水温躍層下）に封じ込める横断膜である。

　ただし，下水処理対策などにより，富栄養化が防止されると，アオコの発生が減少し，水質改善されたり，害虫であるユスリカが減少するが，富栄養化防止は別の生態系への影響を引き起こす。植物プランクトンは停滞水域における最も重要な一次生産者であり，水質浄化により減少すると，アオコやユスリカだけでなく，魚（漁獲量）も減少する。ただし，アオコが減少すると，透明度が上昇し，浮葉・沈水植物が増加するため，水生昆虫やエビ類は増える。

　貧酸素化対策としては，土木研究所と松江土建が開発した気液溶解装置のほか，マイクロバブル，曝気循環装置などがあるが，曝気循環装置は浅層曝気が主流で富栄養化対策にはなるが，貧酸素化対策の効果は少ない。気液溶解装置はアンカーで装置を湖底に自立させ，供給された酸素を水圧により溶解[注4]させて，高濃度酸素水を作り出す方法である（図12-12）。装置はウィンチで上下に移動でき，鉛直方向の広い範囲に高濃度酸素水を供給可能である。水深30 mの場合で約60 mg/LのDOとなる酸素水を，発泡（底泥の巻き上げ）を伴わずに，湖底に供給し，貧酸素化を防ぐとともに，鉄，マンガンなどの溶出を抑制することができる。三瓶ダム（静間川水系三瓶川），灰塚ダム（江の川水系上下

写真12-5　ダム貯水池におけるアオコの発生状況

---

注3）貯水池回転率$\alpha$は年間総流入水量／総貯水容量で表され，$\alpha \leq 10$の場合に水温躍層が形成されやすく，密度流も発生しやすい。$\alpha \geq 20$になると貯水は混合され，躍層は形成されにくい。

注4）「液体に溶解する気体の量は気体の圧力に比例する」というヘンリーの法則を応用していて，水圧が高い（水深が深い）ほど溶解効率は高まる。

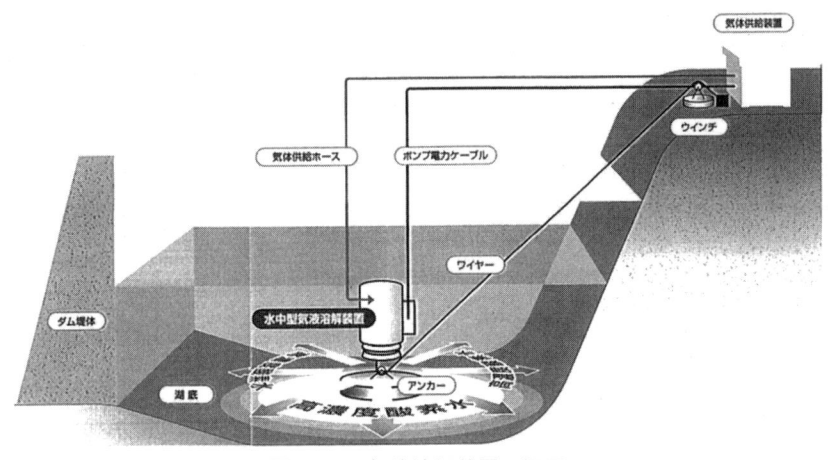

図12-12 気液溶解装置の概要
＊）曝気循環よりも高濃度酸素水を広範囲に供給することができる．しかも，底泥の巻き上げが少ない．

川），島地川ダム（佐波川）などで試験的に利用され，現地適用性が確認された．今後は布部ダム（斐伊川水系飯梨川）で定常的に運用される予定である．

なお，アオコは赤潮の一種で，富栄養化の進んだダム貯水池や湖沼において，ミクロキスティス属などの藍藻類が異常増殖して，緑色の粉をまいたようになるため，アオコと呼ばれているが，広義には植物プランクトン自体をアオコと呼ぶこともある．このミクロキスティスは関東地方から西の地域でよく見られ，7～9月に多く発生する．

赤潮の発生に伴って，異常に増殖した藻類のなかには毒素を持つものがあり，この藻類を多く含んだ水を家畜が飲んだり，藻類を捕食した貝を人間が食べて，けいれんやマヒを起こす場合がある．毒素を持つ藻類は多数いるが，例えばアオコのミクロキスティス属にはシアノギノシンやミクロキスチンと呼ばれる毒素が存在する種がいる．ミクロキスチンには肝細胞を破壊する肝臓毒があるほか，ガンを発育促進させる働きがある．

また，日当たりが良い貯水池はプランクトンが豊富で，稚魚の好適な生息場となり，オイカワなどが増加する．上流河道から運ばれた餌物質は貯水池でトラップされると，下流への流下量が減少するため，餌環境が悪化する．一方，ダム下流にはダム湖の懸濁物が流下し，糸状藻類，底生動物，魚類の餌資源となっているという報告もあり，藻類などの有機物が増え，高い強熱減量（$LOI$）[注5]を示す．

濁水の影響としては，濁水が貯水池内を浮遊し，放流に伴って下流河道で濁水長期化が発生すると，清水を好むアユやウグイが悪影響を受ける．濁水長期化はSS≧25 mg/L（水産生物の活動を維持できる水質）の日数に基づいて評価することが多い．高濁度の濁水が流下すると，アユのエラに濁質が付着して，呼吸を妨げて死亡に至ることなどがあり，この判定指標に $SI$（第14章 14.9「SS，水温の影響」参照）などがある．

**参考文献**
1) 木戸研太郎・松川知三・吉栖雅人ほか：高時川流砂系における丹生ダムの影響，河川技術論文集，第11巻，2005年
2) 山本晃一・白川直樹・大塚土郎ほか：流量変動と流送土砂量の変化が沖積河川生態系に及ぼす影響と

---

注5）強熱減量とは乾燥させた試料を高温で熱した時に消失する量の割合で，試料中に含まれる有機物等の目安となる．藻類が付着している土砂がフレッシュなほど小さな値となる．

その緩和技術，河川環境総合研究所資料，第16号，2005年
3) J. T. Wootton, M. S. Parker and M. E. Power: Effects of Disturbance on River Food Webs, SCIENCE, Vol. 273, 1996
4) リバーフロント整備センター編：河川と自然環境，理工図書，2001年
5) 渡辺眞之著：微小藻の世界 日本のアオコ 観察と分類，国立科学博物館発行，1999年
6) 沖野外輝夫・花里孝幸編：アオコが消えた諏訪湖―人と生き物のドラマ，信濃毎日新聞社，2005年
7) 福井真司・坂本勝弘・高橋智：水中型気液溶解装置のフィールドにおける溶解能力および拡散実験，環境工学研究フォーラム，第41回，2004年
8) 鈴木静夫：水の環境科学，内田老鶴圃，1993年

## 12.5 ダム堆砂

　山地域等で豪雨や地震に伴って生産された土砂は河道を通じて運搬され，ダム貯水池に流入する。土砂は貯水池へ到達すると，湛水で流動が阻止されて堆積を開始する。途中の渓床・渓岸に堆積した流送土砂は次の降雨・洪水により流出してきて，最終的にダム貯水池に流入・堆砂する（写真12-6）。そのため，豪雨が発生しなくても，ダム堆砂が進行する場合がある。

　ダムの供用開始後，明確なデルタが形成されるまでは貯水池の縦断方向に一様な厚さで堆積することが多い。シルト・粘土が大量に流入する場合は貯水池中下流に多く堆積する。ある程度堆砂デルタが形成されると，流入土砂量が中小規模の場合はデルタの肩が最低水位付近の高さを保ちながら，堆砂前面が貯水池下流側へ前進する（図12-13，写真12-7）。代表的な堆砂形状はダム堤体から1～3 kmの位置にデルタ肩があり，デルタ肩から堆砂高（堆砂面―元河床）5 mまでの延長が1～3 kmの場合が多い。デルタ上面の勾配は元河床の1/4～2/3である。堆砂の性状は上流へ行くほど礫分が多く，堆砂デルタ内は砂が主であるが，デルタが前進した時の名残りでデルタ内にシルト・粘土が残っており，鉛直方向に互層となっている箇所もある。デルタの下流側はシルト・粘土主体である。

　一方，大規模土砂流入があると，デルタ前面の前進に加えて，水位上昇の影響もあって堆砂上面が上昇し，貯水池上流（場合によっては上流河道）への背砂が顕著になる[注1]。例えば，中部電力の泰阜ダムは，S 11の完成後より堆砂が進行し，S 36.6洪水に伴う土砂によりほぼ満砂になるとともに，貯水池上流の河道区間に背砂した（図12-14）。その

写真12-6　渓床に堆積した土砂（三峰川）

---

注1）細粒分が多い流入土砂の場合は貯水池下流に多く堆積する。

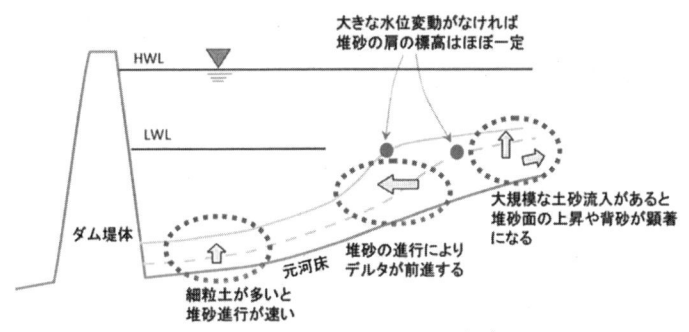

図12-13 ダム貯水池における堆砂プロセス

*) 流入土砂の粒径，洪水の規模，貯水位により堆砂のプロセスは異なる．

写真12-7 小渋ダムにおける堆砂状況

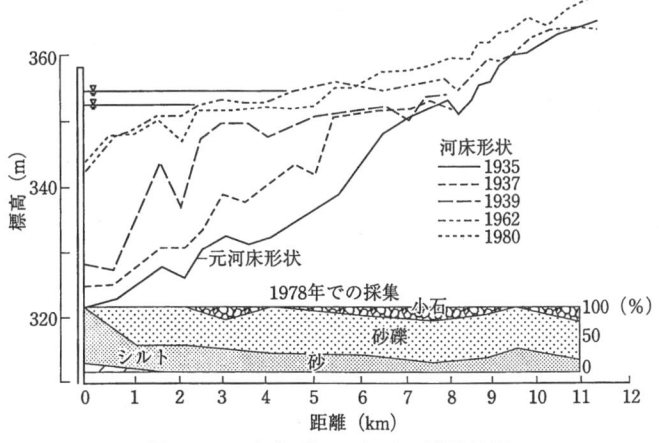

図12-14 泰阜ダムにおける堆砂状況

*) 供用開始4年後には貯水池の中流以上は堆砂で埋まってしまい，背砂が進行し始めた．

出典［芦田和男・江頭進治・中川一：21世紀の河川学－安全で自然豊かな河川を目指して，京都大学学術出版会，2008年］

結果，天竜峡上流にある川路・龍江地区において水害が頻発するようになった。

また，矢作ダムでは恵南豪雨（H 12.9）に伴い，山腹崩壊が発生し，貯水池に平均年流入土砂量の約7倍に相当する約280万 m³ もの土砂が流入・堆積し，デルタ前面が約240 m 前進した。加えて，水位上昇の影響もあって，デルタ上面も平均で4 m，最大で9 m も上昇し，背砂（堆砂末端）は約2 km 遡上した（図12-15）。こうした大規模土砂（最大年堆砂量）を平均年堆砂量との関係で示せば，図12-6 の通りである。最大年堆砂量は平均年堆砂量の5〜15倍で，大きくても15倍を超えることは少ない。このことは堆砂傾向が予測通りである場合，大規模土砂流入に対して，少なくとも15％の空き容量を確保しておく必要があることを意味している。

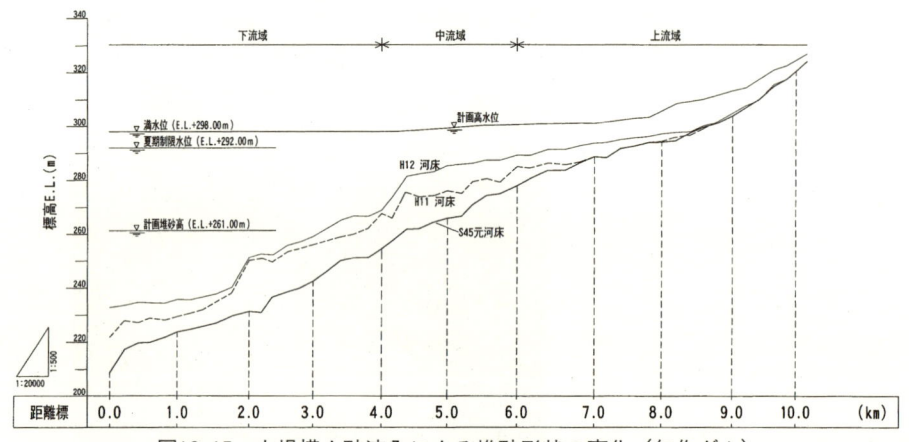

図12-15 大規模土砂流入による堆砂形状の変化（矢作ダム）

＊）大量の土砂流入と水位上昇により，堆砂デルタは前進するとともに，デルタ上面が上昇し，背砂も進行した。

出典［末次忠司・野村隆晴・瀬戸楠美ほか：ダムの堆砂対策技術ノート－ダム機能向上と環境改善に向けて－，ダム水源地環境整備センター，2008年］

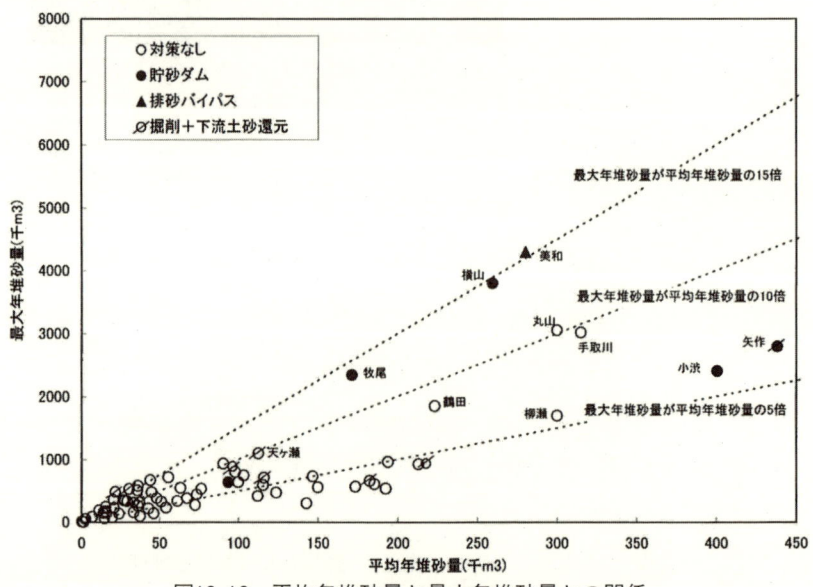

図12-16 平均年堆砂量と最大年堆砂量との関係

＊）最大年堆砂量は平均年堆砂量の概ね5〜10倍で，最大でも15倍である。

出典［末次忠司・野村隆晴・瀬戸楠美ほか：ダムの堆砂対策技術ノート－ダム機能向上と環境改善に向けて－，ダム水源地環境整備センター，2008年］

なお，ダムにおける堆砂状況は堆砂量，年堆砂量，堆砂量／総貯水容量等の指標で表され，各々の上位ランキング（H17年度末）は表12-7の通りである。なお，年堆砂量，堆砂量／総貯水容量は総貯水容量100万m³以上かつ供用年数10年以上，堆砂量／計画堆砂容量は前記条件＋死水容量を含んだ計画堆砂容量20万m³以上，比堆砂量は総貯水容量100万m³以上かつ供用年数10年以上かつ流域面積100km²以上のダムが対象である。③，④の堆砂率では発電ダムを除いている。堆砂量および年堆砂量は佐久間ダム（天竜川）が圧倒的に多い。なお，③の堆砂率を水系別に見ると，天竜川（35％），那賀川（31％），大井川（27％），富士川（23％），物部川（22％）が多く，これら5水系で日本全体の3割弱に相当する。

このように，上流からの土砂流入によりダム貯水池では堆砂が生じ，ダムにとっては堆砂対策が必要となる。しかし，ダムにより土砂や流木が捕捉されるために，下流河道における被害を軽減している一面もある。すなわち，大量の土砂・流木が河道に流下すると橋梁区間を閉塞させ，洪水は越水を起こして，大きな被害をもたらす危険性がある。ダムがこの危険性を回避しているのである。したがって，ダムには治水・利水などの機能のほか

表12-7　堆砂率等の上位ダム

| 堆砂率等 | 1 位 | 2 位 | 3 位 |
|---|---|---|---|
| ① 堆砂量 | 佐久間ダム<br>11,720万m³ | 畑薙第一ダム<br>4,078万m³ | 井川ダム<br>3,959万m³ |
| ② 年堆砂量 | 佐久間ダム<br>234万m³/年 | 畑薙第一ダム<br>93万m³/年 | 井川ダム<br>81万m³/年 |
| ③ 堆砂量／総貯水容量 | 品木ダム<br>83％ | 芦別ダム<br>79％ | 清水沢ダム<br>66％ |
| ④ 堆砂量／計画堆砂容量 | 相模ダム<br>486％ | 丸山ダム<br>471％ | 渡川ダム<br>415％ |
| ⑤ 比堆砂量 | 高瀬ダム<br>4,789m³/年/km² | 黒部ダム<br>3,395m³/年/km² | 畑薙第一ダム<br>2,915m³/年/km² |

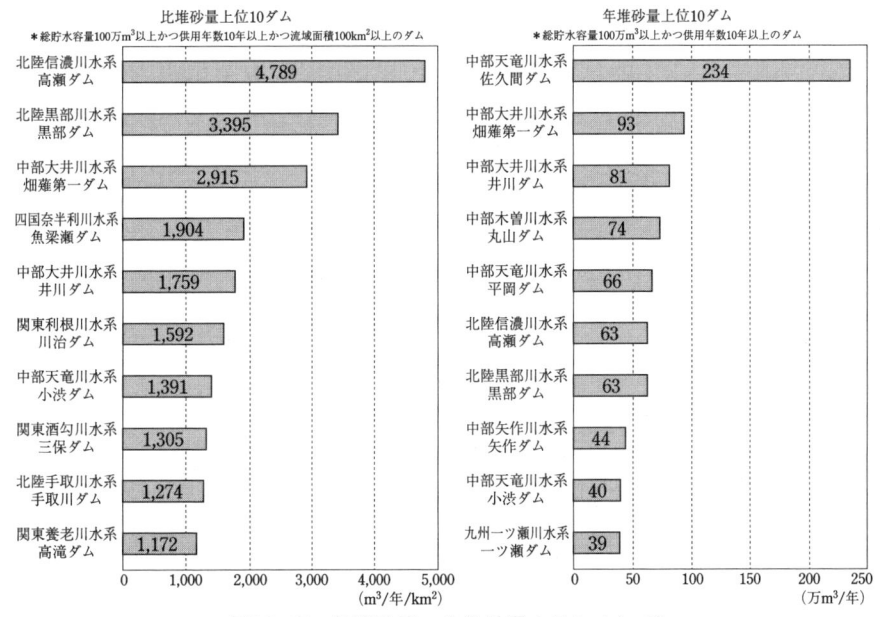

図12-17　年堆砂量，比堆砂量のランキング
＊）中部地方に位置するダム，または発電ダムが年堆砂量・比堆砂量が多い。

に，土砂・流木の捕捉機能があるといえる。

**参考文献**
1) 芦田和男・江頭進治・中川一：21世紀の河川学―安全で自然豊かな河川を目指して，京大学術出版会，2008年
2) 末次忠司・野村隆晴・瀬戸楠美ほか：ダムの堆砂対策技術ノート―ダム機能向上と環境改善に向けて―，ダム水源地環境整備センター，2008年

## 12.6　ダム堆砂測量

　土砂流入によるダム堆砂は，従来錘（おもり）を湖底に着底した時のワイヤー長を測定する重錘法（レッド測量）により行われてきた。この方法だと，水深が深い場合のワイヤーの湾曲，錘の湖底堆泥中への沈下などにより，水深が大きく（堆砂厚が小さく）なる誤差が生じる場合があった。これに対して，最近は音響測深法が多く使用されるようになったが，いずれの手法も測量された水深より堆砂厚を算定するものである。

　音響測深法にはシングルビームソナー測量（SB），ナローマルチビームソナー測量（NMB）などがある。SB測量は測量船の直下を超音波ビームにより測深する方式で，測深精度は水深 $h$(m) により異なり，$(3+h/10)$ cm以内である。音速度の改正，機器誤差の補正はバーチェック法[注1]により行う。ビームの照射範囲の最深部を水深とするため，発信音波の入射角・指向角が大きいほど，凹凸の大きな地形や斜面部では実水深よりも大きく測深される。

　一方，NMBはソナーから扇状（120度程度）に発射した超音波ビームの反射を受信して，横断方向に水深の2～4倍程度の範囲を測量する手法である（図12-18）。測深精度は5～10 cm程度で，水深が浅い場合は測線間距離を短くする必要がある。斜ビームの水深は送受信センサーの傾きや方向の影響により誤差が生じるので，動揺センサーや方位センサーを同期させて，水深と位置の補正を行う。動揺センサーではロール（横揺れ），ピッチ（縦揺れ），ヒーブ（上下揺れ）の補正を行う。また音速度は水圧センサー等により補正した値を用いる。各々の手法の得失等は表12-8の通りである。

　水深が測量されると，貯水池の水位から堆砂高が求められる。堆砂高から堆砂量を求める方法には平均断面法とメッシュ法がある。平均断面法は断面形データがあれば算定可能

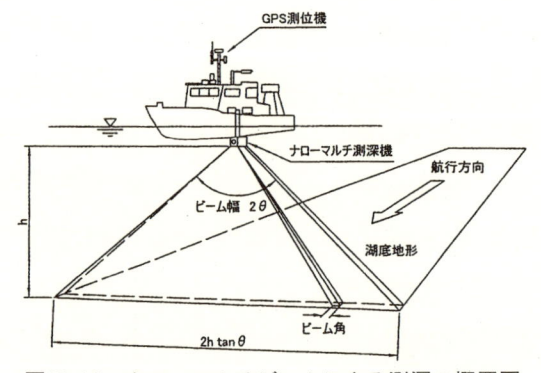

図12-18　ナローマルチビームによる測深の概要図

注1）水中の反射板からの反射信号の記録と深度が合致するよう音波伝搬速度を決定する。

表12-8 音響測深法の種類ごとの得失

| 手法 | 測深精度 | 測深日数 測深コスト | 斜め方向の測深 動揺・方位の補正 | 用途区分 |
|---|---|---|---|---|
| SB | 斜面部，等高線が測深と斜めに交差する場合は低い | 長い | 不可能 | 狭い区域，湖底面の変状が小さい場合に適用性が高い |
| | | 安い | ヒーブ補正以外は不要 | |
| NMB | 上記の条件でも精度は高い | 短い | 可能 | 広い区域，湖底面の変状が大きい場合にも適用性が高い |
| | | 高い | 必要 | |

出典［末次忠司・坂本辰哉：講座 堆砂測量手法の概要とその得失，リザバー，No. 17，2008年］

で，多くのダムで採用されている。断面間の堆砂形状が変化する場合，各区間ごとの水容量比率（湛水ボリュームの割合）で補正する必要がある。メッシュ法は水深の面的データから堆砂量を求める方法で，メッシュの大きさの影響を受けるが，メッシュが5m以下であれば，差異はほとんどない。

ダム貯水池によっては，大きな洪水がなかったのに年堆砂量が多かったり，掘削・浚渫を行っていないのに年堆砂量がマイナスになる場合がある。この理由はダムにより異なるが，
① 測量手法の変更によって，測量精度が変わった
② 堆砂量を求める方法の変更によって，堆砂量が変化した
③ 測線間隔の変更によって，断面積が変動する区間の測量精度が変わった

などが考えられる。①，②については前述した。③は堆砂デルタの肩付近では堆砂高が大きく変化するため，測線間隔の設定によって堆砂量の測定精度が変わる場合がある。例えば，デルタ肩のやや下流～堆砂上流端を対象に，測線間隔が200mと400mの場合の堆砂量を比較した結果，400m間隔の測量の方が堆砂量が6％少なく評価された。

近年，新たな堆砂測量技術としてはアメリカのベントス社が開発した3次元サイド・スキャン・ソナー（C 3 D）があり，6個のトランスデューサ（周波数200 kHz）で送波・受波が同時に行える。送波器から発射されたファンビームが湖底や河床で反射したエコーを2つ以上の受波器で受信して，その位相差から水深を求める原理である。スワス角（幅）を広くとれる（170度程度）ため，約300mの範囲を一度に測量でき[注2)]，NMBに比べて測量日数を短縮できる。水深50 cm～400 mの範囲で計測可能である。

本技術はまだダム堆砂の測量実績はないが，河川（利根川，宇治川，那珂川支川涸沼川），海岸等において利用され，精度等の検証も行われている（写真12-8，図12-19）。利根川の栗橋・佐原地区における測量実績では，
・水深35 cm でも測深が可能である
・水深30 m の洗掘地形を正確に測量することができる
・橋梁等により上空が閉塞してGPSで測位できない状況でも，自動追尾型のTS（光波測距儀）により測量船の位置を割り出すことができる

を確認することができた。

C 3 Dの課題としては，スワス幅を広くとるため，湖底や河床の凹凸が大きい場合や斜面部では測量精度が落ちる場合があるし，凹凸のある場所では50％以上のオーバーラップが必要となる（凸部の背後が測深できないため）など，適用性に若干課題はあるものの，

---

注2) トランスデューサが装置の斜め下に付いているため，測量船の真下は測深できない。

写真12-8　C3Dを観測船に搭載した様子（涸沼川）

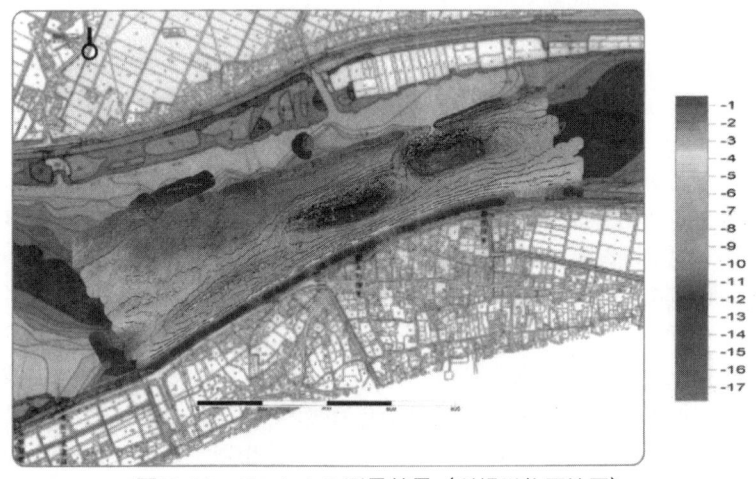

図12-19　C3Dによる測量結果（利根川佐原地区）
＊）　深掘れ状況（図中央部）が精度良く測定されている。
出典［末次忠司・佐々木いたる・川本豪ほか：サイドスキャンソナーによる利根川河床地形の計測，土木学会第63回年次学術講演会講演概要集，2008年］

活用の仕方によっては今後ダム堆砂測量等への展開が期待できる。

#### 参考文献
1)　末次忠司・坂本辰哉：講座 堆砂測量手法の概要とその得失，リザバー，No.17，2008年
2)　末次忠司・佐々木いたる・川本豪ほか：サイドスキャンソナーによる利根川河床地形の計測，土木学会第63回年次学術講演会講演概要集，2008年
3)　菊森佳幹・小澤守・末次忠司ほか：3次元サイドスキャンソナーによる中小河川浅水部測量，土木学会第64回年次学術講演会講演概要集，2009年

## 12.7 ダム堆砂対策

　堆砂対策を講じるにあたっては，ダム堆砂量を予測する必要がある。新設ダムでは地貌係数（標高×起伏）を用いた田中の式や吉良の式などの推定式，近傍類似ダムの堆砂実績から予測する。一方既設ダムでは堆砂量に掘削・浚渫量を加えた実堆砂量に基づいて時代区分ごとに平均年堆砂量を算定する。ウォッシュロードは堆積せずにダムを通過するものが多いため，観測された通過土砂量または捕捉率から求めた通過土砂量を堆砂量に加えて流入土砂量を推定し，この土砂量に対して，排砂量を設定する。

　ダム堆砂への対策としては，欧州諸国で排砂バイパス・フラッシング排砂，中国や台湾などでフラッシング・スルーシング排砂が行われているのに対して，日本では伝統的に掘削・浚渫が多く，また貯砂ダム[注1]も多数建設されている。近年は出し平ダム（H 3～）や宇奈月ダム（H 13～）のフラッシング排砂，旭ダム（H 10～）や美和ダム（H 17～）の排砂バイパスなどの堆砂対策が実施されている（写真12-9）。また，天竜川ダム再編事業（佐久間ダム，秋葉ダム），矢作ダム（矢作川）などでは排砂のための施設計画が検討されている。

　各堆砂対策（排砂工法）の概要を示せば，表12-9の通りであり，あわせて対象土砂の排出量および粒径の目安を図12-20に示した。それぞれの工法には長所・短所があるが，必要な設備を除いた適用条件でいえば，貯水位を保つ必要がある工法（水圧吸引工法，排砂バイパス）と貯水位を下げる必要がある工法（フラッシング排砂，スルーシング排砂）に分類できる。排砂濃度ではフラッシング排砂はある時間帯で高い濃度での排砂となり，排砂バイパスは洪水流況に対応した排砂となる。一方，水圧吸引工法では濃度を調節した排砂が可能である。

　堆砂対策のうち，最もよく用いられているのは掘削・浚渫である。掘削・浚渫は特別な設備を必要とせず，経済的な工法であるが，実施にあたっては種々の制約条件がある。年最大堆砂量が80万 m³ 以上のダム（20ダム）を対象に掘削・浚渫の制約条件を調査した結果，①ダンプトラックによる土砂運搬が沿道環境に与える影響（10ダム），②余水処理

上流側　　　　　　　　　　　　　　　　　下流側
写真12-9　黒部川におけるフラッシング排砂（宇奈月ダム）
*）出し平ダムとの連携排砂（H13.6）時のフラッシング排砂状況の写真である。

---

注1）大規模な貯砂ダムとして，長島ダム上流に高さ33 m，容量180万 m³ の貯砂ダムがあり，CSG工法により建設された。

表12-9 排砂工法の概要と適用条件

| 工法名 | 工法の概要 | 適用条件 |
|---|---|---|
| 掘削・浚渫 | バックホウ浚渫船やグラブ浚渫船などにより堆砂を除去し，土砂はダンプトラックやポンプ圧送等により輸送する | ・特別な設備は必要ない，経済的な工法である<br>・土砂搬送の制約条件（本文参照）をクリアする必要がある<br>・浚渫では貯水池に台船等を入れる必要がある |
| 下流河川土砂還元 | 貯水池等で掘削した土砂をダム直下または下流河川の高水敷等に置き，洪水の掃流力またはフラッシング放流により流下させる | ・特別な設備は必要ない，経済的な工法である<br>・大量の排砂は難しいが，順応的に排砂できる<br>・河道に土砂を置くスペースが必要である |
| 水圧吸引工法 | 水位差を利用したサイフォン原理で，吸引した土砂を排砂管とトンネル等で下流へ流下させる工法で，固定式と移動式がある | ・排砂に電力を必要としないので，ランニングコストは少なくてすむ<br>・排砂性能を確認する必要がある<br>・固結土・粘性土の排砂は難しい<br>・流木・ゴミで吸砂口が閉塞する可能性がある<br>・排砂効率が低下しない程度に貯水位を保つ必要がある |
| 排砂バイパス | 分派堰から分流した洪水・土砂を，トンネルを通じてダム下流の河道へ流下させる | ・粗粒分の排砂，大量の排砂を行うことができる<br>・トンネル内に土砂が閉塞しないように設計する必要がある<br>・トンネル建設費に対して経済性を確保できる排砂量が求められる<br>・トンネルに洪水を導流する分派堰が必要となる場合がある<br>・排砂効率が低下しない程度に貯水位を保つ必要がある |
| フラッシング排砂 | 貯水池に堆積した土砂を洪水の掃流力を利用して，低部ゲートから排出する | ・粗粒分の排砂，大量の排砂を行うことができる<br>・運用上，貯水位を下げる必要がある（貯水位を回復できる流量が必要） |
| スルーシング排砂 | 貯水池に流入した土砂を洪水の掃流力を利用して，低部ゲートから排出する（通過させる） | ・排砂に伴うSS濃度が高くならないよう，排砂頻度を設定する<br>・低標高に排砂ゲートが必要となる |
| 流水型ダム | 洪水の掃流力により低標高の洪水吐きから土砂を下流へ排出する工法で，洪水吐きは一般に常時開放している | ・利水機能が必要ないダムに適用可<br>・大きな洪水調節容量が必要ないダムに適用可<br>・巨礫や流木が多くないダムに適用可<br>・低標高に洪水吐きが必要となる |
| 密度流排出 | 密度流の発生にあわせて流入濁水や底層に堆積した細粒土砂を低部ゲートから放流する | ・密度流が発生しやすい（貯水池回転率が小さい）ダムに限られる<br>・堆砂デルタが堤体から離れている場合は，流入濁水の排出は難しい<br>・低標高に放流管が必要となる<br>・細粒土砂が排砂対象となる |

出典 [末次忠司・野村隆晴・瀬戸楠美ほか：ダムの堆砂対策技術ノート—ダム機能向上と環境改善に向けて—，ダム水源地環境整備センター，2008年] に加筆

や仮置きヤードの確保（3ダム），③堆砂除去に伴う濁水の発生（3ダム）などが多かった。対策としては，①片側交互通行や代替路の確保，散水，②天日乾燥による脱水処理，③フェンスの設置や凝集沈殿などが行われている。

下流河川土砂還元は排砂量は数百〜数万 m³ とそれほど多くないが，特に排砂設備も必要なく，下流河川の状況を見ながら対応できる「順応的な堆砂対策」である。恒久的な堆砂対策を実施する前に，排砂が環境に与える影響を事前に調査する手法としても利用できる。排砂ハイドロに対応して土砂を流出させるためには，還元土砂を複断面にして設置す

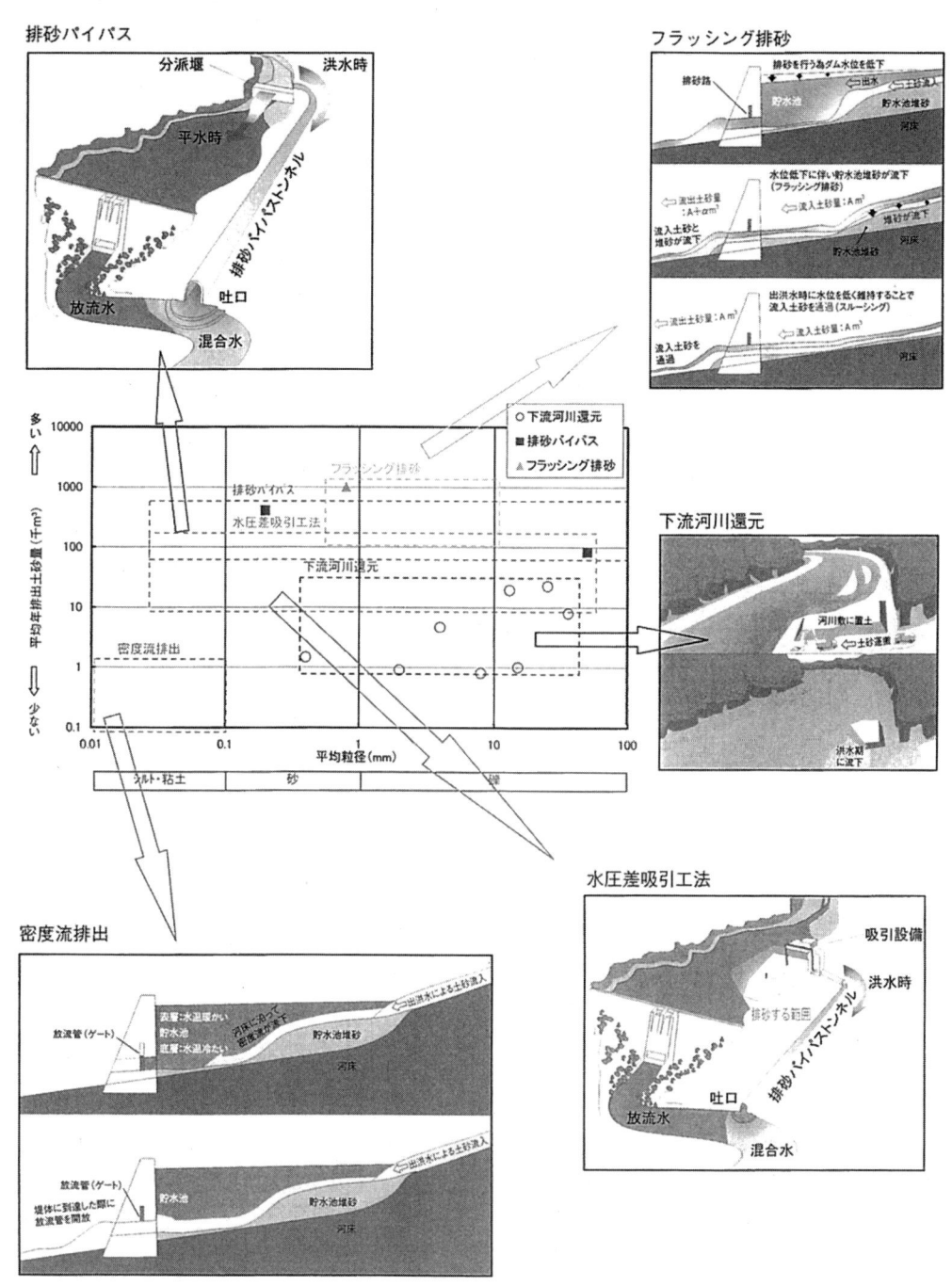

**図12-20 各種排砂工法の排出土砂量と対象粒径**

*) フラッシング排砂や排砂バイパスは粒径の大きな土砂を大量に排出できるが，下流河川土砂還元や密度流排出では排出量に限りがある。

出典［野村隆晴・末次忠司：貯水池特性等から見たダム排砂工法の適用性，ダム水源地環境技術研究所 所報，2008年］

る方法もある。土砂還元は図12-21に示した排砂量に伴う環境変化を想定しながら実施する必要がある。たとえ，排砂量が少なくても，付着藻類等の餌環境の改善，粗粒化防止，底生動物の種変化を行うことができる可能性はある。

また，現在運用されている堆砂対策の設備について見てみると，フラッシング排砂（宇

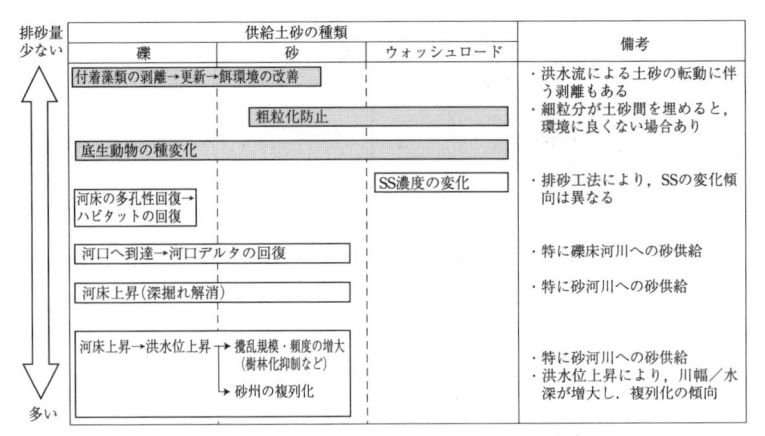

図12-21 土砂供給に伴う物理・生物環境変化

*) 還元土砂量が多くなるにつれて，生物環境等に撹乱を起こしやすいが，土砂量が少なくても，付着藻類の剥離や粗粒化を防止することはできる。

出典〔末次忠司・瀬戸楠美・箱石憲昭ほか：物理的な挙動に着目した土砂還元手法のあり方，水利科学，No. 302, 2008年〕

奈月ダム）では堤体の上部より，常用洪水吐きゲート，掃流力を得るために貯水位を下げる水位低下用ゲート，排砂ゲートが設置されている。排砂バイパス（美和ダム）の関連では上流より粗粒分を捕捉する貯砂ダム・トラップ堰（呑口近く），流木止めのスクリーン，分派堰，流入量を調節する横越流堰，バイパストンネル（4.3 km），減勢工が設置されている（図12-22）。これらの設備のうち排砂設備の諸元は表12-10の通りである。

　フラッシング排砂では流下方向に3門のゲートが設置されている。例えば，宇奈月ダムでは上流側に止水ゲート，中間に調節ゲート，下流側に副ゲートがある。排砂は中間の調節ゲートで行い，副ゲートはこのバックアップ施設である。排砂バイパスに関しては，トンネルの設計基準はないため，トンネル河川の基準に準じた設計がなされる場合がある。両工法とも，土砂の流下に伴うゲートやトンネルの摩耗が懸念される。排砂ゲートでは排砂路に鋼製ライニング，呑口部・整流板にステンレスクラッド鋼が施され，バイパストンネルでは予測される摩耗量に対して，インバートや側壁等に覆工余裕厚が見込まれ，またインバートは高強度コンクリートで施工されている。

　近年堆砂を進行させないダムとして，流水型ダムが話題となっている。このダムは低標高部に常用洪水吐きを有し，洪水とともに流入土砂を下流へ排出するダムで，スルーシング排砂の1種である。平常時に貯水しない（利水容量を持たない），治水に特化したダムである。例えば，H18より供用を開始した島根県の益田川ダムは低標高に高さ3.4 m×幅4.45 mのゲートを2門有し，自然調節方式により流入量950 m³/sに対して，570 m³/sに調節する（写真12-10）。計画堆砂量は100年間の堆砂量に，計画洪水に伴って一時的に堆積する量を加えて設定されているが，未だ供用年数が短いため，堆砂は少ない。流水型ダムは洪水末期に堆砂したり，濁水が発生する場合があるが，貯水型ダムに比べて堆砂量は少ない。また，常用洪水吐きの流木による閉塞対策が課題である。

　ダムからの排砂計画の策定にあたっては，以下の点に留意する必要がある。

・排砂計画では排砂対象土砂（量と質）を定めるが，デルタ上流には礫が多い場合があるなど，あらかじめ該当土砂の分布状況を調査する
・排砂に伴う下流河道の河床上昇と計画断面の確保（河道掘削）との折り合いをつけた計画とするため，排砂計画と掘削計画との調整を行う
・排砂にトンネルを用いる場合，土砂水理学的な観点から，排砂性能，土砂・流木等の

①貯砂ダム　　　　　　　　　　　　②分派堰と呑口

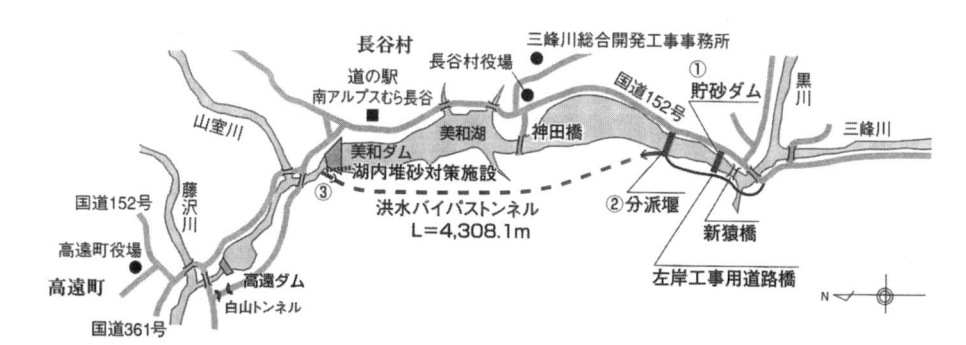

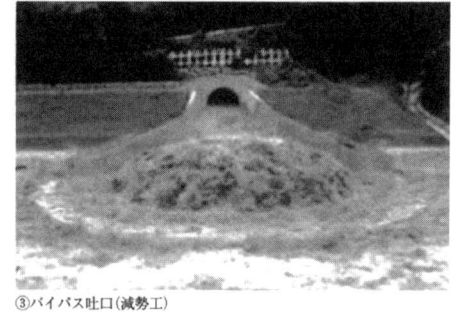

②'バイパス呑口(横越流堰)　　　　③バイパス吐口(減勢工)

図12-22　排砂バイパスの概要(美和ダム)

\*) 上流の貯砂ダム等で粗粒土砂が捕捉され，横越流堰で一定流量以下とされた洪水・土砂流がバイパストンネルを流下し，美和ダム下流に排出される。

閉塞の危険性について検討する
- 砂を排出する場合，礫河川では河道を通過して海まで運搬され，海岸侵食を抑制するが，砂河川では下流河道に土砂が堆積する傾向がある

**参考文献**
1) 末次忠司・野村隆晴・瀬戸楠美ほか：ダムの堆砂対策技術ノート－ダム機能向上と環境改善に向けて－，ダム水源地環境整備センター，2008年
2) 野村隆晴・末次忠司：貯水池特性等から見たダム排砂工法の適用性，ダム水源地環境技術研究所 所報，2008年
3) 末次忠司・岩本裕之・田原英一ほか：ダム貯水池の大規模土砂流入対策，ダム技術，No.280，2010年
4) 末次忠司・瀬戸楠美・箱石憲昭ほか：物理的な挙動に着目した土砂還元手法のあり方，水利科学，No.302，2008年

表12-10　フラッシング排砂・排砂バイパスの排砂設備諸元

| ダム名 | 水系名河川名 | 管理者 | 諸元 |||
|---|---|---|---|---|---|
| フラッシング排砂 ||| 排砂設備諸元 |||
| ||| 条数・門数 | ゲート種類 | 排砂路：幅×高さ：勾配 |
| 出し平ダム | 黒部川黒部川 | 関西電力 | 2条<br>1条につき3門 | 上流：スライドゲート<br>中間：ローラゲート<br>下流：ラジアルゲート | 幅5 m×高さ5 m<br>勾配1/30 |
| 宇奈月ダム | 黒部川黒部川 | 国交省 | 2条<br>1条につき3門 | 上流：スライドゲート<br>中間：スライドゲート<br>下流：スライドゲート | 幅5 m×高さ6 m<br>勾配1/20 |
| 排砂バイパス ||| トンネル諸元 || 設計水理量 |
| ||| 形状 | 高さ / 幅 | 延長 | 勾配 | 最大流量 | 流速 |

| ダム名 | 水系名河川名 | 管理者 | 形状 | 高さ/幅 | 延長 | 勾配 | 最大流量 | 流速 |
|---|---|---|---|---|---|---|---|---|
| 旭ダム | 新宮川旭川 | 関西電力 | 幌型 | 3.8 m / 3.8 m | 2.35 km | 1/35 | 140 m³/s | 11.4 m/s |
| 美和ダム | 天竜川三峰川 | 国交省 | 標準馬蹄形 | $2r=7.8$ m | 4.3 km | 1/100 | 300 m³/s | 10.8 m/s |

写真12-10　益田川ダム（島根県）
＊）写真中央が常用洪水吐きのゲートで，その上流に仮締切堤を改良した流木捕捉工がある（ダム上流側から見る）。

## 12.8　貯水池における水理解析

　貯水池へ流入した土砂は河道と同様の一次元河床変動計算により挙動の解析を行う。河道では沈降せず，河床材料と交換しない細粒土砂（0.01～0.1 mm）が掃流力が小さい貯水池内においては沈降するため，この沈降過程（非平衡性）を考慮する点が河道における解析と異なる。また，ダムの堤体近くの堆砂は洪水吐きの高さ以上になると，洪水吐きから排出されるよう計算するとともに，流水型ダムのように貯水位の変動が大きな貯水池では不定流計算を行う必要がある[注1]。

　貯水池においては掃流力が急激に低下することに伴って，流入（細粒）土砂の沈降・浮上が活発になる。この非平衡性については櫻井ら[1]によって検討されている。櫻井らは土

---

注1）不等流計算でも計算できるが，常射流が混在した計算は非常に煩雑となる。

砂の輸送方程式の底面濃度の算定に，水平方向の移流成分を無視した移流拡散方程式を採用し，再浮上フラックスを求める際の基準面濃度に芦田・道上の式を用いて，非平衡性を考慮した。この考え方の有効性は鯖石川ダム（鯖石川）を対象にした解析により検証された。

貯水池内におけるSS，水質の挙動を観測するのは非常に時間と労力を要するが，モデルを用いて解析すると，様々な条件に対して，発生する現象を予測することができる。ダム水源地環境整備センター（WEC）が開発したWECモデルは貯水池内のSS，水温，水質等の予測ができる一次元多層流モデルで，松尾・岩佐モデルを改良したものである（図12-23）。

本モデルは水理モデルと生態モデルからなり，水理モデルは以下に示す連続式と運動方程式（移流拡散方程式，水温・濁度の輸送方程式など）からなる。流れ方向は運動方程式を解いているが，鉛直方向は静水圧分布を仮定している準2次元的な解法である。また，渦動粘性係数はリチャードソン数（密度勾配）の関数により設定している。WECが著作権法に基づくプログラム登録を行っている。

[連続式]
$$\frac{\partial(Bu)}{\partial x} + \frac{\partial(Bw)}{\partial z} = 0$$

[運動方程式：水平方向]
$$\frac{\partial(Bu)}{\partial t} + u\frac{\partial(Bu)}{\partial x} + w\frac{\partial(Bu)}{\partial z} = -\frac{1}{\rho}\frac{\partial(Bp)}{\partial x} + \frac{\partial}{\partial x}\left(A_x B \frac{\partial u}{\partial x}\right) + \frac{\partial}{\partial z}\left(A_y B \frac{\partial u}{\partial z}\right)$$

[SSの輸送方程式]
$$\frac{\partial(BC)}{\partial t} + u\frac{\partial(BC)}{\partial x} + (w-w_S)\frac{\partial(BC)}{\partial z} = \frac{\partial}{\partial x}\left(D_x B \frac{\partial C}{\partial x}\right) + \frac{\partial}{\partial z}\left(D_z B \frac{\partial C}{\partial x}\right) + \underline{w_S C \frac{\partial B}{\partial z}}$$
湖底部分への堆積フラックス

ここで，$B$：貯水池横断幅，$x$：流下方向座標，$z$：鉛直上向き座標，$u$：$x$方向の流速，$w$：$z$方向の流速，$\rho$：密度，$p$：圧力，$A_i$：$i$方向の実効動粘性係数，$C$：SS濃度，$w_S$：懸濁物質の沈降速度，$D_i$：$i$方向の実効動拡散係数である。

WECモデルは実務には十分な精度を有する解析モデルであるが，大規模出水時の貯水池内における濁水挙動の再現性については，解析の精度・信頼性が課題となっていた。これに対して，表12-11に示したようなモデルの改良を行っている。改良前モデルが一次元多層流モデルであるのに対して，改良後モデルは$k$-$\varepsilon$乱流モデルを用いた非静水圧鉛直二次元モデルであるなどの変更が行われた。改良モデルによる解析結果では，8：20時点の濁度は実績値と乖離しているものの，濁度・水温とも鉛直方向の傾向は改良され，特に貯水池表層は濁度・水温とも解析精度が向上している（図12-24）。

**参考文献**
1) 櫻井寿之・鎌田昌行・柏井条介ほか：混合粒径河床変動モデルによる貯水池堆砂・排砂現象の再現，ダム工学，Vol.16, No.1, 2006年
2) 堀井潤：酸性水が流入する貯水池の水質予測の試み，平成19年度 ダム水源地環境技術研究所 所報，2008年
3) 鶴田泰士・梅田信：高濃度濁水の流入が見られるダム貯水池における実務的使用を想定した数値モデ

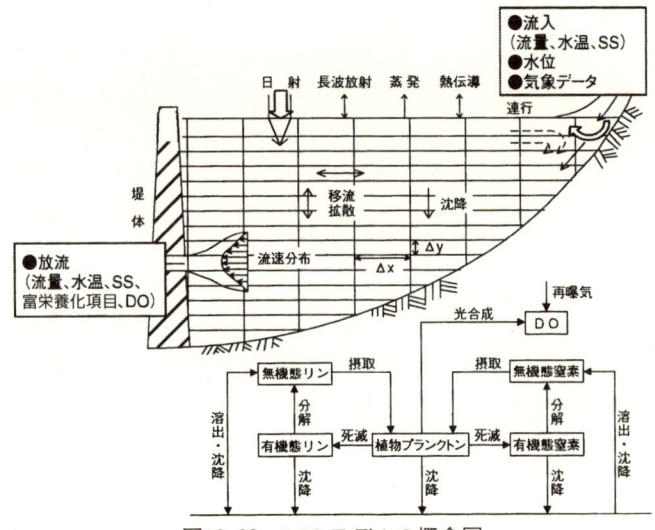

図12-23 WECモデルの概念図

\*) WECモデルは貯水池を2次元メッシュに分割して，水の流れを計算するとともに，流水に伴うSSや栄養塩の挙動を解析するモデルである。

出典 [堀井潤：酸性水が流入する貯水池の水質予測の試み，平成19年度ダム水源地環境技術研究所 所報，2008年]

表12-11 WECモデルの改良点

| 項　目 | 改良前モデル | 改良後モデル |
| --- | --- | --- |
| 基礎方程式 | ・連続式<br>・水平方向の運動方程式<br>・水温とSSの輸送方程式 | 同左モデル＋<br>・鉛直方向の運動方程式<br>・$k$-$\varepsilon$乱流モデル式 |
| 圧力解法 | 静水圧分布を基本 | SIMPLE法 |
| 渦動粘性係数 | リチャードソン数の関数 | $k$-$\varepsilon$乱流モデル |
| 水面勾配 | なし | 近似的に考慮 |

注）鉛直方向を $k$-$\varepsilon$ 乱流モデルなどで解析できる点が大きな変更点である。

ルの構築に関する基礎的検討，河川技術論文集，第13巻，2007年
4) 梅田信・富岡誠司：ダム貯水池における洪水時濁水シミュレーションモデルの開発，ダム水源地環境技術研究所 所報，2003年

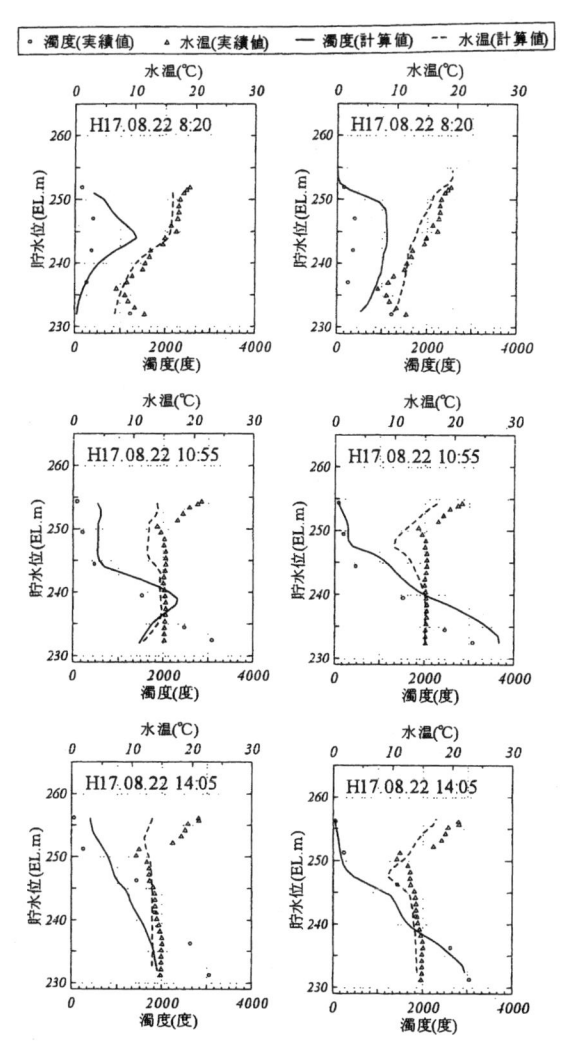

図12-24 WECモデルの改良による解析精度向上結果
　　　　（左：旧モデル，右：新モデル）
出典［鶴田泰士・梅田信：高濃度濁水の流入が見られるダム貯水池における実務的使用を想定した数値モデルの構築に関する基礎的検討，河川技術論文集，第13巻，2007年］

# 第13章　河川利用と水環境

　河川は特に都市やその近郊においては貴重なオープンスペースであり，散策・スポーツ・イベントなどの有効な利用空間となりうる。また，河川水は各種用水・発電にとってはなくてはならないものであるし，震災時には有効な水源（消火用水，生活用水）となってきた。一方，水環境の面では下水道の整備等によりBODなどの水質は経年的に改善されてきているが，硝酸態窒素の増加や珪酸の減少など，課題は残されている。一部河川では有害物質の底泥等への蓄積も見られている。

## 13.1　河川空間利用

　河川空間の利用状況を1級河川で見ると，公園・緑地が26％と最も多く，次いで採草地（22％），田畑（22％），運動場（11％）などとなっている（H 18.4現在）。写真13-1の淀川河川公園はS 47にできた日本最初の国営河川公園である。河川空間は，他にはゴルフ場，グライダー場，自動車練習場にも使われているし，多くはないが神社や墓地もある。なかにはショートカットなどの河道改修により，堤内地にあった建物・施設が堤外地に位置するようになったものもある。空間利用ではホームレスなどによる不法占有やゴミの不法投棄などが問題となっている。

　河川空間の利用実態は河川水辺の国勢調査によりH 5年度より3年ごとに調査されている。H 18年度は直轄管理区間を対象に7日間（平日2日，休日5日）調査された。その結果によれば，水系別の利用者数は表13-1の通りで，人口の多い都市部の大河川における利用が多い。特に利根川は釣りの割合（約1割）が多く，荒川はスポーツの割合（5割以上）が多い。全国における利用形態を見れば，散策等が57％と最も多く，次いでスポーツ（32％），釣り（6％）などに利用されている。季節別では秋・冬はスポーツが約4割である。平成の初期に比べると，釣りや水遊びが減少し，スポーツの利用が増えている。

写真13-1　淀川河川公園

表13-1　年間利用者数（単位：万人）

| 順位 | 水系名 | 総　数 | 散策等 | スポーツ |
|---|---|---|---|---|
| 1位 | 利根川 | 2,733 | 1,612 | 765 |
| 2位 | 荒川 | 2,440 | 1,092 | 1,228 |
| 3位 | 淀川 | 2,172 | 1,322 | 711 |

上記の調査結果では大河川ほど利用者数が多い結果となっている。そこで，直轄管理区間延長で割った結果を見ると，表13-2のようになる。直轄管理区間延長の短い相模川（6.6 km）が最も多く，次いで年間利用者数第4位の多摩川の順となっている。

河川敷は空港にも使われている。富山空港は日本で唯一河川敷に滑走路を持つ空港である。滑走路は神通川の河川敷にありターミナルまでの誘導路は堤防が開口している（図13-1）。神通川は河床低下していることもあって，河川敷は高く，これまで滑走路が浸水したことはない。なお，旅客ターミナルは堤内地（堤防の外側）にあるため，浸水することはなく，その間は長いボーディングブリッジがつないでいる。

S30に運輸省による航空路線の計画公表に対して，富山に飛行場を建設しようという動きが出てきた。富山県は富山市浜黒崎など6地区を候補地に検討したが，用地が容易に取得でき，利用上便利な土地であるという条件から，神通川中洲が最適とされた。S38の開港当初はプロペラ機だけの就航で滑走路は1,200 mであったが，航空需要の増大によるジェット機の就航（S59）に対応して，2,000 m滑走路に延長された。現在，ウラジオストク，ソウル，大連，上海の国際線定期便も就航している。

河川敷では凧揚げ大会や花火大会などの数多くのイベントも実施されている。H16.7水害で破堤した信濃川支川の刈谷田川の河川敷でも，毎年長さ4 m以上の六角大凧を使った凧揚げ大会が行われている。江戸時代（天明）から350年以上の歴史を持つ大凧合戦で，右岸の今町側と左岸の中之島側から凧を揚げ，相手の凧の糸が切れるまで引き合うものである。これには由来があり，見物に来た人による堤防の踏み固めを狙ったものである。

表13-2　年間利用者数／直轄管理区間延長　　　　（単位：万人/km）

| 順位 | 水系名 | 総数 | 散策等 | スポーツ |
|---|---|---|---|---|
| 1位 | 相模川 | 20.9 | 6.7 | 11.6 |
| 2位 | 多摩川 | 20.4 | 10.8 | 8.1 |
| 3位 | 荒川 | 16.9 | 7.6 | 8.5 |

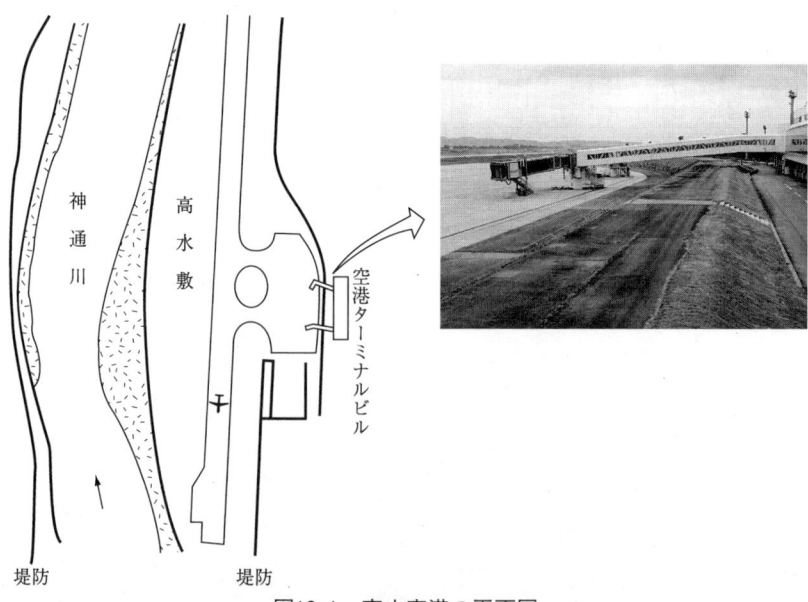

図13-1　富山空港の平面図
＊）　広い用地を必要とする滑走路は河川敷にあるが，空港ターミナル等の施設は堤防を隔てた堤内地にある。写真のように，この間はボーディングブリッジがつないでいる。

信濃川支川の中ノ口川（白根町）で行われる白根大凧合戦も堤防と関係するもので，中ノ口川水害で両岸の地域が対立していたところ，片岸地域が堤防竣工記念で凧を上げ，これが対岸の地域に落ち，対岸の地域も凧を上げて応戦した経緯がある。

同じく信濃川の長岡河畔で行われる花火大会では2万発の花火が打ち上げられる。花火では$\phi$ 90 cm，重さ300 kg（火薬80 kg）の三尺玉4発も上げられ，650 mの大きさとなる見事な大輪の花となる。その他に橋に沿って650 mにわたるナイアガラ大スターマインの仕掛け花火も披露される。また，河川・水田などと関係深い新潟市では，国際芸術展である「水と土の芸術祭」が河川敷などで開催された。これは国内外の有名芸術家が信濃川，阿賀野川の河川敷，水田，海辺に約70点の現代美術作品（銅像やオブジェ）を出展したり，昔使われていた排水機場を遺跡として掘り起こしたりするものである（写真13-2）。

河道沿いの河川敷をオープンカフェに利用する動きもある。これは地域活性化の取り組みのなかで，H 16.3に河川占用許可準則の特例措置の通達が出されてから始まった。従来利用が制限された河川敷を利用するということで，公共空間の占用に対する手続きが必要となる。公共空間を利用するオープンカフェは道路（歩道等）利用が先駆的で，H 15.1に関連する道路法・道交法の規制が緩和され，広島，名古屋，和歌山などで実施された。

河川のオープンカフェ第1号はH 16.3に指定された広島市の太田川支川京橋川（右岸）で，水の都ひろしま推進協議会が中心となって，H 16.7に飲食店やカフェを開業した（写真13-3）。オープンカフェの形態は独立店舗型と地先利用型がある。開業1年間で想定を上回る7万人以上が利用した。広島には太田川支川元安川にもオープンカフェがある。オープンカフェ第2号（H 16.3に指定）は大阪の道頓堀川で，戎橋付近の護岸前面に遊歩道「とんぼりウォーク」があり，仮設の喫茶が設けられたり，風景画の展示など各種イベントが行われた（図13-2）。オープンカフェが始まってから，遊歩道側に出入口を設ける飲食店も出てきた。また，第3号（H 17.1に指定）は名古屋の堀川で，納屋橋地区に設けられている。

河川の地下空間は地下鉄や共同溝などの空間として利用されているが，河川下を地下駐車場に利用している例もある。江戸川区の新川の流下方向に沿った地下には約200台駐車可能な空間があり，広さは長さ484 m×幅17 mである（写真13-4）。船堀駅周辺の土地開発に伴う駐車場不足を解消するためにH 11に建設された，日本では唯一の河川地下駐車場である。この駐車場は後述する一之江境川親水公園の下流に位置している。なお，カ

写真13-2　Jauma Plensa氏（スペイン）の作品
*）　昭和大橋近くの信濃川河川敷に展示された作品「THE HEART OF TREES」。

写真13-3　京橋川のオープンカフェ

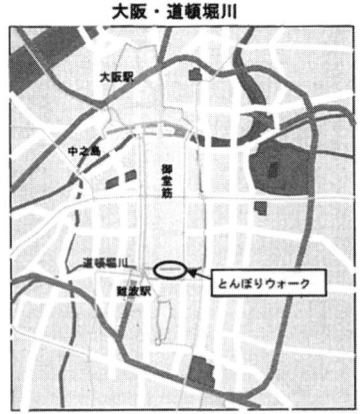

図13-2 オープンカフェの位置図

写真13-4 新川地下駐車場
＊) 日本で唯一の河川下駐車場である。

スリーン台風の際には，この新川により氾濫水が食い止められ，葛西地区は浸水を免れた。

その他の空間利用としては，キャンプ，観光やな（アユ），川下り，カヌー（スラローム，スクール），サイクリング，染色，放牧などがある。意外な川の利用としては，町おこしの一貫として，川渡しの鯉のぼりがある。茨城県常陸太田市では竜神川（久慈川水系山田川支川）に千匹の鯉のぼりをわたし，地域振興に一役買っている。竜神川には侵食作用でできたV字谷である竜神峡があり，ここに歩行者用で日本最長375 mの竜神大吊橋が架けられている。この鯉のぼりは竜神大吊橋の建設計画（H1）を記念して始まったものである。

#### 参考文献
1) 国交省河川環境課：平成18年度 河川水辺の国勢調査，2008年
2) 内閣府都市再生本部ホームページ

## 13.2 河川水・水面利用

河川は洪水を安全に流下させるだけでなく，水資源，発電，舟運などに利用できる様々な機能を有している。水資源としては，ダム・堰などから分流して各種用水に水を供給（利水ダムは約2,800ある）したり，河川から直接取水している。日本全体の水循環（年間水収支）で見ると，降水量6,400億m³の約1/3は蒸発散し，残りの2/3の大部分は洪水流出している（図13-3）。すなわち，私たちが最大限利用可能な水資源賦存量は約4,100億m³（10年に1回の渇水年で2,800億m³）であるが，実際の取水量ベースで水資

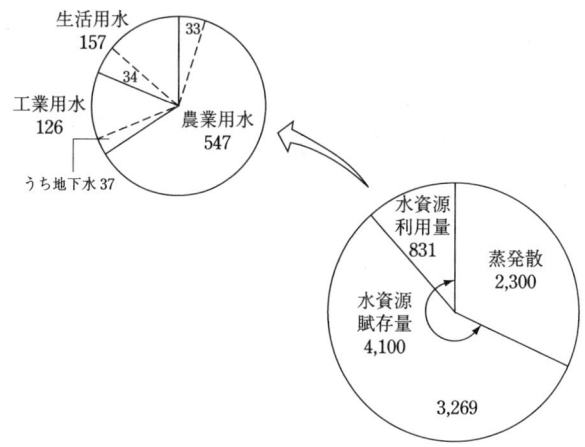

図13-3 年間水収支の内訳（単位：億 m³）
 *) 水資源利用量は賦存量の約2割で，農業用水が最も多い。
   水資源利用量の13％は地下水である。

源に利用しているのは 831 億 m³ で農業用水が 547 億 m³，生活用水が 157 億 m³，工業用水が 126 億 m³ である。このうち，河川からは 740 億 m³（農業 520 億 m³，生活 130，工業 90）が供給されている。

**水力発電**

最初の水力発電は電気事業としては琵琶湖疏水[注1]（第1疏水が1890年，第2疏水が1912年完成）とともに建設され，1891年より運転開始した蹴上発電所（京都）が営業運転第1号である。日本では水力発電が発電の主体で水主火従であったが，昭和30年代後半にシェアが逆転して，現在は火主水従である。H 18 の総発電量は1.2兆kWhで，シェアは火力65％，原子力26％であるのに対して，水力は8％（970億kWh）と低いシェアであるが，安定的に電力供給できる重要な役割を担っている。また，主力である石油火力発電所が多くの $CO_2$ を排出するのに対して，水力や原子力発電所は燃焼に伴って $CO_2$ を排出しない「環境に優しい」発電でもある。設備建設等に伴う排出量を含めても，石油火力は 742.1 g/kWh であるが，原子力はその3％，水力は1.5％しか $CO_2$ を排出しない。

水力発電は流量調整せずに水路の落差により発電する「流込み式，水路式」から，水路の落差にダム貯水池を加え，発電効率を高めた「ダム水路式」，ダム直下流で発電する「ダム式」へと変遷してきた。「ダム式」発電は貯水池の落差調節で，電力需要の変動にあわせて発電量調整を行うことができる。最大出力の大きな発電所[注2] は信濃川水系にある南相木ダム（写真13-5）の神流川発電所（東電），富士川水系にある葛野川発電所（東電），木曽川水系にある奥美濃発電所（中電）で，これらの出力は火力発電所に比べれば小さいが，大きな原子力発電所とほぼ同等の発電能力を有する。なお，世界最大の出力を有する水力発電所[注2] はブラジルとパラグアイの国境にあるイタイプダム（1991年完成）にあり，発電容量は 12,600 MW で日本最大の南相木ダムの約5倍である。参考までに世界・日本のダムで発電容量の大きなダムを表13-3に示す。海外ではブラジル，ロシア，中国に発電容量の大きなダムが多い。

---

注1）日本三大疏水は琵琶湖疏水，安積疏水，那須疏水である。
注2）中国の三峡ダムが完成すると発電容量は 18,200 MW である。

写真13-5 南相木ダム（発電容量が最も大きい）
出典［南相木村役場ホームページ］

表13-3 発電容量の大きなダム

| | | 1位 | 2位 | 3位 | 4位 | 5位 |
|---|---|---|---|---|---|---|
| 世界 | ダム名 | Itaipu | Guri | Tucurui | Sayano-Shushenskaya | Krasnoyarsk |
| | 国名 | ブラジル, パラグアイ | ベネズエラ | ブラジル | ロシア | ロシア |
| | 容量(MW) | 12,600 | 10,000 | 8,370 | 6,400 | 6,000 |
| 日本 | ダム名 | 南相木 | 上日川他 | 上大須他 | 高瀬 | 太田第一他 |
| | 水系名 河川名 | 信濃川 南相木川 | 富士川 日川 | 木曽川 根尾東谷川 | 信濃川 高瀬川 | 市川川 太田川 |
| | 容量(MW) | 2,700 | 1,600 | 1,500 | 1,280 | 1,280 |

出典［世界のダム ダム便覧（原典：WORLD REGISTER OF DAMS 2003）］

　また，信濃川は年間総流出量が160億トン（第1位）と多いため，発電が盛んである。ちなみにJR山手線は信濃川の宮中ダム（新潟県十日町市）の発電により運行されており，宮中ダムの発電量は14億kWh/年である。H20にJR東日本による宮中ダムの取水データ改ざん[注3]が発覚したため，国交省は取水許可を取り消し，取水は停止された。これに対して，JRはJRの火力発電所と東京電力からの電力購入により，首都圏の電車の電力を確保していく予定である。また，今後はJRの取水に代わって，環境等に配慮した放流が行われる予定である。
　近年はエネルギー転換や有効利用の観点から，小規模な水力発電も多く実施されている。小規模発電には出力が100〜1000 kWのミニ水力発電や出力が100 kW以下のマイクロ水力発電がある。小規模発電の課題は，
・長時間にわたる流量の確保（発電所水路，上下水道管路など）
・発電設備のシンプル化，既設工作物の利用
・特性に応じた水車・発電機の選定
などである。
　利水量は特に人口・産業が集積した都市圏で多く，流域を超えた水供給・利用が行われ

---

注3）取水口の計測機器のプログラムを改ざんし，許可された以上を取水したり，信濃川へ流す流量を義務付けられた量以下としていた。

ている。例えば，東京都はS30年代までは水源の多くを多摩川水系に依存していたが，その後急激な水需要の増加に対応するため，利根川水系への依存が高まった。H 20.4 現在，日水量 630 万 m³ のうち，多摩川水系は 19 ％ にすぎず，利根川・荒川水系が 78 ％ と圧倒的に多い。

### 水利権

河川水の利用に関しては，水利権が設定されている。水利権には河川法（M 29）以前からの主に灌漑用水として慣行的に占用していた慣行水利権と，河川管理者の許可を受けた許可水利権がある。許可水利権は取水流量が渇水流量から正常流量を差し引いた流量よりも小さい場合に認められる。S 39 の河川法改正以降，慣行水利権は許可水利権に切り替えられつつある。

1 級水系河川における許可水利権の取水量（H 17.4）は，圧倒的に多い発電を除いて，灌漑用水が 6,256 m³/s，上水道が 573 m³/s，鉱工業用水が 534 m³/s などという内訳となっている。用途別に見れば灌漑用水の割合が増加している。河川別では阿賀野川が 2,021 m³/s（うち常時発電が 1,745 m³/s）で最も多い。こうした各種用水の取水は流水占用と呼ばれ，占用者は都道府県知事により土地占用料を含む流水占用料が徴収されている。許可水利権の場合，水利使用の許可期間は水力発電が 30 年間で，その他の取水が 10 年間である。

水利使用は利害関係が水系全体に及ぶため，河川現況台帳とは別に水利使用の目的・場所，許可水量，許可期間などを記載する水利台帳が作成されている。確率 1/10 より厳しい渇水，いわゆる異常渇水時には水利使用について関係利水者間で調整（渇水調整）を行うこととなっている。新しい河川法（H 9）では，異常渇水時に水利使用が円滑に行える措置，利水者相互間の水融通が定められた。

### 舟運

河川は舟運にも利用され，舟運は明治末頃までは主要な輸送手段であったが，その後鉄道の開通や道路網の整備により衰えた。例えば，M 23 に利根川と江戸川を結ぶ利根運河が竣工されたが，その通船数を見ると，約 37,600 隻（M 24）→ 約 30,000 隻（M 40 頃）→ 約 16,000 隻（T 8）→ 約 6,500 隻（S 12）と衰微した。現在東京圏の年間舟運利用者数は定期航路が約 215 万人，東京都観光汽船が約 200 万人（H 15），東京公園協会（東京水辺ライン）が 15 万人（H 17）の乗客数である。ユニークな船として，東京都観光汽船は H 16 より浅草～お台場海浜公園～豊洲間（所要時間 70 分）に，「宇宙戦艦ヤマト」や「銀河鉄道 999」の作者である松本零士氏がデザインした未来水上バス「ヒミコ」を運航して，人気を博している（写真 13-6）。

荒川[注4]では石油タンカー，ゴミ・し尿の輸送，太田川では貨物輸送などに用いられている。また，太田川では 5 派川を含めて約 2,300 隻の船舶が係留され，河川景観を阻害し，流水阻害が懸念されたため，不法係留対策として，太田川マリーナが検討された。しかし，これは広島市との共同事業で H 16 に市の公共事業見直し委員会で中止とされて以降事業は止まっている。全国的に見ると，プレジャーボートは H 12 以降減少しているが，依然

---

注 4） 荒川ではタンカーやプレジャーボートの航走波（三角波が河岸沿いを走る）による河岸侵食に対して，一定区間に離岸堤（河岸と平行に河道内に礫を敷設）を設置したり，河岸が侵食されにくい形状にしている。

写真13-6　未来水上バス「ヒミコ」

写真13-7　チャレンジャー号

*）チャレンジャー号は日本最初の水陸両用バスで，川の駅 はちけんや（大阪八軒家浜：天満橋）を発着している。水陸両用タクシーも営業している。

22万隻（H 18）あり，うち約半数は放置艇（不法係留）である。

　最近は水陸両用バスが人気を呼び，観光に一役買っている。日本初の水陸両用バスはアメリカのCAMI社がいすゞ自動車の8トントラックを改造したチャレンジャー号（愛称カッパバス）で，長さが約12 mの39人乗りである（写真13-7）。通常は自動車として道路を走行し，船舶としては車両後部のスクリューを出して水上走行を行う。H 19に旅客不定期航路事業の許可を日本で最初に受け，道の駅湯西川を出発する川治ダム湖クルージングを行った。チャレンジャー号以外に，いすゞ自動車の8トントラックを国内で改造した国産初の水陸両用バス（長さ約12 m，42人乗り）やH 19より世界初のドイツ製水陸両用タクシー（普通乗用車の大きさで5人乗り）も登場している。クルージングは他に諏訪湖，大阪市のなんばパークス〜大川間，御堂筋，中之島周辺などで行われているが，乗客数としては川治ダム湖クルージング[注5]が多い。

**参考文献**
1) 国交省水資源部：平成21年度 日本の水資源―総合水資源管理の推進―，2009年
2) 日本河川協会：平成18年版 河川便覧，2006年

## 13.3　震災時の河川水利用

　河川水は平常時だけではなく，震災などの災害による断水時にも有効に利用できる。H 7.1に発生した阪神・淡路大震災（M 7.3）では地震による断水で消火栓が使えなかったため，神戸市内では震災後の10日間の合計で，消防水利として防火水槽（74カ所），プール（29），消火栓（4）が利用され，河川も55カ所から取水された。当時の水利使用状況としては，消火栓が使用不能と分かったため，防火水槽を使用し，その水量がつきた後に，河川またはプールの水が使用された事例が多かった。

　消火活動に河川水が利用されるまでのプロセスは図13-4の通りである。消防機関は断水して機能しない消火栓をあきらめ，学校のプール水および防火水槽の水を使用したが，特に防火水槽の容量は，その約8割が40〜100 m³と少なく，消火活動に十分な水量が確

注5) ルート：道の駅 湯西川→川治ダム→ダム貯水池（八汐湖）→道の駅 湯西川

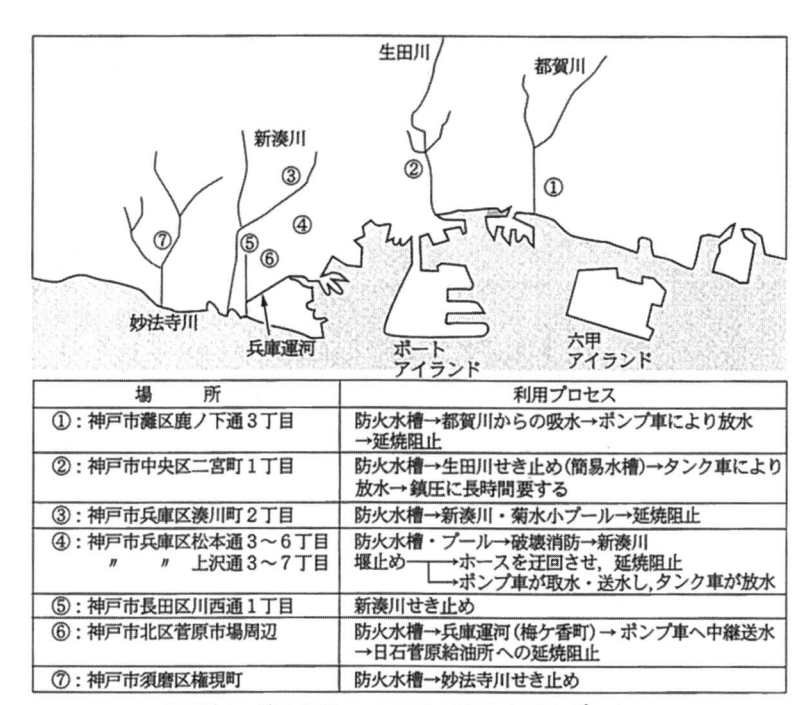

| 場　　所 | 利用プロセス |
|---|---|
| ①：神戸市灘区鹿ノ下通3丁目 | 防火水槽→都賀川からの吸水→ポンプ車により放水→延焼阻止 |
| ②：神戸市中央区二宮町1丁目 | 防火水槽→生田川せき止め(簡易水槽)→タンク車により放水→鎮圧に長時間要する |
| ③：神戸市兵庫区湊川町2丁目 | 防火水槽→新湊川・菊水小プール→延焼阻止 |
| ④：神戸市兵庫区松本通3～6丁目　〃　〃　上沢通3～7丁目 | 防火水槽・プール→破壊消防→新湊川堰止め→ホースを迂回させ，延焼阻止 →ポンプ車が取水・送水し，タンク車が放水 |
| ⑤：神戸市長田区川西通1丁目 | 新湊川せき止め |
| ⑥：神戸市北区菅原市場周辺 | 防火水槽→兵庫運河(梅ケ香町)→ポンプ車へ中継送水→日石菅原給油所への延焼阻止 |
| ⑦：神戸市須磨区権現町 | 防火水槽→妙法寺川せき止め |

図13-4　消火活動への河川水利用までのプロセス
*) 消火栓→防火水槽→河川 or プールの順に消火用水の水源が求められた。
出典［神戸市消防局：阪神・淡路大震災における消防活動の記録，東京法令出版，1995年］に基づいて作成

保されなかったため，河川水が利用されたのである。

このように，阪神・淡路大震災においては，河川水等を利用した住民による様々な消火活動が展開された。例えば，神戸市長田区では写真13-8のように，新湊川の河川水を利用して消火活動が実施されたし，神戸港や長田港では消火のためにホースをつないで，港

写真13-8　河川の水で必死の消火活動（神戸市）
出典［兵庫県土木部，兵庫県神戸土木事務所：パンフレット「人と川 KOBE」］

から海水を汲み上げ，火災延焼を防止することができた。長距離にわたって消火ホースを使用したため，路上で車により破断されたケースが多く見られた（表13-4）。

また，河川水の生活用水への活用としては，阪神・淡路大震災時に地震発生後3日間で井戸が27％使用されたのに対して，河川水も16％使用され，河川水への依存は結構多かった（建設省調査）。震災後は水道管の破損に伴う漏水も貴重な用水となった。水の運搬方法としてはポリタンク，バケツ，ペットボトルが利用された。

震災時における河川水利用には，①河川へのアクセスが困難，②取水地点と水面との落差，③水深が浅い，などの課題があった。これに対しては，階段護岸を設置したり，取水ピット（河床を一段掘り下げ）を設けるとよい（写真13-9）。震災後，兵庫県および神戸市では「防災ふれあい河川整備」として，震災時の取水・避難路としての低水路，緊急車両の進入路，地下河川からの取水マンホールを整備した。

建設省土木研究所は都内の4河川（新河岸川，神田川，石神井川，北十間川）を対象に河川からの取水阻害要因に関する調査を行った。調査は4河川の各3km区間を基本的に100mピッチで実施した。その結果，河床勾配が急な神田川・石神井川では水深が不足する，掘込河道の石神井川では地盤高と水面との落差が大きい，想定震災時の道路幅員が十分ではない区間が多いことが分かった。以上を総合的に評価すると，北十間川や新河岸川は一定区間での取水が可能であるが，石神井川や神田川からの取水はかなり困難であるという結果であった（図13-5）。

表13-4　阪神・淡路大震災時における河川水等の利用状況

| 地域名 | 取水先 | 河川水等の利用状況 |
|---|---|---|
| 神戸市長田区大橋3，4丁目 | 水路 | 1月17日の10時頃に大橋3丁目の焼失区域のほぼ全域が炎上していたのに対して，長田消防署第2および13小隊が11時頃から，大橋3，4丁目の消火活動を水路の水を利用して実施した |
| 神戸市長田区御蔵通5，6丁目 | 新湊川 | 1月17日の5時47分に御蔵通5丁目で発生した火災は，東寄りの風に煽られて御蔵通6丁目まで拡大した。この火災は長田消防署第3，27小隊が**新湊川の水を利用して消火活動を行った**こともあって，9時までには鎮火した |
| 神戸市長田区 | 新湊川 | 震災当日，市街地全域で断水し，消火栓が使えなかった。また防火水槽の水もすぐ使い切ったため，急きょ近くの新湊川の3ヵ所で**土のうを積み上げて川をせき止め，ポンプ車4台で水を吸い上げた**ものの，土のうを積み上げるのにかなりの時間を要したため，この初期消火の立ち後れが被害を拡大する結果となった |
| | 長田港 | 京都市消防局は神戸市の要請でポンプ車3台，消防隊員16名を派遣した。長田区に入り，消火のために**約100本のホースをつないで900m離れた長田港から海水を汲み上げ，放水**を始めた。完全に消火できなかったが，街区の切れ目の焼け止まりで延焼を防ぐことができた |
| 神戸市中央区三宮 | 神戸港 | 三宮では三宮アーケード街の一角にあった洋品店付近から出火した。神戸市消防本部は災害救援に駆けつけた横浜市消防局など各地の消防局から消防車やはしご車などの応援を受けて消火作業にあたった。地震で水道の供給がストップしたため，**数百m離れた神戸港から海水ホースで汲み上げる**などして消火にあたった |
| 神戸市東灘区御影塚町4丁目 | — | 倒壊家屋の下に生き埋めになっていた自治会の副会長を救出しようと，柱や瓦礫等を取り除いた。そのとき突然隅のほうで火災が発生し，すぐに消火器で消し止めようとしたが，消えなかった。水道の水も使えず，ただ気持ちが焦るなか，突然，昔この付近に川があったことを思い出して，マンホールの蓋を順に開けていった。その甲斐あって，水が流れているのを発見し，ありったけのバケツを集めてリレー消火に奮闘した |

\*）表中に太字で書いたように，河川や海の水をホースで遠距離輸送して消火にあたった。
出典［神戸市消防局：阪神・淡路大震災における消防活動の記録，東京法令出版，1995年］に基づいて作成

写真13-9 階段護岸・取水ピット
（住吉川）

＊）渡り石間に堰板を差し込めば，水位が堰上がって，取水しやすくなる。

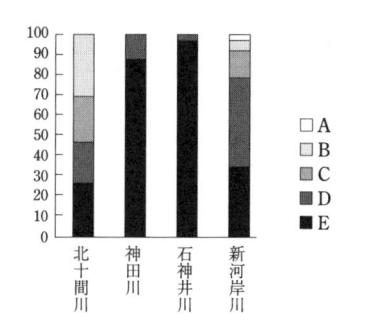

図13-5 取水可能性の総合評価

良 A－E 悪

A： 取水可能，アクセス道路幅8.0m以上，さらに水面への人員のアクセス可能

B： 取水可能，アクセス道路幅8.0m以上

C： 取水可能，アクセス道路幅6.0～8.0m

D： 取水可能，アクセス道路幅2.5～6.0m

E： 取水不可能（水深・落差等の条件のいずれかが不満足，あるいはアクセス道路幅2.5m未満）

＊）神田川や石神井川は水深などの条件で取水が困難である。
出典［舘健一郎・末次忠司・河原能久：都市河川からの消火用水取水の阻害要因，土木学会第54回年次学術講演会講演概要集，1999年］

震災ではなく火災対応の事例であるが，千葉県船橋市では消火用水のポンプ圧送システムをH8に完成させた。このシステムは下水管内に設置された $\phi 25\,\mathrm{cm}$ のパイプを通じて海水を1.5km離れたJR船橋駅までポンプで圧送するもので，送水された水は住宅密集地5カ所で消火栓に接続され，半径300mの範囲で消火に利用可能である。こうしたシステムを利用すれば，河川水等を遠隔地まで送水することが可能となる。

**参考文献**

1) 亀山勤：震災時の水利用実態と復興への取り組み，雨水技術資料，Vol. 29，1998年
2) 兵庫県土木部，兵庫県神戸土木事務所：パンフレット「人と川 KOBE」
3) 神戸市消防局：阪神・淡路大震災における消防活動の記録，東京法令出版，1995年
4) 神戸市消防局：阪神・淡路大震災における火災状況，神戸市防災安全公社・東京法令出版，1996年
5) 舘健一郎・末次忠司・河原能久：都市河川からの消火用水取水の阻害要因，土木学会第54回年次学術講演会講演概要集，1999年
6) 船橋市資料「海水等を利用した大規模消火システム」

## 13.4 水環境関連法

現在水環境施策の基本となっている法律は環境基本法（H5）である。環境基本法は公害対策基本法（S42）と自然環境保全法（S47）を改正・統合し，環境保全の基本的施策の枠組みを定めた法律である。環境基本法の主要な条項としては，表13-5に示すものがある。

水環境関連の法律を歴史的に見ると，S30年代に工場排水を規制する工場用水法（S31），下水道法・水質保全法・工場排水等規制法（いずれもS33）などが制定された。水質保全法・工場排水等規制法は1950年代から問題となった水俣病，イタイイタイ病への対策のために制定された。1960年代になると，第二水俣病（新潟水俣病）が発生するなど，水質汚濁を未然に防止できなかったことから，排水規制を強化する動きが強まった。

表13-5 環境基本法の主要な条項

| 1条 | 目的：環境保全の基本理念と施策の基本事項を定め，国・地方公共団体・事業者・国民の責務を明らかにし，健康で文化的な生活の確保，福祉に貢献する |
|---|---|
| 8条 | 事業者は公害を防止し，自然環境を保全する責務を有する（6条で国，7条で地方公共団体の責務を定めている） |
| 15条 | 政府は環境保全の施策を推進するため，環境基本計画を定めなければならない |
| 16条 | 政府は健康の保護，生活環境の保全のために維持することが望ましい水質汚濁等の環境基準を定める |
| 20条 | 国は事業者が環境影響評価を行い，環境保全に配慮するよう，必要な措置を講じる |
| 21条 | 国は水質汚濁等の原因物質の排出に関し，事業者等の遵守基準を定め，公害を防止するのに必要な規制措置を講じる |

水質汚濁などの環境問題が悪化し，活発に議論が行われたS45.11の国会は公害国会と呼ばれたほどであった（図13-6）。この国会において，下水道法および公害対策基本法等が改正されたほか，水質保全法および工場排水等規制法が改正されて水質汚濁防止法（S46）となり，翌年同法に無過失賠償責任が導入された。これは有害物質の河川等への排出，地下水汚染に対して，過失がなくても賠償責任を求められるものであった。また，この国会後のS46に，環境政策の進展のために，以下の組織を母体として環境庁が創設された。

・内閣公害対策本部

図13-6 公害国会の記事

出典［朝日新聞 S45.11.25朝刊］

・厚生省（大臣官房国立公園部，環境衛生局公害部）
・通産省公害保安局公害部
・経企庁国民生活局の一部
・林野庁指導部造林保護課の一部

　その後，河川の水質環境は改善されたが，依然として改善が進まない東京湾，伊勢湾，瀬戸内海の海域に対しては，S 53 に水質汚濁防止法のなかで水質総量規制[注1]が規定された。また，S 60 には水質汚濁防止法の特別措置として，生活系・農林水産系の排出水の規制も含めた湖沼水質保全特別措置法が制定された。特別措置法では琵琶湖，霞ヶ浦，印旛沼，手賀沼，児島湖などが対象湖沼に指定され，H 19.12 現在 11 湖沼が指定されている。最近では H 19 に八郎湖が指定された。本法は H 17 に汚濁流出の対策地域の指定，既設工場・事業場にも負荷量規制を適用する改正が行われた。

　例えば，面積第 2 位の霞ヶ浦では様々な水質対策が講じられた。霞ヶ浦に流入する川尻川河口に，水質悪化の物質を沈殿させる，水深 2 m の沈殿ピットを設けるとともに，河口から沿岸にかけて長さ 350 m，幅 60〜100 m の石積み護岸で囲まれたウェットランド（水深 0〜0.5 m：容量約 3 万 m³）が H 10 に建設された（写真 13-10）。風波の影響を受けない域内では，ヨシ等の植生が窒素・リンを吸収し，水質を改善して，9 カ所の潜堤部から浄化された水を出している。ウェットランドは霞ヶ浦に 4 カ所あり，最大容量は園部川河口の約 18 万 m³ である（H 14 完成）。

　平成に入ると，水質汚濁防止法はたびたび改正された。H 1 に地下水汚染の監視，H 2 に生活排水対策，H 8 に地下水汚染に対する浄化制度が新たに盛り込まれた。しかし，本法は特定施設や排水量に対して限定的に適用されるものであるため，自治体の上乗せ規制で実質的に対応されており，排水方法によっては下水道法などの規制対象となっている。一方，この頃制定された資源リサイクルのための再生資源利用促進法（H 3）は H 12 の循環型社会形成推進基本法へと結実していく。また，事業が環境に及ぼす影響を評価する環境影響評価法が H 9 に制定され，対象の 13 事業に対して，法アセスが実施されている。

**写真 13-10　霞ヶ浦のウェットランド（湖内湖浄化施設）**
＊）河道から流入する栄養塩の捕捉に有効であるが，底泥浚渫や植生の刈り取りなどの管理が必要となる。

---

注 1）総量規制とは閉鎖性水域の汚濁負荷量（COD, T-N, T-P）の総量を，国が 5 年ごとに定めた方針に従って計画的に削減していく規制である。

表13-6　関連法律の正式名称

| | |
|---|---|
| 水質保全法 | 公共用水域の水質の保全に関する法律 |
| 工場排水等規制法 | 工場排水等の規制に関する法律 |
| 外来種被害防止法 | 特定外来生物による生態系等に係る被害の防止に関する法律 |
| PRTR法 | 特定化学物質の環境への排出量の把握等及び管理の改善の促進に関する法律 |
| 種の保存法 | 絶滅のおそれのある野生動植物の種の保存に関する法律 |

　その後，国民の環境意識の高揚とあいまって，環境保全に関する施策を打ち出す根拠となる河川法の改正がH9に行われた。新法のなかでは河川環境の整備・保全が謳われ，事業を行うにあたって，河川やその周辺に生息する生物，生息環境の保全や調和に配慮することとなった。同様の改正が土地改良法（H13）でも行われた。一方，生態系の保全に関しては，H4に種の保存法が制定されたのをはじめ，外来種被害防止法（H17），生物多様性基本法（H20）などが相次いで制定された。

　化学物質に対しては，H11にPRTR法とダイオキシン類対策特別措置法，H13にPCB廃棄物の適正な処理の推進に関する特別措置法が制定されたほか，環境全般ではH15に自然再生推進法，H16に景観法が制定された。なお，H13には中央省庁再編により，環境庁は環境省に改組された。

　このほかの環境関連法に地球温暖化防止に向けた$CO_2$削減のための法律，自然共生・再生関連の法律などがある。H19.6にはこうした低炭素社会，循環型社会，自然共生社会を目指した「21世紀環境立国戦略」が策定され，法律とともに，環境施策実現のための指針となっている。

　文中で記述した法律の正式名称は表13-6に示す通りである。

**参考文献**
1) 朝日新聞　S45.11.25朝刊
2) 日本水環境学会編集：日本の水環境行政　改訂版，ぎょうせい，2009年

## 13.5　水　質

　水質は生態系の生息，水源水，景観などにとって重要な要素である。水域の水質・底質は水域の環境条件（水量，取水など）のほかに，人為的汚濁負荷（工場排水，生活排水）や自然汚濁負荷（土砂流出など）などに支配される。河川水質は下水道の整備や工場排水規制[注1]等により，ポイントソース負荷が削減され，経年的に改善された。BOD（生物化学的酸素要求量）の年平均値[注2]で見ると，3.1 mg/L以上がS46には約4割であったが，H7には1割強に減少した（図13-7）。この3.1 mg/L以上とは環境基準C類型に相当し，中腐水性で少し汚いと感じる程度の水質である。しかし，湖沼の水質はノンポイントソース負荷により依然として水質が改善されていない箇所がある。

　河川水質をBOD指標で判定するのは水中の汚濁物は有機物で構成され，細菌類が有機

---

注1) 排水規制は汚水・廃液を排出する約29万の工場・事業所（特定施設）が対象となっている。
注2) 環境基準ではBODは年平均値ではなく，年間データの75％（月1回の測定で年12回中9回）以上が基準値を満足しなければならない。

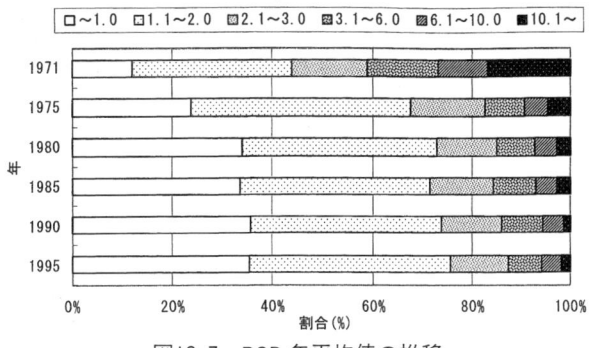

図13-7 BOD 年平均値の推移

＊) 昭和40年代から50年代にかけて，水質が改善された傾向がうかがえる。

出典［末次忠司・福島雅紀：''河道特性と河川環境保全''テクニカルノート―環境河川学のすすめ―，河川研究室資料，2006年］

物を餌として食べる（分解する）時に，有機物量に比例して酸素を消費する。すなわち河川水中での酸素消費は汚濁有機物がほとんどであるため，酸素消費量（20度，5日間）を調べれば水中の汚染物の有機物量が分かるからである。ただし，BODには微生物が分解しにくいものや，有害物質などには作用せず，測定できないという欠点がある。一方，湖沼や海域などの停滞水域の水質をCOD指標で判定するのは，湖沼などでは植物プランクトンによる呼吸で酸素を多く消費し，汚濁物による消費酸素と区別するのが困難なためである[注3]。試験に用いる酸化剤は日本では過マンガン酸カリウムを用いるが，アメリカでは二クロム酸カリウムを用いるので，測定値が異なる。なお，水源，生物，水利用，親水レベルなどでの水質指標をBODとの関係で表すと，表13-7のように区分できる。

河川の水質基準は水質汚濁防止法（S 46）に基づいて設定された。水質基準には人の健康の保護に関する環境基準（健康項目）と生活環境の保全に関する環境基準（生活環境項目）などがある（表13-8）。生活環境項目は上乗せ規制により，自治体によっては更に厳しい基準となっている場合がある。

一例として，河川におけるAA類型の生活環境項目の設定根拠は以下の通りである。なお，大腸菌群数は基準値を超えることがよくあるが，天然由来の細菌群を含めて計測するためであり，特に問題はない。

- BOD≦1 mg/L：水道水源で見れば約4割が1 mg/L以下である。最高値の10 mg/Lは悪臭限界である
- SS≦25 mg/L：25 mg/Lは水産生物の活動を維持できる水質で，下水処理の緩速濾過で処理が可能な水質である
- DO≧7.5 mg/L：サケやマスなどが孵化する条件である7 mg/Lに準じて設定されている
- 大腸菌群数≦50 MPN/100 mL：MPNは大腸菌コロニーの最確数[注4]を表す。50 MPN/100 mLは水道で行う塩素滅菌により死滅させることができる安全限界値である

生活環境項目のうち，類型別のBOD水質の環境基準を満足している地点（湖沼等を含

---

注3) 一般に水中の有機物濃度はBOD法による検出限界より低い。
注4) 培養コロニー数の制約により，少ない試験水での陽性反応（大腸菌コロニーの検出）を見るため，検出個数を統計処理して最確数を求める。

表13-7 各種水質指標と BOD

| BOD (mg/L) | 1 | 2 | 3 | 4 | 5 | 6 | 7 | 8 | 9 | 10 | 10以上 |
|---|---|---|---|---|---|---|---|---|---|---|---|
| 環境基準の類型 | AA | A | B | | C | | D | | | E | |

| | | | | | | | |
|---|---|---|---|---|---|---|---|
| 水源 | 水道用水 | 1級 | 2級 | 3級 | （浄水操作 1級：ろ過等の簡易な操作、2級：沈殿ろ過等の通常の操作、3級：前処理等を伴う高度な操作 | | |
| | 農業用水 | 適 | | | | | 不適 |
| | 工業用水 | 1級（浄水操作：沈殿等の通常の操作） | | 2級（薬品注入等高度な操作） | | 3級（特殊な操作） | |
| | 水産 | 1級 ヤマメ、イワナ | 2級 サケ科、アユ | 3級 コイ、フナ | | | |
| 生物 | 水質階級 | 貧腐水性 | β中腐水性 | α中腐水性 | | 強腐水性 | |
| | 生物的特徴（優占種） | 水性昆虫多い ヒラタカゲロウ（昆虫）、カワニナ（貝）、ザリガニ（甲殻類）、プラナリア（軟体）等 | 生物種が多い ヒメカゲロウ（昆虫）、カワニナ（昆虫）、ヨコエビ（甲殻類）、プラナリア（軟体）、クロモ（水草）等 | コイ、フナ、ナマズは生息可 シオカラトンボ（昆虫）、ヒメタニシ（貝）、アメリカザリガニ（甲殻類）、マネビル（軟体）、モツニシモ（水草）、スフェロティルス（バクテリア）等 | | 貝類、魚類はほとんどなし チョウバエ、アカユスリカ（昆虫）、サカマキガイ（貝）、イトミミズ（軟体）、クロモ（水草）、スフェロティルス（バクテリア）等 | |
| | 科学的特徴 | 溶存酸素多い | アンモニア化合物多い | 弱い硫化水素臭 | | 強い硫化水素臭。底泥が黒色。 | |
| | 水域の例 | 渓流 | 完全な活性汚泥処理場の放流水 | 活性汚泥法の曝気槽 | | 都市の下水溝 | |
| 水利用 | 環境 | 自然探勝 | 日常生活（沿岸等の遊歩含む）において不快感を生じない | | | 不快 | |
| | 水浴 | 適 | | 不適 | | | |
| 意識調査を踏まえた親水レベル | 親水レベル | I 大変綺麗 | II 綺麗 | III 少し汚い | IV 汚い | ランク外 大変汚い | |
| | | 水に入る | 水（水生生物）に触れる | 水を見る、水生生物を見る | | | |
| | 臭い | ない | | やや感じる | | ドブ臭 | |
| | 外観 油膜 | ない | | | | ある | |
| | 泡 | ない | | | | ある | |
| | 濁り | 澄む | | やや濁る | | 濁る | |
| | 色 | 無色透明 | 青系統 | 緑系統 | 褐色 | 黒褐色 | |
| 不満と感じる人の割合 | | 1割未満 | 1/4未満 | 1/2未満 | 1/2以上 | | |

＊）水質レベルの目安は BOD が2〜3 mg/Lまでが上質レベル，5 mg/Lまでが許容レベルである。

む）の割合を，1級河川等の直轄区間で見れば，S50年代前半は60％台であったが，H9以降は80％台となり，H15には88％（H20時点では89％）に改善された（図13-8）。湖沼を除いた河川だけで見ると，95％の地点で環境基準を満足している。地域別に見ると，中部地方（98％）や北陸地方（97％）の満足割合が高い反面，中国地方（74％）や関東・近畿地方（84％）の満足割合が低い。なお，BOD，SS，DOなどの水質は月1回測定・分析されることが多い。

個別河川の BOD値（平均値）で見ると，水質が良い河川，悪い河川（H20）は表13-9の通りである。ワースト1位の綾瀬川と2位の大和川は，これまで常にワースト河川の上位にランクされているが，BODはS50年代後半までに減少し，特にH10以降は10 mg/L以下で推移している（図13-9）。このように，ワースト河川であっても，著しく水質改善が図られている。

湖沼や海域における環境基準はCODで表され，河川と単純には比較できないが，河川に比べて環境基準を満足していない水域が多い。湖沼における基準達成率は40〜45％で，H15以降はやや改善し50〜55％となったが依然低い割合である。これは湖沼は閉鎖性水

表13-8 環境基準の項目等

| 項目名 | 環境項目の概要 |
|---|---|
| 健康項目 | ・当初9項目であったが，現在カドミウムや鉛など26項目について，公共用水域一律に基準値が示されている<br>・全シアン，アルキル水銀，PCBは検出してはならないことになっている<br>・鉛，砒素は平成5年に基準値が改正された<br>・1970年代以降，基準をほぼ達成している（達成率99%） |
| 生活環境項目 | ・pH，BOD，SS，DO，大腸菌群数，全亜鉛の6項目の基準値が6類型の水系毎に定められている<br>・6類型とはAA，A，B，C，D，E類型で，河川ではA，B類型が多い<br>・全類型で見た基準値はBOD≦(1〜10)mg/L，SS≦(25〜100)mg/L等，DO≧(2〜7.5)mg/L，大腸菌群数≦(50〜5,000)MPN/100mLなどである<br>・健康項目ほど達成率は高くない（達成率86%） |

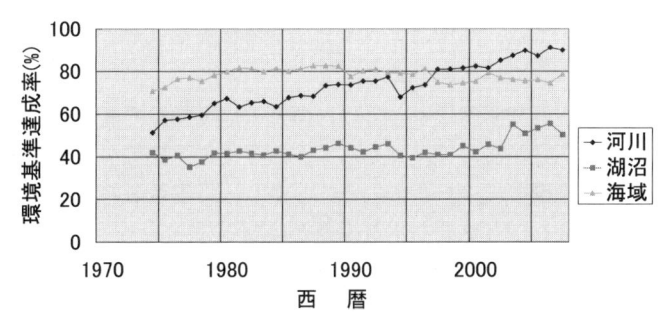

図13-8 水質環境基準を満足している地点の割合

*) 河川：BOD，湖沼・海域：COD。河川の水質は下水道整備等により経年的に改善されているが，湖沼・海域の水質はほぼ横ばいで，湖沼は近年若干改善の兆しが見える。

表13-9 河川水質のランキング

| Best | 水系名 | 河川名 | BOD | Worst | 水系名 | 河川名 | BOD |
|---|---|---|---|---|---|---|---|
| 1位 | 阿武隈川 | 荒川 | 0.5 mg/L | 1位 | 利根川 | 綾瀬川 | 3.9 mg/L |
|  | 姫川 | 姫川 |  | 2位 | 大和川 | 大和川 | 3.7 mg/L |
|  | 黒部川 | 黒部川 |  | 3位 | 淀川 | 猪名川 | 3.6 mg/L |
|  | 荒川 | 荒川 |  | 4位 | 利根川 | 中川 | 3.6 mg/L |
|  | 宮川 | 宮川 |  | 5位 | 鶴見川 | 鶴見川 | 3.2 mg/L |
|  | 球磨川 | 川辺川 |  |  |  |  |  |

*) 平均BODが同じ場合は，75% BOD値で比較している。荒川水系荒川は福島荒川である。

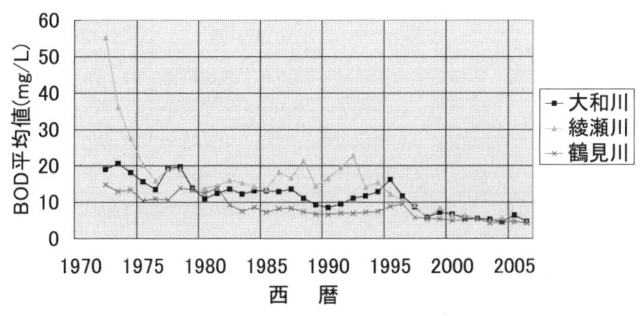

図13-9 BOD平均値の経年変化

域で，流域からの窒素，リン等の流入が依然多いためである。データは古いが，各湖沼における窒素，リンの流入負荷率の高い上位2位を表13-10に示した。全湖沼で窒素，リンとも生活排水が上位を占め，この生活排水はし尿（窒素）・洗濯排水（リン）によるものが多いし，し尿・台所排水はBOD負荷が高い。一方，海域[注5]における達成率は75～80％と高かったが，河川の達成率が向上してきたため，ここ10年間は河川が海域の達成率を上回るようになった。特に伊勢湾の達成率（45～55％）が低く，また八代海は年変動が大きい。

　湖沼の水質を改善するためには，ノンポイントソース負荷を削減する必要がある。しかし，この対策は難しい面もあるため，流入後の河道内でN・Pを低減させる方法について検討する必要がある。例えば，N・Pを栄養として摂取するヨシなどの植生を植栽したり，N・Pを吸着する表面積が広い軽石や木炭を河床に敷き詰めるなどの方法があるが，植生の刈り取り[注6]や吸着したN・Pの除去などの管理に労力を要するという欠点がある。地域によっては，河床にアコヤガイやイケチョウガイを敷設して，水質浄化と真珠の採取を兼ねて行っている所もある。

　なお，水質計測項目としては，海外では電気伝導度を計測することが多い。熱帯や乾燥地帯では蒸発が盛んで，蒸発により溶存イオン物質が濃縮され，電気伝導度が高くなるため，水質指標に用いられている。しかし，日本は海外ほど蒸発が盛んではないため，電気伝導度はそれほど重要な水質指標とはならない。

　一方，有害物質が河川へ流出すると水質事故が発生する。水質事故はH8以降経年的に増加傾向にあり，その7～8割は油類（重油，軽油，ガソリン）の流出によるものである。増加理由は事故自体の増加に加えて，H6以降河川管理者による事故への取り組みが強化されたことも一因である。水質測定では異常水質時の緊急措置が行えるよう，水質自動監視装置が全国に312カ所設置（H19.3時点）され，特に関東地方には99カ所ある。この装置ではポンプ採水を用いて試薬なしで水温，pH，DO，電気伝導度，濁度を測定できるほか，試薬を使ってシアンイオン等が測定および自動分析される（写真13-11）。

　水質事故対策は，最も多い油類流出事故に対しては，オイルフェンスの設置，油の回収・処分，河岸付着油の洗浄などが行われる。その他の流出事故に対しては，

- 酸・アルカリ　→　中和処理
- 農薬　　　　　→　粒状活性炭による吸着処理
- 重金属　　　　→　薬品沈殿
- シアン化合物　→　アルカリ塩素処理（苛性ソーダと次亜塩素酸ソーダ）

などの対応がとられる。なお，関東地方整備局などでは水質事故発生箇所，事故対策資器材の配置などの関連情報をインターネット上で共有・検索できる「水質事故対応支援シス

表13-10　窒素，リンの排水系別の流入負荷率

|  | 琵琶湖 |  | 霞ヶ浦 |  | 諏訪湖 |  | 相模湖 |  |
|---|---|---|---|---|---|---|---|---|
| 窒素 | 49.2% | 山地森林 | 32.0% | 生活排水 | 37.8% | 生活排水 | 29.6% | 生活排水 |
|  | 25.4% | 生活排水 | 28.0% | 工場排水 | 29.2% | 肥料流出 | 19.9% | 山地森林 |
| リン | 44.3% | 生活排水 | 37.7% | 生活排水 | 48.2% | 生活排水 | 50.6% | 生活排水 |
|  | 26.4% | 山地森林 | 26.1% | 畜産排水 | 21.0% | 肥料流出 | 21.7% | 畜産排水 |

出典［鈴木静夫：水の環境科学，内田老鶴圃，1993年］に基づいて作成

注5）海域とは東京湾，伊勢湾（三河湾を含む），大阪湾，瀬戸内海，有明海，八代海である。
注6）植生が枯死する前に刈り取らないと，N・Pが溶出してくる。以前は農家の人が刈り取って，再利用していた。

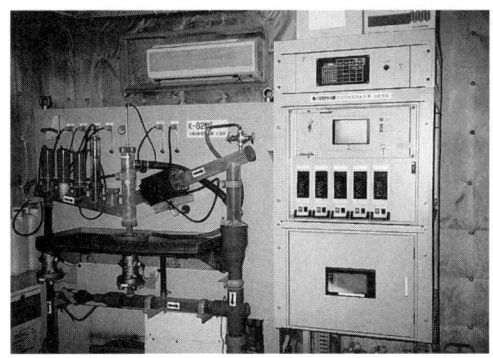

写真13-11　水質自動監視装置

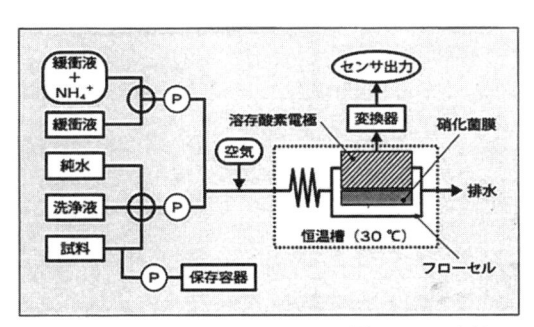

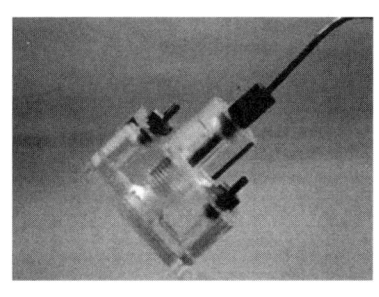

図13-10　毒物センサー
*) 左図の破線内がセンサー部で，硝化菌膜の変化を溶存酸素電極の変化で検知するものである。

テム」を活用している。

　下水処理場に流入する毒物は毒物センサーにより検知できる（図13-10）。このセンサーは建設省土木研究所と富士電機により共同開発されたもので，生物への影響度を評価するバイオアッセイ法[注7]を活用している。下水処理場では活性汚泥により処理している場合が多いが，処理場への流入水に硝化細菌（アンモニア態窒素）を供給し，硝化細菌のアンモニア酸化活性を阻害する毒物などが混入すると酸素電極の出力が変化して，検知するものである。

#### 参考文献
1) 末次忠司・福島雅紀：“河道特性と河川環境保全”テクニカルノート―環境河川学のすすめ―，河川研究室資料，2006年
2) 国土交通省：平成20年 全国一級河川の水質現況，2009年
3) 鈴木静夫：水の環境科学，内田老鶴圃，1993年
4) 日本河川協会：平成18年版 河川便覧，2006年
5) 国交省水質連絡会編：水質事故対策技術2001年版，技報堂出版，2001年
6) 宮入康寿・佐藤匡則・田中良春：環境水質（下水）を見守るセンサ技術，富士時報，Vol.74, No.8, 2001年

## 13.6　有害物質

　四大公害病には水俣病（水俣湾），第二水俣病（阿賀野川下流域），四日市ぜんそく，イ

---
注7) 生物や微生物を利用して，物質の量や活性を知る方法である。

タイイタイ病がある。このうち，イタイイタイ病は富山県の神通川下流域において妊産婦に多数の骨軟化症患者を発生させた。これは三井金属鉱業の神岡鉱業所から流出したカドミウムが原因であった（図13-11）。政府はS43.5に原因をカドミウムと認定した。このように河川には様々な有害物質が流出してくる場合がある。

河川には自然由来や人工由来の有害物質が流入してくる。自然由来の有害物質としては火山性の酸性水があり，群馬県の草津白根山に起因し，草津温泉近くを流れる万座川や遅沢川には強酸性水（pH 3.5未満）が流れ，湯川の強酸性水などと一緒になって，利根川支川の吾妻川へ流入している。湯川では草津中和工場で中和剤（石灰）を用いて，酸性水を中和沈殿処理し，下流の品木ダムにおいて中和化合物に中和促進されている。現在水酸化物が貯水池内に堆積し，処理方法が検討されている。沈殿物にはヒ素などの有害物質も含まれている。また，阿賀野川支川の酸川でも強酸性水が流れ，長瀬川を経由して，猪苗代湖へ流入している。

また，人工由来の有害物質としては，鉱山などからの重金属等の流出がある。例えば，

図13-11　イタイイタイ病に関する記事
出典［朝日新聞 S43.5.9朝刊］

石川県の尾小屋の銅鉱山からはカドミウムが流出した。S46に鉱山は閉山したため，現在は流出していないが，依然梯川の河床に沈殿したものがある。一方，岩手県の松尾鉱山は一時は東洋一の硫黄算出量を誇っていた。鉱山からは硫黄が流出し，赤川，松川を経て北上川へ酸性水として流出している。S44に鉱山は閉山したが，現在も中和施設により処理が行われている。

鉱山などから重金属を含んだ排水が河川へ流入すると，多くの生物が死滅する。しかし，藻類や水生昆虫のなかには重金属に対して特別な防御機能を持ち，高濃度の銅や亜鉛が体内に入っても生活できる生物がいる。一般に生物体中の銅濃度は10～20 mg/kg，亜鉛は約50 mg/kgであるが，重金属で汚染された河川に棲んでいる生物には，この10～30倍の濃度の金属を含んでいるものがいる。高等な動物にもある程度は金属の毒性を無害化する働きがある。例えば，ヒト，ウマ，ウシ，ラット，ニワトリ，魚などは細胞に入ってきたカドミウムなどの重金属を肝臓などで捕捉・結合してメタロチオネインを生成し，金属の毒性を無害化している。

有害物質は鉱山などから河川を経由して流入するだけではなく，工場から流出してくる場合もある。H10.9の集中豪雨により，高知市内では浸水被害が発生した。この水害によりメッキ工場が水没し，猛毒のシアン化ナトリウム（青酸ソーダ）が最高で致死量約14万人分に相当する約28 kgが流出したほか，六価クロム35 kgが流出した。水路・側溝で環境基準を上回るシアン化ナトリウムが検出されたが，特に大きな問題には発展しなかった。なお，シアン化ナトリウムは分解は早いが，六価クロムは発ガン性のある劇物で，土壌に残留するので，影響は長期間に及ぶ。H21.10には都内で金属メッキ会社を営み，六価クロムを扱っていた業者が，会社を閉鎖する際，処分にお金がかかるという理由で，六価クロムを含んだ汚泥など約720 kg（基準値の約1,000倍にあたる）をH21.3に千葉県多古町の道路脇など2カ所に不法投棄したことが判明した。1L当り1.5 mgを超える六価クロムが含まれる汚泥は特定有害産業廃棄物として，特別な管理下で処分することが定められている。

ところで，通常水質といえば河川水の水質を表すが，河道には底泥が沈殿・堆積し，この水質が生態系や人間に影響を及ぼす場合がある。特に有害物質が底泥として沈殿し，餌と一緒にそれらを食べた魚などによって濃縮されて人間の体内に入ったり，その他の生物に悪影響を及ぼす場合がある。例えば，新潟水俣病では阿賀野川流域の昭和電工から流出したメチル水銀が藻類，水生昆虫による濃縮を経て河口の川底に沈殿し，これが底生魚により更に濃縮され，人間がこれを食べて有機水銀中毒を発症したのである。

鈴木氏によれば，一般に泥に含まれる金属は有機物の多い下流ほど多く，1級河川で見ると，特にクロムや亜鉛は下流ほどその量が多くなっている（表13-11）。重金属は流下するにつれて酸化され，重金属の鉄分は酸化鉄として河床に付着して赤色の河原となる。地方別では北陸，中国，九州地方の河川で重金属が多いが，河川別では工業地帯を控える鶴見川，庄内川，淀川などの河口の底泥に重金属が多く含まれている。

また，河川には分子量が大きく，微生物により分解されない石油由来の炭化水素類が流入してくる。これらは水中の粘土などの微粒子に吸着され，川底に沈降し，底泥に蓄積される。炭化水素類が付着した底泥や水中に浮遊している水銀・カドミウムの吸着力は活性炭の約2倍もあるし，pH（アルカリ度）が高いほど吸着力が大きい。なお，底泥には河川水の約50倍の炭化水素類が含まれているという報告もある。その他に工場排水の有機物のなかには，PCB，多環芳香族化合物のように微生物の酵素では全く分解されない物質も含まれている。これらの物質は底泥に蓄積して環境を汚染する。

表13-11　1級河川の底泥に含まれる金属

|  | 亜鉛 | 銅 | 鉛 | ニッケル | クロム | カドミウム |
|---|---|---|---|---|---|---|
| 上流の底泥 | 72 | 23 | 17 | 14 | 11 | 0.45 |
| 下流の底泥 | 177 | 47 | 26 | 24 | 50 | 1.1 |

＊）単位はすべて mg/kg である。
出典［鈴木静夫：水の環境科学，内田老鶴圃，1993年］

写真13-12　信濃川下流の浚渫船

　こうした悪影響を及ぼす底泥は浚渫により排除される必要がある（写真13-12）。底泥浚渫はポンプ船等により，河川では富栄養化防止や河積確保のために行われているが，ヘドロ除去の浚渫量は湖沼の方が多い。河川・湖沼に堆積した表層の高含水比の底泥を薄層でかつ低汚濁で除去するための底泥浚渫船が開発されている。底泥浚渫船の特徴は以下の通りである。なお，浚渫された底泥は，例えば火力発電所から出る石炭灰（フライアッシュ）などを混ぜて，軟弱土壌改良材として用いられている。

・堆積した超軟弱な表泥層を拡散せずに除去する
・周辺水域への汚濁拡散がほとんどない
・薄層で高濃度の浚渫ができる
・余水処理量が少ない

**参考文献**
1) S 43.5.9 朝日新聞朝刊
2) 鈴木静夫：水の環境科学，内田老鶴圃，1993年
3) 藤井友竝編著：現場技術者のための河川工事ポケットブック，山海堂，2000年

## 13.7　化学物質

　化学物質は低コストで，かつ様々な加工が容易なことから，我々の生活に幅広く使用されている。科学技術の進歩に伴って，これまでに作り出された化学物質は有機物，無機物あわせて1,000万種類をはるかに超えている。これらの物質のなかには微量であっても体内に蓄積すると発ガン，神経障害，生殖異常などを引き起こすものが多数存在する。
　例えば，イギリスでは1980年代前半に下水処理場の下流で雌雄同体のローチ（ドジョウの1種）が発見され，処理水に含まれるエストロゲンが原因である可能性が高いとされた。エストロゲンを構成する17β―エストラジオールは処理場で除去されるが，女性ホルモンのエストロンは除去されずに排出される場合がある[注1]（図13-12）。土木研究所の研究によれば，エストロゲンの影響を調べるため，河川水・下水処理水に雄ヒメダカを曝露させると，エストロゲン様活性が増加し，ビテロゲニン濃度（環境ホルモンと反応した抗原抗体反応）が増加する影響が見られたが，活性汚泥処理後に微生物担体を用いて処理すると，雌性化影響を与えないことが分かった。

注1）下水処理過程におけるエストロゲンの除去には固形物滞留時間とDO濃度が影響する。

エストロゲン

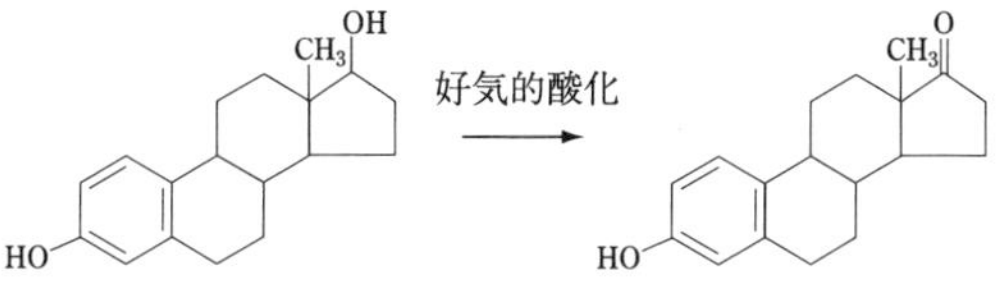

17β-エストラジオール　　好気的酸化　　エストロン
　（E2）　　　　　　　→　　　　　（E1）

・最も強力な発情作用　　　　・活性はやや低い
・動物から排出　　　　　　　・動物の尿中に多く存在

図13-12　エストロゲンの特徴

＊）エストロン（右図）は活性はやや低いが，下水処理で除去されずに排出される。

また，京大の田中教授が淀川水系の本川・支川の33地点における採水を分析した結果，強心剤，高脂血症剤，胃酸抑制剤など77種の物質が検出された。生態系への影響を調べるため，検出された物質と同じ医薬品物質を藻類のミカヅキモに与えた結果，解熱鎮痛剤や抗生物質など5物質が藻類の成長を阻害する強い毒性を持っていることが分かった。なお，欧州連合ではH18に新薬の開発で環境への影響評価を行うことを指針で定めている。

このように，環境中の微量化学物質のなかには健康影響の可能性が指摘されているものがあり，人体影響への慢性的な影響を中心に整理すると，表13-12のようになる。影響を及ぼす化学物質にはダイオキシン，PCB，重金属，ホルムアルデヒドなどがある。このうち，ダイオキシンはゴミ焼却炉などから排出され，最も問題視されている有害物質の一つで，公共用水域での基準超過率は2.5％である。人間はダイオキシンの約9割を魚から

表13-12　微量化学物質による人体への影響

| 物質 | | 人体影響 | 備考 |
|---|---|---|---|
| ダイオキシン | | 塩素ざ瘡，肝毒性，催奇形，生殖障害，発育異常，発がん | 近年の再評価によりヒトに対する発がん性が確立されつつある |
| PCB | | 発がん，催奇形，生殖異常，肝障害 | 環境ホルモンとして生殖異常を引き起こす |
| 重金属 | カドミウム | 肺気腫，肺腺腫，腎臓障害，胃腸障害，骨軟化症 | ヒトに対する発がん物質の可能性もある |
| | 鉛 | 中枢神経異常，四肢の感覚障害，疝痛，腎障害 | 奇形，生殖異常を引き起こす可能性もある |
| | 水銀 | 神経系・腎臓障害，心臓血管疾患，催奇形 | 妊婦の流産を引き起こすとのデータもある |
| ホルムアルデヒド | | 呼吸器系疾患，眼・鼻への刺激 | ヒトに対する発がん物質の可能性が高い |
| ベンゼン | | 発がん（白血病），貧血，白血球減少，血小板減少 | 奇形を引き起こす可能性もある |
| クロロホルム等のトリハロメタン | | 肝障害，腎障害，神経症状，発がん | 飲料水中の濃度とがんの発生率との相関が指摘されている |
| DDT | | 体重減少，小脳失調，肝・腎障害，皮膚障害，造血障害 | 環境ホルモンとして生殖異常を引き起こす可能性がある |
| 有機スズ（TBTO等） | | 甲状腺重量の低下，催奇形性，発がん | 環境ホルモンとして生殖異常を引き起こす可能性がある |

＊）発がん性のある物質（ダイオキシン，ホルムアルデヒドなど），生殖異常を起こす物質（PCB，鉛，DDTなど）などがある。

出典［牧野昇監修・三菱総合研究所著：全予測◎環境問題，ダイヤモンド社，1997年］

摂取している。発ガン物質であるベンゼンは，有機合成などに使用されるほか，ガソリンにも含まれている。最近では環境中の微量物質が体内でホルモンと類似の作用を起こし，生殖異常の原因となることが明らかにされている。このような物質は環境ホルモン（内分泌撹乱化学物質）と総称され，ダイオキシン，PCB，DDT，重金属などが該当する。

　従来，環境リスクが大きな物質に対しては，以下に示す法律によって，一つ一つの物質について規制が行われてきた。しかし，環境リスクを有する化学物質は多数あるため，法律による規制と並行して，多くの物質の環境リスクを包括的に低減させるため，PRTR法（特定化学物質の環境への排出量の把握等および管理の改善の促進に関する法律：化管法）が制定された。

[製造・使用に関する法律]
　・化学物質の審査および製造等の規制に関する法律
　・農薬取締法

[排出・廃棄に関する法律]
　・大気汚染防止法
　・水質汚濁防止法
　・廃棄物の処理および清掃に関する法律

　PRTR法（化管法）は化学物質の排出量の把握・管理のためにH11に制定された。PRTR法においては，有毒性・暴露可能性の面から環境負荷が大きく，人や生態系に影響を与える化学物質を指定化学物質とし，第一種化学物質は354物質（うち特定化学物質は12），第二種化学物質は81物質が指定された。第一種化学物質はMSDS（化学物質等安全データシート）の提供が義務付けられているし，下水道事業者は施設からのPRTR対象物質（30種類）を届け出る必要がある。なお，H20.11には第一種指定化学物質は462物質，第二種は100物質に拡大され，H22.4より施行される予定である。

　WWF（世界自然保護基金）は特に問題の大きい化学物質である残留性有機汚染物質（POPs[注2]）による汚染状況を示した「化学物質汚染マップ」を作成・発表した。マップはPOPsによる汚染が深刻な10地域を対象に汚染内容が示された。該当地域は日本（ダイオキシン類），アメリカ（PCB），ノルウェー（PCB），エチオピア（農薬）などである。

**参考文献**
1) 朝日新聞朝刊，H21.6.22
2) 牧野昇監修・三菱総合研究所著：全予測◎環境問題，ダイヤモンド社，1997年

## 13.8　下水道（汚水処理）

　下水道には大きく汚水処理と雨水処理の役割がある。汚水処理のための下水道計画の策定では，個別の下水道計画の上位計画である流域別下水道整備総合計画（流総計画）を策定する必要がある。流総計画は公共用水域の水質環境基準を達成するための下水道整備計画で，下水道施設の配置・構造・能力，下水道事業の実施順位，処理場[注1]からの放流水の窒素・リン含有量の削減目標などが定められている。H21.3時点で130計画が策定され，94計画が策定中である。

---

注2）人の健康や環境に対する有毒性，環境中への蓄積性，食物連鎖による生物濃縮性，大気や水により長距離移動する，といった4つの性質を有する有機化学物質である。

13.8 下水道（汚水処理）

```
下水道 ─┬─ 公共下水道 ─┬─ 流域関連公共下水道 ─┬─ 自然保護下水道
        ├─ 流域下水道   ├─ 単独公共下水道       ├─ 農山漁村下水道
        └─ 都市下水道   ├─ 特定環境保全公共下水道 └─ 簡易な公共下水道
                        └─ 特定公共下水道
```

図13-13　下水道の種類

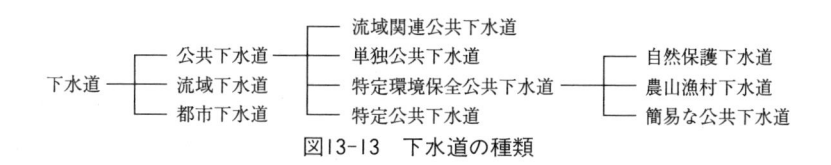

　下水道は下水道法に基づいて，公共下水道，流域下水道，都市下水路に分類される。流域下水道は2つ以上の市町村の下水を処理するもので，都市下水路は浸水の防除を目的としている。また，公共下水道は目的によって，流域関連公共下水道，単独公共下水道，特定環境保全公共下水道，特定公共下水道に分類される（図13-13）。全国の処理場における処理水量は約140億 m³/年で，7割以上が市町村の公共下水道により処理されている。

　下水道には汚水と雨水を一緒に流す合流式6万 km と別々に流す分流式35.7万 km があり，汚水処理には合流式と分流式の汚水管31万 km の計37万 km が用いられている。S30年代頃までは施工が容易で安価な合流式が整備され，合流式下水道が多いのは整備時期が早かった東京や大阪などである。

　処理人口で約3割を占める合流式は，雨天時の流量が晴天時の計画時間最大汚水量の3倍以上になると，超過した流入水が公共用水域に直接放流される。合流式の課題は，特に管渠内に沈殿した汚水中の浮遊物を含んだ水が降雨初期に放流され[注2]，河川水質に影響を与えることである。今後①遮集管渠の容量を増大する，②降雨時に一時的に下水を貯留する雨水滞水池を設置して晴天時に処理場へ送る，③発生源対策（透水性舗装，雨水の現地貯留など）などの合流改善が必要である。H19以降合流式下水道緊急改善計画の策定が開始され，H19年度末で25％が改善され，H24までに63％が改善される目標である。

　下水道（汚水処理）の建設は国庫補助負担金と地方費（地方債など）の公費により賄われるが，公共下水道の建設では都市計画事業により受ける利益に応じて，利用者から受益者負担金が徴収されている。負担金は250〜500円/m² が多く，事業費全体の5〜6％を占めている。一方，維持管理費は下水道（雨水処理）が公費で賄われるのに対して，下水道（汚水処理）は公費（一般市町村費）と私費（下水道使用料）で賄われている。

　下水道（汚水処理）の整備は処理人口普及率で見て，8％（S40）→ 36％（S60）→ 73％（H20）と着実に進捗している（図13-14）。なお，（　）内の各年は年度末を意味する。H20年度末時点において，都道府県別で見れば，東京（99％），神奈川（96％），大阪（92％），……，高知（31％），和歌山（19％），徳島（13％）となっていて，地域により普及率は大きく異なる。図13-15で普及率の中央値と平均値が乖離しているのは，処理人口普及率で整理しているため，平均値が人口の多い県の高い普及率の影響を受けているためである。都市別では政令指定都市（18都市）の平均が97％であるのに対して，新潟市は73％と低く，また人口5万人未満の市町村では未だ5割も整備されていない。

　なお，汚水処理は下水道（公共下水道など）以外に合併処理浄化槽，農業集落排水施設等[注3]，コミュニティプラントでも行われており，それらを含めた汚水処理施設および処理人口（H20年度末）は表13-13の通りで，総汚水処理人口普及率は85％である。人口規模が大きな都市ほど下水道により処理が行われ，人口規模が小さくなるほど，合併処理浄化槽や農業集落排水施設等による処理の割合が多い。処理人口比率の変化で見れば，下

---

注1）下水処理場は近年浄化センターや水再生センターなどと称されている。
注2）雨天時に約2〜3 mm/h の降雨で下水道から未処理下水が川や海へ流出する。
注3）農業集落排水施設，漁業集落排水施設，林業集落排水施設，簡易排水施設の総称である。

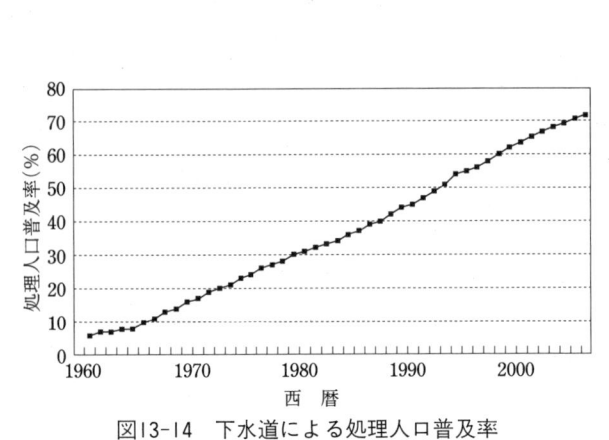

図13-14 下水道による処理人口普及率

＊）過去40年間の概略値で10→70％に改善され，改善率は1年で約1.5ポイントである。

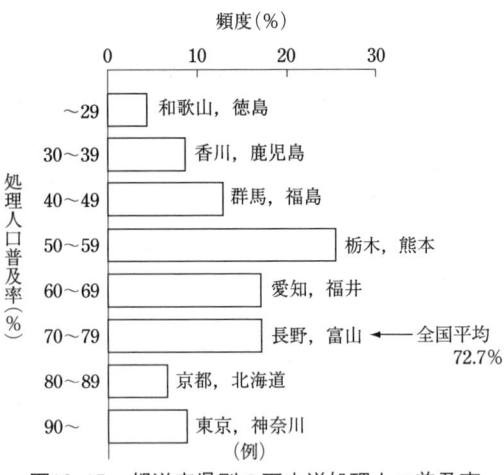

図13-15 都道府県別の下水道処理人口普及率（H20年度末）

＊）東京，神奈川などの都市域で下水道整備が進んでいる一方，西日本の県（特に四国・九州地方）で整備率が低い。

表13-13 汚水処理施設の概要と処理人口

| 名　称 | 処理人口 | 所管 | 施設の概要 |
|---|---|---|---|
| 下水道 | 9,241万人 72.7% | 国交省 | 公共下水道や流域下水道などがあり，し尿・生活雑排水・工場排水・雨水等が下水管で集められ，処理場で処理を行う |
| 合併処理浄化槽※ | 1,127万人 8.9% | 環境省 | 家庭のし尿・生活雑排水を微生物の働きを利用して各戸で浄化・処理する。他の処理施設が地方公共団体等による設置であるのに対して，個人でも設置できる |
| 農業集落排水施設等 | 374万人 2.9% | 農水省 | 農家のし尿・生活雑排水・雨水を集落単位（20戸以上）で処理する施設。施設より発生する汚泥はリサイクルされる |
| コミュニティプラント | 31万人 0.2% | 環境省 | 自治体などの公的機関，住宅団地などに設置され，地域のし尿を処理する小規模な汚水処理施設である |
| 合　計 | 10,774万人 | | |

※）し尿のみを処理していた単独浄化槽は，処理能力が低く，雑排水を未処理のまま川や海へ流出することがあるため，原則新設できないこととなった。

水道が60％（H 11）→ 73％（H 20），合併処理浄化槽が7％（H 11）→ 9％（H 20）へと推移している。

下水処理は最初沈殿池で比重の大きなSSを除去する一次処理を経た後，二次処理を行う。二次処理の方式の約6割は標準活性汚泥法[注4]で，生物反応槽でエアレーションとともに微生物（活性汚泥）を混合させる。処理された汚水は最終沈殿池，塩素混和池を経て放流される（図13-16）。なお，標準活性汚泥法ではBODやSSを90％以上，CODを80％以上処理できるが，窒素やリンは20～40％程度しか処理できない。下水処理場から排水される処理水の水質基準はBODが20 mg/L以下，pHが5.8～8.6などとなっている。

近年膜処理技術の進歩により，膜分離活性汚泥法（MBR）による処理が供用され始めている。現在，MBRのなかで，平膜が7処理場，中空糸膜が3処理場の計10処理場に

---

注4）活性汚泥中の微生物（好気性細菌）を加えて，酸素を供給し撹拌しながら有機物を分解させ，最終沈殿池で活性汚泥を沈殿させる方法で，二次処理方式には他に小規模施設で多いオキシデーションディッチ法，散水濾床法，酸化池法などがある。

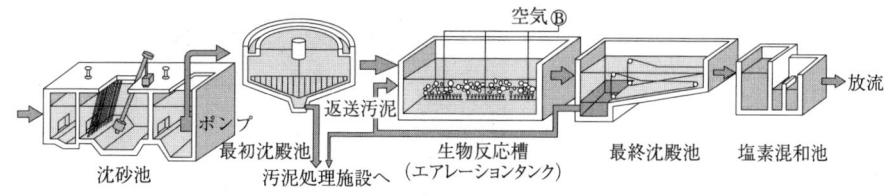

図13-16 下水処理プロセス（標準活性汚泥法）

\*） エアレーションによる微生物反応が中心の処理方法で，前後のプロセスで沈殿させている。

表13-14 膜分離活性汚泥法を採用している主要な下水処理場

| 分類 | 名称 | 所在地 | 処理能力 | 建設 |
|---|---|---|---|---|
| 平膜 | 戸田浄化センター | 静岡県沼津市 | 3,195m³/日 | H20 |
|  | 大田浄化センター | 島根県大田市 | 2,150m³/日 | H21 |
|  | 福崎浄化センター | 兵庫県福崎町 | 2,500m³/日 | H17 |
| 中空糸膜 | 城西浄化センター | 静岡県浜松市 | 1,375m³/日 | H20 |

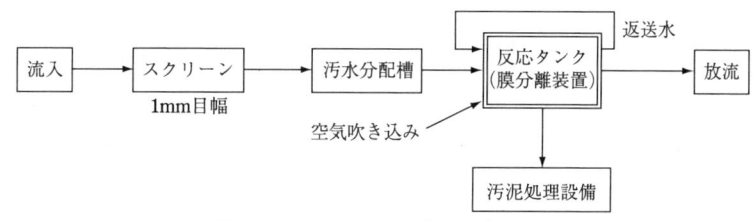

図13-17 MBRによる処理プロセス

おいて採用されているが，いずれも小規模処理場である（表13-14には処理能力の大きな処理場を示した）。MBRは最初・最終沈殿池が不要，高いMLSS[注5]を維持した運転が可能，施設がコンパクト，維持管理性が良い，処理水は高水質という長所がある一方，膜の汚染，N・Pの除去率が低い，多くの曝気風量が必要，ランニングコストが高いといった短所があり，今後の課題である。

　国内初の福崎浄化センターは公共下水道事業の一貫として，膜分離活性汚泥法を採用している。浄化水の排水先である七種川は平常時流量が少なく，下流の市川は水源水に用いられているため，高度処理手法としてMBRが採用された。処理プロセスは図13-17のようになっており，当初計画のオキシデーションディッチ法に対して，最終沈殿池，急速砂濾過施設等が不要となり，1/3のコンパクトな施設となった。膜分離装置はろ板両面にフェルトとポリオレフィンの膜シートを張り合わせた膜カートリッジが400枚入った膜ユニットが1ブロック当り5基入っていて，処理水はカートリッジ上端の処理水管から排出される（写真13-13）。1時間で1,000 m³程度の処理が可能である。膜の孔径は0.4 μmと小さく，汚泥や大腸菌は通過させず，2,000 m³/日の流入水での処理水質はBODが1.1 mg/L，SSが1 mg/L未満であった。生物膜による膜の目詰まりに対しては，処理水管から薄めた次亜塩素酸ソーダを3～4回/年注入して，洗浄している。電気代（特に空気吹き込み）を要するのが課題である。

　処理場によっては，二次処理より更に高度な処理が行われている。高度処理方式には急速濾過法，嫌気－好気活性汚泥法，オゾン処理法などがあり，BOD，SS等の水質を向上

---

注5）活性汚泥法の曝気槽内の汚水中に浮遊している活性汚泥

写真13-13　膜カートリッジ
*) 上からポリオレフィン, フェルト, ろ板で構成されている。実物は横50cm×縦1mで, 膜面積は0.8m²である。

させるとともに, 二次処理では十分に除去できない窒素, リン等の除去率を向上させることができる。特にオゾン処理では, 強い酸化力により難分解性物質を低減させたり, 脱臭・殺菌の効果がある。

高度処理率（高度処理人口普及率）はドイツ（88％：2001）やスウェーデン（81％：2000）などの欧州諸国では高いが, 日本では依然16％（H19年度末）と低い。国内では滋賀（83％）, 大阪（49％）などの近畿地方の府県の処理率が高い。滋賀県の高度処理率が高いのは琵琶湖富栄養化防止条例（S54）が背景になったのと, 琵琶湖総合開発特別措置法に伴う補助率の嵩上げや補助などの優遇措置がとられたため, 琵琶湖に処理水を放流するすべての終末処理場に高度処理施設が設置されたことによるものである。

下水道の整備に伴って, BODなどの水質は改善されたが, 硝酸態窒素濃度は依然として高い（窒素の種類は, 第12章 12.4「ダム建設の影響」参照）。硝酸態窒素は, 従来特に水田において硝化・脱窒[注6]されていたため, 大きな問題とはならなかったが, 都市化や下水道整備が進むとともに, 高い濃度が測定されるようになった。環境庁の調査（S57）によると, 河川での検出率91％, 環境基準の超過率3％であった。硝酸態窒素の多い水を一定量以上飲むと酸素欠乏症やガンになる危険性がある。硝酸態窒素が亜硝酸態窒素に変化すると, 幼児では赤血球のヘモグロビンを奪って, メトヘモグロビン血症となるし, 亜硝酸態窒素がアミン類と結合すると, ニトロソアミンとなって発ガン性のおそれがある。

下水道から河川への下水流入に伴って, 川底の生物相も変化する（図13-18）。下水の流入によって, 有機物のBOD, 栄養塩類の$NH_4$, 微生物の下水菌・バクテリア, 大型生物のイトミミズ・ユスリカ幼虫などが増加するが, 流下に伴う水質の回復に従って, これらの生物相は変化する。また, 下水流入により河川水温も1～3度上昇する。

下水処理では, 最初沈殿池, 生物反応槽, 最終沈殿池の過程で汚泥が発生する。汚泥の99％を占める水は脱水して減量化する必要がある。脱水にはベルトプレス, 遠心分離機などが使われているが, それぞれ長所・短所があり, 今後の改善が望まれる。なお, 国交省下水道部では産学官連携で重点技術開発を行うSPIRIT 21を進めており, H14からは合流式下水道の改善対策を行い, その後継課題として, H17より下水汚泥の資源化のための「LOTUSプロジェクト」が開始された。本プロジェクトでは, 輸入リンの約4～5

---

注6) 硝化とはアンモニアが硝化細菌により亜硝酸や硝酸に酸化されることで, 脱窒とは水中の亜硝酸性窒素, 硝酸性窒素が脱窒素細菌により窒素ガスに還元されることである。

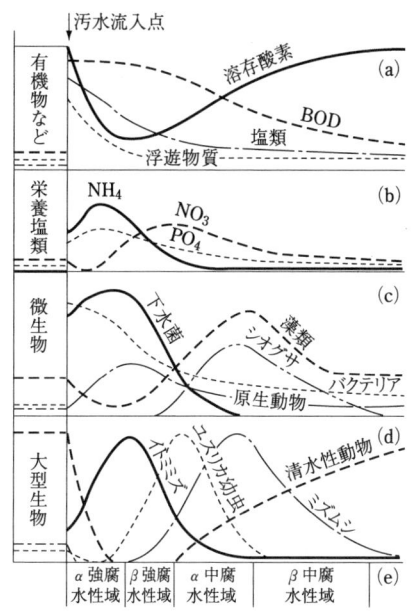

図13-18 下水流入に伴う生物相の変化
\*) 下水流入によりBODなどが緩やかに減少するのに対して、溶存酸素の変化は大きい。
出典［土木学会編：土木工学ハンドブック，技報堂出版，1989年］

割が含まれているといわれている下水（下水汚泥焼却灰）からのリンの回収を目指している。

また，下水処理場における処理段階ではエネルギーやバイオマスが発生するので，これらの活用も行われている。処理に伴って発生する汚泥は産業廃棄物扱いとなり，19種類ある産業廃棄物のうち，汚泥（44％），ふん尿（21％），がれき類（15％）で全体（4.2億t）の約8割を占めるが，バイオマス（下水汚泥）は火力発電所の燃料になるなど，地球温暖化対策や省エネ対策となる。幕張新都心や盛岡駅西口では下水熱を地域冷暖房に利用しているし，石川県珠洲市や富山県黒部市では下水処理場を核としたバイオマスの集約処理および資源・エネルギー利用を行っている。特に珠洲市では下水汚泥とあわせて生ゴミ等も再資源化している。

下水処理水は河川や海へ排出されるだけでなく，過半数の処理場内で消泡水や洗浄水に多く再利用されている。この場内利用を除いても，再利用量は年間約2億m³に及ぶ。再利用の用途としては，河川維持・融雪・修景用水などがある。例えば，札幌市の石狩川支川安春川には創成川処理所の処理水5,200 m³/日（夏）がせせらぎ復活のために導水され，あずまや，遊歩道とともに，潤いとやすらぎの空間を創出している。また，アメニティ下水道モデル事業の第1号として，洛南浄化センターの処理水2,500 m³/日が長岡京市の勝竜寺雨水幹線2 kmを通じて，勝竜寺公園へ導水され，堀と水路に水辺を復活させている。第17章 17.2「水辺の親水機能」にも再利用事例を紹介している。

### 参考文献
1) 日本下水道協会：平成19年度版 下水道統計 第64号，2009年
2) 堂々功：解説／合流式下水道の越流水対策の必要性と課題（合流式下水道越流水対策と暫定指針につ

いて），月刊下水道，Vol. 5, No. 14, 1982 年
3) 国土交通省：平成 20 年 全国一級河川の水質現況, 2009 年
4) 中山繁：滋賀県はどのようにして高度処理普及率日本一を達成したのか，下水道協会誌，Vol. 44, No. 534, 2007 年
5) 土木学会編：土木工学ハンドブック，技報堂出版，1989 年
6) 紀谷文樹・中村良夫・石川忠晴：都市をめぐる水の話，井上書院，1992 年
7) 日本水環境学会：硝酸・亜硝酸性窒素汚染対策に向けた新たな展開，日本水環境学会セミナー講演資料集，2002 年

## 13.9 自浄機能

　河川には河川水が流下するに従って，微生物の働きにより浄化されるという自浄機能がある。すなわち，河川が汚染（有機物が流入）すると，分解するために多くの酸素を必要とし，河川水の BOD が増加し，DO が減少するが，流下するに従って有機物は微生物によって分解され，BOD は減少する。微生物による有機物の分解の結果，アンモニアが増加し，細菌類が酸化分解すると亜硝酸や硝酸が増加するとともに，DO も回復する。こうした自浄機能を超える汚濁物質の流入があると，浄化しきれずに水質汚濁を引き起こす（図 13-19）。通常，河川水中に溶けている溶存酸素の濃度は 10 mg/L 程度であるが，大量の有機物が流入すると溶存酸素は消費され尽くしてしまい，嫌気的となるからである。

　河川の自浄作用には物理的な浄化と生物的な浄化がある。物理的な浄化には支川からの流入等による希釈作用と，河床の礫による濾過作用がある。顕著な自浄作用は，この礫の作用と連動した生物的な浄化である。早瀬や平瀬では河床の生物膜に付着している 1 mm 以下の微生物の接触酸化機能によって行われ，特にバクテリア（0.001 mm 以下の細菌）が中心となって浄化される。溶存酸素が多いほど活動が活発になり，汚れをよく吸着・分解する。一方，淵では汚れ（生物膜の剥離片を含む浮遊物質）が川底の石の隙間に沈殿して，嫌気性分解により浄化される。

　河川において生じている有機物や窒素，リンの主要な変換・移動経路を図 13-20 に示した。有機物質の微生物による分解のほかに，河床への沈殿・堆積や吸着による現象まで含めた自浄機能を「見かけの自浄機能」といい，微生物による分解のみを「真の自浄機能」として区別するが，本章では前者の自浄機能を対象としている。自浄機能は Streeter-Phelps による次式の自浄係数 ($k_1+k_3$) で表される。実際の河川で算定された値は 0.1〜2/日程度であった。例えば，($k_1+k_3$) が 0.2/日の場合，川の水が同じ状態で流れていると，BOD 濃度は 5 日後には初期の 1/10 になることを意味している。

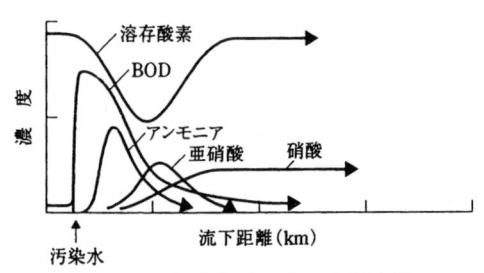

図 13-19 汚濁物流入後の水質変化
出典 [沖野外輝夫：河川の生態学，共立出版，2002 年]

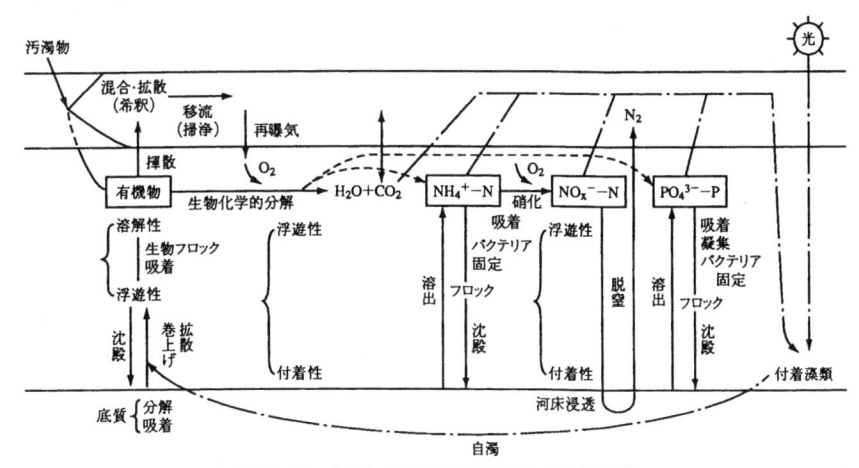

図13-20　河川の自浄作用に関与する現象
出典［宗宮功編著：自然の浄化機構，技報堂出版，1990年］

$$\frac{\partial C}{\partial t} = -(k_1 + k_3)t$$

ここで，$C$：全有機物濃度（mg/L），$k_1$：脱酸素係数（1/日），$k_3$：沈殿・吸着などによる除去係数（1/日），$t$：時間（日）

　この自浄機能を人工的に利用したものに礫間接触酸化法がある。これは河原の礫を河川敷の浄化槽に多層に詰め，河川水を礫間に通すことによって礫表面の付着微生物により有機性汚濁物質を分解して浄化するもので，多摩川支川の野川で最初に採用されたほか，平瀬川，筑後川支川高良川・下弓削川，多摩川支川谷地川などに設置された。除去率はBODで50〜75％，SSで60〜85％である。SS性の窒素・リンは除去されるが，浄化はされない。なお，BODが30 mg/L以上の場合は，曝気装置を設置する必要がある。

　自浄機能は河川だけではなく水辺林にもあり，大気中や水中の窒素は細菌・菌類によりアンモニウム塩や硝酸塩に分解され，水辺林に取り込まれる。すなわち，水辺林は窒素・硝酸塩を除去する機能を有している。また，水辺林は河川水質の汚濁源となる栄養塩類を保持するので，窒素，リン，SSが水辺林帯を流下する過程で大幅に除去され，水質が浄化される（15.9「水辺林・倒流木の影響」参照）。

　一方，河川には自浄作用に対して自濁作用も見られる。付着藻類が過剰になったり，水生生物の餌として利用されなくなると，剥離して川を汚してしまう。また，赤潮，青潮，昆虫の異常発生，バクテリアの異常繁殖によっても自濁作用が起きる。日本の川は水深が浅く，日射が川底まで届きやすいため，自濁作用が大きい。2地点のDO濃度から光合成に伴う付着藻類の一次生産速度を推定することにより，自濁作用を把握することができる。

**参考文献**
1) 沖野外輝夫：河川の生態学，共立出版，2002年
2) 宗宮功編著：自然の浄化機構，技報堂出版，1990年
3) 國松孝男・村岡浩爾：河川汚濁のモデル解析，技報堂出版，1989年
4) 土木研究所水環境研究グループ自然共生研究センター：平成15年度 自然共生研究センター 研究報告書，土木研究所資料，第3946号，2004年

# 第14章　生態系の環境構造

　河川の生態系は河道・陸域の物理環境を基盤として，河川水の水質・水温・SS などの影響を受けて，また供給される餌に応じて，それぞれの種に適した場所に生育・生息している。したがって，生態系について見る場合，まず河道特性に着目する必要がある。河道特性は第3章　3.5「河道特性」に詳述しているが，大きい方からセグメント，リーチ，瀬・淵のスケールで見る必要がある。セグメントごとに見ると生息する魚類が異なるだけでなく，河川植生なども異なっている。リーチ・スケールはセグメントより小さな空間スケール（蛇行や砂州スケール）で，リーチ内には流れが速い瀬と流れが遅い淵の区間があり，こうした局所的な物理環境の変化が生息環境に変化を与えている。また，洪水や工事などの撹乱の影響を受けて，藻類・植生などの環境はリフレッシュされる。こうした環境構造下での，生態系の地域性・行動形態・食物連鎖についても考察する必要がある。

## 14.1　生態系の基礎知識

　生態系のことを知るには，生態系に関する基礎知識や用語の意味を習得しておく必要がある。
　生態系には独自の表現がある。生態系は，例えば「アユ」などと称するが，正確にはサケ目キュウリウオ科のアユで，通常いっている「アユ」は和名である。学名ではラテン語[注1]で Plecoglossus altivelis altivelis という。三名法で同じ名称を繰り返しているのはアユ種の亜種（種レベルでは同じだが，形態的・生態的に若干異なる種）だからである。基本的に生態系には分類上の名称，和名，学名があり，学名は界，門，綱，目，科，属，種で表される。例えば，アサリは表14-1に示すように分類され，科を細かく分類したものを亜科，種を細かく分類したものを亜種などという。なお，綱は類似した目の集合，目は類似した科の集合で，国際動物命名規約では科，属，種について規制している。
　生態系の分類に関して，目・科・属・学名の例を示せば，表14-2の通りである。なお，生態系によって，属名と和名は同じものが多い。底生動物では属のなかに多くの種がいるため，○○属の一種と称されるものもある。

表14-1　生態系の分類名

| 界 (kingdom) | 動物界 |
|---|---|
| 門 (phylum) | 軟体動物門 |
| 綱 (class) | 二枚貝綱 |
| 目 (order) | マルスダレガイ目 |
| 科 (family) | マルスダレガイ科 |
| 属 (genus) | アサリ属 |
| 種 (species) | アサリ |

注1）ローマ帝国で使われていた言語で，国際的に中立な言語であるために採用された。

表14-2 生態系の分類名

|  | 目 | 科 | 属 | 和名／学名 |
|---|---|---|---|---|
| 底生動物 | トビケラ | カワトビケラ | タニガワトビケラ属の一種 | タニガワトビケラ<br>*Dolophilodes sp.* |
| 昆虫類 | コウチュウ | ゾウムシ | — | イモゾウムシ<br>*Euscepes postfasciatus* |
| 魚類 | サケ | キュウリウオ | アユ | アユ<br>*Plecoglossus altivelis altivelis* |
| 鳥類 | タカ | タカ | カンムリワシ | カンムリワシ<br>*Spilornis cheela* |
| ほ乳類 | ネコ（食肉） | イヌ | キツネ | キタキツネ<br>*Vulpes vulpes shrencki* |
| 植物 | マメ | マメ | ハリエンジュ | ハリエンジュ<br>*Robinia pseudoacacia L.* |

　生態系の存在量（種類）を表す場合，種数，個体数・個体数密度，現存量，重量，バイオマスのいずれかの指標で表す。それぞれは複数地点における調査結果であるため，調査結果を表す場合は平均値と標準偏差（地点ごとの偏り）または最大値・平均値・最小値で示す。グラフ中では平均値は棒グラフで，標準偏差・最大値・最小値はバー（細い縦棒）で表すが，標準偏差は平均値に対して±の偏差を持つので，平均値の上下に同じ長さで表示される。図14-1には洪水に伴う底生動物の流失状況の時空間変化を調査したものを例として示した。平瀬に比べて，早瀬の流心付近では洪水前後でカゲロウ目の流失量が大きく変化することが分かる。また，湿重量の平均値以上に標準偏差が大きなケースが見られる。

- 種数：多様な環境かどうかを種数の多さで表す
- 個体数または個体数密度：それぞれの種の数または種の密度を表す。各種の個体数から多様性を示す指数も提案されている。河川における生物生産を考える場合は，底生動物の個体数よりも重量が重要となる
- 現存量：対象範囲が広いほど生態系は多くなるので，単位面積当りの生物量で表すのが現存量である。例えば藻類のクロロフィルaの現存量は mg/m² で表される。ちなみに，藻類の生産力や物質収支は g/m²・日で表される
- バイオマス：ある時点で一定空間に存在するすべての動植物を有機物に換算した量で表す

その他に，生態系に密接に関係する栄養塩類（窒素，リン）や浮遊砂量（SS）などは

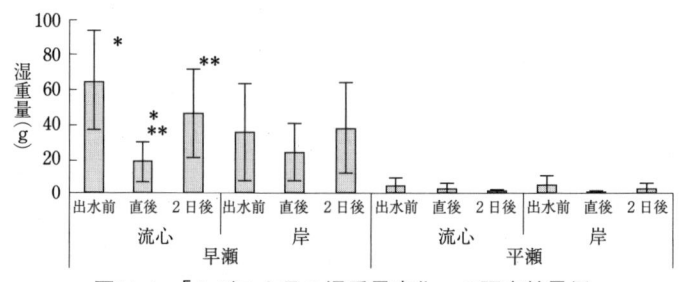

図14-1　「カゲロウ目の湿重量変化」の調査結果例
＊，＊＊：$p<0.05$で有意差あり（scheffe's test）
出典［土木研究所・中部地方整備局：自然共生研究センター研究報告書，土研資料，2003年］

表14-3 生態系関連でよく使われる用語

| 用語 | 説明 |
|---|---|
| 制限因子，律速 | 植物プランクトン等が利用する元素は重量比で決まっており，この比率と比較して，少ない元素が成長を律速（規定）する制限因子となる。換言すれば，生育にとって，どの物質が不足しているかが分かる |
| 攪乱 | 洪水や工事などの攪乱が発生すると，いったんは環境が破壊されるが，回復するとリフレッシュされた環境場となる。攪乱と付着藻類，樹林化の関係などが多く論じられている |
| 極相 | 環境条件等の変化により種が遷移するが，それ以降は遷移しない状態を極相といい，植生ではヤナギ類，底生動物では造網型トビケラなどが極相状態となる |
| 生活史，生活環 | 例えば，魚類の生活史を見ると，卵→孵化→仔魚→稚魚→未成魚→成魚→産卵というサイクルで一生を過ごしている |
| 対照区 | インパクトや環境条件等の違いが及ぼす影響を調べる場合，影響因子が関係しない場所（対照区）の調査もあわせて行って，調査結果の比較より影響度を調べる |
| 優占 | 生息場がその種にとって良い条件になると，個体数が増加し，他の種を駆逐してしまう。その状態を「優占する」という |

採水により調べられ，採水中の濃度（mg/L）や重量で表される。

また，生態系関連の表現によく使われる用語について表14-3に示す。

**参考文献**
1) 土木研究所水循環研究グループ河川生態チーム・中部地方整備局中部技術事務所環境共生課：平成14年度 自然共生研究センター 研究報告書，土木研究所資料，第3915号，2003年

## 14.2　水域環境の研究展望

[研究の視点]

　河川や湖沼などの水域環境では，降雨・洪水などの外力に伴う地形形成，土砂移動という場の条件に対して，デリケートに反応する生態系の挙動がテーマとなるため，水域環境について研究するにあたっては，様々な時空間的スケールを考えて生態系の挙動を見る必要がある（図14-2の上図）。

　空間スケールでは生態系の種類によって生息空間は異なるし，状況によってダイナミックな挙動の見方と，ミクロな見方が要求される。その場の特性としては産卵・餌場はもとより，避難や休息としての場の特性等を考慮する必要がある。時間スケールでは過去に遡って，水域本来の姿を探るとともに，その変遷過程を入念に調べることが重要である。

[着目する相互関係]

　一方，水域環境における相互の影響関係を構造的に明らかにするには，基盤となる物理環境（物理）と生態系の両方の観点から研究する必要があり，両者の間に存在する物理－物理，物理－生態系，生態系－生態系の各相互関係の解明が重要となる。

　また，相互関係の媒介物である水，物質（土砂，栄養塩），付着藻類，植生などの挙動にも着目する必要がある。ここで，相互関係とは，

・物理－物理の相互関係：河川工学・水理学などの研究テーマ
　　例1）河道改修により川幅を変えたが，川の調整機能により元の川幅に戻った
　　例2）供給土砂量の減少により粗粒化や深掘れが進行した

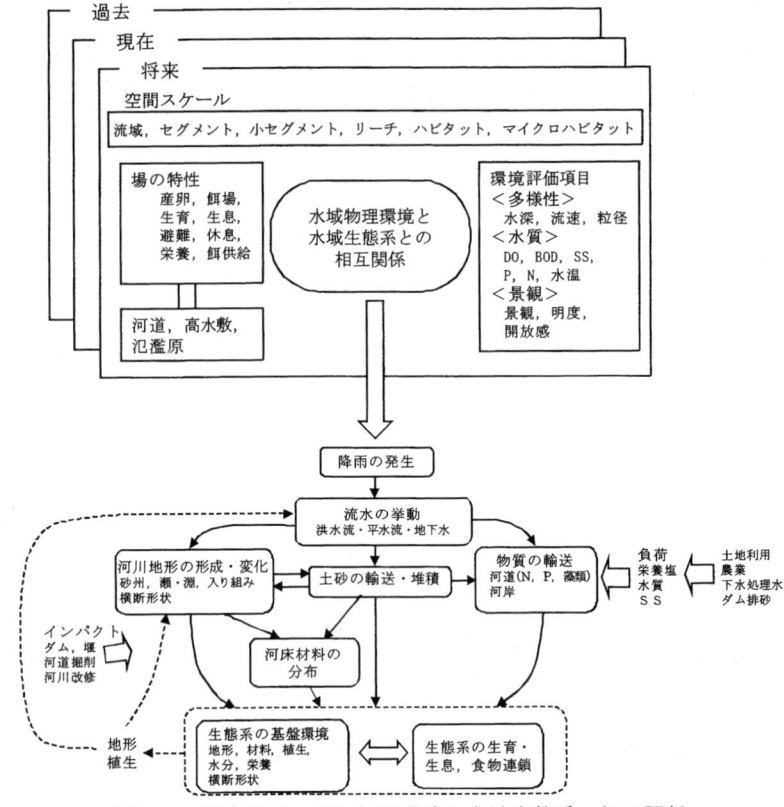

図14-2　時空間的に見た物理環境と水域生態系の相互関係

\*）生態系の基盤環境は洪水等に伴う河川地形・土砂・物質により形成され，形成された地形・植生が流水の挙動に影響するといったサイクリックな流れとなる。
出典［末次忠司：論説 水域環境に関する研究展望，土木技術資料，51-8，2009年］

- 物理－生態系の相互関係：環境研究の中心テーマ
    - 例1）河道の直線化や三面張りにより，魚類等が減少した
    - 例2）河床材料の粗粒化は底生動物の種を変え，深掘れは樹林化を進行させた
- 生態系－生態系の相互関係：生態研究のテーマ
    - 例1）生態系間の食物連鎖
    - 例2）水域と陸域は河川や湖沼の水の伏流を介して，物質が循環している

などであり，図14-2の下図がこれに該当する。

［研究ツール］

　環境研究で，現在主として行われているのは，物理－生態系の相互関係解明であるが，この研究の進展にあたっては，解明に有効なツールを用いる必要がある。土木研究所が開発または適用した主要な研究ツールには以下のものがあり，今後他の相互関係解明にも応用可能である。

- 水・物質循環（WEP）モデル
- ATS（生態系行動自動追跡システム）
- 遺伝子を用いた魚類行動把握
- フローサイトメトリーの適用（湖沼の植物プランクトンの迅速検出）

　ここで，flow cytometryは元来血球やヒト細胞の解析など主に医学系分野で利用されている技術である。シース液の流れに植物プランクトンを入れて分散させ（超音波処理すると更に正確に計測できる），アルゴンレーザーを照射すると，検出された前方散乱強度

表14-4 今後行うべき研究内容

| 物理基盤環境の多様性評価 | 生態系の多様性評価だけでなく，物理面から見て多様な基盤環境（流速，水深，材料）となっているかどうかを評価できる指標化について研究する |
|---|---|
| 包括的な環境評価 | 物理－生態系の関係に関する個別の評価も重要であるが，ある空間スケールのなかでの包括的な環境評価を目指す研究を行う |
| 環境再生データベースの構築 | 対象とする河川・湖沼の環境はその河川・湖沼本来の姿に戻すのが最適であるが，その姿を明らかにできない場合は，種々の特性から見て類似した他河川・湖沼の事例を示すことが可能なデータベースを構築する |
| 相互関係も考慮した環境改善方策 | 環境改善にあたっては，上記した相互関係も考慮して，改善方策が妥当かどうかを明らかにできる研究を行う |

（細胞の大きさ）と赤色蛍光強度（細胞内クロロフィル）の関係で，植物プランクトンの種類を分類できる。

[今後の研究展望]

このように，水域環境の研究は複雑な系のなかの関係解明作業であり，特段ブレイクスルーとなる研究手法が考えられる訳でもない。しかし，ツールの開発とともに，水域環境の評価手法を改善し，更なる環境管理技術の向上に貢献できる研究はありうる。

今後環境研究を進展させるのに必要となる研究内容を示せば，表14-4の通りである。特に物理環境の多様性評価や，本来環境を再現するデータベースは研究だけでなく，環境施策にも活用できる内容を含んでいる。

**参考文献**

1) 末次忠司：論説 水域環境に関する研究展望，土木技術資料，51-8，2009年

## 14.3 生態系にとっての物理環境の概要

良好な生態環境が形成されるには，水域が連続するとともに，良好な物理環境となっている必要がある。この場合の物理環境指標は水深，流速，河床材料などであり，これらが多様性を有しているほど，多様な生態環境となる。ただし，魚類のように種の多様性が高くなると，生産性は低くなる場合がある。また，洪水等の撹乱は生態環境をリフレッシュにするなど，生態系に影響するし，水辺林は日射遮断，食物・倒流木供給，水質浄化などの生態系に関係する機能を有している。このように河道の物理環境は生態系に様々な影響を及ぼしている。なお，物理環境のうち，SS，水温は14.9「SS，水温の影響」に記載している。

[水域の連続性]

ダムや堰などの横断構造物に分断されずに，水域の連続性が保たれれば，回遊魚や甲殻類などはそれぞれの生活環に従って良好に生息できる。また，河川と細流・水路・水田の連続性により，魚や甲殻類が自由に行き来できれば，すみかの確保や産卵ができるようになる。

[河道特性の多様性]

・水深……瀬・淵構造が形成されると，多様な水深となり，遊泳魚・底生魚の種数が多くなる。魚種にも影響を与え，例えば水深差（多様性）が小さくなると，サケ科・ハゼ科が減少し，コイ科（アユ，アブラハヤ）が増加する

- 流速……魚類には流水性の魚と静水性の魚がいる。そのため，瀬・淵構造や河岸の入り込みにより，流速の変化があるほど，魚類の個体数が多くなる。流速の遅い場所は魚の産卵・避難・休息場所となるし，流速の速い場所は餌が流下してくる餌場となる
- 河床材料……巨礫から細粒分までの多様な土砂環境があれば，底生動物の多様性が高まるし，魚類の種数も多くなる。また，河床に空隙があれば，魚類の産卵や生息にとって良い環境となる

［攪乱度］

　洪水等による攪乱は一時的には生態環境を破壊するが，環境をリフレッシュさせる効果がある。その影響度は生態系によって異なり，河床材料変化は底生動物，水質変化は付着藻類が大きな影響を受ける。

［水辺林］

　水辺林には土壌を肥沃にする働き，日射遮断，食物・倒流木供給の機能があるし，野鳥の巣・隠れ場，窒素・硝酸塩の除去，水質浄化などの機能があるので，生態系やその環境にとって重要な役割を担っている。

［冠水度］

　ワンド・タマリ，旧河道跡などのような冠水しやすい場所は，多様な魚種の生息場となるし，植生の種によっては群落の定着度が高くなる。また，高水敷や砂州の冠水は攪乱を引き起こし，生態環境に良い影響を及ぼす（攪乱度とも関係する）。

［土砂の流送］

　流送されてきた土砂により生態系の生育・生息場となる河床・河岸地形が形成される。土砂には物質を輸送する役目もあり，栄養塩のうち特にリンは土砂に吸着して流下する。また，流送土砂により付着藻類の剥離が進み，フレッシュな藻類に更新される。ただし，細粒分を大量に含むSSは魚類に悪影響を与えたり，付着藻類の活性化を低下させ，生態系にとっては良くない場合がある。

［水質］

　水質が生態系に与える影響は少ないが，種によっては影響する。例えば，ホタル[注1]は水質に敏感で生育途中で急激に水質が悪化すると，死んでしまう場合がある。水質汚濁が進むと，生態系の多様性は低くなる。また，濁水の影響をアユやウグイは受けやすいが，コイ，ニゴイ，フナ，オイカワはあまり受けない。

**参考文献**
1) 森下郁子・森下雅子・森下依理子：川のHの条件 陸水生態学からの提言，山海堂，2000年

## 14.4　生態系の地域性

　河川生態系の実態は河川水辺の国勢調査により調べられている。この調査はH2年度から開始され，H17年度には全国で3巡目を概ね終了し，その地域的な実態が明らかになってきた。ほ乳類，鳥類，陸上昆虫類，底生動物は東日本の水系で種数が多いが，魚類，は虫類の種数は西日本の水系が多い（表14-5）。魚類の種数が西日本で多いのは，西日本は東日本に比べて地質学的に安定していたため，山地へも魚が進出したこと，大陸と陸続

---

注1）正確にはゲンジボタルは水質が良好な砂礫底を好むが，ヘイケボタルはやや汚濁した水域にも生息している。

表14-5　地域性の強い種数のランキング

|  | ほ乳類 | 鳥　類 | 陸上昆虫類 | 底生動物 | 魚　類 | は虫類 |
|---|---|---|---|---|---|---|
| 1位 | 天塩川 (25) | 利根川 (203) | 信濃川 (3,643) | 雄物川 (423) | 斐伊川 (115) | 吉野川 (15) |
| 2位 | 十勝川 (25)<br>雄物川 (25) | 米代川 (191) | 北上川 (3,442) | 名取川 (417) | 那賀川 (110) | 淀川 (14)<br>江の川 (14)<br>緑川 (14) |
| 3位 |  | 信濃川 (185) | 雄物川 (3,422) | 多摩川 (396) | 宮川 (102) |  |

表14-6　地域性の弱い種数のランキング

|  | 両生類 | 植　物 |
|---|---|---|
| 1位 | 雄物川 (15) | 信濃川 (1,490) |
| 2位 | 手取川 (14) | 江の川 (1,352) |
| 3位 | 江の川 (14) | 北上川 (1,297) |

\*）（　）内の数字はのべ種数，斜文字は西日本の河川を表している

きであった時代に湖沼群を通じて大陸の淡水魚が受け入れられたことによるものである。

なお，は虫類，両生類，ほ乳類は確認種数が少ないので，これらの種については，表14-5，14-6のランキングは必ずしも有意ではない。

特に種数が多かった雄物川はほ乳類，底生動物，両生類で1位となったし，信濃川も陸上昆虫類，植物で1位であった。地方別の上位3位の河川数を見ると，東北（8河川）が最も多く，次いで北陸（4），中国（4）が多かった。

個別の種ごとに地域性を見ると，例えば，
- 魚類：ネコギギは三重・岐阜・愛知県のみに生息
  アユモドキは琵琶湖・淀川水系，吉井川など一部地域に生息
- 植物：カワラノギクは多摩川，鬼怒川，相模川のみに生息
- ほ乳類：ヒグマは北海道のみに生息

するなど，その地域でしか見られない動植物もいる。

**参考文献**
1) 国交省河川環境課：河川水辺の国勢調査　1・2・3巡目調査結果総括検討〔河川版〕（生物調査編），2008年
2) リバーフロント整備センター編著：まちと水辺に豊かな自然をII―多自然型川づくりを考える―，山海堂，1992年

## 14.5　生態系の寿命と行動形態

生態系の寿命はそれほど長くないが，生態系ピラミッドの頂点に立つ猛禽類は4～5年の寿命を持つし，魚類のなかにも数十年の寿命を持つもの（イトウなど）がいるといわれている。これに対して，水生昆虫は大きいもので半年～1年，小さいもので1～2か月の寿命しかない。生態系の餌は鳥類や魚類は陸生・水生昆虫，水草などの植物で，昆虫は植物が中心である。寿命と各種ごとの餌とすみかを示せば，表14-7の通りである。

生態系のうち，魚類や鳥類の行動は表14-8に示すように，種ごとに行動時期が異なる

表14-7　種ごとの寿命・餌・すみか

| 生態系の種類 | 寿命 | 餌 | すみか |
|---|---|---|---|
| 猛禽類（タカ目，フクロウ目） | 4～5年 | 陸生・水生昆虫，小魚，両生類，水草，種子・実 | 木本・草本植物，崖地，砂礫地，橋桁 |
| 小型の鳥 | 1～2年 | | |
| 魚 | 1～数十年 | 陸生・水生昆虫，ミミズ，水草，プランクトン，藻類 | 瀬・淵，ワンド，水生植物 |
| 昆虫 | 1年 | 木及びその樹液 | 木本・草本植物 |
| 水生昆虫（大型） | 半～1年 | 植物，落ち葉，藻類 | 瀬，淵の砂・泥の底，木本・草本植物 |
| 水生昆虫（小型） | 1～2か月 | | |

表14-8　魚類・鳥類の行動

| | 1年間の行動 | 1日の行動 | その他の行動 |
|---|---|---|---|
| 魚類 | 〈産卵〉<br>　春：コイ，フナ，ナマズ<br>　夏：オイカワ，カワムツ<br>　秋：イワナ，ヤマメ，アマゴ<br>　秋～冬：サケ<br>　注）フナ・アユは粘着卵，サケ・マスは沈性卵である<br>〈川の遡上〉<br>　春：アユ<br>　夏～秋：ヨシノボリ，スズキ<br>　注）アユ・ウナギは川にすみ，産卵時に川を下る，サケ・マスは海にすみ，産卵時に川を遡上する<br>〈越冬〉<br>　淵：イワナ，ヤマメ<br>　砂泥に潜る：ドジョウ，ナマズ | 〈朝活動〉<br>　アマゴ<br>〈昼活動〉<br>　アユ<br>〈夜活動〉<br>　ウナギ，ハゲギギ，ナマズ | 〈休息〉<br>　岩陰・植生の下：アブラハヤ，カワムツ，ウナギ，ハゲギギ<br>　淵：アユ<br>〈洪水時の避難〉<br>　支川，ヨシの茂み，岩陰 |
| 鳥類 | 〈繁殖〉<br>　春～夏：留鳥（カワガラス，スズメ，カワセミ，セキレイ，チドリ）と夏鳥（オオルリ，コアジサシ，ツバメ，オオヨシキリ）<br>　注）営巣場所は種により異なる。コサギのように雑木林で集団繁殖する種あり | 〈活動〉<br>　一般に日の出とともに起きて，日没でねぐらへ帰る<br>　注）一部にゴイサギのような夜行性の鳥もいる | 〈ねぐら〉<br>　ヨシ：ホオジロ，ツグミ，ウグイス<br>（集団ねぐら）<br>　橋桁・工場：ハクセキレイ，スズメ<br>　樹上：サギ<br>　カワヤナギ・ヨシ：ムクドリ<br>　ヨシ：ツバメ |

ので，各々の魚の産卵時期や鳥の繁殖時期などに配慮して，河川工事や樹木の伐採を行う必要がある。時間帯としては，ウナギやエビのように夜中に川を遡上する種もいる。なお，鳥類の行動は年間では気温と照度，日パターンでは照度と密接な関係があり，低い照度の刺激を受ける種は早く起き，ねぐらに帰る時間は遅い傾向がある。

　一例として，魚類のアユの生活史について見ると，10～11月に川の中下流で卵から孵化した仔魚は稚魚期を海ですごし，体長が6 cmまでは動物性プランクトンを食べて越冬する。初春になると4 km/（3～5日）の速度で川を遡上して，中上流に定着して付着藻類（植物性プランクトン）を食べて生活する。水温が高いほどよく成長する。秋になると産卵のために川を下り，中下流の早瀬から平瀬にかけての適度な粒径（体で礫を移動させることができる粒径）の浮き石に産卵するというサイクルで生活している。このように，

表14-9 アマゴの採餌時間帯

| 夜明け～9時 | 摂食活動が最も激しい |
| --- | --- |
| 10～16時 | 摂食活動が鈍り，大型の餌のみを摂る |
| 日没後 | 羽化したヒメガガンボを摂食するなど，摂食は盛ん |
| 夜～夜明け前 | 摂食活動が鈍り，大型の餌（造網型トビケラなど）のみを少数摂る |

アユは稚魚と成魚で生息場所が異なるし，成長に伴って摂食する餌が変わってくる。

採餌の仕方にも季節（年間）や時間帯（1日）による違いがある。例えば，カジカの採餌の季節変化を見れば，4～8月（5～6月は羽化期）は生長のために活発に摂食し，1個体当りの重量は多くなる。しかし，9～3月は胃内容物は多いが，消化速度が遅いため，1個体当りの重量は少なくなる。また，アマゴの採餌の時間帯変化を見ると表14-9の通りで，朝夕の食欲が非常に旺盛である。

**参考文献**

1) リバーフロント整備センター：多自然型川づくり 施工と現場の工夫，1998年
2) リバーフロント整備センター編著：まちと水辺に豊かな自然をⅡ─多自然型川づくりを考える─，山海堂，1992年
3) 沼田真監修，水野信彦・御勢久右衛門著：河川の生態学 増訂版，築地書館，1993年

## 14.6 瀬・淵構造と生態系

河川生態系には種ごとに適した産卵・生息などの条件があり，これらの条件は瀬・淵などの河川地形，河床材料，水温，餌などにより規定されている。

河川地形は砂州が形成されている区間では砂州上の流れが速い箇所（瀬），砂州下流の流れが遅い箇所（淵）があるし，河道の湾曲区間では外岸側の水深が深い箇所（淵），内岸側で土砂が堆積していて，水深が浅い箇所（瀬）がある。砂州は特に直線河道では移動しやすいので，瀬・淵の位置も固定されたものではない。そのため，瀬・淵は単に河川地形としてではなく，土砂供給の観点から，ダイナミックな砂州移動の産物として捉えるのがよい。

このように，河道内には水深の浅い瀬と深い淵があり，横断的に見ると寄州と淵がある。深さや位置が瀬と淵の中間はトロ（瀞）という。瀬は流速により流れの速い早瀬と流れが緩やかな平瀬に分けられ，早瀬の川底には浮き石，平瀬と淵の川底には沈み石が見られる。

魚類のように大きく移動するものを除いて，水生昆虫や付着藻類は1蛇行区間内の生息状況が分かれば，全体的な生息状況を推定できる。可児[1]によると，瀬・淵は図14-3に示す通り1蛇行区間における出現形態から2種類，流れ込み形態から3種類に分類される。出現形態と流れ込み形態は関係し，A-a型，B-b型，B-c型に3分類され，移行型としてAa-Bb型やBb-Bc型がある（表14-10，14-11，図14-4）。これらのタイプは河道のセグメントとも関係づけられる。また，淵は図14-5に示す3通りの型に分類され，前述した

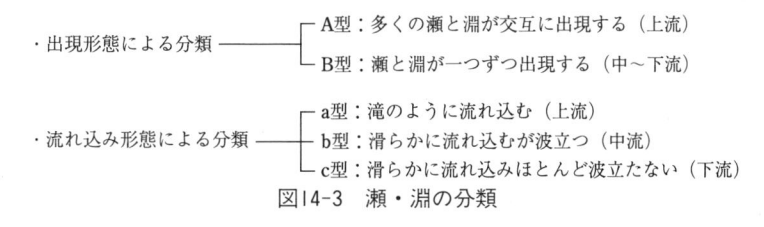

・出現形態による分類 ─┬─ A型：多くの瀬と淵が交互に出現する（上流）
　　　　　　　　　　　└─ B型：瀬と淵が一つずつ出現する（中～下流）

・流れ込み形態による分類 ─┬─ a型：滝のように流れ込む（上流）
　　　　　　　　　　　　　├─ b型：滑らかに流れ込むが波立つ（中流）
　　　　　　　　　　　　　└─ c型：滑らかに流れ込みほとんど波立たない（下流）

図14-3 瀬・淵の分類

表14-10 河道のセグメントと瀬・淵の出現形態

| セグメント | 形態 | 瀬・淵の範囲 | 特　　徴 |
|---|---|---|---|
| M | Aa | 狭い | 1蛇行区間に瀬と淵が2個以上<br>瀬と淵の落差が大きい<br>盆地ではBc |
| 1<br>2-1 | Bb | 中程度 | 1蛇行区間に瀬と淵が1個<br>平瀬→早瀬→淵の順で存在<br>下流ほど，瀬が多くなる |
| 2-2 | Bc | 広い | 1蛇行区間に瀬と淵が1個<br>瀬は平瀬が多い<br>下流ほど，瀬が多くなる |

＊）セグメント2-2では瀬と淵の区分が曖昧になり，全体がトロ場になる場合がある。また，セグメント3では細かい砂やシルトで構成されるトロ場となる。

表14-11 淵の型分類

| 淵の型 | 河床形態 | 特　　徴 |
|---|---|---|
| M型（蛇行型） | Bb, Bc | 蛇行部の外側に形成 |
| R型（岩型） | Aa-Bb～Bb | 巨礫や岩盤の周囲の洗掘箇所 |
| S型（基盤型） | Aa | 軟河床の侵食箇所 |

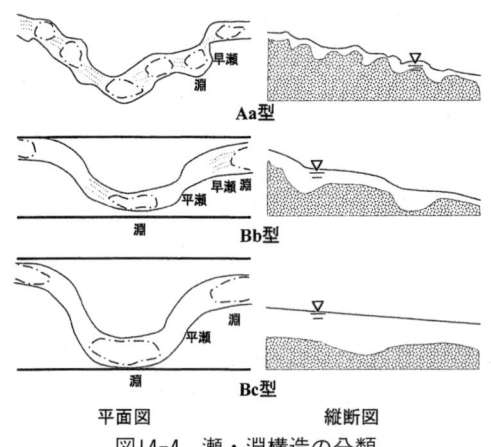

図14-4 瀬・淵構造の分類

出典［古川春男編・可児藤吉：渓流昆虫の生態，日本生物誌，昆虫(上)，研究社，1944年］

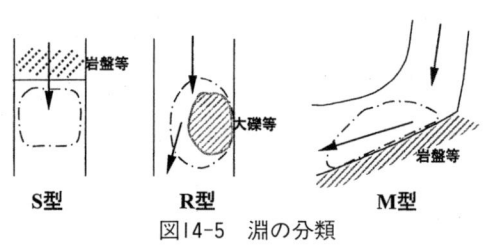

図14-5 淵の分類

出典［川那部浩哉・宮地伝三郎・森主一ほか：遡上アユの生態とくに淵におけるアユの生活様式について，京大生理生態業績79，1956年］

河床形態とも関係する。

　牧田川と朝明川（揖斐川水系）を例にとって，瀬・淵における水深，流速の分布を図14-6に示した。河川や区間によって異なるが，概ね平瀬→早瀬→トロ→淵の順に河床形態が構成され，トロの範囲は長い場合が多い。朝明川ではトロ，淵が連続している区間が見られる。水深～流速分布を見ると，早瀬は低水深・高流速であるのに対して，淵は高水深・低流速である。また，トロは水深・流速ともに幅が見られる。

　魚類の産卵では，アユは早瀬から平瀬の浮き石に産卵し，ヨシノボリやウキゴリなどのハゼ類は沈み石の底に産卵し，カジカは瀬の巨礫に産卵する。また，シシャモは粗砂・細礫（1～5mm）に産卵するなど，魚の産卵と河床材料の間には関係がある。河床材料の分布は流速の速い早瀬には粗粒分が多く，流速が遅い淵には細粒分が多いが，みお筋は掃

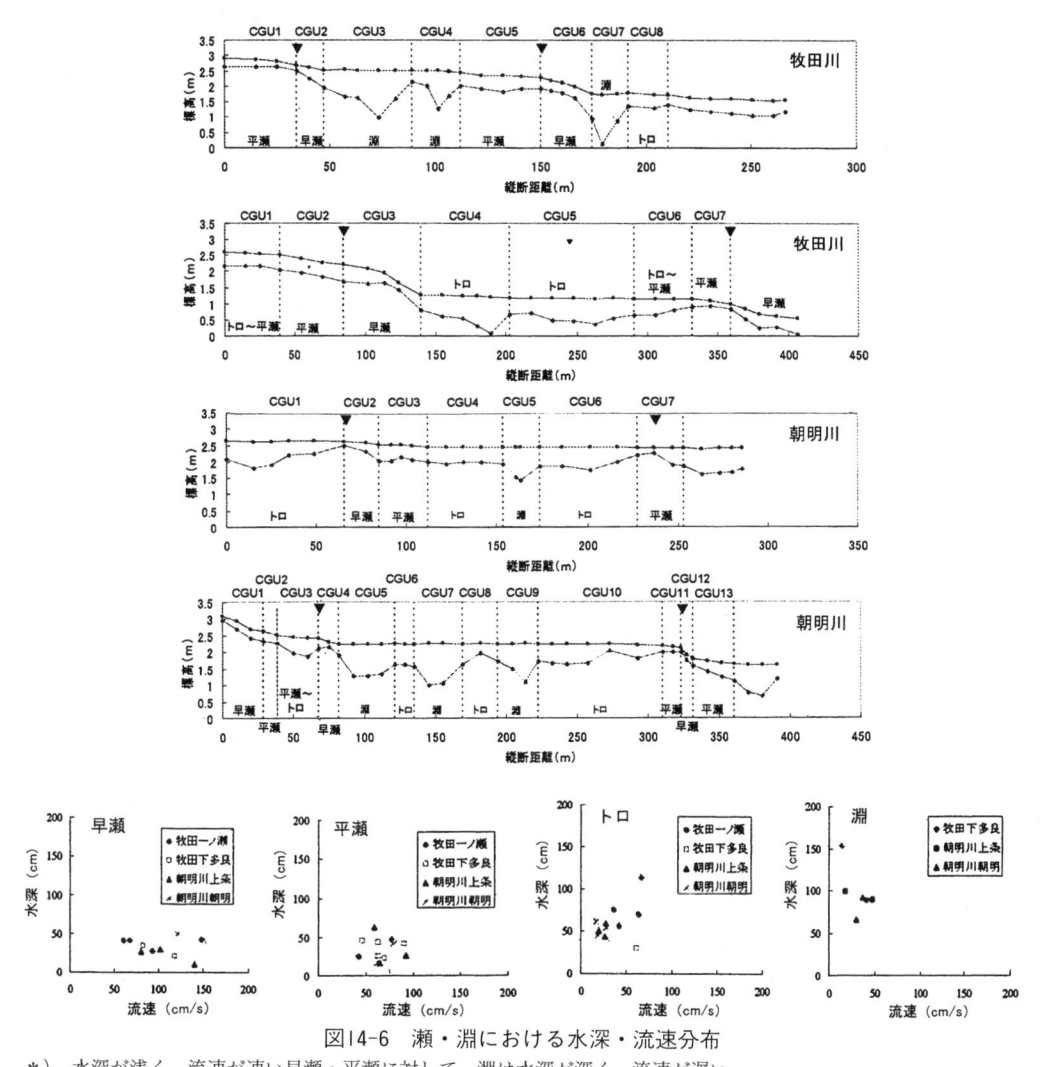

図14-6 瀬・淵における水深・流速分布

*) 水深が浅く，流速が速い早瀬・平瀬に対して，淵は水深が深く，流速が遅い。

出典［萱場祐一・千葉武生・力山基ほか：中小河川中流域における魚類生息場所の分布と構造，河川技術論文集，第9巻，2003年］

流力が大きいため，早瀬同様に粗粒分が多い。生態系にとっては，多様な粒径の材料が混合した河床ほど，底生動物の種数や個体数が多くなり，また砂に比べて礫の方が多様性は高い。

こうした生態系の多様性は多様性指数で表される。多様性指数はいくつかあるが，代表的なものにShannon-Wienerの多様性指数があり，その式は以下の通りである。この式の値が大きいほど，多様性が高いことを表している。

$$H' = -\sum_{i=1}^{S} \frac{Xi}{N} \ln \frac{Xi}{N}$$

ここで，$S$：総種類数，$Xi$：種 $i$ の個体数，$N$：総個体数である。

河道の瀬淵では流れや河床材料が異なるだけでなく，供給される餌が異なるため，餌環境に対応して生息する生態系の種も異なる。例えば，藻類のなかでも流速が速い所には藍藻（糸状藍藻など），流速が遅い所には珪藻が多く見られる。アユは流速が速い瀬に生息し，栄養価の高い（窒素量の豊富な）藍藻を摂食している。速い流れでは細粒土砂が堆積しにくく，高い強熱減量を維持するのに有利だからである。また，瀬から淵に餌が流れて

表14-12 瀬・淵における生態

|  | 瀬 | 淵 |
|---|---|---|
| 底生動物 | 早瀬＞平瀬＞淵の順に数が多い ||
|  | 早瀬には造網型・匍匐型が多い。造網型が多いため，現存量や生産量が多い | 淵には掘潜型・匍匐型が多い |
| 藻類 | 早瀬は藻類が主となった薄い付着層，平瀬・淵は藻類の遺体・菌類が多い 厚い付着層で，その内部に原生動物や微小動物がいる ||
|  | 藍藻が繁茂（特に夏） 剥離して瀬の下流に堆積 | 珪藻が繁茂（特に秋） 剥離して淵で堆積する（上流の淵に多い） |
| 魚類 | 藻類や水生昆虫が多く，餌場となる（早瀬） 川底の浮き石はアユの産卵場（早瀬〜平瀬） カジカは瀬の巨礫に産卵する オイカワは浅瀬に生息する | 瀬から餌が流入→肉食性のイワナ，ヤマメ，ウグイなどの餌場 瀬を餌場としている遊泳魚の休息・睡眠の場所 ワンド→プランクトンや水草が多い→魚類の産卵や稚魚の成育に適している→魚の避難場所 淵には他にコイ，ナマズ，ウナギ，カワムツ，ムギツクなどが生息する |

*）底生動物の生活型の分類は第15章 15.2「底生動物」を参照のこと。

くるので，これを狙って淵の上流はイワナやヤマメなどの餌場となっている。

ここでは，関連する底生動物，藻類，魚類について，瀬と淵における生息種，餌場，産卵，休息の違いを見てみる（表14-12）。なお，藻類のなかでも藍藻は流れの速い瀬にあって，水温が17度を超える夏などによく繁茂する藍色の藻類である。また，珪藻は礫などに付着し，アユなどの餌となる。珪藻は茶色の藻類で，低温を好むため，秋などによく繁茂する（第15章 15.1「藻類」参照）。

瀬と淵では河川水の浄化のされ方が異なる。瀬では川底の石に生息する微生物やバクテリア（特に0.001 mm以下の細菌が中心）の活動が水に溶け込んだ酸素により活発となり，汚れを吸着・分解する。一方，淵では汚れが川底の石の隙間に沈んで分解される。

瀬・淵に対して，蛇行した水の流れが水制や出水などによって池のような水溜まりになるワンド[注1]が形成される。ワンドは洪水時における魚の避難場所として利用されるが，プランクトンや水草も多く，魚類の産卵や稚魚の成育に適し，本川には少ない魚種を見ることも多い。イタセンパラのようなタナゴ類もワンドにおり，二枚貝に産卵する。水草としては止水域にエビモ，クロモなどの沈水植物，水際部にヨシ，マコモなどの抽水植物が多く見られる。ワンドの大きさは50〜7,000 m²と様々で，例えば木曽川下流には多数のワンドがあり，ヤマトシジミ，ハゼ，カニ，鳥類などが豊富におり，生態系にとっては良好な空間となっている。

ワンドと混同しやすいものにタマリがある。タマリは洪水により流路が移動し，本流の一部が高水敷や河原の中などに取り残されたもので，ワンドより緩やかなため，沈水・抽水植物群落が発達しやすい。タマリではヨシノボリやドジョウのように，仔稚魚期だけでなく，生活の場として棲み続けるものもいるが，ギンブナやオイカワなど，多くの種はタマリで産卵するが，大きくなれば本川に出て成長するものが多い。

**参考文献**
1) 古川春男編・可児藤吉：渓流昆虫の生態，日本生物誌，昆虫（上），研究社，1944年
2) 川那部浩哉・宮地伝三郎・森主一ほか：遡上アユの生態とくに淵におけるアユの生活様式について，

注1）ワンドは水制間の湾入部で，オランダ語のVang-Damm (en) にあたり，両腕（堤）を伸ばして，一定の水深を保って水を捕捉するという意味がある。

京大生理生態業績 79, 1956 年
3) 萱場祐一・千葉武生・力山基ほか：中小河川中流域における魚類生息場所の分布と構造，河川技術論文集，第 9 巻，2003 年
4) J. D. Allan: Stream ecology: structure and function of running waters, Springer, 1995
5) 小野有五：自然環境とのつきあい方 3　川とつきあう，岩波書店，1997 年
6) リバーフロント整備センター編著：まちと水辺に豊かな自然を II―多自然型川づくりを考える―，山海堂，1992 年
7) 沼田真監修，水野信彦・御勢久右衛門著：河川の生態学 増訂版，築地書館，1993 年
8) 桜井善雄：続・水辺の環境学―再生への道をさぐる，新日本出版社，1994 年
9) 沖野外輝夫＋千曲川研究グループ：洪水がつくる川の自然―千曲川河川生態学術研究から，信濃毎日新聞社，2006 年

## 14.7　生態系間の食物連鎖

　生態系間には生態系ピラミッドに代表される弱肉強食の食物連鎖が見られる。食物連鎖は水中では付着藻類，陸上では無機物が出発点となる。水中の付着藻類は水生昆虫（トビケラ類など）やアユなどの魚類に食べられ，水生昆虫は魚類や鳥類に食べられる。魚類は鳥類やほ乳類に食べられるし，この鳥類も肉食の動物に食べられる運命にある。

　陸上では無機物は光合成により有機物に変えられ，植物の成長に使われたり，ゴカイ類などの餌となる。植物は昆虫に食べられ，昆虫は鳥類に食べられる。最終的にはワシやタカなどの猛禽類が上位性・典型性を持ち，食物連鎖の頂点に立つ（図 14-7）。したがって，猛禽類が生息している地域は環境が多様であるといえる。なお，猛禽類のワシとタカはタカ目に属し，分類学上の区別はなく，体長が大きいのがワシで，小さいのがタカである。行動圏は例えばイヌワシは 60 km$^2$ と広いのに対して，クマタカはイヌワシに比べると，かなり狭い。

　食物連鎖には生産物，餌などとなる FPOM（微細有機物）や CPOM（粗大有機物）などの有機物が関係しており，有機物を中心に連鎖関係を示せば，図 14-8 の通りである。FPOM は落葉・付着藻類・底生動物により生産されるとともに，その表面に付着増殖する微生物も水生動物の餌となる。また，破砕食者は河床の CPOM を餌とし，濾過食者は FPOM を網により摂食する。このように有機物の粒径が変化する過程で繰り返し生物に利用されていることが分かる。なお，各種 POM や破砕食者などの詳細は第 15 章　15.2「底生動物」を参照されたい。

　このように，生態系間の食物連鎖には生産者と消費者がいて，生産・消費のバランスがとれている場合はよいが，大量漁獲や環境変化などの影響でバランスが崩れると生態系にとっては良くない。逆にこのシステムを利用して，生態系バランスを確保する方法もある。例えば植物プランクトンの増殖による水質悪化を軽減するには，魚類―動物プランクトン―植物プランクトンの間で，魚類を減らせば[注1]，魚類が摂食する動物プランクトンが増加して，結果的に植物プランクトンを減らし，水質の悪化を防ぐことができる。この方法は河川ではなく，湖沼などの閉鎖性流域において適用可能であり，白樺湖（H 12）などで実施された。このように，栄養段階の概念を応用して，生物の力を借りて水質改善等を行う方法を生物的操作（バイオマニピュレーション）という。

　白樺湖で実施されたバイオマニピュレーションは以下の通りである。魚食魚のニジマス

---

注 1）正確には動物プランクトン食魚を減らすか，魚食性の魚を増やす。

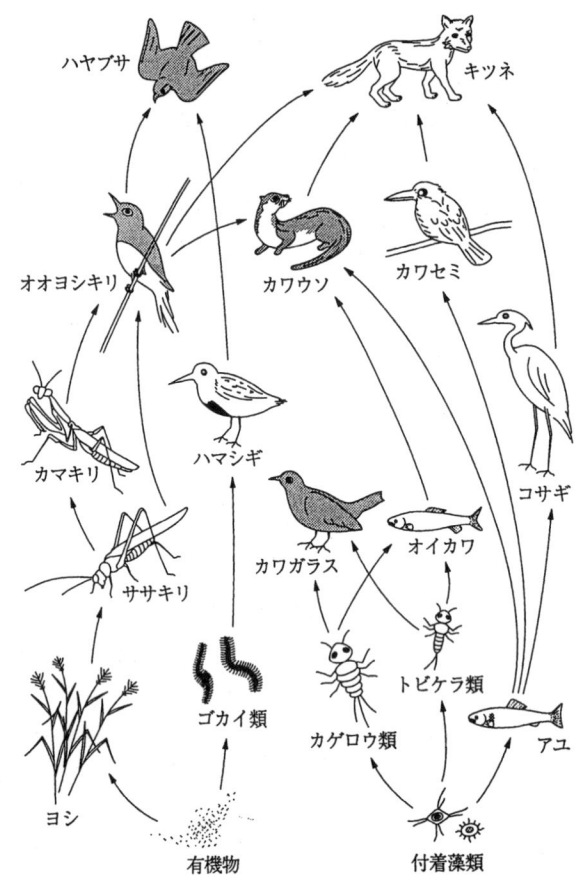

図14-7 生態系間の食物連鎖
出典［土木学会関西支部編：川のなんでも小事典，ブルーバックス，講談社，1998年］

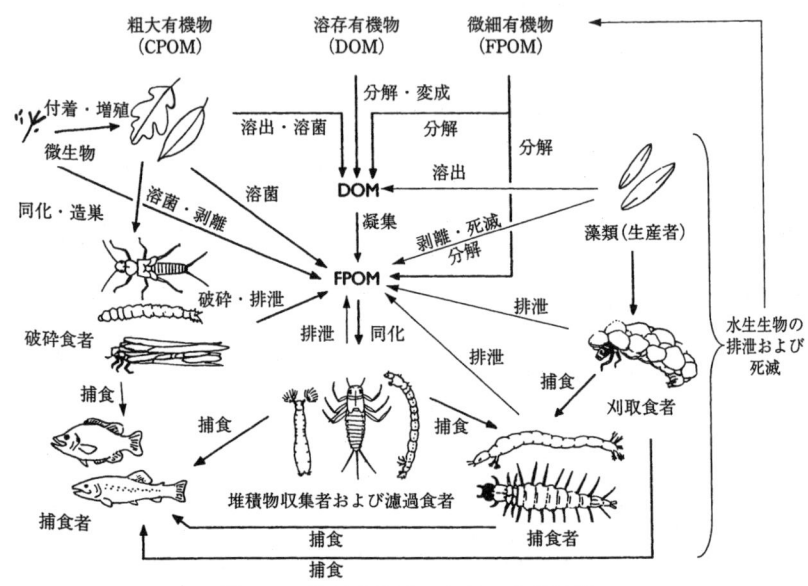

図14-8 河川生態系における食物連鎖
＊）CPOMや底生動物などに由来するFPOMを中心に食物連鎖関係を見ることができる。
出典［大垣眞一郎監修・(財)河川環境管理財団編集：河川の水質と生態系―新しい河川環境創出に向けて―，技報堂出版，2007年］

の放流によりワカサギが減少し，植物プランクトンの天敵であるカブトミジンコが増加した結果，透明度が劇的に増加する（水質が浄化される）とともに，水草が増加した。すなわち，生態系構造を変えることにより水質を変えることができるのである。

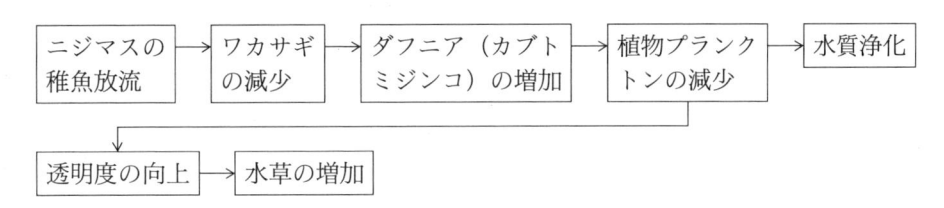

```
ニジマスの   →  ワカサギ  →  ダフニア（カブト  →  植物プランク  →  水質浄化
稚魚放流       の減少       ミジンコ）の増加     トンの減少
                                                    ↓
                             透明度の向上  →  水草の増加
```

こうした生態系の食物網の構造を把握するには生物のお腹を開いて，胃の内容物から餌を調査したり，鳥類ののどを絞めておいて摂食した餌を調べる方法（頸輪法）もあるが，安定同位体比を用いる方法もある。よく使われるのは原子核の中性子の数の多少により質量数の異なる安定同位体が存在する炭素 C や窒素 N で，安定同位体の比率は様々な要因で変化するので，この比率より生態系を構成する物質の動きを追跡できる。餌を同化した動物からは，餌に比べ $^{13}$C が 0〜0.2 %，$^{15}$N が 0.3〜0.5 % 増加する[注2]ことなどから，物質の挙動が把握でき，炭素からは餌の起源が分かるし，窒素からは栄養段階が解析できる。

河川生態学術研究会が実施した安定同位体比による調査では，

[多摩川永田地区]
- 炭素に関して，河道内は付着藻類を起点とする食物連鎖を形成しているのに対して，高水敷等は陸上植物を起点とする食物連鎖を形成していた
- 窒素に関して，河道内は本川，高水敷は降水・地下水などに含まれる窒素を起源とする系を形成していた

[千曲川鼠橋地区]
- 高水敷に生えている草本の窒素同位体比は河岸からの距離に対応して変化していた
- 河川水の伏流を介して河川から高水敷に物質が供給されていた

ことなどが分かった（図14-9）。これらの結果，多摩川（永田地区）では高水敷と河道内

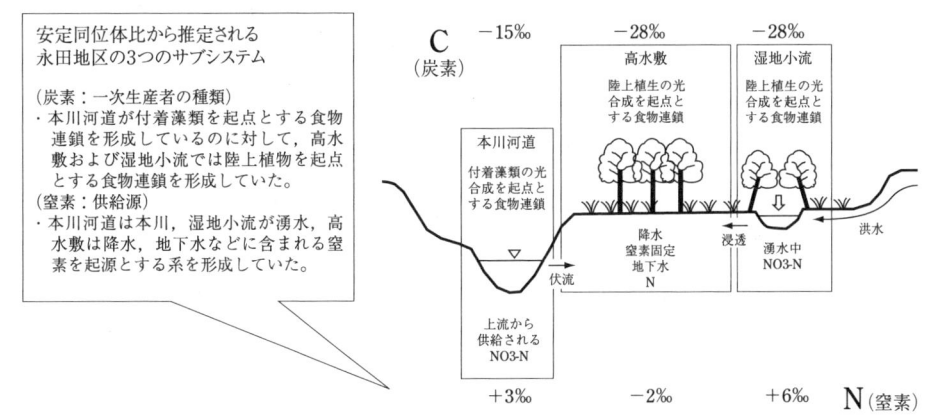

図14-9 安定同位体比から推定される3つのサブシステム（多摩川永田地区）

*) C, N の安定同位体比で見ると，物質循環系が河道と高水敷で異なっている。

---

注2) 換言すれば，植物→草食性動物→肉食性動物と栄養段階が一つ上がるごとに炭素同位体比は 0〜2 %，窒素同位体比は 3〜5 % 高くなるという性質である。

では異なった物質循環系となっていたが，千曲川（鼠橋）では河川水の伏流を介して河川から高水敷に物質が供給されているという相違が見られた。

食物連鎖ではないが，生態系間の競争の例としては，Paineによる「北米太平洋岸の岩礁潮間帯」における調査結果がある。岩礁において，ヒトデ，フジツボ，カリフォルニアイガイなどが共存している時は競争排除は起こらなかったが，高次の捕食者であるヒトデを人為的に排除すると，同じ固着面を奪い合う，同じ生態的地位を占める競争状態となり，一時的にフジツボが優占し，その後イガイが岩礁のほとんどの面を占有した。一方，ヒトデを除去しない対照区ではヒトデがイガイを選択的に捕食していたため，結局対照区で15種いた群集が，ヒトデ除去区では8種に減少した。このように捕食行動を通して生態系に影響を与える，ヒトデのような種をキーストーン捕食者と呼ぶ。

**参考文献**
1) 土木学会関西支部編：川のなんでも小事典，ブルーバックス，講談社，1998年
2) J. D. Allan: Stream ecology: structure and function of running waters, Kluwer Academic Publishers, Dordrecht, 1985
3) 花里孝幸：魚群集を制御して湖沼水質を改善する，環境研究，No.137，2005年
4) 沖野外輝夫：河川の生態学，共立出版，2002年
5) 河川生態学術研究会 多摩川研究グループ：多摩川の河川生態 水のこころ 誰に語らん，紀伊國屋書店，2003年
6) R. T. Paine: Food web complexity and species diversity, Amer. Natur., 100, 1966
7) 宮下直・野田隆史：群集生態学，東京大学出版会，2003年

## 14.8 洪水攪乱と生態系

河道内で起こる攪乱と生態系の多様性には関係がある。Hustonは競争関係がある場合の個体数と個体増加率の関係式であるLotka-Volterraの競争方程式を用いて，以下に示す攪乱頻度と個体数との関係を明らかにした。すなわち，中程度の攪乱がある方が種の個体数が豊富になり，生態系の多様性にとっては良い状態となる。

・攪乱がない状態　　　　→　絶滅しそうな種，個体数が非常に多い種が見られる
・中程度の攪乱がある状態　→　個体数の少ない種や多い種は見られなくなる
・高頻度の攪乱がある状態　→　絶滅しそうな種，個体数が非常に多い種が見られる

第15章 15.8「河道の樹林化」でも記述するように，洪水攪乱が減少すれば，生態系にとって生息・生育環境が悪化する。すなわち，攪乱は砂礫の転動，植生の流失といった生態環境の破壊を引き起こすが，その回復によって，フレッシュな環境が再生されるのである。攪乱の影響度は生態系によって異なり，河床材料変化は付着藻類よりも底生動物が，水質変化は底生動物よりも付着藻類が大きな影響を受ける。

付着藻類は洪水時に砂礫が転動したり，洪水流などの攪乱により剥離する。剥離した後，新たな藻類に更新されると，魚類等にとってフレッシュな餌環境となる。攪乱による剥離・更新が進まないと，付着藻類の表層に老化した付着膜が形成されたり，土砂が堆積して藻類の活性が低下する。表層の付着物が増加すると，呼吸に使われる量が多くなって，藻類群集全体の純生産力はゼロに収斂し，藻類群集全体の活性も落ちてしまう（第15章 15.1「藻類」参照）。また，攪乱の規模や頻度が減少すると，アユの餌となる珪藻・藍藻に代わって，大型糸状藻類（カワシオグサ，アオミドロ）が大量発生し，アユの餌環境を

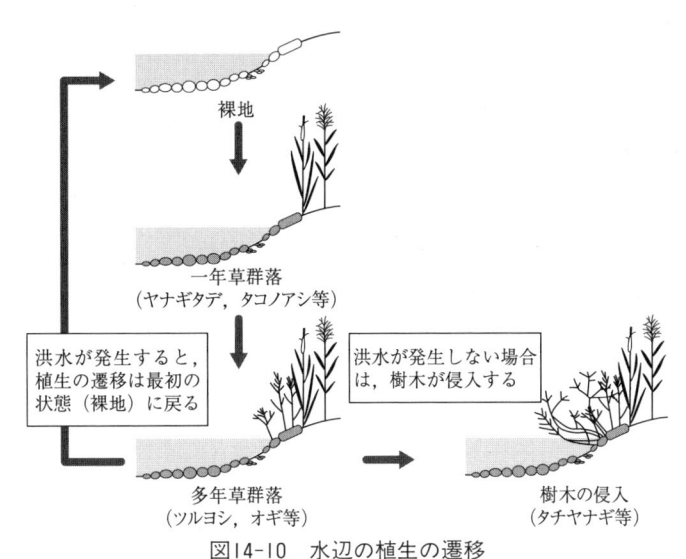

図14-10　水辺の植生の遷移
注）洪水撹乱により裸地→一年草→多年草→裸地に遷移する場合と，撹乱がなく，極相に遷移する場合がある。

悪化させる。

　撹乱と植生との関係を見ると，水辺では植生の変化に従って，形成する群落の形態も変化（遷移）する（図14-10）。水辺の裸地はヤナギタデやタコノアシなどの一年草群落となり，その後ツルヨシやオギなどの多年草群落に遷移するが，洪水などの撹乱があると植生は最初の裸地に戻る。しかし，撹乱がないとタチヤナギなどが侵入し，勢力を拡大してくる。樹木の樹齢を調べると，樹種ごとにおおよその洪水による流失頻度を知ることができる。

　また，ヤナギ類は遷移の初期段階で優占するが，実生や稚樹の耐陰性が低く，寿命が短いので極相樹種へ変わっていく。例えば，タチヤナギはヨシ等に遷移する場合もあるが，多くは他の群落に遷移せずに極相となる。対策としては，タチヤナギを早期に伐採したり，湿地環境を創出して，水際をヨシやマコモなどの植物相に変える方法がある。自然のメカニズムにより個体群を維持していくためには，河道内で立地の破壊と形成が繰り返されること（撹乱）が不可欠である。

　河原における群落の配置も洪水位や撹乱に関係している。冠水頻度が高く，低水路に接した箇所には1年生または多年生の広葉草本植物が生育する。不安定な河川ほど，その生育する範囲は狭く，その背後には発達した地上茎または地下茎を持つイネ科植物の優占する群落が形成される。更にその背後には低木性のヤナギや高木性の夏緑広葉樹が冠水時の水位変動に対応して斑紋状または帯状に群落を形成する。これらの一連の植生は生育地の物理化学的諸条件の組合せによって，多数の異なる群落として生育する。しかも，流水方向にほぼ平行に発達し，それぞれの帯状の配列は流水方向とほぼ直角に並ぶ。

　洪水撹乱に伴い倒伏・流失した植生は倒流木となる。倒流木は特に中小河川の治水にとっては，河積阻害を引き起こすなどの悪影響を及ぼすが，生態系にとっては様々な瀬・淵などのカバー構造（魚の生息・休憩場所，隠れ場所）を形成する。倒木の下流側には早瀬から続く淵のようなすみ場が作り出され，イワナやヤマメなどが流下してくる陸生昆虫を待ちかまえる餌場となる（第15章　15.9「水辺林・倒流木の影響」参照）。

　しかし，撹乱は生態系にとって良いことばかりではない。御勢が大洪水の影響を大和吉野川（紀の川上流）を対象に調査した結果によれば，伊勢湾台風（S 34.9）に伴う洪水に

よって，安定していた極相状態であった底生動物群集が一挙に破壊し，元の状態に回復するのに7～10年も要した。中～上流の8地点（瀬）を対象にした調査の結果，回復は減水期に河床に堆積した土砂が早期に除去される上流ほど速かった。回復過程では時間的に優占種が変化するとともに，洪水後の現存量は洪水前より増加した。また，造網型係数が大きくなった。

千曲川（鼠橋）におけるライト・トラップ法による底生動物の調査結果では，H 11.8に発生した洪水に対して，付着藻類は洪水の数日後から回復し始め，1か月後には相当量に回復した。水生昆虫は体の小さなユスリカ類（洪水1週間後）→カゲロウ目（2～3週間後）→トビケラ目（1か月後）→シマトビケラ属・コガタシマトビケラ属（4か月後）の順で回復した。シマトビケラ属などは洪水の2か月後まではいなかったが，4か月後には回復した。しかも，これらの個体数密度は洪水前よりも多くなった。ただし，個体重量の大きなヒゲナガカワトビケラは洪水前の状態に回復するまでに1年以上を要した。

撹乱は洪水だけでなく，工事によっても引き起こされる。特に水生昆虫は河川工事や洪水による撹乱の影響を受けやすい。そして，その影響度は洪水より河川工事，大河川より中小河川の方が大きいことが確認されている。

**参考文献**
1) M. A. Huston: A general hypothesis of species diversity, Amer. Natur., 113, 1979
2) 宮下直・野田隆史：群集生態学，東京大学出版会，2003年
3) 土木学会関西支部：川のなんでも小事典，ブルーバックス，講談社，2000年
4) 奥田重俊・佐々木寧編：河川環境と水辺植物─植生の保全と管理─，ソフトサイエンス社，1996年
5) 御勢久右衛門：大和吉野川における瀬の底生動物群集の遷移，日本生態学会誌 18，1968年
6) 沖野外輝夫＋千曲川研究グループ：洪水がつくる川の自然─千曲川河川生態学術研究から，信濃毎日新聞社，2006年
7) 沼田真監修，水野信彦・御勢久右衛門著：河川の生態学 増訂版，築地書館，1993年

## 14.9　SS，水温の影響

河道内には様々な土砂が流下・堆積しているが，0.1 mm以下の細粒土砂は河床に堆積することが少なく，大部分は水中を浮遊して海まで流下してゆく。洪水に伴って発生する高濃度のSSは生態系に悪影響を及ぼすし，水温は生態系にとって主要な生息環境要因となる。

**SSの影響**

例えば，洪水時にSS濃度が高くなると，魚のエラに濁質が付着するなど直接影響する。また，シルトが川底の石礫上に沈殿したり，シルトの浮遊により透明度が小さくなり，光合成が不活発になるため，藻類の生育が阻害される[注1]。そのため，藻類を餌とする底生動物，更に生息する魚も少なくなる。また，細粒土砂が産卵床に堆積すると，河床内の透水性および浸透流量が低下し，サケ科魚類などの卵生残率が低下する。

SSが長い時間継続する現象は「濁水長期化」と呼ばれ，1年近くにわたって河川水が濁る場合もあり，生態系に大きな影響を及ぼす。高濃度のSS期間は，水産生物の活動を維持できる水質である25 mg/Lを目安に，SS≧25 mg/Lの日数に基づいて評価すること

---
注1）細粒土砂の堆積により直接的に付着藻類・水生植物の呼吸が妨げられることもある。

が多い。滋賀県水産試験場の調査によれば，SS の増加により，例えばアユは，
- ・25 mg/L 以上　→　忌避(きひ)行動を起こす
- ・88 mg/L　　　　→　遡上率が半減する
- ・95〜156 mg/L　→　産卵が見られなくなる
- ・250 mg/L 以上　→　遡上を停止する
- ・347 mg/L 以上　→　摂餌が見られなくなる

などの影響が出てくる。また，濁水にアユを 48 時間曝露した時，斃死する最低濁度は仔魚で 740 mg/L，稚魚で 2,420 mg/L である。

　SS は土砂生産特性や洪水規模によって異なり，大洪水では数千〜数万 mg/L，中小洪水では数百〜1,000 mg/L 程度である。大出水となった S 28.6 水害時の白川からの氾濫土砂濃度は 83,000 mg/L（河道内ではもっと高濃度であったと推定される）に達し，100 万 m³ の泥土が市内に堆積した。この土砂はヨナと呼ばれる阿蘇山で生産された黒色の火山灰土であった。また，黒部川の出し平ダムで H 3.12 に最初のフラッシング排砂を行った時，最大で約 16 万 mg/L の高濃度となったが，この時は 12 月という流量が少ない時期に，約 300 万 m³ の堆砂を対象としたため，この値は例外的な値である。

　ダム建設等によって，河道に細粒土砂が堆積すると，はまり石が増加し，底生動物の種変化に影響を及ぼし，産卵・生育空間の目詰まりを引き起こす。特に泥を嫌うシマトビケラ，タニガワカゲロウ，造網型トビケラのヒゲナガカワトビケラ，ヒラタカゲロウなどに悪影響を及ぼす（第 15 章　15.2「底生動物」参照）。濁水が長期化すると，濁度が淵で 6 度以上，平瀬で 10 度以上，早瀬で 20 度以上になると，底生動物に影響を与える。洪水後は細粒土砂の流出により底生動物群集は匍匐型→匍匐・造網型→造網型の順序で遷移する。一方，淀川で行われた魚類への影響調査によると，汚濁に強い方からフナ＞オイカワ・ナマズ＞カマツカという順番であった。

　SS の影響は SS 濃度と継続時間の積である $SI$[注2]（ストレス・インデックス）で評価される。対数式のため，SS 濃度×継続時間が 2.7 倍増えるごとに，$SI$ が 1 ずつ増える式である。サケ科を対象にした実験により，サケ科魚類への影響度レベル $R$ はこの $SI$ を用いて以下の式で算定される。サケの致死率は $R=10$ で 0〜20 ％，11 で 20〜40 ％ などと，

表14-13　影響度レベル R と致死率等の関係

| $R$ | 影響度（致死率，生息環境の悪化） |
|---|---|
| 14 | 致死率80〜100％ |
| 13 | 致死率60〜80％ |
| 12 | 致死率40〜60％ |
| 11 | 致死率20〜40％ |
| 10 | 致死率0〜20％ |
| 9 | 成長率の減少 |
| 8 | 物理的ストレスと微細構造の変化 |
| 7 | 生息環境がかなり悪化 |
| 6 | 生息環境がやや悪化 |
| 5 | 繁殖阻害 |
| 4 | 摂食阻害 |
| 3 | 隠れ場所からの逃避 |
| 2 | 忌避行動 |
| 1 | 嘔吐の増加 |

---

注2）生息場の評価に用いる SI (Suitability Index) と混同しないようにする。

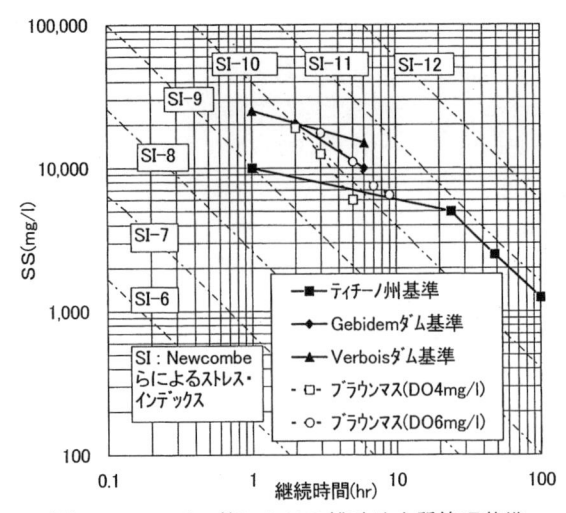

図14-11　スイス等における排砂時水質管理基準
＊) 図より，SIが11を超えないようにコントロールされていることが分かる。
出典［角哲也：ダム貯水池土砂管理の将来，貯水池土砂管理国際シンポジウム ワークショップ論文集，2000年］

$R$ の増加に伴って致死率も増加していく（表14-13）。

$$SI = \log e \, (SS濃度\,(mg/L) \times 継続時間\,(h))$$
$$R = 0.738 \times SI + 2.179$$

欧州諸国では魚類へ与える影響 $SI$ をダムからの排砂基準に採用しており，例えばスイス・フランスではダム排砂時のSS濃度基準は $SI \leqq (10～11)$ と規定している（図14-11）。

### 水温の影響

　水温は上流域では標高と密接な関係があり，流下するに従って上昇する。中下流では水深が大きくなり，気象条件の変化より移流熱の影響を強く受けるので，水温の上昇率は上流ほど大きくない。例えば，揖保川における月平均気温の観測結果を見ると，下流は上流に比べて夏（8月）に9度，他の季節で6～7度温度が高かった。揖保川は兵庫県にあり，流路延長は70 kmである。また，河川水温の鉛直分布を荒川（新荒川大橋）における12月の観測結果で見ると，水表面より1m程度下がった地点が最も高く，最下層に比べて順流区間で約0.5度，逆流区間で1～2度，水温が高かった。同時に下水処理水の流入による水温上昇を観測した結果，1～3度の上昇が見られた。
　魚類の生態分布は河川形態と水温に支配されている。冷水魚ほど水温に対して敏感で，下流域に分布しないのは水温が影響している。環境因子のなかでも，水温の影響は大きく，魚にとっての2度の変化は人間にとっても気温10度の変化に相当する。そのため，温水性のアユは冷水では摂食速度が遅く，成長が抑えられ，ストレスが増して病気にかかりやすい。また，温水魚であるアユやオイカワは水温に鈍感で，水温よりも他の環境因子（上流域は藻食魚にとって暮らしにくいなど）の影響により，上流には進出しないし，冷水魚のサケ科は水温10度付近が適温で，約25度以上では生存できない（写真14-1）。イワナ・サケ・マスなどの冷水魚，アユ・オイカワなどの温水魚は水温や河床材料等に対応した棲み分けを行っている。イワナ・サケ・マスは冷水性で河床が礫質の水域を主な生息場としている。サケは冷水性のため，温暖域には生息せず，由良川が遡上の南限となってい

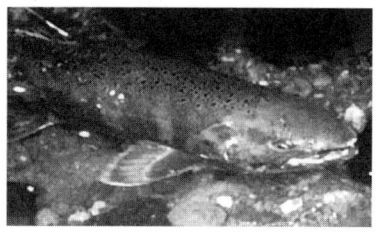

写真14-1 冷水魚（サケ・サクラマス）

る。また，コイ・フナは水温には比較的鈍感で河床が砂・泥の水域に多く生息している。

　上流域では河川沿いに繁茂した水辺林が太陽の日射を遮って河川の水温を上昇させないので，冷水魚のサケ科が多く生息しているし，エネルギー代謝が緩慢な大型魚にとって有利な環境である。逆に，水辺林を伐採すると水温上昇を引き起こし，冷水魚に悪影響を及ぼすことになる。一方，ダム建設により，ダム湖底層の冷たい水を夏に放流すると，本来は上流にしか棲めないカワゲラの種がずっと下流まで分布するなどの影響が出る。環境に与える影響を考えると，選択取水[注3]を行って冷水放流をしないことが望ましい。

　水温が影響を及ぼすその他の事例は以下の通りである。
- 魚の巡航速度は体長の2〜3倍で，ナマズやアユは速いが，タモロコやメダカは遅い。この巡航速度は水温により異なる
- 付着藻類は水温が10度を超えると増殖が活発になるが，夏期には高温と日射のために現存量は減少する。その結果，4〜7月と10〜12月に現存量（生物量/面積）が増加する
- 藻類のなかでも藍藻は流れの速い瀬にあって，水温が17度を超える夏などによく繁茂する（富栄養化と関係する）。珪藻は礫などに付着し，アユなどの餌となるが，低温を好むため，秋などによく繁茂する

　なお，細粒土砂が支川から流入したり，下水が処理場から流入する場合，SSも水温も横断方向に分布を持つことに注意する必要がある。例えば，石狩川における観測では流砂量が多い支川夕張川が合流する左岸側は川幅の半分以上の範囲で大きなSSが見られたほか，合流して4.5km下流の石狩大橋地点においても，横断方向に分布が見られた。また，多摩川において，下水処理場からの排水に伴う水温分布を観測した結果，同様に横断方向の分布が見られた（河川生態学術研究会）。

**参考文献**
1) 藤原浩一：濁水が琵琶湖やその周辺環境に生息する魚類に及ぼす影響，滋賀県水産試験場研究報告，No.46，1997年
2) 末次忠司・藤田光一・諏訪義雄ほか：沖積河川の河口域における土砂動態と地形・底質変化に関する研究，国総研資料，第32号，2002年
3) 藤芳義男：白川調査書，第一編，白川洪水の解析（昭和28年6月出水），1956年
4) 沼田真監修，水野信彦・御勢久右衛門著：河川の生態学 増訂版，築地書館，1993年
5) 津田松苗・御勢久右衛門：大滝ダム建設の底生動物に及ぼす影響調査報告書，防災研究協会，1967年
6) Newcombe & Macdonald: Effects of Suspended Sediments on Aquatic Ecosystems, North American Journal of Fisheries Management, 11, 1991

注3）選択取水設備には温井（ぬくい）ダム（太田川水系滝山川）のように，取水範囲が70m以上の規模の大きなものもある。

7) 角哲也：ダム貯水池土砂管理の将来，貯水池土砂管理国際シンポジウム ワークショップ論文集，2000年
8) 関口武編：現代気候学論説，東京堂出版，1969年
9) 菅原康之・宮本仁志・中山和也ほか：揖保川水系における河川水温の流域観測と変動要因の解析，土木学会水工学委員会 環境水理部会研究集会，2008年
10) 国交省河川局治水課・国総研河川研究室ほか：水系一貫土砂管理に向けた河川における土砂観測・土砂動態マップの作成およびモニター体制構築に関する研究，平成13年度 国交省国土技術研究会報告，2001年

## 14.10 正常流量

　生態系のための河川環境には，河道の物理環境や前述した水温・水質・SSなど以外に，平常時の流量（水深），すなわち正常流量の確保が重要となる。正常流量とは図14-12に示した10項目を総合的に考慮して決められる流量である。正常流量は必要に応じ，維持流量および水利流量の年間変動を考慮して期間区分を行い，その区分に応じて設定する。

　正常流量は具体的には次のように設定されている。例えば，利根川では上記した項目別の必要流量を検討し，流量が確保可能かどうかを計算によりチェックするとともに，フルプラン[注1]やダム再編事業による利水安全度のチェックを行っている。流量を確保できない場合は再度項目別必要流量の検討を行う。こうして定められた必要流量を基に，水利権や水収支の検討を行って，正常流量を決定している。河川整備基本方針における利水計画維持流量（案）では，正常流量は栗橋で59 m³/s，布川で50 m³/s，河口堰で50 m³/sと設定されている。

　正常流量の検討には数多くの項目が関係するが，なかでも動植物の保護に関して，瀬との関係が深い魚種の生息にとって必要な瀬の水深（流量）から決められている場合が多い。対象魚種は流量を多く必要とする魚種（ウグイ，アマゴ，ヨシノボリ）が多い。例えば，豊川では中流域ではカジカ，カワヨシノボリ，ウグイ，下流域ではアユを対象に正常流量を設定している（表14-14）。

図14-12　正常流量設定のための考慮項目

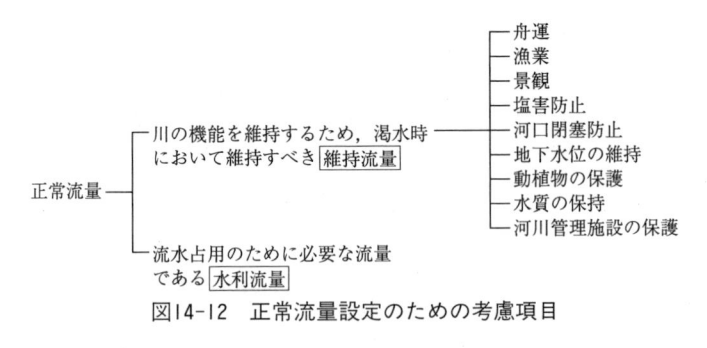

表14-14　正常流量の設定根拠（豊川）

| 地点名 | 正常流量 | 設定根拠 |
|---|---|---|
| 大野頭首工 | 1.3m³/s | カジカ，カワヨシノボリの生息・生育 |
| 寒狭川頭首工 | 3.3m³/s | ウグイの生息・生育 |
| 牟呂松原頭首工 | 5.0m³/s | アユの生息・生育，観光・景観，塩害 |

注1）利根川，荒川，豊川，木曽川，淀川，吉野川，筑後川の7水系を対象とした水資源開発基本計画のことをいう。

このように，正常流量は生息魚，漁業，水質等の観点から必要流量を設定しているが，渇水が多い河川などによっては流量確保が困難な場合がある。したがって，このような場合，通常設定される正常流量以外に，別途渇水時の最低流量を設定し，この流量は最低限確保するよう，対応をとるという2段階の正常流量設定が考えられる。なお，河川整備基本方針でも正常流量を定めるよう規定されているが，手取川などのように河川水の伏没・還元のメカニズムが不明なため，正常流量が定められていない河川もある。

正常流量の検討・評価を支援する手法として，IFIM（流量増分式生息域評価法）がある。この手法は1976年にアメリカの国立生物研究所が開発したもので，元々は開発行為などによって生じる河川流況の変化に伴い，魚類をはじめとする水生生物の生息環境がどのように変化するかを定量的に評価し，種々の計画案を比較・検討することにより，最適案をまとめるまでの一連の評価プロセスである。例えば，月ごとに魚種の産卵，孵化，稚魚，成魚のどの段階が重要かを検討し，重要な段階に対して必要な環境条件（流量など）を求め，その結果を年間の環境管理計画に反映させるものである。なお，IFIMはいくつかの数値モデルの集合体で，IFIMにおいて生息場を評価するモデルにPHABSIMがある。PHABSIMについては，第16章 16.10「生息場の評価」で詳述した。

**参考文献**
1) 玉井信行・水野信彦・中村俊六編：河川生態環境工学―魚類生態と河川計画―，東京大学出版会，1993年
2) 大垣眞一郎監修・河川環境管理財団：河川の水質と生態系―新しい河川環境創出に向けて，技報堂出版，2007年

## 14.11 河口の生態系

河口は物理的にも環境的にも川と海両方の影響を受けるため，河道のなかでも特異な状況が見られる。河口では河川から栄養塩，海からはプランクトンが運ばれるので，魚にとっては餌が多い良好な環境となる。河口には洪水時は河道から大量の水・土砂が供給され，それらとともに栄養塩も供給される。平常時は特に大潮時には沖合から塩水フロントにのって高濁度水塊が河道を遡上してくる場合がある。水位上昇時に河道への逆流が生じ，塩水フロントの移動によって底泥が巻き上げられて，高濁度のSSがフロントとともに遡上する。

河口には河川から栄養塩が流入し，プランクトンの増殖に伴い，赤潮が発生したり，底泥から栄養塩が溶出するが，水深が深くなるにつれ，有機物・無機物は沈降する。沿岸域では干満に伴い海水に酸素が供給され，アサリやゴカイが有機物を濾過する。バクテリアによる酸素消費が進むと，貧酸素水塊（後述）が形成され，青潮が発生する。魚類は漁獲により減少したり，鳥類により捕食される。なお，海域から沿岸に近づくにつれて，底泥，磯，護岸などの付着基質に依拠して生活している付着系の生態系の影響を強く受けるようになる（図14-13）。付着系の生態系とは付着藻や海藻草などである。

河口に多い魚種はハゼ，ボラ，セイゴなどであり，これらのなかには成長するに従って名称が変わる出世魚がいる（名称は地方によって異なる）。また，回遊魚（サケ，マス）にとって，河口は回遊の通過点となり，これらの魚を狙ってコチドリやハマシギなどの鳥類も多く集まってくる。

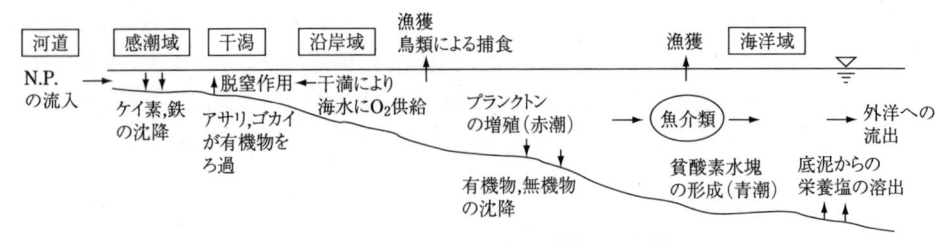

```
┌──┐ ┌───┐ ┌──┐ ┌───┐  漁獲          漁獲  ┌───┐
│河道│ │感潮域│ │干潟│ │沿岸域│  鳥類による捕食        │海洋域│
└──┘ └───┘ └──┘ └───┘                   └───┘
N.P.  →  ←脱窒作用←─干満により  プランクトン                 ▽
の流入  ケイ素,鉄  海水にO₂供給  の増殖(赤潮) → 魚介類 →    →外洋への
      の沈降   アサリ,ゴカイ              ⎯⎯⎯⎯⎯         流出
           が有機物を         有機物,無機物  貧酸素水塊    底泥からの
           ろ過            の沈降     の形成(青潮)  栄養塩の溶出
```

図14-13　河口の生態系に影響する要因

＊）各領域ごとに有機物や栄養塩の挙動が異なり，その挙動が赤潮などの発生に影響している．

- イナッコ→イナ→ボラ→トド
- ワカシ→イナダ→ワラサ→ブリ
- セイゴ→フッコ→スズキ

　河口付近の干潟にはゴカイや貝類が豊富にいて，これらも野鳥の餌となる．ゴカイや貝類には有機物を分解する水質浄化機能がある（第2章　2.6「三角州」参照）．その他に，河口にはカニやムツゴロウなども多数いる．河口付近の植生としては，塩水に強い多年生草本植物であるシオクグ，ウラギク，アイアシ，ハマサジ，ヒメガマなどが多い．ヨシも河口付近の塩沼地に生育することができる．海浜にはコウボウムギ，ハマエンドウなどが群落を形成する．

　しかし，河口も生態系にとって過酷な環境条件になる時もある．夏季には河口の川底にある低温の重い海水（底層水）は比重の異なる河川水とは混ざらず隔離されるため，上層からの酸素補給がなく，底層水が酸素の少ない状態（貧酸素化）となる場合がある．河床形状が凹状で水の交換が少なくて，貧酸素化する場合もあるし，付着藻類や落葉などの流下（粒状）有機物が河床に堆積して，貧酸素化を招くこともある．貧酸素化が進行（2 ppm以下）すると，貝類やゴカイなどが死滅する．

　例えば，三河湾に注ぐ豊川河口ではダム建設や豊川用水の取水により水量が減少するとともに，埋立てにより自然海岸が減少している．特に水量減少は海水との対流を不活発にするため，湾内で酸素が十分循環しなくなり，また生活排水等の流入により増殖した植物プランクトンの死骸をバクテリアが分解する時に酸素を消費するため，貧酸素化となり，ヤマトシジミ[注1]やアサリが減少している．

　海洋でも表層水と底層水が混じらずに，栄養塩の分布が偏る場合がある．海洋では躍層が形成されると，表層水と底層水の鉛直混合が阻害され，表層では植物プランクトンにより栄養塩が消費され，栄養塩は少なくなり，冷たくて重い底層に栄養塩が豊富になる．これに対して，底層から表層に向かう湧昇流が発生すると，底層の栄養塩が表層に運ばれて，生物生産性が向上する．

参考文献
1) 内山雄介・加藤一正・栗山善昭ほか：東京湾盤州干潟の漂砂特性について，海岸工学論文集，第47巻，2000年
2) 沖野外輝夫：河川の生態学，共立出版，2002年
3) リバーフロント整備センター編著：まちと水辺に豊かな自然をII─多自然型川づくりを考える─，山海堂，1992年

---

注1) ヤマトシジミは宍道湖や利根川などに多いが，汽水域がないと生息できない．

# 第15章　個別生態系の特徴

　同じ河川の生態系であっても，その生育・生息の仕方や場所は異なるので，前述した環境構造を踏まえながらも，個々の生態系（藻類，底生動物，魚類，鳥類，植物など）に分けてその特徴を知っておくことが重要である。特に植生は種類によって，樹高，幹径，分布域（比高，表層土砂）などが異なるし，各地で問題となっている樹林化について，そのプロセスと対策について検討しておく必要がある。また，最近の生態系の問題として，外来種の問題があり，本来の環境を保全する観点からの対応が求められている。

## 15.1　藻　類

　藻類は河川水に酸素を供給するとともに，魚類や底生動物の餌となり，河川環境に不可欠なものである。しかし，富栄養化により藍藻が増加すると，アオコが発生するなどの環境への悪影響が生じる。

　藻類は生息形態により付着藻類と浮遊藻類に分類される。付着藻類は石などの表面に付着して生活し，流れが速い区間に多く，河川上流では7～8割が付着藻類である。一方，河口や堰の上流など，流れの遅い区間には水中に浮遊して生活する浮遊藻類が多く，河川下流では4～6割が浮遊藻類である。付着藻類には珪藻類や藍藻類（Homoeothrix janthina ほか）など，浮遊藻類にはヒメマルケイソウなどがある（表15-1）。

　また，藻類はその特徴により藍藻，珪藻，緑藻，褐藻，紅藻などに15分類される。藻類は狭義には褐藻，紅藻，緑藻を指すことも多く，通常海藻と呼ばれる。褐藻とはコンブ，ワカメ，ヒジキなどで，紅藻はテングサ，アサクサノリなどである。なお，藍藻は核構造を持たないため，細胞壁の構造の類似性からバクテリアの1種と見なされることもある。

表15-1　代表的な藻類の分類と概要

| 種類 | 主要な種 | 概　　要 |
|---|---|---|
| 藍藻 | スイゼンジノリ<br>ネンジュモ<br>ユレモ | 藍藻は下等な藻類で，流れの速い瀬にあって，水温が17度を超える夏などによく繁茂する藍色の藻類である。アユは流速が速い瀬\*に生息し，藍藻を摂食している。貯水池で発生するアオコの原因は藍藻の場合が多い。ちなみに先カンブリア時代（5.4億年前以前）に大気中に酸素を放出し，地球を酸化的な環境にしたのは藍藻類である |
| 珪藻 | フナガタケイソウ属<br>クチビルケイソウ属 | 珪藻は珪酸質の2枚の硬い殻を持つ藻類で，クロロフィルa，cを多量に含む。礫などに付着し，アユなどの餌となる。低温を好むため，秋などによく繁茂する黄褐色の藻類である。撹乱の規模や頻度が減少すると，アユの餌となる珪藻・藍藻に代わって，大型糸状藻類（カワシオグサ，アオミドロ）が大量発生し，アユの餌環境を悪化させる |
| 緑藻 | アオミドロ（淡水産）<br>アオノリ（海水産）<br>アオサ（海水産） | 緑藻はクロロフィルa，bを多量に含む葉緑体を持つ緑色の藻類で，目で見えるほど大きい。様々な形態のものがあり，海域では水深の浅い所に生息し，6,500の種類を持つ |

※：速い流れでは細粒土砂が堆積しにくく，高い強熱減量を維持するのに有利なためである。

付着藻類はアユやオイカワ（稚魚〜成魚）の餌となるほか，造網型の底生動物の餌ともなる。アユはへら状の歯ではぎ取って食べるため，食べ残しがあり，食い尽くすことはない。しかし，イシマキガイなどの巻貝はあたり一面の藻類を食べ尽くしてしまうことがある。なお，藍藻は根がしっかりしているので，食べられてもすぐに増殖してくる。

付着藻類は河床形態と密接な関係があり，早瀬→平瀬→淵に従って，クロロフィルaは増加する傾向にある。

- 早瀬：流速が速い→付着藻類が剥離
- 平瀬：流速は早瀬よりやや遅い→剥離するが，早瀬ほどではない
- 淵：早瀬から付着藻類等の供給→造網性底生動物が捕食→魚が捕食

付着藻類（餌）が豊富にあるかどうかは土砂に付着したクロロフィルaを測定して判定する。礫への付着過程は以下の通りで，礫表層の付着物（死んだ付着藻類・微生物群，土砂）が発達すると，クロロフィルa含量の割合が減少するなど，活性が低下する。クロロフィルにはa，b，cなど数種類あるが，藻類に共通して含有されているクロロフィルa（植物の緑色色素成分）を測定する。なお，河岸付近では流速が遅く，シルトが堆積したりして，クロロフィルaは減少する。したがって，河岸から5m以上離れた地点で計測する必要がある。なお，付着藻類を調査するのにフェオフィチンを計測する場合があるが，これはクロロフィルの分解物（死滅した藻類）である。

礫に細菌類が付着 → 付着性の珪藻類が付着 → 珪藻類が増殖し礫表面を覆う → 微生物群集も付着 → 礫の表層に死んだ付着藻類・微生物群

クロロフィルa当りの純生産力は付着の初期に高く，付着物が増加すると，呼吸に使われる量が多くなって，藻類群集全体の純生産力はゼロに収斂していく。このことは水流（撹乱）がなくなって，剥離が起こらなくなると，純生産力はゼロになり，藻類群集全体の活性も落ちてしまうことを表している。河川の流れで付着と剥離が繰り返され，河川の基礎生産力が高いレベルに維持されているのである。

付着藻類の撹乱（剥離）を引き起こす要因は，
① 洪水流による河床材料の転動
② 流送土砂の河床材料への衝突
③ 洪水流
④ 平水時の水流

であり，平水時は④，洪水時は特に①②により付着藻類は剥離を起こす。したがって，洪水が砂礫を掃流したり，適度な砂礫が上流から供給されると，砂礫は付着藻類の剥離を起こすので，更新されたフレッシュな藻類は魚類（アユ，ボウズハゼなど[注1]）や底生動物（水生昆虫の幼虫など）の餌となり，生育に良い影響を及ぼす。剥離した藍藻は瀬の下流に堆積し，剥離した珪藻は淵で堆積する。そのため，流下藻類は瀬の下流（淵の上流）に多い。

②の流砂による付着藻類の剥離率を推定する式に北村ら[2]の式がある。この式は洪水時の流砂量と洪水流の摩擦速度（掃流力）により，剥離が促進されるという仮定に基づいている。

$$p = \alpha \cdot \gamma \cdot q_B \cdot d^{1/3} \cdot u_*^{2/3}$$

ここで，$p$：剥離率（1/日），$\alpha$：係数 $1.23 \times 10^{-4}$（$N^{-1}m$）程度，$\gamma$：係数 $2.02 \times 10^5$（$Nm^{-4} \cdot s^{2/3}$）程度，$q_B$：単位幅流砂量（$m^2/s$），$d$：砂礫径（m），$u_*$：摩擦速度（m/s）

---

注1）藻類のみを餌とし，夏には餌でアユと競合する。

である。

　河川のセグメントごとの藻類の状況を見ると，上流域では水深が浅いので，瀬の石の間や流速の遅い河岸沿いに堆積しているが，水辺林により日射量が少ないため，付着藻類は少ない。そのため，生物は水辺林等の陸域の自然に大きく依存している。一方，中流域は川の上空が開け，日射量が多いため，光合成が活発となり付着藻類が多い。この付着藻類は上流から流下して礫に付着した細胞が増殖したものである。中流域の水生生物は付着藻類の光合成作用，つまり基礎生産力に依存して生活している。下流域になると付着藻類よりも浮遊藻類が多くなるし，イトミミズや巻貝類が餌とする昆虫，付着生物，生物の遺骸が多い。

　付着藻類の季節変化を見ると，付着藻類は4～7月と10～12月に現存量（生物量／面積）が増加する。水温との関係では水温が10度を超えると増殖が活発になるが，夏期には高温と日射のために現存量は減少する。このように，付着藻類の現存量は冬期に最大となる場合が多いが，これは水温以外に水量の安定性（洪水が少なく，剥離が少ない），餌としての利用が少ないことなどが関係している。ただし，藻類の生産は流域・季節両方の影響があり，春～夏は光の不足により，上流域における生産量[注2]は中流域の1/5～1/3であるが，秋～冬は上流域の方が下流域より生産量が多い。

　光条件や栄養塩の供給に制限がない理想的状態において，藻類等が利用する必須元素は存在重量比（レッドフィールド比）が決まっていて，$C:N:P:Si:Fe=106:16:1:(16～50):(10^{-3}～10^{-4})$である。この比率と比較して，少ない元素が成長を律する制限因子となる。言い換えれば，藻類等の生育にとって，どの物質が不足しているかが分かる。一方，洪水時はSS濃度が高くなり，シルトの浮遊により透明度が小さくなると，光合成が不活発になり，藻類の生育が阻害される。

　また，藻類の生育は魚類とも関係している。アユ，場合によってはオイカワなどが付着藻類を摂食する[注3]ことによっても，老化した付着膜が除去され，活性の高い藻類が増加し，付着膜の質的改善が図られる。以上のように，水理量（洪水流，流砂量），付着藻類の状態，魚類の摂食と生息量との間には相互関係があり，以下のような付着藻類の現存量モデルにより，生産量を推定することができる。

$$\frac{dB_{chl-a}}{dt}=P_n-D-G$$

　ここで，$B_{chl-a}$：付着藻類の現存量（mg/m²），$t$：時間（日），$P_n$：純生産速度，$D$：剥離量，$G$：摂食量（$P_n$，$D$，$G$とも単位はmg/m²/日）である。

　一方，付着藻類自身が汚濁の原因になる場合もあり，付着藻類が過剰になったり，水生生物の餌として利用されなくなると，剥離して川を汚してしまう「自濁」が起きる（第13章　13.9「自浄機能」参照）。また，ダム貯水池や湖沼では，夏に水温が高くなり富栄養化が進み，植物プランクトンである藍藻が増加すると，池・湖表面に大量に浮かび上がり，緑一面のアオコが発生する。停滞水域で増加する藻類には藍藻以外にも様々な種類があり，以下に示すようにそれぞれで水の色が異なるのが特徴である。

・藍藻→緑色
・浮遊性の藍藻→青緑色
・珪藻→褐色

---

注2）生産量は生態系内の回転速度を表し，単位時間・面積当りで作られる生物量である。生産量は純生産量と総生産量に分けられる。
注3）オイカワやウグイも条件によっては藻類を直接摂食する。

**参考文献**
1) 沖野外輝夫＋千曲川研究グループ：洪水がつくる川の自然―千曲川河川生態学術研究から，信濃毎日新聞社，2006年
2) 北村忠紀・加藤万貴・田代喬ほか：砂利投入による付着藻類カワシオグサの剥離除去に関する実験的研究，河川技術に関する論文集，第6巻，2000年
3) 渡辺真利代・原田健一・藤木博太編：アオコ―その出現と毒素―，東京大学出版会，1994年
4) 渡辺眞之著：微小藻の世界 日本のアオコ 観察と分類，国立科学博物館発行，1999年

## 15.2 底生動物

　川へ行くと魚だけでなく，河床の石に付いた多くの虫や藻類を見かける。これらの河床近くに生息する底生生物は底生動物と底生植物（付着藻類など）などに分類され，底生動物は脊椎動物と無脊椎動物に分類される（図15-1）。脊椎動物は底生魚類や両生類（サンショウウオ），無脊椎動物は更に水生昆虫，甲殻類，環形動物，扁形動物に分類される。狭義には水生昆虫を底生動物と称する場合もある。環形動物はイトミミズやヒルなどで，扁形動物はプラナリアなどである。

　本節では水生昆虫を代表とする底生動物について紹介する。底生動物は春に羽化し，冬に成長する種類が多く，寿命は数週間～数年（1年が多い）である。底生動物は7種いて，各目の種数はハエやコウチュウが多い。土木研究所の小林氏によれば，底生動物は流水に多い種と止水に多い種からなり，一生水中で生活する種と幼虫の時のみ水中で生活する種がいる（図15-2，表15-2）。なお，カゲロウやカワゲラなどは幼虫時代を水中ですごし，水温が上昇すると成虫となって水面から大気中へ飛翔する。

　底生動物は雄物川や名取川などの東日本の水系で種数が多い。底生動物の生活行動は微細な生息場所の違いが大きく影響する（表15-3）。流れの速い所で生活する底生動物は礫面に付着し，流されないように扁平な形態を持ち，水中で酸素を多く摂取できるように接触面の大きな葉状やそう状の気管エラで呼吸している。他方，流れの緩やかな岸辺や平瀬に生活する底生動物は体型が厚く，なかでも礫間に巣をはる底生動物は巣の中で体とエラを動かし，多くの酸素を水中から摂取するような動きをしている。

　底生動物はその生活型により分類でき，生息場所が粗い材料で構成されている方から固着型，造網型，遊泳型，携巣型，匍匐型，掘潜型に分けられる（表15-4）。粒径材料が多

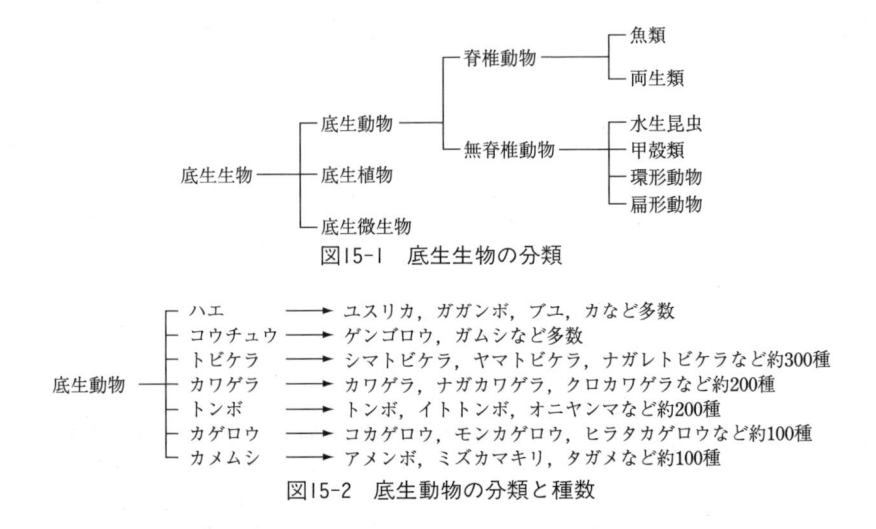

図15-1　底生生物の分類

底生動物
- ハエ → ユスリカ，ガガンボ，ブユ，カなど多数
- コウチュウ → ゲンゴロウ，ガムシなど多数
- トビケラ → シマトビケラ，ヤマトビケラ，ナガレトビケラなど約300種
- カワゲラ → カワゲラ，ナガカワゲラ，クロカワゲラなど約200種
- トンボ → トンボ，イトトンボ，オニヤンマなど約200種
- カゲロウ → コカゲロウ，モンカゲロウ，ヒラタカゲロウなど約100種
- カメムシ → アメンボ，ミズカマキリ，タガメなど約100種

図15-2　底生動物の分類と種数

表15-2 底生動物の生息形態

|  | 流水に多い | 止水に多い |
|---|---|---|
| 一生水中で生活 | — | コウチュウ，カメムシ |
| 幼虫の時のみ水中で生活 | ハエ，トビケラ，カワゲラ，カゲロウ | ハエ，トンボ |

表15-3 底生動物の分類と概要

| 生活型 | 造網型 | 固着型 | 匍匐型 | 携巣型 | 遊泳型 | 掘潜型 |
|---|---|---|---|---|---|---|
| 底生動物の概要 | 瀬の石礫上や礫間に分泌絹糸を使って捕獲網をはり，流下藻類や落葉の細片をこしとって食べる（水中の有機物がこしとられ浄化される）。広く網をはるため，他の底生動物では変えられない造網型のみの利用場所となり，瀬の底生動物群集の極相となる。移動量はあまり大きくない | 体の強い吸着器官または鉤差器官で石や流木などに固着し，あまり移動しない。礫質の河床に多い | 石面や礫面・礫間をはって移動するが，移動量はあまり大きくない。瀬にも淵にも存在し，発達した付着藻に多い。潜伏匍匐型と滑行匍匐型に分ける場合もある | 匍匐運動しながら移動するが，筒型の巣を持ちながら移動する点が匍匐型と異なる | 水中を泳いで移動する | 淵の砂や泥の中に潜って生活する |
| 例 | ヒゲナガカワトビケラ | ヤマトアミカ | ヘビトンボ | ヒゲナガトビケラ | チラカゲロウ | キイロカワカゲロウ |

表15-4 底生動物の生活型の分類

| 生活型 | 代表的な底生動物 | 生息場所 |
|---|---|---|
| 造網型 | シマトビケラ，ヒゲナガカワトビケラ，トビナガカワトビケラ | 浮き石　礫質 |
| 固着型 | アシマダラブユ，ヤマトアミカ | |
| 匍匐型 | エリユスリカ，ヒラタカゲロウ，フタバコカゲロウ，ヘビトンボ | |
| 携巣型 | ヒゲナガトビケラ，キタガミトビケラ，マルバネトビケラ | |
| 遊泳型 | コカゲロウ，チラカゲロウ，ガガンボカゲロウ，ナベブタムシ | |
| 掘潜型 | ユスリカ，モンカゲロウ，キイロカワカゲロウ，クロモンナガレアブ | はまり石　砂泥 |

*) 匍匐型・携巣型・遊泳型の生息場所の底質は幅広いので，種によって底質は異なる。

様な河床ほど，底生動物の種数や個体数が多くなり，また砂に比べて礫の方が多様性は高い。一方，粗粒化したダム下流などでは造網型の底生動物が増加するし，洪水によって濁水が発生したり，河床に泥が堆積すると，泥を嫌うタニガワカゲロウ，造網型トビケラのヒゲナガカワトビケラ，シマトビケラなどに悪影響を及ぼす。濁水が長期化すると，濁度が淵で6度以上，平瀬で10度以上，早瀬で20度以上になると，底生動物に影響を与える。洪水後は細粒土砂の流出により底生動物群集は匍匐型→匍匐・造網型→造網型の順序で遷移する。

　遊泳型はよく移動するが，匍匐型や造網型はあまり移動しない。夜間の流下が多く，掘潜型・遊泳型・固着型が流下しやすい。流下してきた落葉・藻類・虫はトビケラ等の餌と

なる。また，食虫魚や食虫性昆虫は成長して大きくなるに従って，大型の底生動物を食べるようになる。洪水撹乱の少ない渇水期は魚に食べられやすい底生動物が減少して，食べられにくい底生動物が増加するので，この餌の影響により魚類は減少してしまう。

表に示したように，トビケラ等の造網型が増えると，底生動物群集の極相となる。造網型が多い瀬は，現存量・生産量が多い。また，造網型は河床が安定した所に多く生息するので，造網型が占める重量（津田の造網型係数）は河床安定度を表し，この係数が大きいほど河床が安定していることを意味する。造網型係数は以下の式で表される。

$$造網型係数 = \frac{A}{W} \times 100 \,(\%)$$

ここで，$A$：造網型昆虫の湿重量，$W$：全底生動物の総湿重量である。

アユは付着藻類を餌としているが，底生動物も付着藻類を餌として利用している。底生動物は微生息場所スケール（0.02 m² 程度）はもちろんのこと，リーチスケール（50 m² 程度）においても，多数の底生動物による付着藻類への摂食圧は顕著である。

底生動物のうち，水生昆虫などの水生動物はPOMと呼ばれる陸上植物の葉・枝・種子（植物体破片が多い）や水生植物・藻類を起源とする物質を餌としている。POMは粒状有機物で，その大きさによってCPOM（粗粒状有機物），FPOM（細粒状有機物）に分けられ，更に細かい溶存有機物はDOMと称される。CPOMとFPOMの中間の大きさの粒状有機物をMPOMと呼ぶ場合もある。CPOMは物理・（シュレッダーによる）生物的作用により，小さなFPOM，DOMに分解される一方，DOMが凝集してFPOMになるものもある。例えば，イワガニ類はCPOMを消費して破片に分解し，細菌・菌類などの分解者が利用しやすいFPOMやDOMに変える。このことは物質循環の促進に役立っている。

FPOMは流下する過程でコレクターと呼ばれる底生動物に利用される。その動態は流況の影響を受け，河道特性とともに河川生態系の物質循環と密接に関係している。平水時はDOM濃度＞POM濃度であるが，洪水時はDOM濃度＜POM濃度となる。形態別では河床に堆積しているBPOM（堆積粒状有機物），浮遊して流下するSPOM（浮遊粒状有機物）に分けられる。

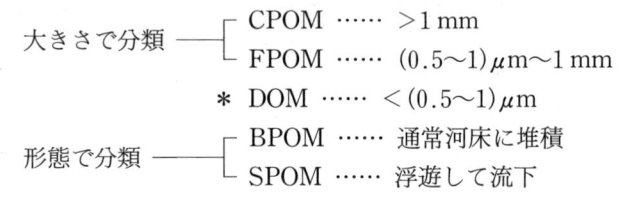

大きさで分類 ── CPOM ……  ＞1 mm
              FPOM ……  (0.5〜1)μm〜1 mm
           ＊ DOM  ……  ＜(0.5〜1)μm

形態で分類 ── BPOM ……  通常河床に堆積
              SPOM ……  浮遊して流下

前述したシュレッダーは破砕食者，コレクターは採集食者のことで，表15-5に示した採餌方法と餌の種類による摂食機能群上の分類である。MerrittとCumminsは栄養経路からの分析で摂食機能群を用い5分類を提唱した。刈取食者は付着物を食べ，採集食者や濾過採食者は流下物を食べて生活している。カワゲラ科やモンカワゲラ科のように，若令期は藻類を食べ，成熟すると虫を食べるといった，成長に伴って餌が変わる種もいる。炭素・窒素・リンの物質収支で見ると，濾過採食者などの流下物食者は刈取食者などの付着物食者より現存量が多い。

このように，底生生物とPOM・付着藻類・有機物などの餌との間には相互関係があり，河川の縦断方向に餌環境を中心として連続した関係が成り立っている。底生生物の分布を見ると，全体的に採集食者が多いが，上流では破砕食者，中流では刈取食者も多くなる。Vannoteらはこの関係を河川連続体仮説（RCC）と呼び，山地，扇状地，沖積低地を展

表15-5 採餌方法と餌の種類による分類

| 分類 | 例 | 採餌方法および餌の種類 |
|---|---|---|
| 刈取食者<br>Grazers | 匍匐型のヒラタカゲロウ科，遊泳型のコカゲロウ科 | 主に付着藻類を刈り取って食べる底生動物群で，中流域に多い |
| 採（収）集食者<br>Collector-gatherers<br>または Collector | 掘潜型のイトミミズ科，造網型のトビケラ類，ユスリカ類，二枚貝類 | 流下して，河床に堆積した FPOM 等を集めて食べる底生動物群で，中下流域に多い |
| 破砕食者<br>Shredders | 匍匐型のオナシカワゲラ科，携巣型のカクツツトビケラ属 | リター（落葉，落枝，陸生動物の排泄物や死骸）などを破砕して食べる底生動物群で，上流域に多い |
| 捕食者<br>Predators | 匍匐型のモンユスリカ亜科・ナガレトビケラ科 | 大型で，他の動物（カゲロウなど）を捕まえて食べる底生動物群 |
| 濾過採食者<br>Filterers-feeders | 造網型のシマトビケラ科，カワトビケラ科 | 流下してくる懸濁態有機物を網や口腔など体毛で濾過して食べる底生動物群 |

開する自然河川を対象にエネルギーと生物群集の連続的な関係を見る概念とした（図15-3）。

なお，底生動物は水質と深い関係があり，水質に対して，

- カワゲラ類，ナガレトビケラ，アミカなど→きれいな水質に生息
- コガタシマトビケラ，ヒラタドロムシなど→やや汚濁した水質でも生息
- ユスリカ類，チョウバエなど→汚濁した水質でも生息

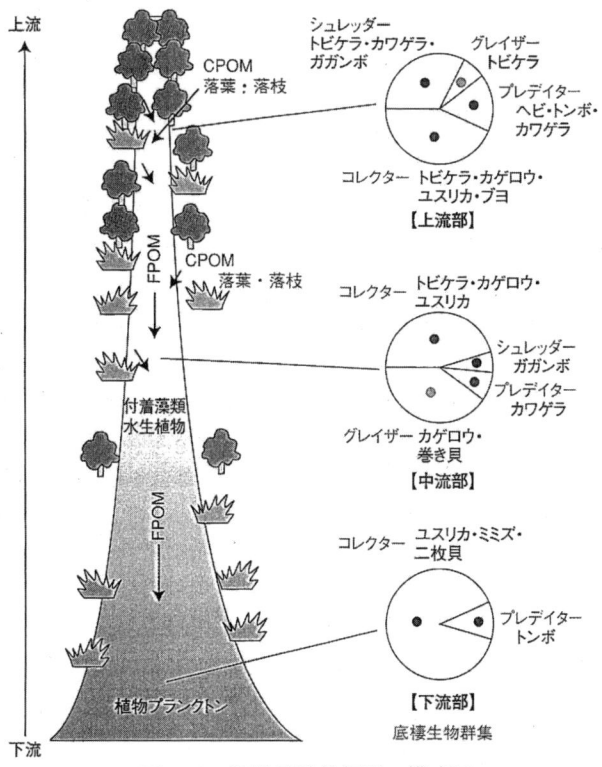

図15-3 河川連続体仮説の模式図

*）上流では CPOM，下流では FPOM が多く，これに対応して上流から破砕食者→刈取食者→採集食者が多い（相対的に見て）。

出典 [R. L. Vannote, G. W. Minshall, K. W. Cummins, J. R. Sedell and C. E. Cushing：The river continuum concept, Canadian Journal of Fisheries and Aquatic Sciences 37, 1980]

という関係があり，これらを利用して水質状態を判定する「生物学的水質判定」を行うことができる．

**参考文献**
1) 沖野外輝夫：河川の生態学，共立出版，2002年
2) J. D. Allan: Stream ecology: structure and function of running waters, Springer, 1995
3) 津田松苗・御勢久右衛門：大滝ダム建設の底生動物に及ぼす影響調査報告書，防災研究協会，1967年
4) J. T. Wootton, M. S. Parker and M. E. Power: Effects of Disturbance on River Food Webs, SCIENCE, Vol. 273, 1996
5) 津田松苗：川の底生動物の現存量をめぐる諸問題，特に造網型昆虫の重要性について，陸水雑誌，20(2)，1959年
6) 片野泉：川底の小さな仲間たち，ARRC NEWS, No. 8, 2006年
7) 土木研究所自然共生研究センター：多自然川づくりにおける河岸・水際部の捉え方，土木研究所資料，第4159号，2009年
8) R. W. Merritt and K. W. Cummins: An Introduction to the Aquatic Insects of North America, Kendall / Hunt Publishing Company, 1996
9) 波多野圭亮・竹門康弘・池淵周一：貯水ダム下流の環境変化と底生動物群集の様式，京大防災研年報，第48号B，2005年
10) R. L. Vannote, G. W. Minshall, K. W. Cummins, J. R. Sedell and C. E. Cushing: The river continuum concept, Canadian Journal of Fisheries and Aquatic Sciences 37, 1980
11) 中村太士・辻本哲郎・天野邦彦監修，河川環境目標検討委員会編集：川の環境目標を考える〜川の健康診断〜，技報堂出版，2008年

## 15.3 河道特性と魚類

　魚類はそれぞれの種に適した場所，餌環境，水温を選好して生息しているので，環境の異なる河道の上中下流（セグメント）によって，生息する魚種が異なっている．魚類の餌は上流では昆虫などの動物が多いが，中流では動物だけでなく藻類も餌となる．また，上流から下流へ行くに従って，冷水魚が減り，温水魚が増えてくる（表15-6）．
　例えば，アユは早瀬〜平瀬に生息してなわばりをつくり，餌となる付着藻類（藍藻など）を独り占めしている．アユの両アゴにはへら状の歯が櫛状に片側に10数列並び，これで石の表面の付着藻類をはぎ取って，摂餌している．石にはひっかききずのような「はみあと」の痕跡がよく見られる．なお，藍藻は根の部分がしっかりしているので，食べられてもすぐに増殖してくる．
　水深と魚類の関係は，通過に必要な水深は体高（腹から背までの長さ）の3倍以上，生活場所としての水深は体長（頭から尾の先の長さ）の3倍以上が必要である．魚の遊泳速度は一般に体長に比例し，遊泳速度は長時間かけて泳ぐ時の速度である巡航速度と，敵に襲われたり，魚道を遡上する時など瞬間的に出す突進速度に分けられる．巡航速度は体長の2〜3倍，突進速度は体長の10倍である[2]．巡航・突進速度はナマズやアユは速いが，タモロコやメダカは遅い．ただし，巡航速度は水温により異なる．

**参考文献**
1) リバーフロント整備センター編著：まちと水辺に豊かな自然をII—多自然型川づくりを考える—，山海堂，1992年
2) 塚本勝巳：魚の遊泳行動，月刊海洋科学，Vol. 15, No. 4, 1983年

表15-6 流域別に見た魚類の生息状況等

| | 上流域 | 中流域 | 下流域 |
|---|---|---|---|
| 魚の種類 | 動物食のイワナ・ヤマメ<br>動物食の強い雑食性のアブラハヤ・カワムツ | 藻食性の強い雑食性のアユ・オイカワ（瀬）<br>動物食のニゴイ・カマツカ・シマドジョウ（淵） | 雑食性のコイ・フナ<br>動物食のナマズ |
| 生息空間 | 遊泳魚は淵を中心に，カワムツ・ムギツクなどの肉食魚は淵に生息。特にイワナやヤマメはS型の淵に多い。カジカは瀬に生息 | アユ・オイカワ・カジカは瀬に生息 | ハゼ，ボラは河口域に生息 |
| 餌環境 | 水辺林により日射量が少なく，付着藻類は少ないが，陸上からの落下昆虫の供給は多い<br>↓<br>動物食の魚種や動物食の強い雑食性の魚が多い | 川の上空が開け，日射量が多い<br>↓<br>光合成が活発となり，（上流から流下して礫に付着した細胞が増殖した）付着藻類が多い<br>↓<br>藻食性の強い雑食性の魚が多い | 滞留域や遊水地があり，陸上・水中植物が繁茂<br>↓<br>多数の昆虫や付着生物がいる。上流からの土砂や生物の遺骸が堆積<br>↓<br>これらを餌とするイトミミズや巻貝類が多い<br>↓<br>多種類の魚類が生息し，雑食性・動物食の魚が多い |
| 産卵場所 | ヤマメは浅瀬の砂礫床に産卵。カジカは瀬の巨礫に産卵 | アユは早瀬～平瀬の浮き石に産卵。オイカワは平瀬，淵～瀬，止水域の砂礫床に産卵 | ヨシノボリやウキゴリなどのハゼ類は沈み石の底に産卵。ウグイは早瀬～淵（水深20～70 cm）の$\phi$2～4 cmの礫に産卵。コイ・フナは水草・ゴミに産卵 |
| 水温との関係 | 水温が低い<br>↓<br>冷水魚のサケ科が生息，エネルギー代謝が緩慢な大型魚に有利。アブラハヤ（冷水魚）は水温に敏感である。水温が低いので藻類の生長が悪い | 流下するに従って水温上昇<br>↓<br>温水魚のアユやオイカワが生息する | — |
| | | | コイ・フナは水温に比較的鈍感である |
| 濁水の影響 | — | オイカワはあまり影響を受けない<br>清水を好むアユは影響を受ける | 清水を好むウグイは影響を受ける |

## 15.4 魚類

　世界の河川には約5,000種，日本の河川には汽水魚を含めて約200種の魚種（純淡水魚は約10種）がいる。中部地方以西の大河川下流ほど種数が多く，流程に対する種数では大和川，円山川などにおける種数が多い（図15-4）。日本には約180種の淡水魚がおり，淡水魚は塩分に対する適応性から純淡水魚（コイ，ナマズ，カワヨシノボリ），通し回遊魚（アユ，サケ，ウナギ），周縁性淡水魚（マハゼ，ボラ，スズキ）に分類できる。北海道を除く全域に分布する純淡水魚のほとんどは下流域に多く生息する平地性の魚である。山地性の魚の多くは地殻の比較的安定していた西日本に生息しており，南の川へ行くほど汽水魚が多くなる。フォッサ・マグナより東の地域は魚類相が貧弱であるといわれている。
　地理的な由来で見ると，北海道の魚は中国以北のユーラシア大陸を起源とし，本州以南

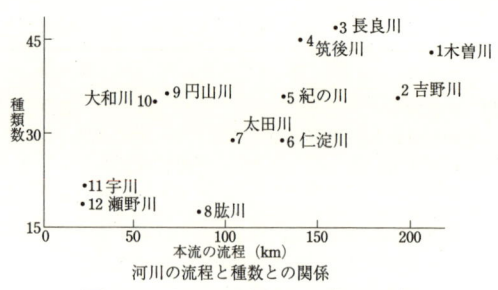

図15-4　河川の流程と種数の関係

*）基本的に流程と種数は比例関係にあるが，種数／流程では大和川，円山川が多い。

出典［沼田真監修，水野信彦・御勢久右衛門著：河川の生態学 増訂版，築地書館，1993年］

の魚は中国系を起源としている。アユは南方の遺伝子を持っているため，川の水温が低くなる秋に産卵のために川を下る。また，アマゴやカジカは北方種で低温に強く，オイカワやカワヨシノボリは南方種で高温を好む。前者は肉食魚，後者は雑食魚である。魚の種類では特にコイ科が多く，ウグイ，フナ，オイカワ，ドジョウ，タナゴなどはすべてコイ科の魚である。

　最近は遺伝子レベルで魚の血縁等を判別できる方法もある。魚からとったDNAを含んだ微量の試料をPCR（ポリメラーゼ連鎖反応）法により増幅させ，塩基配列を調べることにより，血縁推定や帰属する種を識別することができる。DNAとしては，遺伝子が重複することなく，かつコピー数が多いmtDNA（ミトコンドリアDNA）が扱いやすい。

　河川・湖沼（主要106河川24湖沼）における年間漁獲量（H17）で見ると，サケ類が1.6万tと最も多く，次いでアユが7千tと多いが，アユはピーク年の半分以下である。カラフトマスは年変動が大きい。河川別の漁獲量で見ると，サケ類は斜里川や十勝川など北海道で多く，アユは那珂川や久慈川など関東で多い（表15-7）。ただし，漁獲量が多いからといって生息量が多いとは限らない。なお，漁業・養殖業生産統計ではH18からは販売目的の漁獲量を対象に調査を行い，遊漁者による採捕量を含めなくなったため，過去のデータと比較できるようH17データで記載している。一方，消費面で見れば，食用魚介類の自給率はS40年代半ばまではほぼ100％であったが，現在は約6割となり，輸入にかなり依存している。

　漁業のうち，内水面漁業[注1)]について見ると，漁獲量は5.4万tでサケ類（1.6万t）が多く，次いでしじみ（1.3万t），アユ（7,000t）が多い。漁獲量は前年に比べて10％減

表15-7　河川毎の漁獲量　　　　　　　　　　　（単位：t）

| 魚　種 | 第1位 | 第2位 | 第3位 | 合　計 |
|---|---|---|---|---|
| サケ類 | 斜里川（1,954） | 十勝川（1,136） | 石狩川（993） | 15,985（16,269） |
| アユ | 那珂川（1,031） | 久慈川（396） | 相模川（268） | 6,758（7,149） |
| コイ | 利根川（136） | 菊池川（128） | 那珂川（81） | 1,119（1,484） |
| カラフトマス | 斜里川（211） | 奥薬別川（136） | 止別川（127） | 817（852） |

*）斜里川（斜里川水系），奥薬別川（海別川水系），止別川（止別川水系）は何れも北海道の知床～網走間の河川である。合計の裸書は河川のみの漁獲量である。

注1）内水面養殖業（主要4魚種）の漁獲量は4.2万tで，ウナギ（2万t）が最も多く，次いでニジマス（8,000t），アユ（6,000t）が多い。

少したが，特にしじみは宍道湖，那珂川，涸沼において渇水等による生育環境の悪化に伴って，前年に比べて16％減少した。内水面漁業に関係している漁業協同組合[注2]数は以前は多かったが，養殖関係組合は118（H 15）→102（H 20），湖沼関係組合は12（H 15）→5（H 20）と近年減少傾向にある。ちなみに海面漁業組合も249（H 15）→206（H 20）に減少している。

　魚類はほ乳類に比べて初期の成長が速く，成長は死ぬまで続く。魚類の生活史を見ると，卵→孵化→仔魚→稚魚→未成魚→成魚→産卵というサイクルで一生をすごす。仔魚は孵化直後からひれ条数がその種の定数に達するまでの段階で，稚魚は仔魚以降未成魚に達するまでの段階である。未成魚は体形・斑紋・色彩など成魚とほぼ同じ（うろこが成魚と同じ）であるが，成熟していない段階をいい，成魚は放卵・放精が可能になった段階である。

[回遊魚]

　魚類のうち，淡水魚は回遊魚，本川と支川・池沼を行き来する魚，一年中ほとんど同じ場所で生息する魚に分類され，各々がほぼ1：1：1の割合で存在する。本川と支川の細流や水路を行き来する魚も多く，トウヨシノボリ，イトヨ，ドジョウなど，全魚種の約6割を占める。回遊魚は100種以上（世界中で160種）いる。魚が回遊するのは高緯度の川は生産力が低く，低緯度の川は生産力が高いため，産卵・成長に有利となる場所を求めて移動するからである。回遊魚は通し回遊魚（遡河，降河，両側）、陸封，周縁性に分類される。一方，エビやカニなども水路を通じて，小川や水田に遡上する。これは小川や池をすみかとしたり，水田の水草に産卵するからである。魚類でもギンブナやナマズは水田の水面に浮いている藻や水草に卵を産み付けるし，ドジョウは水田の水草や田のイネ株に産卵する。

　通し回遊魚は川で産卵・成長するが，生活の大部分を海に降ってすごす遡河回遊魚（サケ，ウグイ），遡河回遊魚と逆の降河回遊魚（カジカ魚類），産卵も成長も川で行うが，生活環の一部で海に降り，再び川を遡る両側回遊魚（アユ，ヨシノボリ類，チチブ）に分類できる（表15-8）。また，通し回遊魚に似た行動をとるものに，陸封（ヒメマス，ヨシノボリ）などがある。ヤマメの降海型はサクラマス，アマゴの降海型はサツキマスと呼ばれる。例えば，千曲川におけるサケの回遊を見ると，千曲川で生まれ育ってから8，9月頃海岸へ回遊し，その後外洋に出てアラスカ沖まで行く。3～4年後に，また信濃川・千曲

表15-8　回遊魚の分類と生活環

| 分類 | | 主要な生活環 | 種名 |
|---|---|---|---|
| 通し回遊魚 | 遡河回遊魚 | 川で産卵・成長するが，生活の大部分を海に降って過ごす | サケ，ウグイ |
| | 降河回遊魚 | 海で産卵・成長するが，生活の大部分を川に降って過ごす | カジカ魚類（アユカケ，ヤマノカミ） |
| | 両側回遊魚 | 産卵も成長も川で行うが，生活環の一部で海に降り，再び川を遡る | アユ，ヨシノボリ類，チチブ |
| 類似の回遊魚 | 陸封 | 通し回遊を行わなくなったり，海の代わりに湖などで回遊する | ヒメマス，カワヨシノボリ |
| | 周縁性 | 普段は海で生活しているが，汽水域や淡水域にも侵入する | スズキ，クロダイ，マハゼ，ボラ |

*）魚類ではないが，多数の甲殻類や貝類は両側回遊性，テナガエビなどは陸封種である。

---

注2）ほかに漁業生産組合もある。

表15-9 魚類の疾病

| | |
|---|---|
| アユ冷水病 | 細菌を原因とする疾病で，体表の白濁・潰瘍の穴あき，鰓蓋下部の出血が発生する。稚アユから成魚まで発生が確認されていて，特に稚アユの死亡率が高い。過密養殖を避け，飼育施設を清潔に保つ必要がある |
| コイヘルペスウイルス病 | マゴイやニシキゴイに発生する病気で，発病すると餌を食べなくなり，鰓の退色やただれが見られる。幼魚から成魚まで発生していて，死亡率が高いが有効な治療法はない。感染コイの早期発見・処分等を行う必要がある |

川に帰ってくる。

　魚類の生活環を見ると，多くの魚は水草に産卵するが，カワヨシノボリやタモロコのように石・砂の下面に産卵するものもいる。このように魚類は水草，藻，砂・泥によく産卵するが，貝類に産卵する種もいる。例えば，タナゴ類はイシガイ科の貝に産卵するし，カワヒガイは淡水二枚貝に産卵する。したがって，こうした貝類が多い所にタナゴ類やカワヒガイが多い。産卵時期は魚種によって異なり，春が4～5割，梅雨～夏が3割，秋が2割であるが，時期が異なる理由が水温か，SSかなどについてはまだ分かっていない。

[生息条件・場所]

　魚類の生息条件としては，水温，SS，pH，$NH_4$-N 濃度などと関係している。水温・SSについては，第14章 14.9「SS，水温の影響」に記載している。pHの影響を見ると，
・アユ（仔魚）の48時間半数死亡濃度では孵化直後で4.3，摂餌開始期で4.5である
・稚魚はpH 4で3時間後にすべて斃死する

が，普通の魚ならpHが5以上が必要である。また，$NH_4$-N 濃度が1 mg/Lを超えると，カゲロウ，カワゲラ，トビケラの出現数が急激に減少し，これらを餌とする魚種に影響を与える。人為的環境改変全般でみると，改変に強い魚種はギンブナ，コイ，タイリクバラタナゴ，ドジョウ，メダカ，ブラックバスなどである。

　一方，魚類の生息場所は餌環境と関係し，アユやカジカのように瀬で生息するものと，イワナやウグイのように淵で生息するものがいる。遊泳魚のなかには，瀬を餌場としていても，休息や睡眠には淵を利用しているものもいる。河道内の水深差が小さくなると，サケ科・ハゼ科の魚が減少し，コイ科（アユ，アブラハヤ）の魚が増加する。また，流速が遅いワンドは産卵や稚魚の成育に適しているし，プランクトンや水草が多いので，多くのギンブナ，モツゴ，オイカワ，トウヨシノボリなどがワンドを利用している。魚類の餌を見ると，アユは主食は藻類で水生昆虫を食べる場合もある。コイ科（ウグイ，オイカワ，カワムツ）やアブラハヤは雑食性で藻類と動物を食べる。一方，ニゴイ，カマツカ，シマドジョウは動物食である。

　その他の特徴的な魚としては，ギギやアカザなどのように毒を持っている種や共食いする魚もいる。

　魚の疾病には冷水病やウイルス病などがある（表15-9）。H 19には河川・湖沼で144件のアユ冷水病，養殖場・天然水域で133件のコイヘルペスウイルス病の発生が確認された。コイヘルペスウイルス病はH 16（910件）をピークに減少しているが，疾病が日本へ侵入・蔓延するのを防ぐよう，輸入する際には水産資源保護法に基づく許可が必要となっている。魚の斃死事例としては，斐伊川支川の京橋川・大橋川などで，コイヘルペスウイルス病などで約1.2万尾が斃死した（H 17.5～6）他，足羽川支川の荒川でアユ・ウグイ5千匹が斃死した事例（H 12.7），渡良瀬遊水地で5万尾以上が斃死した事例（H 5.5）などがある。

**参考文献**

1) リバーフロント整備センター編著：まちと水辺に豊かな自然をII―多自然型川づくりを考える―，山海堂，1992 年
2) 沼田真監修，水野信彦・御勢久右衛門著：河川の生態学 増訂版，築地書館，1993 年
3) 松浦啓一・宮正樹編著：魚の自然史［水中の進化学］，北大図書刊行会，1999 年
4) 農林水産省大臣官房統計部：平成 17 年 漁業・養殖業生産統計年報，2007 年
5) 宮地傳三郎・川那部浩哉・水野信彦著：原色日本淡水魚類図鑑，保育社，1976 年
6) 森下郁子・森下雅子・森下依理子：川のHの条件 陸水生態学からの提言，山海堂，2000 年
7) 新島恭二・石川雄介：酸性水が淡水魚の卵・稚仔の孵化と生残に及ぼす影響―コイ，アユ，ヤマメおよびイワナについて，電力中央研究所報告，U91050，1992 年
8) 水産庁：平成 19 年度 水産の動向・平成 20 年度 水産施策，第 169 回国会（常会）提出資料，2008 年

## 15.5 鳥 類

　日本には生息または定期的に渡来するものを含めて 350 種の鳥類がおり，その約 6 割が渡り鳥であるといわれている（環境白書）。鳥類は渡り鳥と留鳥（りゅうちょう）に分類され，更に生活季節型では留鳥，夏鳥，旅鳥，冬鳥，漂鳥に分類され，特に留鳥の種類が多い。日本で繁殖するのは留鳥と夏鳥である。それぞれに属する鳥の行動形態は表 15-10 に示す通りである。

　鳥類は餌の種類や巣によって生息域が変わるため，川の上流と下流では生息する種類が異なる。水辺で生息・採餌するキセキレイやツバメは水生昆虫，森林から水辺で採餌するムクドリ（生息場所は人里）は陸上昆虫，ササゴイ・アオサギ・カワセミは魚が主餌となっている。河床が土砂流出により露岩すると，そこは魚が通過するだけの空間となり，その魚を狙ったサギや鵜などの魚食性の鳥類が多くなる。河川の源流域から干潟に至るまでの各々の流域に生息する種類を列挙すれば，表 15-11 の通りである。

表15-10　分類した鳥類の行動形態の概要

| 種類 | 行動形態の概要 | 和名など |
|---|---|---|
| 留鳥 | 季節的な移動をせず，ほとんど一年中同じ地域に生息する鳥 | キセキレイ，アオサギ，ハシボソガラス，ホオジロ |
| 夏鳥 | 春から初夏に南方から渡って来て営巣・繁殖し，秋に温暖な越冬地へ去る渡り鳥 | オオルリ，オオヨシキリ，ツバメ |
| 旅鳥 | 北方に繁殖地，南方に越冬地を持ち，春と秋の渡りの途中でその地方を通過する渡り鳥 | ヒバリシギ，オオチドリ，マガン |
| 冬鳥 | 秋に北方から渡ってきて越冬し，春に去って夏に北方で営巣・繁殖する渡り鳥 | ツグミ，アオジ，オオハクチョウ |
| 漂鳥 | 地方の中で越冬地と繁殖地が異なり，季節により小規模の移動をする渡り鳥 | ムクドリ |

＊）地域によって生活季節型の分類は異なる。

表15-11　領域ごとに見た生息種

| 流域 | 生息する種類 |
|---|---|
| 源流域 | オオルリ，ミソサザイ |
| 渓流域 | カワガラス，ヤマセミ |
| 中流域 | セグロセキレイ，コサギ（瀬），カイツブリ（淵） |
| ヨシ原 | オオヨシキリ，ヨシゴイ |
| 干潟 | コチドリ，ハマシギ |

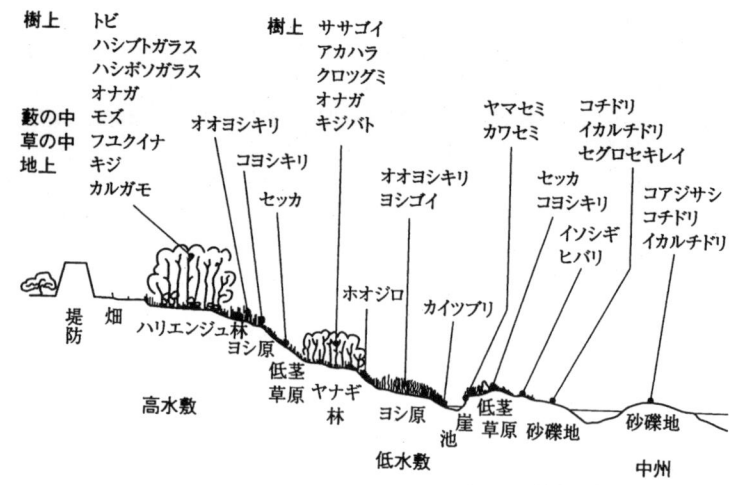

図15-5 千曲川河川敷で繁殖する鳥類の営巣場所
*) 鳥類は河岸に近い砂礫地・ヨシ原に営巣している種と、草地・樹林に営巣している種に大別できる。
出典［中村浩志編著：千曲川の自然，信濃毎日新聞社，1999年］

　また，鳥類は図15-5に示した第1の経路と第2の経路を合流させる位置にいる生物群集で，魚や水生昆虫を餌とするだけでなく，植物を食べている陸上昆虫も餌としている。そして，河川を利用している鳥類は植物を餌とするだけでなく，営巣場所として利用するので，河川敷の場所により種類が異なっている。中村教授の千曲川河川敷における調査結果によると，コチドリやイカルチドリは砂礫地，オオヨシキリやヨシゴイはヨシ原，ササゴイやクロツグミはヤナギの樹上に営巣するほか，比高の高いハリエンジュ林付近にはトビ・ハシブトガラス・モズなど，数多くの鳥類が営巣していた。

　河川でなければ生息できない鳥は少ないが，河川に依存して生活している鳥は多い。特にコアジサシ，コチドリ，イカルチドリ，イソシギなどは白州の砂礫（河原）に依存して生活し，河川以外の場所には生息の代替地がほとんどない。河川などの崖地を巣とする鳥類にカワセミやヤマセミなどがいる。草本植物が多い場所にはモズ・ホオジロ・オオヨシキリなどがいる。また，樹林性鳥類にコゲラ・シジュウカラ・エナガなどがおり，樹林化が進行すると，生息数が多くなる。

　鳥類は他の生態とは異なって，河川だけではなく，流域を含めて広範囲のビオトープ・ネットワークで行動する。生息に要する最小面積（平均値）で見ると，表15-12のようになり，特にカイツブリ類は広い範囲で生息行動をとっている。

　このように，鳥類は河川沿いだけではなく，ネットワークとしての生態行動を見る必要がある。帯状に細長く連なった森や草地は「緑の回廊（コリドー）」と呼ばれ，鳥・昆

表15-12　生息に要する最小面積

| 鳥類 | 必要最小面積（m²/個体） |
| --- | --- |
| 陸ガモ類 | 150〜570 |
| 海ガモ類 | 120〜1,600 |
| カイツブリ類 | 900〜1,700 |
| シギ・チドリ類（小型） | 150〜390 |
| シギ・チドリ類（中型） | 340〜890 |

出典［常岡雅美・内田唯史：環境アセスメントにおける野鳥の評価方法，環境技術，18，1989年］

虫・動物たちの移動空間となっている。H 12 からは国有林を「緑の回廊」として，現在 24 カ所（約 5,090 km²）の設定が行われている。生態系にとっては川と森の両方が必要であり，例えばアラスカの川やライン川では川沿いのある幅の森が川と一体になったコリドーとして残されている。更に地球規模のビオトープ・ネットワークで見ると，シギ・アジサシ類はシベリアやオーストラリアまで渡るし，キョクアジサシは更に遠方まで移動する（環境白書）。渡り鳥は「渡り」の直前にエネルギー源となる脂肪を体重の2倍まで増やすものもいる。

上記したように，鳥類は植生から餌を得たり，植生を繁殖・営巣場所としているので，洪水等により植生が流失するなどの撹乱を受けると，大きく影響を受けることになる。千曲川では平成11年8月に20年に1回程度の規模の洪水が発生し，河川地形の変化とともに，多くの植生が流失した。繁殖密度を調査した結果，鼠橋付近ではオオヨシキリやモズなどの樹林やヨシ原を営巣地とする種が減少する一方，コチドリやヒヨドリなどの砂礫地や水際の崖地に生息する種が増加した。営巣地が洪水とは関係の少ない場所にあるハシボソガラス，キジ，シジュウカラなどには繁殖密度の変化は見られなかった。

**参考文献**

1) 環境省：平成20年版 環境・循環型社会白書，2008年
2) 土木学会関西支部：川のなんでも小事典，ブルーバックス，講談社，2000年
3) 中村浩志編著：千曲川の自然，信濃毎日新聞社，1999年
4) 常岡雅美・内田唯史：環境アセスメントにおける野鳥の評価方法，環境技術，18，1989年
5) 沖野外輝夫＋千曲川研究グループ：洪水がつくる川の自然－千曲川河川生態学術研究から，信濃毎日新聞社，2006年

## 15.6 草本植物

河川に関係する植生は水生植物，湿生植物，河原の植物，木本植物（後述）に分類される。水生植物は茎や葉の高さが高い方から抽水植物，浮葉植物，沈水植物などに細分される。

抽水植物は根・茎の一部が水中にあり，葉・茎を水面より上に伸ばすもので，水分の多い陸地に生えるものもある。抽水植物は水深が深いと体を支える稈の部分に多くの生産物を使い，植物体全体の物質収支がとれないので生育できる水深に限界がある。抽水植物にはヨシ，マコモ，ガマなどがある。根は先端まで通気組織が発達し，水上の茎・葉から運ばれた酸素が根に供給され，土中の有機物を分解する。魚類・鳥類の繁殖・生育の場となるし，ヨシなどしっかり根をはるものは岸辺を強化する[注1]。チガヤも地下茎の発達が良いという特徴を持っており，護岸としての機能が高い。また，抽水植物群落には浄化作用があり，水中の茎表面の藻類・細菌類が窒素・リンを吸収・除去する。各水生植物の垂直分布は図15-6の通りである。

抽水植物のうち，ヨシ原は野鳥の営巣，魚・エビ・水生昆虫の産卵といった生息環境の保全にとって非常に重要である（写真15-1）。桜井氏によれば，ヨシ群落の形成には植栽地に 0.25 mm 以下の細粒土を 80 ％以上含む土が 50～60 cm 以上必要である。なかでも，ツルヨシは土や砂があれば定着し，定着するとかなりのスピードでほふく茎（ランナー）

---

注1) ヨシ群落は発達した根茎や地上部が土を抑えるので，水際線の侵食をある程度防ぐことができる。

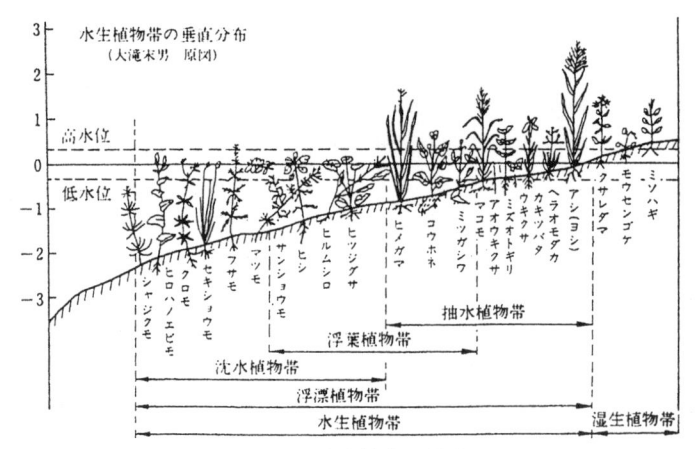

図15-6 水生植物の分布
＊) 水深が浅い方から抽水・浮葉・沈水植物が分布し，浅い水深に生育し，岸から目につきやすい抽水植物が保全対象となりやすい。
出典［大滝末男・石戸忠：日本水生植物図鑑，北隆館，1980年］

写真15-1 ヨシ群落

を伸ばして群落を広げていくので，洪水に伴い新しい砂礫の河原ができると，まず最初にツルヨシ群落が形成される。

　浮葉植物は水の底に根をおろすが，水中から生え，葉だけを水面に浮かべるもので，水深が25 cm～3.5 mで，流れが緩やかな所に生育する。浮葉植物は抽水植物と沈水植物の中間水域に生息する植物であり，ヒシ，アサザ，オニバスなどがある。一方，浮漂植物は水底の土に根をはらずに水面に浮かんでいる。浮漂植物は水深分布で見ると幅広く，ウキクサ，イチョウウキゴケなどがある。

　沈水植物は水の底に根をおろし，根・茎・葉全体が水中にあり，花だけが水面に出ている。沈水植物の分布限界は春先の相対照度が1％以上（繁殖のための光合成を行うのに必要な光条件）の深度である。沈水植物にはササバモ，コカナダモ，オオカナダモ，エビモ，クロモなどがある。コカナダモは流れ藻，オオカナダモやクロモは切れ藻によって繁殖する。沈水植物は光合成により浮葉植物より多くの酸素を供給するので，水質や水生生物にとって良い。また，沈水・浮葉植物は栄養塩を底泥から吸収して群落を形成するので，湖

---

注2）抽水植物・浮葉植物を復活される事業は多く行われているが，沈水植物の復活を目的とした事業はあまり行われていない。

沼の富栄養化防止にも役立つ[注2]。一方，浮漂植物は水中から栄養塩を吸収する。

例えば，霞ヶ浦沿岸には1970年代まではエビモ，ササバモなどの沈水植物が多数生存していたが，水質悪化，堤防の築造，水位の人為的改変により，1997年にほぼ完全に消失した[注3]。特に湖岸堤により風波が減衰しなくなったり，最低水位が高くなったことが消失の大きな原因である。沈水植物が消失したため，栄養塩が吸収されなくなり，また底泥が巻き上げられて水質が悪化している。霞ヶ浦では現在湖岸植生帯再生事業により，沈水植物の再生を行っている。こうした水生植物帯の再生は湖沼の水質だけでなく，生物群集の生活の場，再生産の場の修復にもつながる。

各植物群落の相互関係で見れば，沈水植物や浮葉植物群落の展開により沖合からの波浪を緩衝し，抽水植物群落前面の植物の根元が守られる。このようにして，沿岸域の水生植物群落は沈水，浮葉，抽水の植物群落により安定した生態系を維持している。

これらの水生植物には，①有機性汚濁物質の分解，②栄養塩類の除去などの浄化機能がある。①では植物表面の微生物の働きと，茎・葉から根に運ばれた酸素により底質中の有機物が分解される，②では根，葉，茎から吸収したり，植物表面の藻類が吸収したりする働きによるものである。

湿生植物は湿地など地下水位が高く，水分が多い場所に生息する植物で，浅水域に生息するものもある。湿生植物にはアゼスゲ，キショウブなどがある。湿潤地は緊密な土壌構造と停滞水のため，通気が悪いので植物の根の発達が貧弱である。

また，河原の植物としては，カワラサイコ・カワラノギク・カワラハハコ・カワラヨモギ・カワラニガナ・カワラケツメイ（草本），カワラハンノキ・ハリエンジュ（木本）などがある。カワラノギクは多摩川，鬼怒川，相模川にわずかに残る絶滅危惧ⅠB類で，カワラハハコは白い毛で被われた葉を密に付けて蒸散を防いでいる。カワラハンノキはヤナギ類と同じように再生力が強い。

草本植物の生育立地条件は比高[注4]と表層土砂（細粒土）の特性が大きく影響し，
- 表層土の粒径が細かく比高が低い箇所 ── ツルヨシ，アカメヤナギ
- 粒径がある程度大きく比高が中程度の箇所 ── カワラハハコ，メマツヨイグサ
- 比高がやや高い箇所 ── チガヤ
- 比高が高い箇所（表層土の粒径によらない）── ススキ，クズ

などが生育する。草本植物がわずかでも生育を始めると，流水中の土砂が捕捉され，そこを基盤として植生が繁茂し始める。生育場所ごとに見ると，堤防上にはシバやチガヤなどのイネ科植物が多いが，管理が十分行われていない高水敷にはクズやカナムグラなどのつる植物，センニンソウ，メダケなどが生えている。木本植物まで含めて，比高と植生の関係を示せば，図15-7の通りである。

草本植物のうち，陸地の植生は図15-8のように裸地→一年草群落→多年草群落→低木→陽樹→陰樹へと，草本植物から木本植物へ遷移していく。この過程の途中で洪水や山腹崩壊などの撹乱が生じると，元の裸地（コケ）へ戻る。なお，一年生草本にはヤナギタデ，アキノエノコロなどがあり，多年生草本にはヨシ，オギなどがある。また陽樹とは多年草群落の中に侵入する，明るい場所でしか自生できない樹木の幼木で，陰樹とは消滅した多年草群落に代わって侵入する，薄暗い場所でも自生できる樹木の幼木で，極相植物となる。

---

注3）霞ヶ浦だけでなく，首都圏の多くの湖沼で急減しているが，琵琶湖では水位の低下等により増加している。水生植物の増加により航行等には障害が出ている。

注4）水辺近くでは高水敷等の平均河床高と低水路の平均河床高の差を意味する。

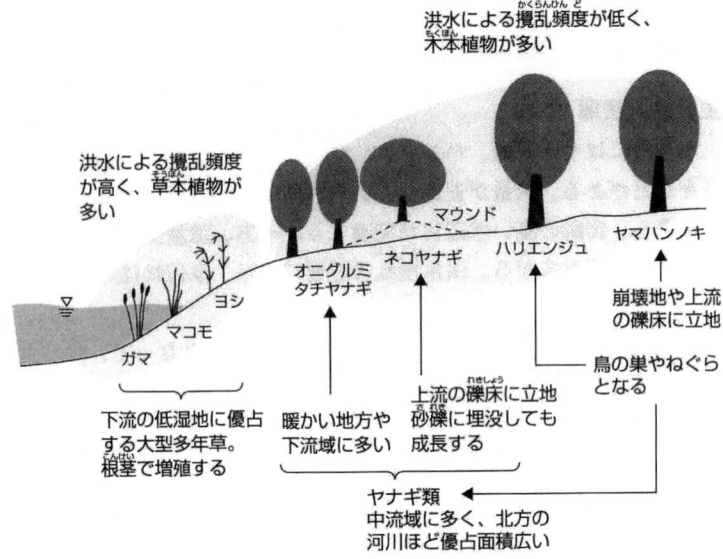

図15-7　比高から見た植生
出典［末次忠司：図解雑学 河川の科学，ナツメ社，2005年］

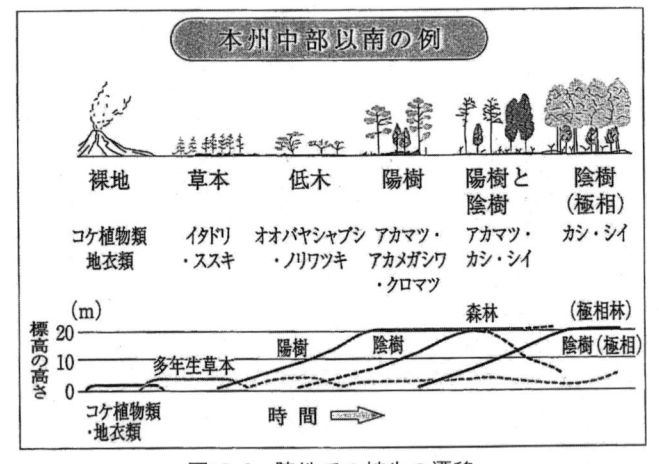

図15-8　陸地での植生の遷移
＊）　長い時間スケールで見ると，植生は草本から木本へ，標高の低い箇所から高い箇所へ遷移して，最後は極相に推移する。
出典［東千秋・鈴木基之・濱田嘉昭：放送大学教材 物質循環と人間活動，放送大学教育振興会，2007年］

### 参考文献
1) 大滝末男・石戸忠：日本水生植物図鑑，北隆館，1980年
2) 桜井善雄：続・水辺の環境学―再生への道をさぐる，新日本出版社，1994年
3) 奥田重俊・佐々木寧編：河川環境と水辺植物―植生の保全と管理―，ソフトサイエンス社，1996年
4) 末次忠司：図解雑学 河川の科学，ナツメ社，2005年
5) 東千秋・鈴木基之・濱田嘉昭：放送大学教材 物質循環と人間活動，放送大学教育振興会，2007年
6) 土木学会関西支部：川のなんでも小事典，ブルーバックス，講談社，2000年

## 15.7 木本植物

河道内の木本植物にはヤナギ，ハンノキ，ケヤキ，ハリエンジュ，イタチハギなどがある。洪水により生育立地を頻繁に撹乱される場所では，寿命の長い木本植物は草本植物に比べて少ない。例えば，多摩川の植物種数で見れば，木本植物は全体の1割弱である。

木本が密集して樹林化すると，洪水疎通の妨げとなるので，伐採（間伐）する必要がある。しかし，堤防（川表）沿いの樹林は堤防を洪水から防御するし，適度の樹林は環境にとっても良い。木本を高水敷等に植樹するにあたっては，成木は日照や洪水などの厳しい条件があるため，根が活着せず環境に適応して生育するのは困難である。したがって，成木ではなく，胸高直径10 cm以下，樹高5 m以下の若木を植えるようにする。土壌などの条件が良ければ2～3年，遅くとも5～10年以内に根が活着するようになる。

植生（木本，草本）を比高の観点から整理して図15-7に示したが，河岸沿いは洪水撹乱の影響を受けやすいので，草本植物が多い。水深のある場所にはガマなどが，水際にはヨシ原が形成されている。木本では下流域や温暖な地方にヤナギが多い。比高の高い箇所にはハリエンジュやハンノキが繁茂している。

河道内の木本植物を樹高と胸高直径で分類すれば，図15-9の通りである。全般的に見て，樹高は5～10数 m，胸高直径は10～30 cmのものが多い。河道内の木本植物は堤内地のものに比べて，樹高，胸高直径とも小さいが，カワヤナギやオノエヤナギのような例外もある。図中の木本植物の特徴はケヤキ，ハリエンジュ，エノキは再生力が強く，タチヤナギ，ハンノキ，ハリエンジュは生育速度が速い。ハリエンジュやマダケなどは地下水位の高い場所には適さない。

ヤナギ類は国内に110種ほどあり，綿毛を付けた種子が風に乗って砂州に定着するか，上流から流れ着いた樹木が根を出し，繁殖するものが多い。ヤナギ類は光の少ない森林の中では繁殖することが困難である。ヤナギ類は，

・生長が早い
・幹枝は弾力性がある（特にネコヤナギ，イヌコリヤナギ）
・根部は冠水に抵抗できる
・乾燥に強い

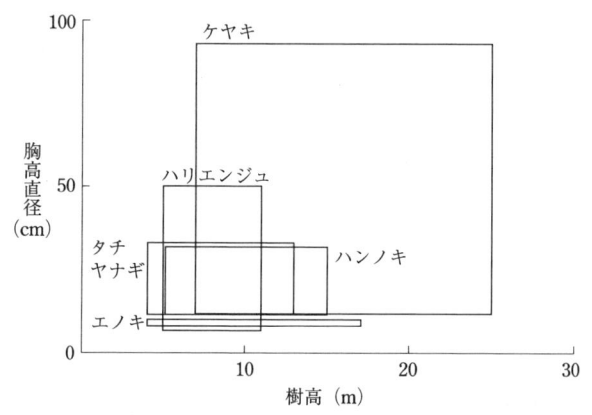

図15-9 樹高と胸高直径で分類した木本植物
出典［建設省監修・リバーフロント整備センター編集：河道内の樹木の伐採・植樹のためのガイドライン(案)，1994年］に基づいて作図

・洪水流の影響を受けても撓（たわ）んで流失しにくい

など，洪水などの撹乱に対する適応能力が高いが，種によって生育環境が異なるので，種ごとの特性を図15-10に整理した。ヤナギによっては，礫質を好むエゾノカワヤナギ，泥質を好むカワヤナギがあるし，これらのヤナギが5m程度の低木であるのに対して，20m程度になる高木のオオバヤナギ，シロヤナギなどもある。ただし，ヤナギ類は大木になると堤防にとっては良くないので，2～3年に1回は伐る必要があるし，常時浸水している所では根腐れを起こす場合がある。一方，樹木密度を樹林間の平均距離[注1)]で見ると，ヤナギやハンノキが5～6m，スギやアカマツが2～3mであるのに対して，マダケは約1mと間隔が狭い。また，下流の低湿地に優占する大型の多年草であるヨシ，マコモ，ガマは根の先端まで通気組織があるため嫌気性の泥の中まで侵入できるのに対して，中流に多い木本のヤナギの根は酸素の少ない層には侵入できない。なお，オオバヤナギなどは挿し木による繁殖はできない。

このように，ヤナギ類は洪水流に対してなびくので比高が低い洪水流の影響を受ける所でも生育できる。また，ヤナギは土にしっかり根をはり，洪水流に耐えるので，河岸に植えると護岸の役割を果たす。この性質を利用したのが柳枝工で，コンクリート護岸の2/3のコストででき，経済的な工法となる（写真15-2）。

ハンノキは浸水する場所でも生息でき，低湿地に特有の落葉樹である。水位変動の少ない貧栄養状態でも生えることができ，いったん幹が折れたり枯死しても，幹の基部や根から萌芽して芽が吹き出し，新しい枝を形成する。ケヤキは寿命が長い広葉樹で，街路樹や公園木などに用いられている。渓谷沿いや水分条件の良い平野に多く見られる。ハリエンジュ（北米原産）やイタチハギは，砂防のための土砂流出抑制や林道工事の土留め用に用いられた帰化植物が定着したものである。特にハリエンジュは他の樹木が生育できないやせた土地でもよく育つ（写真15-3）。ハリエンジュやヤナギは鳥が集団で巣づくりをする場所になるし，ねぐらともなる。

木本植物は生態系に餌を供給する働きもあり，木本植物の葉が落ち，林床で分解されて細かくなると，デトリタス（デトライタス）[注2)]となる。これが川に供給されると，水生昆虫の餌や巣の材料となり，更に水生昆虫は鳥（カワガラス，セキレイ）や魚（イワナ，ヤマメ）の餌となる。また，木本植物は木の枝から川へ昆虫やクモを落とすので，これが動

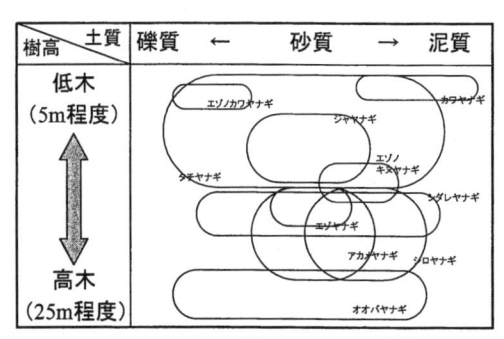

図15-10 ヤナギ類の種ごとの特性
出典［リバーフロント整備センター：河川における樹木管理の手引き，1999年］に基づいて作成

写真15-2 ヤナギを使った柳枝工
*) 柳枝工は河岸防御工ともなる。

注1) 立地場所などによって，樹林間距離はかなり異なる。
注2) デトリタスとは生物の死骸・破片・排出物やそれらの分解中の物質，分解産物を意味する。

**写真15-3　ハリエンジュ**
*) ハリエンジュは繁殖力が強く，関東・北陸・東北地方の河道に多いが，それ以外の地方の河道にはほとんど生育していない（15.8「河道の樹林化」参照）。

物食や雑食性の魚の餌ともなる。例えば，イワナは餌の70％以上をこれに依存しているという報告もある。

**参考文献**
1) 末次忠司：図解雑学 河川の科学，ナツメ社，2005年
2) 建設省河川局治水課監修・リバーフロント整備センター編集：河道内の樹木の伐採・植樹のためのガイドライン（案），山海堂，1994年
3) リバーフロント整備センター：河川における樹木管理の手引き，山海堂，1999年

## 15.8　河道の樹林化

　ダムの建設等により，上流からの土砂供給量が減少したり，洪水流量が変化すると，河床の深掘れが生じる。深掘れが進行すると，洪水位が下がって，高水敷や砂州の冠水（撹乱）頻度・規模が減少するため，洪水による植生の流失が減少し，草本の繁茂を経て木本が繁茂する樹林化を招く。樹林化にはこの冠水頻度・規模の減少以外に，土砂（特に0.25～0.5 mmの中砂）の堆積，栄養塩類（窒素，リン）[注1]の供給が関係している。なお，中砂は粒子間に水分を保持しやすいという特徴もある。

　樹林化しやすい場所としてはダム下流，堰下流，川幅の広い区間の中洲などがある。ダム下流は上記した供給土砂量の減少などによるものであるが，堰は全面越流堰を除くと，一定箇所から放流され，下流の流水部分が狭く，中洲ができやすいため，陸化して樹林化が進行しやすい。中洲は鳥類が多いなど，環境管理基本計画の⑧空間（生態系保持空間）となっている場合があるが，無秩序な利用が行われたり，外来種侵入への対応が行われていないなど，必ずしも環境上十分な維持管理ができているわけではない。こうした堰下流や川幅の広い区間の中洲では，樹林化に伴って生物相が移動性から定着性のものに変わってくる。

---

注1）植物の光合成では$CO_2$，水，太陽エネルギーのほかに，栄養塩類が要求される。

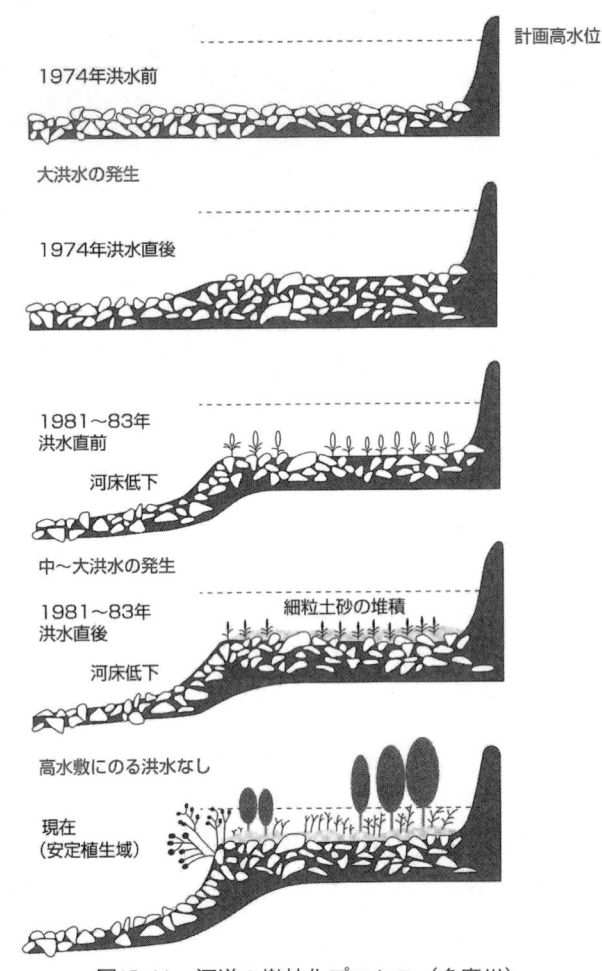

図15-11 河道の樹林化プロセス（多摩川）
*）河道掘削に伴う河床低下を引き金として，細粒土砂が基盤となって，撹乱が少なくなった高水敷上に木本植物が繁茂した。

図15-11は多摩川中流部における樹林化の推移を模式化した図である。多摩川中流部はかつては一面礫河原で洪水により生態系の撹乱が生じていた。しかし，ここ数十年上流の堰等により土砂が下流へ流下しなくなり，また河道掘削を行ったため，低水路の河床が低下し，河道は複断面化した。高水敷が相対的に高くなったため，掃流力（水深）の大きな洪水が減少し，高水敷の植物群落が流失しなくなるとともに，洪水に伴う細粒土（特に0.25〜0.5 mm の中砂）が堆積するようになった。またヨモギやオオイヌタデなども堆積を促進させ，この細粒土を植生基盤として，S58 からツルヨシ（草本），H6 からハリエンジュ（木本）が多く繁茂するようになった。他の要因も含めて，樹林化を引き起こす要因は以下の通りである。

- 比高が高くなる（高水敷高が平均年最大流量相当以上の高さになる）：洪水流況とも関係し，年最大流量が平均年最大流量を5〜6年以上下回ると，撹乱が少なくなって樹林化が顕著になる
- 高水敷に細粒土（特に中砂）が堆積する：植生の成長に伴って，洪水により運ばれた浮遊砂の捕捉量が増えるという相互作用もある
- 洪水・土砂などとともに，高水敷上に栄養塩類（リン，窒素）が供給される

国交省国総研は洪水による栄養塩類の供給を千曲川 97.25〜98.25 k の中洲を対象に調

表15-13 栄養塩類の堆積・流失状況

| 細粒土の堆積または流失 | リン | 窒素 |
|---|---|---|
| 細粒土堆積（8,550m³）に伴う | 124 kg | 1,928 kg |
| 細粒土流失（830m³）に伴う | △6.7 kg | △107 kg |
| 差し引き | 117 kg | 1,821 kg |

出典［末次忠司・服部敦・瀬崎智之：洪水攪乱に伴う植生の変化―千曲川を例にとって―，水利科学，No. 261，2001年］

査した。対象洪水はH11.8洪水で，戦後3番目に大きな洪水である。表15-13に示したように，洪水に伴う細粒土の堆積・流失によって，差し引き1,821 kgの窒素，117 kgのリンが中洲に堆積したことが分かった。窒素は溶存態で運搬されるのに対して，リンは主に粒子態（土砂に付着する形）で運搬される。すなわち，リンは濁度に比例して，高濁度の洪水ほど大量のリンが運搬される。

樹林化の事例として手取川の状況を見ると，洪水頻度の減少に伴い，カワヤナギ等による樹林化が進行している（図15-12）。手取川7k付近はS35には一面礫河原で樹林はほとんど見られなかった。H1には寄州が樹林化し，中洲にも樹林が点在するなど，樹林面積は約3倍となった。H7には中洲等の樹林化が進行し，樹林面積は更に約1.6倍となった。地被の割合で見れば，S35は約7割が河原であったが，H7には樹木が約3割となった。

樹林規模が拡大すると，洪水疎通能力の低下，樹林対岸の河岸侵食を引き起こす（第5章 5.7「洪水流の解析（応用編）」参照）。環境面からは雑木林をすみかとするサギ類，オシドリ，ホオジロにとっては有利となるが，地上の天敵が近づきにくい（外敵を見つけやすい）中洲や河原に営巣するコアジサシ，チドリ類（コチドリ，イカルチドリ）にとっては不利となる。コアジサシ，チドリ類にとっては，採餌場所が水辺であるという理由もある。なお，樹林化して外来性の植生が侵入すれば，河川本来の植生環境を損なうことになる。

こうした外来種等の侵入を伴った樹林化は多摩川，千曲川，手取川，渡良瀬川など，全国の多数の礫床河川に見られる。国交省国土技術研究会における調査結果によれば，樹林化が進行した河川における樹林化率（樹林面積／水域を除いた河道内陸域面積）は多くて4割にも達し，平均でも約2割もあった（図15-13）。

水辺の国勢調査結果（H9〜16）より，地方別の樹林化状況を見れば，その傾向は以下の通りである（図15-14）。なお，樹林化率は前述したものと同じ定義である。

- 樹林面積は北海道・東北が多く，東高西低の傾向がある
- 樹林化率は北海道・東北・中国地方が高く，関東・近畿・九州地方が低い
- どの地方もヤナギ・竹林・ハリエンジュの3種で約6〜7割を占める
- 樹種は全国的にヤナギが多いが，北海道は特にヤナギ高木林の割合が多い
- ハリエンジュは関東・北陸の約2割，竹林は四国・九州の4〜5割を占める

その他に多摩川や渡良瀬川ではハリエンジュ（ニセアカシア），千曲川ではアレチウリの外来種の繁茂が見られる。多摩川でハリエンジュが繁茂したのは，明治末期（M40，M43）の水害および関東大震災（T12）により水源地が荒廃したため，土砂流出を抑えるため，昭和に入ってから戦時中にかけて，上流の崩壊地にハリエンジュを植林し，これが中流域まで広がったためである。奥田教授は「主要な扇状地河川の樹林の80％はハリエンジュである」としている。一方，アレチウリはつる植物で，輸入穀物に混じって渡来

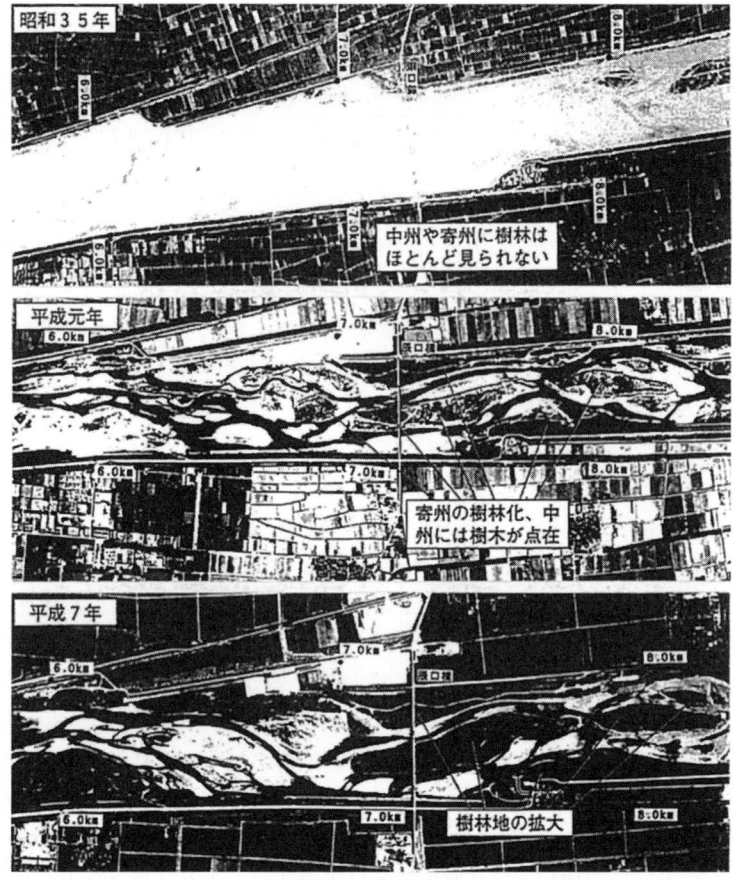

(a) 樹林化の進行する様子

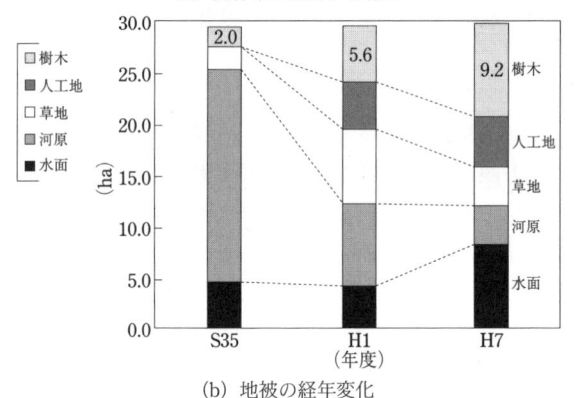

(b) 地被の経年変化

図15-12　手取川における樹林化の推移

した植物である。つるはひと夏に十数 m～20 m 伸びるほど，成長力が旺盛である。

　なお，外来種のなかには他の植生の繁茂を抑制するものもある。例えば，全国各地に繁茂しているセイタカアワダチソウはアレロパシー（他感作用）物質であるポリアセチレンを出して，作物や他の雑草の繁茂を抑制している。アレロパシー作用を持つ他の植生としてはアカマツがあり，アカマツは落葉・根の水抽出液により樹の下に生えようとするイヌタデ，ハキダメギクなどの雑草の生育を阻害する。一方，アレロパシー作用により共栄関係（互いに生育が良くなる）となる植生もある。ソラマメの一種とトウモロコシを混植すると，ソラマメの根の抽出液により生育が促進され，トウモロコシの収量が増加する。

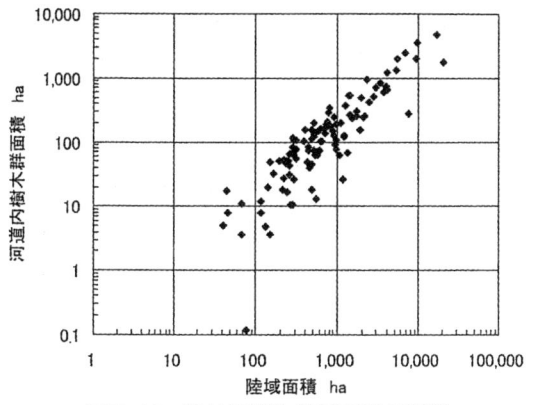

図15-13 樹林面積と陸域面積の関係
＊) 平均的な樹林化率は約2割である。
出典［末次忠司・板垣修・植木真生：河道内樹木群の治水上の効果・影響に関する研究，土木技術資料，Vol. 48, No. 3, 2006年］

　樹林化対策としては，直接的に樹林を伐採する方法と，ダムからの排砂等により土砂供給を行い，河床上昇させて洪水による流出を期待する方法（第12章　12.7「ダム堆砂対策」参照）などがある。例えばハリエンジュを伐採する場合，樹木ごとの根系が地中でつながっているため，伐採ではなく，伐根を行う必要がある（写真 15-4）。セイタカアワダチソウやオオブタクサも同様である。なお，樹林を大量に伐採すると，伐採箇所の洪水流速が速くなるだけでなく，その下流側の流速も速くなるため，伐採箇所の延長線上に堤防や河岸がある場合は侵食被害を引き起こす危険性があるので注意する。

　環境に配慮した樹林の伐採事例としては，中津川（岩手県盛岡市）で野鳥の生息を考えて，50 m 間隔で 15〜20 m の植生帯を残して伐採した事例，和泉川（横浜市）で鳥類の営巣を考えて水際で 50 cm，その他の場所で 20 cm を刈り残して伐採した事例などがある。

**参考文献**
1) 末次忠司・服部敦・瀬崎智之：洪水撹乱に伴う植生の変化—千曲川を例にとって—，水利科学，No. 261，2001年
2) 末次忠司・板垣修・植木真生：河道内樹木群の治水上の効果・影響に関する研究，土木技術資料，Vol. 48, No. 3, 2006年
3) 国交省河川環境課：河川水辺の国勢調査，1997〜2004年
4) 河川生態学術研究会 多摩川研究グループ：多摩川の河川生態 水のこころ 誰に語らん，紀伊国屋書店，2003年
5) 奥田重俊・佐々木寧編：河川環境と水辺植物—植生の保全と管理—，ソフトサイエンス社，1996年
6) 藤井義晴：アレロパシー—他感物質の作用と利用—，農山漁村文化協会，2000年
7) 李参照・山本晃一・望月達也ほか：扇状地礫床河道における安定植生域の形成機構に関する研究，土木研究所資料，第3266号，1999年
8) リバーフロント整備センター：河川植生の基礎知識，2000年

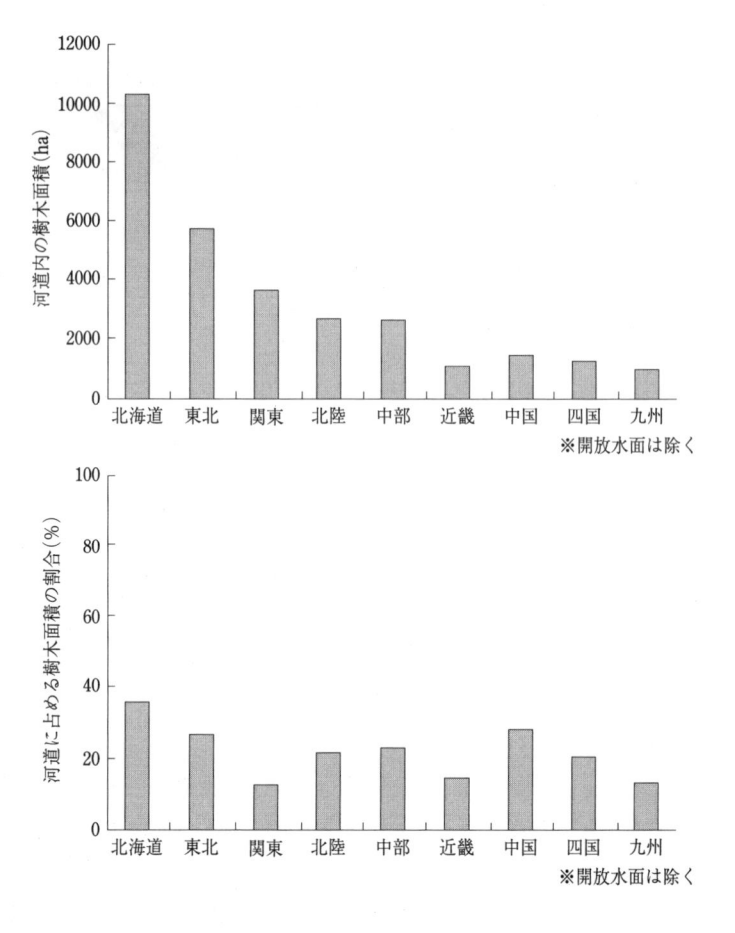

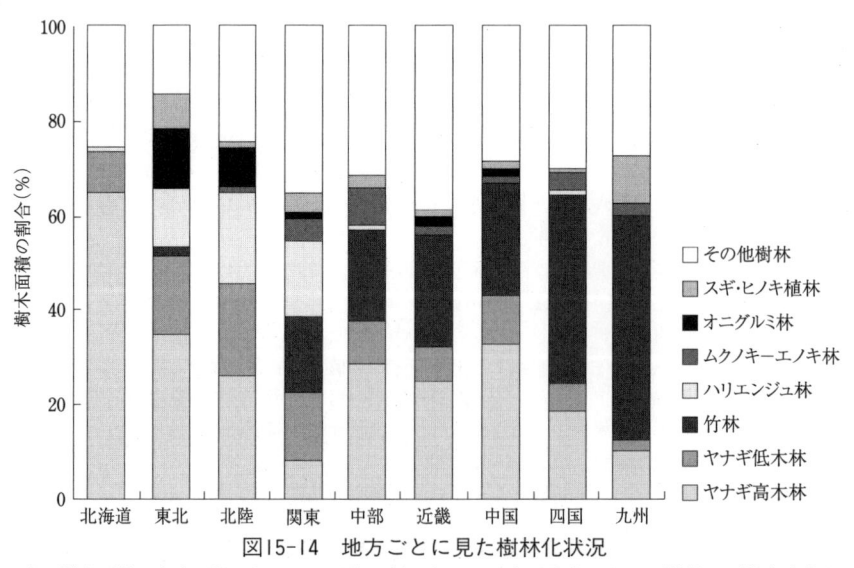

図15-14 地方ごとに見た樹林化状況

*) 樹木面積は東高西低であるが，面積の割に多いのは中国地方である．樹種では関東地方を境界に，東へ行くにつれヤナギが多く，西へ行くと竹林が多い傾向となっている．

写真15-4　ハリエンジュの伐採
＊）　ハリエンジュを減らすには伐採するだけでなく，地中でつながっている根茎を伐根する必要がある。

## 15.9　水辺林・倒流木の影響

　水辺林の樹木の種類は気候，標高，洪水による撹乱頻度・規模，土の肥沃度などにより異なるが，一般的にはヤナギ類，ハンノキ類，アキグミ，ハリエンジュ，イタチハギなどが先駆的な水辺林となる。水辺林は地下水位に対して適応性が異なり，

- 根茎の大部分が地下水位以下のもの：ヤナギ類，ドロノキ，ハンノキ，ノリウツギ
- 根茎の大部分が地下水位以上のもの：ハルニレ，ヤチダモ，サワグルミ，エノキ，ケヤキ，コナラ，ハリエンジュ

に分類される。これらが安定して成長すると，林床の土が肥沃になるとともに，鳥や洪水により運ばれてきた種子が発芽して，代わってエノキ，オニグルミ，ヤマグワ，コナラ，クヌギなどの高木・低木が混生した水辺林が形成される。

　一連区間の水辺林は河川と一体となって鳥，昆虫，動物の生態空間となったり，野鳥の営巣・隠れ場となったりする。水辺林には多数の陸生昆虫が集まるし，水を飲みに水際へ来ると魚の餌となる。魚は水辺林により鳥からの捕食を防ぐことができる。水辺林の下方では上流に向かって小さな風が吹き，この風にのって水生昆虫のカワゲラやトビケラなどの成虫が上流へ翔行して，上流で産卵する[注1]。

　また，水辺林は日射を遮った環境を作るほか，枝から多数の昆虫や葉を供給し，特に上流域では魚の餌の主要な供給源となっている。水辺林から供給される落葉や枝の多くは付近の礫の間や淵に堆積し，分解して栄養塩類となる。残りは細かく砕けて，下流へ流下してゆく。一般的な落葉の分解速度はハンノキ・シナノキが3か月，ブナが1年，カエデ・シラカンバがその中間であるが，水中では更に分解が速い。

　大気中や水中の窒素は窒素固定細菌などにより有機窒素化合物となり，細菌・菌類によりアンモニウム塩や硝酸塩に分解され，水辺林に取り込まれる。こうして，水辺林は窒素・硝酸塩を除去する栄養元素の交換機能を有するのである。また，水辺林は森林，河岸沿いの植物同様，河川水質の汚濁源となる栄養塩類を保持するので，窒素，リン，SSは水辺林帯を流下する過程で大幅に除去され，水質が浄化される。特に湿地に生育する湿地

---

注1）　逆に，水生昆虫の幼虫のなかには，食物を探したり，天敵から逃れるため，夜間に流されて移動するものもいる。

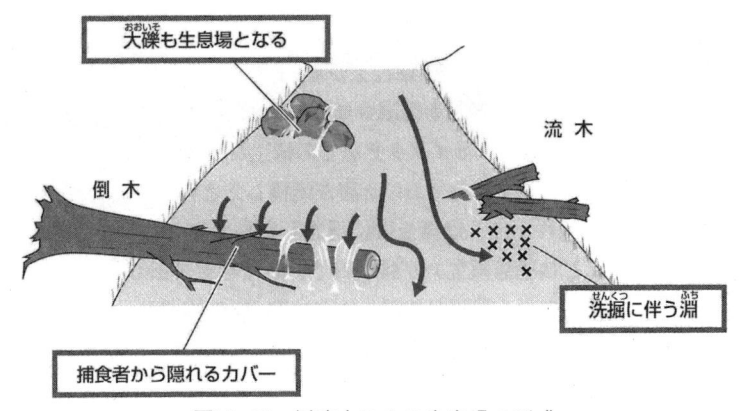

図15-15 倒流木による生息場の形成
＊) 倒流木は淵を形成したり，礫の空隙に似た空間を作り出す。

林，スゲ・ヨシが繁茂する低層湿原は水質浄化機能が高い。

一方，水辺林は洪水流によって倒木・流出し，環境要素の一つである倒流木となる。北海道の緩勾配の蛇行小河川では淵の約4割，カバーの約5割が倒流木によって形成されており，アメリカでは淵の50〜100％が倒流木により形成されている。倒流木は水の流れを遮り変化させ，様々な瀬・淵などのカバー構造（生物のすみか）を形成する。倒木の下流側には早瀬から続く淵のようなすみ場が作り出され，イワナやヤマメなどが流下してくる陸生昆虫を待ちかまえる餌場となるし，大型魚も多い（図15-15）。

このように，水辺林には土壌を肥沃にする働きがあるほか，日射遮断，食物・倒流木供給の機能があるし，ほかに野鳥の巣・隠れ場，栄養元素の交換（窒素・硝酸塩の除去），水質浄化などの機能があり，生態系やその環境にとって重要な役割を果たしている。

#### 参考文献
1) 桜井善雄：水辺の環境学④—新しい段階へ，新日本出版社，2002年
2) 桜井善雄：続・水辺の環境学—再生への道をさぐる，新日本出版社，1994年
3) 森下郁子・森下雅子・森下依理子：川のHの条件 陸水生態学からの提言，山海堂，2000年
4) 中村太士：流域一貫—森と川と人のつながりを求めて—，築地書館，1999年


## 15.10 その他の生態系

上記以外の河川生態系としては貝類，甲殻類，昆虫類，は虫類，両生類，ほ乳類などがいる。生息場所がある程度限定された貝類，ほ乳類を除いて，河道内の場所ごとに生息状況を見ると，表15-14の通りである。なお，甲殻類などは細流や水田などにも生息しているが，本節では河道内の生息場所に限定している。生息場所が多くの領域にまたがっている種も多く，例えばカジカガエルやハコネサンショウウオは水中，河川敷の水辺・木本域に生息している。また，サワガニやトンボ類（オニヤンマ，シオカラトンボ），アメンボは水中，水際，河川敷の草本域に生息している。

カメ類には日本固有種のイシガメのほか，クサガメやスッポンなどがいる。イシガメやクサガメは水際・草本域に生息している。最近はペットとして飼育され，大型化するにつれ，川に放たれた北米原産のミシシッピーアカミミガメが増加している。

表15-14　甲殻類・昆虫類・は虫類等の生息場所

| 場所 | | 甲殻類 | 昆虫類 | は虫類 | 両生類 |
|---|---|---|---|---|---|
| 水中* | | エビ類（スジエビ，テナガエビ），モクズガニ | トンボ類（カワトンボ，ムカシトンボ），ヒラタドロムシ，ホタル類（幼虫期） | ― | サンショウウオ（幼生期），オオサンショウウオ |
| 水中～水辺 | | サワガニ | トンボ類（オニヤンマ，シオカラトンボ），アメンボ，ホタル類 | | ― |
| 河川敷（砂州） | 水際・草本域（水辺） | アメリカザリガニ | トンボ類（オオイトトンボ，コヤマトンボ），タガメ，ゲンゴロウ | カメ類（イシガメ，クサガメ，アカミミガメ），カナヘビ，ヘビ類（シマヘビ） | カエル類（ウシガエル，トノサマガエル，ニホンアカガエル） |
| | 木本域 | ― | オオムラサキ，コムラサキ | ― | サンショウウオ（成体） |
| | 河原 | ― | カワラバッタ，カワラハンミョウ，ツマグロキチョウ | ― | ― |

＊）水中だけでなく，生活の一部を水中ですごしている生態系を列挙している。

　また，生活史の一部を水中で生活するサンショウウオにも，山地・渓流域で生息するハコネサンショウウオ，流れの緩やかな地域で生息するヒダサンショウウオなどのいくつかの種類がいる。なかでも，オオサンショウウオは「生きた化石」といわれる世界最大の両生類で，山間の渓流や里山の小川に生息している。夜間に活発に行動し，一生を水中ですごしている。幼生の頃は水生昆虫，成体になると魚，サワガニ，カエルを餌とする。

　河川に関係するほ乳類にはタヌキ，イタチ，ネズミ類，モグラ，カワウソなどがいるが，イタチは近年大幅に減少している。ネズミ類のうち，カヤネズミは草本域，アカネズミは木本域を主たる生活場としている。モグラについては，第10章　10.2「破堤原因の見極め方」に記述した。

**参考文献**
1) 全国防災協会：河川生態に関する資料，2002年
2) 沖野外輝夫：河川の生態学，共立出版，2002年

## 15.11　貴重種

　地球上には約1,300万種の生物が存在し，うち175万種が特定されている。20世紀のほ乳類の絶滅速度は有史以前の約100倍に達する。種の絶滅は地球の歴史を通じて絶えず起こっており，環境変化や捕食・競争により，あらゆる種はいずれ衰退，絶滅する。問題は種の絶滅が食物連鎖を通じて生態系に影響を与え，遺伝資源の減少につながり，環境変化に対する種の適応能力を弱め，人間にとっては利用可能な資源が永久的に失われることである。

　環境の変化などにより，絶滅のおそれのある野生生物は多数いる。H4には絶滅種を保存するための法律である「絶滅のおそれのある野生動植物の種の保存に関する法律」が制

定された。これらの絶滅のおそれのある野生生物の種をリストにしたものがレッドリストで，国際的にはIUCN（国際自然保護連合）が作成している。これらの種名および生息状況等をとりまとめたものがレッドデータブック（RDB）で，日本では環境省が全国規模で作成しているほか，都道府県や各地域単位でも作成されている。環境省はH3にRDB「日本の絶滅のおそれのある野生生物—脊椎動物編」とRDB「日本の絶滅のおそれのある野生生物—無脊椎動物編」を公表した。そして，H18に4分類群（鳥類，は虫類，両生類，その他無脊椎動物）がリスト化され，H19に残り6分類群（ほ乳類，汽水・淡水魚類，昆虫類，貝類，植物IおよびII）がリスト化された。

　RDBの収録種は絶滅，絶滅のおそれのある種，準絶滅危惧など6分類され，絶滅のおそれのある種は更に3分類されている。各分類に該当する動物の種数（H20現在）は図15-16の通りで，全体で約2,000種おり，うち約半数が絶滅のおそれのある種であるが，次いで準絶滅危惧種が多い。絶滅のおそれのある種の割合は汽水・淡水魚類（36%）や貝類（34%）が多く，評価対象種数の多い昆虫類（1%）などが少ない。

　レッドリストのうち，特に絶滅危惧ⅠA類は今後絶滅することがないよう，細心の注意を払わなければならない種で，日本における絶滅危惧ⅠA類等の種の例は表15-15の通りである。なお，昆虫類，貝類はⅠA類とⅠB類に区分されていないので，Ⅰ類として例示している。

　種は乱獲により絶滅したものも多いが，乱開発や森林伐採による生息地の消滅や分断，人間の移住に伴う動植物の侵入によるものも多い。そのため，絶滅に対応するためには貴重種の保全だけではなく，遺伝資源や生態系も含めた生物多様性を保全する必要がある。1992年には生物多様性条約が採択され，これを受けて日本では1995年に生物多様性国家戦略が打ち出された。生物多様性条約の科学的根拠はミレニアム生態系評価として集約された。そのなかで，生物多様性の喪失要因は土地利用変化，気候変動，外来種，乱獲，汚染であるとしている。また，生物多様性国家戦略は5年ごとに，2002年（第二次）と

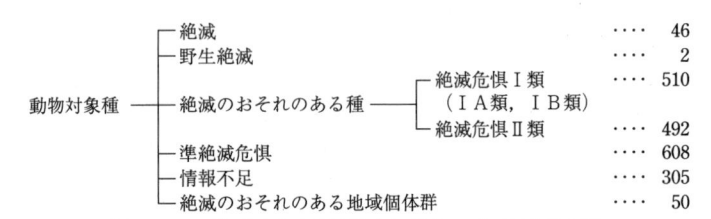

```
                       ┌─ 絶滅 ……………………………………………… 46
                       ├─ 野生絶滅 ………………………………………… 2
                       │                    ┌─ 絶滅危惧Ⅰ類 ……… 510
動物対象種 ─────────┼─ 絶滅のおそれのある種 ──┤  （ⅠA類，ⅠB類）
                       │                    └─ 絶滅危惧Ⅱ類 ……… 492
                       ├─ 準絶滅危惧 ……………………………………… 608
                       ├─ 情報不足 ………………………………………… 305
                       └─ 絶滅のおそれのある地域個体群 ……………… 50
```

図15-16　絶滅または絶滅のおそれのある動物種数

\*）絶滅危惧ⅠA類：ごく近い将来に絶滅の危険性が極めて高い。
　　絶滅危惧ⅠB類：ⅠAほどではないが，近い将来に絶滅の危険性が高い。

表15-15　絶滅の危険性が極めて高い種の例

| 種別 | 分類 | 絶滅の危険性が高い種 | |
|---|---|---|---|
| | | 種の例 | 種数 |
| ⅠA類 | ほ乳類 | ダイトウオオコウモリ，ニホンカワウソ，イリオモテヤマネコ | 15種 |
| | 鳥類 | コウノトリ，カンムリワシ，シマフクロウ | 21種 |
| | は虫類 | イヘヤトカゲモドキ，クメトカゲモドキ，キクザトサワヘビ | 3種 |
| | 両生類 | アベサンショウウオ | 1種 |
| | 魚類 | ニッポンバラタナゴ，トカゲハゼ，ヨコシマイサキ | 61種 |
| Ⅰ類 | 昆虫類 | ヒヌマイトトンボ，リュウノメクラチビゴミムシ，タイワンツバメシジミ | 110種 |
| | 貝類 | マキスジヤマキサゴ，ミヤザキムシオイ，サキシマヒシマイマイ | 163種 |

2007年（第三次）に見直しが行われた。第三次生物多様性国家戦略では「緑の回廊」などの生態系ネットワーク形成を通じた自然の保全・再生が唱われた。

生物多様性条約に関しては，2008年5月にドイツ（ボン）で開催されたCOP 9を引き継いで，2010年には名古屋でCOP 10とカルタヘナ議定書（MOP 5）に関する討議が行われる[注1]。COP 10では，

- 生物多様性条約戦略計画の改定
- 「2010年目標」の達成率
- GEO BON[注2]の成果
- SATOYAMAイニシアティブ

などについて議論が行われる予定である。また，カルタヘナ議定書（遺伝子組換え生物の移動規制）では遺伝子組換え生物の輸出入に関するバイオセーフティについて取り決めている。なお，2010年は国連が定めた「国際生物多様性年」でもある。

**参考文献**
1) 牧野昇監修・三菱総合研究所著：全予測◎環境問題，ダイヤモンド社，1997年
2) 国立天文台編：理科年表シリーズ 環境年表 平成21・22年，丸善，2009年

## 15.12　外来種の侵入

15.8「河道の樹林化」で，ハリエンジュやアレチウリなどの外来性植物が増加していると述べた。外来種は人間活動のグローバル化に伴って，植物に限らず経年的に増加している。外来種が侵入すると，その河川本来の環境が損なわれるだけでなく，在来種が駆逐されることが問題となる。外来植物は特に戦後増加し，H 2時点で約800種あるし，外来昆虫は1960年代以降増加し，H 12時点で約180種存在する（図15-17）。河川水辺の国勢調査結果（3巡調査全体）によれば，確認された外来種は，植物：556種，陸上昆虫類等：135種，底生動物：29種，魚類：26種，鳥類：23種，両生類・は虫類・ほ乳類：12種で，特に植物や陸上昆虫類等の外来種が多く確認された。水辺の植物の26％が外来種である。

地方別で見れば，関東，中部，近畿などの都市部を控えた地方における確認種数が多いし，外来種植物の多い河川は荒川，多摩川などである。外来種対策のために，H 13には「河川における外来種対策に向けて」が出された。

堤防・高水敷の外来植生としては，セイヨウカラシナ（原産地不詳），セイタカアワダチソウ（北米原産），堤防（牧草）にはネズミホソムギ（欧州〜アジア西部原産），オニウシノケグサ（欧州原産），水際にはオランダガラシ（欧州原産），キショウブ（欧州原産）などの群落が多い。セイタカアワダチソウが短期間に各地で優占したのは繁殖力が旺盛で，乾燥に強いからである。オギやススキ群落を刈り取ると，すぐにセイタカアワダチソウが侵入してくる。また，扇状地河川の河原にはハリエンジュ（北米原産）やアレチウリ（北

---

注1）COPとは条約締約国会議で，近年では生物多様性条約（上記）や気候変動枠組条約に関する締約国会議を意味する。またMOPとは議定書締約国会合である。
注2）小泉政権の時に日本は地球観測サミットを提唱した。そして，GEO（地球観測に関する政府間会合）の下で，GEOSS（全地球観測システム）10年実施計画を推進している。その枠組みのなかで，GEO BON（地球規模での生物多様性観測ネットワーク）をH20に設立した。

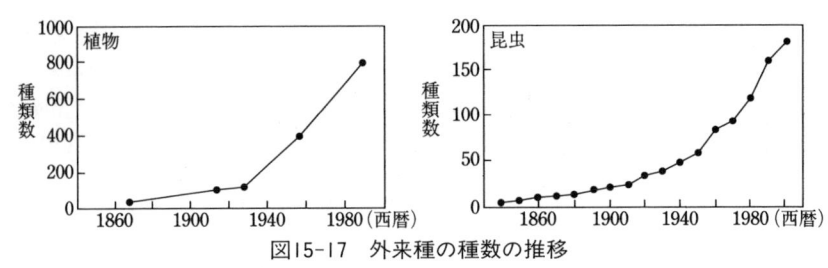

図15-17　外来種の種数の推移
*) 戦後外来種が急激に増加した。

米原産）などの外来植生が多く繁茂し，植生ではカワラノギク，カワラヨモギ，昆虫ではカワラバッタなどに悪影響を及ぼしている。また，外来種のほ乳類としては，ハツカネズミやドブネズミなどがいる。

　外来植生の侵入経路としては，セイタカアワダチソウは明治中期に北米から養蜂家の蜜源植物として日本に持ち込まれた。シナダレスズメガヤは戦後緑化材料として日本に持ち込まれ，洪水に強く優占している。オニウシノケグサ同様，明るい河原でよく生育する。ハリエンジュは明治初期に日本に持ち込まれ，砂防の土砂抑止に用いられたり，街路樹に用いられた。萌芽力が強いことから，特に戦後緑化用によく用いられた。このように，外来植生である外来牧草（シナダレスズメガヤ，オニウシノケグサ）や外来マメ科植物（ハリエンジュ，イタチハギ）は治山・ダム・道路事業の緑化材料として持ち込まれたものが多い。なお，オニウシノケグサ，ネズミムギ，ホソムギなどは寒地型牧草でもある。

　外来種の魚類としては，ブラックバス（北米原産）はT14年にアメリカから移入し，ブルーギルはS35に移入し，湖などで大量発生している。これらは小型魚，魚の卵，エビを捕食するほか，繁殖力が強いため，生息する河川数が増加し，東北から九州に至るほとんどの川で確認されている。特に関東・近畿地方の河川ではブルーギルの個体数の割合が多く，例えば皇居のお濠における魚類相調査では，89％がブルーギルであった。意外にもニジマスも外来種の魚である。

　また，魚介類ではS50年代末に食用としてアジア各国から持ち込まれた南米原産のジャンボタニシ（スクミリンゴガイ）が逸出し，イネ等の農作物に害を及ぼしている。六角川，球磨川，五ヶ瀬川など，九州の多くの河川で確認されている。

　このように，河川環境に影響を与えるおそれのある外来種は多く，表15-16には影響を及ぼす代表的な種を例示した。

表15-16　河川環境に影響を与える恐れのある外来種

| 影響の種類 | | 外来種の例 |
|---|---|---|
| 生息・生育地を優占してしまうもの | 植　物 | セイタカアワダチソウ，オオブタクサ，ハリエンジュ，アレチウリ，キクイモ，オオカナダモ，コカナダモ |
| | 魚　類 | カダヤシ |
| | は虫類 | アカミミガメ |
| 食害の影響がある | 魚　類 | ブラックバス，ブルーギル，カムルチー，ソウギョ |
| | 両生類 | ウシガエル |
| | 貝　類 | スクミリンゴガイ，アフリカマイマイ |
| | 鳥　類 | アヒル |
| 遺伝子汚染が懸念されるもの | 魚　類 | タイリクバラタナゴ |
| | 鳥　類 | コウライキジ，アヒル |

出典 [リバーフロント整備センター：多自然型川づくり　施工と現場の工夫，1998年] に加筆した

15.12 外来種の侵入　419

　H17には外来種被害防止法が施行され，生態系・人・農林水産業に被害を及ぼす1科4属32種（37種類）の特定外来生物が指定され，飼育・栽培・保管・運搬・輸入が原則禁止となったほか，野外へ放つことが禁止された（表15-17）。

　動物の外来種対策としては各種規制（輸入，移動，遺棄・放逐）が行われているほか，狩猟制度による管理，保護増殖事業における管理が行われている。一方，植物を対象とした外来種対策としては選択的除去がある。すなわち，外来植物を選択的に除去することによって，在来植物の発芽率や発芽後の定着率を改善する方法である。

　土木研究所の自然共生研究センターでは丸石河原で外来種を選択的に除去する実験を行

表15-17　特定外来生物

| ほ乳類 | タイワンザル，カニクイザル，アカゲザル，アライグマ，カニクイアライグマ，ジャワマングース，クリハラリス，トウブハイイロリス，ヌートリア，フクロギツネ，キョン |
|---|---|
| 鳥類 | ガビチョウ，カオジロガビチョウ，カオグロガビチョウ，ソウシチョウ |
| 爬虫類 | カミツキガメ，グリーンアノール，ブラウンアノール，ミナミオオガシラ，タイワンスジオ，タイワンハブ |
| 両生類 | オオヒキガエル |
| 魚類 | コクチバス，オオクチバス，ブルーギル，チャネルキャットフィッシュ |
| 昆虫・クモ・サソリ類 | ヒアリ，アカカミアリ，アルゼンチンアリ，ゴケグモ属のうち4種，イトグモ科3種，ジュウゴグモ科の2属全種，キョクトウサソリ科全種 |
| 植物 | ナガエツルノゲイトウ，ブラジルチドメグサ，ミズヒマワリ |

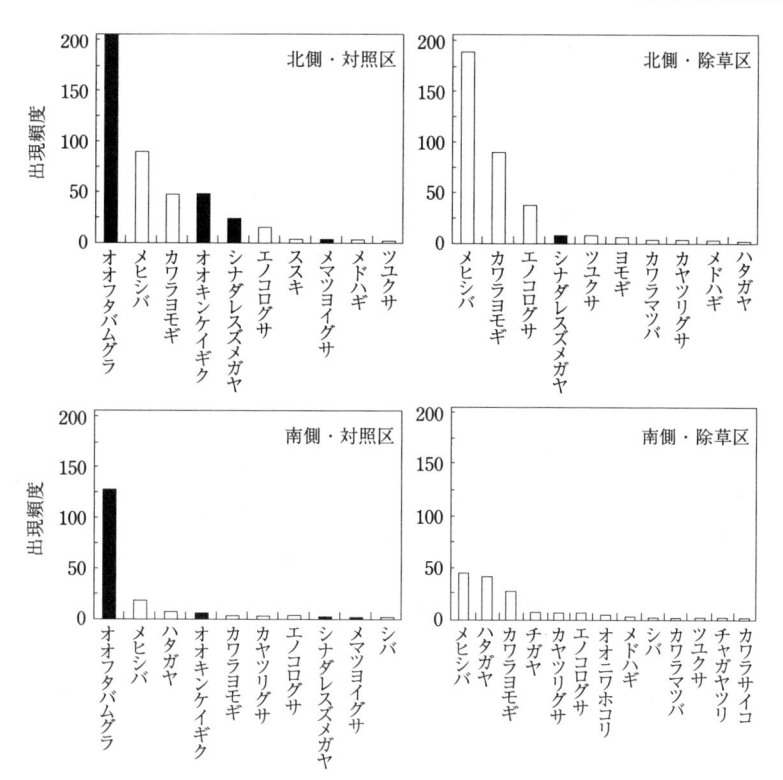

図15-18　在来種・外来種の出現頻度
　＊）　黒棒グラフは外来種を表す。
　出典［土木研究所水循環研究グループ河川生態チーム・中部地方整備局中部技術事務所環境共生課：平成12年度 自然共生研究センター 研究報告書，土木研究所資料，第3835号，2001年］

った。実験は 2 m×2 m の方形調査区を 20 個設け，付近の河原で採取した 5 種の在来種（カワラサイコ，カワラヨモギ，カワラナデシコ，カワラマツバ，カワラハハコ）の種子を等量ずつ播種した。20 個の調査区のうち，10 個（除去区）は月に一度外来植物をすべて抜き取り，残りの 10 個（対照区）は除去を行わなかった。

除去区と対照区で発達した植生は明瞭に異なった（図 15-18）。対照区で最も優占したのはオオフタバムグラで，構成種の半数，植被率の 70 % 以上が外来種によって占められた。これに対して，除去区の植生で最も優占したのは在来種のメヒシバで，外来種の選択的除去[注1]により在来植物の発芽率や発芽後の定着率が改善されることが分かった。

**参考文献**

1) 外来種影響・対策研究会編集：河川における外来種対策に向けて（案），リバーフロント整備センター発行，2001 年
2) 国交省河川環境課：河川水辺の国勢調査 1・2・3 巡目調査結果総括検討〔河川版〕（生物調査編），2008 年
3) 日本生態学会編集，村上興正・鷲谷いづみ監修：外来種ハンドブック，地人書館，2002 年
4) リバーフロント整備センター：多自然型川づくり 施工と現場の工夫，1998 年
5) 土木研究所水循環研究グループ河川生態チーム・中部地方整備局中部技術事務所環境共生課：平成 12 年度 自然共生研究センター 研究報告書，土木研究所資料，第 3835 号，2001 年

---

注 1) 選択的除去により外来植物を減らすことはできるが，課題は維持管理である。

# 第16章　河川環境の再生・調査

　河川環境を再生・回復させるには，河道改修の際の樹木伐採や河道掘削で環境に配慮するほか，木・石等を用いた多自然河川工法を採用することが求められる。また，生態系に適したビオトープ（コリドー，エコトーン）や魚道の計画・設計にも工夫する必要がある。各種特性に対応した工法を選定するには生態系（魚類，鳥類，昆虫類，植生など）に関する詳細な調査が要求されるし，工事や地形等の改変に対する環境影響評価を適切に行うことが望まれる。こうした調査や評価には最新の知見が必要とされるが，大学はもとより土木研究所や河川生態学術研究会における調査・研究の動向が注目される。

## 16.1　環境に配慮した治水工法

　治水機能を向上させるには流下能力の増大，耐侵食力・耐浸透性の向上などが必要となる。特に流下能力を増大させるには，河道断面を拡大するなどの河道特性の変更を伴うので，河川環境や生態系に及ぼす影響は大きい。流下能力の増大方策を図16-1に示すが，①～⑦の方策ごとの環境に対する配慮事項は以下の通りである。

①　河道の直線化：河道を直線的にしすぎると，瀬・淵が形成されにくく，単調な地形となるので，元来の河道法線形を念頭に置きながら，法線の直線化について検討する。たとえ，直線河道にするとしても，河岸沿いに飛び飛びに寄州を行うとともに，低々水路を設け，盛土と低々水路の間の水際には捨石を置く。そうすることによって，低々水路内に蛇行したみお筋が形成される。ただし，河道の直線化は掃流力の増大を招き，更なる地形変化を引き起こすので，変化を起こさない程度の直線化を行うことが望ましい。そのためには無次元掃流力 $\tau_*$ の変化率を15％以内にする必要がある。

②　堤防の嵩上げ：堤防の嵩上げ自体が環境や生態系に与える影響もあるが，嵩上げに伴って堤防上の樹木を伐採すると，日照・餌環境が変わって，生態系に影響する。その場合は，堤防を嵩上げしないで，河積を増大できるよう，③～⑦の方策について検討する。

③　樹木の伐採：河道内の樹林化は流下能力の阻害を起こす場合がある。流下能力増大のための樹木伐採にあたっては，治水上は伐採に伴う流況変化が堤防・河岸の侵食を助長しないかどうかについて検討を行う。環境上は伐採により，コゲラやシジュウカラなどの樹林性鳥類の生息・営巣環境に悪影響を与えないかどうかについて検討する。

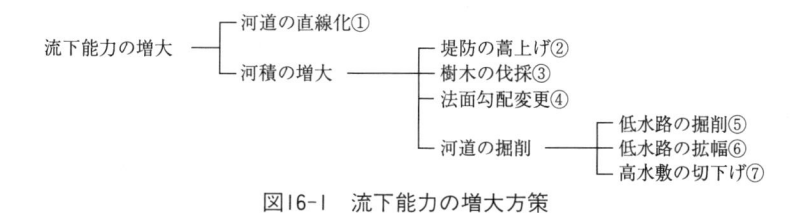

図16-1　流下能力の増大方策

影響が大きい場合は皆伐ではなく，影響の少ない間伐を行う（第15章 15.8「河道の樹林化」参照）。

④ のり面勾配の変更：のり面を急勾配にすることにより，河積を増大させる方法もある。特に環境上淵になることが好ましい区間はのり面を急勾配にして，根元に巨礫などの根固め工を設置する方が環境にとって良い。$B/H$（川幅水深比）が20以下の中小河川で，のり面を緩勾配にすると，水位を上昇させるので注意する。

⑤ 低水路の掘削：掘削にあたっては，生息空間が単調とならないよう，一様な河床高としないようにする。生態系の生息のため，また多様な生息環境を確保するため，水際域に植生を残す場合は，低々水路を設ける。

⑥ 低水路の拡幅：拡幅幅が大きいと，砂州が形成されたり，洗掘等が発生するなど，維持が困難となる。また，拡幅に伴って，高水敷幅があまりなくなる場合は，無理に高水敷を設けようとするのではなく，河岸沿いに寄州を設けるようにする。施工にあたっては，何回かに分け，流向に平行に下流から上流に向かって掘削する。

⑦ 高水敷の切り下げ：高水敷は魚類・底生動物が直接利用することは少ないので，高水敷の切り下げは低水路の掘削・拡幅に比べて，生態系に与える影響が少なく，河積確保では有効な方法となる。ただし，切り下げに伴う樹木伐採については③と同様の配慮を行う。

他の治水工法には護岸，床止めなどがある。流速の速い区間や湾曲部外岸側などの積極的に河岸を守るべき箇所には，強固なコンクリート護岸を設置すべきであるが，区間によっては環境に適したブロック[注1]を用いる。このブロックには植生が生えやすいよう，土を充填できるポット型護岸（16.4「多自然河川工法」参照），ポーラスコンクリートブロックやのり枠ブロックなどの空隙を有したブロックがある。生態系のなかには，コンクリート片に産卵する底生性のヌマチチブなどもいる。

たとえ，コンクリート護岸にする場合でも，護岸上に覆土すれば，植生が生えて良い環境となる。覆土の厚さは植生の活着・施工性を考えて，40 cm 程度とする。覆土に有機質土を用いると，植物の成長には良いが，高含水比のため締固めにくく，施工性が良くない。のり面に植生がないと，洪水によりが覆土が流失しやすいので，植生が短期間で回復するよう，現地表土を用いるとともに，施工時期に配慮する。工事等に伴う埋め戻しの場合も水辺と高水敷で生態系が分断しないよう，現地発生土を用いる必要がある。

床止めの計画にあたって，床止めが魚の遡上を阻害する場合は，魚道を設ける必要がある。魚道の計画・設計については16.2「魚道」に記載したが，特にその河川の代表種の特性を踏まえて，計画・設計することが重要である。大武川床固め群[注2]の魚道を例に見ると，大武川にはイワナ，アマゴ，カジカ，アブラハヤが生息し，下流区間の床固めすべてに魚道が設置されている（写真16-1）。下流は川幅が広いため，中央部にアイスハーバー型魚道，その両側に中央から側方に向かう扇型魚道が設置されている。中流区間は川幅が狭く，床固めには側方から中央に向かう扇形魚道が設置され，上流区間には船型デニール式魚道が設置されている。また，小武川上流（小字沢との合流点下流）には人工産卵床が作られている。

---

注1）以前は「環境保全型ブロック」と称していたが，誤解を招くため，最近は「環境に適したブロック」と称されている。

注2）大武川は釜無川の支川で，構造線の影響等により，S34災およびS57災以降，山地崩壊が継続している。こうした土砂生産に伴う土砂・洪水災害を防止するため，上流の14砂防堰堤の整備と並行して，70基の床固め群を整備している。

写真16-1　大武川床固め群の魚道
*） アイスハーバー型魚道（中央）および扇型魚道により，イワナ等の遡上を図っている。

**参考文献**
1) 多自然川づくり研究会編：多自然川づくりポイントブック　河川改修時の課題と留意点，リバーフロント整備センター，2007年
2) 全国防災協会：美しい山河を守る災害復旧基本方針，全国防災協会発行，2006年

## 16.2　魚　道

　魚類には回遊魚をはじめとして，川の上流と下流の間を移動するものが多い。こうした魚にとって，ダムや堰などの横断構造物は生存にとっての障害物となりかねない。たとえ落差が少ない横断構造物であっても，例えば堰の天端が30 cm以上あると，小さな魚は移動することが難しい。そこで，ダムや堰などには，魚が自由に遡上・下降できるように魚道が設けられている。

　魚道は大きく分けて図16-2に示す通りに分類される。魚道はそれぞれのタイプで水位変動，流砂量，流量（流速）などの水理条件と，魚の遊泳力，所要スペース，維持管理などによって適用性が異なる。代表的な魚道の長所・短所を示せば，表16-1の通りである。特に階段式魚道（プールタイプ）は豊平川，沙流川，長良川，魚野川，九頭竜川，吉野川など，多くの河川で採用されている（写真16-2）。

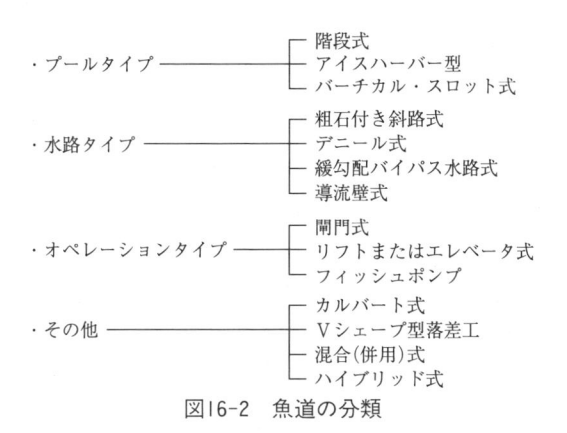

```
・プールタイプ ─────┬─ 階段式
                     ├─ アイスハーバー型
                     └─ バーチカル・スロット式

・水路タイプ ──────┬─ 粗石付き斜路式
                     ├─ デニール式
                     ├─ 緩勾配バイパス水路式
                     └─ 導流壁式

・オペレーションタイプ ─┬─ 閘門式
                     ├─ リフトまたはエレベータ式
                     └─ フィッシュポンプ

・その他 ─────────┬─ カルバート式
                     ├─ Ｖシェープ型落差工
                     ├─ 混合（併用）式
                     └─ ハイブリッド式
```
図16-2　魚道の分類

表16-1　主要な魚道の長所・短所

| タイプ分類 | 魚道方式 | 方式の長所・短所 |
|---|---|---|
| プールタイプ | 階段式 | ・最もよく利用されている<br>・全面越流タイプと隔壁に切欠きを設けたタイプがある<br>・流量が少なくても機能する<br>・幅が広いと魚の利用度は高い<br>・大きな水位変動には対応が難しいので，対応させるには流量調節機能を持たせる必要がある<br>・ナップ（水脈）や波立ちにより静穏域を確保することが困難である |
| | アイスハーバー型 | ・潜孔が大きいので，魚類の進入が容易である<br>・隔壁の背面で休息できる<br>・流量が少ない時，隔壁上で魚が遡上できない<br>・流砂量が多い河川では土砂による閉塞に注意する |
| | バーチカル・スロット式 | ・水位（流量）変動が大きな河川に適している<br>・遊泳力の弱い魚，小型魚でも良い<br>・勾配が大きいと，流速が大きくなりすぎる場合がある |
| 水路タイプ | 粗石付き斜路式 | ・速い流れを好む種や底生魚に適している<br>・流木・土砂堆積の影響をあまり受けない<br>・メンテナンスが少なくてすむ<br>・流速が速くなったり，跳水が発生して魚が遡上できない場合がある<br>・広い面積を必要とする<br>・可動堰には適していない |
| | デニール式 | ・最も安価な方式である<br>・遊泳力のある大型魚が多い河川に適している<br>・阻流板により低流速から高流速までの流れに対応できる<br>・所要スペースが少なくてすむ<br>・既存堰堤にも容易に設置可能である<br>・水位変動が大きな河川には適していない<br>・小型だとゴミ，流木が引っかかりやすい |
| | 緩勾配バイパス水路式 | ・自然河川の形状に近い魚道となり，多様な流速場を創出できる。そのため，底生魚から遊泳魚まで幅広い魚種に対応できる<br>・水位変化への対策が必要である<br>・急勾配にすると，減勢効果が低下し，長所が活かされない |
| オペレーションタイプ | 閘門（ロックゲート）式 | ・落差が非常に大きな河川に適している<br>・水位変動が大きな河川に適している<br>・所要スペースが少なくてすむ<br>・日常的なゲート操作が必要でコストを要する<br>・魚が閘門から出ていかない場合がある<br>・集魚装置が必要である |

　多くの魚道のうち，最もよく利用されている階段式（プールタイプ）魚道の諸元を設定する場合，過去の実績から魚種ごとの標準的な諸元は表16-2の通りである。
　魚道設計の一条件となる魚の遊泳力を見ると，アユやウグイはフナやタナゴより遊泳力があり，また大型魚は小型魚より，成魚は仔魚や稚魚より遊泳力がある。なかには成長するに従って泳ぎ方を変える場合がある。アユの仔魚は流れにのって泳ぐが，成魚になると水流に逆らって泳ぐようになる。また，アユの巡航速度は40～60 cm/sであるが，岩や堰を乗り越える時の突進速度は1 m/s前後である[2]。魚道は，このようなことにも配慮して設計する必要がある。一般に魚の遊泳速度は体長に比例し，巡航速度は体長（頭から尾の先の長さ）の2～3倍，突進速度は体長の10倍である[3]。巡航・突進速度はナマズやアユは速いが，タモロコやメダカは遅い。
　魚道の設計にあたっての留意点は以下の通りであるが，従来の手引き等で不十分な設計

写真16-2 魚道の一例（長良川河口堰）
注) 長良川河口堰には様々なタイプの魚道があるが，写真は階段式魚道である。

表16-2 プールタイプ魚道の諸元

|  | アユなどの小型魚 | サケ，マスなどの大型魚 | 備　考 |
|---|---|---|---|
| プール長 | 2 m 以上 | | 体長の2～4倍 |
| プール幅 | 2 m 以上（1.5m） | | ― |
| 隔壁落差 | 30 cm 以下 | 50 cm 以下 | ― |
| 隔壁高水深 | 60～70 cm（40 cm） | 90 cm（50 cm） | 体高の2倍 |
| 勾　配 | 1/10 | 1/8 | ― |

*)（　）内の数値は階段式魚道の場合の値である。
出典［藤井友竝編著：現場技術者のための河川工事ポケットブック，山海堂，2000年］

手法も含めて，現在国交省・土研等が「魚道設計の手引き（案）」について，検討中である。

- 突出型の魚道は魚道下流端と堤体の間に魚が迷入するので，堤体下流への魚の滞留を防ぐよう，魚道を堤体上流側に引き込んだセットバック式とする
- 魚道の上流域に湛水域がある場合，魚道を越えてくる魚，カニなどを待ち受けている大型捕食魚が侵入しないように浅瀬が必要であるが，浅瀬を遊泳している魚は鳥の餌食となるため，両者のことを考えて設計する必要がある
- 例えば，アユは流水中では60～70 cm 飛び跳ねるが，停水中では20～30 cm しか飛び跳ねないので，施設設計上で留意する
- 魚道にはカニや底生魚が遡上・降下しやすいように，網ロープや潜孔[注1] を設置したり，堰堤（の水がしたたり落ちる）斜面に粗度をつける

**参考文献**
1) 藤井友竝編著：現場技術者のための河川工事ポケットブック，山海堂，2000 年
2) 塚本勝巳：魚の遊泳行動，月刊海洋科学，Vol. 15，No. 4，1983 年

---

注1) 海から遡上するエビやカニの幼生がはい上がれるように，魚道底面に自然石や人工芝などの足場を設ける。

3) 中村俊六：魚道のはなし 魚道設計のためのガイドライン，山海堂，1995年
4) リバーフロント整備センター：魚道事例集 魚がのぼりやすい川づくり，水土舎，2003年

## 16.3 環境に配慮した改修工法

　河川改修にあたっては，想定される外力に対して治水機能を発揮させるのはもちろんのこと，河川環境や生態系にも十分配慮しなければならない。配慮する際には，河道特性や地域が有する条件を踏まえるほか，環境上どこに重点を置いた改修を行うかについても考察する必要がある。

　環境に配慮した河川改修のポイントを示した図16-3では，河道特性として［急流河川］と［中小河川］，工法として［災害復旧］と［侵食対策］，対策場所として［水際・のり面処理］を対象にとりあげた。それぞれのポイントは以下の通りである。

［急流河川］
　水衝部に設ける護岸は流速・法線形・河床高・転石等を考慮して選定する。水衝部はしっかり守るが，水裏部は水衝部ほど強固にする必要はない。護岸の基礎工事等では床掘りの範囲を広くすると，河床洗掘を助長する場合があるので，要注意である。

［中小河川］
　中小河川では河道を拡幅したり，堤防を嵩上げするような用地の余裕がない場合が多いので，河道を掘削して河積を確保する。また護岸を立てるなどして，河床幅を広くすると，護岸前面に寄州ができて生態系にとっても良いエコトーンが形成される。

［災害復旧］
　災害復旧では洪水疎通能力の向上のために断面を拡幅する計画をたてるが，断面形について検討する前に，まず河道法線形を見直す必要があるかどうかについて検討する。河畔林は魚類等の光条件にとって重要となるので，河道掘削等で河積が確保できれば，伐採せずに保全するようにする。

［侵食対策］
　洪水に対して防御すべき箇所と多少の変化を許容する箇所を分けて，侵食対策のための施設設計を行うようにする。淵を確保したい場合は根固め工の設置高を浅くしないようにし，伏流水の流れを阻害しないためにはカゴマット工を敷設する。

［水際・のり面処理］
　水際には空隙のある礫を敷設したり，覆土ができない護岸では寄せ石を行う。のり面は凹凸のある自然な形状に覆土した後に芝を張り，のり肩は勾配を緩くして植生を維持しやすいようにする。

**参考文献**
1) 多自然川づくり研究会編：多自然川づくりポイントブック 河川改修時の課題と留意点，リバーフロント整備センター，2007年
2) リバーフロント整備センター編著：まちと水辺に豊かな自然をⅡ─多自然型川づくりを考える─，山海堂，1992年
3) 全国防災協会：美しい山河を守る災害復旧基本方針，全国防災協会発行，2006年
4) リバーフロント整備センター編：河川と自然環境，理工図書，2001年

16.3 環境に配慮した改修工法

**急流河川の場合**
- 護岸工法は流速，法線形，河床高，転石等を考慮して選定する
- 捨石で根固め工を隠し，あわせて水際の多孔性を確保する
- 水制長は川幅の2割までは良い
- 自然石は不規則に積んで空隙をつくる
- 基礎工施工の床掘れ範囲が広くならないようにする
- 洗掘対応のため，先端には粒径の大きな石を置く
- 落差工の機能を持たせるために巨石を活用する方法もある

**中小河川の場合**
- 河床幅にゆとりがあると，護岸前面に寄州ができ，エコトーンとなる
- 用地が狭い場合，護岸を立てて河床幅が狭くならないようにする
- 急勾配護岸は見えが少なく，景観に良い
- 用地が狭い場合，河道を掘削して，河積を確保する

**災害復旧の場合**
- 河道掘削等で対応して，河畔林は伐採せずに保全する
- 河道掘削で河積が確保できれば，堤防の嵩上げは行わないでよい
- 断面形検討の前に，法線形について検討を行う
- 多様性を確保するため，水深に変化をつける（低々水路など）

**侵食対策**
- 防御すべき個所と変化を許容できる個所を分けて設計する
- 侵食がそれほど厳しくない個所には並杭で対応する
- ポット型護岸は水が供給されるよう工夫する
- 伏流水を遮断しない所にはカゴマット工を設置する
- 根固め工には現地発生材や間伐材を利用する
- 淵を確保する所では根固め工の設置高を浅くしない

**水際・のり面処理**
- 凹凸のある自然な形状に覆土する
- 空隙のある礫を敷設し，植生を生やして柔らかく仕上げる（ぼかす）
- 覆土ができない護岸では水際に寄せ石を行う
- 水際の覆土は洪水により流失しやすいので，植生マット等でおさえる
- 巨礫を置いて止水域や多様な形状をつくる
- のり肩は勾配を緩くして植生を維持する

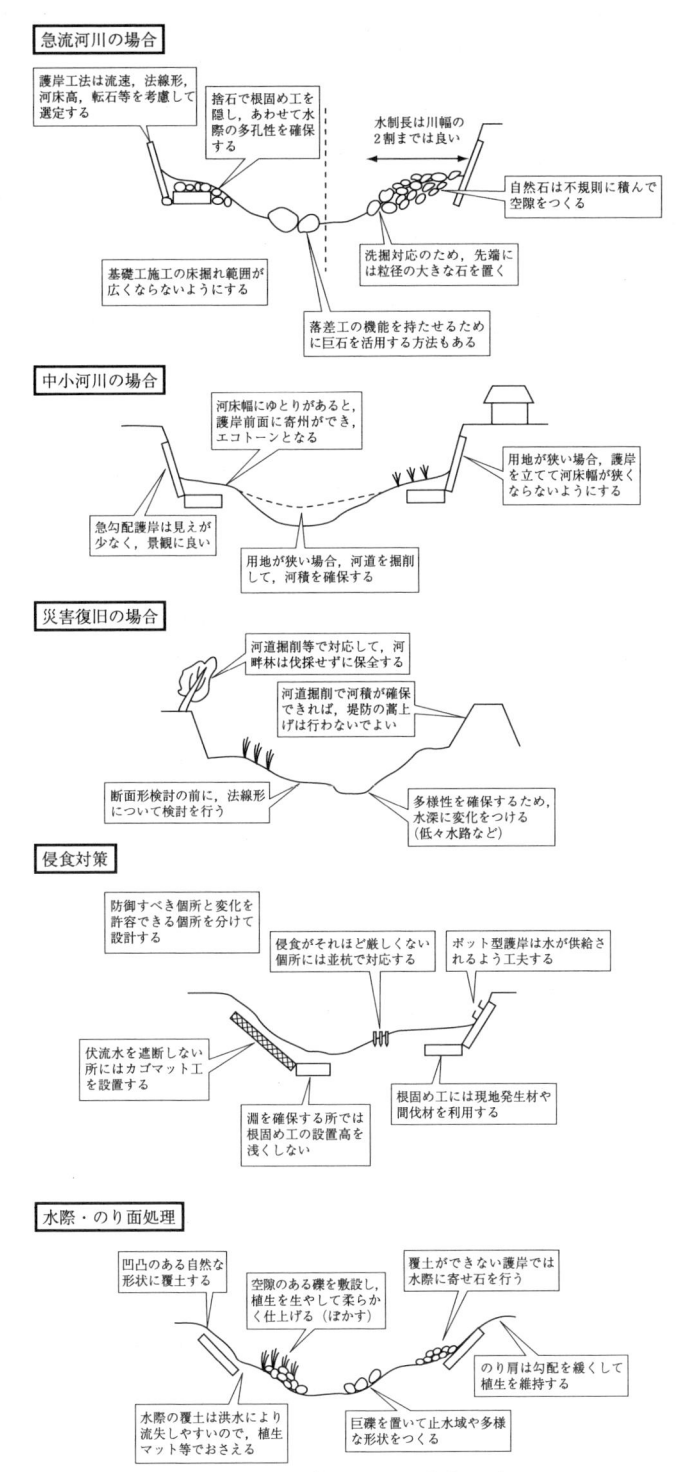

図16-3　環境に配慮した河川改修のポイント

*）護岸の設置の仕方，石・礫の空隙確保，淵・巨礫による多様性の確保，覆土の仕方を工夫することがポイントとなる。

## 16.4 多自然河川工法

日本の河川は短時間ではあるが，流速の速い洪水が流下するという厳しい水理条件を有しているため，これに耐えうる護岸等が必要である．ただ治水上の要求を満足するだけでなく，生態系などの環境にも良好な多自然河川工法を採用することが望ましい．

多自然河川工法とはドイツ語の Naturnaher Wasserbau（近自然河川工法）の一種で，建設省によるネーミングである．近自然河川工法は生物の生息空間の復元，多自然河川工法は多様な自然の復元という意味で共通のコンセプトを有している．多自然河川工法の主要なポイントは，

・自然に近い河道形態である縦断的な瀬と淵，横断的な寄州と淵により流速や水深に変化を与える
・高水敷を多様な生物が生息できる植物群落などを有するハビタットと位置付ける

などである．

多自然河川工法はH2に出された「多自然型川づくり」の推進についての通達以降，各地で各種工法による護岸等が設置されてきた．しかし，H18に"多自然型川づくり"では特別なモデル事業のような誤解を与えるという理由で，"多自然川づくり"に改称された（国交省専門委員会 調査報告書）．同年に河川局長通達「多自然川づくり基本方針」が出され，川の自然特性やメカニズムを活かすとともに，地域の歴史・文化との調和が唱われた．

採用されている多自然河川工法は，堤防・河岸等を侵食から守るとともに，生物の生息空間となる空隙を確保できる水制や護岸（空石積み，空石張り，蛇籠）などが多い．水制のなかでは特に直轄区間で透過水制の施工が多い．根固めとしての沈床，のり留めとしての柵工も多く採用されている．H7〜11 に施工された多自然河川工法に関する調査結果によると，カゴマットや自然石（練）が多く，かつ増加傾向にある．

ただし，杭柵工や蛇籠のように小さな玉石を詰める工法では，確保される隙間が狭く，内部の流速変化が小さいので，ウナギ，エビなどの穴居性のものは生息できるが，多くの遊泳性の魚にとっては不適である．また，伝統的な河川工法も採用されており，例えば牛類は長良川などで施工され，効果を発揮しているが，高津川のように洪水で流失した事例もある．

以上のような多自然河川工法の特徴を考慮に入れて，工法を選定する際の検討手順を示せば図16-4の通りである．まず，検討に必要な生態系・河道特性等の要因に関する情報を収集・整理したうえで，洪水時の掃流力および流速から見て，適切な工法および工法の諸元（のり勾配，重量，控え厚など）を選定する．工法の諸元に基づいて，護岸形式を選定するとともに，根固め・水制について検討を行う．生息している生態系・植生から見て，適切な護岸形式・工法かどうかについて検討するとともに，生態系等にとって施設の空隙・空隙土砂の必要性を考慮した工法とする．

図16-5に多自然河川工法の種類と適用河川を例示した．水制や空石積み護岸などの侵食防止と生息空間確保を兼ねた工法が多く，特に水制は多くの種類が適用されている．植生の繁茂を期待した護岸も多く，特にポーラスコンクリート護岸やのり枠工は適用河川数が多い．なお，カゴマットや杭柵工は根固め工として用いられることもあるなど，複数の機能にまたがるものもある．

多自然河川工法の設計にあたって，留意すべき内容は以下の通りである．

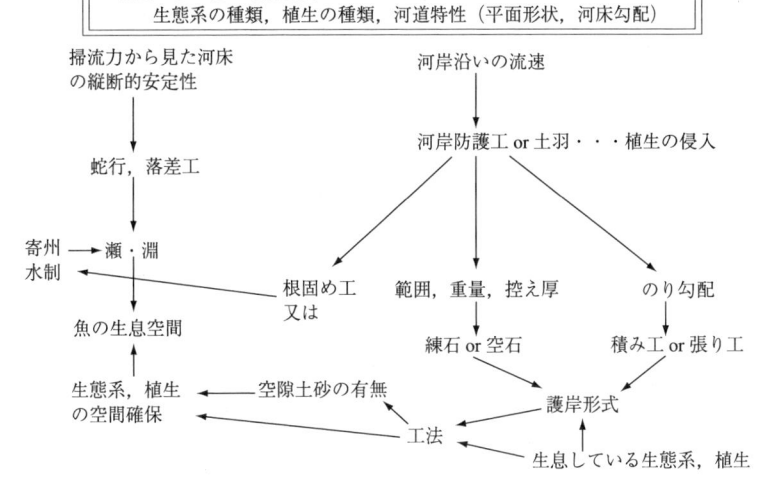

図16-4 多自然河川工法選定に関する検討手順

*) 河岸防護工の諸元（範囲，重量，控え厚，勾配）や護岸形式について検討するとともに，蛇行・落差工が魚の生息空間にどう影響するかについても検討する．
出典［末次忠司・福島雅紀："河道特性と河川環境保全"テクニカルノート—環境河川学のすすめ—，河川研究室資料，2006年］

- 洪水に対して防御すべき箇所と変化を許容できる箇所を分けて設計する
- 川の作用を見ながら，また維持管理を考えながら，河床幅・河床高に変化をつける
- 用地が狭い場合，河床幅があまり狭くならないように，河岸や護岸ののり勾配を設定する（片岸のみを急勾配にしたり，高水敷ではなく寄州により水際の多様性を確保する方法もある）
- 河床幅は砂州が形成されるぐらい余裕のある方が良い．また，のりを緩勾配にする場合，河畔林などで人工的に見えないようにする工夫が必要である
- 堤防の嵩上げに伴って河畔林を伐採しないよう，嵩上げに代わって河道掘削について検討する
- 水際部には魚が遊泳できるように空隙のある礫を敷設するとともに，植生を生やして柔らかく仕上げる．抽水植物により流速が低減し，照度が低下するため，仔魚・稚魚の生息場所，魚の産卵・避難場所となる

　多自然河川工法を実施するにあたっては，伝統的な手法や新たな手法を組み合わせて行うと，効果的に多自然化できる場合がある．特に図16-6のように，石，木，カゴ，枠を使えば，生態系に優しい生息場にすることができるし，自然になじんだ河川工法となる．
　河床・河岸洗掘を防ぐための多自然河川工法として，木や粗朶の枠内に石を敷き詰めた人工河床としての沈床には粗朶沈床（写真16-3），木工沈床がある．粗朶沈床の特徴は，

- 砂河川に適用する工法でカシ，クヌギ，ナラなどの広葉樹の枝などを束ねて用いる
- 屈撓性があるだけでなく，フィルター（吸い出し防止）機能があるため，河床材料が細かく，河床と河岸コンクリートのなじみが悪い箇所などで洗掘防止に有効である
- 深掘れ箇所では粗朶を1〜3枚重ねて使用する
- めくれ防止のため，端部に巨石を配置する
- 沈床の下には魚が潜って巣を作る

などである．なお，粗朶沈床の敷粗朶は沈設後15年間は腐朽が進行（樹皮が剥離）するが，その後は徐々にしか腐朽せず，60年以上経過しても腐朽率（乾燥重量の減少率）は

## 第16章 河川環境の再生・調査

```
・河道(または低水路)の蛇行特 ┬ 河道の蛇行:引地川,相模川支川玉川
 性を活かす工法          └ 旧河道再生:緑川支川加勢川,標津川
・河岸等の侵食防止と生物の ┬ 水  制
 生息空間確保             │  並杭水制:千曲川,長良川,木曽川
                        │  杭出し水制:矢作川
                        │  石出し水制:矢作川,四万十川
                        │  ケレップ水制:木曽川,旭川,淀川
                        │  石積み水制:淀川,矢部川
                        │  石張り水制:釜無川,旭川,千曲川,四万十川
                        ├ 空石積み護岸:石狩川支川茂漁川・精進川,千代川
                        │         支川八東川,国分川支川土生川,信
                        │         濃川支川農具川,肱川支川小田川
                        ├ 空石張り護岸:多摩川,肱川支川小田川,千代川支
                        │         川八東川,国分川支川土生川
                        ├ 蛇籠護岸:淀川支川木津川・細野川,利根川支川小
                        │      貝川,千曲川支川犀川,引地川,小櫃川,
                        │      四万十川支川後川
                        ├ フトン籠護岸:吉野川支川多々羅川,六角川支川牛
                        │          津川
                        ├ カゴマット護岸:利根川
                        └ 丸太格子護岸:矢作川支川加納川
・根固め機能と生物の生息空間 ┬ 捨石根固め:高梁川,肱川,松浦川支川厳木川,石
 確保                   │        狩川支川漁川,石狩川支川真駒内川
                        ├ 粗朶沈床:信濃川,木曽川,三面川
                        ├ 粗朶枠床:鈴鹿川
                        ├ 木工沈床:高津川,仁淀川,千曲川支川犀川,信濃
                        │        川支川農具川,湧別川
                        └ 改良沈床:長良川,北上川支川和賀川
・河岸等の侵食防止と淵の保全 ── 牛  類:長良川,釜無川,高津川,木曽川
・植生による河岸等の侵食防止 ┬ 侵食防止シート:利根川支川江戸川,仁淀川,阿武
                        │          隈川,関川,信濃川,雲出川,大
                        │          淀川
                        └ 柳 枝 工:木曽川,矢作川,肱川支川小田川,引地
                                 川,三面川
・石によるのり面保護と植生 ── 空石張り護岸:多摩川,肱川支川小田川,千代川支
                                   川八東川
・植生とブロックによるのり面 ┬ ポーラスコンクリート護岸:信濃川,木曽川,六角川支川牛津
 保護                   │             川・石原川,那珂川,天神川支川
                        │             国府川,吉野川支川穴吹川,四万
                        │             十川
                        └ のり枠工:千曲川,松浦川支川厳木川・北上川支川
                               磐井川・緑川(ブロック枠),荒川支川小
                               畔川,番匠川支川堅田川・町野川(木枠)
・のり留めと水循環の確保  ┬ 粗朶柵工:新潟荒川支川堤沢川
                        ├ 連柴柵工:常呂川,幌内川,天塩川支川間寒別川
                        ├ 杭 柵 工:米代川,千曲川,肱川支川小田川,千代
                        │        川支川八東川,勝間田川
                        ├ 丸太柵工:四万十川,一宮川支川阿久川
                        ├ 竹 柵 工:荒川,松浦川支川厳木川
                        └ 板 柵 工:
・淵の創出              ┬ ベーン工:球磨川,大野川,小矢部川,白川支川黒
                        │       川,阿賀野川
                        └ 淵 造 成:円山川,木曽川支川馬瀬川,境川支川い
                               たち川
・巨石を用いた工法        ┬ 巨石護床工:安倍川支川湯沢川
                        └ 巨石利用:鳴瀬川,九頭竜川支川足羽川
・生物の生息空間創出      ── 魚巣ブロック:四万十川
```

図16-5 多自然河川工法の適用河川

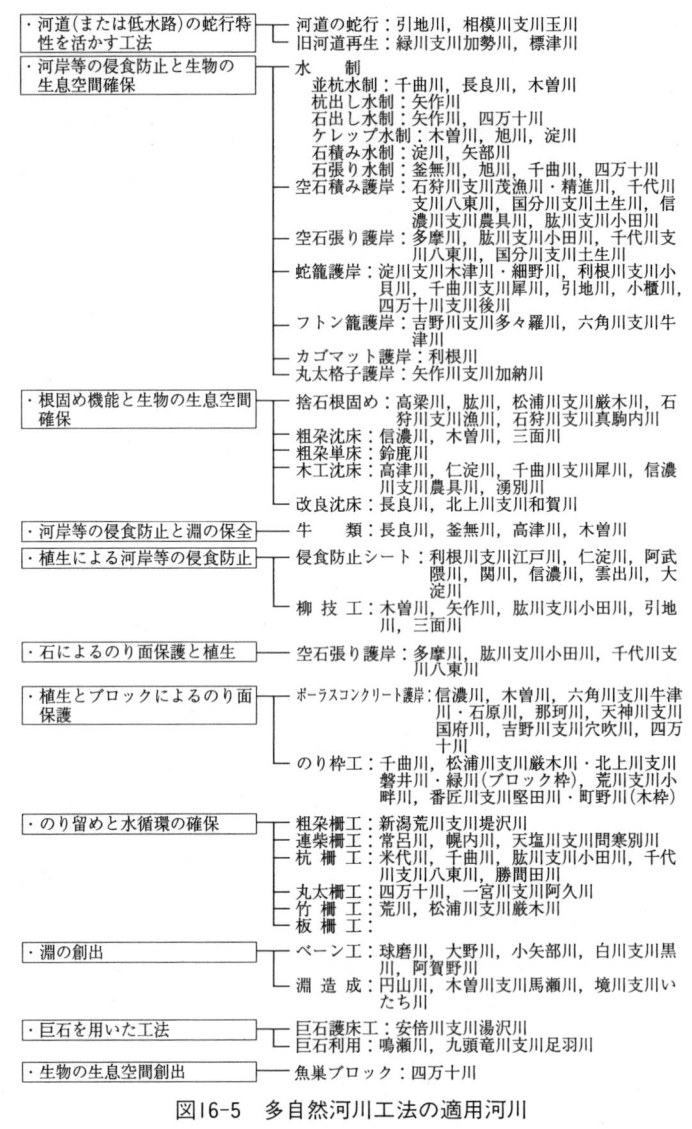

*) 河岸侵食防止と生物の生息空間確保のための水制が多いが,根固め・沈床も効果があるし,のり留めでは地下水を遮断しない柵工を採用する。

出典[末次忠司・福島雅紀:"河道特性と河川環境保全"テクニカルノート―環境河川学のすすめ―,河川研究室資料,2006年]

約20％程度である。一方,木工沈床は急流河川にも対応できるようにした粗朶沈床の改良型であるが,屈撓性は粗朶沈床に比べると少ない。

以下に,多自然化に役立つ[袋体]と[ポット型護岸]について説明する。

[袋体]

　ポリエステルやナイロンなどの化学繊維(網径約1mm)を袋状または箱状にネット化し,ネット内に玉石,割栗石などを中詰めしたもので,1～8tタイプがある。河床変動に追従できるので,根固め工や護床工になるし,中詰め材間に空隙があるので,土砂が堆積し,植生が生えるようになり,環境にとっても良い(写真16-4)。水際部で高さを変えて,10mに1カ所程度,粒径の大きな中詰め材を用いれば,魚の魚巣機能を果たす。促進曝露試験により耐候性,耐衝撃性に優れていることが確認され,また塩水中でも錆びないため,蛇籠の適用が難しい感潮域などでも適用できる。ただし,橋脚周りのように局所的に

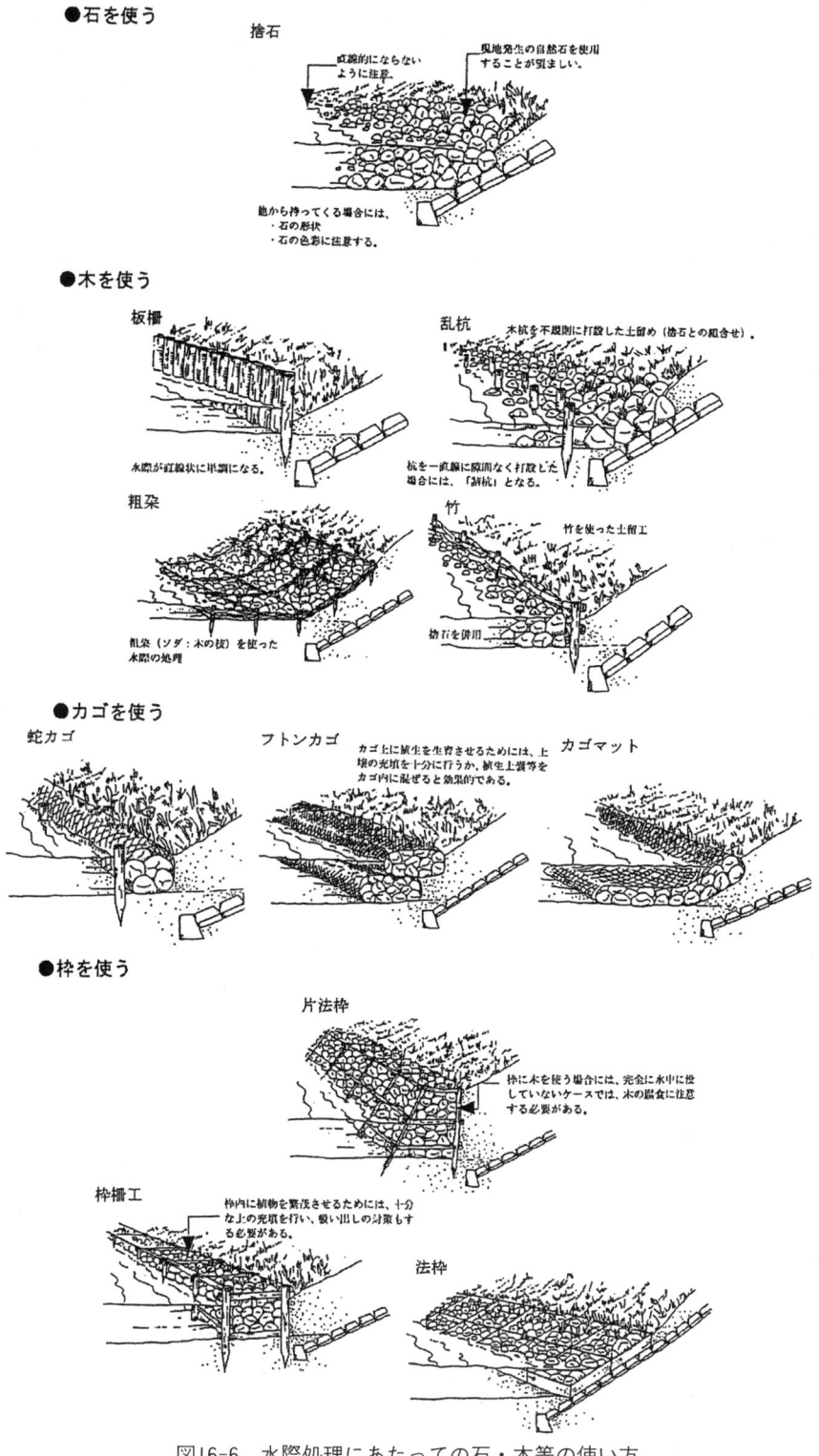

図16-6 水際処理にあたっての石・木等の使い方

*) 水際処理では洪水により流されずに，空隙を確保できる石の使い方がポイントとなり，粗朶やのり土流出を防ぐ杭の使い方にも留意する。

出典［リバーフロント整備センター：河岸を守る工法ガイドブック，リバーフロント整備センター，2002年］

写真16-3　粗朶沈床
*) 河床からの細粒土の吸い出し防止に効果を発揮する。写真は改築中の大河津分水路に敷設されている粗朶沈床である。

写真16-4　袋体
*) 袋体は設置が容易で様々な河川地形に対応できる。袋体上を土砂が覆うと植生が生えてきて環境上も良くなる。

流速が速くなる箇所では網が破断する場合がある。

[ポット型護岸]

護岸上に覆土して植生を生やす工法に対して，護岸に土砂を蓄え，直接植生を生やす護岸にポット型護岸がある。護岸上のポットは洪水時の流水抵抗となる場合があるので，抗力係数等の確認[注1)]が必要である。また，ポット内の土砂が流失しないか，またポットへの水供給が行われるかが課題となる。特にのり上方のポットに地下水等が流入しないと，せっかくの植生が枯れてしまうため，注意が必要である。

### 参考文献

1) リバーフロント整備センター編著：まちと水辺に豊かな自然を―多自然型建設工法の理念と実際―，山海堂，1990年
2) 末次忠司・福島雅紀："河道特性と河川環境保全"テクニカルノート―環境河川学のすすめ―，河川研究室資料，2006年

---

注1) 通常の護岸では抗力の増大に伴って揚力が増大するか，揚力は変化しない護岸（突起が大きい護岸）が多いが，ポット型護岸では突起部の剥離渦により，抗力の増大に対して揚力が減少する場合がある。

3) リバーフロント整備センター：河岸を守る工法ガイドブック，リバーフロント整備センター，2002年
4) 多自然川づくり研究会編：多自然川づくりポイントブック 河川改修時の課題と留意点，リバーフロント整備センター，2007年
5) 河川伝統工法研究会：河川伝統工法，地域開発研究所，1995年
6) 建設省北陸地方建設局：伝統的河川工法による川づくり技術資料，1999年

## 16.5　ビオトープ

　ビオトープ（biotope）とは生物を意味するbioと，場所を表すtopからなるドイツ語の合成語で，英語ではハビタット（habitat）という。一般には動植物のための自然に近い状態の生息場所のことで，ブナ林や沿岸帯などの生物群集が生息できる環境条件を備えている地域を指す。例えば，高水敷は植物や昆虫のビオトープとなるし，局所的な洗掘箇所や淵は低水時には魚類のビオトープとなる。すなわち，生態系にとって良い生育・生息環境となる物理環境が重要となる。なお，桜井氏によれば，ビオトープはその階層構造より，大きい方からビオトープ・ネットワーク，ビオトープ・システム，ビオトープ，ハビタット，マイクロ・ハビタット，スーパー・マイクロ・ハビタットに分類される。ビオトープの1要素がハビタットやマイクロ・ハビタットなどである（図16-7）。

　河川は縦断的なつながりを有しているため，個々のビオトープをネットワーク的につなぐ役割を持っているし，接続する水路や水田を含めれば，面的なネットワークにもなりうる。更に広域的には，河川だけではなく，森と一体的にネットワーク（コリドーともいう）を考える必要がある。例えば，アラスカでは川岸から30mの森を緩衝域として残し，川と森がコリドーを形成するようにしている。このコリドーを伝って，魚が上流と下流を行き来したり，鳥や動物が山と里を行き来したりすることができるようになる。ドイツでは都市計画と農地整備のいずれの場合にも，ビオトープのネットワーク化を考慮している。

　ビオトープの保全にあたっては，以下の観点からの考慮が必要である。
・多様な物理環境：多様な地形，水深，流速，河床材料が多様な生態環境を形成する。また，生態系によっては流水性・止水性の環境，湿地環境が必要となる。
・良好な河岸環境：河岸に土壌があると昆虫や植生の環境にとって良いし，高木は日射

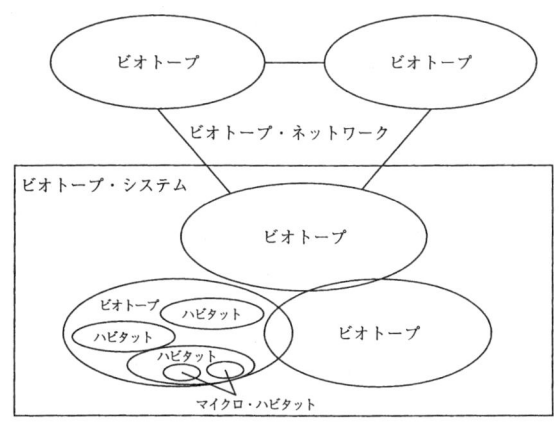

図16-7　すみ場の階層構造を示す模式図
＊）ビオトープの構成要素をハビタットと捉えている。
出典［桜井善雄：川づくりとすみ場の保全，信山社サイテック，2003年］

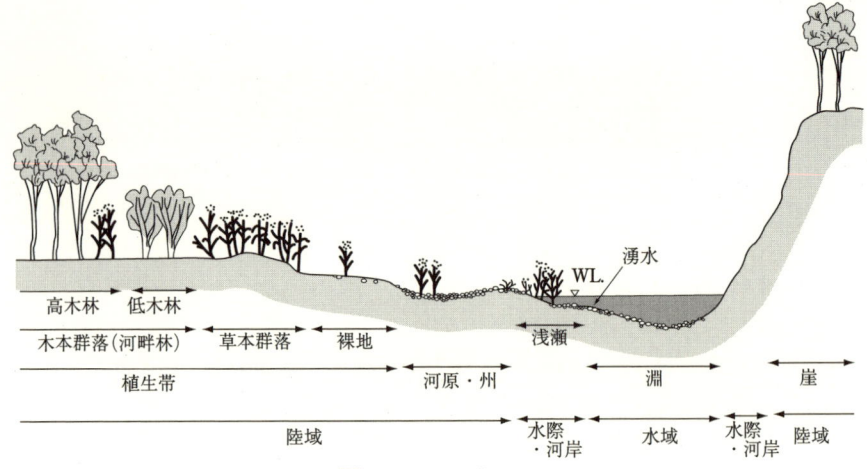

図16-8 エコトーン
＊) 水域と陸域を行き来する生物も多く，エコトーンは生態系にとって重要な役割を有している
（第15章 15.10「その他の生態系」参照）
出典［全国防災協会：美しい山河を守る災害復旧基本方針，全国防災協会発行，2006年］

を遮って生態系に適した光・水温環境を形成し，水草は流速に変化を与えたり，魚の産卵場となる。また，河岸の空隙は魚の避難・休息・産卵場となる。

- ネットワーク化：上記したように，魚や鳥類などの生態環境の連続化には河川・水路・水田のネットワークはもちろんのこと，森・水辺林なども含めた広域的なネットワークが有効である。農地のほ場整備が行われたために，水田と小河川が分離した箇所が見られる。
- 地域の合意形成：環境保全は国や自治体が事業として行うが，環境保全事業に関して，地元の合意を得る必要があるため，NPO法人，地元の漁協・住民などを含めた地域の合意形成をとりつける必要がある。そのためには住民等と常日頃からコミュニケーションをとっておく必要がある（第17章 17.6「合意形成」参照）。

一方，2つの異なった生き物のすみ場が相接し，どちらとも違った特徴を持った遷移区間のことをエコトーン（ecotone）といい，日本語では推移帯または移行帯と訳される（図16-8）。例えば，河岸では水深の深い方から沈水植物，浮葉植物，抽水植物，水辺林という遷移が見られるという場合がそうである。また，水域と陸域の中間にある河岸も，陸・水域の両方で生息できるサワガニなどの生息空間でエコトーンとなっている。このように，エコトーンでは，陸側の自然と水域の自然両方の要素が組み合わさった，生物相の豊かな環境が形成されている。

**参考文献**
1) 桜井善雄：川づくりとすみ場の保全，信山社サイテック，2003年
2) 全国防災協会：美しい山河を守る災害復旧基本方針，全国防災協会発行，2006年

## 16.6 生態系の調査手法

生態系のうち，魚類，鳥類，昆虫，植生，底生動物の調査手法は表16-3の通りである。魚類は水域や魚種によって調査方法が異なる。また，鳥類は観察方法によって，昆虫は採

表16-3 生態系の調査手法の概要

| 種類 | 手法 | 調査手法の概要 |
|---|---|---|
| 魚類 | 投網 | 投網は渓流において淵などに集まる魚種や平瀬で遊泳している魚種の捕獲に有効であるが，水中への網の投入時に魚が網の下をくぐり抜けて逃げてしまうことがある。網の目の大きさは12 mm，18 mm程度が原則であるが，捕獲する魚種により異なる。また，県によっては禁止漁具となっている場合がある |
| | 刺網 | 魚種に応じて，目合や水深，時間帯を考慮すれば，遊泳魚，夜行性の魚類，底生魚など，幅広い魚種に対応できる。流れが緩やかで水深が深い水域に適しており，網の目の大きさは投網と同じである |
| | タモ網 | タモ網を河床に間隙がないように固定し，上流側から足で踏みながら追い込む方法で，最も種数を揃えることが可能である。コイ科・ドジョウ科等の魚や砂・泥に潜っている小さな魚類の捕獲に有効である |
| | 潜水調査 | 潜水調査は水中眼鏡，シュノーケル，ウェットスーツを用いて行う。遊泳魚には口径20 cmの玉網，底生魚には口径10 cmのエビ玉網等を用いる。比較的短期間に，広範囲にわたる生息数調査が可能であるが，濁った水塊や深く暗い場所などでの調査は困難である |
| 鳥類 | ラインセンサス法 | 2～3 kmのルートを1.5～2 km/hの速度で歩いて，8～10倍の双眼鏡を用いて，鳥類を姿や鳴き声により識別して，種別個体数をカウントする方法である。半径50 m程度の狭い範囲を対象とする |
| | ポイントセンサス法 | 見通しの良い場所で，20倍以上の地上型望遠鏡または10倍程度の双眼鏡を使って，鳥類を姿より識別して，種別個体数をカウントする方法である。個体数が多い場合はカウンターを用いる |
| 昆虫 | スウィーピング法 | 昆虫類全般の調査法で，捕虫網を水平に振って草本上や花上の昆虫をすくい採る方法である。場所や植物を換えながら何度か繰り返す必要がある |
| | ビーティング法 | 昆虫類全般の調査法で，樹上等の昆虫を叩き棒で叩き落とし，下に落ちた昆虫を白布で受け取って採集する方法である。場所や植物を換えながら何度か繰り返す必要がある |
| | ライトトラップ法 | 夜行性昆虫（蛾類・コウチュウ類・カメムシ類など）の調査法で，夜間白布のスクリーンに紫外線を発するブラックライト等を投射して，誘引される蛾類などを採集する。多くの種の確認は夏季が適している。明るい満月の晴天時や街灯等のある場所，強風時は確認効率が低下するので避ける |
| | ベイトトラップ法 | 地表徘徊性昆虫（オサムシ，ゴミムシ類，アリ類など）の調査法で，糖蜜や腐肉等の誘引餌（ベイト）を入れたプラスチックコップ等のトラップを口が地表面と同じ高さとなるように埋設して，落ち込んだ昆虫を採集する。多くの種の確認は夏季～初秋季が有効である。植生等の異なる複数の場所を調査区とし，1調査区当り20～50個のトラップを1～数晩設置した後に回収する |
| 植生 | — | フロラ（植物相）調査では，目視又は双眼鏡により植物種をリストアップする。調査は三季各1回以上の頻度で行う。調査では調査地点付近の既往の知見を参考に微地形と植生を十分観察すると同時に，調査区に複数の群落や群落の移行帯を含まないように配慮する。調査地点は対象範囲全域に分散させ，群落毎に1～5地点以上の調査資料を収集する。概ねの調査面積は高木林で100～500 m²，低木林で25～100 m²程度である |
| 底生動物 | — | 淡水域では流れのある箇所を対象にサーバーネットを用いて2回採集し，各コドラートを別々のサンプルとする。汽水域では干潮（大潮が望ましい）時に採集を行う。汽水域では河床高により水没している時間が異なり，生息する生物も異なるので注意する。この採集を数カ所で行って評価する。調査は3回以上実施することが原則で，最も重要な早春は必ず調査を行う |

集方法によって調査方法が異なる。

- 魚類　→　投網，刺網，タモ網，潜水調査
- 鳥類　→　ラインセンサス法，ポイントセンサス法
- 昆虫類　→　スウィーピング法，ビーティング法，ライトトラップ法，ベイトトラップ法

魚類の調査は網を用いる方法が一般的であるが，潜水調査では水中の人間に対しては魚

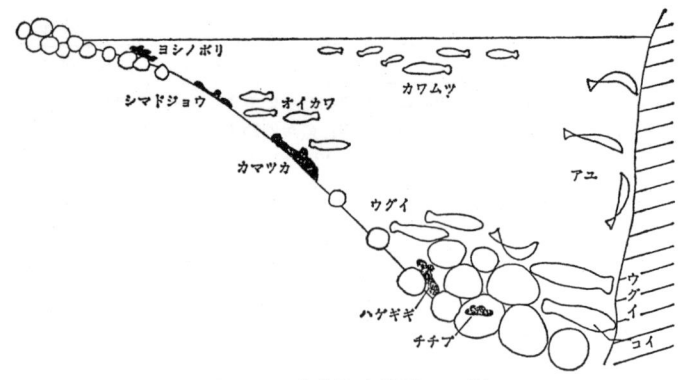

図16-9 潜水観察結果の一例
＊) 遊泳魚と底生魚が棲み分けしている様子が分かる。
出典［沼田真監修，水野信彦・御勢久右衛門著：河川の生態学 増訂版，築地書館，1993年］

の警戒心が弱まるため，接近しての観察が可能で魚種の判別も容易となるメリットがある。高津川中流の大きな淵において行われた潜水調査により観察された遊泳魚，底生魚の生息状況は図16-9の通りで，魚種ごとに水面近くに生息したり，河床近くに生息するなど，棲み分けて生息している様子が伺える。なお，遊泳魚は流速の変化に対応して，底生魚は河床材料にあわせて生息している。

**参考文献**
1) 自然環境アセスメント研究会編著：自然環境アセスメント技術マニュアル，自然環境研究センター発行，1995年
2) 鈴木兵二・伊藤秀三・豊原源太郎：生態学研究法 講座3 植生調査法Ⅱ―植物社会学的研究法―，共立出版，1985年
3) 沼田真監修，水野信彦・御勢久右衛門著：河川の生態学 増訂版，築地書館，1993年

## 16.7 自然共生研究センター

河道内における生態系の挙動や河道特性と生態系の相互関係を調べるには，多大な時間と労力を要する。だからと言って水理模型実験ではスケールが小さすぎて，現象を十分に把握することは難しい。実験では特に河道特性が魚類に与える影響を把握することが難しい。

建設省は木曽川河川敷に河川・湖沼等の自然環境と人間の共生について研究・実験を行える自然共生研究センター（共生センター）を建設し，H 10.11に通水した。共生センターは土木研究所の研究組織で，自然を活かした川づくり，河川・湖沼の自然環境保全・復元のための研究などを行っている。この共生センターは国営木曽三川公園三派川地区（岐阜県各務原市川島笠田町）にあるが，三派川地区には図16-10のような様々な施設があり，これらを総称して「河川環境楽園」と呼んでいる（写真16-5）。

河川環境楽園 ─┬─ 国営公園：木曽川水園，自然発見館，河原の森・河原広場
　　　　　　　├─ 県営公園：世界淡水魚園（オアシスパーク），世界淡水魚園水族館（アクア・トトぎふ）
　　　　　　　├─ 自然共生研究センター
　　　　　　　├─ 国交省水辺共生体験館
　　　　　　　└─ 岐阜県立河川環境研究所

図16-10 河川環境楽園

写真16-5　河川環境楽園の全景

　木曽川水園にはじゃぶじゃぶ池のように子供が楽しめる場所もあるが，水のなかの魚の生態を観察できる「観察窓」もある。世界淡水魚園水族館はH 16に開設され，世界中の川の生物（約260種28,500）の淡水魚が飼育・展示されている。淡水魚水族館としては世界最大級の規模である。館内にはアマゾン川，コンゴ川，長良川をテーマにした展示も行われている。

　また，水辺共生体験館では国交省木曽川上流河川事務所が情報発信を行っているし，河川環境研究所はH 17に設置され，内水面水産業の振興，良好な水環境の維持・再生を図るための調査・研究が実施されている。河川環境楽園には東海北陸自動車道のハイウェイオアシス（パーキングエリア）があるため，休憩を兼ねて見学に訪れる人も多く，祝日・休日にはテーマパーク並みの人気である。

　共生センターは河川環境楽園のなかで最初に建設された世界最大級の水理実験施設である。共生センター内には長さ800 m，幅約3 m[注1]の実験水路が3本，長径50 m，短径30 m，水深1 mの実験池が6池設置されている（図16-11）。実験水路は直線河道が1本，緩やかに川幅が変わる蛇行河道が2本あり，河床勾配は中流が1/800で，その上下流は1/300である。流量は新境川から導水され，転倒堰により調節され，最大で4 m³/sを供給することができる。新境川からは実験水路へ魚なども流入してくる。

　実験河川は「上流ゾーン」「中流ゾーン」「下流ゾーン」などに分けられ，表16-4のような実験・研究が行われている。

　共生センターでは従来瀬・淵，流路形状（蛇行，ワンド，入り組み），流量，植生が生態系に及ぼす影響などについて研究を行ってきたが，今後は土砂の流下が付着藻類に及ぼす影響など，土砂（流砂量）をパラメータとした実験についても研究する予定である。

　共生センターの実験河川沿いにあるガイドウォークでは，携帯端末（iPod）を使用して，実験河川で行われる実験内容や水中の様子を分かりやすく解説している。ガイドウォークの23カ所に設置しているパネルの前でiPodに取り込まれた番号の情報を再生すると，一般の人も自然の様子や実験のことを体験しながら学ぶことができる仕組みになっている。

　これまでの共生センターにおける研究の結果，以下のようなことが明らかになった（図16-12，16-13）。

---

注1）河道幅は変更することが可能である。

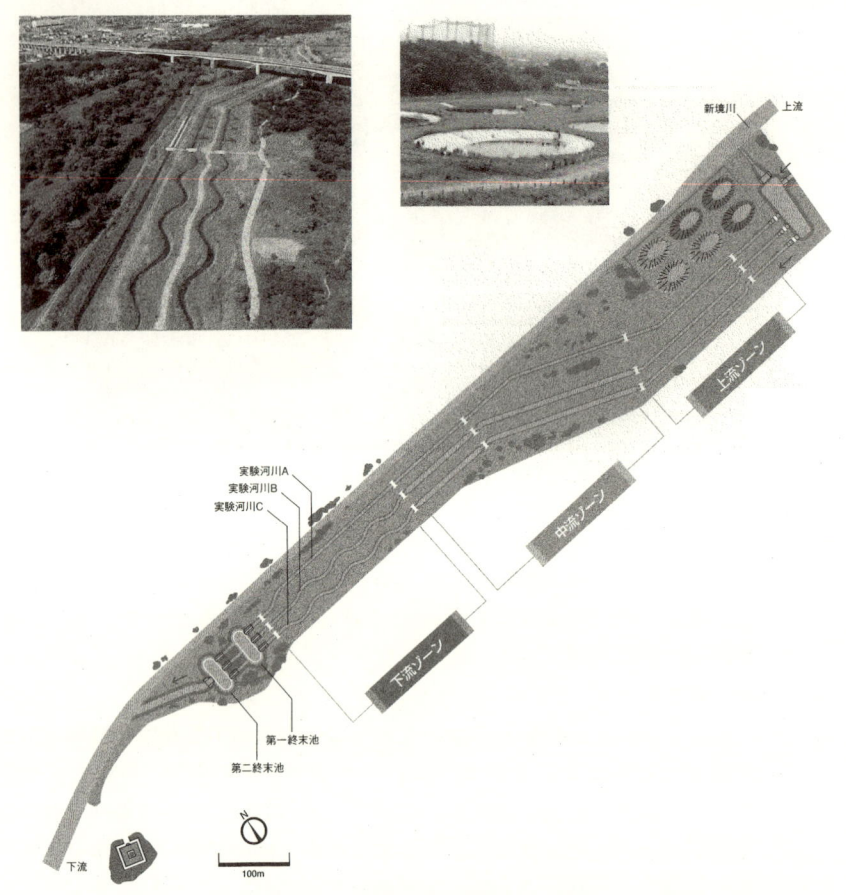

図16-11 実験水路・実験池の全景

\*) 実験水路（直線／湾曲，幅が広い／狭い）の特性を活かした実験が可能で，実河川のような魚の挙動も含めて実験できる点が通常の実験と大きく異なる。

表16-4 実験河川における研究内容

| 上流ゾーン | 下流より勾配が大きいため，土砂の掃流や付着藻類の剥離に関する研究を行っている |
|---|---|
| 中流ゾーン | 〈ワンド〉魚の産卵・避難などのワンドの役割を調べている |
| | 〈氾濫原〉高水敷の冠水が生物相に与える影響について調べている |
| | 〈自然環境復元〉水制等の構造物によるハビタット空間の形成について研究している |
| 下流ゾーン | 蛇行が生態系に与える影響について研究している |

- 魚の採捕調査によると，瀬や淵のある多様な河道区間での魚の生息個体数は直線区間の約10倍であり，流水域で見ると生息個体数の大きくなる区間は淵，早瀬，平瀬／とろの順番であった
- 洪水後1～2週間は自浄作用は高いが，その後は自濁により自浄機能は低下した。また，曲線河道の方が自浄作用が持続した
- 河床の藻類は洪水流量が大きくなっても，ある一定量以上は剥がれなかった
- 水際の植生率が高い所が魚類や甲殻類の生息量が多かった：実験河川に5種類の水際構造を設定し，区間ごとの生息量を調査した結果，水際部の植生による流速低減が魚類の生息量に大きく影響することが分かった
- 復元工法（淵・早瀬の形成，水制によるみお筋蛇行）を実施すると，水深・流速の多

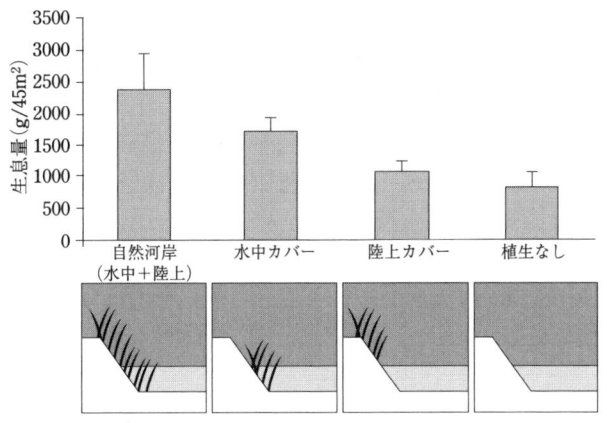

図16-12 水際域の構造と魚類の生息量比較

＊） 植生により流速が遅く，照度が低くなった河岸の方が魚の生息量が多い。

出典［河口洋一：水辺の植物が河川性魚類の生態に及ぼす影響，海洋と生物，149，2003年］ほか

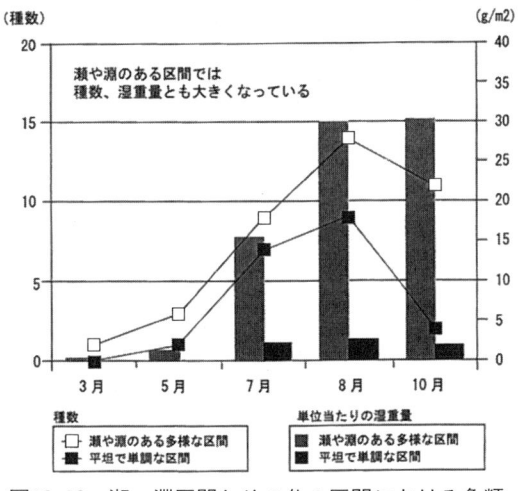

図16-13 瀬・淵区間とその他の区間における魚類の種数・湿重量の違い

＊） 瀬・淵のある区間の方が魚が多く，特に魚類の湿重量が多かった。

出典［土木研究所水循環研究グループ河川生態チーム・中部地方整備局中部技術事務所環境共生課：平成11年度 自然共生研究センター研究報告書，土木研究所資料，第3747号，2000年］

様な環境が創出され，魚の種数・湿重量とも増加した

**参考文献**
1) 河口洋一：水辺の植物が河川性魚類の生態に及ぼす影響，海洋と生物，149，2003年
2) 土木研究所水循環研究グループ河川生態チーム・中部地方整備局中部技術事務所環境共生課：平成11年度 自然共生研究センター 研究報告書，土木研究所資料，第3747号，2000年

## 16.8 河川生態学術研究会

　H6の建設省の環境政策大綱，H7の河川審議会答申「今後の河川環境のあり方について」などを受けて，H7より河川工学，河川生態学，物質循環学などの産官学の専門家が集まって，河川生態学術研究会が開始された。対象河川は6河川で，多摩川は平水時の流量が少なく流量が安定している河川，千曲川・木津川は流量が大きいうえに流量変動が大きい河川，木津川は砂河川であるなどの特徴の違いがある。各河川の調査・研究フィールドは表16-5の通りである。なお，北川はH17より激特[注1]が開始された五ヶ瀬川まで範囲を広げた研究がH21より開始された。

　調査・研究では分野の異なる専門家の共通認識のために，水面からの比高・植生・構造物・平面座標などを示した「ベースマップ」を作成したほか，河床形態（瀬，淵）・河床材料・水理量・表層土壌堆積厚・植生（9区分）・池などを示した「ハビタット・マップ」を作成した。図16-14には千曲川鼠橋地区におけるハビタット・マップを示した。フィールドにおける調査項目としては底質，付着藻類，水草，底生動物，魚類をはじめとする生態系などに関する様々な調査が行われている。

　これまでの調査・研究で判明した主要な現象や生態系の挙動は表16-6の通りである（図16-15）。

　調査・研究成果は成果発表会で発表したり，各フェイズ終了にあわせて，○○川の総合研究としてまとめられている。この他，各地で開催される市民合同発表会において，市民とのディスカッションも行っている。

表16-5　研究会の研究対象フィールド

| 河川名 | コアエリア（地区名） | 開始 | 区間 | 該当市町 |
|---|---|---|---|---|
| 多摩川 | 永田 | H7 | 1.6 km | 東京都福生市，羽村市，あきる野市 |
| | 多摩大橋 | H13 | 2.6 km | 東京都八王子市，昭島市 |
| 千曲川 | 鼠橋 | H7 | 2 km | 長野県坂城町 |
| | 粟佐橋 | H16 | 1.5 km | 長野県千曲市 |
| 木津川 | 京田辺 | H10 | 2.5 km | 京都府京田辺市，城陽市 |
| 五ヶ瀬川水系 | 北川河口〜熊田 | H11 | 16 km | 宮崎県延岡市〜北川町 |
| | 五ヶ瀬川・大瀬川 | H21 | | 宮崎県延岡市 |
| 標津川 | 河口〜共成 | H16 | 8.5 km | 北海道標津町 |
| 岩木川 | 十三湖〜武田・車力 | H18 | | 青森県つがる市，中泊町 |

**参考文献**
1) 河川生態学術研究会多摩川研究グループ：多摩川の総合研究—永田地区を中心として—，リバーフロント整備センター，2000年
2) 河川生態学術研究会千曲川研究グループ：千曲川の総合研究—鼠橋地区を中心として—，リバーフロント整備センター，2001年
3) 河川生態学術研究会木津川研究グループ：木津川の総合研究—京田辺地区を中心として—，リバーフロント整備センター，2003年

---

注1）激特とは激甚災害対策特別緊急事業のことである。

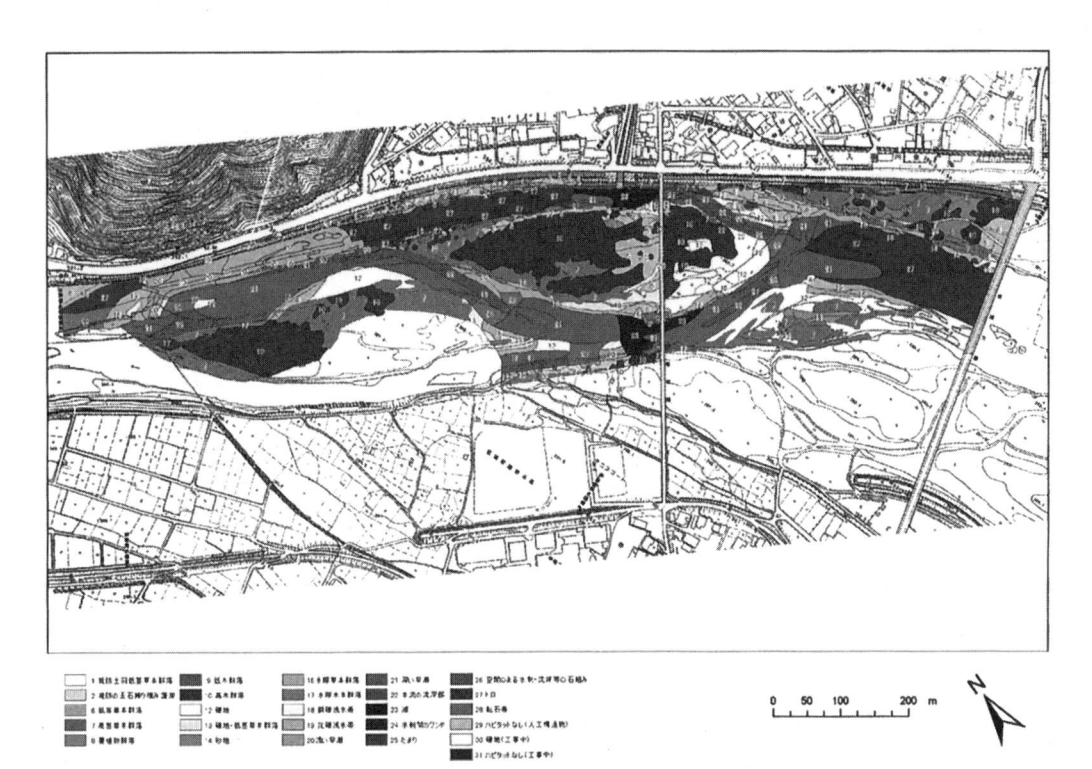

図16-14 千曲川のハビタット・マップ

*) 河道は瀬・淵などに分類され，植生は草本（低茎，高茎，水際），木本（低木，高木）に分類して表示されている。当地区の植生では高木群落，高茎草本群落などが多い。

提供［北陸地方整備局千曲川河川事務所］

表16-6 河川生態学術研究会で明らかにされた現象・挙動

| 河川名 | 調査・研究で判明した現象・挙動 |
|---|---|
| 千曲川・多摩川 | 〈高水敷における樹林化のメカニズム〉<br>河道掘削等により河床が深掘れすると，高水敷等に洪水流が流下しにくくなり，撹乱（流失）することなく，樹林化する。撹乱を受けないと，洪水により運ばれた中砂を環境基盤として，草本植物が繁茂し，やがて木本植物へと遷移していく。中砂は水分を保持でき，また栄養となるリンを付着している（図16-15） |
| 木津川 | 〈砂州の伏流水の水質特性〉<br>伏流水の水質は地被状態（砂礫の裸地域と植生域）に関係する。伏流水の側方流動に加えて，鉛直方向の雨水浸透により，土壌層から伏流水に供給される有機質や塩類の量が異なるため，植生域の方が水温，pH，DOは低く，アンモニア態窒素濃度は高い |
| 多摩川・千曲川 | 〈安定同位体比（$C, N$）による物質循環調査〉<br>多摩川（永田地区）では高水敷と河道内では異なった物質循環系となっていたが，千曲川（鼠橋）では河川水の伏流を介して河川から高水敷の生態系に物質が供給されているという違いが見られた |
| 千曲川 | 〈水生昆虫の出水後の回復状況〉<br>水生昆虫は洪水後，生活史の短い方から，ユスリカ類，カゲロウ目の順で早く回復し，現存量は1年後に概ね回復したが，生活史の長い種の回復には1年以上要した |
| 北川 | 〈マルチ・テレメトリ・システムによる動物の行動形態〉<br>タヌキに発信器をとりつけ，工事の騒音・振動に対する行動形態を調査した結果，タヌキは振動よりも騒音に対して敏感な行動をとることが分かった |

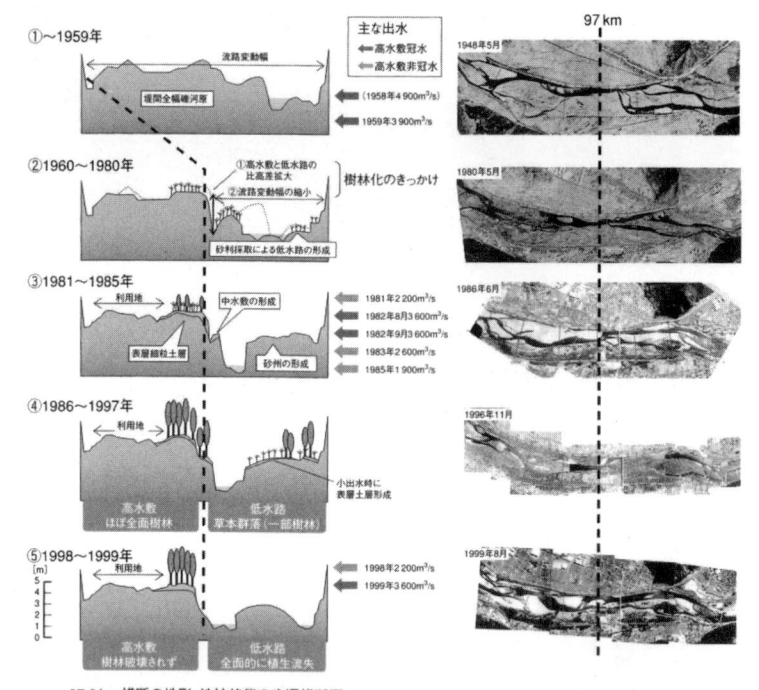

図16-15　樹林化プロセス（千曲川）

\*）河道掘削に伴う河床低下により，洪水攪乱が少なくなった高水敷において樹林化が進行した。

## 16.9 環境影響評価

　環境アセスメントは事業の実施前に事業が環境に及ぼす影響の調査等を行うもので，1969年にアメリカで初めて制度化され，その後各国で法制度の導入が進んだ．日本では環境影響評価の手続きはS 59に閣議決定され，環境影響評価実施要綱に基づいて実施されたが，法手続きの導入はOECD加盟の29か国中で最も遅く，H 9に環境影響評価法（環境アセスメント法）が公布された．アセスメント（法アセス）では，13事業[注1]を対象に第一種事業はすべて，第二種事業は事業を実施する場所の行政機関が都道府県知事の意見を聴いて適用すると判断された事業が対象となる．河川関係では

- 第一種事業：湛水面積が1 km²以上のダム・堰建設，土地改変面積が1 km²以上の湖沼開発および放水路建設
- 第二種事業：湛水面積が0.75～1 km²未満のダム・堰建設，土地改変面積が0.75～1 km²未満の湖沼開発および放水路建設

である．ただし，全都道府県・政令指定都市で環境アセスメントに関する条例が制定されており，第一種事業の対象事業は更に幅広くなっている．

　法アセスの手続きが完了した事業はH 21.1時点で13事業のうち，道路，発電所関係の事業が多い．河川関係では表16-7に示す5事業の手続きが完了したが，すべてダム事業である．なお，現在方法書手続き中の事業に足羽川ダム（九頭竜川水系），本明川ダム

---

注1）13事業とは道路，河川，鉄道，飛行場，発電所，廃棄物最終処分場，埋立て・干拓，土地区画整理，新住宅市街地開発，工業団地造成，新都市基盤整備，流通業務団地造成，宅地の造成の各事業である．

表16-7 法アセスの手続きが完了した河川事業

| 年 | 水系名 | 河川名 | 事業名 | ダムの概要 |
|---|---|---|---|---|
| H14 | 利根川 | 片品川 | 戸倉ダム建設事業 | 水機構ダム<br>多目的ダム（洪水調節，水道用水他） |
| H16 | 筑後川 | 小石原川 | 小石原川ダム建設事業 | 水機構ダム<br>多目的ダム（洪水調節，水道用水他） |
| H17 | 祓川（はらい） | 祓川 | 伊良原ダム建設事業 | 福岡県ダム<br>多目的ダム（洪水調節，水道用水他） |
| H19 | 豊川 | 寒狭川（したら） | 設楽ダム建設事業 | 国交省ダム<br>多目的ダム（洪水調節，水道・農業用水他） |
| H20 | 肱川 | 河辺川 | 山鳥坂ダム建設事業 | 国交省ダム<br>洪水調節 |

（本明川），高梁川総合開発事業がある。

法アセスの手続きの大略的な流れは，スクリーニング→スコーピング→環境影響評価→意見聴取で，第一種事業の場合はスコーピングから手続きを開始する（表16-8）。法手続きではないが，事業開始後にモニタリング，フォローアップを行い，予測の不確実性を補っていく。なお，スクリーニングとは発生する環境影響を予見して，第二種事業の環境影響評価を実施するかどうかを判定する手続きで，スコーピングとは事業の特性や地域環境に応じて評価項目，調査手法などを選定する手続きである。環境影響評価では調査だけでなく，今後の予測や評価も行う。得られた評価結果は結果案（準備書）を経て，環境影響評価書となる。なお，法手続きのなかで，地形・地質など，予測の不確実性が少ない項目について，準備書および評価書の事後調査計画の記載を省略することができる。

法アセスの手続きの特徴は，

- 調査・予測・評価を一律ではなく，地域等の特性にあわせて柔軟に行うようになっている
- 事業の実施地域に住んでいる，住んでいないにかかわらず，住民は誰でも意見を言うことができる

表16-8 法アセスの手続きの流れ

| | 手続きの段階 | 手続きの概要 | 意見聴取等 |
|---|---|---|---|
| 法手続き | スクリーニング | 第二種事業の環境影響評価の実施の要否を判定する | 事業計画に対して知事の意見を聴く |
| | スコーピング | 環境影響評価の実施方法（方法書）を定める | ・方法書に関して住民等（公告・縦覧），知事，市町村長の意見を聴く<br>・必要に応じて大臣の意見を聴く |
| | 環境影響評価の実施 | 環境影響に関する調査・予測・評価を行う | ― |
| | 評価結果に対する意見聴取 | ・環境影響評価の結果案（準備書）を作成する<br>・評価結果（評価書）をまとめる<br>・評価書を修正する | ・準備書に関して住民等（公告・縦覧），知事，市町村長の意見を聴く<br>・評価書に関して大臣の意見を聴く<br>・評価書を公告・縦覧する |
| | モニタリング | 管理開始までの調査 | ― |
| | フォローアップ | 管理開始後の調査 | ― |

表16-9 環境影響評価の構成

| 第1段階 | 実施計画調査〜試験湛水前までの環境影響評価 | 建設工事開始前または本体着工後に，事業者が自主的に水環境，自然環境，景観などについて調査した結果を環境レポートとしてとりまとめる |
|---|---|---|
| 第2段階 | 管理開始までのモニタリング | 最も環境変化が大きな期間（試験湛水の1年前から約5年間）を集中的にモニタリングする。モニタリング項目は大気，動植物，水質などである |
| 第3段階 | 管理開始後のフォローアップ | 管理開始後5年に一度（陸域は10年に一度）のペースで，河川水辺の国勢調査を実施する。試験湛水の1年前から3年間は事後評価を行う |

・公告・縦覧を通じて，住民が意見を言える機会が3回ある

などである。

このように，環境影響評価項目は事業の内容によって異なるが，例えば鳥海ダム建設事業における評価項目は以下の通りである。

・工事実施の関連項目：粉じん，騒音，振動，工事に伴う廃棄物　など
・ダム供用・貯水池等の存在に関連する項目：水温，富栄養化，溶存酸素，土壌環境，景観
・両者に関連する項目：水の濁り，水素イオン濃度，動物，植物，生態系，人と自然の触れ合い

直轄のダム建設事業を例にとって，環境影響評価方法書の作成〜環境影響評価書の作成（法手続き）を第1段階とすると，環境影響評価は表16-9に示す3段階で構成される。

このアセス法は個別事業が対象であり，事業の上位計画など計画段階での環境配慮が難しい。これに対して，最近計画の構想段階から，環境配慮の視点を重視する戦略的環境アセスメント（SEA）が話題となっている。アメリカでは戦略的環境アセスメントの考え方が環境アセスメント制度のなかに組み込まれているし，日本でも取り組んでいる自治体（埼玉県・東京都で条例化）がある。

**参考文献**
1) 公害・地球環境問題懇談会編：これでわかる環境アセスメント，合同出版，1994年

## 16.10 生息場の評価

環境影響評価では河川改修や流量調節などが生態系に及ぼす影響を評価する必要がある。評価手法には，①生物種・群集のデータを用いる評価手法と，②生息・生育環境としての適性を用いる評価手法がある。

①の手法にはアメリカで開発されたIBI（生物学的保全性指数）やオーストラリアで開発されたAUSRIVAS（河川環境評価システム）などがある。IBIは多様性指数としての生物学的保全性を指数化したもので，生態系への人間活動の影響を決定し，測定可能な属性が選択される。影響要因に対して，10程度の判断項目を選択し，判断項目と影響の関係を影響反応曲線により図化する。判断項目と影響のデータを取得した後，各項目を点数付けし，総合的な評価点を求める。表16-10には多様度，種群の数，開発に対する耐性などから，生物の保全性を評価した一例を示している。

AUSRIVASは，イギリスで開発された水生昆虫を指標とするRIVPACSモデルをベ

表16-10 IBIの一例

| IBIの合計値 | Integrity class of site（生物の保全性） | 属性情報 |
|---|---|---|
| 47〜50 | Excellent | 清流域にのみ生息する種群が多く，開発影響がない。自然と同じ状態 |
| 40〜46 | Good | 多少の開発影響はあるものの，多様度・種群構成などから，ほぼ自然に近い状態 |
| 32〜39 | Fair | 開発影響により，特定の種群は減少または消滅している |
| 23〜31 | Poor | ごくわずかな多様度で構成され，開発や汚染に耐久性のある種群が優占種となっている |
| 12〜22 | Very Poor | 汚染に耐久性のある種群のみが生息している |
| 0 | 非生息地 | いかなる種群の採取もない |

＊）属性情報としての清流域の生息種数，汚染に対して耐久性のある種数により，生物の保全性を評価している。

ースにして，オーストラリアで開発された物理環境と水生生物の関係モデルにより予測された未改変時のモデルより，改変時の状況を予測するモデルである。

①の手法にはHSI（生息場適性指標），アメリカ内務省地質調査所や魚類・野生生物局などが開発したPHABSIMなどがある。HSIが用いられるモデルとして，アメリカ魚類・野生生物局が1976年に開発した，生息場の評価手法にHEP（ハビタット評価手続き）がある。HEPは自然環境のアセスメントによく用いられ，全体として現状の保全状態を保つことを前提に，事業計画や環境影響の代償方策を定量的に検討して合意形成を図る手法である。HSIモデルは複数の環境データから，ある生物種の生育・生息場としての適性を定量的に示す手法で，一度モデルが構築され，扱う生物種が適切に選択できれば，詳細な生物調査を行うことなく，地域の評価が可能となる。HSIは評価対象種の選定が難しい，またモデル構築にコストを要するのが課題である。

なお，HEPでは生物が利用する生息場の適性を，様々なレベルに対して表16-11に示したHSIやHU（Habitat Unit）などで表現し，生息場の空間的・時間的広がりに応じて，生息場を評価する。これらの値により，事業実施による評価値の減少，代償措置実施による評価値の増加などを定量的に予測できる。

例えば，レベル5の累積的HU＝HSI×面積×時間で，HSIはハビタットの質（生息場の適性）を表し，HSI＝調査地のハビタット条件／最適ハビタット条件で算定される。HSIは対象地域を分割した各グリッドにおける生息適性を物理指標（流速，水深，底質など）で評価し，0（全く不適）〜1（最適）で表される（SIも同様である）。最適ハビ

表16-11 様々なレベルにおけるHEPの評価内容

| レベル | 評価の指数 | 評価の内容 |
|---|---|---|
| 5 | 平均年間HU | 累積的HU／HEP分析年数 |
| 5 | 累積的HU | HSI×面積×時間 |
| 4 | 合計HU | 平均ハビタット適性指数×評価区域全面積 |
| 4 | 平均ハビタット適性指数 | 評価区域×HSIの加重平均値 |
| 3 | HU | HSI×評価区域の面積 |
| 2 | HSI | 評価区域のハビタット状態／理想的なハビタット状態 |
| 1 | SI(環境要因適性指数) | 評価区域のハビタットの特定要因の状態／理想的な状態の特定の環境要因の状態 |

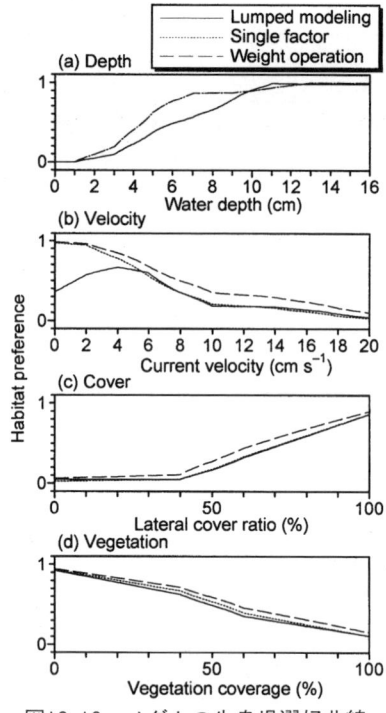

図16-16 メダカの生息場選好曲線
*) メダカが選好する生息環境は「水深があり，流速が遅く，カバーがあり，植生が少ない」条件である。
出典［福田信二・奥島修二・平松和昭：メダカの生息場選好性の定量化手法に関する一考察，平成19年度 農業農村工学会大会講演会講演要旨集，2007年］

タット条件は，例えば魚類ではバイオマス／面積が最大，鳥類では個体数密度が最も高く維持される条件である。また，式中の面積とは種の生息面積であり，時間は分析期間（事業期間またはハビタットの価値を評価する期間）である。ただし，HEPは対象種の生活史の1ステージしか取り扱えず，環境要因の選定やSI値の決定方法が主観的となるなどの課題がある。

一方，PHABSIMはIFIM（流量増分式生息域評価法）で用いられる手法で，瀬・淵のようなリーチスケールが対象で，水理モデル，適性・選好特性を示す適性基準，利用可能マイクロ生息場量算出モデルで構成されている。PHABSIMはHSIやIFIMの構成要素として1978年に発表された。魚類の流速や水深に対する生息場選好度（SI：0〜1）を与え，別途計算した流速や水深の平面分布から魚類の生息環境の質を定量的に求めることができる。これらの結果より，流況を改善したことに伴う生息環境の変化を予測することができる。図16-16には水深，流速，カバー，植生に関するメダカの選好曲線を示した。流速を除く3因子については，ほぼ同様の選好曲線となっている。

参考文献
1) 中村太士・辻本哲郎・天野邦彦監修，河川環境目標検討委員会編集：川の環境目標を考える〜川の健康診断〜，技報堂出版，2008年
2) 日本生態系協会監修：環境アセスメントはヘップ（HEP）でいきる，ぎょうせい，2004年

3) 福田信二・奥島修二・平松和昭：メダカの生息場選好性の定量化手法に関する一考察，平成 19 年度農業農村工学会大会講演会講演要旨集，2007 年
4) 玉井信行・水野信彦・中村俊六編：河川生態環境工学―魚類生態と河川計画―，東京大学出版会，1993 年

## 16.11 ゴミ対策

　川へ捨てられた発泡スチロール・プラスチック容器，河川敷に不法投棄された家電製品・家財等，釣り人によるゴミなどは河川を流下・経由して，海へ流出し，海岸に打ち上げられる。特にプラスチックゴミは流下する過程で細かくなり，細かなゴミは有害な物質を吸着しやすいので，鳥などが食べて，汚染を引き起こすことがある。このように，ゴミは環境を悪化させ，景観を阻害するだけではなく，ゴミの流下過程で生き物が食べて苦しんだり，生存できなくなる場合もあり，深刻な環境汚染をもたらす（写真 16-6）。

　山形県が H19 に実施した最上川河口部における漂着ゴミの調査結果によると，約 6 カ月間に河口部の河川敷に漂着したゴミは 3,854 個であった。多かったのは，①発泡スチロールの破片（39 %），②硬質プラスチックの破片（18 %），③プラスチックシートや袋の破片（11 %）などであり，特に石油化学製品である発泡スチロールやプラスチックが多かった。各河川におけるゴミの量および処理費用などは「ゴミマップ」として，国交省河川局のホームページに掲載されている。

　海岸には河川からだけではなく，外国由来のゴミも漂着し，特に日本海沿岸の海岸には黒潮や対馬海流により中国や韓国などから大量のゴミが漂着している。これらの漂着ゴミは年数が経つと土砂や植生に覆われて固定化されていく。しかし，環日本海環境協力センターが全国 43 カ所を対象に調査した結果（2006 年度）によれば，全国の漂着ゴミは推定年間 15 万トンで，外国由来であると特定されたのは約 5 % にすぎなかった。

　一方，日本で出されたゴミも海外へ流出し，北太平洋の赤道近くまで達しているといわれており，ゴミは国際的な問題でもある。写真 16-7 はミッドウェイ環礁に生息するコアホウドリのヒナ 3 羽の死骸から出てきたプラスチックゴミで，釣り用の浮き，容器の蓋，

写真16-6　河川に集積したゴミの数々
出典［国交省河川局：パンフレット「美しい川と海を取り戻そう」］

写真16-7　コアホウドリのヒナから出てきたプラスチックゴミ
出典［国交省河川局：パンフレット「美しい川と海を取り戻そう」］

ライター，歯ブラシなどが入っていた。
　ゴミ対策としては，H 21 に海岸漂着物処理推進法（略称）が制定され，法制度的な進展が図られた。今後はこの法律に基づくゴミの除去・回収が進められることが期待される。また，河川法に従ってゴミや廃物等の不法投棄[注1]をパトロールにより取り締まると同時に，家庭やキャンプ場からのゴミ，使わなくなった家電製品等，釣り人のゴミなどが川へ捨てられないように，ゴミを捨てやすい場所を作らないと同時に，ゴミ問題に対する意識を高めていく必要がある。委嘱を受けた河川愛護モニターによるゴミの不法投棄の発見も行われている。また，ゴミの海外への流出を考えると，国内での発生源対策に加えて，各国が連携して，海洋環境の保全に協力していく体制作りも望まれる。
　地先におけるゴミ対策としては，河川愛護月間などの行事の一つとして，各地でボランティアによる河川清掃などが行われている。地域の試みとしては，吉野川では H 11 から，「アドプトプログラム・吉野川」による河川清掃が始まった。アドプトプログラムとは河川や道路の一定区間（公共物）を地域の住民や企業がアドプト（養子縁組）して，継続的に清掃などを行う制度で，1980 年代にアメリカで始まり，日本では道路で先行して行われた。「アドプトプログラム・吉野川」には H 20.9 現在，137 の団体や企業，総勢約 1.6 万人が登録され，吉野川河口から池田ダム区間のうち，96.7 km を対象に地元の企業，小中学校，大学，婦人会など，幅広い人々が参加して堤防・河川敷の清掃を行っている。集めたゴミの処理やゴミ袋の提供などは行政が受け持つ「協働の取り組み」である。

**参考文献**
1）国交省河川局：パンフレット「美しい川と海を取り戻そう」
2）清野聡子・中西弘樹・櫻井善人ほか：東シナ海沿岸での漂着ゴミによる海浜植物生息地の被覆の現状と対策，応用生態工学会 第 13 回研究発表会講演集，2009 年

注1）産業廃棄物のうち，約10万 t（H19）が不法投棄され，その約 8 割が建設廃棄物である。

## 16.12　企業の環境活動

　各企業等から出される産業廃棄物や排水も環境に大きな影響を与える。

　産業廃棄物の総排出量はH2以降，ほぼ一定で約4億tである。業種別では電気・ガス・熱供給・水道業からの排出が多い。産業廃棄物は19種類あるが，汚泥（44％），動物のふん尿（21％），がれき類（15％）で全体の約8割を占める（H18年度，図16-17）。排出量の多く（3億t）は中間処理量で，最終的に再生利用される。産業廃棄物はPPP（汚染者負担の原則）により，「事業者が処理する」のが原則である。なお，起爆性・毒性・感染性のある危険な廃棄物は特別管理廃棄物として扱われている。

　工場からは鉄鋼業，機械製造業などからは主に無機系排水が排出され，化学工業，食品・飲料水製造業などからは主に有機系排水が排出されているが，排水量は排水規制の強化や総量規制の導入により減少している。例えば，東京都の排水量は過去30年間で662万 m³/日（S51）→567万 m³/日（H18）に減少している（図16-18）。シェアは工場排水が11％→2％，家庭排水が17％→1％に減少した一方で，下水処理場排水は68％→97％に増加した。BOD負荷量は排水量以上に変化しており，過去30年間で294 t/日（S51）→43 t/日（H18）と1/7になった（図16-19）。シェアは工場排水が11％→7％，家庭排水が60％→20％に減少した一方で，下水処理場排水は17％→72％に急増した。このように，都市域の排水は工場などの企業ではなく，下水処理場から多く排出されている。

　下水処理場は汚れ（BOD）を1/10〜1/20にして放流しているが，100％除去する訳ではないので，BOD負荷量が多くなっている。下水処理場排水は東京湾に直接排出されるものが多く，河川では隅田川からの排出量が多い。なお，BOD負荷量はBOD値に排水量をかけて求めたもので，工場排水は下水処理場排水の約1/10である。

　工場排水を川や下水道に放流するためには水質汚濁防止法や下水道法の排水基準値を満

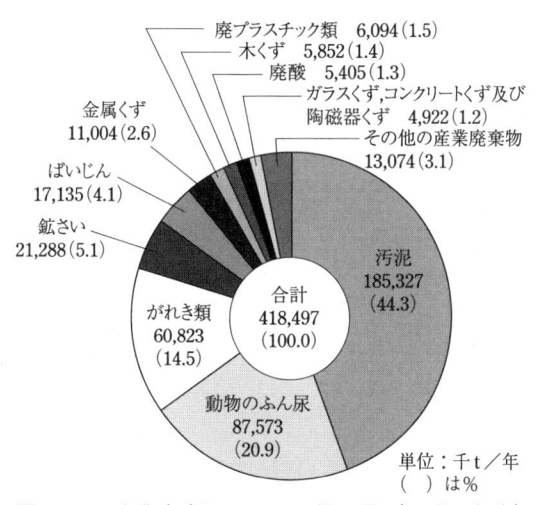

図16-17　産業廃棄物の種類別排出量（平成18年度）

＊）汚泥が圧倒的に多く，動物のふん尿，がれき類を含めると，約8割である。

出典［環境省：平成21年版 環境・循環型社会・生物多様性白書－地球環境の健全な一部となる経済への転換，2009年］

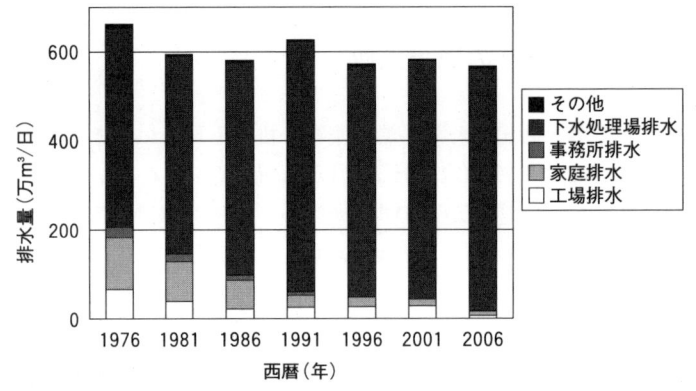

図16-18 排水量の経年変化（東京都）

＊）点源排水は実測値か届出値，面源排水は活動フレームや人口に排水量原単位をかけたものである。

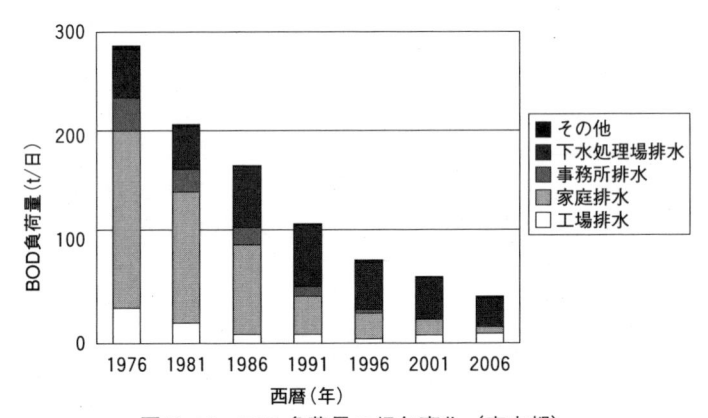

図16-19 BOD負荷量の経年変化（東京都）

＊）点源排水は排水量にBOD値（実測値か届出値）をかけ，面源排水は排水量に産業分類別の水質原単位をかけたものである。なお，下水処理場はS61から計算方法が変更された。

たすために，各工場で処理施設を設置し，浄化や回収・再利用を行う必要がある。無機物処理には排水中に含まれるアンモニアをスチームで加熱して気体にして除去するストリッピングや，重金属を含んだ排水に苛性ソーダを加えて沈降させるアルカリ沈殿法などがある。一方，有機物処理には排水中の有機物を微生物に食べさせて，吸収・分解する生物処理が主に行われている。

化学物質に対しては，企業が自主的に環境・安全・健康面の対策を行うレスポンシブルケアも行われている。

環境負荷の少ない製品の開発や設計（環境適合設計）を実施するうえで，設計初期段階では品質機能展開（QFD）[注1]の手法により，環境負荷低減効果を大きくできる。品質機能展開では要求品質と品質要素の二元表から重要な品質要素を明らかにすることができる。

企業のなかには環境改善目標をたて，チェックする組織・体制のために，環境管理システムを採用している企業がある。このシステムは企業自らが目標をたて，結果をチェックする仕組みで，環境方針の設定（文書化）→実行→監査→方針の見直しのサイクルを繰り返すものであり，全従業員に周知徹底される必要がある。システムの点検および是正措置

---

注1）製造段階で用いる品質向上手法はQCである。

では，監視・測定にあたって，環境に著しい影響を及ぼす特性を監視し測定するために，文書化した手順を確立し，維持する必要がある。環境管理システムはリサイクルなどの環境保護面で一定基準を満たした企業に付与されるISO14000シリーズ（環境マネジメントシステム）取得のための一条件となる。

組織の環境評価にエネルギーや二酸化炭素の排出量による評価があり，評価手法にエコバランスやライフサイクル・アセスメントがある。エコバランスとは環境負荷の実態を定量的に解析して，バランスの良い解決策を提示する手法である。また，ライフサイクル・アセスメント手法の枠組みは目的・範囲の設定，インベントリ分析[注2]，影響評価，結果の解釈・報告からなる。アセスメント手法としては，産業関連法や積み上げ法が用いられ，ISOの規格は基本的に積み上げ法によっている。

環境活動はコストを要するので，事業活動における環境保全コストと活動による効果を定量的に測定する環境会計を採用する。環境会計には外部報告（情報開示により企業の環境活動が理解される）と内部管理（取り組みの効率化）の両側面がある。この会計費用には環境設備の投資・生産，研究，従業員の教育費用などが含まれる。

主に中小企業を対象とした環境保全への取り組みに，環境省の環境活動評価プログラム（エコアクション21）がある。これはH8に環境庁が環境マネジメントシステム，環境パフォーマンス評価および環境報告を一つに統合したもので，自主的な環境配慮に対する取り組みができる方法を提供したものである。H16にはグリーン購入[注3]，サプライチェーンのグリーン化[注4]，環境報告書の進展・普及などの動向に対応するため，エコアクションの仕組みの見直しを行った。エコアクション21のなかでは，主に以下の内容について記述されている。

- 事業に伴う環境への負荷の把握方法
- 環境への取り組み状況のチェック
- 環境経営システムのあり方
- 環境活動レポート

**参考文献**
1) 東京都環境局：汚濁総量管理システムによる負荷量集計結果（抜粋）―平成18年度―，2009年
2) 杉山美次：ポケット図解 最新 水の雑学がよ〜くわかる本，秀和システム，2007年
3) 日本技術士会：技術士制度における総合技術監理部門の技術体系（第2版），2004年
4) 環境省：平成21年版 環境・循環型社会・生物多様性白書－地球環境の健全な一部となる経済への転換，2009年

---

注2）各段階で環境負荷を把握する手法。
注3）国などの公共部門が環境への負荷が少ない商品・サービスを優先的に調達することで，H13にグリーン購入法が施行された。
注4）商品の原材料調達，製造，保管，運搬，販売などの過程で，他企業と一緒になって環境負荷の低減を行う。

# 第17章　河川に関連する事柄

　河川の三大機能は治水・利水・環境機能であるが，これら以外にも河川には様々な機能がある。その他の機能としては，震災延焼に対する防災機能，川に親しむ親水機能，河川周辺の気温を緩和させる気象緩和機能などがあり，副次的ではあるが水辺の機能として認識しておくべきである。また，河川法改正以降，重要視されてきた河川整備計画策定時における地域住民等の合意形成，治水経済調査をはじめとする事業の経済評価も今後益々重要になってくると考えられる。最後に人は河川とどう結びつきを持ち，どうつきあってきたかという「川と人のつながり」について記述し，あわせて河川文化論を展開した。

## 17.1　水辺の防災機能

　水辺には空間としての防災機能と，河川水利用による防災機能がある。空間機能には避難路・避難地，緊急輸送路などの機能があり，水利用機能には火災発生時の消火用水，断水時の緊急生活用水への活用などがある（図17-1）。

　機能①に関して，堤防上は浸水時の避難路となるが，特に高水敷は地震で火災が発生した時の広域避難場所となる。関東大震災（T 12）の際にも荒川河川敷に避難した15万人の命が救われ，河川敷が有効な避難地となった。

　機能②に関して，石狩川や淀川などにおいて，緊急車両用の道路が河川敷に整備されている。特に石狩川には緩傾斜化された堤防の天端や高水敷に2車線の緊急用道路が建設され，普段はサイクリングや散策路に利用されている（写真17-1）。また，消防車が水際にアクセスできる進入路が建設されたり，災害時に容易に取水できるように階段護岸も設置されており，④と⑤を支援する機能も有している。他の大規模輸送に対応した事例として，武庫川河口近くには緊急物資を水上輸送するため，300 tクラスの船が着船できる船着き場が設置されている。

　機能③に関して，水辺は延焼防止としての空間機能も有する。例えば焼損建物が500棟以上の戦後大火で見れば，新潟市大火（S 30.10）において他門川（川幅約40 m），酒田市大火（S 51.10）において新田川（同約70 m）が焼け止まりに有効であったと報告されている[3]。一方，鳥取市大火（S 27.4）では旧袋川（同約30 m）を越えて対岸のバラックに延焼した。これらのことから，空間的には最低40 m程度の川幅があれば，延焼阻止に

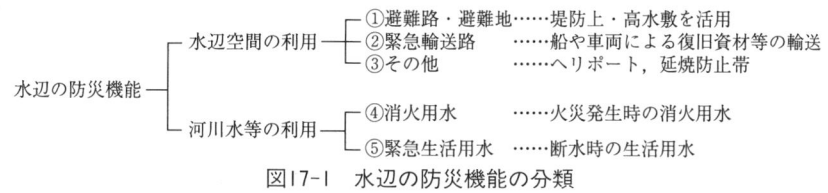

```
                              ┌─①避難路・避難地……堤防上・高水敷を活用
              ┌─水辺空間の利用─┤─②緊急輸送路　　　……船や車両による復旧資材等の輸送
水辺の防災機能─┤                └─③その他　　　　　……ヘリポート，延焼防止帯
              └─河川水等の利用─┬─④消火用水　　　　……火災発生時の消火用水
                                └─⑤緊急生活用水　　……断水時の生活用水
```

図17-1　水辺の防災機能の分類
出典［藤原宣夫編著：都市に水辺をつくる—環境資源としての水辺計画—，技術書院，1999年］

写真17-1　緊急用河川敷道路（石狩川旭西橋近く）
出典［石狩川振興財団：パンフレット「川と人」Vol. 9，1996年］

写真17-2　渡り石を用いた河川水の取水（住吉川：神戸市）

有効となることが分かる。もちろん，この条件は火災規模や風速により異なるものである。

　機能④に関して，阪神・淡路大震災（H 7.1）においては，河川水等を利用した消防団員や住民による様々な消火活動が展開された。例えば，神戸市長田区では新湊川の河川水を利用して消火活動が実施されたし，神戸港や長田港では消火のためにホースをつないで，港から海水を汲み上げ，火災延焼を防止することができた（第13章　13.3「震災時の河川水利用」参照）。消火用水の確保にあたっては，断水していたため，消防機関は消火栓をあきらめ，学校のプール水および防火水槽の水を使用した。しかし，容量が少なかったため，消火活動に十分な水量が確保できず，河川水が利用されたのである。

　機能⑤に関して，断水時は給水車から給水を受けることが多いが，阪神・淡路大震災の時の断水に対しては，地震発生後3日間で生活用水として河川水が16％使用され，河川水への依存は結構多かった。

　この地震を契機として，兵庫県および神戸市では「防災ふれあい河川整備」として，住吉川や新湊川などの県内河川において取水・避難路としての低水路や緊急車両の進入路，地下河川からの取水マンホールを整備した。例えば，住吉川（神戸市東灘区）においては，階段護岸とともに低水路に渡り石を設置した（写真17-2）。災害による断水時には渡り石に堰板をはめて堰上げし，取水をしやすくすると同時に，川を渡る避難路としても使うことができる。この施設は災害時だけではなく，平常時の河川プールとしての親水効果も期待できる。

**参考文献**
1) 藤原宣夫編著：都市に水辺をつくる―環境資源としての水辺計画―，技術書院，1999年
2) 石狩川振興財団：パンフレット「川と人」Vol. 9, 1996年
3) 建設省：建設省総合技術開発プロジェクト　都市防火対策手法の開発報告書，1982年
4) 神戸市消防局：阪神・淡路大震災における消防活動の記録，東京法令出版，1995年

## 17.2 水辺の親水機能

　河川や水辺を親しみやすくするための工夫もいろいろある。水辺に安全にアクセスしやすくするために，緩傾斜の堤防や階段護岸などが各地に整備されている。階段護岸は休憩場所ともなり，円形にデザインされたものもある。

　国交省の荒川下流河川事務所ではH10に「福祉の荒川づくり」全体計画を策定し，高齢者や車椅子利用者に優しい縦断勾配5％以下の緩勾配スロープ，二段式手すり付き階段，段差のないトイレなどを設置してきた。また，視覚障害者や車椅子利用者の視点で体験できる「あらかわ福祉体験広場」を設け，車椅子によるスロープ・段差などを体験できるようにし，住みやすい優しい街づくりを学べる工夫がなされている（写真17-3）。岡山の旭川でも荒川同様にバリアフリータイプの緩勾配スロープが設置されている（写真17-4）。

　水辺は河川や水路だけでなく，人工的に建設された親水河川や公園の池などもある。国内の親水公園第1号である古川親水公園（江戸川区）は延長が1.2kmもあり，河川水を導水したものである（写真17-5，図17-2）。港北ニュータウンのように流速が速い所もあるが，通常は20～30cm/秒が多い（表17-1）。親水河川は小河川から導水されたものも

写真17-3　あらかわ福祉体験広場
＊）　視覚障害者や車椅子利用者がスロープや段差などを体験できる。

写真17-4　緩勾配スロープ（旭川）

写真17-5 古川親水公園(1)

*) 水路内に滝の流れを再現している。

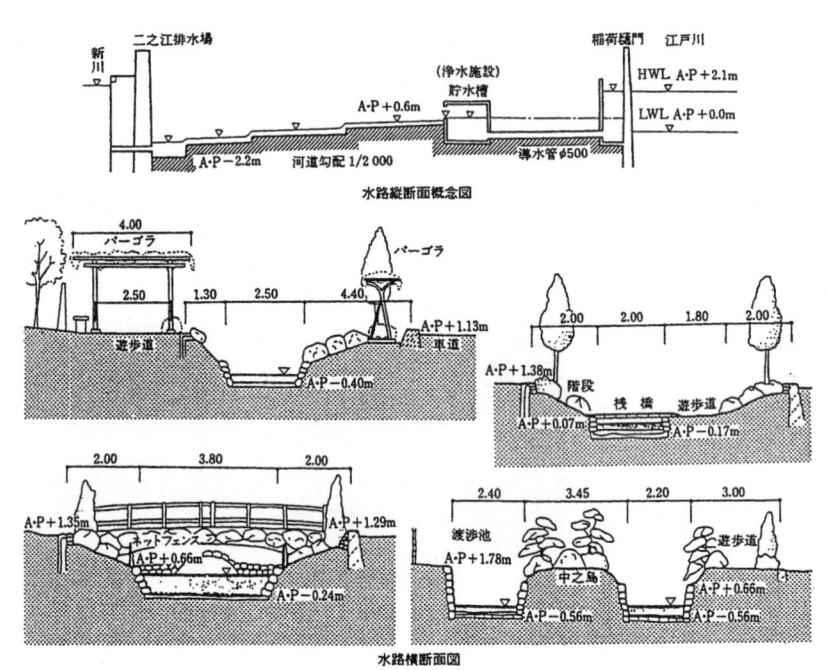

図17-2 古川親水公園(2)

*) 水路に中之島や橋があり，遊歩道沿いには桟橋やパーゴラなどがある。

出典［渡部一二：水路の親水空間計画とデザイン，技報堂出版，1996年］

表17-1 水辺空間の諸元

| 名　称 | 場　所 | 利用水 | 延長 (m) | 流量 (m³/分) | 流速 (cm/秒) | 水深 (cm) | 幅員 (m) |
|---|---|---|---|---|---|---|---|
| 平城ニュータウン | 奈良市 | 中水 | 200 | 1.5 | 50 | 3〜5 | 1.2 |
| 芝山団地 | 千葉県船橋市 | 〃 | 150 | 3 | 50 | 8 | 1.8 |
| 久喜青葉団地 | 埼玉県久喜市 | 〃 | 150 | 2 | 10〜30 | 8〜10 | 1.5〜2 |
| 港北ニュータウン | 神奈川県横浜市 | 雨水 | 200 | — | 100 | 20 | 1.5〜5 |
| 鴨々川遊び場 | 札幌市 | 河川水 | 98.5 | 12 | 20 | 20〜25 | 8〜10 |
| 古川親水公園 | 東京都江戸川区 | 〃 | 1200 | 8.4 | 23 | 30 | 2〜3 |
| 浜町公園 | 〃 中央区 | 上水 | 200 | 2.0 | 8 | 10 | 3.8 |
| 大宮前公園 | 〃 杉並区 | 〃 | 80 | 0.56 | 20 | 3〜5 | 1 |

出典［住宅・都市整備公団：千葉・市原ニュータウン「おゆみの道」基本設計説明書］

あるが，下水処理水を再利用したものもある。例えば，札幌市の安春川（石狩川水系）には創成川処理所の処理水5,200 m³/日（夏）がせせらぎ復活のために導水され，あずまや，遊歩道とともに，潤いとやすらぎの空間を創出している。

小河川や水路では川の上や沿川を休憩用のテラスとして，憩えるあずまやベンチなどが設けられている。例えば，江戸川区の小松川境川親水公園（親水公園第2号）は延長約4 kmに及び，滝，水しぶき，飛び石，吊り橋，冒険船が設置されている。江戸川区内の荒川，中川，新川に囲まれた範囲には3つの親水公園がある。これらの特徴を比較すると，表17-2の通りである。いずれの公園にもトイレ，シャワーが設置され，公園ボランティアによる清掃等の維持管理が行われている。また，岡山の西川緑道公園は周辺の商店等と一体となって憩いの施設が設置されている（写真17-7）。京都の高瀬川には高瀬川が大仏建立のための物資を運搬するのに使われた歴史を解説した銘板が設置されている。

親水用水や修景用水には上水や河川水が用いられるほか，下水処理水が利用される場合がある。親水用水や修景用水に下水処理水を利用する場合，飲み水としての用水ではない

**写真17-6　一之江境川親水公園**

\*）水路で多くの子供が遊ぶ場所は河岸が緩勾配に作られ，シャワー（写真右）が設置されている。

**表17-2　江戸川区内の親水公園の特徴**

| 親水公園名 | 延長<br>供用年 | 親水公園の特徴 |
| --- | --- | --- |
| 古川 | 1,200 m<br>S48 | ・河川水を利用している<br>・中之島に滝の造形があるなど，多くの造形が見られる<br>・管理は行き届いているが，利用者は少ない<br>・遊歩道は狭い区間が多い |
| 一之江境川 | 3,280 m<br>H7 | ・水道水を循環利用している<br>・遊歩道と水辺が緩やかにつながった区間では幼児が水浴びをするなどして，3公園のなかでは最も利用者が多い<br>・全体的に植生が多く，水路際に柵工も見られる<br>・生態系に配慮してエコポケット（木杭で囲まれた水辺内の空間）も作られている<br>・遊具と一体となった吊り橋がある |
| 小松川境川 | 3,930 m<br>S57 | ・河川水を利用している<br>・上流で2本の水路が合流している<br>・遊歩道が広く，開放的であるが，途中で道路が横断している箇所が多い<br>・滝を模した造形が見られる<br>・ベンチが多く設けられている<br>・渡り橋の所にあったモニュメントや擬木を使った柵工は不自然である |

写真17-7　西川緑道公園
*) 岡山の繁華街にあって，水の流れが落ち着きを与えてくれる。

表17-3　下水処理水の親水・修景用水利用における水質項目

| 項　目 | 親水用水利用 | 修景用水利用 | 設定根拠 |
|---|---|---|---|
| 濁度 | 2度以下 | 2度以下※ | 急速濾過法による処理実績 |
| pH | 5.8～8.6 | 5.8～8.6 | 下水処理水の放流水質基準 |
| 大腸菌群数 | 不検出 | 基本的に規定しないが，暫定的に現行の1,000 CFU/100 mL 以下を採用 | 水道水質基準，建築物衛生法施行規則 CFU：コロニー形成ユニット |
| 臭気・外観 | 不快でないこと | 不快でないこと | 下水処理水循環利用技術指針（案） |
| 色度 | 10度以下 | 40度以下 | 下水処理水の修景・親水利用水質検討マニュアル（案） |
| 残留塩素* | 遊離残留塩素0.1 mg/Lまたは結合残留塩素0.4 mg/L 以上 | 規定しない | 親水（建築物における衛生的環境の確保に関する法律施行規則），修景（人間が触れないことを前提に規定していない） |

※：管理目標値を示している
出典［国交省下水道部・国総研：下水処理水の再利用水質基準等マニュアル，2005年］

が，基本的に守るべき水質項目がある。処理水の再利用水質基準については，H17に国交省下水道部・国総研「下水処理水の再利用水質基準等マニュアル」が出され，水洗・散水・親水・修景用水に用いる場合の水質基準が示された。表17-3では，そのうちの親水・修景用水に関する目標値を示した。

　川のことを知ってもらうために，川や地域にまつわる話題を説明する音声案内装置もある。例えば，釜無川の信玄堤[注1)]公園には大型の説明パネルの前に人が立つと，自動的に信玄堤の由来，将棋頭，竜王の高岩などについて解説を行う装置がある。また，土木研究所の自然共生研究センターではパネル番号にあわせると，実験河川の研究内容をiPodにより説明するシステムが開発された。このシステムは今後現地の河川において活用されることが期待される。

#### 参考文献
1) 渡部一二：水路の親水空間計画とデザイン，技報堂出版，1996年
2) 住宅・都市整備公団：千葉・市原ニュータウン「おゆみの道」基本設計説明書
3) 国交省下水道部・国総研：下水処理水の再利用水質基準等マニュアル，2005年

注1) 現存する信玄堤は石積み堤など一部で，多くはM20年代以降の改修堤である。

## 17.3 水辺の気象緩和機能

　都市部では温暖化やヒートアイランド現象によって，気温が上昇しており，例えば東京では日平均気温が過去100年間で約3度上昇した（図17-3）。温暖化というと，夏の気温上昇を思い浮かべるが，東京ではS25以降，特に日最低気温の上昇が著しく，気温が高くなる以上に気温が低くならなくなっている（暖冬化）。特に地表面の改変（建物，道路舗装）や人工排熱（空調，電力，自動車，工場）に伴うヒートアイランド現象により，周辺地域より気温の上昇が著しく，人工排熱では特に空調，電力の影響が大きい。

　ヒートアイランドを促進させる一因に，冷房に伴う排熱により気温が上昇し，更に冷房需要が高まるという悪循環がある（図17-4）。こうした空調排熱を減らす方法にヒートポンプがある。ヒートポンプとは冷媒液を圧縮，または蒸発させて熱の出し入れを行い，得られた温かい水または冷たい水をファンコイルを通して冷暖房に使用するものである。このように都市施設排熱を利用した施設に新宿副都心（コージェネ排熱），りんくうタウン（変電所排熱），東京臨海副都心（ゴミ焼却排熱），未利用水を利用した施設に箱崎，富山駅北（河川水），幕張新都心（下水熱）などがある。

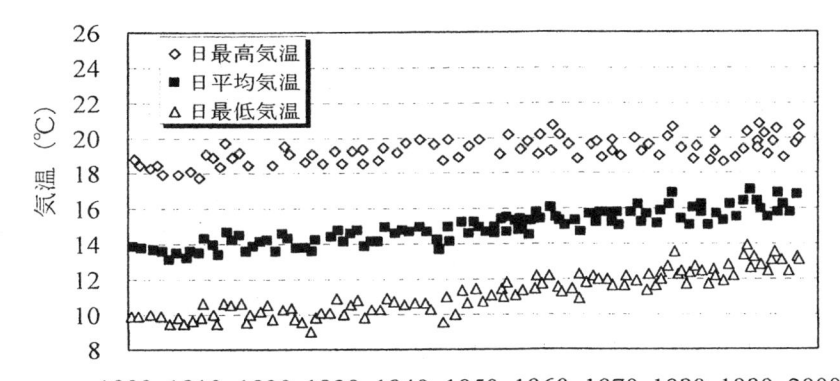

図17-3　日最高・平均・最低気温の推移（東京）

＊）過去100年間で見て，日最高気温は2度も上がっていないが，日最低気温は3度以上上がっている。

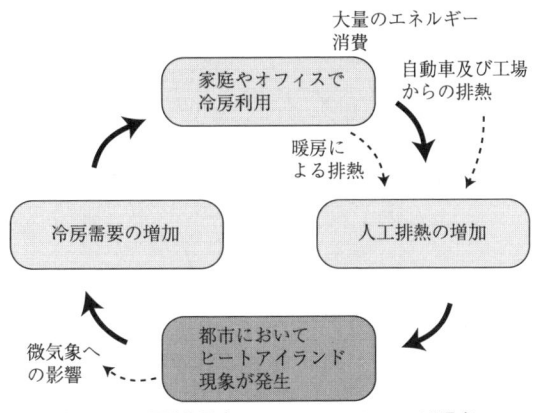

図17-4　悪循環するヒートアイランド現象

＊）ヒートアイランドを抑えるには家庭やオフィスの冷房を抑えて，悪循環を断つ必要がある。

出典［末次忠司：図解雑学 河川の科学，ナツメ社，2005年］

三井倉庫箱崎ビル（熱供給事業者：東京電力）では，Ｈ１に日本で最初に未利用エネルギーとして，河川水を利用した。このシステムは隅田川から夏に約５万 m³/日（瞬時で約 １m³/s）を取水して，水熱源ヒートポンプにより，ビル内の冷暖房を行うもので，空気熱源ヒートポンプに比べて 20％以上省エネとなるほか，$CO_2$ の排出量も少ない。

一方，河川水は熱容量が土壌やコンクリートより２～３倍大きいため，暖まりにくく，また潜熱により蒸発を行うため，河川水自体にも周辺の気温を低減させる働きがある。これを微気象緩和効果といい，建設省土木研究所が実施した全国調査（12 河川）の結果，風速，川幅，周囲の建物密度などにもよるが，周辺の気温を概ね 0.3～3 度（１～２度が多い）低下させ，冷却範囲は水面幅の（0.2～2）倍であることが分かった。

気温低減効果は河川によって異なり，太田川支川では河川沿いで気温が低減し，特に平和大通のような大きな道路を通じて，風により低減効果が広がっていた（図 17-5）。これは河川が風の通り道となって，風が河川横断方向にある幅員の大きな道路に進入しているからである。河道と直角方向に見た気温低減量は，庄内川で２～2.5 度，江戸川で１～1.5 度であった。また，河川からの距離に応じて効果は減少し，その影響範囲は広瀬川で 1.5～3 km，淀川で 0.7～1.3 km であった。

緑にも微気象緩和効果があり，緑地の気温低減効果は河川よりも高い。近年この効果を利用した屋上緑化が進められている。環境保護の観点からＨ２頃より取り組みが始まり，

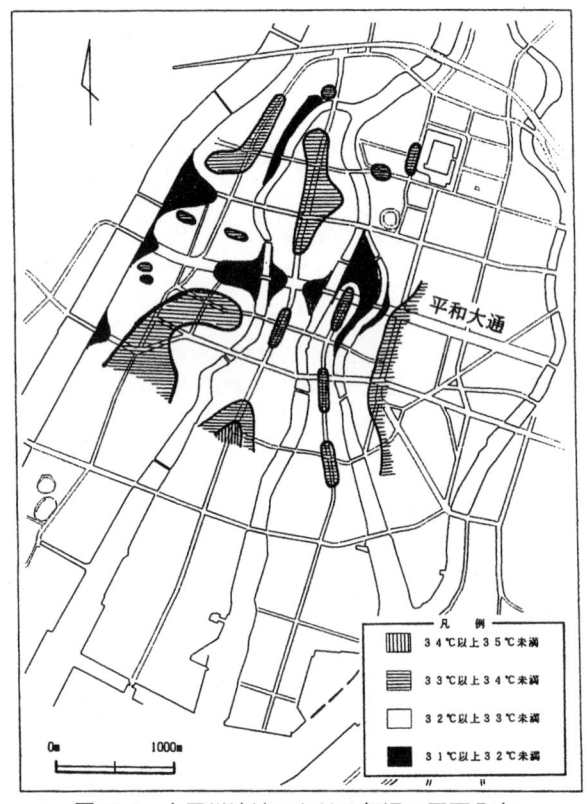

図17-5　太田川流域における気温の平面分布
（８月11日14時）

＊）　平和大通など，道路に沿って冷気が流れていることが分かる。
出典［建設省河川環境課・土研都市河川研究室：都市における熱環境改善を考慮した河川改修等のための調査・研究，建設省技術研究会報告，1995年］

H13に事業者に対する固定資産税の減免が始まったり，地方自治体が積極的に推進したため，需要が高まった。特に大企業や官公庁を中心として広がりをみせ，H12～20の合計で屋上緑化が242 ha，壁面緑化が24 haも実施されている。都道府県で見れば，屋上緑化は東京（86 ha），神奈川（27 ha），愛知（23 ha）が多く，壁面緑化は東京（11 ha），兵庫（3 ha），愛知（3 ha）の施工面積が多い。

東京都や兵庫県などでは一定規模以上のビルやマンションの新築・増築時に，屋上などの敷地内を20％以上緑化しなければならない条例[注1]がある。なお，緑化には温度上昇の抑制機能だけでなく，断熱材と同じように省エネや冷房コストの低減にも効果を発揮する。

**参考文献**
1) 末次忠司：図解雑学 河川の科学，ナツメ社，2005年
2) 建設省河川環境課・土木研究所都市河川研究室：都市における熱環境改善を考慮した河川改修等のための調査・研究，第50（49）回建設省技術研究会報告，1996（1995）年
3) 藤原宣夫編著：都市に水辺をつくる―環境資源としての水辺計画―，技術書院，1999年
4) 読売新聞朝刊，H 21.8.10
5) 末次忠司・河原能久・木内豪ほか：都市空間におけるヒートアイランド現象の軽減に関する研究（その1），土木研究所資料，第3722号，2000年

## 17.4 水路網

近年，従来の機能一辺倒であった都市整備に対する反省から，潤いのある環境に配慮した街づくりを望む機運が高まってきた。この流れを受け，各地で景観や親水性の向上，生物の生息環境の保護などのための水辺空間の整備が行われるようになってきた。地域の歴史的シンボルとしての水路整備（福岡県柳川市，滋賀県近江八幡市），「地域用水」としての用水路整備（滋賀県甲良町，山形県金山町），農業に使われなくなった水路の親水整備（古川親水公園，仙台堀川公園）などもその一例である。

水路網の空間特性としては，
① 上流部の河川・貯水池などの水源から，取水施設（水門，堰）によって流量を制御して水を取り入れる
② 門や堰，自然分流によって，農地や市街地に配水する
③ 市街地を流下した後，灌漑用水などに利用され，本流の用水路や排水路を経て本川や近隣河川へ流入する

などの経路により形成されている。水路網の平面形態は地形などにより放射状，単線状，網目状に分類され，市街地を流下する際の断面形は片側，両側，中央部，段差水路に分類される。

水路の大きさは側溝程度のものから幅数十mにわたっており，幹線水路は大きく，各家屋に引かれる水路は小さいものが多い。河川と比較した場合，住民の生活利用に便利なように家々のすぐ近くまで張り巡らされているのが特徴である。更に洗い場や汲水場へ下りていく階段などがあるため，水際へのアクセスが容易で，人が水と密接に触れ合える空間が形成されている。表17-4には水路網が整備された代表的な都市の事例をまとめた（図17-6，写真17-8）。

---

注1）例えば，東京の条例は「東京における自然の保護と回復に関する条例」，いわゆる自然保護条例である。

表17-4 水路網の形態・利用概要

| 県／市町 | 取水河川／利用用途 | 水路網の概要 |
|---|---|---|
| 福岡県 柳川市 | 矢部川水系沖端川 | 河川から水門を通じて導水し，堀割を経由して樋門から排水する水路網で，総延長は450 km ある。到達距離で見た水路密度※は約60 m で，これはイタリアのベネチア並みである。所々で水路断面形を変化させて，流速や流量をコントロールしているのが特徴である。住民等により河川浄化活動が行われている |
|  | 農業用排水，散水，観光，潜在的には浸水防止 |  |
| 岐阜県 郡上郡八幡町 | 長良川水系吉田川，小駄良川 | 河川からの取水は市街地内の側溝などにより軒先に配水され，末端で河川に合流する形態である。到達距離は柳川と同程度で，防火・生活用水のために開削された。セギ，水屋，カワドなどの水利用施設がある |
|  | 散水，観光，流雪 |  |
| 長崎県 島原市 | ― | 湧水が市街地の小河川や水路網に流入している形態である。水路網は使用規則のある共同洗い場，ポケットパーク（水広場）として利用されている。鉄砲町には全国的にも希有な街路中心を通る武家屋敷水路が残されている |
|  | 野菜洗い，洗濯，湧水池，観光 |  |

※：水路密度＝A/2L でAは対象区域面積，Lは水路総延長で，任意地点から近傍の水路までの平均到達距離を表している。

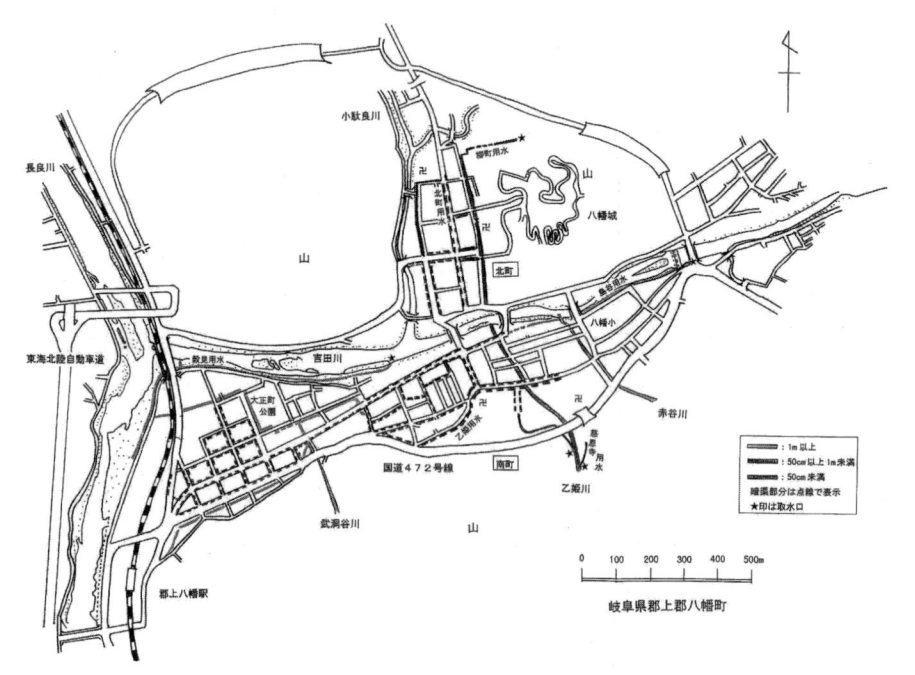

図17-6 郡上八幡の水路網

＊）島谷用水や穀見用水などの幹線用水は吉田川沿いを流れ，また街なかの多くの水路は暗渠化されている。

　水路網には生活，生産，環境，アメニティ，防災など様々な機能がある（図17-7）。地域により機能の重要度は異なり，富山・柳川・郡上八幡の3地域を対象にしたアンケート調査結果によると，全地域に共通しているのは消火用水，浸水排除，生活用水（散水など）であった（図17-8）。しかし，地域により，多雪地帯の富山では流雪，富山・柳川では農業用排水路，郡上八幡・柳川では景観・風景や街のイメージアップの機能を有しているという回答が多かった。

　水路網が有する代表的な機能は表17-5 の通りで，経年的に見ると生活用水としての利用は減少しているが，相対的に排水路としての利用は高くなっている。地域によっては，

写真17-8　郡上八幡の水利用施設

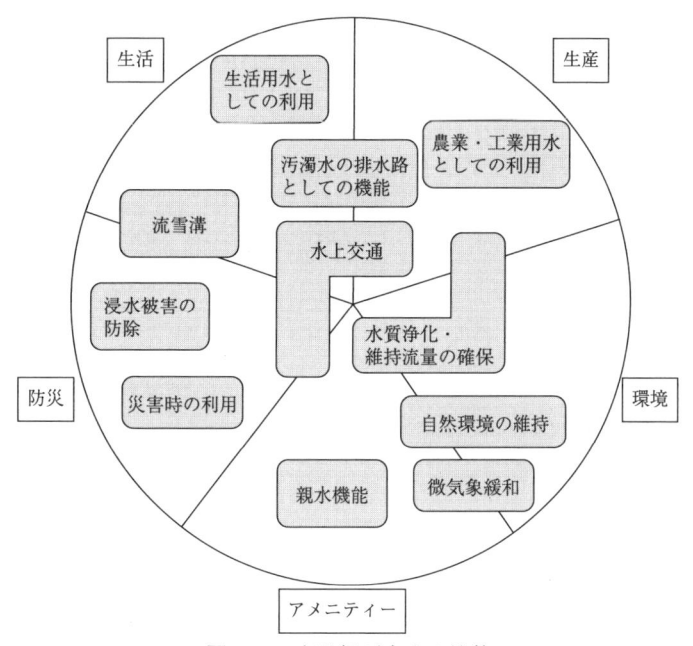

図17-7　水路網が有する機能

＊）生活や防災のために利用されている地域が多く，地域によっては観光資源としてのアメニティ機能が重要視されている。

出典［栗城稔・末次忠司・舘健一郎ほか：河川ネットワークによる都市機能の向上—水路網の実態調査結果—，土木研究所資料，第3477号，1997年］

観光資源としての親水機能を有しているし，防火用水や消流雪としての役割も大きい。今後は親水機能の役割が増大するものと思われる。

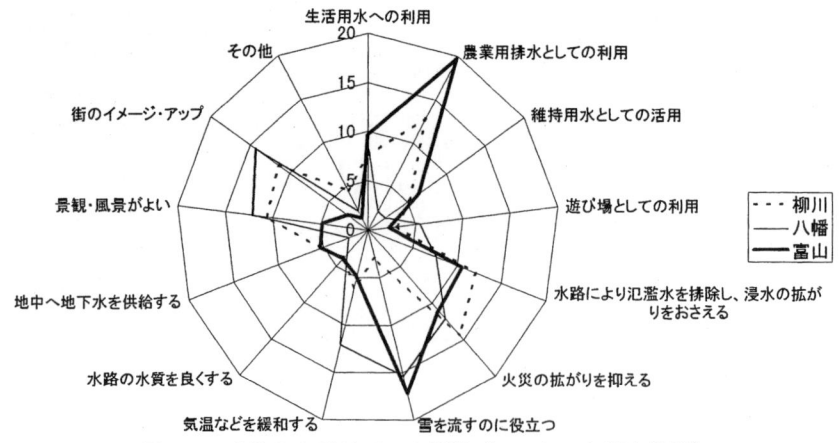

図17-8 水路から受けている恩恵（アンケート調査結果）

\*）農業用排水，街のイメージ・アップ，気温緩和，流雪に関して，大きな地域差が見られる。
出典　［栗城稔・末次忠司・舘健一郎ほか：河川ネットワークによる都市機能の向上―水路網の実態調査結果―，土木研究所資料，第3477号，1997年］

表17-5　代表的な水路網の機能

| 生活用水 | 上水用の水路だけでなく，農業目的で導水された水路でも様々な水利用施設がつくられ，生活用水として利用されている。しかし，近年では上水道の発達によりその利用は減少している |
|---|---|
| 排水路 | 下水道整備がなされていない地域では，多くの水路が排水路としての役割を担っている。元来農業用排水路や生活用水路として利用されていた水路も，都市化の進展や上水道の整備などから，排水路としての役割が大きくなってきている |
| 農業・工業用水 | 例えば，柳川地域は湿地帯でありながら灌漑用水の取得が困難であったため，ため池のような利用がなされてきた。試算によれば，約4か月分の水稲用水を貯留することができる。また，水に恵まれている地域では染色，酒造など水を利用した産業が行われている地域も多い |
| 自然環境の維持 | 水辺空間は都市における貴重な自然空間である。水生生物の生息空間であるとともに，水循環からみると底面から水が地中に浸透する地下水の滋養機能を有している。例えば，柳川の水路側岸は部分的に木柵でできており，滋養効果は大きい |
| 親水 | 水辺空間は水の特質から公園として非常に高いポテンシャルを有する。魚とり，水泳，水遊びなど子供たちの遊び場となり，大人たちには散歩などの憩いの場を提供する。また，水辺の存在は良好な景観をつくりだし，柳川や郡上八幡などでは観光資源として地域の活性化に貢献している |
| 浸水排除 | 氾濫原に水路が存在することにより，氾濫被害を抑制することができる。水路網への氾濫水の貯留，氾濫流を水路網に取り込むことによる氾濫の拡散防止効果，排水機場・遊水域などへの氾濫水の誘導，氾濫水の分散による特定箇所への氾濫水の集中を防ぐ効果などの機能を有する |
| 防火用水 | 火災時には水路の水は防火用水として利用できる。近年住民の水利用は減少しているが，防火用水としての役割は消流雪とともに，多くの地域で重要なものとなっている |

出典　［藤原宣夫編著：都市に水辺をつくる―環境資源としての水辺計画―，技術書院，1999年］

**参考文献**

1) 栗城稔・末次忠司・舘健一郎ほか：河川ネットワークによる都市機能の向上―水路網の実態調査結果―，土木研究所資料，第3477号，1997年
2) 藤原宣夫編著：都市に水辺をつくる―環境資源としての水辺計画―，技術書院，1999年

## 17.5　経済評価

近年，財政状況の悪化や事業の客観性重視に伴って，一層の事業の効率性，事業過程の透明性の向上が求められている。事業評価にはマクロに見た政策評価と個別事業の評価が

ある。

　政策評価はアメリカのオレゴン州で実施されているように，アウトカム指標（政策による具体的な成果）を用いて，現在どんな姿で，将来どういう姿を目指すかを考えて，政策の優先順位を必要性・緊急性などより決定するほか，政府の投資結果の数値化を図るものである。国有財産の貸借対照表（バランスシート）を作成して，投資効果を客観的に明示するという意味で，従来の物的管理だけでなく，財務管理も行うものである。

　この手法はニュージーランド，イギリス，アメリカ，オーストラリアなどで導入されている。建設省もH13年度より具体的な目標を掲げたアウトカム指標を本格的に導入した。日本ではH15に社会資本整備重点計画法に基づいて，従来の9事業分野[注1]別の計画を一本化するとともに，計画の内容を従来の「事業量」から「達成される効果」に変更するなど，成果ベースへの転換を行った。国交省の河川関係で設定された主要なアウトカム指標は表17-6の通りである。なお，都市浸水対策達成率の実績値が逆転しているのは，H19年度に地区別に整備水準を区分するよう，達成率の評価手法を改定したためである。

　個別事業の評価に関して，国交省はアメリカのサンセット法にならって，公共事業の評価制度を制定してきた。H10には新規事業および継続事業の評価（継続，休止，中止）を実施した。その後採択後5年以上未着工の事業，完成予定を20年以上経過した事業などを対象に，事業の見直しを行った。H14.4からは政策評価法[注2]に基づく政策評価が実施されているし，H15からは完了後の事後評価も実施されている。H19年度における評価結果は以下の通りである。なお，地方公共団体では三重県で事務事業評価システム（H8〜）により，また富山県では公共事業等審査会（H9〜）を設立して，事業の必要性・緊急性・投資効果等を審査している。

- 新規事業採択時に434事業を評価
- 926事業を再評価した結果，5事業を中止
- 事業完了後一定期間が経過した118事業を事後評価

表17-6　アウトカム指標の目標

| 分類 | アウトカム指標 | H15時点 H14実績 | H15時点 H19目標 | H21時点 H19実績 | H21時点 H24目標 |
|---|---|---|---|---|---|
| 洪水災害 | 洪水による氾濫から守られる区域の割合（%） | 58 | 62 | 61 | 64 |
| | 近年の床上浸水戸数のうち未だ床上浸水の恐れがある戸数（万戸） | 9 | 6 | 14.8 | 7.3 |
| | 洪水ハザードマップを作成・公表し，防災訓練等を実施した市町村の割合（%） | — | — | 7 | 100 |
| | 津波・高潮に対して安全性が確保されていない地域（km$^2$） | 1,500 | 1,000 | — | — |
| 土砂災害 | 土砂災害から保全される戸数（万戸） | 20 | 140 | — | — |
| | 土砂災害から保全される人口（万人） | — | — | 270 | 300 |
| | 土砂災害特別警戒区域指定率（%） | — | — | 34 | 80 |
| 下水道 | 都市浸水対策達成率（%） | 51 | 54 | 48 | 55 |
| | 処理人口普及率（%） | 65 | 72 | 72 | 78 |
| 水環境 | 汚濁負荷削減率（河川）（%） | (65) | (78) | 71 | 75 |
| | 汚濁負荷削減率（湖沼）（%） | — | — | 55 | 59 |
| | 水辺の再生の割合（%） | — | 20 | 20 | 40 |

注1）道路，交通安全施設，空港，港湾，都市公園，下水道，治水，急傾斜地，海岸の分野。
注2）正式には「行政機関が行う政策の評価に関する法律」である。

治水事業の経済評価には従来治水経済調査要綱（S 45）が用いられてきた．これに対して，資産の項目・被害率，営業停止損失の算定法，氾濫解析手法，便益評価手法などが見直された治水経済調査マニュアルが策定（H 12）され，その後改定された．このマニュアルに従って，河川整備基本方針および河川整備計画の経済性評価を行うほか，事業の必要性，効果，熟度等を総合的に判断して採択を行うこととなった．

治水経済調査マニュアルではおおまかに以下の手順に従って事業の経済評価を行う．

- 氾濫形態のほかに支川，山付き，中小洪水による浸水範囲などに基づいて，氾濫原をブロック分割する
- ブロックごとに被害最大となる地点[注3)]で破堤させて，浸水区域および浸水深を算定する
- 被害額は直接被害だけでなく，間接被害（営業停止損失，応急対策費用）も算定して，年平均被害軽減期待額を算出する
- 費用は治水事業着手から完成までの総建設費と維持管理費（割引率4％）を対象とする

一方，水害被害を推計する水害統計においても，この見直しにあわせて，

- H 10〜　一般資産の被害率，評価単価が改定された
　　　　　間接被害として，営業停止損失のほかに，清掃等の応急対策費用（家庭，事業所）が追加された
- H 15〜　公共土木施設被害に国交省所管の港湾施設の被害が追加された

の変更が行われた．一般資産被害額および公共土木施設被害額の経年変化を見る場合は，この改定内容に留意する必要がある．

なお，水害統計における水害被害額の内訳を過去20年間の平均被害額とあわせて示せば，図17-9の通りである（単位 億円：H 12年価格）．水害被害額に占める割合は一般資産等：公共土木施設＝2：3と，一般的に公共土木施設被害が多いが，多くの家屋・事業所が被災した東海豪雨（H 12.9）では約8割が一般資産等被害額であった．一般資産等被害額では家屋・事業所資産の一般資産被害額が多く，両者をあわせて一般資産等被害額の2/3である．歴代被害額では水害被害額はS 28（3.1兆円：H 12年価格）が最も多く，一般資産等被害額はH 16（1.3兆円）が多かった．

治水事業の評価に関する今後の課題としては，防災・都市機能等の質的被災評価がある．これまでは施設の物的被災評価が主であったが，防災・都市機能は浸水により機能マヒが生じると，防災性が低下したり，質的被害が生じ，大きな波及被害を発生させる場合があるので，今後は評価を行っていく必要がある．また，河川環境の経済評価は現在CVM（仮想評価法）等により行われているが，今後は環境機能（景観，水質，生態系）などの

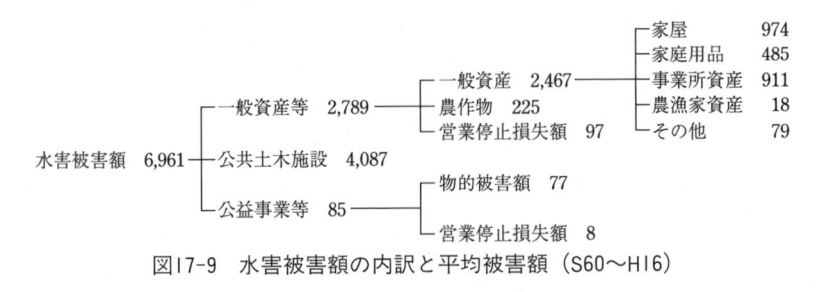

```
                                    ┌─ 一般資産 2,467 ─┬─ 家屋         974
                                    │                  ├─ 家庭用品     485
          ┌─ 一般資産等 2,789 ──────┤                  ├─ 事業所資産   911
          │                         ├─ 農作物 225      ├─ 農漁家資産    18
水害被害額 6,961 ─┼─ 公共土木施設 4,087  └─ 営業停止損失額 97  └─ その他      79
          │
          └─ 公益事業等 85 ──┬─ 物的被害額 77
                             └─ 営業停止損失額 8
```

図17-9　水害被害額の内訳と平均被害額（S60〜H16）

注3）洪水位が高い，または河床高が高い箇所のほか，治水地形（旧川締切箇所，旧河道跡，落堀），重要水防箇所，扇状地，本支川合流点なども考慮して，仮想の破堤箇所を設定する．

評価も行える河川経済調査マニュアルの策定が望まれる。

**参考文献**
1) 上山信一:「行政評価」の時代, NTT出版, 1998年
2) 国交省河川局:河川局関係の概算要求, 河川, No.686, 2003年
3) 国交省:社会資本整備重点計画, 2009年
4) 国交省編:国土交通白書2009 平成20年度年次報告, ぎょうせい, 2009年
5) 末次忠司:治水経済史─水害統計および治水経済調査手法の変遷─, 土木史研究, No.18, 1998年
6) 建設省河川局:治水経済調査マニュアル, 2000年
7) 末次忠司:河川の減災マニュアル─現場で役立つ実践的減災読本─, 技報堂出版, 2009年

## 17.6 合意形成

H9.12の河川法改正に伴って、必要に応じて地元住民等の意見(民意)を計画策定に反映することとなった。これまでのプロジェクトにおいても、計画段階において住民アンケート調査、意見交換会、説明会などが実施されてきたが、「十分な情報がない」「従前から行政不信がある」などの理由から住民が事業に対して反対運動を起こす場合があった。

重要なのはプロジェクトのことを理解してもらう以前に、行政担当者は常日頃から地元住民と頻繁に接したり、マスコミ(地元新聞社)等と意見交換を行ったり、関連情報の発信を行って、「この人が言うなら、信じよう」という信頼関係を築いておくことである。そして、地元住民には視覚的に分かりやすい形できめ細かい情報を提供するとともに、行政と住民の橋渡し役となる第三者機関(ファシリテータ、学会)を介在させる。住民には計画案が固まった段階より前の、ある程度原案が明らかとなった計画構想段階と計画代替案の検討段階で住民参加してもらうのがよい(図17-10)。

また、住民の合意形成を効果的に行うには海外で活用実績のある各種ツールを活用するのがよい。合意形成ツールには計画に利害関係を持つ組織や団体の利害・主張と関心のレベル、利害対立の構図を調査する「ポリシープロファイリング」や特定の課題に対応して20〜40名程度で議論を行う「ワークショップ」などがあり、表17-7に主要なツールの概要を列挙した。今後日本でも積極的に活用すべきであると考える。

透明性があり、公平で合理的な合意形成を図るには、先進的な欧米で行われている事業手続きを参考にする必要がある。事業手続きにおける住民参加は国によって異なり、アメリカでは多くの段階で住民参加を行っているのに対して、イギリスでは少ない回数でしかも有効な合意形成が図られている。したがって、アメリカの住民参加方式を推奨する人もいるが、著者はイギリスの方式の方が日本の風土にあっていると考える。

図17-11に示したように、イギリスの治水事業では住民や自治体との協議は2回設けられている。1回目は経済・技術・環境上の評価に基づいて治水計画案が作成された後の自治体、関係団体との非公式協議である。2回目が公式で唯一の協議で、住民に対して計画等の公告・縦覧等を行うとともに、公的機関に対して法定協議が行われる。この協議を受けて、事業計画に納得できない場合は、地方公開審問会(日本の不服審査会に相当)が開催される。審問会では審問官をはさんで、利害関係者と事業者双方の代理人が意見交換を行うというプロセスの手続きである。

日本で河川事業関連で住民参加や合意形成がうまくいった事例は多数ある。例えば、静岡県磐田市にある「住みよい岩田をめざす会」が中心となった33番池ふれアイランド整

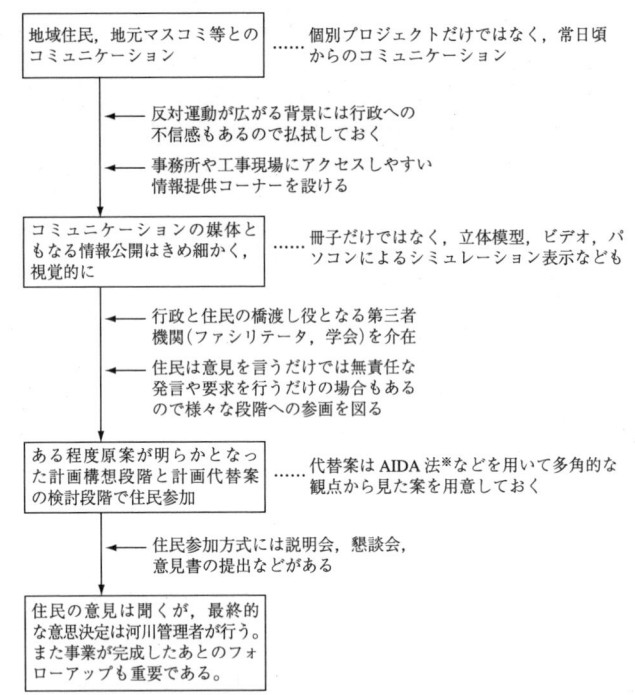

```
地域住民，地元マスコミ等との      個別プロジェクトだけではなく，常日頃
コミュニケーション          ……  からのコミュニケーション
        │
        │← 反対運動が広がる背景には行政への
        │  不信感もあるので払拭しておく
        │← 事務所や工事現場にアクセスしやすい
        │  情報提供コーナーを設ける
        ▼
コミュニケーションの媒体と        冊子だけではなく，立体模型，ビデオ，パ
もなる情報公開はきめ細かく，  ……  ソコンによるシミュレーション表示なども
視覚的に
        │
        │← 行政と住民の橋渡し役となる第三者
        │  機関（ファシリテータ，学会）を介在
        │← 住民は意見を言うだけでは無責任な
        │  発言や要求を行うだけの場合もある
        │  ので様々な段階への参画を図る
        ▼
ある程度原案が明らかとなっ        代替案はAIDA法※などを用いて多角的な
た計画構想段階と計画代替案  ……  観点から見た案を用意しておく
の検討段階で住民参加
        │
        │← 住民参加方式には説明会，懇談会，
        │  意見書の提出などがある
        ▼
住民の意見は聞くが，最終的
な意思決定は河川管理者が行う。
また事業が完成したあとのフォ
ローアップも重要である。
```

図17-10　合意形成プロセスにおけるポイント

*）　住民への情報発信，第三者の介在を経たうえで，住民参加を行うが，特に住民参加の時期に注意する必要がある。
※）　複雑な意思決定問題を定型化（構造化）するための分析手法

表17-7　主要な合意形成ツールの概要

| ツール名 | 手法の概要 |
| --- | --- |
| ポリシープロファイリング | 計画・事業の内容が公表される前に，計画に利害関係を持つ組織や団体の利害・主張と関心のレベル，利害対立の構図を調査することにより，予期しない問題を回避できる |
| ワークショップ | 特定の課題のために組織された会合で，20～40名程度の比較的小さなグループで行われる。より大きな規模の会合の一部として行われる場合もある |
| オープンハウス | 図書館や学校などにパネルや自動スライドを設置して，行政機関や住民に情報を提供する。住民は自由に立ち寄り，関心のあるトピックスを見たり，行政担当者に質問したりできる。声の小さな住民の意見を聞くことができ，住民の意見や関心を組織的に収集できる利点がある |
| フォーカスグループ | 計画に関連する特定のテーマについて，5～12名を集めて行われる意見聴取や討議のことで，事業や計画に対する反応を予想したり，方針を引き出したりすることができる |

*）　住民の意見・関心を把握したり，課題討議を行うための手法もあるが，ポリシープロファイリングのように，利害・主張と関心のレベルを調査できる手法も活用する。
出典［建設省土木研究所：住民参加の川づくり，九州地建における一日土研資料，土木研究所資料，第3673号，1999年］

　備計画である。33番池はゴミの不法投棄によって人影の薄いところになっていたが，めざす会は空き缶回収を行ったり，地域の憩いの場とするため，環境整備実施計画をとりまとめた。磐田市はふるさと創世事業により計画の申請を採択し，コンサルタント会社がまとめ役となってワークショップ形式で計画が策定された。その後計画案に沿って住民自らの手によって除草，整地，木道・木橋の設置が行われるなど，住民参加で計画から施工・維持管理までが実施された希有な事例である。
　防災・減災計画に関して，住民参加が行われた事例は河川環境計画ほど多くはない。総合治水対策を検討していた千葉県の真間川（江戸川支川）では，川幅を約2倍にする河道拡幅工事に伴って桜並木を伐採する計画がたてられていた。これに対して，地元有志が

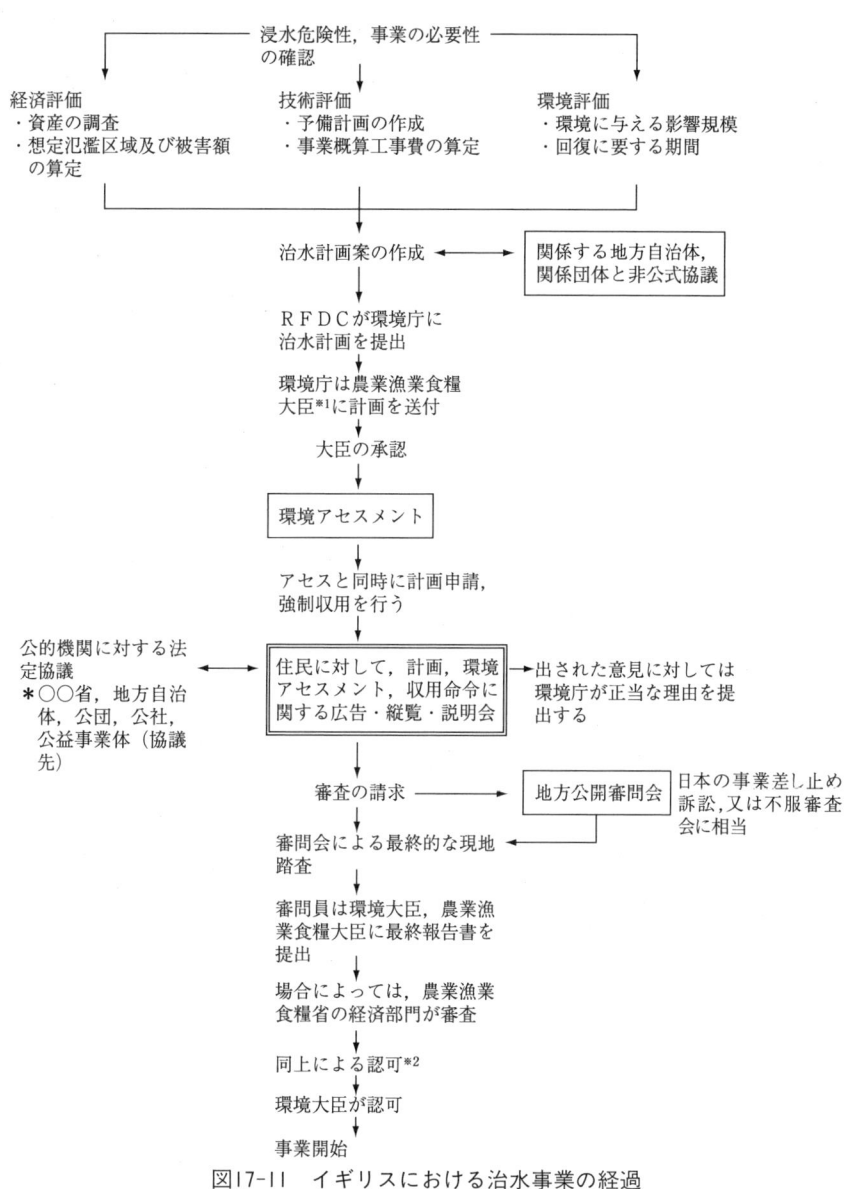

```
                    浸水危険性，事業の必要性
         ┌──────────── の確認 ────────────┐
         ↓              ↓              ↓
      経済評価        技術評価        環境評価
   ・資産の調査    ・予備計画の作成  ・環境に与える影響規模
   ・想定氾濫区域及び被害額  ・事業概算工事費の算定  ・回復に要する期間
    の算定
         └──────────────┬──────────────┘
                        ↓
                  治水計画案の作成 ←──→ 関係する地方自治体，
                        ↓              関係団体と非公式協議
                  RFDCが環境庁に
                  治水計画を提出
                        ↓
                  環境庁は農業漁業食糧
                  大臣※1に計画を送付
                        ↓
                   大臣の承認
                        ↓
                  環境アセスメント
                        ↓
                  アセスと同時に計画申請，
                  強制収用を行う
   公的機関に対する法           ↓              出された意見に対しては
   定協議          ←─ 住民に対して，計画，環境 ─→ 環境庁が正当な理由を提
   ＊○○省，地方自治     アセスメント，収用命令に    出する
    体，公団，公社，    関する広告・縦覧・説明会
    公益事業体（協議
    先）                    ↓
                   審査の請求 ────────→ 地方公開審問会   日本の事業差し止め
                        ↓                            訴訟，又は不服審査
                  審問会による最終的な現地 ←──────     会に相当
                  踏査
                        ↓
                  審問員は環境大臣，農業漁
                  業食糧大臣に最終報告書を
                  提出
                        ↓
                  場合によっては，農業漁業
                  食糧省の経済部門が審査
                        ↓
                  同上による認可※2
                        ↓
                  環境大臣が認可
                        ↓
                   事業開始
```

図17-11　イギリスにおける治水事業の経過

※1）　ウェールズ地方の場合はウェールズ大臣に計画を送付する
※2）　場合によっては大蔵省の精査が必要となる
＊）　策定された計画に対して環境アセスメントを行い，住民に対して公告・縦覧・説明会を実施する。計画に納得できない場合は日本の事業差し止め訴訟に相当する地方公開審問会が開催される。

出典［栗城稔・末次忠司・小林裕明：住民の合意形成と河川行政—各種事業への住民参加事例—，土木研究所資料，第3470号，1997年］

100名ほど集まって「真間川の桜並木を守る市民の会（桜の会）」を結成し，反対運動が展開された。

　千葉県は「真間川緑化護岸計画」の策定段階から，「桜の会」など市民団体の代表を加えた形で計画策定を行うこととした。県職員は「桜の会」の会合に何度も出向いて，議論を交わすとともに，工事区間については地元説明会を開催した。S56.10の台風24号によって真間川流域に甚大な被害が発生し，これを契機に翌年境橋から浅間橋までの桜並木を伐採するという合意に達した。計画では桜の再植樹，景観に配慮した河岸コンクリート

壁の緑化，親水公園など，当時としては先駆的な考え方を取り入れた形で工事が行われた。

なお，国交省はH 15.5に「国交省所管の公共事業の構想段階における住民参加手続きガイドライン（案）」を公表すると同時に，この案に関するパブリックコメントの募集を行った。ガイドラインの主要な内容は以下の通りである。

- 複数の案を作成・公表する
- 公聴会等の開催により，住民の意見を把握する
- 事業に関して十分な情報を提供するとともに，住民の意思決定に十分な期間を確保する
- 手続きの円滑化のために，協議会や第三者機関を設置する
- 住民参加手続きをを踏まえて，計画案を決定するとともに，その旨を速やかに公表する
- 住民参加手続きの立案および実施は地方公共団体と連携して行う

**参考文献**
1) 建設省土木研究所：住民参加の川づくり，九州地建における一日土研資料，土木研究所資料，第3673号，1999年
2) 国交省政策課：公共事業の構想段階における住民参加手続きガイドライン策定へ，PORTAL 06，2003年
3) 末次忠司：公共事業と住民参加，水利科学，No.240，1998年
4) 栗城稔・末次忠司・小林裕明：住民の合意形成と河川行政—各種事業への住民参加事例—，土木研究所資料，第3470号，1997年

## 17.7　川と人のつながり

古来より人々は川の恩恵を受けながら生活してきた。歴史的に見ると，縄文時代は特に東日本ではサケやマスを捕獲して食用としていたため，河川とのつながりは深かった。弥生時代には三角州で稲作が開始されるなど，沖積平野への進出が行われた。稲作の開始に伴い，集落排水施設が建設された証拠として，鳥取県大山町のため升や環壕が遺跡として発掘されている。古墳時代には氾濫被害が及ばない山麓に水田が開かれ，普及した鉄製道具により潅漑が行われた。

一方，飛鳥時代から奈良時代にかけては，水田が平野で展開されるようになり，耕地開発のために堤防を建設するよう，大化2（646）年に堤防築造の詔が出された。そして，耕地の地割（条理制）が大和川や桂川などの河川沿いにも進んだ。例えば，東播平野の加古川・明石川の下流域，杉原川（加古川上流域）などに広範な条理型土地割が分布した（図17-12）。荘園制時代には多数の開墾地が度重なる水害を受け，地先単位の洪水防御の必要性が高まった。一方，扇状地河川では大規模な用水路の整備が進み，開発が進展していった。

戦国時代から安土桃山時代にかけては，城下町が形成されるなど，本格的な沖積平野への進出が始まった。武田信玄や豊臣秀吉などにより高度な治水技術が展開されたのもこの時代である。武田信玄は甲府盆地を水害から守るために釜無川・御勅使川（みだい）・塩川の三川合流事業を行うとともに，信玄堤（御勅使川の付け替え，霞堤，水防林など）を築いた。急流河川における洪水対策としては石積出し，将棋頭，高岩などを活用した（図17-13）。一方，豊臣秀吉は伏見城を水害から守るため，宇治川に太閤堤を築いた。また，本多丹後

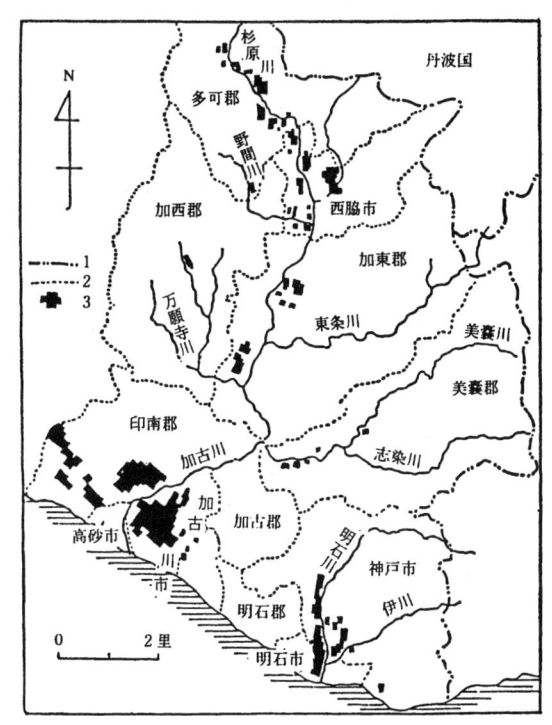

図17-12 加古川・明石川流域における条理型土地割の分布
出典［谷岡武雄：平野の開発，古今書院，1984年］

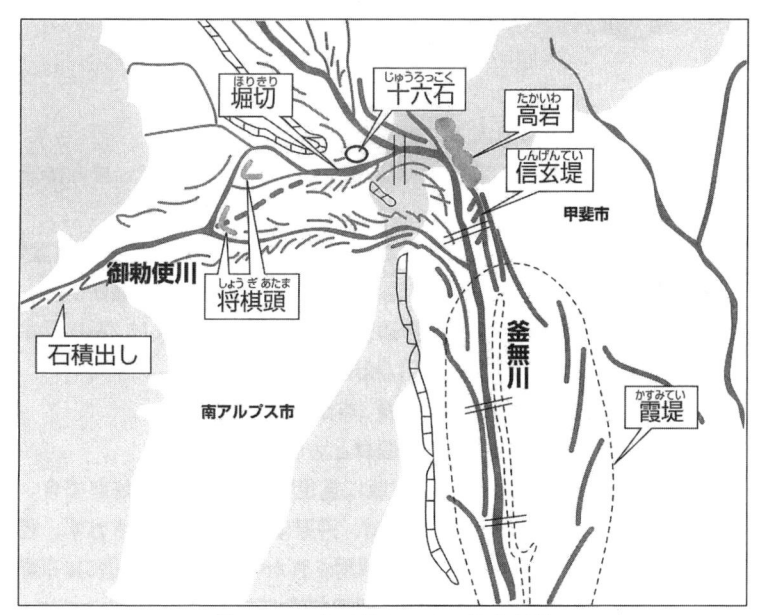

図17-13 武田信玄による治水対策
*) 勢いの強い洪水流に対しては，将棋頭や竜王の高岩で対応し，洪水の流下や氾濫水処理に対しては信玄堤や霞堤で対応した。
出典［建設省甲府工事事務所：甲斐の道づくり・富士川の治水，1989年］

守は福井市を水害から守るため，九頭竜川に元覚堤を築いた。

　江戸時代に至ると更に大規模な新田開発が行われ，治水事業が行われるとともに，様々な取水・排水施設が建設された。例えば，伊奈家が行った利根川の東遷事業，北上川や大

表17-8　戦国〜江戸時代に行われた主要な治水事業

| 西暦 | 治水事業 | 主たる目的 | 備　考 |
|---|---|---|---|
| 1542 | 富士川（釜無川）の信玄堤 | 甲府盆地を水害から守る | 武田信玄による釜無川，御勅使川，塩川三川合流点の治水計画 |
| 安土桃山時代（1573〜1600年） | | | |
| 1580 | 常願寺川の佐々堤 | 富山市を水害から守る | 富山城主　佐々成政 |
| 1590 | 利根川，荒川の石田堤 | 敵城を攻めるため，利根川，荒川から導水 | 石田三成 |
| 1594 | 宇治川の太閤堤 | 伏見城を水害から守る | 豊臣秀吉　巨椋池と宇治川の分離 |
| — | 九頭竜川の元覚堤 | 福井市を水害から守る | 本多丹後守 |
| 江戸時代（1600〜1867年） | | | |
| 1594〜 | 利根川の東遷事業 | 埼玉平野の開発，伊達藩に対する防備，舟運 | 伊奈備前守忠次 |
| 1603 | 白川と坪井川の分離 | 洪水防御 | 加藤清正　両河川間に暗きょ |
| 1610 | 木曽川左岸の御囲堤 | 洪水防御，軍事戦略 | — |
| 1619 | 芦田川の水野土手 | 福山城を水害から守る | 水野勝成 |
| 1674 | 富士川の雁堤 | 洪水防御 | 古郡孫太夫重政　古郡文右衛門重年 |
| — | 大和川の付け替え | 洪水防御 | 河村瑞賢 |

和川の河道付け替えが有名な事業である。こうした洪水防御や新田開発のための大規模土木事業の伸展により，江戸時代前期の150年間に人口および水田面積は約3倍となった。戦国時代から江戸時代にかけて各地で実施された数多くの代表的な治水事業を表17-8に示した。

　近世中期から後期にかけては，三都（江戸，京都，大坂）周縁の山辺や水辺では庶民の行楽地や遊興地が形成され，河原で芸能が盛んに行われた。例えば，江戸橋広小路の水辺利用を見ると，日本橋川沿いには蔵や町屋敷，広小路沿いには店や遊興施設が立ち並んだ。その後，河川は江戸時代から明治末にかけて，舟運のための一動脈となり，物流の一翼を担った。特に江戸時代は人口が増え，また参勤交代のために江戸廻米が始まったため，利根川水運は隆盛を極め，物資輸送のために内川廻しの水路が開発・活用された。

　また，城・城下町づくりにあたって，河川は，①飲料水・潅漑用水の供給，②交通路（資材運搬を含む），③防備などの役割を有していた。そのため，城下町は用水確保，交通，都市計画，行政の利便性から洪水氾濫の常襲地帯や低湿地に接近していった。水害の発生に対して，城や城下町を移転せざるをえなかった事例もある。尾張国清洲城や越後国蔵王城は洪水氾濫に悩まされて城・城下町を移転させたし，高知城や前橋城は洪水氾濫に対して城を移転したが，その後治水対策を施して，元の土地に戻った。また，盛岡城や岡山城は洪水氾濫の被害に対して，河道を付け替えた（表17-9）。

　近代になって産業革命が起こり，特に経済成長が始まると工業生産が盛んになり，また効率性が強く求められてきた。その結果，河川は芸能・遊興・憩いの場所ではなく，家庭や工場からの汚水の排水路と化していった。各地で水質汚濁などの公害が発生し，公害裁判が提訴され，河川は人々から疎遠となっていった。こうした状況はS50年代まで続いた。

　その後，水質改善や河川環境の重要性が認識され，現在では川は環境やレクリエーショ

表17-9 水害に伴う城の移転等

| 《洪水氾濫に悩まされて，城や城下町を移転》 |||
|---|---|---|
| 尾張国清洲城→名古屋城<br>徳川家康 | 五条川の越水氾濫<br>木曽川の逆流氾濫 | 名古屋では川から離れていたので，舟運（築城の資材運搬）と防備のために人工的な運河（堀川）を掘削 |
| 越後国蔵王城→長岡城<br>堀直寄 | 信濃川の氾濫 | |

| 《洪水氾濫に対して，移転後に治水対策を施し，元の土地に戻った》 |
|---|
| 高知城──→岡豊城────→大高坂山に築城──→浦戸城──→大高坂山<br>水害　　手狭・交通不便　　　鏡川水害　　　　手狭　　築城の名主 百々越前安行 |
| 酒井家　石倉城─────────→厩橋城（前橋城）───────→姫路城<br>　　　　利根川洪水により流失　　利根川による侵食<br>　　　　　　　　　　　　　　　松平氏と交換国替え |
| 松平氏　厩橋城─────→川越城へ・前橋城取り壊し──────→前橋城築城<br>　　　　危険な状態が続く　　前橋急速に寂れ，町民による請願 |

| 《洪水による危険な状態に対して，河川を付け替え》 |
|---|
| 盛岡城　北上川と中津川との合流点──→北上川の西方にバイパス，旧北上川は水堀<br>＊城完成までの約40年間，水害により城が壊されるたびに他の城に移り，しばらくするとまた戻ってきた |
| 岡山城　城主池田光政のとき，熊沢蕃山が津田永忠に河川改修を提言──→津田永忠が治水対策<br>（旭川左岸に越流堤を建設，越流堤の下流に百間川放水路建設） |

出典［新谷洋二：日本の城と城下町，同成社，1991年を修正・加筆］

ンの場として，河川敷の公園的利用，水辺での水遊び，河原でのキャンプなどに利用されるとともに，貴重な生態系の保全地域として認識されている．以前は〇〇川治水期成同盟会などが多く結成されていたが，現在は〇〇川の〇〇を守る会といった河川環境の観点からの住民団体が数多く結成されている．

**参考文献**
1) 谷岡武雄：平野の開発，古今書院，1984年
2) 建設省甲府工事事務所：甲斐の道づくり・富士川の治水，1989年
3) 中川澄人：日本の河川—その自然史と社会史（下）—，河川，No.444，1983年
4) 山本晃一・末次忠司・桐生祝男：水防体制の現状とその問題点（1），土木研究所資料，第2059号，1984年
5) 高橋康夫・吉田伸之編：日本都市史入門Ⅰ 空間，東京大学出版会，1989年
6) 新谷洋二：日本の城と城下町，同成社，1991年

## 17.8　遺跡で見る河川考古学

前節で歴史的な「川と人のつながり」について考察してきた．歴史研究では，著者は青森市で横内川多目的遊水地[注1]の建設中に見つかった多数の埋没林に関して，土木の立場から解釈するよう依頼を受け，現地調査を行った．この時期に，他地域の縄文遺跡もあわせて調査したので，以下に述べる．

**縄文遺跡**
縄文時代には定住化が進んだムラ社会が構築され，組織的な共同活動が行われ，大土木

---
注1）堤川の1次支川である横内川の洪水を青森市上流でカットする遊水地である．

工事も行われていた（表17-10）。寺野東遺跡（栃木県小山市）における土の環の祭り場や大湯環状列石周辺遺跡（秋田県鹿角市）の石の環の墓地のように、長い年月をかけて行った小さな労働の結果が、全体として大規模な遺構として残ったものが多い。一方、縄文人がごく短期間に一挙に大きな労働力を集中して、大規模な土木工事を成し遂げた事例もある。

縄文人と川との関わりは遺跡の立地場所からも分かる。旧石器時代は移動生活を営んでいたが、縄文初頭には定住生活が始まり、土器をはじめとする動産が急増し、竪穴住居からなる集落が出現している。石器遺跡が河川敷上に立地しているのは、河川敷で石槍などを製作したためで、石器を貯蔵した貯蔵穴は河岸段丘上で発見されているし、多くの遺跡が河川を望む段丘上や沖積地に立地し、河川との関係が非常に深い。

河川に関係する代表的な遺跡としては、青森県の大矢沢・野田遺跡、前述した寺野東遺跡など多数の遺跡がある。また、水場遺構は木組みの作業場跡・棚状遺構が見つかった忍路土場遺跡（北海道小樽市）をはしりとして、栗林遺跡（長野県中野市）、カクシクレ遺跡（岐阜県丹生川村）などが発見されている。水場は特に植物質食料の加工場所としての

表17-10　縄文時代の代表的な土木工事

| 遺跡名 | 地名・発掘年 | 遺跡の内容 |
|---|---|---|
| 《長期間かけて行われた土木工事》 | | |
| 寺野東 | 栃木県小山市 1993年 | 縄文時代後期から晩期にかけて構築された縄文最大の盛土。外径約165 m、高さ5 m、幅約15〜30 m の環状盛土遺構。700年間切れ目なく広場の土とともに土偶・石棒などにより盛り上げられた。周辺の縄文集落の祭祀センターだった可能性あり。 |
| 大湯環状列石周辺 | 秋田県鹿角市 1987年 | 縄文後期の円形配石遺跡。ストーンサークルで有名な大湯の万座遺跡の北西に位置する。何世代か繰り返して作られた直径45mの石の環。 |
| 《短期間に行われた土木工事》 | | |
| キウス | 北海道千歳市 1993年 | 土の環。最大で直径70m、高さ5m の円い土手。中央の円い箇所は墓地。 |
| 小牧野 | 青森県青森市 1992年 | 縄文後期の石の祭り場。外径35 m の沢山の石を三重に円く並べた祭り場。長さ40〜50 cm の細長い安山岩を縦に立て、その隣に3〜6段横積みとし、これを一世代の短期間に造成して、円形の石の祭り場を作った。 |

表17-11　河川・水場に関係する遺跡

| 遺跡名 | 地名・発掘年 | 遺跡の内容 |
|---|---|---|
| 《河川に関係する遺跡》 | | |
| 大矢沢・野田 | 青森県青森市 1998年4月 | 横内川多目的遊水地建設工事に伴って発掘された。遊水地の上池部分で河道跡が発掘されたほか、各所で埋没林が発見された。明確な河道跡があり、また河道跡の断面が法面に露出した貴重な河川遺跡である。 |
| 寺野東 | 栃木県小山市 1993年5月 | 小山東部工業団地造成工事に伴って発掘された。自然の河川を南北約200 m、幅約10 m にわたって改修し水場に関連した様々な施設が作られた。木の実のアク抜きを行うための木組遺構が14基発見されたほか、U字状の河川水の引き込み施設など、計3種類の水場が発見された。この水場遺構は盛土遺構よりも古いものである。 |
| 北村 | 長野県明科町 | 長野自動車道建設工事に伴って発掘された。奈良時代から平安時代にかけての住居跡の発掘区に設けられたトレンチにおいて、深さ3 m の地点に信濃川支川犀川の旧河床礫（粘土質の堆積土）、黒色の腐植土壌数枚が発見された。 |
| 《水場に関係する遺跡》 | | |
| 矢瀬 | 群馬県月夜野町 1992年以降 | 集落の中心の祭祀広場西側に自然の湧き水を利用した人工の水場、排水路。約1 m 掘り下げ、泉の周りに石を組んで作業用の足場とし、水を通す水路が建設された。 |
| 草戸千軒町 | 広島県福山市 1961〜1993年 | 芦田川の改修工事に伴って発掘された。1673年の洪水で全壊した集落（港町、市場、門前町）が1919年洪水に伴う河川改修で掘り起こされよみがえった。他に中州（6.3 ha）からは石塔、小銭、陶磁器などが発見された。 |

作業場所，堅果類の地下式貯蔵所を主に，交通路としての木道を付けたり，祭りの場所の性格を付加したものが代表的なものである（表17-11）。

**大矢沢・野田遺跡**

　ところで，著者が現地調査を行った青森県の大矢沢・野田遺跡はH10.4に発見された。前述した遊水地建設中に縄文時代の河道跡，多数の埋没林，土坑墓（4基）が発見されたのである。青森県教育庁文化課による調査の結果，河道跡は少なくとも縄文時代早期以降のもので，埋没林は過去に例がないほど年代が幅広いことが確認された。

　現場では埋没林が含まれた河道跡がトレンチ調査され，幅が約20～50 m，長さが約300 mに渡っていた（図17-14）。縄文時代の遺構が発見されたのは，当地が低湿地で遺物への酸素供給が断たれたために，種子・花粉・植物質食料などの植物遺存体や木器が腐朽せずに保存されたためである。この河道は黒色土壌が帯状に蛇行していて，奥入瀬渓流のように周囲を森に囲まれて流れていた渓流であるとされる説もあるが，クリ主体の地層（乾燥地に多い）があることなどより，比較的水量が少ない谷であった可能性が高い。

　遺構を年代順に見れば表17-12の通りで，十和田火山による火砕流に伴ってハンノキやヤチダモなどの樹木が流下してきて，河川の機能が弱まるなかで，土砂に埋没していった過程が明らかとなった（写真17-9）。

　図17-14の河道跡のうち，南側のり面である断面（1）を見ると，多い箇所で41層の地層に分けられ，白頭山（中国と北朝鮮の国境付近）起源の火山灰より約1,000年前の地

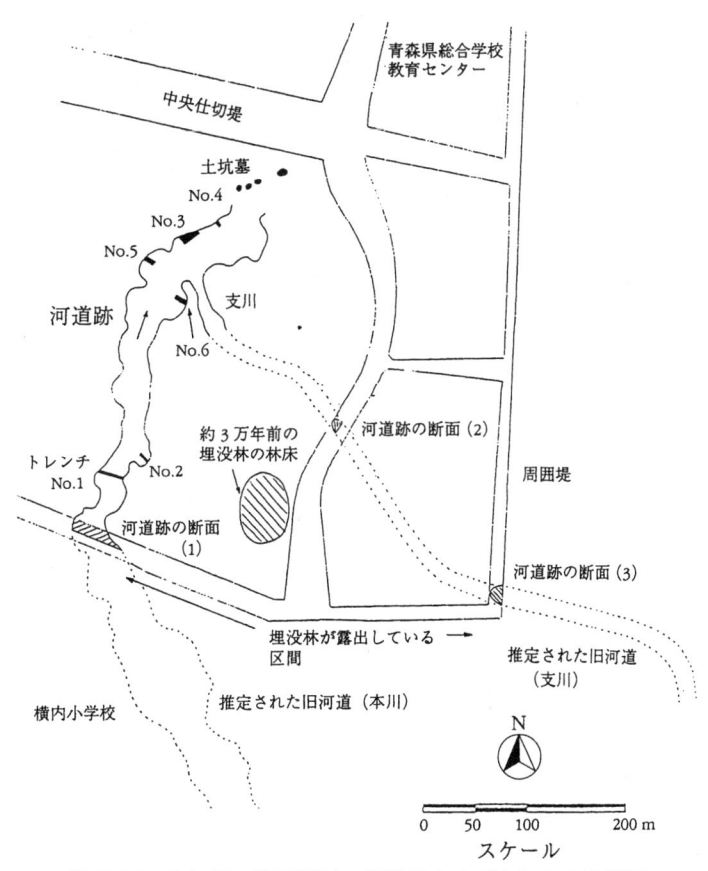

図17-14　大矢沢・野田遺跡の河道跡およびトレンチ位置図
＊）　河道跡の3断面が掘り出され，トレンチ調査は6ヵ所で実施された。

第17章　河川に関連する事柄

表17-12　年代順に見た遺構（大矢沢・野田遺跡）

| 年　代 | 遺　構　の　概　要 |
|---|---|
| 約3万年前<br>（旧石器時代） | ・南側のり面（断面(1)）下部などに約3万年前の埋没林が見られる<br>・十和田火山による大不動火砕流に伴う軽石などの火山性噴出物が見られる |
| 約1万3,000年前<br>（縄文時代草創期） | ・断面(1)上部に約1万3,000年前の埋没林が見られる<br>・十和田火山による八戸火砕流により河道の一部が埋没した<br>・森林樹木の倒木方向と十和田火山からの噴出方向が一致した |
| 約1万年前<br>（縄文時代早期） | ・河道跡には約1万年前からの埋没林が連続的に埋積している |
| 約8,000～6,000年前 | ・東側掘削面（断面(2)）から約8,000～6,000年前の埋没林（ハンノキ，ヤチダモ）が発見された<br>・河道跡の低位層から約8,000年前（縄文時代早期中葉）の貝殻土器が数点出土した<br>・遊水地の上池全体に約6,000年前（縄文時代前期前葉）の河道跡 |
| 約6,000年前～ | ・断面(1)において，約5,500年前（縄文時代前期中葉）に河川が機能を停止し，徐々に埋没していく過程で，大量の石器や堅果類の捨場が形成されたことが確認された<br>・地下水位の変動や降水量の変化に伴って，何層にもわたる泥炭層が形成されるとともに，間欠的に洪水氾濫に伴う土砂が堆積した |

写真17-9　火砕流により倒木した埋没林
（大矢沢・野田遺跡）

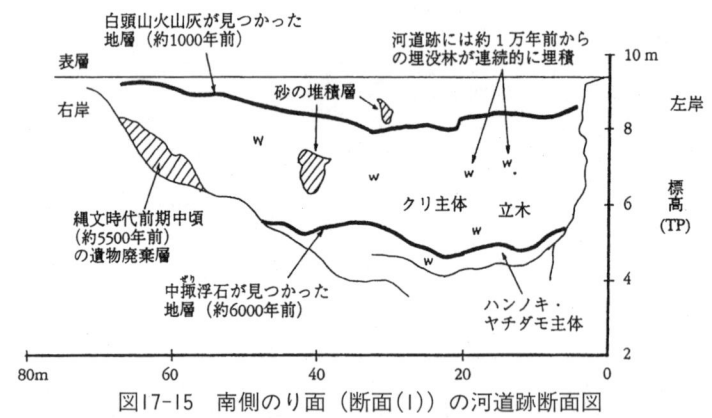

図17-15　南側のり面（断面(1)）の河道跡断面図
＊）中撮浮石の地層年代より，古い埋没林は約6,000年前のものである。

層が，また中撮（ちゅうぜりふせき）浮石より約6,000年前の地層が判明された（図17-15）。一方，中央部付近に2カ所の砂の堆積層が見られ，大雨ごとに流路を変えながら流れていたことが分かる。すなわち，この河道跡の大きさは一連の河道群の大きさであるといえる。断面（1）の右岸側には縄文時代前期中葉（約5,500年前）の遺物廃棄層も見られる。なお，図中でwは埋没林群を表している。

　断面（1）の地層より，河道跡においては，

- 約 6,000〜1,000 年前に約 0.7 mm/年
- 約 1,000 年前〜現在に約 1.5 mm/年

の堆積速度であることが分かった。ダム堆砂データなどより、一般的な堆砂速度は 0.1〜0.5 mm/年であるので、河道跡の方が堆積速度が速いが、これは土層が埋没林を含んでいて空隙率が大きいためである。したがって、大洪水、大規模な土砂移動など、特別大きな河床変動要因はなかったといえる。

掘削現場以外の河道跡流路は現地調査の結果、上流側は横内小学校が位置する小丘陵脇を幅 30〜80 m で流下していたことが分かったが、現場で河道跡の上部が工事で削られたために、広くなったものである。下流側の河道跡は見つからず、流路形態は不明であった。ただし、近くを流れる入内川（にゅうない）（堤川 1 次支川）付近には断層があり、また青森平野が長年沈降傾向にあることから、当時は多くの河道が乱流していたと推測される。河道北側には埋没林が見られるほか、多数の石が見られた。この石は火砕流または土石流に伴って流下してきたとも考えられるが、石に摩耗跡はほとんど見られず、上面が扁平なことから、石槍などを製作する時の台座または何らかの祭祀に使用されたと考えられる。

このように貴重な河道跡、埋没林は青森県が打ち出している「文化観光立県」宣言ともあいまって、保存の方向で検討された。著者としては、河道跡の形跡がよく分かる形での保存、例えば河道跡沿いに樹木を植樹するなどの方法を提案した。河川・水辺・水場に関係する遺跡は記載した以外にも多数あり、縄文時代における水場などでの河川工事の技術力やこれを支える労働力は、弥生時代に水田耕作が比較的早く受け入れられる背景ともなっており、縄文時代の河川工事は非常に重要な意味を持っているといえる。

**参考文献**
1) 佐原真監修：原始・古代を旅するガイド 日本の遺跡 50、朝日新聞社、1994 年
2) 戸沢充則編：縄文人の時代、新泉社、1995 年
3) 岡村秀雄：水場の種類と建設、考古学ジャーナル 1、No. 412、ニューサイエンス社、1997 年
4) 安蒜政雄：考古学キーワード、有斐閣、1997 年
5) 末次忠司：縄文遺跡と河川―遺跡で見る河川考古学―、水利科学、No. 246、1999 年

## 17.9 河川文化

日本の多くの河川は古来より人々に親しまれ、古くは万葉集のなかで、また俳句や短歌として詠まれてきた。

　　利根川の　川瀬もしらず　ただわたり　波に逢ふのす　あへる君かも（万葉集）
　　やはらかに　柳青める　北上の　岸辺目に見ゆ　泣けとごとくに（石川啄木）
　　となせより　流す錦は　大井川　筏につめる　木葉なりけり（藤原俊成）

また、河川は多くの小説、歌謡曲、映画などの題材となってきた。近年の例で見ても、表 17-13 の通りで、河川名が付いた小説は多数ある。谷崎潤一郎の細雪のなかでは死者 616 名、流失・全壊家屋 5,291 戸の被害となった阪神大水害（S 13.7）の様子が描かれている。歌謡曲では「川の流れのように」は美空ひばり、「神田川」は南こうせつによって歌われ、ヒット曲となった。映画では「伊勢湾台風物語」は台風被害の惨状を描いた神山監督の傑作アニメであるし、テレビドラマの「嵐がくれたもの」（H 21.8〜）は伊勢湾台風 50 周年を祈念して東海テレビ放送が制作した（主演 岩崎ひろみ）。また、「岸辺のアル

表17-13 河川にかかわる小説・歌・映画

| 区分 | 小説・歌・映画のタイトル等 |
|---|---|
| 小　説 | 紀ノ川・有田川（有吉佐和子），細雪（谷崎潤一郎），すみだ川（永井荷風），千曲川のスケッチ（島崎藤村），神通川（新田次郎），筑後川（角田嘉久），泥流地帯（三浦綾子），天竜川（山岡勝人），利根川（安岡章太郎），長良川（豊田穣），仁淀川（宮尾登美子），笛吹川（深沢七郎），水の勲章（岸宏子），最上川（井上八蔵），物語分水路（田村喜子） |
| 詩歌集 | 柳河風物詩（北原白秋），阿武隈川（八乙女由朗），荒川のほとりで（畑稔），伊勢湾台風（出岡実），雄物川に春がくる（吉田朗），隅田川（石井健吉），利根の流域（市山ほか） |
| 歌謡曲 | 有田川，石狩川悲歌，加茂川ブルース，川の流れのように，神田川，信濃川慕情，すみだ川，筑後エレジー，筑後川，千曲川，道頓堀川，長良川艶歌 |
| 邦　画 | 神田川，信濃川，紀ノ川，北上川悲歌，伊勢湾台風物語 |
| テレビ | 岸辺のアルバム，嵐がくれたもの |

バム」は多摩川水害にまつわる人間模様を描いたTBSのテレビドラマで，山田太一の原作・脚本である。八千草薫の主演でS52.6から放映され，放映当時の視聴率は14％程度であったが，放映終了後評判となった。

　また，土木研究所は特に治水や水害にまつわる河川文化として，91事例を収集した。その内訳は石碑（45事例），祭り（17），神社（12），資料館・博物館（8），その他（9）である。代表的な事例は図17-16，17-17の通りである。あわせて，各地に伝わる「洪水・水害にまつわる言い伝え」を列挙した。

［治水感謝祭］

　1910年から1936年までの27年間にわたる夕張川河川工事を記念して，北海道南幌町では治水感謝祭が実施されている（写真17-10）。祭りの名称に「治水」が付く唯一のものであり，また同日に治水マラソンが実施されるなど，治水に対する強い恩恵の念が伺える。

［堤防神社］

　由良川において，1986年，1907年の大水害および1927年の地震災害に対して建設されたコンクリート堤防の完成を記念し，神が祀（まつ）られるとともに，堤防神社と呼ばれるようになった（写真17-11）。水神三神（罔象女大神（みづはめのおおかみ），大地主大神（おおとこぬしのおおかみ），産土大神（うぶすなのおおかみ））が祀られているのは，全国でこの神社だけである。また，由良川流域はH16に発生した水害に代表さ

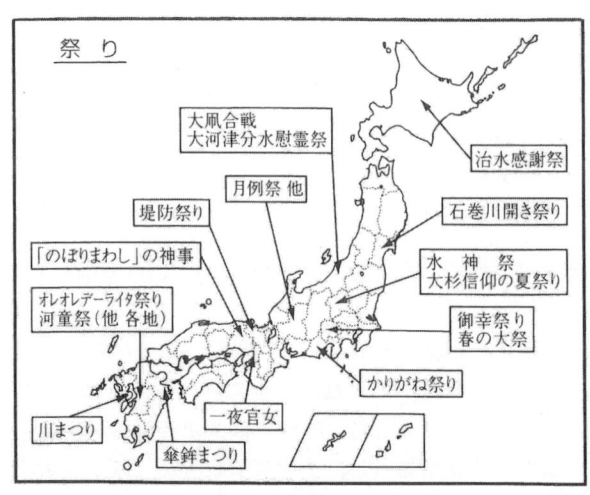

図17-16　治水・水害にまつわる祭り

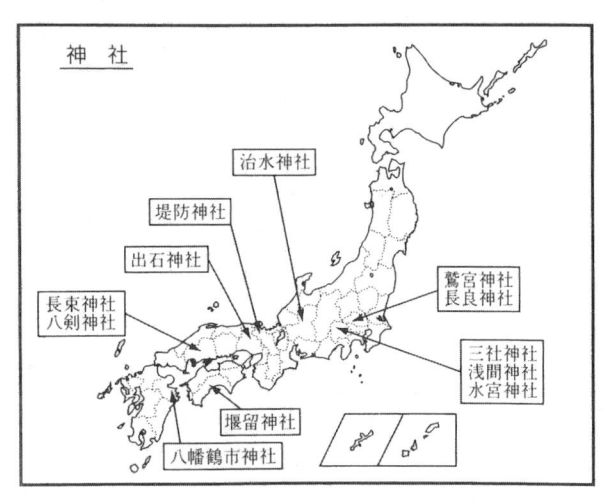

図17-17　治水・水害にまつわる神社

写真17-10　治水感謝祭

写真17-11　堤防神社

れるように，水害常襲地帯の一つで，水害への自衛策として，福知山市内の民家には，吹き抜けの空間に滑車があり浸水時に家財等を2，3階へ移動できる構造となっていたり，民家に浸水位表示板が設置されている（写真17-12）。

[洪水・水害にまつわる言い伝え]
　言い伝えは全国各地に多数あるが，特定の地域では関東や九州地方に多い。
・河原または河原の石垣に泡の吹くときは洪水あり：全国各地
　→ 大雨により地下水位が上がり，地中の空気が押し出される

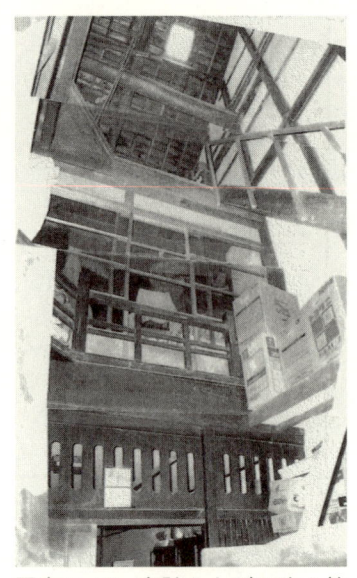

写真17-12　家財を上げる吹き抜け（由良川）

注）水害時に吹き抜けを使って，滑車により家財を運搬できるようになっている。

- 空梅雨七月どしゃ降り洪水となる：全国各地
- 彼岸坊主の大裂裟流し：全国各地
  → 秋の彼岸（9/20頃から1週間）頃は秋霖による大雨がある
- 梅雨期に晴天続けば大洪水あり：関東地方
  → 梅雨期に晴天が続けば，台風が襲来する
- 夏秋の頃に大風あらば洪水の兆し：佐賀県
  → 夏・秋の大風は台風に起因するので，洪水が発生する可能性が高い

また，土木学会は幕末から第二次世界大戦頃までの土木施設のうち，現存する近代土木遺産をリストアップしている。最も重要な遺産（Aランク）は河川関係で110施設あり，

表17-14　河川関係の近代土木遺産

| 県名 | 遺産名 | 完成年 | 概　要 |
|---|---|---|---|
| 京都府 | 琵琶湖疏水インクライン | M23 | 日本で唯一のインクライン（ドライ方式）*で，電気動力式である。昇降させる船のトン数は少ない |
| 福岡県 佐賀県 | 筑後川導流堤 | M23 | デ・レーケによる土砂堆積防止のための空積・捨石（一部コンクリート被覆されている）の導流堤。原形のまま現在でも使われている |
| 群馬県 | 岩神の霞堤群 | M30年代 | 利根川中流（前橋市：群馬県庁近くの前橋公園）にあり，都市近郊に大規模に残る割石積の霞堤群である。全4基あり，総延長は約700 m である |
| 愛知県 | 木曽川ケレップ水制群 | M44 | デ・レーケの木曽三川改修事業で河道付替えを技術的に可能とした戦前で最大規模の水制群。玉石積のT型水制である |
| 福島県 | 安積疏水十六橋水門（写真17-13） | M13 | ファン・ドールンの安積疏水のシンボル。16連の大型可動堰で，石と煉瓦張りのローラーゲートで調節を行う |
| 新潟県 | 大河津分水路 | T11 | 信濃川水害を防止し，水田の乾田化により農業生産性を向上させた東洋一の巨大治水プロジェクト |

＊船などを昇降させる一種のケーブルカー

写真17-13 安積疏水十六橋水門
＊） 猪苗代湖にある歴史的な構造物で，老朽化に対して大臣特認制度により改修が行われた。

堰堤（27）や水門・閘門（17）などが多い．特徴的な土木遺産は表17-14の通りである（写真17-13）．

**参考文献**
1) 栗城稔・末次忠司・田中義人：河川文化のレジェンド―治水，水害にまつわる神社，石碑，祭り―，土木研究所資料，第3143号，1992年
2) 土木学会：日本の近代土木遺産―現存する重要な土木構造物2000選―，丸善，2001年
3) 倉嶋厚：おもしろ気象学 春・夏編，朝日新聞社，1985年

## 17.10 河川名の語源

河川名の語源は地名が多いが，地形，河川の流況，アイヌ語，神話・伝説など，様々な由来がある．したがって，一つの河川でも，多くの説がある．河川名は上流と下流，分合流で変わる場合があるが，第3章 3.1「川の基礎知識」に事例を示した．

[石狩川]
- 北海道はアイヌ民族の地であるため，アイヌ語に由来する河川は多い．アイヌ語で大きな川は「ペツ（ベツ）」，小さな川は「ナイ」が付けられた[注1]．曲がりくねった川は「イ・シカラ・ペツ」から「イシカリ川」になり，「石狩川」の字が当てられた

[北上川]
- 北上川流域は蝦夷の領地で，蝦夷はヒダと呼ばれ，ヒダが住んでいたことから，「ヒダカミガワ」の名が生まれ，それが「キタカミガワ」になった
- この地方は「日高見国」にあたり，そこを流れる母なる川だから，「日高見川」と呼ばれ，それが「キタカミ川」となり，現在の字が当てられたという説もある

[利根川]
- アイヌ語で大きな谷を意味する「トンナイ」が「利根川」になった
- 源流近くにはとがった峰が多数あり，「トガッタミネ」が「トネ」と簡略化され，「利

注1）別が付く川：湧別川，尻別川，後志利別川，止別川，遠別川，忠別川，芦別川，然別川，頓別川，薫別川，春別川，古丹別川，北見幌別川，日高幌別川，西別川など

根川」になったという説もある

[釜無川]
- 甲州では釜は淵の意味があり，淵がなく，瀬の早い流れが続くため，「釜無川」と呼ばれた

[千曲川]
- 神話の時代，高天ケ原(たかま)の神々が激しく争っていた。その際，おびただしい血が流され，血があたり一面くまなく流れたことから，「血隈」といわれ，慶長年間になって「千曲」と呼ばれるようになった

[手取川]
- 源平の戦いで木曾義仲軍が川にさしかかった時，流れが速く，その急流に呑み込まれないよう，兵たちは手に手をとって川を渡ったことから，「手取川」と呼ばれるようになった
- 河川が急流で，渡るのにひどく「手間取った」ことから「手取川」と呼ばれたという説もある

[九頭竜川]
- 天地創造の頃の越前の神は「黒竜大明神」で，その前を流れる川を「黒竜川」と呼び，転じて「九頭竜川」と呼ばれるようになった
- たびたび洪水を起こし，激しい水流が河岸を削り，川の流れや姿を変えた（崩した）ので，「崩川」と呼ばれ，それがなまって「九頭竜川」となったという説もある

[球磨川]
- 流域に多数の谷があったことから，九萬の谷を持つ川「九萬川」と呼ばれ，それが「球磨川」になった

一方，地名情報資料室の楠原氏によれば，各河川名の語源は以下の通りである。

[阿武隈川]　汽水域を表す「アヘ」と曲がった所を表す「クマ」に由来する
[鶴見川]　曲流しながら連続する流路を表す，ツル（連）とミ（水）からきている
[阿賀野川]　会津盆地を表す「アガ（上）ノ（野）」から流れ来る川の意味である
[梯川]　下流部の地名で，自然堤防の「カケ（決壊地点）」の端を意味する
[木曽川]　上流域の地名または両側の山並みが競う意味か？
[斐伊川]　ヒ（樋）とカハ（川）により，川の流路を表している
[高梁川]　中流部の地名で，高梁は「高台（吉備高原）の端」を意味している
[球磨川]　上・中流部の地名で，「クマ」は奥まった隅を表す

**参考文献**
1) 岡村直樹監修：川の名前で読み解く日本史，青春出版社，2002年

# 参考資料

## I　河川に関する技術基準

　河川および河川管理施設に関しては，その調査・計画・設計・施工・維持管理などに関する様々な技術基準が策定されている。最も重要な基準は「河川管理施設等構造令」で，S40より検討が始まり，S51に政令として制定された。これは建設省治水課が制定した河川占用工作物設置基準案（S37）が原型となっている。構造令は近年ではH4に高規格堤防構造の規定，H9に河川法改正に伴う改正のほか，樹林帯・魚道の規定，橋の径間長見直し，大臣特認制度[注]の拡充などが行われた。本構造令の解説はS51の政令制定を受けてS53に出版され，H9の改正を受けてH12に改定され，逐次新たな知見が加えられている。

　実務的によく用いられている基準に「河川砂防技術基準」がある。これは建設省河川局が監修しているもので，S31より検討が始まり，S33に調査編，計画編，設計・施工編，維持管理編の4編が策定されたのが最初である。基準のうち，調査編・計画編はS51，52に一部改訂され，河川の重要度（5ランク）が前面に出されたほか，低水・環境についても記述された。S60には設計編と施工編が分けられ，H9には安全・環境・技術革新の観点から改訂された調査編および設計編［I］［II］が出版された。H17には法改正（河川法，海岸法）や各種審議会の理念を受けて，新たな考え方，水・土砂のモニタリング方針などを含めて計画編が改訂され，基本計画編と施設配置等計画編に分けられた。技術基準のなかでは技術的事項についての標準的な基準の内容を示しており，基準として示すことは難しいが，技術基準策定の目的を達成するのに有意義な事項についても参考として掲載している。現在，調査編の見直しが行われている。

　堤防に関する技術基準としては，浸透・侵食・地震に対する安全性を照査し，必要に応じて強化対策をとるための基準「河川堤防の構造検討の手引き」が治水課長通達「河川堤防設計指針」とともに，H14に発行された。これは「河川堤防設計指針（H12）」の項目・内容を見直したものである。他の施設に関して，護岸は「護岸の力学設計法」，床止めは「床止めの構造設計手引き」に設計の考え方や技術基準がまとめられている。

　計画論に関しては，河川法改正に対応した河道計画の方針・考え方・策定手法について整理した「河道計画検討の手引き」のほかに，「高水計画検討の手引き（案）」，「中小河川計画の手引き（案）」，「都市河川計画の手引き―洪水防御計画編―」，「都市河川計画の手引き―立体河川施設計画編―」，「内水処理計画策定の手引き」などがある。

　このほかに，災害復旧工法として，環境に配慮し，かつ外力に耐えられる工法を選択できるようにまとめられた「美しい山河を守る災害復旧基本方針」，流域対応のための「雨水浸透施設技術指針（案）調査・計画編」，「雨水浸透施設技術指針（案）構造・施工・維持管理編」，治水事業の経済性評価のための「治水経済調査マニュアル」，環境整備の経済性評価のための「環境整備の経済評価の手引き（試案）」などがある。

　各種技術基準は参考図に示したように，社会・経済情勢の動向を踏まえた新たな行政施

---

注）大臣特認制度とは特殊な構造を有する工作物，または歴史的構造物で国土交通大臣が構造令の規定によるものと同等以上の効力があると認める場合，構造令を適用しない制度である。【河川文化】で示した十六橋水門などに適用された。

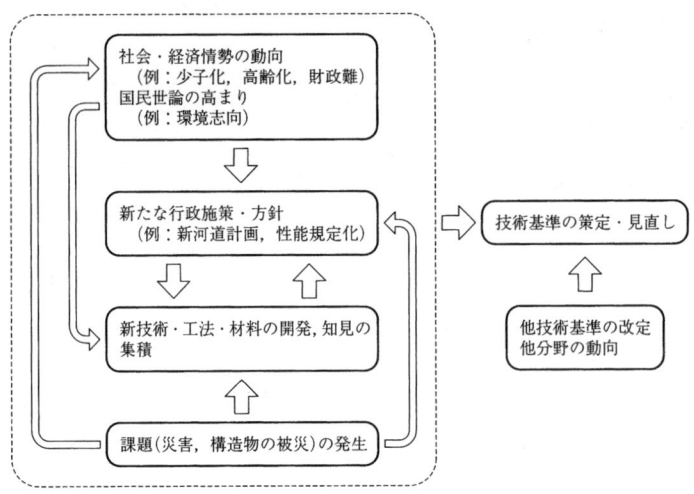

参考図　技術基準の策定・見直しの経緯
出典［末次忠司：河川の減災マニュアル―現場で役立つ実践的減災読本―，技報堂出版，2009年］

策・方針に対応して策定・見直しが行われるほか，新技術・工法・材料の開発に呼応して，また集積された知見に基づいて，策定・見直しが行われている．大規模な災害や特徴的な災害が発生すると，それまでの施策・方針が見直されて，新たな技術基準に向けた動きが出てくる場合もある．昨今都市水害が多発しているが，都市水害を減災するには河川だけではなく，都市や下水道部局との連携した施策が必要であるし，流域治水の観点からの技術基準の策定が重要となる．また，維持管理やコスト縮減を念頭に置いた施設の計画・設計手法を網羅した各種技術基準も今後策定されるようになると予想される．

**参考文献**
1) 山本晃一：河道計画の技術史，山海堂，1999 年
2) 末次忠司：河川の減災マニュアル―現場で役立つ実践的減災読本―，技報堂出版，2009 年

技術基準リスト
〈全般〉

| | | |
|---|---|---|
| H21 | 河川土工マニュアル　参考資料：(財)国土技術研究センター | |
| H17 | 国交省　河川砂防技術基準同解説　計画編：国交省河川局監修，(社)日本河川協会編，技報堂出版 | |
| H14 | 河川堤防の構造検討の手引き：(財)国土技術研究センター編 | |
| H12 | 改定　解説・河川管理施設等構造令：(財)国土技術研究センター編，(社)日本河川協会発行，技報堂出版 | |
| H10 | 改訂　解説・工作物設置許可基準：河川管理技術研究会編，(財)国土開発技術研究センター発行：山海堂 | |
| H9 | 改訂新版　建設省河川砂防技術基準(案)同解説　調査編：建設省河川局監修，(社)日本河川協会編，技報堂出版 | |
| H9 | 改訂新版　建設省河川砂防技術基準(案)同解説　設計編Ⅰ：建設省河川局監修，(社)日本河川協会編，技報堂出版 | |
| H9 | 改訂新版　建設省河川砂防技術基準(案)同解説　設計編Ⅱ：建設省河川局監修，(社)日本河川協会編，技報堂出版 |

〈計画〉

| | | |
|---|---|---|
| H18 | 増補改訂　雨水浸透施設技術指針［案］　調査・計画編：(社)雨水貯留浸透技術協会 | |
| H14 | 河道計画検討の手引き：(財)国土技術研究センター編，山海堂 | |
| H11 | 中小河川計画の手引き(案)：中小河川計画検討会 |

| | | |
|---|---|---|
| H7 | 内水処理計画策定の手引き：建設省河川局治水課監修，(財)国土開発技術研究センター編集，山海堂 | |
| H5 | 都市河川計画の手引き－洪水防御計画編－：建設省河川局都市河川室監修，(財)国土開発技術研究センター発行 | |

〈施設設計〉

| | |
|---|---|
| H19 | 改訂　護岸の力学設計法：(財)国土技術研究センター編，山海堂 |
| H13 | ポーラスコンクリート河川護岸工法の手引き：(財)先端建設技術センター編，山海堂 |
| H13 | 水門・樋門ゲート設計要領(案)：水門・樋門ゲート検討会編，(社)ダム・堰施設技術協会発行 |
| H12 | 高規格堤防盛土設計・施工指針(案)：(財)リバーフロント整備センター |
| H11 | ダム・堰施設技術基準(案)(基準解説編・マニュアル編)：ダム・堰施設技術基準委員会編集，(社)ダム・堰施設技術協会発行 |
| H10 | 床止めの構造設計手引き：(財)国土開発技術研究センター編，山海堂 |
| H10 | 柔構造樋門設計の手引き：(財)国土開発技術研究センター編，山海堂 |

〈施工・管理〉

| | |
|---|---|
| H20 | 揚排水機場設備点検・整備指針(案)同解説：国交省大臣官房技術調査課・総合政策局建設施工企画課・河川局治水課監修，(社)河川ポンプ施設技術協会 |
| H19 | 増補改訂　雨水浸透施設技術指針［案］構造・施工・維持管理編：(社)雨水貯留浸透技術協会 |
| H8 | 河川ポンプ設備更新検討マニュアル：(財)国土開発技術研究センター編，山海堂 |

〈災害復旧〉

| | |
|---|---|
| H20 | 災害復旧工事の設計要領(平成20年版)：(社)全国防災協会発行 |
| H13 | 河川災害復旧護岸工法技術指針(案)：(社)全国防災協会発行 |

〈環境〉

| | |
|---|---|
| H13 | 河川における外来種対策に向けて(案)：外来種影響・対策研究会編，(財)リバーフロント整備センター発行 |
| H13 | 河川直接浄化の手引き：国交省河川環境課 |
| H13 | 河川水辺総括資料作成調査の手引き(案)：国交省河川局河川環境課監修，(財)リバーフロント整備センター発行 |
| H12 | 河川に係る環境整備の経済評価の手引き(試案)：河川に係る環境整備の経済評価研究会，(財)リバーフロント整備センター発行 |
| H9 | 平成9年度版　河川水辺の国勢調査マニュアル　河川版(生物調査編)：建設省河川局河川環境課監修，(財)リバーフロント整備センター発行 |

〈その他〉

| | |
|---|---|
| H19 | 流域貯留施設等技術指針(案)－増補改訂版－：(社)雨水貯留浸透技術協会 |
| H18 | 美しい山河を守る災害復旧基本方針：(社)全国防災協会発行 |
| H14 | 洪水ハザードマップ作成要領　解説と作成手順例：(財)河川情報センター編集・発行 |
| H12 | 治水経済調査マニュアル(案)：建設省河川局 |

## II　治水年表

| 西暦 | 元号 | 制度等の内容 |
|---|---|---|
| 1989 | H1 | 火山砂防事業 |
| 1990 | H2 | |
| 1991 | H3 | 台風19号災害に対して，当時世界最高の保険金支払い |
| 1992 | H4 | ハリケーン・アンドリュー |
| 1993 | H5 | 洪水氾濫危険区域図，ミシシッピ川水害 |
| 1994 | H6 | 洪水ハザードマップ，「沖積河川学」 |
| 1995 | H7 | 第1回気候変動枠組条約締約国会議(COP1)(2007にCOP13) |
| 1996 | H8 | |
| 1997 | H9 | 河川法改正，「河川砂防技術基準(案)同解説　調査編・設計編」の改正，京都議定書 |

| 西暦 | 元号 | 制度等の内容 |
|---|---|---|
| 1998 | H10 | 河川審議会報告「流砂系の総合的な土砂管理に向けて」,「美しい山河を守る災害復旧基本方針」,「総合的な都市雨水対策計画の手引き(案)」,「美しい山河を守る災害復旧基本方針」(その後数度見直し) |
| 1999 | H11 | 福岡地下水害 |
| 2000 | H12 | 「治水経済調査マニュアル」,東海豪雨災害,河川審議会中間答申「流域での対応を含む効果的な治水の在り方について」,河川審議会答申「今後の水災防止の在り方について」,土砂災害警戒区域等における土砂災害防止対策の推進に関する法律,「解説・河川管理施設等構造令」の改定 |
| 2001 | H13 | 水防法改正,情報公開法,比丘尼橋下流調節池(白子川) |
| 2002 | H14 | 「河川堤防設計指針」,「河川堤防の構造検討の手引き」,「河道計画検討の手引き」 |
| 2003 | H15 | 特定都市河川浸水被害対策法 |
| 2004 | H16 | 新潟・福島豪雨災害,福井水害,円山川水害,台風が10個上陸,「河川の減災マニュアル」 |
| 2005 | H17 | 水防法改正,「河川砂防技術基準(案)同解説 計画編」の改正,美和ダムの排砂パイパス,ハリケーン・カトリーナ |
| 2006 | H18 | 首都圏外郭放水路,社会資本整備審議会河川分科会提言「安全・安心が持続可能な河川管理のあり方について」 |
| 2007 | H19 | 千代田実験水路(十勝川),国交省通知「都市における安全の観点からの雨水貯留浸透の推進について」 |
| 2008 | H20 | 「水防ハンドブック」 |
| 2009 | H21 | |

## III 環境年表

| 西暦 | 元号 | 制度等の内容 |
|---|---|---|
| 1989 | H1 | 清流保全条例(高知県) |
| 1990 | H2 | 多自然型川づくり,河川水辺の国勢調査(生物調査),水質汚濁防止法の改正 |
| 1991 | H3 | 再生資源利用促進法,日本湿地ネットワーク |
| 1992 | H4 | 生物多様性条約の採択(1993に発効),地球サミット(国連環境開発会議),絶滅のおそれのある野生動植物の種の保存に関する法律,水道法に基づく水質基準改定 |
| 1993 | H5 | 環境基本法,河川水辺の国勢調査(利用実態調査),河川環境保全モニター制度 |
| 1994 | H6 | 環境政策大綱,環境基本計画(2次2002,3次2006),雨水利用国際会議,水環境改善緊急行動計画(清流ルネッサンス21) |
| 1995 | H7 | PRTR(環境汚染物質排出・移動登録)制度,河川審議会答申「今後の河川環境のあり方について」,生物多様性国家戦略(第二次2002,第三次2007),第1回気候変動枠組条約締約国会議(COP1)(2007にCOP13),河川生態学術研究会が始まる |
| 1996 | H8 | ISO(国際標準化機構)による環境管理・監査の国際規格 |
| 1997 | H9 | 河川法改正,環境影響評価法,京都議定書 |
| 1998 | H10 | 「水循環再生構想策定マニュアル(案)」,「美しい山河を守る災害復旧基本方針」(その後数度見直し),自然共生研究センター |
| 1999 | H11 | 水質汚濁に係る環境基準の改正,PRTR法,ダイオキシン類対策特別措置法,情報公開法,河川審議会答申「新たな水循環・国土管理に向けた総合行政のあり方について」 |
| 2000 | H12 | 循環型社会形成推進基本法,循環型社会形成推進基本計画(第2次2008),河川に係る環境整備の経済評価の手引き(試案),建設リサイクル法,WWF「化学物質汚染マップ」 |
| 2001 | H13 | 環境省発足,MSDS(化学物質等安全データシート)制度,水環境改善緊急行動計画(清流ルネッサンスII),PCB廃棄物の適正な処理の推進に関する特別措置法,「河川における外来種対策に向けて[案]」 |
| 2002 | H14 | 新・生物多様性国家戦略,土壌汚染対策法 |
| 2003 | H15 | 自然再生推進法,自然再生基本方針,美しい国づくり政策大綱,中央環境審議会答申「水生生物の保全に係る水質環境基準の設定について」,森林環境税(高知県) |
| 2004 | H16 | 景観法 |
| 2005 | H17 | 外来種被害防止法(特定外来生物による生態系等に係る被害の防止に関する法律),動物保護管理法の改正,多自然型川づくりアドバイザー制度 |

| 2006 | H18 | 河川局長通達「多自然川づくり基本方針」，社会資本整備審議会河川分科会提言「安全・安心が持続可能な河川管理のあり方について」 |
|---|---|---|
| 2007 | H19 | 21世紀環境立国戦略，社会資本整備審議会答申「新しい時代における下水道のあり方について」 |
| 2008 | H20 | 生物多様性基本法 |
| 2009 | H21 | 環境省「生物多様性白書」，経団連「生物多様性宣言」，海岸漂着物処理推進法 |

## IV 略語の正式名称

| | |
|---|---|
| ABS | Acrylonitrile, Butadiene, Styrene |
| ADCP | Acoustic Doppler Current Profiler |
| ALID | Analysis for Liquefaction-Induced Deformation |
| AMeDAS | Automated Meteorological Data Acquisition System |
| ATS | Advanced Telemetry System |
| AUSRIVAS | AUStralian RIVer Assessment System |
| BOD | Biochemical Oxygen Demand |
| BPOM | Benthic Particulate Organic Matter |
| CCTV | Closed Circuit TeleVision |
| CFU | Colony Forming Unit |
| COD | Chemical Oxygen Demand |
| COP | Conference Of the Parties |
| CPOM | Coarse Particulate Organic Matter |
| CSG | Cemented Sand and Gravel |
| CVM | Contingent Valuation Method |
| DN | Dissolved Nitrogen |
| DNA | DeoxyriboNucleic Acid |
| DO | Dissolved Oxygen |
| DOM | Dissolved Organic Matter |
| DP | Dissolved Phosphorus |
| EPA | Environmental Protection Agency |
| FDS | Flux Difference Splitting |
| FEM | Finite Element Method |
| FLIP | Finite element analysis of LIquefaction Program |
| FPOM | Fine Particulate Organic Matter |
| GEO | Group of Earth Observation |
| GEO BON | 〜Biodiversity Observation Network |
| GEOSS | Global Earth Observation System of Systems |
| GPS | Global Positioning System |
| HEP | Habitat Evaluation Procedures |
| HSI | Habitat Suitability Index |
| HU | Habitat Unit |
| IBI | Index of Biological Integrity |
| IFIM | Instream Flow Incremental Methodology |
| IMS | Infrastructure Management System |
| IMU | Inertia Measuring Unit |
| IPCC | Intergovernmental Panel on Climate Change |
| ISO | International Standard Organization |
| IUCN | International Union for the Conservation of Nature and Natural Resources |
| LCC | Life Cycle Cost |
| LIQCA | Computer Program for LIQuefaction Analysis |
| LOCALS | LOCAL circulation assessment and prediction System |
| LOI | Loss Of Ignition |
| LOTUS | Lead to Outstanding Technology for Utilization of Sludge project |
| MBR | Membrane Bio-Reactor |
| MLSS | Mixed Liquor Suspended Solids |
| MOP | Meeting Of the Parties to the protocol |
| MPN | Most Probable Number |

| | |
|---|---|
| MSDS | Material Safety Data Sheet |
| MSM | Mesoscale Spectral Model |
| mtDNA | mitochondrial ~ |
| MTS | Multi-Telemetry System |
| NMB | Narrow Multi-Beam |
| OECD | Organization for Economic Cooperation and Development |
| PBT | Poly Butylene Terephtalate |
| PCR | Polymerase Chain Reaction |
| PDE | Physically based Distributed model for Ebigawa-river |
| pH | Pounds Hydrogen |
| PHABSIM | Physical HABitat SIMulation system |
| PIV | Particle Image Velocimetry |
| PMP | Probable Maximum Precipitation |
| PN | Particulate Nitrogen |
| POC | Particulate Organic Carbon |
| POM | Particulate Organic Matter |
| POPs | Stockholm convention on Persistent Organic Pollutants |
| PP | Particulate Phosphorus |
| PPP | Polluter Pays Principle |
| PRTR | Pollutant Release and Transfer Register |
| PTV | Particle Tracking Velocimetry |
| QC | Quality Control |
| QFD | Quality Function Deployment |
| RCC | River Continuum Concept |
| RDB | Red Data Book |
| RE·MO·TE2 | REmote MOnitoring TEchnology2 |
| RIVPACS | River InVertebrate Prediction And Classification System |
| RSM | Regional Spectral Model |
| SB | Single Beam |
| SEA | Strategic Environmental Assessment |
| SHER | Similar Hydrologic Element Response model |
| SI | Stress Index or Suitability Index |
| SLSC | Standard Least-Squares Criterion |
| SMPT | Soil Moisture Parameter Tank model |
| SPIRIT | Sewage Project, Integrated and RevolutIonary Technology for 21th Century |
| SPOM | Suspended Particulate Organic Matter |
| SS | Suspended Solid |
| TARP | Tunnel And Reservoir Project |
| TS | Total Station |
| VR | water storage Volume with the Ratio of discharge to the flow method |
| VSRF | Very Short-Range Forecasting of precipitaion |
| WCD | World Commission on Dams |
| WEP | Water and Energy transfer Process model for watershed management/Water Environment Preservation system |
| WWF | WorldWide Fund for nature |

# 付録　現地における川（物理環境）の見方

**上流区間の現象**
- ステップやプールができている区間の勾配は大きい
- 山地河川は細粒土砂が堆積していても，掘れば礫が出てくる
- 砂防堰堤や床止（固）めがある区間は土砂移動が活発な区間である
- 扇状地河川の河床材料は細かい材料と粗い材料からなる二峰性材料である
- 規模が大きな扇状地は複数の扇状地からなり，規模の小さい扇状地をおしやる傾向がある
- 洪水の流向は草の倒れた方向，巨礫の下流域の土砂の堆積形状から推定できる
- 上流側大礫は下流側大礫に乗り上げる形で堆積している
- 最近の洪水位は草や枝が河岸に直線的に並んでいる高さ，木に草やゴミが付いている高さ
- 急流河川の橋脚等による水位上昇量は大きいが，影響区間は短い
- 橋脚周りの最大洗掘深は橋脚幅の1.5倍をみておけばよい
- 土砂流動が掃流の場合は層状（分級）構造に堆積し，土石流の場合はランダムに堆積する
- 盆地は洪水が土砂を落とした区間で，河床材料も細かい
- 直線河道が湾曲する所では，湾曲部内岸側の法線を延長して，湾曲部にぶつかる所から川幅程度下流で深掘れする
- 樹林内の洪水流速は遅いが流れはある。樹林帯周囲に流木・枝が閉塞すると流れは少ない
- 堤防法線と低水路法線の位相が異なる場合，洪水が低水路から高水敷に乗り上がる場所で掘れたり，高水敷に土砂が堆積する
- 植林の少ない斜面は近年斜面崩壊が発生した箇所である
- 砂州は砂州高が低い，また砂州長が短いほど速く移動する
- 砂州長が短すぎると統合し，長すぎると分裂する
- 砂州上に斜め方向の筋がある場合，偏流が発生した名残りである
- 花崗岩，頁岩（第三紀層，中生層），砂岩（第三紀層）は礫や砂利の状態を経ないで，砂や粘土になり，粒径加積曲線で遷移する粒径範囲は滑らかな曲線となる
- 洪水中に深掘れしても洪水直後に埋め戻される箇所が多い
- 富士川のように，支配的な支川からの土砂流入で本川の土砂動態が決まる場合がある
- 土砂生産の少ない河川は平坦な河床となる
- 流砂量の少ない穿入蛇行河川は平野，三角州の発達が悪い
- 木曽川のように，砂の流砂量が多い河川は自然堤防が発達しやすい
- 砂州形態と川幅から，その川に適した蛇行角・波長を推定できる
- 水深 $h$ （cm），$d$ （cm）のとき，土砂の移動限界は $hI/d=0.08$ である
- 混合砂では砂や小礫は大礫に遮蔽されて，一様粒径よりも流砂量は少なくなる
- マクロな縦断形で，河床勾配の変化区間は土砂堆積しやすいし，水位上昇で越水しやすい
- 樹林化する条件は比高，中砂（に含有された水分），栄養塩である
- 堰下流は平常時の水の流れがない所に大きな砂州が形成され，樹林化する
- 小規模洪水に対して川幅が広いと，土砂が堆積して中洲や島が形成される
- 土砂は摩耗よりも凍結融解作用による破砕で粒径が細かくなる
- 支川からのSS，下水処理場からの処理水の水温は横断方向に分布を持って流下する
- 下水処理場の約9割は沿岸域にあり，下流の都市域では水が中抜け状態となる
- 下水処理場からの年間排水量は140億m³もあり，最上川や北上川流域からの流出量に相当する
- ダムで捕捉されるケイ素は1割程度である。ケイ素や鉄の多くは感潮域で沈降して，海へ供給されない
- 粘土は河口付近で電気化学的にフロック化し，10倍程度の粒径となって沈降する
- 六角川などの細粒シルト・粘土が多い河川は河床に三角形状で土砂堆積する
- 河口幅が広くても，塩分遡上により有効河積となっていない場合があり，その影響は密度フルード数により判定する
- 河口砂州は洪水によりフラッシュされても，洪水後波の作用により再び形成される

**下流区間の現象**

# 索　引

**A～Z**
ADCP　68, 103
AUSRIVAS　444
BOD　344
BPOM　392
COD　345
COD 浄化能力　38
COP10　417
CPOM　375
CVM　466
DOM　392
FDS 法　253, 271
FPOM　375
HEP　445
H～Q 曲線　104
HSI　445
IBI　444
IC タグ　294
IFIM　385
Lane-Kalinske の式　70
PHABSIM　445
PIV　72
POM　392
PRTR 法　354
PTV　72
SI　381
SPOM　392
SS　67
SS の影響　380
TARP プロジェクト　210
T. P.　49
VR 方式　308
WEC モデル　327
WEP モデル　105
$k$-$\varepsilon$ モデル　44

**あ**
アウトカム指標　465
アオコ　313
青潮　110, 385
赤潮　110, 311, 313, 385
浅間山の噴火　32
芦田・道上の式　70
亜種　362
アドバンスト・テレメントリー・システム　295
アドプトプログラム　448
雨台風　80
アメダス　86

アユの生活史　370
アユ冷水病　398
あらかわ福祉体験広場　455
荒川放水路　194
新たな資機材　292
アレロパシー　410
安定同位体比　377

**い**
イギリスの治水事業　467
維持管理　281, 282
囲繞堤　197, 225
維持流量　384
伊勢湾台風　132
磯焼け　111
イタイイタイ病　350
イタイプダム　335
1 枚のり　49, 191
一級河川　48, 181
移動床実験　72
岩垣の式　56

**う**
ウェットランド　343
浮き石　391
羽状流域　51
雨水整備クイックプラン　148
雨水排水分担計画　147
雨水利用施設　100, 102
雨量計　101
雨量と浸水棟数　86
うろこ状砂州　60

**え**
栄養塩の分布　386
栄養塩類　311
エコアクション 21　451
エコトーン　426, 434
エコバランス　451
餌環境　395
エストロゲン　352
越水が発生しやすい区間　239
越水災害　218
越水対策　221
越水流解析　223
越流公式　268
越流堤　176
越流特性　197

荏原調節池　211
延焼防止帯　453

## お

大雨警報の的中率　92
大河津分水路　193
大洲雨水貯留池　212
大谷崩れ　11
オーバーサイフォン型の樋管　222
オープンカフェ　333
大矢沢・野田遺跡　475
オールサーチャージ方式　306
屋上緑化　460
汚水処理施設の概要　356
落ち葉の分解速度　413
落堀　246, 277
音響測深法　318
温室効果ガス　126
温水魚　382
温帯低気圧　83
温暖化　7

## か

海岸侵食　44
海岸地形　42
海岸漂着物処理推進法　448
海溝　5
海水準の変化　7, 9
開析型の地形　15
外帯　113
改訂水防法　187
回遊魚の分類　397
外来昆虫　417
外来種　417
外来種対策　419
外来種の魚類　418
外来種の選択的除去　420
外来性植物　417
化学的風化　17
化学物質　344, 352
化学物質汚染マップ　354
河岸侵食原因　227
河岸侵食速度　22
河岸段丘　33
河岸防御手法　228
撹乱　365, 378
確率雨量　188
河口砂州　40
河口処理　42
河口デルタ　36, 43
河口の生態系　385
河口の地形　38

火山活動　4
河床形態　58
河床材料　56
河床低下　62
河床変動　62
河床変動計算　70
河床変動特性　63
霞堤　33, 175, 176, 259
河積阻害率　121, 203, 205
風台風　80
河川からの取水阻害要因　340
河川環境楽園　436
河川関係の近代土木遺産　480
河川管理施設等構造令　185, 483
河川空間利用　331
河川計画検討の手引き　483
河川考古学　473
河川構造物の点検　286
河川毎の漁獲量　396
河川砂防技術基準　483
河川情報表示板　296
河川水の浄化　374
河川・水路網　95
河川生態学術研究会　377, 440
河川整備計画　185, 187
河川整備基本方針　185, 187
河川地下駐車場　333
河川地形　52
河川堤防の構造検討の手引き　190, 483
河川文化　477
河川への接近史　264
河川法　183
河川法の改正　185, 344
河川水辺の国勢調査　331, 368
河川名の語源　481
河川連続体仮説　392
活火山　4
渇水　98
渇水指数　99
渇水時の最低流量　385
河道跡　476
河道掘削　55
河道計画検討の手引き　483
河道特性　56
河道特性の多様性　367
河道内貯留　113
河道の付け替え　172
河道復元機能　54
可能最大降雨量　188
カバー構造　379, 414
亀の瀬地すべり　19
仮締切り　297

狩野川放水路　196
下流河川土砂還元　67, 322
河原の植物　403
川渡しの鯉のぼり　334
環境アセスメント法　442
環境影響評価　442
環境影響評価項目　444
環境管理システム　450
環境基準の項目　347
環境基本法　342
環境再生データベース　367
環境庁　342
環境に配慮した河川改修　426
環境に配慮した治水　421
環境ホルモン　354
慣行水利権　337
緩勾配スロープ　455
緩衝域　433
完成堤　49, 143, 181
岩石の分類　16
間接流域面積　48
幹川流路延長　47, 50
乾田化　35
関東流　172
鉄穴流し　32
環七地下河川　208
緩和係数　124

き
気液溶解装置　312
岸辺のアルバム　477
紀州流　172
技術基準の策定・見直し　484
基準水位　49
基準面濃度　70
汽水魚　395
既設ダムの治水機能の増大　305
木曽川の御囲堤　178
基礎工　50
貴重種　415
基底流量　88
木流し工　288
基盤地形　1
基盤漏水　241
基本高水流量　49
キャンパー事故　139
旧河道　30, 277
急傾斜地崩壊　18
旧川締切箇所　277
境界混合　120
境界混合係数　189
橋脚の補強対策　207

狭窄部　124
狭窄部の谷幅　28
強酸性水　350
競争関係　378
強熱減量　313
強風域　83
許可水利権　337
極相　365, 379
極相植物　403
巨大水害　132
魚道　423
魚道の長所・短所　424
距離標　48
魚類・鳥類の行動　370
魚類の餌　398
魚類の生活環　398
魚類の生活史　397
魚類の生息状況　395
魚類の生息場所　398
記録的短時間大雨情報　93
緊急生活用水　453
緊急排水路　260
緊急復旧工事　298
緊急用道路　453
近年の水害　135

く
杭拵え　288
掘削・浚渫　321
玄倉川　139, 141
クロロフィルa　388

け
計画確率　188
計画高水位　49, 189
計画高水流量　49
径間長　203, 205
珪酸　108
珪藻　387
警報　91
下水処理場排水　449
下水道からの氾濫　144
下水道処理人口普及率　356
下水道浸水被害軽減総合事業　148
下水道による都市浸水対策　147
下水流入に伴う生物相の変化　359
桁下高　206
限界水深　39
健康項目　345
減収損失補償方式　201

## こ

コイヘルペスウイルス病　398
広域的な雨水幹線計画　149
合意形成　467
合意形成ツール　468
合意形成プロセス　468
公害国会　342
甲殻類　415
交換層厚　71
高規格堤防　180
交互砂州　60
更新費　282
洪水攪乱　378
洪水観測　103
洪水危険度マップ　273
洪水継続時間　113, 118
洪水検知センサー　117
高水敷　48
高水敷の切り下げ　422
洪水上昇速度　116
洪水想定氾濫区域　263
洪水調節方式　306
洪水調節容量　303
洪水伝播状況　114
洪水ハイドログラフ　114
洪水ハザードマップ　273
降水予測　89
洪水予測　90
更正係数　103
構造形式別ダム数　302
構造線　2, 9
高速地すべり　19
高度処理　357
合流改善　355
合流式　355
抗力　231
護岸　228
護岸の被災原因　232
護床工　204
湖沼水質保全特別措置法　343
国家賠償法　163
ゴミ対策　447
昆虫類　415

## さ

災害対策基本法　186
災害対策資器材検索システム　292, 297
災害復旧　236, 297
最古のダム　301
最大年堆砂量　316
最大偏差　83
在来法線仮締切り　297

魚の血縁　396
魚の斃死事例　398
細雪　477
砂州スケール　61
砂州の伏流水の水質特性　441
砂州フラッシュ　40
砂堆　59
砂防堰堤　20
砂面計　64
砂漣　59
三角州　36
産業廃棄物　449
3次元サイド・スキャン・ソナー　319
3次元らせん流　119
サンショウウオ　415
暫定堤　49, 143, 181
サンドポンプ船　298
サンプラー型採取器　67

## し

死者数　135
自浄機能　360
地震災害　235
地震に伴う津波　161
地震による構造物の被災　236
地すべり　18
自然共生研究センター　436
自然堤防　34
事前放流　307
自然保護条例　461
自濁　389
自濁作用　361
湿生植物　403
自動採水装置　68
地盤探査技術　192
地盤沈降　5
死亡リスク　136, 137
島原大変肥後迷惑　5
斜面崩壊　13
砂利採取量　24
射流制御　123
周囲堤　197
舟運　337
重金属　350
修景用水　359
集中豪雨　84
集中定数型モデル　105
重錘法　318
住民参加手続きガイドライン　470
樹高と胸高直径　405
出世魚　385
首都圏外郭放水路　208

種の多様性　367
樹木の伐採　421
樹木密度　406
樹林化　55,405,407
樹林化しやすい場所　407
樹林化対策　411
樹林化プロセス　408
樹林化メカニズム　441
樹林化率　409
樹林化を引き起こす要因　408
樹林性鳥類　400
樹林の伐採事例　411
巡航速度　394,424
準2次元不等流モデル　123
準平原　3
硝化　358
消火活動への河川水利用までのプロセス　339
小規模河床形態　59
小規模発電　336
硝酸態窒素　358
上昇気流　84
蒸発散　88
情報コンセント　296
消防水利　338
縄文海進　7,8
条理制　470
昭和三大台風　83,133
ショートカット　34
植樹　405
食物網　110
食物連鎖　37,375
シングルビームソナー測量　318
信玄堤　174
人工軽量骨材　73
人工排熱　459
侵食外力軽減手法　230
侵食災害　226
侵食速度　2,21
侵食対策　227
侵食破堤　30
侵食防止シート　228
侵食に伴う変状調査　285
親水公園　455
親水公園の特徴　457
浸水実績図　273
親水・修景用水　458
浸水上昇速度　254
浸水センサー　293
浸水防止機　159
浸透対策　222
浸透トレンチ　214
浸透に伴う変状調査　286

浸透能　88
浸透マス　214
浸透流解析　224

**す**

吸い上げ　82
水位変動　121
水位放流方式　308
水温の影響　382
水温分布　383
水害危険意識　266
水害訴訟　163
水害地形分類図　277
水害統計　466
水害に強い土地利用　265
水害に伴う城の移転　473
水害の記憶度調査　266
水害被害額と記事量　267
水害被害額の内訳　466
水害被害密度　134
水害防備林　260
水系土砂動態マップ　24
水系別の名目水害被害額　143
水質　344
水質汚濁防止法　343
水質事故　348
水質事故対策　348
水質自動監視装置　348
水質指標とBOD　346
水質浄化機能　386
水制　230
水生植物の分布　402
水中ポンプ　69
水田貯留　215
水田の保全協定　95
水難事故　138
水防活動　288
水防警報　290
水防工法　288
水防体制の推移　291
水防法　186
水陸両用バス　338
水利権　337
水理模型実験　72
水流実態解明プロジェクト　107
水力発電　335
水利流量　384
水路密度　462
水路網　461
水路網の機能　464
スクリーニング　443
スコーピング　443

ステップ　　27
ストレス・インデックス　　381
スパイラルバンド　　80
すべり破壊　　225
すみ場の階層構造　　433
棲み分け　　264
スレーキング　　17

## せ
生活型　　391
生活環境項目　　345
制限水位方式　　306
政策評価　　465
政策評価法　　465
正常化の偏見　　266
正常流量　　384
生息場選好曲線　　446
生態系間の競争　　378
生態系間の食物連鎖　　376
生態系の寿命　　369
生態系の多様性　　378
生態系の調査手法　　435
生態系の分類名　　362
セイタカアワダチソウ　　417
生物多様性国家戦略　　416
生物多様性条約　　416
生物的な浄化　　360
世界淡水魚園水族館　　437
堰　　202
積乱雲　　84
セグメント　　57
摂食　　389
摂食機能群　　392
絶滅のおそれのある種　　416
瀬・淵構造　　371
瀬・淵における生態　　374
瀬・淵の出現形態　　372
せめ　　298
背割堤　　177
洗掘深　　63
洗掘センサー　　64
扇状地　　28
選択取水　　383
穿入蛇行　　28
戦略的環境アセスメント　　444

## そ
総合治水対策　　184
相似則　　73
草本植物　　401
草本植物の生育立地条件　　403
造網型係数　　392

掃流幅の縮小　　309
総量規制　　343
藻類　　373, 387
側方侵食幅　　191
粗朶沈床　　429
粗度係数　　189
粗粒化　　310

## た
耐越水性　　242
耐越水堤防　　221
ダイオキシン　　353
大規模幹線管渠　　148
大規模山地崩壊　　10
堆砂デルタ　　314
堆砂プロセス　　315
対照区　　365
耐侵食性　　242
耐震対策　　237, 238
耐浸透性　　242
大臣特認制度　　483
堆積型の地形　　15
大腸菌群数　　345
大東水害訴訟最高裁判決　　163
台風　　80
台風経路図　　82
台風の大きさ　　83
台風の構造　　81
台風の強さ　　83
台風予報　　90
耐用年数　　282
濁水長期化　　313, 380
濁水の影響　　368
濁度　　67
濁度計　　67
武田信玄　　470
竹尖げ　　288
凧揚げ大会　　332
蛇行　　52
多自然河川工法　　428
多自然河川工法の適用河川　　430
多自然川づくり　　428
ただし書き操作　　307
縦渦　　119
立坑　　209
脱窒　　358
縦工　　228
建物占有率　　270
立山大鳶崩れ　　12
多摩川水害訴訟判決　　164
タマリ　　374
ダムからの排砂計画　　324

ダム群再編　305
ダム建設の影響　309
ダム堆砂　314
ダム堆砂測量　318
ダム堆砂対策　321
ダムの異常動作　304
ダムの管理制度　306
ダム比堆砂量　21
多目的遊水地　200
多様性指数　373
炭化水素類　351
淡水魚　395

## ち

地域性の強い種　369
地下河川　207
地下施設における浸水対策　159
地下室における浸水深上昇　158
地下水害　154
地下ダム　101
地下調節池　211
地下貯水槽　213
置換工　230
地球温暖化　126
築堤の履歴　179
地形分類図　278
治山治水緊急措置法　184
地質年代　3
治水経済調査マニュアル　466
治水事業十箇年計画　184
治水十箇年計画　184
治水・水害にまつわる言い伝え　479
治水・水害にまつわる神社　479
治水・水害にまつわる祭り　478
治水地形　276
窒素　108
地表面流　94
地方ごとに見た樹林化状況　412
地役権設定方式　201
注意報　91
中規模河床形態　59
抽水植物　401
中和沈殿処理　350
鳥類　399
鳥類の営巣場所　400
鳥類の行動形態　399
貯水池回転率　312
貯水池管理　304
貯水池容量の再配分　305
千代田実験水路　75
沈水植物　402

## つ

月の輪工　288
ツルヨシ　401

## て

堤外仮締切り　297
堤外地　48
低周波発信器　67
低水路　48
底生動物　390
堤体材料　192
堤体漏水　240
底泥浚渫船　352
底泥に含まれる金属　352
堤内地　48
堤防神社　478
堤防センサー　293
堤防の管理　284
堤防の締固め　192
堤防の植林　193
堤防の整備状況　181
鉄撒布　111
デトリタス　406
寺野東遺跡　474
電気伝導度　348
点検の種類　284
電磁波探査法　192
天井川　32
天然河川の侵食速度　170
天然ダムに伴う災害　234
天端幅　190

## と

導流堤　178
倒流木　379, 414
通し回遊魚　397
特殊堤　178
特定都市河川浸水被害対策法　147, 186, 215
毒物センサー　349
特別管理廃棄物　449
床止め　202
土砂災害危険箇所　18
土砂生産状況　14
土砂生産と地質　16
土砂堆積災害　233
土砂動態　26
土砂動態システム　23
土砂濃度　104
土砂の分級作用　16
土砂・流木の捕捉機能　318
土石流　18, 20, 234
土地利用規制　256

| | | | |
|---|---|---|---|
| 突進速度 | 394, 424 | パイプ流 | 88 |
| 利根川東遷事業 | 172, 471 | バケツ採水 | 69 |
| 土のう積み工 | 288 | 破砕帯 | 10 |
| 富山空港 | 332 | 長谷川の式 | 71 |
| トランジット | 196 | は虫類 | 415 |
| ドレーン工 | 222 | 伐根 | 411 |
| トンネル河川 | 196 | 発電容量の大きなダム | 336 |
| | | 発令基準雨量 | 92 |

### な

| | | | |
|---|---|---|---|
| 内水対策 | 146 | 破堤形状 | 245 |
| 内水ハザードマップ | 276 | 破堤原因の推定 | 244 |
| 内水氾濫形態 | 145 | 破堤原因の見極め方 | 241 |
| 内水被害 | 144 | 破堤災害の原因 | 217 |
| 内水面漁業 | 396 | 破堤幅 | 245 |
| 長崎水害 | 79 | 破堤幅の時間的変化 | 246 |
| ナローマルチビームソナー測量 | 318 | 破堤プロセス | 218, 239, 244 |
| | | ハビタット・マップ | 440 |
| | | はまり石 | 391 |
| | | 腹付け | 192, 228 |

### に

| | | | |
|---|---|---|---|
| 新潟水俣病 | 351 | ハリエンジュ | 406, 409 |
| 二級河川 | 48, 181 | 判決に見る改修計画 | 166 |
| 逃げどきマップ | 274 | 阪神・淡路大震災 | 235 |
| 二次元不定流モデル | 270 | 氾濫解析手法 | 269 |
| 二重偏波ドップラーレーダー | 102 | 氾濫危険水位 | 290 |
| 2次流 | 71, 119 | 氾濫形態 | 143, 249 |
| 二線堤 | 175, 258 | 氾濫原管理 | 255 |
| 日本三大崩れ | 11 | 氾濫水の伝播速度 | 252 |
| | | 氾濫水の到達時間分布 | 274 |
| | | 氾濫水排除 | 262 |

### ね

| | | | |
|---|---|---|---|
| 根固め工 | 50 | 氾濫平野 | 34, 53 |
| 根固め工の沈下 | 286 | 氾濫流制御 | 257 |
| 寝屋川南部地下河川 | 208 | | |
| 年間土砂生産量 | 24 | | |
| 年間水収支 | 94 | | |

### ひ

| | | | |
|---|---|---|---|
| 年降水量 | 85 | ヒートアイランド現象 | 128, 459 |
| 年堆砂量 | 317 | ヒートポンプ | 459 |
| | | ビオトープ | 433 |

### の

| | | | |
|---|---|---|---|
| のり勾配 | 191 | ビオトープ・ネットワーク | 401 |
| のり覆工 | 50 | 干潟 | 37, 386 |
| | | 光ファイバーネット | 296 |
| | | 比供給土砂量 | 15 |

### は

| | | | |
|---|---|---|---|
| 梅雨前線 | 79 | 比丘尼橋下流調節池 | 211 |
| 梅雨前線豪雨 | 79, 141 | 比高から見た植生 | 404 |
| 梅雨末期の豪雨 | 80 | 比堆砂量 | 317 |
| バイオマス | 359 | 歪み模型 | 74 |
| バイオマニピュレーション | 375 | 避難注意水位 | 290 |
| 背砂 | 314 | 避難判断水位 | 290 |
| 排砂工法の概要 | 322 | ひも結び | 289 |
| 排砂設備の諸元 | 326 | 樋門の抜け上がり | 287 |
| 排砂バイパス | 324 | 樋門まわりに発生する空洞 | 240 |
| 排出権取引 | 127 | 漂砂量 | 43 |
| パイピング | 225, 277 | 標準活性汚泥法 | 356 |
| | | 漂着ゴミ | 447 |
| | | 比流量 | 51, 113 |

微量栄養塩　　111
微量化学物質　　353
琵琶湖疏水　　335
貧酸素化　　311, 386

## ふ
ファシリテータ　　467
浮子　　103
風化花崗岩　　16
プール　　27
プールタイプ　　423
富栄養化　　311
フォッサ・マグナ　　9
付加体　　6
吹き寄せ　　83
複合災害　　161
複合扇状地　　29
覆土　　232, 422
複列砂州　　60
袋体　　430
富士山　　4
淵の型分類　　372
付着藻類　　387, 389
付着藻類の剥離　　388
物質循環　　108
物質の挙動　　112
物理環境と水域生態系　　366
物理‐生態系の相互関係　　366
物理的な浄化　　360
物理的風化過程　　17
不定流式　　122
不等流式　　122
浮漂植物　　402
不法係留対策　　337
浮遊藻類　　387
浮葉植物　　402
フラッシング排砂　　323
ブラマプトラ川　　169
ブルーギル　　418
プレート　　1
フローサイトメトリー　　366
不陸　　182
分布定数型モデル　　105
分流式　　355

## へ
斃死する最低濁度　　381
平坦河床　　59
ベーン工　　230
変状検知センサー　　294
変成作用　　3
変成帯　　3

偏西風　　117
偏流　　120

## ほ
法アセスの手続き　　443
防災集団移転促進事業　　256
防災樹林帯　　259
防災調整池　　215
防災調節池　　215
放射状流域　　51
防水扉　　153, 156
防水板　　153, 155, 156, 159
防水壁　　153
放水路　　172, 193
放水路銀座　　194
放水路の流砂対策　　195
暴風域　　83
放流の原則　　308
宝暦治水　　171
ポーラスコンクリート護岸　　232
捕食者　　378
保水性舗装　　214
ポット型護岸　　432
ほ乳類　　415
ポンプ圧送システム　　341
ポンプによる内水排除　　146
ポンプ排水規制　　146

## ま
埋没林　　476
膜分離活性汚泥法　　356
マニング式　　123
マネジメントシステム　　284
マントルへの水注入　　4
マンホール蓋の飛散　　150

## み
三日月湖　　35
水際処理　　431
水辺林　　368, 413
水災害予報センター　　102
水資源賦存量　　334
水資源量　　85
水循環指標　　94
水循環の保全事例　　95
水循環モデル　　106
水熱源ヒートポンプ　　460
水の構成割合　　93
水場遺構　　474
水辺空間の諸元　　456
水辺の気象緩和機能　　459
水辺の防災機能　　453

密度フルード数　38
緑の回廊　401
緑のダム　88
ミニ・グランドキャニオン　27

## む
無次元掃流力　56

## め
明治43年水害　183
メッシュ分割フロー　270

## も
目撃証言　242
目視点検　285
目的別ダム数　301
木本植物　405
モグラ穴　243

## や
ヤナギ類　405

## ゆ
遊泳速度　394
遊泳力　424
遊水地　197
遊水地の諸元　199
遊水地の補償方式　201
融雪出水　117
融雪量　118
優占　365

## よ
揚力　231
横堤　177
予備放流　307
予報円　81
余盛　191
余裕高　190
4大公害病　349

## ら
ライフサイクル・アセスメント　451
ライフサイクルコスト　283
ライフライン被害　151
ラムサール条約　38
藍藻　387

## り
利水ダム　100
律速　365
流域雨量　85
流域面積　47, 50
流下能力の増大方策　421
柳技工　406
隆起速度　2
粒径調査　56
流砂形態　23
流砂捕捉ポンプ　69
流出係数　89
流出率　88
流水型ダム　324
流水占用　337
留鳥　399
流木群集積　124
流木による橋梁閉塞　115
流木量　115
流量　384
流路変動　169
両生類　415
緑藻　387
リン　108
臨海性扇状地　5

## れ
冷水魚　382
レインの式　205
レーザー・プロファイラー　65
レーダー・アメダス解析雨量　89
レーダー雨量計　102
歴史的な河道整備　170
礫間接触酸化法　361
レッドデータブック　416
レッドフィールド比　389
レッドリスト　416

## ろ
露岩　53

## わ
ワイヤーセンサー　20
渡良瀬遊水地　198
渡り石　454
渡り鳥　399
割引率　283
ワンド　374

# あとがき

　本書を書き終えて思うことは，河川全般に関する知見を網羅することはできたが，各項目について十分書き込めなかったことである．自分が専門とする治水や危機回避はある程度深い考察をすることができたと思うが，利水や環境・生態系は，まだまだ研究不足であり，勉強不足を否めない．

　利水では，水資源の確保方策，渇水対策，正常流量などについて，どう考え，どう改善していくか，また水循環の観点からのアプローチの検討も必要である．一方，環境・生態系では，生態系の研究者も未だ十分検討していないテーマである「生態系同士の関係」を学術的に解明していくべきであるが，本書ではこれらの点には十分踏み込めなかったのが反省点である．

　そこで，本書を一読して頂いた各分野の専門家から，いろいろな意見を頂ければ，今後の参考にしていきたいと思っているし，この著書を発端に今後更に奥深く，河川の調査・研究を行っていきたいと考えている．特に各分野の研究はもちろんのこと，地形と洪水，洪水と環境，流水と生態系などの相互関係について研究を進めていけば，各項目の持つ真相が今以上に浮き彫りにできるのではないかと考えている．

　こうした研究の進展によって，本書のタイトルとした「総合河川学」に少しづつでも近づければ，河川研究の進歩となり，次のステップの研究にもつながっていくと思われる．自然現象や生物を対象とする河川研究は容易ではないが，まだまだ発展する余地を残しているので，「総合河川学」の視点で，研究者が現象や相互関係の解明に挑めば，より良い河川の再生に貢献できるのではないかと考えている．来るべき次世代のためにも．

2010年8月

末次 忠司

著者略歴

末次忠司（すえつぎ ただし）

　1980 年　九州大学 工学部 水工土木学科 卒業
　1982 年　九州大学 大学院工学研究科 水工土木学専攻 修了
　1982 年　建設省 土木研究所 河川部 総合治水研究室 研究員
　1988 年　〃　企画部 企画課 課長補佐
　1990 年　〃　〃　企画課 課長
　1992 年　〃　河川部 総合治水研究室 主任研究員
　1993 年　〃　〃　都市河川研究室 主任研究員
　1996 年　〃　〃　都市河川研究室 室長
　2000 年　〃　〃　河川研究室 室長
　2001 年　国土交通省 土木研究所 河川部 河川研究室 室長
　2001 年　〃　国土技術政策総合研究所河川研究部河川研究室室長
　2006 年　財団法人ダム水源地環境整備センター 研究第一部 部長
　2009 年　独立行政法人土木研究所 水環境研究グループ グループ長
　現　在　山梨大学大学院医学工学総合研究部社会システム工学系教授
　　　　　博士（工学），技術士（建設部門）
　　　　　注）1993.1-1994.1　アメリカ内務省地質調査所水資源部表面水研究室

【著書】
・藤原宣夫編著：都市の環境デザインシリーズ 都市に水辺をつくる，技術書院，1999 年（共著）
・最新トンネルハンドブック編集委員会編：―実務家のための―最新トンネルハンドブック，建設産業調査会，1999 年（共著）
・土木学会：水理公式集［平成 11 年版］，丸善，1999 年（共著）
・日本自然災害学会監修：防災事典，築地書館，2002 年（共著）
・大島康行監修，小倉紀雄＋河川生態学術研究会多摩川研究グループ著：水のこころ誰に語らん　多摩川の河川生態，紀伊國屋書店，2003 年（共著）
・末次忠司：図解雑学 河川の科学，ナツメ社，2005 年
・末次忠司：これからの都市水害対応ハンドブック―役立つ 41（良い）知恵―，山海堂，2007 年
・国土交通省国土技術政策総合研究所監修，水防ハンドブック編集委員会編：実務者のための水防ハンドブック，技報堂出版，2008 年（共著）
・末次忠司：河川の減災マニュアル―現場で役立つ実践的減災読本―，技報堂出版，2009 年
・末次忠司編著：河川構造物維持管理の実際，鹿島出版会，2009 年（共著）

【主要な研究活動】
〈河川計画〉
・約 40 水系の河川整備基本方針策定に関与
・多数の遊水地計画
・土砂動態調査（流砂観測，河口域調査）
〈河川施設の調査・計画・設計〉
・「河川砂防技術基準」の編集・執筆
・「河川堤防の構造検討の手引き」作成に関与
・首都圏外郭放水路実験（全体，第 3・5 立坑）
・大河津分水路可動堰計画，庄内川新幹線橋梁架替計画
・耐越水堤防
・侵食対策，侵食防止シートの開発
・トンネル河川，流木閉塞実験
〈減災関連〉
・氾濫シミュレーション・洪水ハザードマップの基準作成
・氾濫解析の応用（二線堤，防災樹林帯，水路ネットワーク）
・危機回避方策，地下水害調査，避難シミュレーション
・水防体制調査
・水害訴訟調査
〈河川環境〉
・水循環モデルの開発（WEP モデル，SHER モデル）
・物質動態調査
・河道内樹林化調査
〈ダム関連〉
・ダムの洪水調節方式
・ダム堆砂対策，ダム排砂が環境に与える影響調査
〈その他〉
・災害調査委員会（東海豪雨災害，新潟・福島豪雨災害，福井水害ほか）
・「治水経済調査マニュアル」の策定，「水害統計」の見直し
・十勝川千代田実験水路
・合意形成手法調査

### 河川技術ハンドブック
総合河川学から見た治水・環境

2010年9月10日　発行

著者　　末　次　忠　司

発行者　　鹿　島　光　一

発行所　　鹿島出版会
　　　　　104-0028 東京都中央区八重洲2丁目5番14号
　　　　　Tel 03(6202)5200　振替 00160-2-180883
　　　　　無断転載を禁じます。
　　　　　落丁・乱丁本はお取替えいたします。

装幀：伊藤滋章　　印刷：創栄図書印刷　　製本：牧製本
© Tadashi Suetsugi, 2010
ISBN978-4-306-02422-9　C3052　Printed in Japan

本書の内容に関するご意見・ご感想は下記までお寄せください。
URL:http://www.kajima-publishing.co.jp
E-mail:info@kajima-publishing.co.jp

関連図書のご案内

# 河川構造物維持管理の実際

末次忠司＝編著

B5判・196頁　　定価4,830円（本体4,600円＋税）

河川管理施設等の計画・設計・維持管理に至る一連の維持管理手法を網羅した、具体的な事例に基づくマニュアルです。
施設の概要、損傷・劣化の実態、点検・維持管理、損傷・劣化の調査・診断、補修・補強手法の選定について解説しています。

主要目次
第1章　維持管理の考え方
第2章　床止め・堰（本体）
第3章　堰・樋門・水門（機械設備）
第4章　樋門・水門（本体）
第5章　揚排水機場（機械設備）
第6章　道路橋

鹿島出版会　〒104-0028　東京都中央区八重洲2-5-14　tel.03-6202-5200　fax.03-6202-5204　http://www.kajima-publishing.co.jp　E-mail：info@kajima-publishing.co.jp